합격비법

https://rangssem.com

cafe.naver.com/rangssem

교재 인증

※ 위 교재 인증란에 네이버 카페 아이디를 적고 등업 신청 시 첨부하면
랑쌤에듀 카페에서 무료 학습자료를 다운 받을 수 있습니다.

랑쌤에듀 네이버 카페

Contents
차례

- **01 산업위생학개론** ·· P.12

    01. 산업위생
    02. 인간과 작업환경
    03. 실내 환경
    04. 관련 법규
    05. 산업재해

- **02 작업위생측정 및 평가** ······································ P.88

    01. 측정 및 분석
    02. 유해 인자 측정
    03. 평가 및 통계

- **03 작업환경관리대책** ·· P. 126

    01. 산업 환기
    02. 작업 공정 관리
    03. 개인보호구

04 물리적유해인자관리 ··· P. 184

    01. 온열조건
    02. 이상기압
    03. 소음진동
    04. 방사선

05 산업독성학 ··· P. 228

    01. 입성자 물질
    02. 유해 화학 물질
    03. 중금속
    04. 인체구조 및 대사

06 과년도 기출문제(09년 ~ 24년) ········· P. 274

    01. 09년도 기출문제
    02. 10년도 기출문제
    03. 11년도 기출문제
    04. 12년도 기출문제
    05. 13년도 기출문제
    06. 14년도 기출문제
    07. 15년도 기출문제
    08. 16년도 기출문제
    09. 17년도 기출문제
    10. 18년도 기출문제
    11. 19년도 기출문제
    12. 20년도 기출문제
    13. 21년도 기출문제
    14. 22년도 기출문제
    15. 23년도 기출문제
    16. 24년도 기출문제

시험 안내

직무분야	안전관리	중직무분야	안전관리	자격종목	산업위생관리기사	적용기간	2025.01.01. ~ 2029.12.31

○ 직무내용 : 작업장 및 실내 환경의 쾌적한 환경 조성과 근로자의 건강 보호와 증진을 위하여 작업장 및 실내 환경 내에서 발생되는 화학적, 물리적, 생물학적, 그리고 기타 유해요인에 관한 환경 측정, 시료분석 및 평가(작업환경 및 실내 환경)를 통하여 유해 요인의 노출 정도를 분석·평가하고, 그에 따른 대책을 제시하며, 산업 환기 점검, 보호구 관리, 공정별 유해 인자 파악 및 유해 물질 관리 등을 실시하며, 보건 교육 훈련, 근로자의 보건 관리 업무를 통하여 환경 시설에 대한 보건 진단 및 개인에 대한 건강 진단 관리, 건강 증진, 개인위생 관리 업무를 수행하는 직무이다.

○ 수행준거 : 1. 분진측정기, 소음측정기, 진동측정기 등의 각종 측정기기를 사용하여 사업장내 유해위험과 작업환경을 측정할 수 있다.
2. 제반 문제점을 개선, 개량, 감독하고 작업자에게 산업위생보건에 관한 지도 및 교육을 실시하는 업무를 수행할 수 있다.

실기검정방법	필답형	시험시간	3시간

실기 과목명	주요항목	세부항목
작업환경 관리실무	1. 작업환경 측정 및 평가	1. 입자상 물질을 측정, 평가하기 2. 유해물질을 측정, 평가하기 3. 소음 및 진동을 측정, 평가하기 4. 극한온도 등 유해인자를 측정, 평가하기 5. 산업위생통계에 대하여 기술하기
	2. 작업환경 관리	1. 입자상 물질의 관리 및 대책을 수립하기 2. 유해화학물질의 관리 및 평가하기 3. 소음 및 진동을 관리하고 대책 수립하기 4. 산업 심리에 대하여 기술하기 5. 노동 생리에 대하여 기술하기
	3. 환기 일반	1. 유체역학에 대하여 기술하기 2. 환기량 및 환기방법에 대하여 기술하기 3. 기온, 기습, 압력에 대하여 기술하기
	4. 전체 환기	1. 전체 환기에 대하여 기술하기 2. 전체 환기 시스템 설계, 점검 및 유지관리하기
	5. 국소환기	1. 후드에 대하여 기술하기 2. 닥트에 대하여 기술하기 3. 송풍기에 대하여 기술하기 4. 국소환기 시스템 설계, 점검, 유지관리하기 5. 공기 정화에 대하여 기술하기
	6. 보건관리계획수립평가	1. 사업장 보건문제 사정하기 2. 안전보건활동 계획수립하기 3. 안전보건활동 평가하기
	7. 안전보건관리체제 확립	1. 산업안전보건위원회 활동하기 2. 관리감독자 지도·조언하기
	8. 산업보건정보관리	1. 산업안전보건법에 따른 기록 관리하기 2. 업무수행기록 관리하기 3. 자료보관 활용하기
	9. 위험성 평가	1. 위험성평가 체계 구축하기 2. 위험성평가 과정 관리하기 3. 위험성평가 결과 적용하기
	10. 작업관리	1. 작업부하관리하기 2. 교대제 관리하기

시험 유의사항

1. 시험 문제지를 받는 즉시 응시하고자 하는 종목의 문제지가 맞는지를 확인하여야 합니다.
2. 시험문제지 총면수·문제번호 순서·인쇄상태 등을 확인하고, 수험번호 및 성명을 답안지에 기재하여야 합니다.
3. 수험자 인적사항 및 계산식을 포함한 답안작성은 흑색 필기구만 사용해야 하며, 그 외 연필류, 빨간색, 청색 등 필기구를 사용해 작성한 답항은 0점 처리되오니 불이익을 당하지 않도록 유의해 주시기 바랍니다.
4. 답란에는 문제와 관련 없는 불필요한 낙서나 특이한 기록사항 등을 기재하여서는 안되며 부정의 목적으로 특이한 표식을 하였다고 판단될 경우에는 모든 문항이 0점 처리됩니다.
5. 답안을 정정할 때에는 반드시 정정부분을 두 줄(=)로 긋거나 수정테이프를 사용하여 표시하여야 하며, 다른 방법을 이용한 답안은 정정하지 않은 것으로 간주합니다.
6. 계산문제는 반드시 "계산과정"과 "답"란에 계산과정과 답을 정확히 기재하여야 하며 계산과정이 틀리거나 없는 경우 0점 처리됩니다. (단, 계산연습이 필요한 경우는 연습란을 사용하시기 바라며, 연습란은 채점대상이 아닙니다.)
7. 계산문제는 최종 결과 값(답)에서 소수 셋째자리에서 반올림하여 둘째자리까지 구하여야하나 개별문제에서 소수 처리에 대한 요구사항이 있을 경우 그 요구사항에 따라야 합니다. (단, 문제의 특수한 성격에 따라 정수로 표기하는 문제도 있으며, 반올림한 값이 0이 되는 경우는 첫 유효숫자까지 기재하되 반올림하여 기재하여야 합니다.)
8. 답에 단위가 없으면 오답으로 처리됩니다. (단, 문제의 요구사항에 단위가 주어졌을 경우는 생략되어도 됩니다.)
9. 문제에서 요구한 가지 수(항수) 이상을 답란에 표기한 경우에는 답란기재 순으로 요구한 가지 수(항수)만 채점하고 한 항에 여러 가지를 기재하더라도 한 가지로 보며 그 중 정답과 오답이 함께 기재되어 있을 경우 오답으로 처리됩니다.
10. 한 문제에서 소문제로 파생되는 문제나, 가지수를 요구하는 문제는 대부분의 경우 부분배점을 적용합니다.
11. 부정 또는 불공정한 방법(시험문제 내용과 관련된 메모지사용 등)으로 시험을 치른 자는 부정행위자로 처리되어 당해 시험을 중지 또는 무효로 하고, 3년간 국가기술자격검정의 응시자격이 정지됩니다.
12. 복합형 시험의 경우 시험의 전 과정(필답형, 작업형)을 응시하지 않은 경우 채점대상에서 제외합니다.
13. 저장용량이 큰 전자계산기 및 유사 전자제품 사용시에는 반드시 저장된 메모리를 초기화한 후 사용하여야 하며, 시험위원이 초기화 여부를 확인할시 협조하여야 합니다. 초기화되지 않은 전자계산기 및 유사 전자제품을 사용하여 적발시에는 부정행위로 간주합니다.
14. 시험위원이 시험 중 신분확인을 위하여 신분증과 수험표를 요구할 경우 반드시 제시하여야 합니다.
15. 시험 중에는 통신기기 및 전자기기(휴대용 전화기 등)을 지참하거나 사용할 수 없습니다.
16. 문제 및 답안(지), 채점기준은 일절 공개하지 않습니다.

※ 수험자 유의사항 미준수로 인한 채점상의 불이익은 수험자 본인에게 책임이 있음

4주만에 합격하기!
산업위생관리기사 실기 최단기 정복 스터디플랜

	1일차	2일차	3일차
1주차	[기출문제 풀이] 09년 기출문제 풀이 10년 기출문제 풀이	11년 기출문제 풀이 12년 기출문제 풀이	13년 기출문제 풀이 14년 기출문제 풀이
	8일차	9일차	10일차
2주차	23년 기출문제 풀이 24년 기출문제 풀이	[기출문제 2회독] 09년 기출문제 회독 10년 기출문제 회독 11년 기출문제 회독	12년 기출문제 회독 13년 기출문제 회독 14년 기출문제 회독
	15일차	16일차	17일차
3주차	[기출문제 3회독] 09년 기출문제 회독 10년 기출문제 회독 11년 기출문제 회독 12년 기출문제 회독	13년 기출문제 회독 14년 기출문제 회독 15년 기출문제 회독 16년 기출문제 회독	17년 기출문제 회독 18년 기출문제 회독 19년 기출문제 회독 20년 기출문제 회독
	22일차	23일차	24일차
4주차	21년 기출문제 회독 22년 기출문제 회독 23년 기출문제 회독 24년 기출문제 회독	[기출문제 5회독] 09년 기출문제 회독 10년 기출문제 회독 11년 기출문제 회독 12년 기출문제 회독	13년 기출문제 회독 14년 기출문제 회독 15년 기출문제 회독 16년 기출문제 회독

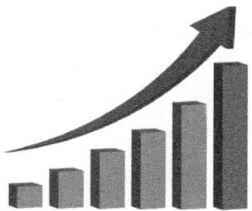

4일차	5일차	6일차	7일차
15년 기출문제 풀이 16년 기출문제 풀이	17년 기출문제 풀이 18년 기출문제 풀이	19년 기출문제 풀이 20년 기출문제 풀이	21년 기출문제 풀이 22년 기출문제 풀이
11일차	12일차	13일차	14일차
15년 기출문제 회독 16년 기출문제 회독 17년 기출문제 회독	18년 기출문제 회독 19년 기출문제 회독 20년 기출문제 회독	21년 기출문제 회독 22년 기출문제 회독	23년 기출문제 회독 24년 기출문제 회독
18일차	19일차 [기출문제 4회독]	20일차	21일차
21년 기출문제 회독 22년 기출문제 회독 23년 기출문제 회독 24년 기출문제 회독	09년 기출문제 회독 10년 기출문제 회독 11년 기출문제 회독 12년 기출문제 회독	13년 기출문제 회독 14년 기출문제 회독 15년 기출문제 회독 16년 기출문제 회독	17년 기출문제 회독 18년 기출문제 회독 19년 기출문제 회독 20년 기출문제 회독
25일차	26일차	27일차 [오답 총정리]	28일차
17년 기출문제 회독 18년 기출문제 회독 19년 기출문제 회독 20년 기출문제 회독	21년 기출문제 회독 22년 기출문제 회독 23년 기출문제 회독 24년 기출문제 회독	09~16년 오답 총정리	17~24년 오답 총정리

이 책의 특징

합격비법 시리즈는 다년간의 국가기술 자격증 수험서적의 제작 노하우를 모두 담은 교재로 모든 수험생 여러분의 합격을 위한 교재입니다. 비전공자, 직장인 등 쉽지 않은 공부 환경에 있는 수험생들도 쉽고 빠르게 공부할 수 있는 구성으로 지금까지 많은 합격자를 배출한 교재입니다.

"산업위생관리기사"는 작업장 및 실내 환경의 쾌적한 환경 조성과 근로자의 건강 보호와 증진을 위하여 화학적, 물리적, 생물학적, 그리고 기타 유해요인에 관한 환경 측정, 시료분석 및 평가를 통해 유해 요인의 노출 정도를 분석·평가하고 대책을 제시하는 직무와 연관된 자격증입니다. 산업안전보건법상 '보건관리자'에 선임되기 위해서 취득하는만큼 최근들어 더욱 각광받고 있는 자격증입니다.

합격비법 시리즈는 단순히 교재만을 제공하는 것이 아닌 효율적인 학습을 위한 여러 가지 콘탠츠를 제공합니다.

유투브 "랑쌤에듀" 채널에 해당 교재를 보고 들을 수 있는 무료강의가 업로드 되어있습니다. 이 강의들은 랑쌤에듀 공식 홈페이지에서 판매중인 강의와 동일한 퀄리티로 공부하는데에 큰 도움이 될 것입니다.

카카오톡 오픈채팅 검색창에 "랑쌤에듀"를 검색하면 과목별 오픈채팅방이 나옵니다. 자신에게 맞는 과목의 오픈채팅방에서 자유롭게 질문과 답변을 주고받을 수 있는 환경이 마련돼있습니다. 혼자 공부하는 것보다 다른 수험생들과 정보를 주고받으며 공부하는 것이 더 효율적인 공부 방법이 될 것입니다.

네이버 카페 "랑쌤에듀"에서 교재 등업을 하면 여러 가지 학습자료들을 무료로 이용하실 수 있습니다. 또한 하.세.열(하루 세 번 열문제) 퀴즈, 시험 전 총정리 실시간 강의 일정, 교재 정오표 및 법령 변경 사항 등의 정보도 카페에 수시로 공지를 하고 있습니다.

합격비법 시리즈는 앞으로도 수험생 여러분의 합격을 위해 최선을 다 할 것이며 더 좋은 수험서적을 만들 수 있도록 노력하겠습니다. 목표로 하신 자격증을 취득하는 그 날까지 모든 수험생 여러분들 파이팅 입니다!

01
산업위생학개론

01. 산업위생
02. 인간과 작업환경
03. 실내 환경
04. 관련 법규
05. 산업재해

Chapter 1

산업위생

1-1 산업위생의 정의와 목적

(1) 산업위생의 정의

① 미국산업위생학회(AIHA : American Industrial Hygiene Asociation)
  : 근로자나 일반 대중에게 질병, 건강장애와 안녕방해, 심각한 불쾌감 및 능률 저하 등을 초래하는 작업환경요인과 스트레스를 **예측**, **측정**, **평가**하고 **관리**하는 과학과 기술이다.

② 국제노동기구와 세계보건기구 공동위원회(ILO/WHO)
  : 근로자들이 육체적, 정신적, 사회적 건강을 유지하고 증진하며, 작업조건으로 인한 질병 예방 및 건강에 유해한 취업 방지하고, 근로자를 생리적, 심리적으로 적합한 작업환경에 배치한다.

(2) 산업위생의 목적

① 작업환경개선 및 직업병의 근원적 예방
② 최적의 작업환경·작업조건의 인간공학적 개선
③ 작업자의 건강보호 및 생산성 향상
④ 작업자들의 육체적·정신적·사회적 건강유지 및 증진
⑤ 산업재해의 예방 및 직업성 질환 유소견자의 작업전환

(3) 산업위생의 범위

① 노동시간과 교대제 연구
② 노동력의 재생산과 사회경제적 조건 연구
③ 노동생리와 정신적 조건 연구
④ 생체리듬의 연구
⑤ 신기술과 건강 피해 연구
⑥ 연령·성별·적성 문제
⑦ 유해 환경의 영향과 대책 연구
⑧ 작업능력과 작업조건의 연구
⑨ 작업환경과 신체적 최적 환경의 연구

1-2 산업위생의 역사

(1) 외국의 산업위생 역사

이름 및 년도	설명
풀리니 (Pliny the Elder) [기원전 1세기]	황과 아연의 건강 유해성을 주장하였고, 먼지 마스크로 동물의 **방광막 사용**을 주장하였다.
히포크라테스 (Hippocrates) [기원전 4세기]	광산에서의 납중독을 보고하여 이것은 **역사상 최초로 기록된 직업병**이다.
파라셀수스 (Philippus Paracelsus) [1493 ~ 1541년]	물질 독성의 양-반응 관계에 대한 언급 및 "모든 물질은 그 양에 따라 독이 될 수도 있고 치료약이 될 수 있다."라고 주장한 **독성학의 아버지**이다.
아그리콜라 (Georgius Agricola) [1494 ~ 1555년]	"모든 물질은 독성을 가지고 있으며 중독을 유발하는 것은 용량에 의존한다"라고 주장하고, "광물에 대하여(De Re Metalice)"를 저술한 **광물학의 아버지**이다.
라마찌니 (Bernardino Ramazzini) [1633 ~ 1714년]	직업병의 원인으로 작업환경 중 유해물질과 부자연스러운 작업자세를 명시하였고, 직업병 연구와 노동자 보호의 선구자이며 "직업인의 병(De Morbis Artificum Diatriba)"를 저술하였다.
포트 (Percivall Pott) [1714 ~ 1788년]	**직업성 암을 최초로 보고**하였으며, 어린이 굴뚝청소부에게 많이 발생하는 **음낭암**을 발견하여 암의 원인물질은 **검댕속 여러 종류의 PAH(다환 방향족 탄화수소)**으로 이후 1788년에 굴뚝청소부법을 제정하도록 하였다.
공장법 [1833년]	산업보건에 관한 최초의 법률로서 실제로 효과를 거두었다. <공장법 주요 내용> ① **감독관 임명**하여 공장을 감독한다. ② 근로자에게 교육을 시키도록 **의무화**한다. ③ 18세 미만 근로자의 **야간작업을 금지**한다. ④ 직업할 수 있는 연령을 13세 이상으로 제한한다. ⑤ 주간작업시간 48시간으로 제한한다.
해밀턴 (Alice Hamilton) [1869 ~ 1970년]	미국의 여의사로 **현대적 의미의 최초 산업 위생전문가(혹은 최초 산업의학자)**라고 하며 1910년 납공장을 시작으로 **40여년간 각종 직업병**을 발견하고 작업환경개선에 힘썼으며 하버드 대학 교수로 재직하였다. 그녀의 이름을 인용하여 미국 신시내티에 있는 NIOSH 연구소를 일명 이 사람 연구소라고도 한다.
로리가 (Loriga) [1911년]	공입공구를 사용하는 이탈리아 광부에 대한 **혈관장해(수지의 레이노드(Raynaud)현상)**을 보고하였다.

(2) 한국의 산업위생 역사

년도	설명
1926년	공장보건위생법 제정
1953년	① 근로기준법 제정 공포 (우리나라 산업위생에 관한 최초의 법령) ② 주요 내용으로는 안전과 위생에 관한 조항 규정 및 산업재해 방지를 위하여 사업주로 하여금 의무를 강요
1963년	① 대한산업보건협회 창립 ② 노정국에서 노동청으로 승격
1977년	① 근로복지공사 설립 및 부속병원 개설 ② 국립노동과학연구소 설립

1981년	① 산업안전보건법 제정 공포
	
	② 산업안전보건법 목적
	  ㉠ 근로자의 안전보건을 유지·증진하기 위함
	  ㉡ 산업재해 예방 및 상쾌한 작업환경
	
	③ 산업안전보건법 주요 내용
	  ㉠ 안전보건관리책임자 고용
	  ㉡ 안전보건교육의 확립
	  ㉢ 작업환경 측정의 의무화
	  ㉣ 특수건강진단과 임시건강진단의 도입
	
	④ 노동청에서 고용노동부로 승격

1986년	유해물질의 허용농도 제정 및 산업위생관련 자격제도 도입
1987년	한국산업안전보건공단 설립
1988년	**문송면** 군에서의 온도계·형광등 제조회사에서 **수은(Hg)중독 사망**
1991년	① **원진레이온㈜ 이황화탄소(CS_2) 중독사건**이 1991년에 중독이 발견하여 1998년에 집단으로 발생함 ② 이황화탄소 만성중독으로 뇌경색증, 다발성 신경염, 협심증, 신부전증 등 유발함 ③ 작업환경 측정 및 근로자 건강진단을 소홀하여 예방에 실패한 대표적인 사례가 되었다.
2002년	대한산업보건협회 12개 산업보건센터 운영

1-3 산업위생 윤리강령

(1) 윤리강령의 목적

① 산업위생 전문가가 준행하여야 할 윤리적 행동의 지침으로 근로자의 건강을 보호하고 작업환경을 개선하고 산업위생을 양질의 전문영역이 되도록 하는 것을 목표로 삼고 노력하자는 것.

② 산업위생 전문가는 산업위생분야에서 밝혀진 원칙들을 적용할 때 근로자의 생명, 건강 및 복지에 미치는 영향들을 전문적 판단으로 평가할 때 객관적인 견지에서 그들의 직업적 업무를 수행하여야 할 책임이 있다.

(2) 산업위생전문가의 윤리강령

책임의 종류	설명
산업위생전문가 로서의 책임	① 성실성과 학문적 실력 면에서 **최고 수준**을 유지한다. ② 과학적 방법의 적용과 자료의 해석에서 경험을 통한 전문가의 **객관성**을 유지한다. ③ 전문 분야로서 **산업위생을 학문적으로 발전**시킨다. ④ 근로자, 사회 및 전문 직종의 이익을 위해 **과학적 지식을 공개**하고 발표한다. ⑤ 산업위생활동을 통해 얻은 개인 및 기업체의 기밀은 누설하지 않는다. ⑥ 전문적 판단이 타협에 의하여 좌우될 수 있거나 이해관계가 있는 상황에는 **개입하지 않는다**. ⑦ 쾌적한 작업환경을 만들기 위해 **산업위생이론을 적용**하고 **책임 있게 행동**한다.
근로자에 대한 책임	① 근로자의 건강보호가 산업위생전문가의 **일차적 책임**임을 인지한다. ② 근로자와 기타 여러 사람의 건강과 안녕이 산업위생전문가의 판단에 좌우한다는 것을 깨달아야 한다. ③ 위험요인의 측정·평가 및 관리에 있어서 외부 영향력에 굴하지 않고 **중립적 태도**를 취한다. ④ 건강의 유해요인에 대한 정보와 필요한 예방조치에 대해 **근로자와 대화**한다.
기업주와 고객에 대한 책임	① 기업주와 고객보다는 근로자의 건강보호에 궁극적인 **책임**을 두어 행동한다. ② 쾌적한 작업환경을 조성하기 위하여 **산업위생의 이론**을 적용하고 **책임 있게** 행동한다. ③ 신뢰를 바탕으로 정직하게 권하고 성실한 자세로 충고하며 **결과와 개선점 및 권고사항을 정확히 보고**한다. ④ 결과 및 결론을 뒷받침할 수 있도록 **정확한 기록**을 유지하고, 산업위생사업을 전문가답게 **전문 부서들을 운영·관리**한다.
일반 대중에 대한 책임	① 일반 대중에 관한 사항은 **학술지에 정직하게 사실 그대로 발표**한다. ② 적정하고도 확실한 사실을 근거로 전문적인 견해를 발표한다.

Chapter 2

인간과 작업환경

2-1 인간공학

(1) 들기작업

① 5kg 이상 중량물을 들어올릴 때 조치사항(산업안전보건기준)

㉠ 주로 취급하는 물품에 대하여 근로자가 쉽게 알 수 있도록 물품의 **중량과 무게중심**에 대하여 **작업장 주변에 안내표시**를 할 것

㉡ 취급하기 곤란한 물품에 대하여 **손잡이를 붙이거나 갈고리·진공빨판** 등 적절한 보호도구를 활용할 것

② 중량물 취급기준(NIOSH기준)

㉠ 보통속도로 반드시 **두 손으로 들어올리는 작업**일 것
㉡ 작업장의 **온도**가 적절할 것
㉢ 신발이 작업장에 닿을 때 **미끄럽지 아니하고**, 손으로 물건을 잡을 때 **불편함이 없을 것**
㉣ 물체를 들어 올리는데 **자연스러울 것**
㉤ 물체의 폭이 **75cm 이하**로 두 손을 적당히 벌리는 작업을 할 것

③ NIOSH의 감시기준(AL)
: AL(Action Limit)은 안전작업 무게로서 다음기준에 의해 설정되었다.

기준	설명
역학적 조사	이 작업 조건에 종사한 사람과 근골격계질환의 발생이 연관됨
생체역학적 기준	L5/S1 디스크에 350kg(3400N)의 생체역학적 부하가 걸리고 대부분의 젊고 건강한 작업자는 견딜 수 있음
생리학적 기준	대사율이 3.5kcal/min을 넘지 않음
심물리학적 기준	여자의 75% 이상과 남자의 99% 이상이 수행 가능

$$AL[kg] = 40\left(\frac{15}{H}\right)(1 - 0.004|V-75|)\left(0.7 + \frac{7.5}{D}\right)\left(1 - \frac{F}{F_{max}}\right)$$

여기서,
H : 대상물체의 수평거리
V : 대상물체의 수직거리
D : 대상물체의 이동거리
F : 중량물 취급작업의 빈도
F_{max} : 최대 들기작업 빈도

④ NIOSH의 최대허용기준(MPL)

: MPL(Maximum Permissible Limit)은 AL의 3배로서 최대 허용 무게로서 다음 기준을 가진다.

기준	설명
역학적 조사	MPL 이상의 조건에서 작업하게 되면 근골격계질환의 발생이 증가함
생체역학적 기준	L5/S1 디스크에 650kg(6400N)의 생체역학적 부하가 걸리고 대부분의 작업자가 견딜 수 없음
생리학적 기준	대사율이 5.0kcal/min을 넘음
심물리학적 기준	여자의 1%, 남자의 25%만 작업 가능

$$MPL = 3AL$$

여기서, AL : 감시기준

④ NIOSH의 권고중량물한계기준(RWL)

$$RWL[kg] = LC \times HM \times VM \times DM \times AM \times FM \times CM$$

여기서,
LC : 중량상수(23kg)
HM : 수평계수
VM : 수직계수
DM : 거리계수
AM : 비대칭계수
FM : 빈도계수
CM : 커플링계수

⑤ NIOSH의 중량물 취급지수(LI)

$$LI = \frac{\text{물체 무게}[kg]}{RWL[kg]}$$

여기서, RWL : 권고기준

(2) 단순 및 반복작업

① 수평 작업대

㉠ 정상 작업역(표준영역)

 i) 윗팔(상완)을 자연스럽게 **수직으로 늘어뜨린 채**, 아래팔(전완)만으로 편하게 뻗어 파악할 수 있는 영역
 ii) **팔을 가볍게 몸에 붙이고** 팔꿈치를 구부린 상태에서 자유롭게 손이 닿는 영역
 iii) 움직이지 않고 **전박**과 손으로 조작할 수 있는 범위

ⓒ 최대 작업역(최대영역)

 ⅰ) 윗팔(상완)과 아래팔(전완)을 곧게 수평으로 펴서 파악할 수 있는 영역
 ⅱ) **어깨에서부터 팔을 뻗어** 도달하는 최대영역
 ⅲ) 움직이지 않고 **상지**를 뻗어 닿는 범위

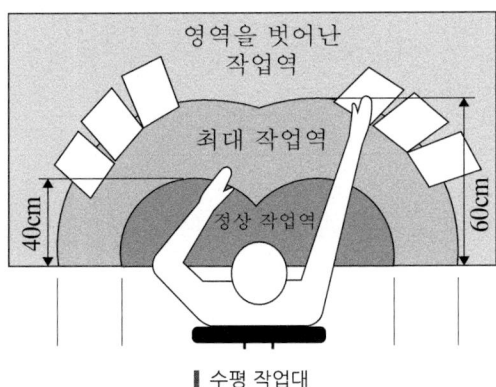
▌수평 작업대

(3) VDT 증후군(영상표시단말기 증후군)
: 컴퓨터 작업으로 인해 발생되는 목이나 어깨의 결림 등의 경견완증후군과 기타 근골격계
  증상, 눈의 피로와 이물감, 피부증상, 정신신경계증상 등을 말한다.

① 증후군 종류

 ㉠ **근골격계 증상** : 어깨, 손목, 손가락, 팔꿈치 등에 나타나는 통증 등
 ㉡ **눈의 피로** : 눈의 이물감, 충혈, 눈부심 등 안구건조증, 안질환 등
 ㉢ **피부증상** : 전자파에 의한 피부 질환 등
 ㉣ **정신신경계증상** : 인터넷중독, 게임중독, 우울증, 수면장애 등

② 건강장애 예방방법

 ㉠ 서류받침대는 **화면과 같은 높이**로 맞추어 작업한다.
 ㉡ 작업자의 **발바닥 전면이 바닥면에 닿는** 자세를 취하도록 한다.
 ㉢ 위 팔은 자연스럽게 늘어뜨리고, **팔꿈치의 내각의 90° 이상**으로 한다.
 ㉣ 작업자의 시선은 **수편선상으로 5~15° 아래**를 바라보도록 한다.
 ㉤ 눈으로부터 화면까지의 **시거리는 40cm 이상**을 유지할 것
 ㉥ 아래팔은 손등과 일직선을 유지하여 **손목이 꺾이지 않도록** 할 것
 ㉦ 의자에 앉을 때 **의자 깊숙이 앉아** 의자등받이에 등이 충분히 지지되도록 할 것
 ㉧ 작업자의 손목을 지지할 수 있도록 작업대 끝면과 키보드 사이는 **15cm 이상을 확보**할 것

(4) 노동 생리

① 근육운동에 필요한 에너지원(근육의 대사과정)

혐기성 대사	호기성 대사
① 근육에 저장된 화학적 에너지 ② 혐기성 대사 순서 ATP(아데노신 삼인산) → CP(크레아틴 인산) → Glycogen(글리코겐) or Glucose(포도당)	① 대사과정을 거쳐 생성된 에너지 ② 호기성 대사 순서 [포도당, 단백질, 지방] + 산소 → 에너지원

② 영양소 작용에 대한 종류

작용	영양소의 종류
체내에서 산화연소하여 에너지 공급	탄수화물, 단백질, 지방 (3대 영양소)
여러 영양소의 영양 작용의 매개가 되고 생활기능을 조절	비타민, 무기질, 물 (에너지원 ×)
체성분 구성 및 소비되는 물질의 공급원으로 작용	단백질, 무기질, 물
근육에 호기적 산화를 촉진시켜 근육 열량공급을 원활하게 해주는 비타민	비타민 B1
치아 및 골격 구성	칼슘

✔ 3대 영양소 : 탄수화물, 단백질, 지방
✔ 5대 영양소 : 탄수화물, 단백질, 지방, 무기질, 비타민

③ 산소 소비량
: 산소 소비량은 작업부하가 증가하면 일정한 비율로 증가하나 작업부하가 일정한계를 넘어서게 된다면 더 이상 증가하지 않게된다.

㉠ 휴식 중 산소소비량 : 0.25L/min
㉡ 운동 중 산소소비량 : 5L/min (성인남성 기준)
㉢ 산소 1L의 소비에너지 : 5kcal

④ 산소부채(Oxygen Debt)
: 작업이 끝난 후에 남아있는 젖산을 제거하기 위해서는 **산소가 더 필요하며, 이때 동원되는 산소소비량**이다.

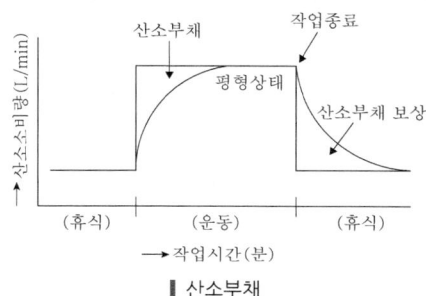

▎산소부채

(5) 근골격계 질환

: 반복적인 동작, 부적절한 작업자세, 무리한 힘의 사용, 날카로운 면과의 신체접촉, 진동 및 온도 등에 의해 상, 하지의 신경근육 및 그 주변에 발생하는 질환이다.

① 근골격계 질환 용어
　㉠ 누적외상성 질환(CTDs)　　　㉡ 근골격계 질환(MSDs)
　㉢ 반복성 긴장장애(RSI)　　　　㉣ 경견완 증후군

② 근골격계 부담작업(단, 단기간작업 또는 간헐적인 작업은 제외)

> ㉠ 하루에 4시간 이상 집중적으로 자료입력 등을 위해 키보드 또는 마우스를 조작하는 작업
> ㉡ 하루에 총 2시간 이상 목, 어깨, 팔꿈치, 손목 또는 손을 사용하여 같은 동작을 반복하는 작업
> ㉢ 하루에 총 2시간 이상 머리 위에 손이 있거나, 팔꿈치가 어깨위에 있거나, 팔꿈치를 몸통으로부터 들거나, 팔꿈치를 몸통 뒤쪽에 위치하도록 하는 상태에서 이루어지는 작업
> ㉣ 지지되지 않은 상태이거나 임의로 자세를 바꿀 수 없는 조건에서, 하루에 총 2시간 이상 목이나 허리를 구부리거나 트는 상태에서 이루어지는 작업
> ㉤ 하루에 총 2시간 이상 쪼그리고 앉거나 무릎을 굽힌 자세에서 이루어지는 작업
> ㉥ 하루에 총 2시간 이상 지지되지 않은 상태에서 1kg 이상의 물건을 한손의 손가락으로 집어 옮기거나, 2kg 이상에 상응하는 힘을 가하여 한손의 손가락으로 물건을 쥐는 작업
> ㉦ 하루에 총 2시간 이상 지지되지 않은 상태에서 4.5kg 이상의 물건을 한 손으로 들거나 동일한 힘으로 쥐는 작업
> ㉧ 하루에 10회 이상 25kg 이상의 물체를 드는 작업
> ㉨ 하루에 25회 이상 10kg 이상의 물체를 무릎 아래에서 들거나, 어깨 위에서 들거나, 팔을 뻗은 상태에서 드는 작업
> ㉩ 하루에 총 2시간 이상, 분당 2회 이상 4.5kg 이상의 물체를 드는 작업
> ㉪ 하루에 총 2시간 이상 시간당 10회 이상 손 또는 무릎을 사용하여 반복적으로 충격을 가하는 작업

③ 근골격계 질환 유해요인 조사

　㉠ 사업주는 근로자가 근골격계부담작업을 하는 경우에 **3년마다** 다음 각 호의 사항에 대한 **유해요인조사**를 하여야 한다. 다만, **신설되는 사업장의 경우에는 신설일부터 1년 이내**에 **최초의 유해요인 조사**를 하여야 한다.

> ⅰ) 설비·작업공정·작업량·작업속도 등 **작업장 상황**
> ⅱ) 작업시간·작업자세·작업방법 등 **작업조건**
> ⅲ) 작업과 관련된 **근골격계질환 징후와 증상 유무 등**

ⓒ 사업주는 다음 각 호의 어느 하나에 해당하는 사유가 발생하였을 경우에 제1항에도 불구하고 **지체 없이 유해요인 조사**를 하여야 한다. 다만, 제1호의 경우는 근골격계 부담작업이 아닌 작업에서 발생한 경우를 포함한다.

> ⅰ) **임시건강진단** 등에서 근골격계질환자가 **발생**하였거나 근로자가 근골격계질환으로 인정받은 경우
> ⅱ) 근골격계부담작업에 해당하는 새로운 작업·설비를 도입한 경우
> ⅲ) 근골격계부담작업에 해당하는 업무의 양과 작업공정 등 **작업환경을 변경**한 경우

ⓒ 사업주는 유해요인 조사에 **근로자 대표 또는 해당 작업 근로자를 참여**시켜야 한다.

(6) 작업부하 평가방법

① 인간공학적 작업분석 및 평가도구

평가도구명	설명
JSI(작업 긴장도지수) (Job Strain Index)	주로 상지작업 특히 손과 손목을 중심으로 이루어지는 작업인 세탁작업·전자부품 조립작업 등 작업자가 **손목을 반복적으로 사용**하는 작업에서 **체크리스트를 이용**하여 위험요인을 평가하는 도구
RULA (Rapid Upper Limb Assessment)	어깨, 팔목, 손목, 목 등 상지의 분석에 초점을 두고 있기 때문에 하체보다는 **상체의 작업부하가 많이 부과**되는 작업의 작업자세에 대한 근육부하를 평가하는 도구
REBA (Rapid Entire Body Assessment)	상지작업을 중심으로 한 RULA와 비교하여 **간호사 등과 같이 예측하기 힘든 다양한 자세**에서 이루어지는 서비스업에서의 전체적인 신체에 대한 부담정도와 위해인자에 노출정도를 평가하는 도구
OWAS (Ovako Working posture Analysis System)	근력을 발휘하기에 부적절한 작업자세를 구별해내기 위한 목적으로 개발된 이 평가기법의 장점으로는 **특별한 기구 없이 관찰**에 의해서만 **작업자세를 평가**할 수 있으며, 전반적인 작업으로 인한 위해도를 쉽고 간단하게 조사할 수 있고, **현재 가장 범용적으로 사용**되고 있다. 위해도평가는 상지, 하지, 허리, 하중을 이용해 실시하는 평가도구로, **중량물 취급 작업 외에는 작업에 소요되는 힘과 반복성에 대한 위험성이 평가에 반영되지 않아** 한계점으로 지적되고 있다.
3DSSPP (3D Static Strength Prediction Program)	인체역학적인 모형을 이용하여 중량물 취급 작업 시 특정관절과 근육별로 어떤 종류의 힘이 작업상 얼마만큼 요구되는가를 **정량적으로 예측**하고 이를 작업자의 능력과 비교할 수 있는 프로그램

(7) 작업 환경의 개선

① 동작경제의 3원칙

원칙명	설명
인체 사용에 관한 원칙	① 양손은 동시에 동작을 시작하고 또 끝마쳐야 한다. ② 휴식시간 이외에 양손이 동시에 노는 시간이 있어서는 **안 된다**. ③ 양팔은 각기 반대방향에서 대칭적으로 동시에 움직여야 한다. ④ 손의 동작은 작업을 수행할 수 있는 **최소동작 이상**을 해서는 **안 된다**. ⑤ 작업자들을 돕기 위하여 동작의 **관성**을 이용하여 작업하는 것이 좋다. ⑥ 구속되거나 제한된 동작 또는 급격한 방향전환보다는 **유연한 동작**이 좋다. ⑦ 작업동작은 율동이 맞아야 한다. ⑧ 직선동작보다는 **연속적인 곡선동작**을 취하는 것이 좋다. ⑨ **탄도동작**은 제한되거나 통제된 동작보다 더 신속, 정확, 용이하다. ⑩ 눈을 주시시키는 동작 또는 이동시키는 동작은 되도록 적게 하여야 한다.
작업역의 배치에 관한 원칙	① 모든 공구와 재료는 **일정한 위치**에 정돈되어야 한다. ② 공구와 재료는 작업이 용이하도록 **작업자의 주위**에 있어야 한다. ③ 재료를 될 수 있는 대로 사용위치 가까이에 공급할 수 있도록 **중력을 이용한 호퍼 및 용기**를 사용하여야 한다. ④ 가능하면 **낙하시키는 방법**을 이용하여야 한다. ⑤ 공구 및 재료는 동작에 **가장 편리한 순서**로 배치하여야 한다. ⑥ 채광 및 조명장치를 잘 하여야 한다. ⑦ 의자와 작업대의 모양과 높이는 각 작업자에게 알맞도록 설계되어야 한다. ⑧ 작업자가 **좋은 자세**를 취할 수 있는 모양, 높이의 의자를 지급해야 한다.
공구 및 설비의 설계에 관한 원칙	① 치공구나 발을 사용함으로써 **손의** 작업을 보존하고 손은 다른 동작을 담당하도록 하면 편리하다. ② 공구류는 될 수 있는 대로 두 가지 이상의 기능을 조합한 것을 사용 하여야 한다. ③ 공구류 및 재료는 될 수 있는 대로 **다음에 사용하기 쉽도록** 놓아두어야 한다. ④ 각 손가락이 사용되는 작업에서는 **각 손가락의 힘이 같지 않음**을 고려하여야 할 것이다. ⑤ 각종 손잡이는 손에 가장 알맞게 고안함으로써 피로를 감소시킬 수 있다. ⑥ 각종 레버나 핸들은 작업자가 **최소의 움직임**으로 사용할 수 있는 위치에 있어야 한다.

② 부품배치의 4원칙

원칙명	설명
중요성의 원칙	부품 작동성능이 목표달성에 중요한 정도에 따라 우선순위를 설정한다.
사용빈도의 원칙	자주 사용하는 부품에 따라 우선순위를 설정한다.
기능별 배치의 원칙	기능적으로 관련된 부품들을 모아서 배치한다.
사용순서의 원칙	사용순서에 따라 부품과 장치들을 배치한다.

③ 수공구의 설계원칙

㉠ 인간의 상지에 적합하도록 함	㉡ 손목을 곧게 유지할 것
㉢ 수공구가 무겁지 않도록 설계	㉣ 양손잡이를 모두 고려한 설계
㉤ 가능한 한 수동 공구 대신 동력 공구 사용	㉥ 손잡이 길이는 95% 남성의 손과 폭을 기준
㉦ 손바닥 부위에 압박을 주지 않은 형태	㉧ 손잡이의 직경은 사용 용도에 맞춤
㉨ 손에 맞는 장갑 착용	㉩ 손잡이 재질은 미끄러지지 않는 비전도성으로 열과 땀에 강할 것

④ 의자의 설계원칙

원칙명	설명
체중 분포	체중이 주로 **좌골 결절**에 실리게끔 설계할 것
의자 좌판의 높이	좌판 앞부분이 대퇴근을 압박하지 않도록 **오금높이보다 높지 않으며**, 치수는 5% 오금높이로 할 것
의자 좌판의 깊이와 폭	폭은 큰 사람의 기준으로 설계하고 깊이는 장딴지에 여유를 주고 대퇴근을 압박하지 않도록 작은 사람 기준으로 설계할 것
몸통의 안정	의자 좌판의 각도 3°, 등판의 각도 100°로 설계할 것

2-2 산업피로

(1) 피로의 정의 및 종류

① 피로의 정의 : 정신기능과 생리기능의 저하가 혼합적으로 나타난 현상

② 피로의 특징

㉠ 노동수명(turn over ratio)으로도 피로를 판정
㉡ 근육 내 당원(글리코겐)의 고갈, 혈중 포도당(글루코스)의 저하
㉢ 혈중 젖산의 증가와 일치
㉣ 피로의 자각증상은 피로의 정도와 반드시 일치하지 않음

ⓜ 작업강도에 반응하는 **육체적, 정신적 생체 현상**
ⓗ 피로 자체는 질병이 아니라 가역적인 생체변화 및 건강장해에 대한 경고적 반응
ⓢ "고단하다"는 주관적인 느낌이 있음
ⓞ 생체기능의 변화로 객관적으로 측정이 가능
ⓩ 정신적 피로와 육체적 피로는 보통 구별하기 어려움
ⓒ 정신피로는 주로 중추신경계 피로, 근육피로는 말초신경계의 피로를 의미

③ 피로의 종류(3단계)

종류	설명
1단계 - 보통피로	하룻밤 자고나면 다음날 완전히 회복
2단계 - 과로	다음날까지도 피로상태가 계속 유지
3단계 - 곤비	과로상태가 축적되어 단기간에 휴식을 취하여도 회복될 수 없는 병적인 상태이며 심하면 사망에 이름

④ 전신피로와 국소피로

㉠ 전신피로 : 운동 중 전신이 지치는 증상

ⅰ) 전신피로의 원인

- 혈중 포도당 농도 저하
- 혈중 젖산 농도 증가
- 근육 내 글리코겐 양 감소
- 작업강도 증가 (피로에 가장 큰 영향을 미치는 요소)
- 산소공급 부족
- 항상성의 상실

ⅱ) 전신피로의 정도 평가

종류	설명
HR_1	작업종료 후 30~60초 사이의 평균맥박수
HR_2	작업종료 후 60~90초 사이의 평균맥박수
HR_3	작업종료 후 150~180초 사이의 평균맥박수
✔ 심한 전신피로 상태 : HR_1이 110을 초과하고 HR_3과 HR_2의 차이가 10 미만인 경우	

㉡ 국소피로 : 운동 중 어느 특정 근육군이 지친 증상을 가리키는데 흔히 해당 근육이 무거워지고 경직되는 등 불편감을 호소하는 것이 일반적인 피로

- 국소피로의 평가 : 객관적 평가가 가능한 **근전도(EMG)**를 가장 많이 이용한다
- 정상적인 근육과 비교하여 피로한 근육에서 나타나는 EMG 특징

① 총 전압 증가
② 저주파(0~40Hz) 전압 증가
③ 고주파(40~200Hz) 전압 감소
④ 평균주파수 영역에서 전압 감소

⑤ 피로의 발생기전

  ㉠ 영양소·산소 등 에너지원 소모
  ㉡ 피로물질(젖산, 크레아틴 등)의 축적
  ㉢ 체내의 항상성 상실
  ㉣ 신체조절기능 저하
  ㉤ 체내 생리대사의 물리·화학적 변화

(2) 피로의 원인 및 증상

① 피로의 원인

  ㉠ 작업부하(작업공간, 작업방식, 작업밀도) ㉡ 작업환경조건
  ㉢ 작업편성과 작업시간 ㉣ 생활조건
  ㉤ 인개조건

② 피로의 증상

  ㉠ 혈압 : 초기에 증가하나 피로가 진행되면서 감소
  ㉡ 혈액 : 혈당치가 낮아지고 젖산과 탄산량이 증가하여 산혈증 발생
  ㉢ 체온 : 체온이 증가하나 정도가 심해지면 감소
  ㉣ 소변 : 소변의 양이 줄고 뇨 내의 단백질 또는 교질물의 배설량 증가
  ㉤ 순환기능 : 맥박이 빨라지고 회복 시까지 시간이 걸림
  ㉥ 호흡기능 : 호흡이 얕고 빨라지며 심하면 호흡곤란을 일으킴
  ㉦ 신경기능 : 지각·반사기능이 감소되고 판단력 저하, 졸음, 권태감이 발생

③ 피로 측정법

종류	설명
생리학적 측정법	① EMG(근전도) ② ECG(심전도) ③ EEG(뇌전도) ④ 산소소비량 ⑤ 점멸융합주파수(플리커테스트)
생화학적 측정법	① 혈액의 농도 측정 ② 혈액의 수분 측정 ③ 소변의 단백질 측정 ④ 소변의 전해질 측정
심리학적 측정법	① 동작분석 ② 집중력 ③ 연속반응시간

(3) 에너지 소비량

① 육체적 작업능력(PWC) : 피로를 느끼지 않고 하루에 4분간 계속할 수 있는 작업강도
              (개인의 심폐 기능으로 결정)

$$\text{하루 8시간 작업강도} = \frac{PWC}{3}$$

여기서,
젊은남성 평균 PWC : 16kcal/min
여성 평균 PWC : 12kcal/min

(4) 작업강도

① 에너지 대사율(작업 대사율, RMR)

$$RMR = \frac{\text{작업대사량(안정 시 열량)}}{\text{기초대사량}} = \frac{\text{작업 시 소비에너지 - 안정 시 소비에너지}}{\text{기초대사량}}$$

RMR	작업강도	실노동률[%]
0 ~ 1	초경작업	80 이상
1 ~ 2	중등작업	80 ~ 76
2 ~ 4	강작업	76 ~ 67
4 ~ 7	중(重)작업	67 ~ 50
7 이상	격심작업	50 이하

② ACGIH에서 구분한 작업강도

  ㉠ 경작업 : 200kcal/hr 이하
  ㉡ 중등작업 : 200~350kcal/hr
  ㉢ 중작업 : 350~500kcal/hr

③ 실노동률(실동률)[%] 계산식 : $85 - (5 \times RMR)$

④ 계속작업 한계시간(CMT) 계산식 : $\log CMT = 3.724 - 3.25 \log RMR$

⑤ 작업강도(%MS)

: 작업강도가 10% 미만인 경우는 국소피로가 발생하지 않는다.

$$\%MS = \frac{RF}{MS} \times 100$$

여기서,
RF : 작업 시 한 손에 요구되는 힘
MS : 근로자가 가지고 있는 약한 손의 최대 힘

⑥ 적정작업시간[sec] 계산식 : 적정작업시간 $= 671120 \times \%MS^{-2.222}$

(5) 작업시간과 휴식

① 작업강도에 따른 허용작업시간(T_{end})

$$\log T_{end} = 3.720 - 0.1949 E$$

여기서,
E(작업대사량) $= \dfrac{PWC}{3}$

T_{end} : 허용작업시간

② 피로예방 휴식시간비(Hertig식)

$$휴식시간 = 60 \times \dfrac{\dfrac{PWC}{3} - 작업대사량}{휴식대사량 - 작업대사량}$$

작업시간 = 60분 - 휴식시간

(6) 교대 작업

① 교대근무제 관리원칙(바람직한 교대제)

> ㉠ 작업시간은 하루 8시간, 1주 40시간을 원칙으로 가급적 준수한다.
> ㉡ 근무시간의 간격은 15~16시간 이상으로 하여야 한다.
> ㉢ 3조 3교대 근무나 4조 3교대 근무가 바람직 하다.
> ㉣ 교대작업자 특히, 야간작업자는 주간작업자보다 연간 쉬는 날이 더 많아야 한다.
> ㉤ 근무반 교대방향은 아침반 → 저녁반 → 야간반으로 정방향 순환이 되도록 한다.
> ㉥ 교대근무에 대한 일주기 리듬의 생리적·심리적 적응은 불완전하므로 생산적 이유 외 교대제는 하지 않는다.
> ㉦ 야간근무의 연속일수는 2~3일로 한다.
> ㉧ 야간근무 교대시간은 상오 0시(자정) 이전에 하는 것이 좋다.
> ㉨ 야간근무시 가면시간은 근무시간에 따라 2~4시간으로 하는 것이 좋다.
> ㉩ 야간근무시 다음 반으로 가는 간격은 48시간 이상으로 한다.

② 기업에서 교대근무제를 채택한 이유

㉠ 의료·방송 등 공공사업에서 국민생활과 이용자의 편의를 위하여
㉡ 화학공업·석유정제 등 생산과정이 주야로 연속되지 않으면 안되는 경우
㉢ 기계공업·방직공업 등 시설투자의 상각을 조속히 달성코자 생산설비를 완전가동 하고자 하는 경우

③ FLEX-TIME제

: 작업장의 기계화, 생산의 조직화, 기업의 경제성을 고려하여 모든 근로자가 근무를 하지 않으면 안되는 중추시간(core time)을 설정하고, 지정된 주간 근무시간(예를 들어, 주 40시간) 내에서 자유 출퇴근을 인정하는 제도

(7) 산업피로의 예방과 대책

① 작업과정에 **적절한 간격으로 휴식시간**을 둔다. (장시간 휴식보다 효과적)
② 각 개인에 따라 **작업량을 조절**한다.
③ 개인의 숙련도 등에 따라 **작업속도를 조절**한다.
④ 불필요한 동작을 피하여 **에너지 소모를 적게** 한다.
⑤ 작업시작 전후에 **간단한 체조**를 한다.
⑥ **동적인 작업과 정적인 작업**을 적절하게 **혼합하여 배치**한다.
⑦ 커피, 홍차, 엽차 및 비타민 B_1을 공급한다.
⑧ 야간근무의 연속일수는 2~3일로 한다.

2-3 산업심리

(1) 산업심리의 정의

: 심리학적 사실·원리 그리고 일하는 사람에게 적용하고자 하는 학문으로 인간생활을 편리하고 쾌적하게 하여 풍요롭고 행복한 인간사회를 구축하고 산업활동에 종사하는 생산자 혹은 소비자 두 가지 입장에 처한 모두에게 그들이 당면한 문제를 이해하고 효과적으로 문제에 대처하도록 도움을 주고자 하는 분야이다.

(2) 산업심리의 영역

- 산업심리의 5요소

① 동기 : 능동적 감각의 결과 및 적극적 사고
② 감정 : 정신적 동기유발, 인적사고와 밀접한 관계
③ 기질 : 인간의 성격 및 개인적 특성
④ 습성 : 인간 행동의 영향 및 긍정적 습성유도
⑤ 습관 : 성장과정에 형성된 특성 및 초기습관의 중요성

(3) 직무 스트레스 원인

① 외·내적 스트레스 요인

외적 스트레스 요인	내적 스트레스 요인
① 경제적 어려움 ② 대인관계 갈등과 대립 ③ 죽음과 질병 ④ 상대적 박탈감 ⑤ 자신의 건강문제	① 자존심 손상 ② 현실 부적응 ③ 업무상 죄책감 ④ 지나친 과거에 집착 및 허탈 ⑤ 가족간 대화 단절 및 의견 불일치 ⑥ 출세욕의 좌절감과 자만심 상충 ⑦ 남에게 의지하려는 심리

② NIOSH에서 제시한 직무 스트레스 요인

작업요인	환경요인	조직요인
① 교대근무 ② 작업속도 ③ 작업부하 등	① 소음·진동 ② 고열·한랭 ③ 조명 ④ 환기 등	① 관리유형 ② 역할 갈등 ③ 역할 요구 ④ 고용 불확실 등

(4) 직무 스트레스 평가

: 직무 스트레스란, "직무요건이 근로자의 능력이나 자원, 바람과 일치하지 않을 때 생기는 유해한 신체적·정서적 반응"이라 한다. 직무 스트레스 평가 체크리스트를 이용하여 하단의 요소들에 대한 스트레스 원인을 분석할 수 있다.

① 물리환경
② 직무요구
③ 직무자율
④ 관계갈등
⑤ 직무불안정
⑥ 조직체계
⑦ 보상부적절
⑧ 직장문화

위의 8가지 요소들을 평가하여 총점을 매겨 자신의 스트레스 원인을 명확히 파악하여 해당 부분을 조율하여 스트레스를 줄일 수 있도록 하는 것이 목적이다.

(5) 직무 스트레스 관리

개인 차원의 스트레스 관리기법	집단 차원의 스트레스 관리기법
① 운동 ② 휴식 ③ 취미생활 ④ 긴장이완 훈련(명상 등) ⑤ 신체검사를 통한 스트레스성 질환 평가	① 적절한 작업 ② 휴식 ③ 개인별 특성을 고려한 작업근로환경 제공 ④ 사회적 지원 제공 ⑤ 직무 재설계 ⑥ 우호적인 직장 분위기 조성 ⑦ 적절한 시간관리

(6) 산업 스트레스 반응결과

행동적 결과	심리적 결과	생리적 결과
① 식욕 감퇴 ② 음주 및 약물 남용 ③ 돌발적 사고 ④ 흡연	① 가정문제 ② 수면방해 ③ 성적 역기능	① 심혈관계 질환 ② 위장관계 질환 ③ 두통, 피부 등 기타질환

(7) 조직과 집단

- 안전보건관리조직의 유형 및 특성

조직의 분류	설명
Line형 (직계식)	직선적, 개선식, 직계식 조직으로 경영자, 관리자 명령이 상에서 하의 직선적 전달을 하는 구조로 100명 이하의 소규모 사업장에 적합하다. -장점 ① 책임·권한이 명백하고, 이해하기 쉽다. ② 명령과 보고가 상하관계 뿐이므로 명확하고 통솔이 잘된다. ③ 안전에 대한 지시 전달 및 결정이 신속하다. ④ 부하에 대한 훈련이 용이하다. -단점 ① 안전정보 및 신기술 개발이 어렵다. ② 관리감독자의 직무가 너무 넓어서 실행이 어렵다. ③ 각 부분 업무간 혼란 야기 우려가 있다. ④ 각 부문 유기적 조정이 곤란하다. ⑤ 안전에 대한 전문적 지식 및 기술 축적이 미흡하다.
Staff형 (참모식)	라인 조직에서 실시하는 안전보건 관리를 위해 스태프 부분을 두고 계획·조사·검토·권고·보고 등을 행하는 관리 구조로 100~1000명 정도의 중규모 사업장에 적합하다. -장점 ① 안전 정보가 빠르게 입수된다. ② 경영자에게 조언과 자문역할을 한다. ③ 안전 전문가가 안전계획을 수립하므로 전문적인 문제해결 방안을 모색하고 조치한다. ④ 전문 스태프의 지도에 관리감독자 능력이 낮더라도 양성을 통해 안전보건 업무가 표준화되어 장착이 가능하다. -단점 ① 안전에 대한 지시나 전달이 신속하지 못하다. ② 생산부문에는 안전에 대한 책임과 권한이 없다. ③ 생산부문과 안전부문간의 마찰이 일어날 수 있다. ④ 두 계통의 충돌로 인하여 응급처치가 어려우며, 통제수단이 복잡하다. ⑤ 권한 다툼이나 조정 때문에 시간과 노력들이 소모된다.
Line-Staff형 (혼합형)	Line형과 Staff형의 장점을 취한 절충식 조직 형태로 1000명 이상의 대규모 사업장에 적합하다. -장점 ① 안전에 대한 지식 및 기술축적이 가능하다. ② 안전 지시 및 전달이 신속하다. ③ 안전, 보건에 대한 신기술 개발 및 보급이 용이하다. ④ 안전활동이 생산과 분리되지 않으므로 운용을 잘하면 이상적이다. ⑤ 안전보건 업무와 생산 업무가 균형을 유지할 수 있는 이성적인 조직 -단점 ① 명령계통과 지도, 조언 및 권고적 참여가 혼동되기 쉽다. ② 스태프 힘이 커지면 라인이 무력화될 수 있다.

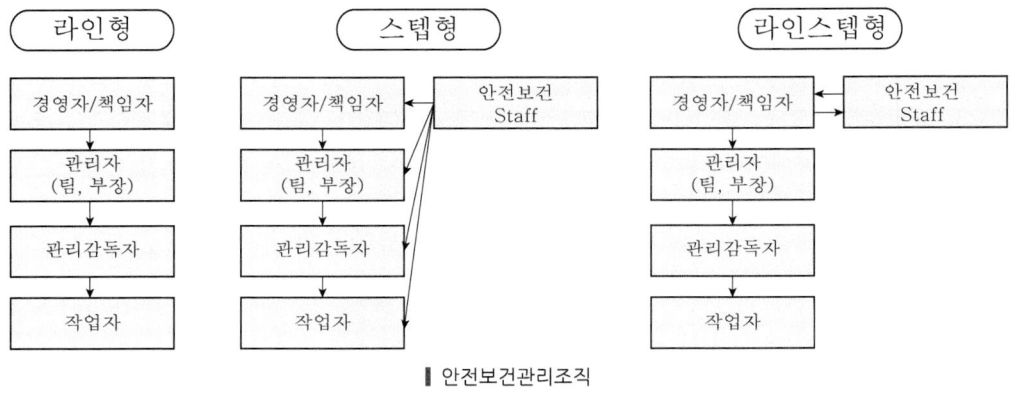

| 안전보건관리조직

(8) 직업과 적성

- 적성검사 분류 및 특성

신체검사	생리학적 기능검사	심리학적 기능검사
① 체격검사	① 감각기능검사 ② 심폐기능검사 ③ 체력검사	① 지능검사 ② 지각동작검사 ③ 인성검사 ④ 기능검사

2-4 직업성 질환

(1) 직업성 질환의 정의와 분류

① 직업성 질환의 정의
: 근로자들이 그 **직업에 종사함으로서 발생하는 상병**으로, 업무와 명확한 인과관계가 있으며 직업성 질환과 일반 질환의 한계를 명확히 구분하기란 쉽지 않으며 직업성질환은 **재해성질환, 직업병**으로 나누어진다.

② 직업성 질환의 분류

㉠ 재해성 질병 : **짧은 시간**에 당한 사고나 다량의 화학물질에 **순간 노출**되어 생긴 질병

ⅰ) 재해성외상 : 직업성 재해를 당하고 이것이 부상으로 이어져 질병으로 나타난 것

ⅱ) 재해성중독 : 재해에 의하여 중독증을 일으킨 경우. 업무상 재해를 당하여 외상없이 질병으로 이어진 경우

ⓒ 직업병 : 재해성 질병과는 달리 **저농도로 장시간에 걸쳐 반복노출**로 생긴 질병이며 직업병은 만성의 경과를 밟게 되므로 직업과의 인과관계를 명확하게 규명하기 어렵다.

(2) 직업성 질환의 원인

① 직업성 질환의 직접원인 및 간접원인 비교

직접원인	간접원인
① 물리적 환경요인(진동, 소음 등) ② 화학적 환경요인(화학물질 등) ③ 부자연스러운 자세와 단순 반복 작업 등의 작업요인	① 작업강도와 작업시간 ② 고온다습한 작업환경 ③ 성별 ④ 연령 ⑤ 인종 ⑥ 피부의 종류

② 작업공정에 따른 직업성 질환

- ㉠ 잠수부 : 잠함병
- ㉡ 도금작업 : 비중격천공증
- ㉢ 갱내 착암작업 : 규폐증, 산소결핍
- ㉣ 샌드블라스팅 : 규폐증, 폐암
- ㉤ 축전지 제조 : 납중독
- ㉥ 인쇄작업 : 유기용제 중독제
- ㉦ 피혁제조, 제분, 축산업 : 파상풍, 탄저병
- ㉧ 채석, 채광 : 규폐증
- ㉨ 도료공 : 빈혈증
- ㉩ 전기용접공, 유리제조, 용광로 작업 : 백내장
- ㉪ 타이핑 작업 : 경견완증후군
- ㉫ 강, 요업, 용광로 작업 : 열사병 등 고온장애

③ 유해요인별 발생 직업성 질환

- ㉠ 수은 : 무뇨증, 미나마타병
- ㉡ 크롬 : 폐암, 비강암, 비중격천공증
- ㉢ 이상기압 : 폐수종
- ㉣ 망간 : 신장염, 신경염, 파킨슨증후군
- ㉤ 석면 : 악성중피종, 석면폐증, 폐암
- ㉥ 한랭 : 동상
- ㉦ 고열 : 열사병 등 고온장애
- ㉧ 납 : 조혈장애, 말초신경장애
- ㉨ 벤젠 : 빈혈, 백혈병, 조혈장애
- ㉩ 방사선 : 피부염 및 백혈병
- ㉪ 조명 부족 : 안구진탕증, 근시
- ㉫ 국소진동 : 레이노(Raynaud) 현상
- ㉬ 카드뮴 : 이타이이타이병

④ 신체적 결함에 대한 부적합한 작업의 종류

- ㉠ 경견완 증후군 : 타이핑 작업
- ㉡ 편평족(평발) : 서서 하는 작업
- ㉢ 간기능 장애 : 화학 공업 관련 작업
- ㉣ 심계항진 : 고소작업, 격심작업
- ㉤ 고혈압 : 이상기압, 이상기온에서의 작업

(3) 직업성 질환의 진단과 인정 방법

① 건강진단의 종류

㉠ 일반건강진단
㉡ 특수건강진단
㉢ 배치전건강진단
㉣ 수시건강진단
㉤ 임시건강진단

② 직업성 질병이 인정되기 위한 조건

㉠ 근로자가 업무수행 과정에서 유해·위험 요인을 취급하거나 유해·위험요인에 노출된 경력이 있을 것

㉡ 유해·위험요인을 취급하거나 유해·위험요인에 노출되는 업무시간, 그 업무에 종사한 기간 및 업무환경 등에 비추어 볼 때 근로자의 질병을 유발할 수 있다고 인정될 것

㉢ 근로자가 유해·위험요인에 노출되거나 유해·위험요인을 취급한 것이 원인이 되어 그 질병이 발생하였다고 의학적으로 인정될 것

(4) 직업성 질환의 예방대책

: 직업성 질환은 전체적인 질병 이환율에 비해서 비교적 낮은 편이지만, 원인인자가 알려져 있고 유해인자에 대한 노출 조절이 가능하기 때문에 안전농도로 유지할 수 있어 예방대책을 마련할 수 있다.

예방 종류	설명
1차 예방	원인인자의 제거나 원인이 되는 손상을 막는 것으로, 새로운 유해인자의 통제, 알려준 유해인자의 통제, 노출관리를 통해 할 수 있다.
2차 예방	근로자가 진료를 받기 전 단계인 초기에 질병을 발견하는 것으로 질병의 선별 검사, 감시, 주기적 의학적 검사, 법적인 의학적 검사를 통해 할 수 있다.
3차 예방	대게 치료와 재활 과정으로, 근로자들이 더 이상 노출되지 않도록 해야하며 필요시 적절한 의학적 치료를 받아야 한다.

- 예방대책의 종류
  ① 작업환경의 정리정돈
  ② 잔업시간 단축
  ③ 작업장 환기
  ④ 작업방법 개선
  ⑤ 기업주에 대한 안전보건교육 실시
  ⑥ 근로자의 정기적인 건강진단 실시
  ⑦ **근로자의 보호구 착용(소극적 대책)**

Chapter 3

실내 환경

3-1 실내오염의 원인

(1) 물리적 요인

: 온도·습도·기류·환기·인공조명·소음·진동·이온 등 물리적 요인이다.

① 실내공기는 **적당한 기류**가 있어야 한다.
② 실내기온은 17~28℃가 적합하다.
③ 실내습도는 40~70%가 적합하다.

(2) 화학적 요인

: 미세먼지·담배연기·포름알데히드·일산화탄소·이산화탄소·냄새·오존·라돈·석면·총휘발성유기화합물·이산화질소 등 화학적 요인이다.

① 포름알데히드($HCHO$)

   ㉠ **살균제·방부제**로 이용된다.
   ㉡ **페놀수지의 원료**이다.
   ㉢ 눈·코·목을 자극하는 **발암성 물질**이다.

② 일산화탄소(CO)

   ㉠ 유기성물질의 **불완전 연소**에 의해 생성된다.
   ㉡ 체내 산소를 운반하는 혈액 중 **헤모글로빈과 결합**하여 산소운반 능력을 저하시키며, 일정 **농도 이상이면 사망**에 이를 수 있다.

③ 이산화탄소(CO_2)

   ㉠ 무색·무미·무취의 기체이며 독성이 **없다**.
   ㉡ 실내 공기질 관리하는 근거로 사용된다.

④ 오존(O_3)

  ㉠ 농도가 높은 오존은 **자극적인 냄새**가 난다.
  ㉡ **인쇄기·복사기·정전식 공기청정기**와 같은 생활용품 등에서 발생한다.
  ㉢ 호흡기능에 영향을 미쳐 **기침·부종·출혈·천식** 등을 일으킨다.

⑤ 라돈(Rn)

  ㉠ 라듐이 α-붕괴되어 생성되는 물질이다.
  ㉡ 방사성 기체로 **폐암**을 일으키는 물질이다.
  ㉢ 건축자재로부터 방출되거나 하수도, 벽의 틈새 및 방바닥 갈라진 부분 등에서 실내로 유입되기도 한다.

⑥ 석면

  ㉠ 건축물의 흡음재, 단열재, 절연재로 사용된다.
  ㉡ **폐암, 악성중피종, 석면폐증**을 일으킨다.
  ㉢ 석면의 종류

종류	설명
청석면 $[NaFe(SiO_3)_2 FeSiO_3]$	① 석면광물 중 독성이 가장 강하다. ② 취성을 가지고 있다.
갈석면 $[(FeMg)SiO_3]$	① 고내열성 섬유이다. ② 취성을 가지고 있다.
백석면 $[3MgO_2SiO_22H_2O]$	① 석면광물 중 독성이 가장 약하다. ② 가늘고 부드러운 섬유이다. ③ 인장강도가 크다. ④ 가장 많이 사용된다.

(3) 생물학적 요인

: 곰팡이·세균·꽃가루·바이러스·진드기 등 생물학적 요인이다.

① **폐렴·알레르기성 비염** 등을 일으킨다.
② 바이어에어로졸(Bioaerosol)

  ㉠ 정의 : 0.02~100μm 정도 크기로 미생물·바이러스·꽃가루 등이 **고체나 액체입자에 부착, 포함**되어 있는 것
  ㉡ 생물학적 유해인자 : 꽃가루, 곰팡이, 박테리아

3-2 실내오염의 건강장해

(1) 빌딩 증후군(SBS : Sick Building Syndrome)

: 빌딩과 관련된 새로운 증상들의 복합체를 빌딩 증후군이라 한다. 빌딩으로 둘러싸인 밀폐공간에 오염공기에 의한 두통·알레르기 증상·호흡기 장애·피부발진 등 증상을 일으킨다.

- 빌딩 증후군의 원인

① 전자파 영향
② 환기 부족
③ 실내공기 오염물질
④ 외부 발생원 등

(2) 복합 화학물질 민감 증후군(MCS : Multiple Chemical Sensitivity)

① 다종 화학물질 민감증이라고도 하며, 일상생활에서 흔하게 사용되는 낮은 농도의 화학물질에 노출되어 불편감이나 증상이 나타나는 비특이적인 증후군이다.

② 증상은 서로 관련성이 없는 다양한 화학물질에 의해 반응이 나타나고 만성적이며, 자극원이 사라지면 증상이 호전되거나 해소된다.

③ 세제, 담배연기, 살충제, 향수, 화장품, 자동차배출가스 등의 화학물질이 원인이다.

(3) 실내오염 관련 질환

① 빌딩 증후군(SBS)
② 복합 화학물질 민감 증후군(MCS)
③ 새집증후군(SHS)
④ 헌집증후군(SHS)
⑤ 건물관련질병현상(BRI)

3-3 실내오염 평가 및 관리

(1) 유해인자 조사 및 평가

① 사무실 공기질 측정 : 사무실 공기의 측정시기 횟수 및 시료채취시간은 다음 기준에 따른다.

오염물질	측정횟수 (측정시기)	시료채취시간
미세먼지 (PM10)	연 1회 이상	업무시간 동안 (6시간 이상 연속 측정)
초미세먼지 (PM2.5)	연 1회 이상	업무시간 동안 (6시간 이상 연속 측정)
이산화탄소 (CO_2)	연 1회 이상	업무시작 후 2시간 전후 및 종료 전 2시간 전후 (각각 10분간 측정)
일산화탄소 (CO)	연 1회 이상	업무시작 후 1시간 전후 및 종료 전 1시간 전후 (각각 10분간 측정)
이산화질소 (NO_2)	연 1회 이상	업무시작 후 1시간 ~ 종료 1시간 전 (1시간 측정)
포름알데히드 (HCHO)	연 1회 이상 및 신축 (대수선 포함) 건물 입주 전	업무시작 후 1시간 ~ 종료 1시간 전 (30분간 2회 측정)
총휘발성유기화합물 (TVOC)	연 1회 이상 및 신축 (대수선 포함) 건물 입주 전	업무시작 후 1시간 ~ 종료 1시간 전 (30분간 2회 측정)
라돈	연 1회 이상	3일 이상 ~ 3개월 이내 연속 측정
총부유세균	연 1회 이상	업무시작 후 1시간 ~ 종료 1시간 전 (최고 실내온도에서 1회 측정)
곰팡이	연 1회 이상	업무시작 후 1시간 ~ 종료 1시간 전 (최고 실내온도에서 1회 측정)

② 시료채취 및 분석방법 : 사무실 공기의 시료채취 및 분석은 다음의 방법으로 한다.

오염물질	시료채취방법	분석방법
미세먼지 (PM10)	PM10샘플러를 장착한 고용량 시료채취기에 의한 채취	중량분석(천칭의 해독도 : $10\mu g$)
초미세먼지 (PM2.5)	PM2.5샘플러를 장착한 고용량 시료채취기에 의한 채취	중량분석(천칭의 해독도 : $10\mu g$)
이산화탄소 (CO_2)	비분산적외선검출기에 의한 채취	검출기의 연속 측정에 의한 직독식 분석
일산화탄소 (CO)	비분산적외선검출기 또는 전기화학검출기에 의한 채취	검출기의 연속 측정에 의한 직독식 분석
이산화질소 (NO_2)	고체흡착관에 의한 시료채취	분광광도계로 분석
포름알데히드 (HCHO)	2,4-DNPH가 코팅된 실리카겔관이 장착된 시료채취기에 의한 채취	2,4-DNPH - 포름알데히드 유도체를 HPLC UVD 또는 GC-NPD로 분석
총휘발성유기화합물 (TVOC)	고체흡착관 또는 캐니스터로 채취	① 고체흡착열탈착법 또는 고체흡착용매추출법을 이용한 GC로 분석 ② 캐니스터를 이용한 GC 분석
라돈	라돈연속검출기(자동형), 알파트랙(수동형), 충전막 전리함(수동형)측정 등	3일 이상 3개월 이내 연속 측정 후 방사능감지를 통한 분석
총부유세균	충돌법을 이용한 부유세균채취기로 채취	채취·배양된 균주를 세어 공기체적당 균주 수로 산출
곰팡이	충돌법을 이용한 부유세균채취기로 채취	채취·배양된 균주를 세어 공기체적당 균주 수로 산출

③ 시료채취 및 측정지점

: 공기의 측정시료는 사무실 안에서 공기질이 **가장 나쁠 것으로 예상되는 2곳 이상에서 채취**하고, 측정은 사무실 바닥면으로부터 **0.9m 이상 1.5m 이하의 높이**에서 한다. 다만, 사무실 면적이 **$500m^2$를 초과하는 경우에는 $500m^2$마다 1곳씩 추가**하여 채취한다.

④ 측정결과의 평가
: 사무실 공기질의 측정결과는 **측정치 전체에 대한 평균값**을 오염물질별 관리기준과 비교하여 평가한다 다만, **이산화탄소**는 각 지점에서 측정한 **최고값**을 기준으로 비교 평가한다.

(2) 실내오염 관리기준

① 오염물질 관리기준 : 사업주는 쾌적한 사무실 공기를 유지하기 위하여 사무실 오염물질의 다음 기준에 따라 관리한다.

오염물질	관리기준
미세먼지 (PM10)	$100\mu g/m^3$
초미세먼지 (PM2.5)	$50\mu g/m^3$
이산화탄소 (CO_2)	$1000 ppm$
일산화탄소 (CO)	$10 ppm$
이산화질소 (NO_2)	$0.1 ppm$
포름알데히드 (HCHO)	$100\mu g/m^3$
총휘발성유기화합물 (TVOC)	$500\mu g/m^3$
라돈	$148 Bq/m^3$
총부유세균	$800 CFU/m^3$
곰팡이	$500 CFU/m^3$

✔ 라돈은 지상 1층을 포함한 지하에 위치한 사무실에만 적용한다.
✔ 관리기준 : 8시간 시간가중평균농도 기준

② 사무실 환기기준

: 공기정화시설을 갖춘 사무실에서 **근로자 1인당 필요한 최소외기량은 $0.57 m^3/min$ 이상**이며, **환기횟수는 시간당 4회 이상**으로 한다.

(3) 관리적 대책

① 사무실 공기관리 상태평가

: 사업주는 근로자가 건강장해를 호소하는 경우에는 다음 각 호의 방법에 따라 해당 사무실의 공기관리상태를 평가하고, 그 결과에 따라 건강장해 예방을 위한 조치를 취한다.

㉠ 근로자가 호소하는 증상(호흡기, 눈·피부 자극 등) 조사
㉡ 공기정화설비의 환기량이 적정한지 여부조사
㉢ 외부의 오염물질 유입경로 조사
㉣ 사무실내 오염원 조사 등

② 베이크 아웃(Bake Out)

: 새로운 건물이나 새로 지은 집에 입주하기 전 **실내를 모두 닫고 30℃ 이상으로 5~6시간 유지시킨 후 1시간 정도 환기를 하는 방식을 여러 번 반복**하여 실내의 휘발성 유기화합물이나 포름알데히드의 저감효과를 얻는 방법

Chapter 4

관련 법규

4-1 산업안전보건법

(1) 산업안전보건법, 시행령, 시행규칙에 관한 사항

① 산업안전보건법 목적(법 제1조)

: 산업 안전 및 보건에 관한 기준을 확립하고 그 책임의 소재를 명확하게 하여 산업재해를 예방하고 쾌적한 작업환경을 조성함으로써 노무를 제공하는 사람의 안전 및 보건을 유지·증진함을 목적으로 한다.

② 용어 정의(법 제2조)

㉠ 산업재해

: 노무를 제공하는 사람이 업무에 관계되는 건설물·설비·원재료·가스·증기·분진 등에 의하거나 작업 또는 그 밖의 업무로 인하여 사망 또는 부상하거나 질병에 걸리는 것을 말한다.

㉡ 중대재해

: 산업재해 중 사망 등 재해 정도가 심하거나 다수의 재해자가 발생한 경우로서 고용노동부령으로 정하는 재해를 말한다.

중대재해 종류 및 범위		
중대재해 (중대산업재해+ 중대시민재해)	중대산업재해	중대시민재해
① 사망자가 1명 이상 발생한 재해 ② 3개월 이상의 요양이 필요한 부상자가 동시에 2명 이상 발생한 재해 ③ 부상자 또는 직업성 질병자가 동시에 10명 이상 발생한 재해	① 사망자가 1명 이상 발생한 재해 ② 동일한 사고로 6개월 이상 치료가 필요한 부상자가 2명 이상 발생 ③ 동일한 유해요인으로 급성중독 등 대통령령으로 정하는 직업성 질병자가 1년 이내에 3명 이상 발생	① 사망자가 1명 이상 발생한 재해 ② 동일한 사고로 2개월 이상 치료가 필요한 부상자가 10명 이상 발생 ③ 동일한 원인으로 3개월 이상 치료가 필요한 질병자가 10명 이상 발생

㉢ 근로자

: 작업의 종류와 관계없이 임금을 목적으로 사업이나 사업장에 근로를 제공하는 자를 말한다.

② 사업주
: 근로자를 사용하여 사업을 하는 자를 말한다.

⑩ 근로자대표
: 근로자의 과반수로 조직된 노동조합이 있는 경우에는 그 노동조합을, 근로자의 과반수로 조직된 노동조합이 없는 경우에는 근로자의 과반수를 대표하는 자를 말한다.

⑪ 안전보건진단
: 산업재해를 예방하기 위하여 잠재적 위험성을 발견하고 그 개선대책을 수립할 목적으로 조사·평가하는 것을 말한다.

⑫ 작업환경측정
: 작업환경 실태를 파악하기 위하여 해당 근로자 또는 작업장에 대하여 사업주가 유해인자에 대한 **측정계획을 수립한 후 시료를 채취하고 분석·평가**하는 것을 말한다.

③ 보건관리자의 업무 등(시행령 제22조)

① 산업안전보건위원회 또는 노사협의체에서 심의·의결한 업무와 안전보건관리규정 및 취업규칙에서 정한 업무
② 안전인증대상기계등과 자율안전확인대상기계등 중 보건과 관련된 보호구 구입 시 적격품 선정에 관한 보좌 및 지도·조언
③ **위험성평가에 관한 보좌 및 지도·조언**
④ 작성된 물질안전보건자료의 게시 또는 비치에 관한 보좌 및 지도·조언
⑤ **산업보건의의 직무**
⑥ 해당 사업장 보건교육계획의 수립 및 보건교육 실시에 관한 보좌 및 지도·조언
⑦ 해당 사업장의 근로자를 보호하기 위한 다음 각 목의 조치에 해당하는 의료행위

  ㉠ 자주 발생하는 가벼운 부상에 대한 치료
  ㉡ 응급처치가 필요한 사람에 대한 처치
  ㉢ 부상·질병의 악화를 방지하기 위한 처치
  ㉣ 건강진단 결과 발견된 질병자의 요양 지도 및 관리
  ㉤ ㄱ목부터 ㄹ목까지의 의료행위에 따르는 의약품의 투여

⑧ 작업장 내에서 사용되는 전체 환기장치 및 국소 배기장치 등에 관한 설비의 점검과 작업방법의 공학적 개선에 관한 보좌 및 지도·조언
⑨ **사업장 순회점검, 지도 및 조치 건의**
⑩ 산업재해 발생의 원인 조사·분석 및 재발 방지를 위한 기술적 보좌 및 지도·조언
⑪ 산업재해에 관한 통계의 유지·관리·분석을 위한 보좌 및 지도·조언
⑫ 법 또는 법에 따른 명령으로 정한 보건에 관한 사항의 이행에 관한 보좌 및 지도·조언
⑬ **업무 수행 내용의 기록·유지**
⑭ 그 밖에 보건과 관련된 작업관리 및 작업환경관리에 관한 사항으로서 고용노동부장관이 정하는 사항

④ 보건관리자의 자격(시행령 제21조)

| ① 산업보건지도사
② 「의료법」에 따른 **의사**
③ 「의료법」에 따른 **간호사**
④ 「국가기술자격법」에 따른 **산업위생관리산업기사 또는 대기환경산업기사 이상**의 자격을 취득한 사람
⑤ 「국가기술자격법」에 따른 **인간공학기사 이상**의 자격을 취득한 사람
⑥ 「고등교육법」에 따른 **전문대학 이상**의 학교에서 **산업보건 또는 산업위생 분야의 학위**를 취득한 사람 |

⑤ 보건관리자를 두어야 하는 사업의 종류와 사업장의 상시근로자 수, 보건관리자의 수 및 선임방법(시행령 제20조 제1항 관련)

사업의 종류	사업장의 상시근로자 수	보건관리자의 수
1. 광업(광업 지원 서비스업은 제외한다) 2. 섬유제품 염색, 정리 및 마무리 가공업 3. 모피제품 제조업 4. 그 외 기타 의복액세서리 제조업(모피 액세서리에 한정한다) 5. 모피 및 가죽 제조업(원피가공 및 가죽 제조업은 제외한다) 6. 신발 및 신발부분품 제조업 7. 코크스, 연탄 및 석유정제품 제조업	50명 이상 500명 미만	1명 이상
8. 화학물질 및 화학제품 제조업; 의약품 제외 9. 의료용 물질 및 의약품 제조업 10. 고무 및 플라스틱제품 제조업 11. 비금속 광물제품 제조업 12. 1차 금속 제조업 13. 금속가공제품 제조업; 기계 및 가구 제외 14. 기타 기계 및 장비 제조업 15. 전자부품, 컴퓨터, 영상, 음향 및 통신장비 제조업 16. 전기장비 제조업	500명 이상 2000명 미만	2명 이상
17. 자동차 및 트레일러 제조업 18. 기타 운송장비 제조업 19. 가구 제조업 20. 해체, 선별 및 원료 재생업 21. 자동차 종합 수리업, 자동차 전문 수리업 22. 제88조 각 호의 어느 하나에 해당하는 유해물질을 제조하는 사업과 그 유해물질을 사용하는 사업 중 고용노동부장관이 특히 보건관리를 할 필요가 있다고 인정하여 고시하는 사업	2000명 이상	2명 이상
23. 제2호부터 제22호까지의 사업을 제외한 제조업	50명 이상 1000명 미만	1명 이상
	1000명 이상 3000명 미만	2명 이상
	3000명 이상	2명 이상

사업의 종류	사업장의 상시근로자 수	보건관리자의 수
24. 농업, 임업 및 어업 25. 전기, 가스, 증기 및 공기조절공급업 26. 수도, 하수 및 폐기물 처리, 원료 재생업 　(제20호에 해당하는 사업은 제외한다) 27. 운수 및 창고업 28. 도매 및 소매업 29. 숙박 및 음식점업 30. 서적, 잡지 및 기타 인쇄물 출판업 31. 방송업 32. 우편 및 통신업 33. 부동산업 34. 연구개발업 35. 사진 처리업 36. 사업시설 관리 및 조경 서비스업	50명 이상 5000명 미만 단, 제35호인 경우에는 상시근로자 100명 이상 5000명 미만으로 한다.	1명 이상
37. 공공행정(청소, 시설관리, 조리 등 현업업무에 종사하는 사람으로서 고용노동부장관이 정하여 고시하는 사람으로 한정한다) 38. 교육서비스업 중 초등·중등·고등 교육기관, 특수학교·외국인학교 및 대안학교(청소, 시설관리, 조리 등 현업업무에 종사하는 사람으로서 고용노동부장관이 정하여 고시하는 사람으로 한정한다) 39. 청소년 수련시설 운영업 40. 보건업 41. 골프장 운영업 42. 개인 및 소비용품수리업(제21호에 해당하는 사업은 제외한다) 43. 세탁업	5000명 이상	2명 이상
44. 건설업	공사금액이 800억원 이상 (토목공사업에 속하는 공사의 경우에는 1000억 이상) 또는 상시 근로자 600명 이상	1명 이상 [공사금액 800억원 (토목공사업은 1000억원)을 기준으로 1400억원이 증가할 때마다 또는 상시근로자 600명을 기준으로 600명이 추가될 때마다 1명씩 추가한다]

✔ 보건관리자가 보건관리업무에 지장이 없는 범위 내에서 **다른 업무를 겸할 수 있는 사업장**은 **상시근로자 300명 미만에서 가능**하다.

✔ 작업환경상에 유해요인이 상존하는 제조업은 근로자의 수가 3000명을 초과하는 경우에 의사, 간호사인 보건관리자를 1인 포함하는 2인의 보건관리자를 선임하여야 한다.

⑥ 보건관리전문기관 지정의 취소 등(법 제21조)

: 고용노동부장관은 안전관리전문기관 또는 보건관리전문기관이 다음 각 호의 어느 하나에 해당할 때에는 그 지정을 취소하거나 6개월 이내의 기간을 정하여 그 업무의 정지를 명할 수 있다. 다만, 제1호 또는 제2호에 해당할 때에는 그 지정을 취소하여야 한다.

> ① 거짓이나 그 밖의 부정한 방법으로 지정을 받은 경우
> ② 업무정지 기간 중에 업무를 수행한 경우
> ③ 지정 요건을 충족하지 못한 경우
> ④ 지정받은 사항을 위반하여 업무를 수행한 경우
> ⑤ 그 밖에 대통령령으로 정하는 사유에 해당하는 경우

✔ 지정이 취소된 자는 지정이 취소된 날부터 2년 이내에는 각각 해당 안전관리전문기관 또는 보건관리전문기관으로 지정받을 수 없다.

⑦ 안전보건총괄책임자의 직무(시행령 제53조)

> ① 위험성평가의 실시에 관한 사항
> ② 산업재해가 발생할 급박한 위험이 있을 때 및 중대재해가 발생하였을 때 작업의 중지
> ③ 도급 시 산업재해 예방조치
> ④ 산업안전보건관리비의 관계수급인 간의 사용에 관한 협의·조정 및 그 집행의 감독
> ⑤ 안전인증대상기계등과 자율안전확인대상기계등의 사용 여부 확인

⑧ 산업보건의의 직무(시행령 제31조)

> ① 건강진단 결과의 검토 및 그 결과에 따른 작업 배치, 작업 전환 또는 근로시간의 단축 등 근로자의 건강보호 조치
> ② 근로자의 건강장해의 원인 조사와 재발 방지를 위한 의학적 조치
> ③ 그 밖에 근로자의 건강 유지 및 증진을 위하여 필요한 의학적 조치에 관하여 고용노동부장관이 정하는 사항

⑨ 안전보건관리담당자의 업무(시행령 제25조)

> ① 안전보건교육 실시에 관한 보좌 및 지도·조언
> ② 위험성평가에 관한 보좌 및 지도·조언
> ③ 작업환경측정 및 개선에 관한 보좌 및 지도·조언
> ④ 건강진단에 관한 보좌 및 지도·조언
> ⑤ 산업재해 발생의 원인 조사, 산업재해 통계의 기록 및 유지를 위한 보좌 및 지도·조언
> ⑥ 산업 안전·보건과 관련된 안전장치 및 보호구 구입 시 적격품 선정에 관한 보좌 및 지도·조언

⑩ 관리감독자의 업무(시행령 제15조)

① 기계·기구 또는 설비의 안전·보건 점검 및 이상 유무의 확인
② 관리감독자에게 소속된 근로자의 작업복·보호구 및 방호장치의 점검과 그 착용·사용에 관한 교육·지도
③ 해당작업에서 발생한 산업재해에 관한 보고 및 이에 대한 응급조치
④ 해당작업의 작업장 정리·정돈 및 통로 확보에 대한 확인·감독
⑤ 산업보건의·안전관리자·보건관리자·안전보건관리담당자의 지도·조언에 대한 협조
⑥ 위험성평가를 위한 유해·위험요인의 파악에 대한 참여 및 개선조치의 시행에 대한 참여
⑦ 그 밖에 해당작업의 안전 및 보건에 관한 사항으로서 고용노동부령으로 정하는 사항

⑪ 안전보건조정자의 업무(시행령 제57조)

① 같은 장소에서 이루어지는 각각의 공사 간에 혼재된 작업의 파악
② 혼재된 작업으로 인한 산업재해 발생의 위험성 파악
③ 혼재된 작업으로 인한 산업재해를 예방하기 위한 작업의 시기·내용 및 안전보건 조치 등의 조정
④ 각각의 공사 도급인의 안전보건관리책임자 간 작업 내용에 관한 정보 공유 여부의 확인

⑫ 산업보건지도사의 직무

① 위험성평가의 지도
② 안전보건개선계획서의 작성
③ 그 밖에 산업안전에 관한 사항의 자문에 대한 응답 및 조언

⑬ 건강진단 결과 건강관리 구분(건강관리 건강진단 실시기준 제13조 제1항 관련)

건강관리구분		내용
A		건강관리상 사후관리가 필요없는 근로자 (건강한 근로자)
C	C_1	직업성 질병으로 진전될 우려가 있어 추적검사 등 관찰이 필요한 근로자 (직업병 요관찰자)
	C_2	일반질병으로 진전될 우려가 있어 추적관찰이 필요한 근로자 (일반질병 요관찰자)
	D_1	직업성 질병의 소견을 보여 사후관리가 필요한 근로자 (직업병 유소견자)
	D_2	일반 질병의 소견을 보여 사후관리가 필요한 근로자 (일반질병 유소견자)
	R	건강진단 1차 검사결과 건강수준의 평가가 곤란하거나 질병이 의심되는 근로자 (제2차건강진단 대상자)

⑭ 건강진단의 종류 및 정의(시행규칙 제 195조 ~ 207조)

종류	내용
일반 건강 진단	상시 사용하는 근로자의 건강관리를 위하여 사업주가 주기적으로 실시하는 건강진단을 말한다. - 일반건강진단 실시시기 ① 사무직 종사 근로자(판매업무를 종사하는 근로자 제외) : 2년에 1회 이상 ② 그 밖의 근로자 : 1년에 1회 이상
특수 건강 진단	다음 각 목의 어느 하나에 해당하는 근로자의 건강관리를 위하여 사업주가 실시하는 건강진단을 말한다. ① 특수건강진단대상 유해인자에 노출되는 업무(이하 "특수건강진단대상 업무" 라 한다)에 종사하는 근로자 ② 근로자건강진단 실시결과 직업병 소견이 있는 근로자가 판정받아 작업전환을 하거나 작업장소를 변경하여 해당 판정의 원인이 된 특수건강진단 대상 업무에 종사하지 아니하는 사람으로서 해당 유해인자에 대한 건강진단이 필요하다는 의사의 소견이 있는 근로자
배치 전 건강 진단	특수건강진단대상업무에 종사할 근로자에 대하여 배치 예정업무에 대한 적합성 평가를 위하여 사업주가 실시하는 건강진단을 말한다.
수시 건강 진단	특수건강진단대상 업무로 인하여 해당 유해인자로 인한 것이라고 의심되는 직업성 천식, 직업성 피부염, 그 밖에 건강장애를 보이거나 의학적 소견이 있는 근로자에 대하여 사업주가 실시하는 건강진단을 말한다.
임시 건강 진단	다음 각 목의 어느 하나에 해당하는 경우에 특수건강진단대상 유해인자 또는 그 밖의 유해인자에 의한 중독 여부, 질병에 걸렸는지 여부 또는 질병의 발생원인 등을 확인하기 위하여 지방고용노동관서의 장의 명령에 따라 사업주가 실시하는 건강진단을 말한다. ① 같은 부서에 근무하는 근로자 또는 같은 유해인자에 노출되는 근로자에게 유사한 질병의 자각·타각 증상이 발생한 경우 ② 직업병 유소견자가 발생하거나 여러 명이 발생할 우려가 있는 경우 ③ 그 밖에 지방고용노동관서의 장이 필요하다고 판단하는 경우

⑮ 특수건강진단의 시기 및 주기(시행규칙 제202조 제1항 관련)

대상 유해인자	시기 (배치 후 첫 번째 특수 건강진단)	주기
N,N-디메틸아세트아미드 디메틸포름아미드	1개월 이내	6개월
벤젠	2개월 이내	6개월
1,1,2,2-테트라클로로에탄 사염화탄소 아크릴로니트릴 염화비닐	3개월 이내	6개월
석면, 면 분진	12개월 이내	12개월
광물성 분진 목재 분진 소음 및 충격소음	12개월 이내	24개월
위의 대상 유해인자를 제외한 모든 특수건강진단 대상 유해인자	6개월 이내	12개월

⑯ 특수건강진단 대상 유해인자(시행규칙 제201조 관련)
: 해당 표는 특수건강진단 대상업무의 종류이다.

종류	물질명
화학적 인자	① 유기화합물(109종) 가솔린, 니트로벤젠, 디에틸에테르, β-나프틸아민, 메탄올, 벤젠, 아세톤 등
	② 금속류(20종) 구리, 납 및 그 무기화합물, 니켈 및 그 무기화합물, 니켈 카르보닐 등
	③ 산 및 알칼리류(8종) 무수 초산, 불화수소, 시안화 나트륨, 시안화칼륨, 염화수소, 질산, 황산 등
	④ 가스 상태 물질류(14종) 불소, 브롬, 산화에틸렌, 삼수소화 비소, 시안화수소, 염소, 오존 등
	⑤ 제 88조에 따른 허가 대상 유해물질(12종) α-나프탈아민 및 그 염, 디아니시딘 및 그 염, 디클로로벤지딘 및 그 염 등
	⑥ 금속 가공유 ; 미네랄 오일 미스트(광물성 오일)
물리적 인자	소음(소음작업, 강렬한 소음작업, 충격소음작업), 진동, 방사선, 고기압, 저기압, 유해광선(자외선, 적외선, 마이크로파 및 라디오파)
분진	곡물 분진, 광물성 분진, 면 분진, 목재 분진, 용접 흄, 유리 섬유, 석면 분진
야간 작업 2종	① 6개월간 밤 12시부터 오전 5시까지 시간을 포함하여 계속되는 8시간 작업을 월평균 4회 이상 수행하는 경우 ② 6개월간 오후 10시부터 다음날 오전 6시 사이의 시간 중 작업을 월 평균 60시간 이상 수행하는 경우

⑰ 안전보건표지의 종류와 형태(시행규칙 제38조 제1항 관련)

1 금지표지	101 출입금지	102 보행금지	103 차량통행금지	104 사용금지	105 탑승금지	106 금연	107 화기금지
108 물체이동금지	2 경고표지	201 인화성물질경고	202 산화성물질경고	203 폭발성물질경고	204 급성독성물질경고	205 부식성물질경고	206 방사성물질경고
207 고압전기경고	208 매달린물체경고	209 낙하물경고	210 고온경고	211 저온경고	212 몸균형상실경고	213 레이저광선경고	214 발암성·변이원성·생식독성·전신독성·호흡기과민성 물질 경고
215 위험장소 경고	3 지시표지	301 보안경착용	302 방독마스크착용	303 방진마스크착용	304 보안면착용	305 안전모착용	306 귀마개착용
307 안전화착용	308 안전장갑착용	309 안전복착용	4 안내표지	401 녹십자표지	402 응급구호 표지	403 들것	404 세안장치
405 비상용기구	406 비상구	407 좌측비상구	408 우측비상구	5 관계자외 출입금지	501 허가대상물질작업장 관계자외 출입금지 (허가물질 명칭) 제조/사용/보관중 보호구/보호복 착용 흡연및 음식물 섭취 금지		502 석면취급/해체작업장 관계자외 출입금지 석면 취급/해체중 보호구/보호복 착용 흡연및 음식물 섭취 금지
503 금지대상물질의 취급 실험실 등 관계자외 출입금지 발암물질 취급중 보호구/보호복 착용 흡연및 음식물 섭취 금지	6 문자 추가시 예시문		화기엄금	- 내 자신의 건강과 복지를 위하여 안전을 늘 생각한다. - 내 가정의 행복과 화목을 위하여 안전을 늘 생각한다. - 내 자신의 실수로써 동료를 해치지 않도록 안전을 늘 생각한다. - 내 자신이 일으킨 사고로 인한 회사의 재산과 손실을 방지하기 위하여 안전을 늘 생각한다. - 내 자신의 방심과 불안전한 행동이 조국의 번영에 장애가 되지 않도록 하기 위하여 안전을 늘 생각한다.		

(2) 산업보건기준에 관한 사항

① 조도(제8조)
: 사업주는 근로자가 상시 작업하는 장소의 작업면 조도를 다음 각 호의 기준에 맞도록 하여야 한다. 다만, **갱내 작업장과 감광재료를 취급하는 작업장은 그러하지 아니하다.**

작업의 종류	조도
초정밀작업	750Lux 이상
정밀작업	300Lux 이상
보통작업	150Lux 이상
그 밖의 작업	75Lux 이상

② 후드(제72조)
: 사업주는 인체에 해로운 분진, 흄, 미스트, 증기 또는 가스 상태의 물질을 배출하기 위하여 설치하는 국소배기장치의 후드가 다음 각 호의 기준에 맞도록 하여야 한다.

> ① 유해물질이 발생하는 곳마다 설치할 것
> ② 유해인자의 발생형태와 비중, 작업방법 등을 고려하여 **해당 분진등의 발산원을 제어할 수 있는 구조**로 설치할 것
> ③ 후드 형식은 가능하면 **포위식 또는 부스식 후드**를 설치할 것
> ④ 외부식 또는 리시버식 후드는 해당 분진등의 **발산원에 가장 가까운 위치**에 설치할 것

③ 덕트(제73조)
: 사업주는 분진등을 배출하기 위하여 설치하는 국소배기장치(**이동식은 제외**)의 덕트가 다음 각 호의 기준에 맞도록 하여야 한다.

> ① 가능하면 길이는 **짧게** 하고 굴곡부의 수는 **적게** 할 것
> ② 접속부의 안쪽은 돌출된 부분이 없도록 할 것
> ③ 청소구를 설치하는 등 **청소하기 쉬운 구조**로 할 것
> ④ 덕트 내부에 오염물질이 쌓이지 않도록 이송속도를 유지할 것
> ⑤ 연결 부위 등은 외부 공기가 들어오지 않도록 할 것

④ 관리대상 유해물질에 의한 건강장해의 예방 정의(제420조)

㉠ 관리대상 유해물질
: 근로자에게 상당한 건강장해를 일으킬 우려가 있어 건강장해를 예방하기 위한 보건상의 조치가 필요한 **원재료·가스·증기·분진·흄, 미스트**로서 유기화합물, 금속류, 산·알칼리류, 가스상태 물질류를 말한다.

㉡ 유기화합물
: 상온·상압에서 휘발성이 있는 액체로서 다른 물질을 녹이는 성질이 있는 유기용제를 포함한 **탄화수소계화합물** 중 관리대상 유해물질을 말한다.

ⓒ 금속류
: 고체가 되었을 때 금속광택이 나고 전기·열을 잘 전달하며, 전성과 연성을 가진 물질 중 관리대상 유해물질에 따른 물질을 말한다.

ⓔ 산·알칼리류
: 수용액 중에서 해리하여 수소이온을 생성하고 염기와 중화하여 염을 만드는 물질과 산을 중화하는 수산화화합물로서 물에 녹는 물질 중 관리대상 유해물질에 따른 물질을 말한다.

ⓜ 가스상태 물질류
: 상온·상압에서 사용하거나 발생하는 가스 상태의 물질로서 관리대상 유해물질 따른 물질을 말한다.

ⓗ 특별관리물질
: 발암성 물질, 생식세포 변이원성 물질, 생식독성 물질 등 **근로자에게 중대한 건강장해를 일으킬 우려가 있는 물질**

특별관리물질의 종류	
벤젠	포름알데히드
1,3 부타디엔	납 및 그 무기화합물
1-브로모프로판	니켈 및 그 화합물
2-브로모프로판	안티몬 및 그 화합물
사염화탄소	카드뮴 및 그 화합물
에피클로로히드린	6가크롬 및 그 화합물
트리클로로에틸렌	pH 2.0 이하 황산
페놀	산화에틸렌
위의 물질 외 20종	

ⓢ 유기화합물 취급 특별장소
: 유기화합물을 취급하는 다음 각 목의 어느 하나에 해당하는 장소를 말한다.

① 선박의 내부	⑥ 피트의 내부
② 차량의 내부	⑦ 통풍이 충분하지 않은 수로의 내부
③ 탱크의 내부(반응기 등 화학설비 포함)	⑧ 덕트의 내부
④ 터널이나 갱의 내부	⑨ 수관의 내부
⑤ 맨홀의 내부	⑩ 그 밖에 통풍이 충분하지 않은 장소

ⓞ 임시작업
: 일시적으로 하는 작업 중 **월 24시간 미만인 작업**을 말한다. 다만, **월 10시간 이상 24시간 미만인 작업이 매월 행하여지는 작업은 제외**한다.

ⓩ 단시간작업
: 관리대상 유해물질을 취급하는 시간이 **1일 1시간 미만인 작업**을 말한다. 다만, **1일 1시간 미만인 작업이 매일 수행되는 경우는 제외**한다.

⑤ 유기화합물의 설비 특례(제428조)
: 사업주는 전체환기장치가 설치된 유기화합물 취급작업장으로서 **다음 각 호의 요건을 모두 갖춘 경우에 밀폐설비나 국소배기장치를 설치하지 아니할 수 있다.**

> ① 유기화합물의 노출기준이 100ppm 이상인 경우
> ② 유기화합물의 발생량이 대체로 균일한 경우
> ③ 동일한 작업장에 다수의 오염원이 분산되어 있는 경우
> ④ 오염원이 이동성이 있는 경우

⑥ 전체환기장치의 성능 등(제430조)
: 사업주는 **단일 성분의 유기화합물이 발생하는 작업장에 전체환기장치를 설치**하려는 경우에 다음 계산식에 따라 계산한 환기량 이상으로 설치하여야 한다.

$$\text{작업시간 1시간당 필요환기량}[m^3/hr] = \frac{24.1 \times \text{비중} \times \text{유해물질의 시간당 사용량}[L/hr] \times K}{\text{분자량} \times \text{유해물질의 노출기준} \times 10^6}$$

여기서,
K : 안전계수
① $K=1$: 작업장 내의 공기 혼합이 원활한 경우
② $K=2$: 작업장 내의 공기 혼합이 보통인 경우
③ $K=3$: 작업장 내의 공기 혼합이 불완전한 경우

✔ 위처럼 해도 불구하고 유기화합물의 발생이 **혼합물질인 경우에는 각각의 환기량을 모두 합한 값을 필요환기량으로 적용**한다. 다만 **상가작용이 없을 경우에는 필요환기량이 가장 큰 물질의 값을 적용**한다.

✔ 사업주는 전체환기장치를 설치하려는 경우에 전체환기장치의 배풍기를 **관리대상 유해물질의 발산원에 가장 가까운 위치에 설치**하여야 한다.

⑦ 국소배기장치 사용 전 점검 등(제441조)
: 사업주는 국소배기장치를 설치한 후 처음으로 사용하는 경우 또는 국소배기장치를 분해하여 개조하거나 수리한 후 처음으로 사용하는 경우에는 다음 각 호에서 정하는 사항을 **사용 전에 점검**하여야 한다.

> ① 덕트와 배풍기의 분진 상태
> ② 덕트 접속부가 헐거워졌는지 여부
> ③ 흡기 및 배기 능력
> ④ 그 밖에 국소배기장치의 성능을 유지하기 위하여 필요한 사항

⑧ 명칭 등의 게시(제442조)
: 사업주는 관리대상 유해물질을 취급하는 작업장의 보기 쉬운 장소에 다음 각 호의 사항을 게시하여야 한다. 다만, 작업공정별 관리요령을 게시한 경우에는 그러하지 아니하다

> ① 관리대상 유해물질의 명칭
> ② 인체에 미치는 영향
> ③ 취급상 주의사항
> ④ 착용하여야 할 보호구
> ⑤ 응급조치와 긴급 방재 요령

⑨ 유해성 등의 주지(제449조)

: 사업주는 **관리대상 유해물질을 취급하는 작업에 근로자를 종사하도록 하는 경우에 근로자를 작업에 배치하기 전에** 다음 각 호의 사항을 근로자에게 알려야 한다.

> ① 관리대상 유해물질의 명칭 및 물리적·화학적 특성
> ② 인체에 미치는 영향과 증상
> ③ 취급상의 주의사항
> ④ 착용하여야 할 보호구와 착용방법
> ⑤ 위급상황 시의 대처방법과 응급조치 요령
> ⑥ 그 밖에 근로자의 건강장해 예방에 관한 사항

⑩ 석면해체·제거작업 계획 수립(제489조)

: 사업주는 석면해체·제거작업을 하기 전에 일반석면조사 또는 기관석면조사 결과를 확인한 후 다음 각 호의 사항이 포함된 **석면해체·제거작업 계획을 수립**하고, 이에 따라 작업을 수행하여야 한다

> ① 석면해체·제거작업의 절차와 방법
> ② 석면 흩날림 방지 및 폐기방법
> ③ 근로자 보호조치

⑪ 소음 및 진동의 정의(제512조)

  ㉠ 소음작업

  : 1일 8시간 작업을 기준으로 **85dB 이상**의 소음이 발생하는 작업을 말한다.

  ㉡ 강렬한 소음작업

<산업안전보건 기준>
① 90dB 이상의 소음이 1일 8시간 이상 발생하는 작업
② 95dB 이상의 소음이 1일 4시간 이상 발생하는 작업
③ 100dB 이상의 소음이 1일 2시간 이상 발생하는 작업
④ 105dB 이상의 소음이 1일 1시간 이상 발생하는 작업
⑤ 110dB 이상의 소음이 1일 30분 이상 발생하는 작업
⑥ 115dB 이상의 소음이 1일 15분 이상 발생하는 작업

<ACGIH 기준>
① 85dB 이상의 소음이 1일 8시간 이상 발생하는 작업
② 88dB 이상의 소음이 1일 4시간 이상 발생하는 작업
③ 91dB 이상의 소음이 1일 2시간 이상 발생하는 작업
④ 94dB 이상의 소음이 1일 1시간 이상 발생하는 작업
⑤ 97dB 이상의 소음이 1일 30분 이상 발생하는 작업
⑥ 100dB 이상의 소음이 1일 15분 이상 발생하는 작업

ⓒ 충격소음작업
: 소음이 1초 이상의 간격으로 발생하는 작업으로서 다음 각 목의 어느 하나에 해당하는 작업을 말한다.

① 120dB을 초과하는 소음이 1일 10000회 이상 발생하는 작업
② 130dB을 초과하는 소음이 1일 1000회 이상 발생하는 작업
③ 140dB을 초과하는 소음이 1일 100회 이상 발생하는 작업

ㄹ. 진동작업
: 다음 각 목의 어느 하나에 해당하는 기계·기구를 사용하는 작업을 말한다.

> ① 착암기
> ② 동력을 이용한 해머
> ③ 체인톱
> ④ 엔진 커터
> ⑤ 동력을 이용한 연삭기
> ⑥ 임팩트 렌치
> ⑦ 그 밖에 진동으로 인하여 건강장해를 유발할 수 있는 기계·기구

ㅁ. 청력보존 프로그램
: 소음노출 평가, 소음노출 기준 초과에 따른 **공학적 대책, 청력보호구의 지급과 착용**, 소음의 유해성과 예방에 관한 교육, 정기적 청력검사, 기록·관리 사항 등이 포함된 소음성 난청을 예방·관리하기 위한 종합적인 계획을 말한다.

⑫ 이상기압에 의한 건강장해의 예방 정의(제522조)

ㄱ. 고압작업
: **고기압($1kg/cm^2$ 이상)에서 잠함공법이나 그 외의 압기공법으로 하는 작업**을 말한다.

ㄴ. 잠수작업
: 물속에서 하는 다음 각 목의 작업을 말한다.

 ⅰ) **표면공급식 잠수작업** : 수면 위의 공기압축기 또는 호흡용 기체통에서 압축된 호흡용 기체를 공급받으면서 하는 작업

 ⅱ) **스쿠버 잠수작업** : 호흡용 기체통을 휴대하고 하는 작업

ㄷ. 기압조절실
: 고압작업을 하는 근로자 또는 잠수작업을 하는 근로자가 가압 또는 감압을 받는 장소를 말한다.

ㄹ. 압력
: **게이지 압력**을 말한다.

ㅁ. 비상기체통
: 주된 기체공급 장치가 고장난 경우 잠수작업자가 **안전한 지역으로 대피하기 위하여 필요한 충분한 양의 호흡용 기체를 저장하고 있는 압력용기와 부속장치**를 말한다.

⑬ 가압의 속도(제532조)
: 사업주는 기압조절실에서 고압작업자 또는 잠수작업자에게 가압을 하는 경우 **1분에 $0.8kg/cm^2$ 이하의 속도로** 하여야 한다.

⑭ 감압 시의 조치(제535조)
: 사업주는 기압조절실에서 고압작업자 또는 잠수작업자에게 감압을 하는 경우에 다음 각 호의 조치를 하여야 한다

> ① 기압조절실 바닥면의 조도를 20Lux 이상이 되도록 할 것
> ② 기압조절실 내의 온도가 10℃ 이하가 되는 경우에 고압작업자 또는 잠수작업자에게 모포 등 적절한 보온용구를 지급하여 사용하도록 할 것
> ③ 감압에 필요한 시간이 1시간을 초과하는 경우에 고압작업자 또는 잠수작업자에게 의자 또는 그 밖의 휴식용구를 지급하여 사용하도록 할 것

⑮ 온도·습도에 의한 건강장해의 예방 용어(제558조)

㉠ 고열
: 열에 의하여 근로자에게 열경련·열탈진 또는 열사병 등의 건강장해를 유발할 수 있는 **더운 온도**를 말한다.

㉡ 한랭
: 냉각원에 의하여 근로자에게 동상 등의 건강장해를 유발할 수 있는 **차가운 온도**를 말한다.

㉢ 다습
: 습기로 인하여 근로자에게 피부질환 등의 건강장해를 유발할 수 있는 **습한 상태**를 말한다.

⑯ 환기장치의 설치 등(제561조)
: 사업주는 실내에서 고열작업을 하는 경우에 고열을 감소시키기 위하여 **환기장치 설치, 열원과의 격리, 복사열 차단** 등 필요한 조치를 하여야 한다.

⑰ 고열·한랭·다습장해 예방 조치(제562~564조)

장해의 종류	예방조치
고열장해	① 근로자를 새로 배치할 경우에는 고열에 순응할 때까지 고열작업시간을 매일 단계적으로 증가시키는 등 필요한 조치를 할 것 ② 근로자가 온도·습도를 쉽게 알 수 있도록 온도계 등의 기기를 작업장소에 상시 갖추어 둘 것
한랭장해	① 혈액순환을 원활히 하기 위한 운동지도를 할 것 ② 적절한 지방과 비타민 섭취를 위한 영양지도를 할 것 ③ 체온 유지를 위하여 **더운물**을 준비할 것 ④ 젖은 작업복 등은 즉시 갈아입도록 할 것
다습장해	① 근로자가 다습작업을 하는 경우에 습기 제거를 위하여 환기하는 등 적절한 조치를 하여야 한다. ② 작업의 성질상 습기 제거가 어려운 경우에 다습으로 인한 건강장해가 발생하지 않도록 **개인위생관리**를 하도록 하는 등 필요한 조치를 하여야 한다. ③ 실내에서 다습작업을 하는 경우에 **수시로 소독하거나 청소**하는 등 미생물이 번식하지 않도록 필요한 조치를 하여야 한다.

⑱ 감염병 예방 조치 등(제594조)
: 사업주는 근로자의 **혈액매개 감염병, 공기매개 감염병, 곤충 및 동물매개 감염병**을 예방하기 위하여 다음 각 호의 조치를 하여야 한다.

① 감염병 예방을 위한 계획의 수립
② 보호구 지급, 예방접종 등 감염병 예방을 위한 조치
③ 감염병 발생 시 원인 조사와 대책 수립
④ 감염병 발생 근로자에 대한 적절한 처치

⑲ 병원체에 노출될 수 있는 작업 시 유해성 등의 주지(제595조)
: 사업주는 근로자가 병원체에 노출될 수 있는 위험이 있는 작업을 하는 경우에 다음 각 호의 사항을 근로자에게 알려야 한다.

① 감염병의 종류와 원인
② 전파 및 감염 경로
③ 감염병의 증상과 잠복기
④ 감염되기 쉬운 작업의 종류와 예방방법
⑤ 노출 시 보고 등 노출과 감염 후 조치

⑳ 곤충 및 동물매개 감염 노출 위험작업 시 예방 조치(제603조)
: 사업주는 근로자가 곤충 및 동물매개 감염병 고 위험작업을 하는 경우에 다음 각 호의 조치를 하여야 한다.

① 긴 소매의 옷과 긴 바지의 작업복을 착용하도록 할 것
② 곤충 및 동물매개 감염병 발생 우려가 있는 장소에서는 음식물 섭취 등을 제한할 것
③ 작업 장소와 인접한 곳에 오염원과 격리된 식사 및 휴식 장소를 제공할 것
④ 작업 후 목욕을 하도록 지도할 것
⑤ 곤충이나 동물에 물렸는지를 확인하고 이상증상 발생 시 의사의 진료를 받도록 할 것

㉑ 곤충 및 동물매개 감염 노출 후 관리(제604조)
: 사업주는 **곤충 및 동물매개 감염병 고위험작업**을 수행한 근로자에게 다음 각 호의 증상이 **발생하였을 경우**에 즉시 의사의 **진료**를 받도록 하여야 한다.

① 고열·오한·두통
② 피부발진·피부궤양·부스럼 및 딱지 등
③ 출혈성 병변

㉒ 공기정화장치 사용 전 점검사항(제612조)

① 공기정화장치 내부의 분진상태
② 여과제진장치의 여과재 파손 여부
③ 공기정화장치의 분진 처리능력
④ 그 밖에 공기정화장치의 성능 유지를 위하여 필요한 사항

㉓ 분진의 유해성 등의 주지(제614조)
: 사업주는 근로자가 상시 분진작업에 관련된 업무를 하는 경우에 다음 각 호의 사항을 근로자에게 알려야 한다.

> ① 분진의 유해성과 노출경로
> ② 분진의 발산 방지와 작업장의 환기 방법
> ③ 작업장 및 개인위생 관리
> ④ 호흡용 보호구의 사용 방법
> ⑤ 분진에 관련된 질병 예방 방법

㉔ 밀폐공간 작업으로 인한 건강장해의 예방 정의(제618조)
 ㉠ 밀폐공간
 : 산소결핍, 유해가스로 인한 질식·화재·폭발 등의 위험이 있는 장소를 말한다.

 ㉡ 유해가스
 : 이산화탄소·일산화탄소·황화수소 등의 기체로서 **인체에 유해한 영향을 미치는 물질**을 말한다.

 ㉢ 적정공기
 : 산소농도의 범위가 18% 이상 23.5% 미만, 이산화탄소의 농도가 1.5% 미만, 일산화탄소의 농도가 30ppm 미만, 황화수소의 농도가 10ppm 미만인 수준의 공기를 말한다.

 ㉣ 산소결핍
 : 공기 중의 산소농도가 18% 미만인 상태를 말한다.

 ㉤ 산소결핍증
 : 산소가 결핍된 공기를 들이마심으로써 생기는 증상을 말한다.

㉕ 밀폐공간 작업 시 환기 등(제620조)
: 사업주는 근로자가 밀폐공간에서 작업을 하는 경우에 작업을 시작하기 전과 작업 중에 해당 **작업장을 적정공기 상태가 유지되도록 환기**하여야 한다. 다만, 폭발이나 산화 등의 위험으로 인하여 환기할 수 없거나 작업의 성질상 환기하기가 매우 곤란한 경우에는 근로자에게 공기 호흡기 또는 송기마스크를 지급하여 착용하도록 하고 환기하지 아니할 수 있다.

㉖ 밀폐공간에서의 안전한 작업방법 등의 주지(제641조)
: 사업주는 근로자가 밀폐공간에서 작업을 하는 경우에 작업을 시작할 때마다 사전에 다음 각 호의 사항을 작업근로자에게 알려야 한다.

> ① 산소 및 유해가스농도 측정에 관한 사항
> ② 환기설비의 가동 등 안전한 작업방법에 관한 사항
> ③ 보호구의 착용과 사용방법에 관한 사항
> ④ 사고 시의 응급조치 요령
> ⑤ 구조요청을 할 수 있는 비상연락처, 구조용 장비의 사용 등 비상시 구출에 관한 사항

㉗ 근골격계부담작업으로 인한 건강장해의 예방 정의(제656조)

　㉠ 근골격계부담작업
　: **단순반복작업 또는 인체에 과도한 부담을 주는 작업**으로서 작업량·작업속도·작업강도 및 작업장 구조 등에 따라 고용노동부장관이 정하여 고시하는 작업을 말한다.

　㉡ 근골격계질환
　: **반복적인 동작, 부적절한 작업자세, 무리한 힘의 사용, 날카로운 면과의 신체접촉, 진동 및 온도** 등의 요인에 의하여 발생하는 건강장해로서 목, 어깨, 허리, 팔·다리의 신경·근육 및 그 주변 신체조직 등에 나타나는 **질환**을 말한다.

　㉢ 근골격계질환 예방관리 프로그램
　: 유해요인 조사, 작업환경 개선, 의학적 관리, 교육·훈련, 평가에 관한 사항 등이 포함된 **근골격계질환을 예방관리하기 위한 종합적인 계획**을 말한다.

㉘ 근골격계 부담작업 유해요인 조사(제657조)
: 사업주는 근로자가 **근골격계부담작업을** 하는 경우에 3년마다 다음 각 호의 사항에 대한 **유해요인조사를** 하여야 한다. 다만, 신설되는 사업장의 경우에는 신설일부터 1년 이내에 **최초의 유해요인 조사를** 하여야 한다.

　① 설비·작업공정·작업량·작업속도 등 작업장 상황
　② 작업시간·작업자세·작업방법 등 작업조건
　③ 작업과 관련된 근골격계질환 징후와 증상 유무 등

㉙ 근골격계 부담작업 유해성 등의 주지(제661조)
: 사업주는 근로자가 근골격계부담작업을 하는 경우에 다음 각 호의 사항을 근로자에게 알려야 한다.

　① 근골격계부담작업의 유해요인
　② 근골격계질환의 징후와 증상
　③ 근골격계질환 발생 시의 대처요령
　④ 올바른 작업자세와 작업도구, 작업시설의 올바른 사용방법
　⑤ 그 밖에 근골격계질환 예방에 필요한 사항

㉚ 근골격계질환 예방관리 프로그램 시행(제662조)
: 사업주는 다음 각 호의 어느 하나에 해당하는 경우에 **근골격계질환 예방관리 프로그램을 수립하여 시행**하여야 한다

　① 근골격계질환으로 업무상 질병으로 인정받은 근로자가 연간 10명 이상 발생한 사업장 또는 5명 이상 발생한 사업장으로서 발생 비율이 그 사업장 근로자 수의 10% 이상인 경우
　② 근골격계질환 예방과 관련하여 노사 간 이견이 지속되는 사업장으로서 고용노동부장관이 필요하다고 인정하여 근골격계질환 예방관리 프로그램을 수립하여 시행할 것을 명령한 경우

㉛ 컴퓨터 단말기 조작업무에 대한 조치사항(제667조)

① 실내는 명암의 차이가 심하지 않도록 하고 직사광선이 들어오지 않는 구조로 할 것
② 저휘도형의 조명기구를 사용하고 창·벽면 등은 반사되지 않는 재질을 사용할 것
③ 컴퓨터 단말기와 키보드를 설치하는 책상과 의자는 작업에 종사하는 근로자에 따라 그 높낮이를 조절할 수 있는 구조로 할 것
④ 연속적으로 컴퓨터 단말기 작업에 종사하는 근로자에 대하여 작업시간 중에 적절한 휴식시간을 부여할 것

㉜ 비전리전자기파에 의한 건강장해 예방 조치사항(제668조)

① 발생원의 격리·차폐·보호구 착용 등 적절한 조치를 할 것
② 비전리전자기파 발생장소에는 경고 문구를 표시할 것
③ 근로자에게 비전리전자기파가 인체에 미치는 영향, 안전작업 방법 등을 알릴 것

㉝ 직무스트레스에 의한 건강장해 예방 조치사항(제669조)

① 작업환경·작업내용·근로시간 등 직무스트레스 요인에 대하여 평가하고 근로시간 단축, 장·단기 순환작업 등의 개선대책을 마련하여 시행할 것
② 작업량·작업일정 등 작업계획 수립 시 해당 근로자의 의견을 반영할 것
③ 작업과 휴식을 적절하게 배분하는 등 근로시간과 관련된 근로조건을 개선할 것
④ 근로시간 외의 근로자 활동에 대한 복지 차원의 지원에 최선을 다할 것
⑤ 건강진단 결과, 상담자료 등을 참고하여 적절하게 근로자를 배치하고 직무스트레스 요인, 건강문제 발생가능성 및 대비책 등에 대하여 해당 근로자에게 충분히 설명할 것
⑥ 뇌혈관 및 심장질환 발병위험도를 평가하여 금연, 고혈압 관리 등 건강증진 프로그램을 시행할 것

㉞ 농약원재료 방제작업 시의 조치사항(제670조)

① 작업을 시작하기 전에 농약의 방제기술과 지켜야 할 안전조치에 대하여 교육을 할 것
② 방제기구에 농약을 넣는 경우에는 넘쳐흐르거나 역류하지 않도록 할 것
③ 농약원재료를 혼합하는 경우에는 화학반응 등의 위험성이 있는지를 확인할 것
④ 농약원재료를 취급하는 경우에는 담배를 피우거나 음식물을 먹지 않도록 할 것
⑤ 방제기구의 막힌 분사구를 뚫기 위하여 입으로 불어내지 않도록 할 것
⑥ 농약원재료가 들어 있는 용기와 기기는 개방된 상태로 내버려두지 말 것
⑦ 압축용기에 들어있는 농약원재료를 취급하는 경우에는 폭발 등의 방지조치를 할 것
⑧ 농약원재료를 훈증하는 경우에는 유해가스가 새지 않도록 할 것

4-2 산업위생 관련 고시에 관한 사항

(1) 노출기준 고시

① 정의(제2조)

㉠ 노출기준
: 근로자가 유해인자에 노출되는 경우 **노출기준 이하 수준에서는 거의 모든 근로자에게 건강상 나쁜 영향을 미치지 아니하는 기준**을 말하며, 1일 작업시간동안의 시간가중평균노출기준(Time Weighted Average, TWA), 단시간노출기준(Short Term Exposure Limit, STEL) 또는 최고노출기준(Ceiling, C)으로 표시한다.

㉡ 시간가중평균노출기준(TWA)
: 1일 8시간 작업을 기준으로 하여 유해인자의 측정치에 발생시간을 곱하여 8시간으로 나눈 값을 말하며, 다음식에 따라 산출한다.

$$TWA \text{ 환산값} = \frac{C_1 T_1 + C_2 T_2 + \cdots\cdots + C_n T_n}{8}$$

여기서,
C : 유해인자의 측정치 [ppm 또는 mg/m^3]
T : 유해인자의 발생시간 [시간]

㉢ 단시간노출기준(STEL)
: 근로자가 1회에 15분간 유해인자에 노출되는 경우의 기준으로 이 기준 이하에서는 **1회 노출 간격이 1시간 이상인 경우에 1일 작업시간 동안 4회까지 노출이 허용될 수 있는 기준**을 말한다.

㉣ 최고노출기준(C)
: 근로자가 1일 작업시간동안 잠시라도 노출되어서는 아니 되는 기준을 말하며, 노출기준 앞에 "C"를 붙여 표시한다.

② 노출기준 사용상의 유의사항(제3조)

① 각 유해인자의 노출기준은 해당 유해인자가 단독으로 존재하는 경우의 노출기준을 말하며, 2종 또는 그 이상의 유해인자가 혼재하는 경우에는 각 유해인자의 상가작용으로 유해성이 증가할 수 있으므로 제6조에 따라 산출하는 노출기준을 사용하여야 한다.
② 노출기준은 1일 8시간 작업을 기준으로 하여 제정된 것이므로 이를 이용할 경우에는 근로시간, 작업의 강도, 온열조건, 이상기압 등이 노출기준 적용에 영향을 미칠 수 있으므로 이와 같은 제반요인을 특별히 고려하여야 한다.
③ 유해인자에 대한 감수성은 개인에 따라 차이가 있고, 노출기준 이하의 작업환경에서도 직업성 질병에 이환되는 경우가 있으므로 노출기준은 직업병진단에 사용하거나 노출기준 이하의 작업환경이라는 이유만으로 직업성질병의 이환을 부정하는 근거 또는 반증자료로 사용하여서는 아니 된다.
④ 노출기준은 대기오염의 평가 또는 관리상의 지표로 사용하여서는 아니 된다.

③ 혼합물(제6조)

㉠ 화학물질이 2종 이상 혼재하는 경우에 혼재하는 물질간에 유해성이 인체의 서로 다른 부위에 작용한다는 증거가 없는 한 유해작용은 가중되므로 **노출기준은 다음식에 따라 산출하되, 산출되는 수치가 1을 초과하지 아니하는 것으로 한다.**

$$\text{노출기준}(EI) = \frac{C_1}{T_1} + \frac{C_2}{T_2} + \cdots + \frac{C_n}{T_n}$$

여기서,
C : 화학물질 각각의 측정치
T : 화학물질 각각의 노출기준

$EI > 1$: 노출기준을 초과
$EI < 1$: 노출기준을 초과하지 않음

$$\text{혼합물의 } TLV-TWA = \frac{C_1 + C_2 + \cdots + C_n}{EI}$$

$$\text{혼합물의 노출기준} = \frac{f_1 + f_2 + \cdots + f_n}{\frac{f_1}{TLV_1} + \frac{f_2}{TLV_2} + \cdots + \frac{f_n}{TLV_n}}$$

여기서,
f : 액체 혼합물에서의 각 성분 무게(중량)
TLV : 해당 물질의 노출기준

㉡ 제1항의 경우와는 달리 혼재하는 물질간에 유해성이 인체의 서로 다른 부위에 유해작용을 하는 경우에 **유해성이 각각 작용하므로 혼재하는 물질 중 어느 한 가지라도 노출기준을 넘는 경우 노출기준을 초과**하는 것으로 한다.

④ 표시단위(제11조)

㉠ 가스 및 증기의 노출기준 표시단위는 ppm 또는 mg/m^3을 사용한다.

㉡ 분진의 노출기준 표시단위는 mg/m^3을 사용한다. 다만, 석면 및 내화성세라믹섬유의 노출기준 표시단위는 개$/cm^3$를 사용한다.

㉢ 고온의 노출기준 표시단위는 습구흑구온도지수(WBGT)를 사용하며 다음 각 호의 식에 따라 산출한다.

ⅰ) 태양광선이 내리쬐는 옥외 장소

WBGT(℃)=0.7×자연습구온도+0.2×흑구온도+0.1×건구온도

ⅱ) 태양광선이 내리쬐지 않는 옥내 또는 옥외 장소

WBGT(℃)=0.7×자연습구온도+0.3×흑구온도

※고온의 노출기준 단위 : ℃, WBGT

작업휴식시간비 \ 작업강도	경작업	중등작업	중작업
계속작업	30.0	26.7	25.0
매시간 75% 작업, 25% 휴식	30.6	28.0	25.9
매시간 50% 작업, 50% 휴식	31.4	29.4	27.9
매시간 25% 작업, 75% 휴식	32.2	31.1	30.0

✔ 경작업 : 200kcal까지의 열량이 소요되는 작업을 말하며, 앉아서 또는 서서 기계의 조정을 하기 위하여 손 또는 팔을 가볍게 쓰는 일 등을 뜻함
✔ 중등작업 : 시간당 200~350kcal의 열량이 소요되는 작업을 말하며, 물체를 들거나 밀면서 걸어다니는 일 등을 뜻함
✔ 중작업 : 시간당 350~500kcal의 열량이 소요되는 작업을 말하며, 곡괭이질 또는 삽질하는 일 등을 뜻함

⑤ 화학물질의 노출기준(별표 1)

㉠ **"Skin" 표시 물질**은 점막과 눈 그리고 경피로 흡수되어 전신 영향을 일으킬 수 있는 물질 (피부자극성을 뜻하는 것이 아님)

㉡ **발암성 정보물질의 표기**는 「화학물질의 분류표시 및 물질안전보건자료에 관한 기준」에 따라 다음과 같이 표기함

① 1A : 사람에게 충분한 발암성 증거가 있는 물질
② 1B : 시험동물에서 발암성 증거가 충분히 있거나, 시험동물과 사람 모두에서 제한된 발암성 증거가 있는 물질
③ 2 : 사람이나 동물에서 제한된 증거가 있지만, 구분1로 분류하기에는 증거가 불충분한 물질

ⓒ **생식세포 변이원성 정보물질의 표기**는 「화학물질의 분류표시 및 물질안전보건자료에 관한 기준」에 따라 다음과 같이 표기함

> ① 1A : 사람에게서의 역학조사 연구결과 **양성의 증거가 있는 물질**
> ② 1B ; 다음 어느 하나에 해당하는 물질
>
> ㉠ 포유류를 이용한 생체내 유전성 생식세포 변이원성 시험에서 양성
> ㉡ 포유류를 이용한 생체내 체세포 변이원성 시험에서 양성이고, 생식세포에 돌연변이를 일으킬 수 있다는 증거가 있음
> ㉢ 노출된 사람의 정자 세포에서 이수체 발생빈도의 증가와 같이 사람의 생식세포 변이원성 시험에서 양성
> ③ 2 : 다음 어느 하나에 해당되어 **생식세포에 유전성 돌연변이를 일으킬 가능성이 있는 물질**
>
> ㉠ 포유류를 이용한 생체내 체세포 변이원성 시험에서 양성
> ㉡ 기타 시험동물을 이용한 생체내 체세포 유전독성 시험에서 양성이고 시험관내 변이원성 시험에서 추가로 입증된 경우
> ㉢ 포유류 세포를 이용한 변이원성시험에서 양성이며, 알려진 생식세포 변이원성 물질과 화학적 구조활성 관계를 가지는 경우

ⓔ **생식독성 정보물질의 표기**는 「화학물질의 분류표시 및 물질안전보건자료에 관한 기준」에 따라 다음과 같이 표기함

> ① 1A : 사람에게 성적기능, 생식능력이나 발육에 악영향을 주는 것으로 **판단할 정도의 사람에서의 증거가 있는 물질**
> ② 1B : 사람에게 성적기능, 생식능력이나 발육에 악영향을 주는 것으로 **추정할 정도의 동물시험 증거가 있는 물질**
> ③ 2 : 사람에게 성적기능, 생식능력이나 발육에 악영향을 주는 것으로 **의심할 정도의 사람 또는 동물시험 증거가 있는 물질**

ⓜ **발암성, 생식세포 변이원성 및 생식독성 물질**의 정의는 유해인자의 분류기준에서 발암성 물질 생식세포 변이원성 물질, 생식독성 물질 참고

ⓑ 화학물질이 IARC 등의 발암성 등급과 NTP의 R등급을 모두 갖는 경우에는 NTP의 R등급은 고려하지 아니함

ⓢ **혼합용매추출**은 에틸에테르, 톨루엔, 메탄올을 부피비 1:1:1로 혼합한 용매나 이외 동등 이상의 용매로 추출한 물질을 말함

ⓞ **노출기준이 설정되지 않은 물질의 경우** 이에 대한 **노출이 가능한 한 낮은 수준이 되도록 관리**하여야 함

⑥ 라돈의 노출기준(별표 4)
: 작업장 농도 - $600 Bq/m^3$

⑦ ACGIH(미국정부산업위생전문가협의회)의 허용농도(TLV) 적용상 주의사항

① 대기오염 평가 및 지표에 사용할 수 없다.
② 안전농도와 위험농도를 정확히 구분하는 경계선이 아니다.
③ 작업조건이 다른나라의 ACGIH-TLV를 그대로 사용할 수 없다.
④ 기존의 질병이나 신체적 조건을 판단하기 위한 척도로 사용할 수 없다.
⑤ 독성의 강도를 비교할 수 있는 지표가 아니다.
⑥ 피부로 흡수되는 양은 고려하지 않은 기준이다.
⑦ 반드시 산업보건 전문가에 의하여 설명, 적용되어야 한다.
⑧ 산업장의 유해조건을 평가하기 위한 지침이다.
⑨ 건강장해를 예방하기 위한 지침이다.
⑩ 24시간 노출 또는 정상 작업시간을 초과한 노출에 대한 독성 평가에는 적용할 수 없다.

⑧ ACGIH에서 TLV 설정, 개정 시에 이용되는 자료

① 사업장 역학조사 자료 - 허용농도 설정에서 가장 중요한 자료
② 동물실험 자료
③ 인체실험 자료

⑨ 체내흡수량(안전흡수량, 안전폭로량, SHD)

$$SHD = C \times T \times V \times R$$

여기서,
C : 농도 $[mg/m^3]$
T : 노출시간 $[hr]$
V : 폐환기율, 호흡률 $[m^3/hr]$
R : 체내잔류율(일반적으로 1.0)

SHD = 체중당흡수량×체중 $[mg]$

⑩ 석면 농도[개/cc]

$$석면\ 농도 = \frac{(C_s - C_b) \times A_s}{A_f \times T \times R \times 1000}$$

여기서,
C_s : 단위 시야당 시료[개]
C_b : 공시료[개]
A_s : 유효면적 $[mm^2]$
A_f : 단위 시야의 면적(= 0.00785 mm^2)
T : 측정시간[min]
R : 펌프 유량$[L/min]$

(2) 작업환경측정 및 지정측정기관 평가 등에 관한 고시

① 정의(제2조)

용어	정의
액체채취방법	시료공기를 액체 중에 통과시키거나 액체의 표면과 접촉시켜 **용해·반응·흡수·충돌** 등을 일으키게 하여 해당 액체에 작업환경측정을 하려는 물질을 채취하는 방법
고체채취방법	시료공기를 고체의 입자층을 통해 **흡입, 흡착**하여 해당 고체입자에 측정하려는 물질을 채취하는 방법
직접채취방법	시료공기를 흡수, 흡착 등의 과정을 거치지 아니하고 **직접채취대** 또는 **진공채취병** 등의 채취용기에 물질을 채취하는 방법
냉각응축채취방법	시료공기를 **냉각된 관** 등에 접촉 응축시켜 측정하려는 물질을 채취하는 방법
여과채취방법	시료공기를 여과재를 통하여 흡인함으로써 해당 여과재에 측정하려는 물질을 채취하는 방법
개인시료채취	개인시료채취기를 이용하여 가스·증기·분진·흄·미스트 등을 근로자의 호흡위치에서 채취하는 것
지역시료채취	시료채취기를 이용하여 가스·증기·분진·흄·미스트 등을 근로자의 작업행동범위에서 호흡기 높이에 고정하여 채취하는 것
노출기준	작업환경평가기준
최고노출근로자	작업환경측정대상 유해인자의 발생 및 취급원에서 가장 가까운 위치의 근로자이거나 작업환경측정대상 유해인자에 가장 많이 노출될 것으로 간주되는 근로자
단위작업장소	작업환경측정대상이 되는 작업장 또는 공정에서 정상적인 작업을 수행하는 동일 노출집단의 근로자가 작업을 하는 장소
호흡성분진	호흡기를 통하여 폐포에 축적될 수 있는 크기의 분진
흡입성분진	호흡기의 어느 부위에 침착하더라도 독성을 일으키는 분진
입자상물질	화학적인자가 공기중으로 분진·흄·미스트 등의 형태로 발생되는 물질
가스상물질	화학적인자가 공기중으로 가스·증기의 형태로 발생되는 물질
정도관리	작업환경측정·분석 결과에 대한 정확성과 정밀도를 확보하기 위하여 작업환경측정기관의 측정·분석능력을 확인하고, 그 결과에 따라 지도·교육 등 측정·분석능력 향상을 위하여 행하는 모든 관리적 수단
정확도	분석치가 참값에 얼마나 접근하였는가 하는 수치상의 표현
정밀도	일정한 물질에 대해 반복측정·분석을 했을 때 나타나는 자료 분석치의 변동크기가 얼마나 작은가 하는 수치상의 표현

② 측정실시 시기 및 기간(제4조)

㉠ 측정 시기는 전회측정을 완료한 날부터 다음 각호에서 정하는 간격을 두어야 한다.

> ① 측정 주기가 반기에 1회 이상인 경우 3개월 이상
> ② 측정 횟수가 3개월에 1회 이상인 경우 45일 이상
> ③ 측정 주기가 연 1회 이상인 경우 6개월 이상

㉡ 사업장 위탁측정기관이 측정을 실시할 경우에 사업주는 측정실시 소요기간에 대하여 예비조사 결과에 따라 사업장 위탁측정기관과 협의·결정하여야 한다.

③ 측정대상의 제외(제4조의2)

: "작업환경측정 대상 유해인자의 노출수준이 노출기준에 비하여 현저히 낮은 경우로서 고용노동부장관이 정하여 고시하는 작업장"이란 「석유 및 석유대체연료 사업법 시행령」에 따른 주유소를 말한다. 다만, 다음 각호의 어느 하나에 해당하는 경우에는 **1개월 이내에 측정**을 실시하여야 한다.

> ① 근로자 건강진단 실시결과 직업병유소견자 또는 직업성질병자가 발생한 경우
> ② 근로자대표가 요구하는 경우로서 산업위생전문가가 필요하다고 판단한 경우
> ③ 그 밖에 지방고용노동관서장이 필요하다고 인정하여 명령한 경우

④ 행정처분 등 결과보고(제12조)

: 지방고용노동관서의 장은 작업환경측정기관의 지정 등과 관련하여 다음 각호의 어느 하나에 해당하는 경우, 그 사유가 발생한 날부터 10일 이내에 그 사유 및 처리결과를 고용노동부장관에게 보고하여야 한다.

> ① 작업환경측정기관을 지정한 경우
> ② 작업환경측정기관에 대하여 지정취소 또는 업무정지 등 행정처분을 행한 경우
> ③ 작업환경측정기관이 휴업 또는 폐업한 경우
> ④ 작업환경측정기관의 기관명, 소재지, 대표자 또는 측정한계 등 지정사항의 변경이 있는 경우

⑤ 작업환경측정기관 점검(제13조)

㉠ 작업환경측정기관을 최초로 지정한 지방고용노동관서의 장은 **작업환경측정기관에 대하여 인력, 시설 및 장비기준 등 지정요건과 작업환경측정 업무실태를 매년 1월 중에 정기적으로 점검**하여야 한다. 다만, 작업환경측정기관이 다른 지방고용노동관서의 관할지역에 소재 하는 경우에는 그 소재지 관할 지방고용노동관서의 장에게 점검을 의뢰할 수 있다.

㉡ 지방고용노동관서의 장은 다음 각호의 어느 하나에 해당하는 경우 제1항의 정기점검 외에 해당 작업환경측정기관에 대하여 **수시점검을 실시**할 수 있다.

> ① 부실측정과 관련한 민원이 발생한 경우
> ② 작업환경측정 신뢰성평가 결과 작업환경측정기관의 업무수행에 중대한 문제가 있다고 인정하는 경우
> ③ 그 밖에 지방고용노동관서의 장이 필요하다고 인정하는 경우

㉢ 지방고용노동관서의 장은 평가 결과, 평가등급이 우수한 작업환경측정기관에 대하여 제1항에 따른 정기점검을 면제할 수 있다.

⑥ 유해인자별·업종별 작업환경 전문연구기관의 지정신청 및 지정 등(제14조)
  ㉠ **고용노동부장관은 작업환경 전문연구기관을 다음 각호의 구분에 따라** 지정할 수 있다.

  > ① 유해인자별 전문연구기관 : 업환경측정 대상 유해인자 또는 그 밖의 새로운 유해인자에 대한 전문연구 수행
  > ② 업종별 전문연구기관 : 복합적이고 다양한 유해인자가 발생하는 업종이나 특수한 작업환경을 가진 업종에 대한 전문연구 수행

  ㉡ **고용노동부장관은 제전문연구기관을 지정하고자 하는 경우 매년 12월말까지 홈페이지 등을 통해 이를 공고하여야 한다.** 이 경우 고용노동부장관은 전문연구가 필요한 특정 유해인자나 업종을 정하여 공고할 수 있다.

  ㉢ 제1항에 따라 **전문연구기관으로 지정받고자 하는 기관은** 신청서에 작업환경측정기관 지정서, 사업계획서 등을 첨부하여 **매년 2월말까지 고용노동부장관에게 제출**하여야 한다.

  ㉣ **고용노동부장관은 매년 3월말까지 전문연구기관 신청서 등을 심사하여 지정여부를 결정하고 그 결과를 해당 기관에 통보**하여야 한다. 이때 고용노동부장관은 사업계획의 타당성과 연구결과의 활용가능성, 신청기관의 전문성 등을 심사하기 위해 **한국산업안전보건공단 및 한국산업보건학회 소속의 전문가를 참여**시킬 수 있다.

⑦ 예비조사 및 측정계획서의 작성(제17조)
  : 예비조사를 하는 경우에는 다음 각호의 내용이 포함된 측정계획서를 작성하여야 한다.

  > ① 원재료의 투입과정부터 최종 제품생산 공정까지의 주요공정 도식
  > ② 해당 공정별 작업내용 및 화학물질 사용실태, 그 밖에 작업방법·운전조건 등을 고려한 유해 인자 노출 가능성
  > ③ 측정대상공정, 측정대상 유해인자 및 발생주기, 측정 대상 공정의 종사근로자 현황
  > ④ 유해인자별 측정방법 및 측정 소요기간 등 작업환경측정에 필요한 사항

⑧ 노출기준의 종류별 측정시간(제18조)

  ㉠ 「화학물질 및 물리적 인자의 노출기준」에 **시간가중평균기준(TWA)이 설정되어 있는 대상 물질을 측정하는 경우에는 1일 작업시간동안 6시간 이상 연속 측정하거나 작업시간을 등 간격으로 나누어 6시간 이상 연속분리하여 측정**하여야 한다. 다만, 다음 각호의 어느 하나에 해당하는 경우에는 대상물질의 발생시간 동안 측정 할 수 있다.

  > ① 대상물질의 발생시간이 6시간 이하인 경우
  > ② 불규칙작업으로 6시간 이하의 작업을 하는 경우
  > ③ 발생원에서 발생시간이 간헐적인 경우

  ㉡ 노출기준 고시에 **단시간 노출기준(STEL)이 설정되어 있는 물질로서** 노출이 균일하지 않은 작업특성으로 인하여 단시간 노출평가가 필요하다고 자격자 또는 작업환경측정기관이 판단 하는 경우에는 제1항의 측정에 추가하여 단시간 측정을 할 수 있다. 이 경우 **1회에 15분간 측정하되 유해인자 노출특성을 고려하여 측정횟수를 정할 수 있다.**

ⓒ 노출기준 고시에 **최고노출기준(Ceiling, C)이** 설정되어 있는 대상물질을 측정하는 경우에는 **최고노출 수준을 평가할 수 있는 최소한의 시간동안 측정**하여야 한다. 다만 시간가중평균 기준(TWA)이 함께 설정되어 있는 경우에는 제1항에 따른 측정을 병행하여야 한다.

⑨ 시료채취 근로자수(제19조)

ⓐ **단위작업 장소에서 최고 노출근로자 2명 이상에 대하여 동시에 개인 시료채취 방법으로 측정**하되, 단위작업 장소에 근로자가 1명인 경우에는 그러하지 아니하며, 동일 작업근로자수가 10명을 초과하는 경우에는 매 5명당 1명 이상 추가하여 측정하여야 한다. 다만, 동일 작업 근로자수가 100명을 초과하는 경우에는 최대 시료채취 근로자수를 20명으로 조정할 수 있다.

ⓑ **지역 시료채취 방법**으로 측정을 하는 경우 단위작업장소 내에서 2개 이상의 지점에 대하여 동시에 측정하여야 한다. 다만, 단위작업 장소의 넓이가 50평방미터 이상인 경우에는 매 30평방미터마다 1개 지점 이상을 추가로 측정하여야 한다.

⑩ 단위(제20조)

ⓐ 질량농도(mg/m^3)와 용량농도(ppm)의 환산

$$mg/m^3 = ppm \times \frac{분자량}{부피} \qquad ppm = mg/m^3 \times \frac{부피}{분자량}$$

※ 각 조건의 온도와 부피에 대한 표

조건	온도	부피
순수자연과학 (일반대기, 표준상태)	0℃	22.4L
산업환기	21℃	24.1L
산업위생 (작업환경 측정)	25℃	24.45L

ⓑ 소음수준의 측정단위는 $dB(A)$ 표시한다.

⑪ 측정 및 분석방법(제21조)
: 작업환경측정 대상 유해인자 중 입자상 물질은 다음 각호의 방법으로 측정한다

ⓐ **석면의 농도**는 **여과채취방법**으로 측정하고 계수방법 또는 이와 동등 이상의 분석방법으로 분석할 것

ⓑ **광물성분진**은 **여과채취방법**으로 측정하고 석영, 크리스토바라이트, 트리디마이트를 분석할 수 있는 적합한 방법으로 분석할 것(다만 **규산염과 그 밖의 광물성분진은 중량분석방법**으로 분석한다.)

ⓒ **용접흄**은 여과채취방법으로 측정하되 용접보안면을 착용한 경우에는 그 내부에서 시료를 채취하고 **중량분석방법과 원자흡광광도계 또는 유도결합프라스마를 이용한 방법**으로 분석할 것

ⓔ 석면, 광물성분진 및 용접흄을 제외한 입자상 물질은 **여과채취방법**으로 측정한 후 **중량분석방법**이나 유해물질 종류에 따른 적합한 방법으로 분석할 것

ⓜ **호흡성분진**은 호흡성분진용 분립장치 또는 호흡성분진을 채취할 수 있는 기기를 이용한 **여과채취방법**으로 측정할 것

ⓗ **흡입성분진**은 흡입성분진용 분립장치 또는 흡입성분진을 채취할 수 있는 기기를 이용한 **여과채취방법**으로 측정할 것

⑫ 측정위치(제22조)

㉠ **개인 시료채취** 방법으로 측정하는 경우에는 **측정기기를 작업 근로자의 호흡기 위치에 장착**하여야 한다.

㉡ **지역 시료채취** 방법으로 측정하는 경우에는 **측정기기를 발생원의 근접한 위치 또는 작업근로자의 주 작업행동 범위 내에서 작업근로자 호흡기 높이에 설치**하여야 한다.

⑬ 검지관방식의 측정(제25조)
: 다음 각호의 어느 하나에 해당하는 경우에는 **검지관방식으로 측정**할 수 있다.

① 예비조사 목적인 경우
② 검지관방식 외에 다른 측정방법이 없는 경우
③ 발생하는 가스상 물질이 단일물질인 경우. 다만, 자격자가 측정하는 사업장에 한정한다.

㉠ 자격자가 해당 사업장에 대하여 검지관방식으로 측정하는 경우 **사업주는 2년에 1회 이상 사업장 위탁측정기관에 의뢰하여 측정**하여야 한다.

㉡ 검지관방식의 측정결과가 **노출기준을 초과하는 것으로 나타난 경우에는 즉시 재측정**하여야 하며, 해당 사업장에 대하여는 측정치가 노출기준 이하로 나타날 때까지는 검지관방식으로 측정할 수 없다.

㉢ 검지관방식으로 측정하는 경우에는 **해당 작업근로자의 호흡기 및 가스상 물질 발생원에 근접한 위치 또는 근로자 작업행동 범위의 주 작업 위치에서의 근로자 호흡기 높이에서 측정**하여야 한다.

㉣ 검지관방식으로 측정하는 경우에는 **1일 작업시간 동안 1시간 간격으로 6회 이상 측정**하되 측정시간마다 2회 이상 반복 측정하여 **평균값을 산출**하여야 한다. 다만, 가스상 물질의 발생시간이 6시간 이내일 때에는 작업시간 동안 1시간 간격으로 나누어 측정하여야 한다.

⑭ 측정방법(제26조)

㉠ 소음측정에 사용되는 기기는 **누적소음 노출량측정기, 적분형소음계** 또는 이와 동등 이상의 성능이 있는 것으로 하되 개인 시료채취 방법이 불가능한 경우에는 지시소음계를 사용할 수 있으며, 발생시간을 고려한 **등가소음레벨 방법으로 측정**할 것. 다만, 소음발생 간격이 1초 미만을 유지하면서 계속적으로 발생되는 소음을 지시소음계 또는 이와 동등 이상의 성능이 있는 기기로 측정할 경우에는 그러하지 아니할 수 있다.

ⓒ 소음계의 청감보정회로는 A특성으로 할 것

ⓒ 제1호 단서규정에 따른 소음측정은 다음과 같이 할 것

> ① 소음계 지시침의 동작은 느린(Slow) 상태로 한다.
>   (소음진동공정시험기준에 따른 소음계의 동특성은 원칙적으로 빠름(Fast)모드로 하여 측정한다.
> ② 소음계의 지시치가 변동하지 않는 경우에는 해당 지시치를 그 측정점에서의 소음수준으로 한다.

ⓔ 누적소음노출량 측정기로 소음을 측정하는 경우에는 Criteria는 90dB, Exchange Rate는 5dB, Threshold는 80dB로 기기를 설정할 것

ⓜ 소음이 1초 이상의 간격을 유지하면서 최대음압수준이 120dB(A)이상의 소음인 경우에는 소음수준에 따른 1분 동안의 발생횟수를 측정할 것

⑮ 측정위치(제27조)

> ① 개인 시료채취 방법으로 측정하는 경우에는 소음측정기의 센서 부분을 작업 근로자의 귀 위치(귀를 중심으로 반경 30cm인 반구)에 장착하여야 한다.
> ② 지역 시료채취 방법으로 측정하는 경우에는 소음측정기를 측정대상이 되는 근로자의 주 작업 행동 범위 내에서 작업근로자 귀 높이에 설치하여야 한다.

⑯ 측정시간(제28조)

> ① 단위작업 장소에서 소음수준은 규정된 측정위치 및 지점에서 1일 작업시간 동안 6시간 이상 연속 측정하거나 작업시간을 1시간 간격으로 나누어 6회 이상 측정하여야 한다. 다만, 소음의 발생특성이 연속음으로서 측정치가 변동이 없다고 자격자 또는 지정측정기관이 판단한 경우에는 1시간 동안을 등간격으로 나누어 3회 이상 측정할 수 있다.
> ② 단위작업 장소에서의 소음발생시간이 6시간 이내인 경우나 소음발생원에서의 발생시간이 간헐적인 경우에는 발생시간동안 연속 측정하거나 등간격으로 나누어 4회 이상 측정하여야 한다.

⑰ 고열 측정기기(제30조)
: 고열은 습구흑구온도지수(WBGT)를 측정할 수 있는 기기 또는 이와 동등 이상의 성능을 가진 기기를 사용한다

⑱ 고열 측정방법(제31조)

> ① 측정은 단위작업 장소에서 측정대상이 되는 근로자의 주 작업 위치에서 측정한다.
> ② 측정기의 위치는 바닥 면으로부터 50cm 이상, 150cm 이하의 위치에서 측정한다.
> ③ 측정기를 설치한 후 충분히 안정화 시킨 상태에서 1일 작업시간 중 가장 높은 고열에 노출되는 1시간을 10분 간격으로 연속하여 측정한다.

⑲ 입자상 물질의 농도 평가(제34조)

㉠ 측정한 입자상 물질 농도는 8시간 작업 시의 평균농도로 한다. 다만, 6시간 이상 연속 측정한 경우에 있어 측정하지 아니한 나머지 작업시간 동안의 입자상 물질 발생이 측정기간보다 현저하게 낮거나 입자상 물질이 발생하지 않은 경우에는 측정시간 동안의 농도를 8시간 시간가중 평균하여 8시간 작업 시의 평균농도로 한다.

㉡ 1일 작업시간 동안 6시간 이내 측정한 경우의 입자상 물질 농도는 측정시간 동안의 시간 가중평균치를 산출하여 그 기간 동안의 평균농도로 하고 이를 8시간 시간가중평균하여 8시간 작업 시의 평균농도로 한다.

㉢ 1일 작업시간이 8시간을 초과하는 경우에는 다음 계산에 따라 보정노출기준을 산출한 후 측정농도와 비교하여 평가하여야 한다.

ⅰ) Brief와 Scala의 보정방법
 - 급성중독을 일으키는 물질

$$허용기준 = TLV \times \frac{8}{H} \times \frac{24-H}{16}$$

여기서,
RF = 보정기준
H = 노출시간/일

 - 만성중독을 일으키는 물질

$$허용기준 = \frac{40}{H} \times \frac{168-H}{128}$$

여기서,
RF = 보정기준
H = 노출시간/주

ⅱ) OSHA의 보정방법

$$허용기준 = TLV \times \frac{8}{H}$$

여기서,
TLV : 해당 물질의 노출기준

㉣ 측정을 한 경우에는 측정시간 동안의 농도를 해당 노출기준과 직접 비교하여 평가하여야 한다. 다만 **2회 이상 측정한 단시간 노출농도값이 단시간노출기준과 시간가중평균기준값 사이의 경우**로서 다음 각호의 어느 하나에 해당하는 경우에는 **노출기준 초과로 평가**하여야 한다.

> ① 15분 이상 연속 노출되는 경우
> ② 노출과 노출사이의 간격이 1시간 미만인 경우
> ③ 1일 4회를 초과하는 경우

⑳ 소음수준의 평가(제36조)

㉠ 1일 작업시간 동안 연속 측정하거나 작업시간을 1시간 간격으로 나누어 6회 이상 소음수준을 측정한 경우에는 이를 평균하여 8시간 작업시의 평균소음수준으로 한다.

㉡ 단위작업 장소에서의 소음발생시간이 6시간 이내인 경우나 소음발생원에서의 발생시간이 간헐적인 경우에는 발생시간동안 연속 측정하거나 등간격으로 나누어 4회 이상 측정한 경우에는 이를 평균하여 그 기간 동안의 평균소음수준으로 하고 이를 1일 노출시간과 소음강도를 측정하여 등가소음레벨방법으로 평가한다.

㉢ 지시소음계로 측정하여 등가소음레벨방법을 적용할 경우에는 다음 계산식에 따라 산출한 값을 기준으로 평가한다.

$$Leq[dB(A)] = 16.61\log\frac{n_1 \times 10^{\frac{LA_1}{16.61}} + n_2 \times 10^{\frac{LA_2}{16.61}} + \cdots + n_n \times 10^{\frac{LA_n}{16.61}}}{\text{각 소음레벨 측정치의 발생시간 합}}$$

여기서,
LA : 각 소음레벨의 측정치 $[dB(A)]$
n : 각 소음레벨 측정치의 발생시간(분)

㉣ 단위작업 장소에서 소음의 강도가 불규칙적으로 변동하는 소음 등을 누적소음 노출량측정기로 측정하여 노출량으로 산출되었을 경우에는 시간가중평균 소음수준으로 환산하여야 한다. 다만, **누적소음 노출량측정기**에 따른 노출량 산출치가 주어진 값보다 작거나 크면 시간가중 **평균소음**은 다음 계산식에 따라 산출한 값을 기준으로 평가할 수 있다.

$$TWA = 16.61\log\left(\frac{D}{100}\right) + 90$$

여기서,
TWA : 시간가중평균 소음수준 $[dB(A)]$
D : 누적소음노출량 $[\%]$
100 : 8시간 기준 노출시간/일

㉤ 1일 작업시간이 8시간을 초과하는 경우에는 다음 계산식에 따라 보정노출기준을 산출한 후 측정치와 비교하여 평가하여야 한다.

$$TWA = 16.61\log\left(\frac{D}{12.5 \times h}\right) + 90$$

여기서,
h : 노출시간/일

㉑ 작업환경측정결과의 보고(제39조)

㉠ 사업장 위탁측정기관이 작업환경측정을 실시하였을 경우에는 **측정을 완료한 날부터 30일 이내에 작업환경측정결과표 2부를 작성하여 1부는 사업장 위탁측정기관이 보관하고 1부는 사업주에게 송부**하여야 한다.

㉡ 전자적 방법이란 공단이 고용노동부장관의 승인을 받아 제공하는 전산 프로그램이나 이와 호환이 되는 프로그램에 측정결과를 입력하는 것을 말한다. 이 경우 **작업환경측정기관이 해당 프로그램에 작업환경측정결과를 입력하여 공단에 전송한 때에는 사업주가 지방고용노동관서의 장에게 작업환경측정결과표를 제출한 것으로 본다.**

㉢ 사업주는 **작업환경측정결과 노출기준을 초과한 경우에는 작업환경측정 결과보고서에 개선계획서 또는 개선을 증명할 수 있는 서류를 첨부하여 제출**하여야 한다.

㉣ **시료채취를 마친 날부터 30일 이내에 보고하는** 것이 어려운 사업주 또는 작업환경측정기관은 다음 각호의 내용이 포함된 **지연사유서를 작성하여 지방고용노동관서의 장에게 제출하면 30일의 범위에서 제출기간을 연장**할 수 있다.

① 작성기관 정보(사업장명 또는 작업환경측정기관명, 소재지, 전화번호)
② 측정대상 사업장 정보(사업장명, 소재지, 전화번호)
③ 측정일
④ 지연사유
⑤ 제출자(기관) 직인
⑥ 지연사유를 증명할 수 있는 첨부서류

㉒ 작업환경측정결과의 알림 등(제40조)

㉠ 사업주는 작업환경측정결과를 다음 각호의 어느 하나에 해당하는 방법(전자적 방법을 포함한다)으로 해당 사업장 근로자에게 알려야 한다.

① 사업장 내의 게시판에 부착하는 방법
② 사보에 게재하는 방법
③ 자체정례조회 시 집합교육에 의한 방법
④ 그밖에 해당 근로자들이 작업환경측정결과를 알 수 있는 방법

㉡ 사업주는 산업안전보건위원회 또는 근로자대표가 작업환경측정결과에 대한 설명회 개최를 요구한 경우에는 **측정기관으로부터 결과를 통보 받은 날로부터 10일 이내에 설명회를 실시**하여야 한다.

㉢ 사업주는 해당 사업장 근로자의 건강관리를 위하여 특수건강진단기관 등에서 작업환경측정 결과를 요청할 때에는 이에 협조하여야 한다.

㉣ 사업주는 근로자대표가 작업환경측정결과나 평가내용의 통지를 요청하는 경우에는 성실히 응하여야 한다.

㉓ 작업환경측정결과에 대한 검토(제41조)

　㉠ 지방고용노동관서의 장은 사업주로부터 제출받은 작업환경측정결과보고서에 대하여 다음 각호의 사항을 공단에 검토 의뢰할 수 있다.

> ① 내용의 정확성 여부
> ② 측정의 적정실시 여부
> ③ 측정의 누락 여부
> ④ 측정결과에 대한 개선의견의 적정 여부
> ⑤ 그 밖에 측정과 관련하여 해당 사업장에 대하여 필요한 조치에 관한 사항

　㉡ 공단은 제1항에 따른 검토의뢰를 받은 때에는 지체 없이 관련 내용을 검토하여 그 의견을 해당 지방고용노동관서의 장에게 통보하여야 한다.

㉔ 정도관리의 구분 및 실시시기(제56조)

　㉠ 정도관리는 정기정도관리와 특별정도관리로 구분한다.

> **정기정도관리**는 분석자의 분석능력을 평가하기 위해 실시하는 정도관리로서 **연 1회 이상 다음 각 목의 구분에 따라 실시하는 것을** 말한다.
>
> ① 기본분야 : 기본적인 유기화합물과 금속류에 대한 분석능력을 평가
> ② 자율분야 : 특수한 유해인자에 대한 분석능력을 평가
>
> **특별정도관리**는 다음 각 목의 어느 하나에 해당하는 경우 실시하는 것을 말한다.
>
> ① 작업환경측정기관으로 지정받고자 하는 경우
> ② 직전 정기정도관리(기본분야에 한한다)에 불합격한 경우
> ③ 대상기관이 부실측정과 관련한 민원을 야기하는 등 운영위원회에서 특별정도관리가 필요하다고 인정하는 경우

　㉡ 정기정도관리의 세부실시계획은 제54조에 따른 실무위원회가 정하는 바에 따른다.

　㉢ 정기정도관리·특별정도관리 결과 부적합 평가를 받았거나 분석자가 변경된 대상기관은 이후 최초 도래하는 해당 정도관리를 다시 받아야 한다. 다만, 기본분야나 작업환경측정기관으로 지정받고자 하는 경우에는 그러하지 아니하다.

㉕ 정도관리 항목 등(제57조)

　㉠ 대상기관에 대한 정도관리 항목은 다음 각호와 같다.

> ① **정기정도관리 평가항목** : 분석자의 분석능력으로 하며 세부사항은 운영위원회에서 정한다.
> ② **특별정도관리 평가항목** : 분석장비·설비, 분석준비현황, 분석자의 분석능력 및 운영위원회에서 결정하는 그 밖의 항목으로 한다.

　㉡ 사업장 자체측정기관은 해당 측정대상 작업장에 일부 분야의 유해인자만 존재할 경우에는 해당 항목에 한정하여 정도관리에 참여할 수 있다.

(3) 물질안전보건자료(MSDS)에 관한 고시

① 물질안전보건자료의 작성 및 제출(법 제110조)
 : 화학물질 또는 이를 포함한 혼합물로서 근로자에게 건강장해를 일으키는 유해인자의 유해성·위험성 분류기준에 해당하는 것(대통령령으로 정하는 것은 제외)을 제조하거나 수입하려는 자는 다음 각 호의 사항을 적은 자료를 고용노동부령으로 정하는 바에 따라 작성하여 고용노동부장관에게 제출하여야 한다. 이 경우 고용노동부장관은 고용노동부령으로 물질안전보건자료의 기재사항이나 작성 방법을 정할 때 「화학물질관리법」 및 「화학물질의 등록 및 평가 등에 관한 법률」과 관련된 사항에 대해서는 환경부장관과 협의하여야 한다.

> ① 제품명
> ② 물질안전보건자료대상물질을 구성하는 화학물질 중 근로자에게 건강장해를 일으키는 유해인자의 유해성·위험성 분류기준에 해당하는 화학물질의 명칭 및 함유량
> ③ 안전 및 보건상의 취급 주의 사항
> ④ 건강 및 환경에 대한 유해성, 물리적 위험성
> ⑤ 물리·화학적 특성 등 고용노동부령으로 정하는 사항

② 물질안전보건자료 작성항목(물질안전보건자료에 관한 기준 제10조)

① 화학제품과 회사에 관한 정보	⑨ 물리화학적 특성
② 유해성·위험성	⑩ 안정성 및 반응성
③ 구성성분의 명칭 및 함유량	⑪ 독성에 관한 정보
④ 응급조치요령	⑫ 환경에 미치는 영향
⑤ 폭발·화재시 대처방법	⑬ 폐기 시 주의사항
⑥ 누출사고시 대처방법	⑭ 운송에 필요한 정보
⑦ 취급 및 저장방법	⑮ 법적규제 현황
⑧ 노출방지 및 개인보호구	⑯ 그 밖의 참고사항

③ 물질안전보건자료에 관한 교육(시행규칙 제169조 제1항 관련)
 : 관리대상 유해물질을 취급하는 작업에 근로자를 종사하도록 하는 경우에 **근로자를 작업에 배치 전 사업주가 근로자에게 알려야 하는 사항**이다.

> ① 대상화학물질의 명칭(또는 제품명)
> ② 물리적 위험성 및 건강 유해성
> ③ 취급상의 주의사항
> ④ 적절한 보호구
> ⑤ 응급조치 요령 및 사고시 대처방법
> ⑥ 물질안전보건자료 및 경고표지를 이해하는 방법

④ 물질안전보건자료대상물질의 관리 요령 게시(시행규칙 제 168조)
: 작업공정별 관리 요령에 포함되어야 할 사항은 다음 각 호와 같다

> ① 제품명
> ② 건강 및 환경에 대한 유해성, 물리적 위험성
> ③ 안전 및 보건상의 취급주의 사항
> ④ 적절한 보호구
> ⑤ 응급조치 요령 및 사고 시 대처방법

⑤ 물질안전보건자료의 작성·제출 제외 대상 화학물질(시행령 제86조)

> ① 건강기능식품
> ② 농약
> ③ 마약 및 향정신성의약품
> ④ 비료
> ⑤ 사료
> ⑥ 원료물질
> ⑦ 안전확인대상생활화학제품 및 살생물제품 중 일반소비자의 생활용으로 제공되는 제품
> ⑧ 식품 및 식품첨가물
> ⑨ 의약품 및 의약외품
> ⑩ 방사성물질
> ⑪ 위생용품
> ⑫ 의료기기
> ⑫-2 첨단바이오의약품
> ⑬ 화약류
> ⑭ 폐기물
> ⑮ 화장품
> ⑯ 제1호부터 제15호까지의 규정 외의 화학물질 또는 혼합물로서 일반소비자의 생활용으로 제공되는 것(일반소비자의 생활용으로 제공되는 화학물질 또는 혼합물이 사업장 내에서 취급되는 경우를 포함)
> ⑰ 고용노동부장관이 정하여 고시하는 연구·개발용 화학물질 또는 화학제품. 이 경우 법 제110조제1항부터 제3항까지의 규정에 따른 자료의 제출만 제외된다.
> ⑱ 그 밖에 고용노동부장관이 독성·폭발성 등으로 인한 위해의 정도가 적다고 인정하여 고시하는 화학물질

Memo

Chapter 5

산업재해

5-1 산업재해 발생원인 및 분석

(1) 산업재해의 개념 및 분류

① 산업재해의 정의
 : **노무를 제공하는 사람이 업무에 관계되는 건설물·설비·원재료·가스·증기·분진 등에 의하거나** 작업 또는 그 밖의 **업무로 인하여 사망 또는 부상하거나 질병에 걸리는 것을** 말한다.

② 상해의 종류별 분류

분류항목	설명
골절	뼈가 부러진 상해
동상	저온물 접촉으로 생긴 동상 상해
부종	국부의 혈액순환에 이상으로 몸이 퉁퉁부어 오르는 상해
찔림 (자상)	칼날 등 날카로운 물건에 찔린 상태
타박상 (좌상)	타박, 충돌, 추락 등으로 피부표면 보다는 피하조직 또는 근육부를 다친 상해
절상 (베임)	신체부위가 절단된 상해
중독, 질식	질식 음식 약물 가스등에 의한 중독이나 질식된 상해
찰과상	스치거나 문질러서 벗겨진 상해
창상	창 칼등에 베인 상해
화상	화재 또는 고온물 접촉으로 인한 상해
청력장애	청력이 감퇴 또는 난청이 된 상해
시력장애	시력이 감퇴 또는 실명된 상해
익사	물속에 추락해서 익사한 상해
피부병	작업과 연관되어 발생 또는 악화되는 모든질환
뇌진탕	머리를 세게 맞았을 때 장해로 일어난 상해

③ 재해 발생의 형태별 분류

분류항목	설명
떨어짐	높이가 있는 곳에서의 사람이 떨어짐
넘어짐	사람이 미끄러지거나 넘어짐
깔림, 뒤집힘	물체의 쓰러짐이나 뒤집힘
부딪힘, 접촉	물체에 부딪히거나 접촉
맞음	날아오거나 떨어진 물체에 맞음
끼임	기계설비에 끼이거나 감김
무너짐	건축물이나 쌓여진 물체가 무너짐
압박, 진동	압박이나 진동에 의해 신체에 부담을 주는 경우
신체반작용	물체의 취급과 관련없이 일시적이고 급격한 행위, 동작, 균형상실에 따른 반사적 행위 또는 놀람, 정신적 충격, 스트레스 등
부자연스러운 자세	물체의 취급과 관련없이 작업환경 또는 설비의 부적절한 설계 또는 배치로 작업자가 특정한 자세, 동작을 장시간 취하여 신체의 일부에 부담을 주는 경우
과도한 힘, 동작	밀기, 당기기, 잡기 등과 같은 동작으로 근육의 힘을 많이 사용하는 경우
반복적 동작	근육의 힘을 많이 사용하지 않으면서 지속적 또는 반복적인 업무수행으로 신체의 일부에 부담을 주는 행위, 동작
이상온도 노출, 접촉	고, 저온 환경 또는 물체에 노출, 접촉된 경우
이상기압 노출	고, 저기압 등 환경에 노출된 경우
유해, 위험물질 노출, 접촉	유해, 위험물질에 노출, 접촉 또는 흡입하였거나 독성동물에 쏘이거나 물린 경우
소음노출	폭발음을 제외한 일시적, 장기적인 소음에 노출된 경우
유해광선 노출	전리 또는 비전리 방사선에 노출된 경우
산소결핍, 질식	산소가 부족한 상태, 환경에 노출되었거나 이물질 등에 의하여 기도가 막혀 호흡 기능이 불충분한 경우
화재	비의도적으로 불이 일어난 경우(방화는 의도적이나 관리할 수 없으므로 포함)
폭발	에너지의 부피가 극적으로 갑작스럽게 증가하면서 방출되는 것
감전	외부에서 인가된 전원에 의하여 인체 안으로 전류가 통과되는 것
폭력행위	자신 또는 타인에게 상해를 입힌 폭력, 폭행

④ 상해 정도별 분류(ILO의 근로불능 상해의 구분)

분류항목	설명
사망	안전 사고로 죽거나 사고시 입은 부상의 결과로 일정 기간 이내에 생명을 잃는 것
영구 전노동 불능 상해	부상의 결과로 근로의 기능을 완전히 잃는 상해 정도 (신체 장애 등급 1~3급)
영구 일부노동 불능 상해	부상의 결과로 신체의 일부가 영구적으로 노동 기능을 상실한 상해 정도(신체 장애 등급 4~14급)
일시 전노동 불능 상해	의사의 진단으로 일정 기간 정규 노동에 종사할 수 없는 상해 정도
일시 일부노동 불능 상해	의사의 진단으로 일정 기간 정규 노동에 종사할 수 없으나, 휴무 상태가 아닌 일시 가벼운 노동에 종사할 수 있는 상해 정도
응급조치 상해	응급 처치 또는 자가 치료(1일 미만)를 받고 정상 작업에 임할 수 있는 상해 정도

(2) 산업재해의 원인

① 산업재해의 직접원인

㉠ 인적원인(불안전한 행동)　　　　㉡ 물적원인(불안전한 상태)

② 산업재해의 간접원인

㉠ 교육적 원인
㉡ 기술적 원인
㉢ 신체적 원인
㉣ 정신적 원인
㉤ 작업관리상 원인

③ 4M 위험성평가 기법

㉠ Man(사람) : 작업자의 불안전 행동을 유발시키는 **인적위험 평가**

㉡ Machine(설비) : 모든 생산설비의 불안전 상태를 유발시키는 설계, 제작, 안전장치 등 포함한 **기계자체 및 기계주변의 위험 평가**

㉢ Media(작업) : 소음, 분진, 유해물질 등 **작업환경 평가**

㉣ Management(관리) : 안전의식 해이로 사고를 유발시키는 **관리적인 사항 평가**

(3) 산업재해의 분석

① 하인리히의 사고발생 도미노 5단계

㉠ 1단계 : 선천적 결함(사회적 환경 및 유전적 요소)
㉡ 2단계 : 개인적 결함
㉢ 3단계 : 불안전한 행동·불안전한 상태(인적원인과 물적원인)
㉣ 4단계 : 사고
㉤ 5단계 : 상해(재해)

② 버드의 수정 도미노 5단계

㉠ 1단계 : 통제의 부족(관리 부족)
㉡ 2단계 : 기본 원인(기원)
㉢ 3단계 : 직접 원인(징후)
㉣ 4단계 : 사고
㉤ 5단계 : 상해(재해)

③ 하인리히의 사고방지 5단계

　㉠ 1단계 : 안전조직
　㉡ 2단계 : 사실의 발견
　㉢ 3단계 ; 분석
　㉣ 4단계 : 시정방법 선정
　㉤ 5단계 : 시정책 적용(3E 적용)

④ 하인리히의 재해 발생비율(1 : 29 : 300 법칙)
　: 총 330건 사고를 분석 하였을 때

　㉠ 중상 또는 사망 : 1건
　㉡ 경상 : 29건
　㉢ 무상해 사고 : 300건

⑤ 버드의 재해 발생비율(1 : 10 : 30 : 600 법칙)
　: 총 641건 사고를 분석 하였을 때

　㉠ 중상 또는 폐질(사망) : 1건
　㉡ 경상 : 10건
　㉢ 무상해사고(물적 손실) : 30건
　㉣ 무상해, 무사고(위험 순간) : 600건

⑥ 하비의 3E

　㉠ 안전교육(Education)
　㉡ 안전기술(Engineering)
　㉢ 안전독려(Enforcement)

(4) 산업재해의 통계

① 연천인율 : 근로자 1000명 중 연간 재해자수 비율

$$연천인율 = \frac{연간\ 재해자수}{연평균\ 근로자수} \times 10^3$$

연천인율 = 2.4×도수율 (재해자수 = 재해건수일 때 사용 가능)

② 도수율(빈도율) : 100만 연근로시간당 재해건수 비율

$$도수율 = \frac{재해건수}{연근로 총시간수} \times 10^6$$

여기서,
연근로 총시간수가 주어지지 않으면,
1일 근로시간 8시간, 1년 근로일수 300일 기준으로 계산한다.

③ 강도율 : 연근로시간 1000시간당 근로손실일수

$$강도율 = \frac{근로손실일수}{연근로 총시간수} \times 10^3$$

여기서,
$$근로손실일수 = 휴업일수(요양일수, 입원일수) \times \frac{연근로일수}{365}$$

✔ 요양근로손실일수 산정요령

신체장해자등급	근로손실일수	신체장해자등급	근로손실일수
사망, 1급, 2급, 3급	7500일	9급	1000일
4급	5500일	10급	600일
5급	4000일	11급	400일
6급	3000일	12급	200일
7급	2200일	13급	100일
8급	1500일	14급	50일

④ 종합재해지수(FSI) : 재해의 빈도와 상해의 강약도를 혼합하여 집계하는 지표

$$종합재해지수 = \sqrt{도수율 \times 강도율}$$

⑤ 환산도수율 : 일평생 근로하는 동안의 재해건수(100000시간 중 1인당 재해건수)

$$환산도수율 = \frac{재해건수}{연근로 총시간수} \times 10^5$$

$$환산도수율 = \frac{도수율}{10}$$

⑥ 환산강도율 : 일평생 근로하는 동안의 근로손실일수(100000시간 중 1인당 근로손실일수)

$$환산강도율 = \frac{근로손실일수}{연근로 총시간수} \times 10^5$$

$$환산강도율 = 강도율 \times 100$$

⑦ 사망만인율 : 임금근로자수 10000명당 발생하는 사망자수 비율

$$사망만인율 = \frac{사고사망자\ 수}{상시근로자\ 수} \times 10000$$

5-2 산업재해 대책

(1) 산업재해의 보상

① 하인리히의 산업재해손실 평가

$$총\ 재해코스트 = 직접비 + 간접비 = 직접비 \times 5$$

여기서,
직접비 : 간접비 = 1 : 4 관계

㉠ 직접비 : 법령으로 정한 피해자에게 지급되는 산재비용
　　　　치료비, 휴업급여, 요양급여, 유족급여, 장해급여, 간병급여, 직업재활급여
　　　　상병보상연금, 장의비 등

㉡ 간접비 : 재산손실 및 생산중단에 의해 기업 손실비용
　　　　인적손실비, 물적손실비, 생산 손실비, 기계·기구 손실비 등

② 시몬즈의 산업재해손실 평가

$$\begin{aligned}총\ 재해코스트 &= 보험코스트 + 비보험코스트 \\ &= 산재보험료 + (휴업상해건수 \times A) + (통원상해건수 \times B) \\ &\quad + (응급조치건수 \times C) + (무상해사고건수 \times D)\end{aligned}$$

여기서,
A, B, C, D : 상수(각 재해에 대한 비보험코스트 평균)

(2) 산업재해의 대책

- 산업재해 예방 4원칙

① **예방가능**의 원칙 : 천재지변을 제외한 모든 재해는 예방이 가능하다.
② **손실우연**의 원칙 : 사고의 결과가 생기는 손실은 우연히 발생한다.
③ **대책선정**의 원칙 : 재해는 적합한 대책이 선정되어야 한다.
④ **원인계기**의 원칙 : 재해는 직접원인과 간접원인이 연계되어 일어난다.

02

작업위생측정 및 평가

01. 측정 및 분석
02. 유해 인자 측정
03. 평가 및 통계

Chapter 1

측정 및 분석

1-1 시료채취 계획

(1) 작업환경 측정의 정의

: 작업환경 실태를 파악하기 위하여 해당 근로자 또는 작업장에 대하여 사업주가 유해인자에 대한 **측정계획**을 수립한 후 시료를 채취하고 **분석·평가**하는 것을 말한다.

(2) 작업환경 측정의 목적

: 근로자가 호흡하는 공기 중의 **유해물질 종류 및 농도를 파악**하고 해당 작업장에서 일하는 동안 **건강장해가 유발될 가능성 여부**를 평가하며 작업환경 개선의 **필요성 여부를 판단하는 기준**이 된다.

① 일반적인 작업환경측정 목적

㉠ 근로자의 유해인자 **노출정도 파악**
㉡ 작업환경개선 **시설 성능 평가**
㉢ 역학조사시 **근로자 노출량 평가**
㉣ 법적 **노출기준 초과여부 확인**
㉤ 과거 노출농도 **타당성 확인**

② 미국산업위생학회(AIHA) 작업환경측정 목적

㉠ **진단**을 위한 측정
㉡ **근로자 노출**에 대한 **기초자료 확보**를 위한 측정
㉢ **법적인 노출기준 초과여부를 판단**하기 위한 측정

(3) 작업환경 측정의 종류

① 개인 시료채취

: 개인시료채취기를 이용하여 가스·증기·분진·흄·미스트 등을 근로자의 **호흡위치(호흡기를 중심으로 반경 30㎝인 반구)**에서 채취하는 것

㉠ 작업환경측정은 개인시료채취를 원칙으로 하고 있으며 개인시료채취가 곤란할 경우에는 지역시료채취를 한다.

ⓒ 대상이 근로자일 경우 노출되는 **유해인자의 양이나 강도를 간접 측정**하는 방법

② 지역 시료채취
: 시료채취기를 이용하여 가스·증기·분진·흄·미스트 등을 **근로자의 작업행동 범위에서 호흡기 높이에 고정하여 채취**하는 것

㉠ **단위작업장소에 시료채취기를 설치**하여 시료를 채취하는 방법
ⓒ **공간 등에서 농도를 측정**하는 방법

③ 호흡위치 기준

㉠ 우리나라 : **호흡기를 중심으로 반경 30cm인 반구**
ⓒ OSHA : **어깨 전방으로 직경 6~9inch인 반구**

(4) 작업환경 측정의 흐름도

예비조사 → 시료채취 전략수립 → 시료채취 전 유량보정 → 시료채취 및 유량보정 → 시료 운반 후 분석실 제출 → 분석 및 처리 → 평가

(5) 작업환경 측정 순서와 방법

① 작업환경 측정 순서

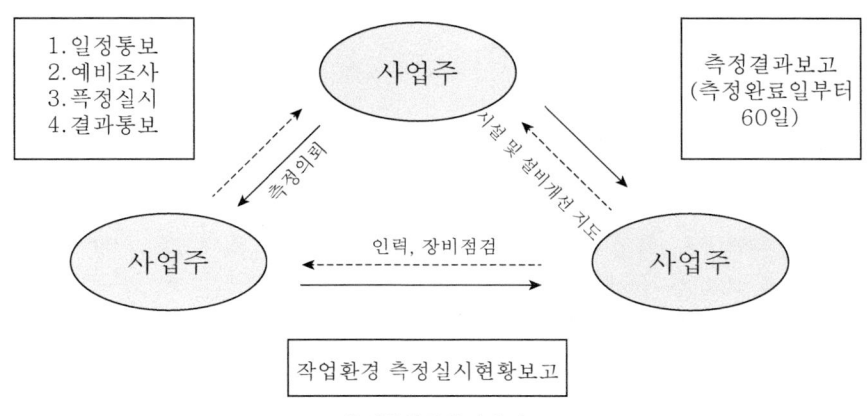

▎작업환경 측정 순서

작업환경측정 횟수는 작업장 또는 작업공정이 신규로 가동되거나 변경되는 등으로 대상 작업장이 된 경우 30일 이내 실시하고, 그 후 매 6개월에 1회 이상 실시

② 작업환경측정 실시 방법
: 작업환경측정 대상 유해인자 확인 → 고용노동부장관이 지정한 측정기관에 작업환경측정 의뢰 → 유해인자별 주기적인 측정 실시 → 관할 지방고용노동청에 결과보고서 제출

③ 작업환경측정 실시 후 조치사항

　㉠ 측정·평가결과가 **노출기준 미만** : 현재의 작업상태 유지
　㉡ 측정·평가결과가 **노출기준 초과** : 시설 및 설비의 설치 또는 개선 등 적절한 조치

④ 작업환경측정 위반시 벌칙

　㉠ 작업환경측정을 실시하지 아니한 경우 : **1,000만원 이하의 과태료**
　㉡ 작업환경측정 결과를 보고하지 않거나 거짓으로 보고한 경우 : **300만원 이하의 과태료**
　㉢ 측정결과에 따라 근로자의 건강보호를 위하여 시설개선 등 적절한 조치를 하여야 함에도 이를 이행하지 아니한 경우 : **1,000만원 이하의 벌금**

(6) 준비작업

① 예비조사
: 서류조사 및 현장답사로서 정밀한 측정을 하기 전 하는 사전조사이며, 작업장 또는 작업공정이 새로 가동되거나 변경된 경우에는 작업환경 측정 전 예비조사를 실시하여야 한다.

② 예비조사 목적

　㉠ **동일노출그룹 설정**
　㉡ **정확한 시료채취 전략 수립**

③ 예비조사의 측정계획서 작성 시 포함사항

　㉠ 원재료의 투입과정부터 최정 제품 생산공정까지의 **주요 공정 도식**
　㉡ **측정 대상 유해인자, 유해인자 발생주기, 종사 근로자 현황**
　㉢ **유해인자별 측정방법 및 측정 소요기간** 등 필요한 사항
　㉣ **해당 공정별 작업내용, 측정대상공정, 공정별 화학물질 사용 실태** 및 그 밖에 이와 관련된 운전조건 등을 고려한 **유해인자 노출 가능성**

(7) 유사 노출군의 결정

① 동일 노출그룹(유사 노출그룹 : HEG)
: 어떤 동일한 유해인자에 대하여 통계적으로 비슷한 수준에 노출되는 근로자 그룹

② 동일 노출그룹(유사 노출그룹 : HEG) 설정 목적

　㉠ 시료채취 수를 경제적으로 하기 위해

ⓒ 모든 작업근로자에 대한 노출농도 평가

　　ⓓ 작업장에서 모니터링하고 관리해야 할 우선적인 그룹을 결정하기 위해

　　ⓔ 역학조사 시 해당 작업근로자가 속한 동일 노출그룹(HEG)의 노출농도를 근거로 노출 원인 및 농도를 추정하기 위해

(8) 유사 노출군의 설정방법

: 조직 → **공정** → 작업범주 → **작업내용** → 업무

1-2 시료분석 기술

(1) 보정의 원리 및 종류

① 보정
: **어떤 측정값을 신뢰할만한 기준 측정값과 비교하는 과정**으로, 계기의 정확성을 점검 또는 측정 체계의 변화를 위해 조정하는 것이 목적이다.

② 표준기구(유량보정장치)

　ⓐ 1차 표준기구(1차 유량보정장치)
　: 물리적 차원인 공간의 부피를 직접 측정할 수 있는 기구(**정확도 ±1% 이내**)
　　온도와 압력의 영향을 받지 않으며 모든 유량계를 보정할 때 기본이 되는 장비이다.

※ 1차 표준기구 종류 표

1차 표준기구 종류	일반적인 사용범위	정확도
비누거품미터	1mL/분 ~ 30L/분	±1% 이내
폐활량계	100 ~ 600L	±1% 이내
가스치환병	10 ~ 500mL/분	±0.05 ~ 0.25%
유리피스톤미터	10 ~ 200mL/분	±2% 이내
흑연피스톤미터	1mL/분 ~ 50L/분	±1~2%
피토관(피토튜브)	15mL/분 이하	±1% 이내

　ⓑ 2차 표준기구(2차 유량보정장치)
　: 물리적 차원인 공간의 부피를 직접 측정할 수 없으며 1차 표준기구를 기준으로 보정하여 사용할 수 있는 기구(**정확도 ±5% 이내**)
　　온도와 압력의 영향을 받으며 유량과 비례 관계가 있는 유속, 압력을 측정하여 유량으로 환산하는 장비이다.

※ 2차 표준기구 종류 표

2차 표준기구 종류	일반적인 사용범위	정확도
로터미터	1mL/분 이하	±1 ~ 25%
습식 테스터미터	0.5 ~ 230L/분	±0.5% 이내
건식 가스미터	10 ~ 150L/분	±1% 이내
오리피스미터	-	±0.5% 이내
열선기류계	0.05 ~ 40.6m/초	±0.1 ~ 0.2%

ⓒ 공기채취기구의 채취유량 계산

$$채취유량[L/min] = \frac{비누거품이\ 통과한\ 용량[L]}{비누거품이\ 통과한\ 시간[min]}$$

(2) 정도 관리

① 정도관리의 정의
: 작업환경측정·분석 결과에 대한 정확성과 정밀도를 확보하기 위하여 작업환경측정기관의 측정·분석능력을 확인하고, 그 결과에 따라 지도·교육 등 측정·분석능력 향상을 위하여 행하는 모든 관리적 수단

② 정도관리의 목적
㉠ 검사에서 나타나는 오차의 종류와 크기를 알기위해
㉡ 오차의 허용 여부 판정
㉢ 오차의 원인을 파악, 분석, 제거
㉣ 오차의 원인 제거가 불가능하면 QC(Quality Control)가 높은 기술 도입
㉤ 신뢰도를 높이기 위한 기술적 노력

(3) 측정치의 오차

① 오차의 종류

㉠ 고유오차 : 기술자의 손에 일어나지 않는 오차

㉡ 기술오차 : 기술자의 분석미숙으로 오는 오차이며 계통오차와 우발오차로 나눠진다.

　ⅰ) 계통오차 : 오차의 크기와 부호를 추정할 수 있고 보정할 수 있는 오차

　－ 계통오차의 종류

　　　① 외계오차(환경오차)　② 기계오차(기기오차)　③ 개인오차

　ⅱ) 우발오차 : 참값의 변이가 기준값에 비해 불규칙하게 변하는 오차

② 상대오차 : 측정오차를 참값으로 나눈 값

$$상대오차 = \frac{근삿값 - 참값}{참값}$$

③ 누적오차 : 동일한 측정에 있어서 일정한 조건하에서는 항상 같은 크기로 생기는 오차로서 **측정을 반복함에 따라 오차의 크기가 측정회수와 비례하여 누적**된다.

$$E_c = \sqrt{E_1^2 + E_2^2 + \cdots + E_n^2}$$

여기서,
E_c : 누적오차[%]
$E_1, E_2, \cdots, E_n$: 각 요소에 대한 오차[%]

(4) 화학 및 기기 분석의 종류

① SI단위 및 기호
: 주요 단위 및 기호는 아래 표와 같고, 여기에 표시되어 있지 않은 단위는 KS A ISO 80000-1에 따른다.

종류	단위	기호
길이	미터	m
	센티미터	cm
	밀리미터	mm
	마이크로미터(미크론)	$\mu m(\mu)$
	나노미터(밀리미크론)	$nm(m\mu)$
압력	기압	atm
	수은주밀리미터	mmHg
	수주밀리미터	mmH_2O
넓이	제곱미터	m^2
	제곱센티미터	cm^2
	제곱밀리미터	mm^2
용량	리터	L
	밀리리터	mL
	마이크로리터	μL
농도	몰농도	M
	노르말농도	N
	그램/리터	g/L
	밀리그램/리터	mg/L
	퍼센트	%
부피	세제곱미터	m^3
	세제곱센티미터	cm^3
	세제곱밀리미터	mm^3
무게	킬로그램	kg
	그램	g
	밀리그램	mg
	마이크로그램	μg
	나노그램	ng

② 온도 표시

㉠ 온도의 표시는 셀시우스(Celcius) 법에 따라 아라비아 숫자의 오른쪽에 ℃를 붙인다. 절대온도는 °K로 표시하고 절대온도 0°K는 -273℃로 한다.

㉡ 상온은 15~25℃, 실온은 1~35℃, 미온은 30~40℃로 하고, 찬 곳은 따로 규정이 없는 한 0~15℃의 곳을 말한다.

㉢ 냉수는 15℃ 이하, 온수는 60~70℃, 열수는 약 100℃를 말한다.

③ 농도 표시

  ㉠ **중량백분율**을 표시할 때에는 **%**의 기호를 사용한다.
  ㉡ **백만분율**(Parts Per Million)을 표시할 때에는 **ppm**을 사용한다.
  ㉢ **10억분율**(Parts per Billion)을 표시할 때에는 ppb를 사용한다.
  ㉣ **공기 중의 농도**를 mg/㎥로 표시했을 때는 25℃, 1기압 상태의 농도를 말한다.

④ 초순수(물)
 : 측정·분석 방법에 사용하는 초순수는 따로 규정이 없는 한 **정제증류수** 또는 **이온교환수지로 정제한 탈염수**를 말한다.

⑤ 시약, 표준물질

  ㉠ **분석에 사용하는 시약**은 따로 규정이 없는 한 **특급 또는 1급 이상**이거나 이와 동등한 규격의 것을 사용하여야 한다. 단, 단순히 염산, 질산, 황산 등으로 표시하였을 때 따로 규정이 없는 한 아래표에 규정한 농도 이상의 것을 말한다.

※ 시약의 농도

물질명	화학식	농도(%)	비중(약)
염 산	HCl	35.0~37.0	1.18
질 산	HNO_3	60.0~62.0	1.38
황 산	H_2SO_4	95% 이상	1.84
아 세 트 산	CH_3COOH	99.0% 이상	1.05
인 산	H_3PO_4	85.0% 이상	1.69
암 모 니 아 수	NH_4OH	28.0~30.0(NH_3로서)	0.90
과 산 화 수 소	H_2O_2	30.0~35.0	1.11
불 화 수 소 산	HF	46.0~48.0	1.14
요 오 드 화 수 소 산	HI	55.0~58.0	1.70
브 롬 화 수 소 산	HBr	47.0~49.0	1.48
과 염 소 산	$HClO_4$	60.0~62.0	1.54

  ㉡ 분석에 사용되는 **표준품은 원칙적으로 특급시약을 사용**한다.

  ㉢ 광도법, 전기화학적분석법, 크로마토그래피법, 고성능액체크로마토그래피법에 사용되는 시약은 순도에 유의해야 하고, 불순물이 분석에 영향을 미칠 우려가 있을 때에는 미리 검정하여야 한다.

  ㉣ 분석에 사용하는 지시약은 따로 규정이 없는 한 KS M 0015(화학 분석용 지시약 조제방법)에 규정된 지시약을 사용한다.

  ㉤ 시료의 시험, 바탕시험 및 표준액에 대한 시험을 일련의 동일시험으로 행할 때에 사용하는 시약 또는 시액은 동일 로트로 조제된 것을 사용한다.

⑥ 용기

㉠ 용기란 시험용액 또는 시험에 관계된 물질을 보존, 운반 또는 조작하기 위하여 넣어두는 것으로 시험에 지장을 주지 않도록 깨끗한 것을 말한다.

㉡ **밀폐용기**란 물질을 취급 또는 보관하는 동안에 **이물이 들어가거나 내용물이 손실되지 않도록 보호하는 용기**를 말한다.

㉢ **기밀용기**란 물질을 취급하거나 보관하는 동안에 **외부로부터의 공기 또는 다른 기체가 침입하지 않도록 내용물을 보호하는 용기**를 말한다.

㉣ **밀봉용기**란 물질을 취급 또는 보관하는 동안에 **기체 또는 미생물이 침입하지 않도록 내용물을 보호하는 용기**를 말한다.

㉤ **차광용기**란 광선이 투과되지 않는 갈색용기 또는 투과하지 않도록 포장한 용기로서 취급 또는 보관하는 동안에 **내용물의 광화학적 변화를 방지할 수 있는 용기**를 말한다.

⑦ 분석용 저울

: 이 기준에서 사용하는 분석용 저울은 국가검정을 필한 것으로서 **소수점 다섯째자리 이상을 나타낼 수 있는 것을 사용**하여야 한다.

⑧ 전처리 기기

㉠ 가열판(Hot plate)

: 이 기준에서 사용하는 가열판은 국가검정을 필한 것으로서 **200℃ 이상으로 가열할 수 있는 것을 사용**하여야 한다.

㉡ 마이크로웨이브(Microwave) 회화기

: **온도와 압력의 조절이 가능**하도록 설계되어야 하며, **베셀은 내산성 재료로 만들어져야 한다.**

⑨ 용어

㉠ "항량이 될 때까지 건조한다 또는 강열한다"란 규정된 건조온도에서 1시간 더 건조 또는 강열할 때 전후 무게의 차가 매 g당 0.3mg 이하일 때를 말한다.

㉡ 시험조작 중 "즉시"란 **30초 이내에 표시된 조작을 하는 것**을 말한다.

㉢ "감압 또는 진공"이란 **따로 규정이 없는 한 15mmHg 이하**를 뜻한다.

㉣ "이상" "초과" "이하" "미만"이라고 기재하였을 때 이자가 쓰여진 쪽은 어느 것이나 기산점 또는 기준점인 숫자를 포함하며, "미만" 또는 "초과"는 기산점 또는 기준점의 숫자를 포함

하지 않는다. 또 "a~b"라 표시한 것은 a 이상 b 이하를 말한다.

ⓓ "바탕시험을 하여 보정한다"란 시료에 대한 처리 및 측정을 할 때, 시료를 사용하지 않고 같은 방법으로 조작한 측정치를 빼는 것을 말한다.

ⓑ 중량을 "정확하게 단다"란 지시된 수치의 중량을 그 자릿수까지 단다는 것을 말한다.

ⓢ "약"이란 그 무게 또는 부피에 대하여 ±10% 이상의 차가 있지 아니한 것을 말한다.

ⓞ "검출한계"란 분석기기가 검출할 수 있는 가장 작은 양을 말한다.

ⓩ "정량한계"란 분석기기가 정량할 수 있는 가장 작은 양을 말한다.

ⓒ "회수율"이란 여과지에 채취된 성분을 추출과정을 거쳐 분석시 실제 검출되는 비율을 말한다.

ⓚ "탈착효율"이란 흡착제에 흡착된 성분을 추출과정을 거쳐 분석시 실제 검출되는 비율을 말한다.

⑩ 화학 분석법
　㉠ 정성분석 : 분석 대상의 성분 유무를 주로 정하는 분석법. 때에 따라 많고 적음을 알 수 있으나, **정확히 그 양을 측정하진 않음**

　㉡ 정량분석 : 분석 대상 내 성분의 종류 뿐만 아니라, 그 **양도 정확히 측정하는 분석법**

⑪ 기기 분석법

　㉠ 질량분석법
　㉡ X선 분석법
　㉢ 자외·적외분광분석 및 각종 분광분석법
　㉣ 방사능 분석법
　㉤ 여러 가지 전기분석법
　㉥ 기체크로마토그래피 등

(5) 유해물질 분석절차

① 중화적정 공식

$$NV = N'V'$$

여기서,
N : 농도
V : 부피

② 수소이온 농도·수산화이온 농도(pH·pOH) 관계식

$$pH = -\log[H^+] = -\log[C \times a]$$
$$pOH = -\log[OH^-] = -\log[C \times a]$$
$$pH + pOH = 14$$

여기서,
$[H^+]$: 수소이온의 몰농도
$[OH^-]$: 수산화 이온의 몰농도
C : 몰 농도
a : 물질의 이온화도(해리)

(6) 포집시료의 처리방법

① 공시료(Blank Sample)
: 측정하고자 하는 물질이 실험시료에 포함되지 않은 것이며, 공시료 수는 각 시료 세트당 10개(NIOSH)이다.

② 시료의 전처리

㉠ 용해
: 입자상 물질의 시료 분석 시 일정량의 시료액으로 조제하기 위하여 용해하며 산에 의한 용해인 **왕수는 염산과 질산을 3 : 1의 몰비**로 혼합한 용액으로 금속시료의 회화에 사용된다.

㉡ 융해
: 물 또는 산에 녹지 않는 시료는 융제에 용해시켜 가용성 염으로 변화시켜 시료액으로 조제하며 산성 융제와 염기성 융제가 있다.

㉢ 분리
: 분석에 방해되는 성분을 제거하고 목적 성분만 분리하기 위한 방법으로 용매추출법, 증류법, 이온교환법, 기화법, 침전법, 전해법, 크로마토그래피 등이 있다.

㉣ 증류
: 시료액 중 목적 성분을 증류하여 분류한 후 분석하는 방법

㉤ 기화
: 시료액 중 목적 성분을 기화하여 휘발성 화합물로 변환하여 분석하는 방법

(7) 기기분석의 감도와 검출한계

① 검출한계(LOD : Limit Of Detection) : **분석기기가 검출할 수 있는 가장 작은 양**

㉠ 공시료에 대한 분석기기 반응과 평균 및 분산으로부터 구하는 방법

$$LOD = 3.143 \times 표준편차$$

여기서,
LOD : 검출한계

㉡ 검량선으로 구한 방정식의 표준오차를 3배하여 기울기로 나누어 구하는 방법

$$LOD = \frac{3SD}{b}$$

여기서,
SD : 표준오차
b : 기울기

② 정량한계(LOQ : Limit Of Quantity) : 분석기기가 정량할 수 있는 가장 작은 양으로 검출한계의 개념을 보충하기 위해 도입

$$LOQ = 3 \times LOD \text{ or } 3.3 \times LOD$$
$$LOQ = 10 \times 표준편차$$

여기서,
LOQ : 정량한계
LOD : 검출한계

(8) 표준액 제조검량선, 탈착효율 작성

① 탈착효율 : 흡착제에 흡착된 성분을 추출과정을 거쳐 분석시 실제 검출되는 비율

$$탈착효율(\%) = \frac{검출량}{주입량} \times 100$$

② 회수율 : 여과지에 채취된 성분을 추출과정을 거쳐 분석시 실제 검출되는 비율

$$회수율(\%) = \frac{검출량}{첨가량} \times 100$$

Chapter 2
유해 인자 측정

2-1 물리적 유해 인자 측정

(1) 노출기준의 종류 및 적용

① 노출기준
: 근로자가 유해인자에 노출되는 경우 **노출기준 이하 수준에서는 거의 모든 근로자에게 건강상 나쁜 영향을 미치지 아니하는 기준**을 말하며, 1일 작업시간동안의 시간가중평균노출기준(Time Weighted Average, TWA), 단시간노출기준(Short Term Exposure Limit, STEL) 또는 최고노출기준(Ceiling, C)으로 표시한다.

② 시간가중평균노출기준(TWA)
: 1일 8시간 작업을 기준으로 하여 유해인자의 측정치에 발생시간을 곱하여 8시간으로 나눈 값을 말하며, 다음식에 따라 산출한다.

$$TWA \text{ 환산값} = \frac{C_1 T_1 + C_2 T_2 + \cdots\cdots + C_n T_n}{8}$$

여기서,
C : 유해인자의 측정치[ppm 또는 mg/m^3]
T : 유해인자의 발생시간[시간]

③ 단시간노출기준(STEL)
: 근로자가 1회에 15분간 유해인자에 노출되는 경우의 기준으로 이 기준 이하에서는 1회 노출 간격이 1시간 이상인 경우에 1일 작업시간 동안 4회까지 노출이 허용될 수 있는 기준을 말한다.

④ 최고노출기준(C)
: 근로자가 1일 작업시간동안 잠시라도 노출되어서는 아니 되는 기준을 말하며, 노출기준 앞에 "C"를 붙여 표시한다.

⑤ 혼합물

㉠ **화학물질이 2종 이상 혼재하는 경우**에 혼재하는 물질간에 유해성이 인체의 서로 다른 부위에 작용한다는 증거가 없는 한 유해작용은 가중되므로 노출기준은 다음식에 따라 산출하되, 산출되는 수치가 1을 초과하지 아니하는 것으로 한다.

$$노출기준(EI) = \frac{C_1}{T_1} + \frac{C_2}{T_2} + \cdots + \frac{C_n}{T_n}$$

여기서,
C : 화학물질 각각의 측정치
T : 화학물질 각각의 노출기준

$EI > 1$: 노출기준을 초과
$EI < 1$: 노출기준을 초과하지 않음

$$혼합물의\ TLV-TWA = \frac{C_1 + C_2 + \cdots + C_n}{EI}$$

$$혼합물의\ 노출기준 = \frac{f_1 + f_2 + \cdots + f_n}{\frac{f_1}{TLV_1} + \frac{f_2}{TLV_2} + \cdots + \frac{f_n}{TLV_n}}$$

여기서,
f : 액체 혼합물에서의 각 성분 무게(중량)
TLV : 해당 물질의 노출기준

ⓒ 제1항의 경우와는 달리 혼재하는 물질간에 유해성이 인체의 서로 다른 부위에 유해작용을 하는 경우에 **유해성이 각각 작용하므로 혼재하는 물질 중 어느 한 가지라도 노출기준을 넘는 경우 노출기준을 초과**하는 것으로 한다.

(2) 소음

① 소음의 단위

㉠ dB : 음압수준을 표시하는 한 방법으로 사용하는 단위이며 사람이 들을 수 있는 음압은 $0.00002 \sim 60\,N/m^2$ 이며 이것을 데시벨로 변환하여 사용하면 $0 \sim 130\,dB$이다.

㉡ sone : 감각적인 음의 크기를 나타내는 양으로 1000Hz의 순음의 음 세기레벨 40dB의 음의 크기를 1sone으로 정의하고 있다.

㉢ phon : 감각적인 음의 크기를 나타내는 양으로 1000Hz의 순음의 크기와 평균적으로 같은 크기로 느끼는 1000Hz 순음의 음 세기레벨을 1phon으로 정의하고 있다.

$$sone = 2^{\frac{phon-40}{10}} \qquad phon = 33.3\log(sone) + 40$$

② 합성소음도

$$L = 10\log\left(10^{\frac{L_1}{10}} + 10^{\frac{L_2}{10}} + \cdots + 10^{\frac{L_n}{10}}\right)$$

여기서,
L : 합성소음도[dB]
$L_1, L_2, \cdots, L_n$: 각 소음원의 소음[dB]

③ 평균소음도

$$\overline{L} = 10\log\left[\frac{1}{n}\left(10^{\frac{L_1}{10}} + 10^{\frac{L_2}{10}} + \cdots + 10^{\frac{L_n}{10}}\right)\right]$$

여기서,
$\overline{L}$: 평균소음도[dB]
$L_1, L_2, \cdots, L_n$: 각 소음원의 소음[dB]
n : 소음원의 개수

④ 음압수준(SPL)

$$SPL = 20\log\left(\frac{P}{P_o}\right)$$

여기서,
SPL : 음압수준(음압도, 음압레벨)[dB]
P : 대상음의 음압[N/m^2]
P_o : 기준음압($=2\times10^{-5}[N/m^2]$)

⑤ 음의 세기레벨(SIL)

$$SIL = 10\log\left(\frac{I}{I_o}\right)$$

여기서,
SIL : 음의 세기레벨(음의 강도)[dB]
I : 대상음의 세기[W/m^2]
I_o : 최소가청음세기($=10^{-12}[W/m^2]$)

⑥ 음향파워레벨(PWL)

$$PWL = 10\log\left(\frac{W}{W_o}\right)$$

여기서,
PWL : 음향파워레벨(음력수준)[dB]
W : 대상음원의 음향파워[W]
W_o : 기준음향파워($=10^{-12}[W]$)

⑦ 음압수준(SPL)과 음향파워레벨(PWL)의 관계식

㉠ 무지향성 점음원

ⅰ) 자유공간(공중, 구면파)

$SPL = PWL - 20\log r - 11$

ⅱ) 반자유공간(천장, 벽, 바닥, 반구면파)

$SPL = PWL - 20\log r - 8$

㉡ 무지향성 선음원

ⅰ) 자유공간(공중, 구면파)

$SPL = PWL - 10\log r - 8$

ⅱ) 반자유공간(천장, 벽, 바닥, 반구면파)

$SPL = PWL - 10\log r - 5$

여기서,
SPL : 음압수준[dB]
PWL : 음향파워레벨[dB]
r : 소음원으로부터의 거리[m]

⑧ 거리감쇠

㉠ 점음원

$$SPL_1 - SPL_2 = 20\log\left(\frac{r_2}{r_1}\right)$$

㉡ 선음원

$$SPL_1 - SPL_2 = 10\log\left(\frac{r_2}{r_1}\right)$$

여기서,
SPL_1 : 음원으로부터 r_1 떨어진 지점의 음압레벨[dB]
SPL_2 : 음원으로부터 r_2 떨어진 지점의 음압레벨[dB]   ($r_2 > r_1$)
$SPL_1 - SPL_2$: 거리감쇠치[dB]

⑨ 주파수 관계식

$$f_L = \frac{f_C}{\sqrt{2}} \qquad f_U = 2f_L$$

여기서,
f_C : 중심 주파수[Hz]
f_L : 하한 주파수[Hz]
f_U : 상한 주파수[Hz]

⑩ 평균청력손실 평가 계산식 : **평균청력손실값이 25dB 이상이면 난청으로 평가**한다.

㉠ 4분법

$$\text{평균청력손실}[dB] = \frac{a+2b+c}{4}$$

여기서,
a : 옥타브밴드 중심주파수 500Hz에서의 청력손실[dB]
b : 옥타브밴드 중심주파수 1000Hz에서의 청력손실[dB]
c : 옥타브밴드 중심주파수 2000Hz에서의 청력손실[dB]

㉡ 6분법

$$\text{평균청력손실}[dB] = \frac{a+2b+2c+d}{6}$$

여기서,
d : 옥타브밴드 중심주파수 4000Hz에서의 청력손실[dB]

(3) 방사선

① 라돈의 노출기준 : $600 Bq/m^3$

② 사업장 내 라돈 농도 측정주기
: 사업주는 다음 주기에 따라 라돈농도를 측정하여야 한다. 다만, **라돈 농도에 현저한 변화가 있을만한 상황이 발생한 경우에는 1개월 이내에 측정**을 실시하여야 한다.

등급	라돈농도	측정주기
Ⅰ (관심)	$100 Bq/m^3$	5년 주기
Ⅱ (주의)	$300 Bq/m^3$	2년 주기
Ⅲ (위험)	$600 Bq/m^3$	1년 주기

✔ 라돈 발생 물질을 직접 취급하는 사업장은 농도와 관계없이 1년 주기로 측정
✔ $100 Bq/m^3$ 이하인 경우에는 10년 주기로 측정

2-2 화학적 유해 인자 측정

(1) 화학적 유해인자의 측정원리

① 액체채취방법(액체포집방법)
: 시료공기를 액체 중에 통과시키거나 액체의 표면과 접촉시켜 **용해·반응·흡수·충돌** 등을 일으키게 하여 해당 액체에 작업환경측정을 하려는 물질을 채취하는 방법이며, **임펜저, 버블러를 이용**하여 활성탄관이나 실리카겔로 흡착되지 않는 증기, 산 등을 채취한다.

− 흡수용액을 이용하여 시료를 포집할 때 흡수효율 증가시키는 방법

> ① 시료채취 유량을 낮춘다.
> ② 액체의 교반을 강하게 한다.
> ③ 흡수액 양을 늘린다.
> ④ 시료채취속도를 낮춘다.
> ⑤ 두 개 이상의 버블러를 연속적으로 연결(직렬연결)하여 용액의 양을 증가시킨다.
> ⑥ 포집용액의 온도를 낮추어 오염물질의 휘발성을 제한한다.
> ⑦ 가는 구멍이 많은 Fritted 버블러 등 채취효율이 좋은 기구를 사용한다.
> (기포와 액체의 접촉면을 크게 한다.)

② 고체채취방법(고체포집방법)
: 시료공기를 고체의 입자층을 통해 **흡입, 흡착**하여 해당 고체입자에 측정하려는 물질을 채취하는 방법이며, 대게 극성오염물질은 극성흡착제, 비극성오염물질은 비극성 흡착제를 사용하나 반드시 그러하진 않다.

㉠ 고체흡착제(활성탄관, 실리카겔관)를 이용하여 시료채취할 때 영향을 주는 인자

영향인자	설명
온도	고온일수록 흡착대상 오염물질과 흡착제의 표면 사이의 반응속도가 증가하여 흡착 성질을 감소하며 파과가 일어나기 쉽다.(흡착은 발열반응이다.)
습도	습도가 높으면 파과공기량이 적어지고, 극성 흡착제를 사용할 때 수증기가 흡착되기 때문에 파과가 일어나기 쉽다.
오염물질 농도	공기 중 오염물질의 농도가 높을수록 파과용량[흡착제에 흡착된 오염물질의 양(mg)]은 증가하나 파과공기량은 감소한다.
시료채취속도 (시료채취유량)	시료채취속도(시료채취유량) 높고 코팅된 흡착제일수록 파과가 일어나기 쉽다.
흡착제의 크기	입자의 크기가 작을수록 표면적이 증가하여 채취효율이 증가하나 압력강하가 심하다.
흡착관의 크기 (튜브의 내경)	흡착제의 양이 많아지면 전체 흡착제의 표면적이 증가하여 채취용량이 증가하므로 쉽게 파과가 발생하지 않는다.
혼합물	혼합기체의 경우 각 기체의 흡착량은 단독성분이 있을 때보다 감소된다.

ⓛ 활성탄관(Charcoal Tube)

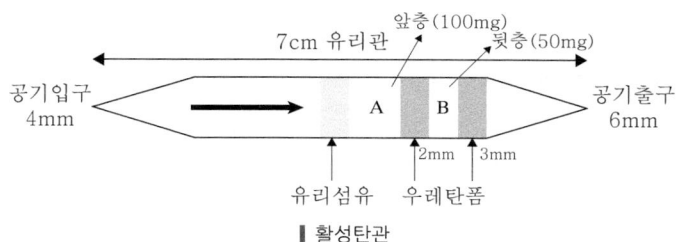
┃활성탄관

① 흡착능력이 큰 무정형 탄소가 들어간 관이다.
② 앞층 100mg, 뒷층 50mg의 두 개 층으로 활성탄을 충전하여 뒷층의 흡착량이 앞층의 흡착량의 10%를 초과하면 파과가 일어났다고 본다.
③ 비극성 유기용제, 방향족 탄화수소류, 할로겐화 지방족 탄화수소류, 알코올류, 에스테르류 등 포집에 사용된다.
④ 공기 중 가스상물질의 고체포집법으로 사용된다.
⑤ 탈착용매로 이황화탄소(CS_2)가 이용된다.
⑥ 탈착된 용출액은 가스 크로마토그래프 분석법으로 정량한다.
⑦ 작업장 공기 중 벤젠이 페놀이 함께 다량으로 존재하면 벤젠 증기를 효율적으로 채취할 수 없는데, 그 이유는 벤젠과 흡착제와의 결합자리를 페놀이 우선적으로 차지하기 때문이다.

ⓒ 실리카겔관(Silcagel Tube)

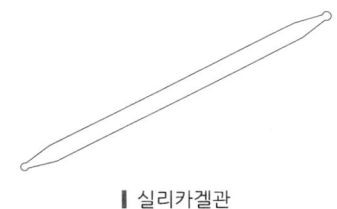
┃실리카겔관

① 규산나트륨과 황산과 반응에서 유도된 무정형 물질이 들어간 관이다.
② 극성을 띠고 흡습성이 강하므로 습도가 높으면 파과용량이 감소된다.
③ 실리카 및 알루미나 흡착제는 탄소의 불포화결합을 가진 분자를 선택적으로 흡착한다.
④ 극성 유기용제, 산, 방향족 아민류, 지방족 아민류, 아미노에탄올, 니트로벤젠류, 페놀류, 아미드류 등 포집에 사용된다.
⑤ 극성 물질을 채취한 경우 물, 메탄올 등 다양한 용매로 쉽게 탈착된다.
⑥ 탈착용매가 화학 및 기기분석에 방해물질로 작용하는 경우가 적다.
⑦ 활성탄으로 채취가 불가능한 아닐린 등의 아민류나 몇몇 무기물 채취가 가능하다.
⑧ 매우 유독한 이황화탄소(CS_2)를 탈착용매로 사용하지 않는다.
⑨ 실리카겔의 친화력(극성이 강한 순서)
물 > 알코올류 > 알데하이드류 > 케톤류 > 에스테르류 > 방향족 탄화수소류 > 올레핀류 > 파라핀류

② 다공성중합체(Porous Polymer)

> ① 활성탄보다 표면적이 작고, 특별한 물질 채취에 용이하다.
> ② 종류로는 Tenax관, XAD관, Chromsorb, Porapak, amberlite가 있다.
> ③ Tenax관은 휘발성 유기화합물(VOC) 측정 시 사용되며, 파과현상 판단기준은 튜브 두 개를 연속으로 연결하여 시료 채취 및 분석 후 분석결과에서 뒤쪽 튜브에 분석 성분이 앞쪽 튜브보다 5% 이상이면 파과로 판단한다.

⑩ 탄소 분자체
: 비극성 화합물 및 유기물질을 잘 흡착하는 성질이며 거대공극 및 구형의 다공성 구조로 되어있다.

⑪ 냉각 트랩(Cold Trap)
: 냉각응축을 이용하는 방식으로 개인 시료채취보단 실내오염 측정 시 사용한다.

③ 직접채취방법(직접포집방법)
: 시료공기를 흡수, 흡착 등의 과정을 거치지 아니하고 **직접채취대 또는 진공채취병 등의 채취 용기에 물질을 채취**하는 방법

④ 냉각응축채취방법(냉각응축포집방법)
: 시료공기를 **냉각된 관 등에 접촉 응축시켜 측정하려는 물질을 채취**하는 방법

⑤ 여과채취방법(여과포집방법)
: 시료공기를 **여과재를 통하여 흡인함으로써 해당 여과재에 측정하려는 물질을 채취**하는 방법

⑥ Dynamic Method
㉠ 희석공기와 오염물질을 연속적으로 흘려주어 연속적으로 일정한 농도를 유지하면서 만드는 방법이다.
㉡ 소량의 누출이나 벽면에 의한 손실은 무시할 수 있다.
㉢ 만들기가 복잡하고, 가격이 고가이다.
㉣ 다양한 농도범위에서 제조 가능하다.
㉤ 온습도 조절이 가능하다.
㉥ 운반용으로 제작되지 않는다.
㉦ 가스, 증기, 에어로졸 등 다양한 실험이 가능하다.
㉧ 지속적인 모니터링이 필요하다.

(2) 입자상 물질의 측정

① 입자상 물질의 정의
: 공기 중 오염물질이 **고체나 액체상태로 입자 형상을 가지는 것**

② 입자상 물질의 종류

㉠ 분진 : 기계적인 분쇄·마찰·연마·연삭 등 작업 시 발생하는 입자상 물질

㉡ 흄 : **고열에 의해 고체상 증기가 발생 후 공기중에서 빠르게 산화한 후 응축**하여 생기는 미세한 고체 입자상 물질이며 **흄의 생성기전 3단계는 금속의 증기화, 증기물의 산화, 산화물의 응축**이다.

㉢ 미스트 : 작은 방울형태로 비산하는 입자상 물질

㉣ 포그 : 매우 작은 물방울이 대기 중에 떠있는 형태의 입자상 물질

㉤ 섬유 : 길이가 $5\mu m$ 이상이고 길이 대 너비의 비가 3 : 1 이상인 가늘고 긴 먼지이다.

③ 인체 방어기전(제거기전)

㉠ 점액 섬모운동
: 기초적인 방어기전이며 점액 섬모운동에 의한 배출 시세틈으로 폐포로 이동하는 과정에서 이물질을 제거하는 과정이며, 기관지에서의 방어기전을 의미한다.

㉡ 대식세포에 의한 정화(작용)
: 대식세포가 방출하는 효소에 의해 용해되어 이물질을 제거하는 과정이며, 폐포에 방어기전을 의미하고, 대식세포에 융해되지 않은 대표적 독성물질은 유리규산, 석면 등이 있다.

④ 입자상 물질의 크기

㉠ 가상 직경

직경의 종류	설명
공기역학적 직경	대상 먼지와 침강속도가 같고 밀도가 $1g/cm^3$이며, 구형인 먼지의 직경으로 환산된 직경으로 입자의 공기 중 운동이나 호흡기 내 침착기전을 설명할 때 유용하게 사용되는 직경이다.
질량 중위 직경	입자 크기별로 농도를 측정하여 50%의 누적분포에 해당하는 입자크기를 말하며 직경분립충돌기(cascade impactor)를 이용하여 측정한다.

ⓛ 기하학적(물리적) 직경

직경의 종류	그림	설명
마틴 직경		먼지의 면적을 이등분하는 선의 길이로 선의 방향은 항상 일정하여야 하며 과소평가할 수 있는 단점이 있다.
페렛 직경		먼지의 한쪽 끝 가장자리와 다른쪽 끝 가장자리 사이의 거리로 과대평가할 수 있는 단점이 있다.
등면적 직경		먼지의 면적과 같은 면적을 가진 원의 직경으로 가장 정확한 직경으로 측정은 현미경 접안경에 porton reticle을 삽입하여 측정한다. $D = \sqrt{2^n}$ 여기서, D : 입자 직경[μm] n : porton reticle에서 원의 번호

⑤ 침강속도

㉠ 스토크스(Stokes) 법칙에 의한 침강속도

$$V = \frac{gd^2(\rho_1 - \rho)}{18\mu}$$

여기서,
V : 침강속도[$cm/\sec$]
g : 중력가속도[$= 980 cm/\sec^2$]
d : 입자 직경[cm]
ρ_1 : 입자 밀도[g/cm^3]
ρ : 공기 밀도[g/cm^3]
μ : 공기 점성계수[$g/cm \cdot \sec$]

㉡ 리프만(Lippman) 식에 의한 침강속도
: 입자의 크기가 1~50μm인 경우 적용하는 공식이다.

$$V = 0.003\rho d^2$$

여기서,
V : 침강속도[$cm/\sec$]
ρ : 입자 밀도[g/cm^3]
d : 입자 직경[μm]

⑥ ACGIH에서 정한 입자상물질의 입자크기별 분류

분진의 종류	설명
흡입성 입자상 물질 (IPM : Inspirable Particulates Mass)	호흡기 어느부위에 침착하더라도 독성을 유발하는 분진으로 입경 범위가 0~100μm이며, 평균 입경은 100μm이다. 분진 입경별 채취효율[$SI(d)$] : $SI(d) = 50\% \times (1 + e^{-0.06d})$ 여기서, d : 분진의 공기역학적 직경[μm]
흉곽성 입자상 물질 (TPM : Thoracic Particulates Mass)	기도나 하기도에 침착하여 독성을 나타내는 물질로 입경범위가 0~10μm이며, 평균 입경은 10μm이다.
호흡성 입자상 물질 (RPM : Respirable Particulates Mass)	가스 교환부위, 즉 폐포에 침착할 때 유해한 물질로 입경범위가 0~4μm이며, 평균 입경은 4μm이며, 폐포에 침착하여 진폐증을 유발하고, 채취기구는 10mm nylon cyclone이다.

⑦ 여과포집원리(채취기전)

㉠ 직접차단(간섭)

– 영향인자

① 분진입자의 크기 ② 섬유의 직경 ③ 여과지의 기공 크기 ④ 여과지의 고형성분

㉡ 관성충돌

– 영향인자

① 입자의 크기 ② 입자의 밀도 ③ 섬유로의 접근속도 ④ 섬유의 직경

㉢ 중력침강

– 영향인자

① 입자의 크기 ② 입자의 밀도 ③ 섬유로의 접근속도 ④ 섬유의 공극률

㉣ 확산

– 영향인자

① 입자의 크기 ② 입자의 농도 ③ 섬유로의 접근속도 ④ 섬유의 직경

㉤ 정전기침강

: 입자가 정전기를 띠는 경우엔 중요한 기전 및 정량화가 어렵다.

㉥ 체질

: 시료를 체에 담아 입자의 크기에 따라 체눈을 통과하는 것과 통과하지 않는 것으로 나누는 조작

여과포집원리에 중요한 기전 3가지	① 직접차단(간섭) ② 관성충돌 ③ 확산
입자상 물질이 호흡기도(폐)에 침착하는 데 중요한 기전 3가지	① 관성충돌 ② 확산 ③ 중력침강
입자크기별 여과기전	① 입경 $0.1\mu m$ 미만 입자 : 확산 ② 입경 $0.1 \sim 0.5\mu m$ 입자 : 확산, 직접차단(간섭) ③ 입경 $0.5\mu m$ 이상 입자 : 관성충돌, 직접차단(간섭)

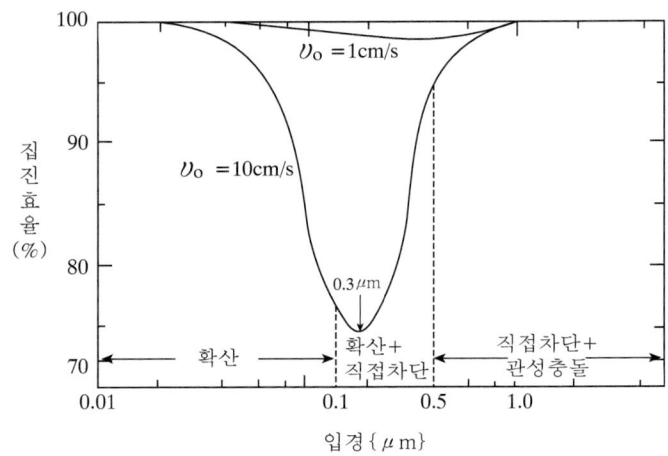

▌여과속도에 따른 집진메카니즘

⑧ 입자상 물질의 채취 기구

㉠ 카세트
: **금속성 입자상 물질, 총 분진 측정할 때 이용**되며, 카세트에 장착된 여과지에 의해 여과한다.

㉡ 사이클론(10mm nylon cyclone)

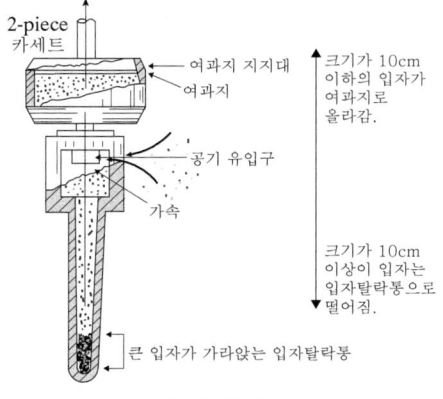

▌사이클론

① 원심력을 이용하여 호흡성 입자상 물질을 측정하는 기구이다.
② 펌프의 채취유량은 1.7L/min이 가장 적절하다.
③ 10mm nylon cyclone의 입구는 0.7mm이다.
④ 장점

㉠ 사용이 간편하고 경제적이다.
㉡ 호흡성 먼지에 대한 자료를 쉽게 얻을 수 있다.
㉢ 시료의 되튐으로 인한 손실이 없다.
㉣ 매체의 코팅과 같은 별도의 특별한 처리가 필요없다.

⑤ 오차발생 요인

㉠ 펌프의 채취유량(1.7L/min)이 일정하지 않을 때
㉡ 반응성이 있는 물질을 채취하는 경우
㉢ 재질이 플라스틱인 경우 정전기 영향에 의해

ⓒ 직경분립 충돌기(=입경분립 충돌기, cascade impactor)

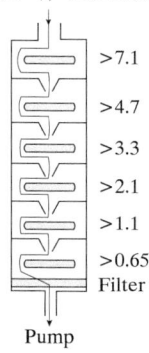

┃ 직경분립 충돌기(=입경분립 충돌기)

① 흡입성·흉곽성·호흡성 입자상 물질의 크기별로 측정하는 기구이다.
② 공기흐름이 층류일 때 입자가 관성력에 의하여 시료채취가 표면에 충돌하여 채취하는 원리이다.
③ 장점

㉠ 입자의 질량 크기 분포를 얻을 수 있다.
㉡ 호흡기의 부분별로 침착된 입자 크기의 자료를 추정할 수 있다.
㉢ 흡입성·흉곽성·호흡성 입자 크기별로 분포 및 농도를 계산할 수 있다.

④ 단점

㉠ 시료채취가 까다롭다.
㉡ 비용이 많이 든다.
㉢ 채취 준비시간이 많이 든다.
㉣ 되튐으로 인한 시료의 손실이 일어나 과소분석 결과를 초래할 수 있어 유량을 2L/min 이하로 채취하여야 한다.

⑨ 여과지

㉠ 여과지 선정 시 고려사항(구비조건)

> ① 흡습률이 낮을 것
> ② 압력손실이 적을 것(포집 시의 흡인저항은 낮을 것)
> ③ 분석 시 방해되는 불순물이 없을 것
> ④ 가볍고 1매당 무게의 불균형이 적을 것
> ⑤ 접거나 구부리더라도 파손되지 않고 찢어지지 않을 것
> ⑥ 포집효율(채취효율)이 높을 것

㉡ 막 여과지(Membrane Filter)의 종류
  - MCE 막 여과지(Mixed Cellulose Ester Membrane Filter)

> ① 산에 쉽게 용해되고 가수분해되며, 습식 회화 되기 때문에 공기 중 입자상 물질 중 금속을 채취하여 원자흡광광도법으로 분석할 때 적당하다.
> ② 직경 37mm, 여과지 구멍의 크기가 0.45~0.8μm 정도로 작아 금속흄 채취가 가능하다.
> ③ 흡습성이 높아 오차를 유발할 수 있어 **중량분석에 적합하지 않고**, 산에 의해 쉽게 회화 되기 때문에 **원소분석에 적합**하다.
> ④ 금속, 석면, 살충제, 불소화합물 및 기타 무기물질 분석에 추천한다.
> ⑤ 유해물질이 여과지의 표면에 주로 침착되어 석면 등 현미경 분석을 위한 시료채취에 유리하다.

  - PVC 막 여과지(PolyVinyl Chloride Membrane Filter)

> ① 흡습성이 낮아 분진의 중량분석에 적합하다.
> ② 유리규산을 채취하여 X선 회절법으로 분석이 적합하고 6가 크롬 그리고 아연화합물의 채취에 이용한다.
> ③ 수분의 영향이 크지않아 공해성 먼지 등의 중량분석을 위한 측정에 사용한다.
> ④ 채취 시 입자를 반발하여 채취효율(포집효율)을 떨어뜨리는 단점이 있어 채취필터를 세정 용액으로 세정하여 오차를 줄일 수 있다.

  - PTFE 막 여과지(테프론, PolyTetraFluoroeThylene Membrane Filter)

> ① 열, 화학물질, 압력 등에 강한 특성을 가지고 있다.
> ② 석탄건류나 증류 등의 고열 공정에서 발생하는 **다핵방향족 탄화수소를 채취하는데 이용**한다.
> ③ 농약, 알칼리성 먼지, 콜타르피치 등을 채취하는 데 $1\mu m$, $2\mu m$, $3\mu m$의 여러 가지 구멍 크기를 가지고 있다.

  - 은막 여과지(Silver Membrane Filter)

> ① 금속은을 소결하여 만들며 열적, 화학적 안정성이 있다.
> ② 코크스 제조공정에서 발생되는 코크스 오븐 배출물질 또는 다핵방향족 탄화수소 등을 채취하는데 사용한다.
> ③ 결합제나 섬유가 포함되어 있지 않다.

- 핵기공 여과지(Nucleopore Filter)

① 폴리카보네이트 재질에 레이저빔을 쏘아 만들며 체처럼 공극(구멍)이 일직선으로 되어있다.
② TEM(전자현미경)분석을 위한 석면 채취에 이용된다.
③ 화학물질과 열에 안정적이다.

ⓒ 섬유상 여과지 종류
- 유리섬유 여과지(Glass Fiber Filter)

① 흡습성이 없고 부서지기 쉬워 중량분석에 사용하지 않는다.
② 부식성 가스에 강하고 다량의 공기시료채취에 적합하다.
③ 높은 포집용량과 낮은 압력강하 성질을 가지고 있다.
④ 농약류, 다핵방향족 탄화수소화합물 등의 유기화합물 채취에 사용된다.

- 셀룰로오스섬유 여과지(Cellulose Filter)

① 작업환경측정보다 실험실 분석에 많이 사용한다.
② 셀룰로오스 펌프로 조제하고 친수성이며 습식회화가 용이하다.

⑩ 입자상 물질의 농도계산

$$C = \frac{(W' - W) - (B' - B)}{V}$$

여기서,
C : 농도$[mg/m^3]$
W' : 시료채취 후 여과지 무게$[mg]$
W : 시료채취 전 여과지 무게$[mg]$
B' : 시료채취 후 공시료 평균무게$[mg]$
B : 시료채취 전 공시료 평균무게$[mg]$
V : 공기채취량$[m^3]$ $\Rightarrow$ 펌프유량$[m^3/min] \times$ 채취시간$[min]$

⑪ 입자상 물질 측정 및 분석방법

측정대상	측정 및 분석방법
석면의 농도	여과채취방법으로 측정하고 계수방법 또는 이와 동등 이상의 분석방법으로 분석할 것
광물성분진	여과채취방법으로 측정하고 석영, 크리스토바라이트, 트리디마이트를 분석할 수 있는 적합한 방법으로 분석할 것(다만 규산염과 그 밖의 광물성분진은 중량분석방법으로 분석한다.)
용접 흄	여과채취방법으로 측정하되 용접보안면을 착용한 경우에는 그 내부에서 시료를 채취하고 중량분석방법과 원자흡광광도계 또는 유도결합플라즈마를 이용한 방법으로 분석할 것
석면, 광물성분진, 용접 흄을 제외한 입자상 물질	여과채취방법으로 측정한 후 중량분석방법이나 유해물질 종류에 따른 적합한 방법으로 분석할 것
호흡성분진	호흡성분진용 분립장치 또는 호흡성분진을 채취할 수 있는 기기를 이용한 **여과채취방법으로 측정**할 것
흡입성분진	흡입성분진용 분립장치 또는 흡입성분진을 채취할 수 있는 기기를 이용한 **여과채취방법으로 측정**할 것

(3) 가스 및 증기상 물질의 측정

① 연속시료채취
: 유해물질이 포함된 공기를 흡착관이나 흡수액에 통과시켜 **공기로부터 유해물질을 분리해내는 채취 방법**

㉠ 연속시료채취를 해야 하는 경우

ⅰ) 오염물질의 **농도가 시간에 따라 변할 때**
ⅱ) 공기 중 **오염물질의 농도가 낮을 때**
ⅲ) **시간가중평균치를 구하고자 할 때**

ⓒ 연속시료채취법 종류

시료채취법	설명
능동식 시료채취법	① 공기 시료채취펌프를 이용하여 흡착튜브, 전처리된 여과지, 임핀저와 같이 시료채취미디어를 통해 공기와 오염물질을 채취하는 방법 ② 흡착관을 사용한 능동식 시료채취방법의 일반적 시료 채취 유량 기준은 0.2L/min 이하 ③ 흡수액을 사용한 능동식 시료채취방법의 일반적 시료 채취 유량 기준은 1.0L/min 이하
수동식 시료채취법	① 가스상 물질의 **확산원리**를 이용한다. ② 포집원리는 확산, 투과, 흡착 등이 있다. ③ **결핍(Starvation)현상**이란 수동식 시료채취기 사용 시 최소의 기류가 있어야 하는데, **최소의 기류가 없을 경우 표면에서 오염물질이 제거되어 농도가 없어지거나 감소하는 현상**으로 결핍현상을 방지하기 위해 최소 기류속도 0.05~0.1m/sec를 유지해야 한다.

ⓒ 흡수액의 흡수효율을 높이기 위한 방법

> ① 채취속도를 낮춘다.(=채취유량을 낮춘다.)
> ② 흡수액의 양을 늘린다.
> ③ 액체의 교반을 강하게 한다.
> ④ 두 개 이상의 임핀저나 버블러를 **연속적(직렬)**으로 연결한다.
> ⑤ 가는 구멍이 많은 프리티드(Fritted) 버블러 등을 사용하여 **채취효율이 좋은 기구를 사용**한다.
> ⑥ 용액의 온도를 낮추어 오염물질 휘발성을 제한시킨다.
> ⑦ 기포와 액체의 접촉면적을 크게한다.

② 순간시료채취
: 작업시간이 단시간이어서 시료의 포집이 불가능할 때 순간 시료를 포집, 분석하여 8시간으로 나누어 평가하는 방법

㉠ 순간시료채취를 해야 하는 경우

  ⅰ) 미지의 가스상 물질의 동정을 알고자 할 때
  ⅱ) 간헐적 공정에서 순간농도 변화를 알고자 할 때
  ⅲ) 오염발생원 확인을 하고자 할 때
  ⅳ) 직접 포집해야 되는 메탄, 산소, 일산화탄소 측정에 사용 할 때

ⓒ 순간시료 채취기 종류
: 검지관, 주사기, 직독식 기기, 진공플라스크, 수동형 캐니스터, 시료채취백, 액체 치환병 등

ⓒ 총집진율(직렬설치)

$$\eta_T = \eta_1 + \eta_2(1 - \eta_1)$$

여기서,
η_T : 총집진율
η_1 : 1차 집진장치 집진율
η_2 : 2차 집진장치 집진율

$$\eta_T = 1 - (1 - \eta_c)^n$$

η_c : 단위 집진효율
n : 집진장치 개수

③ 검지관 측정법

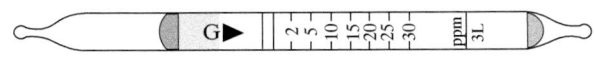

┃검지관 측정법

㉠ 작업환경 측정 시 검지관을 사용하는 경우

① 예비조사 목적인 경우
② 발생하는 가스상 물질이 단일물질인 경우
③ 검지관 방식 외에 다른 측정방법이 없는 경우

㉡ 검지관 장단점

장점	단점
① 사용이 간편하다. ② 반응시간이 빨라서 빠른 시간에 측정 결과를 알 수 있다. ③ 숙련된 전문가가 아니여도 어느 정도 숙지되면 사용이 가능하다. ④ 맨홀 등 밀폐공간에서 산소가 부족하거나 폭발성 가스로 인해 안전이 문제가 될 때 유용하게 사용이 가능하다.	① 민감도가 낮으며 비교적 고농도에 적용이 가능하다. ② 특이도가 낮다. ③ 단시간 측정만 가능하다. ④ 미리 측정 대상물질이 동정이 되어 있어야 측정이 가능하다. ⑤ 색이 시간에 따라 변화하므로 제조자가 정한 시간에 읽어야 한다. ⑥ 한 검지관으로 단일 물질만 측정할 수 있어 각 오염물질에 맞는 검지관을 선정하여야 한다. ⑦ 색변화가 선명하지 않아 주관적으로 읽을 수 있어 판독자에 따라 변이가 심하다.

2-3 생물학적 유해 인자 측정

(1) 생물학적 유해 인자의 종류

① 생물학적 유해 인자의 구분

감염인자	설명
혈액매개 감염인자	B형·C형간염바이러스, 매독바이러스, 인간면역바이러스 등 혈액을 매개로 다른 사람에게 전염되어 질병을 유발하는 인자
공기매개 감염인자	결핵·홍역·수두 등 공기 또는 비말감염 등을 매개로 호흡기를 통하여 전염되는 인자
곤충 및 동물매개 감염인자	쯔쯔가무시증, 유행성출혈열 등 동물의 배설물 등에 의하여 전염되는 인자 및 탄저병 등 가축 또는 야생동물로부터 사람에게 감염되는 인자

② 곤충 및 동물매개 감염병 고위험작업의 종류

  ㉠ 습지 등 실외 작업
  ㉡ 가축 사육 및 도살 등 작업
  ㉢ 야생 설치류와의 직접 접촉 및 배설물을 통한 간접 접촉이 많은 작업

(2) 생물학적 유해 인자의 측정원리 및 분석·평가

- 혈액노출 조사

 : 사업주는 혈액노출과 관련된 사고가 발생한 경우에 즉시 다음 각 호의 사항을 조사하고 이를 기록하여 보존하여야 한다.

① 노출자의 인적사항
② 노출 현황
③ 노출 원인제공자의 상태
④ 노출자의 처치 내용
⑤ 노출자의 검사 결과

Chapter 3
평가 및 통계

3-1 통계학 기본 지식

(1) 통계의 필요성

① 측정자료가 대상지역의 대표치가 될 수 있다.
② 산업위생 문제의 심각성을 판단할 수 있다.
③ 문제가 되는 물질과 발생원을 판별할 수 있다.
④ 관리대책의 효과를 판정할 수 있다.
⑤ 계획수립과 관리대책을 마련하는데 중요한 참고자료로 활용할 수 있다.
⑥ 산업위생관리의 문제점을 제시해 준다.

(2) 용어의 이해

① 상대오차 : $\dfrac{근삿값 - 참값}{참값}$ 으로 표현되는 상대적인 오차
② 우발오차 : 한 가지 실험측정을 반복할 때 측정값들의 변동으로 인한 오차
③ 유효숫자 : 측정 및 분석 값의 정밀도를 표시하는 데 필요한 숫자
④ 조화평균 : 상이한 반응을 보이는 집단의 중심경향을 파악하고자 할 때 유용하게 이용된다.

(3) 자료의 분포

① 정규분포
 : 여러 측정자료를 히스토그램으로 이동시키면 종을 뒤집어 놓은 것 같은 모양으로 분포되어 있는 표

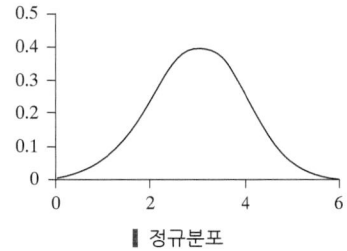

▮ 정규분포

② 대수정규분포
: 산업위생통계는 대수정규분포로 이루어지고 있다.

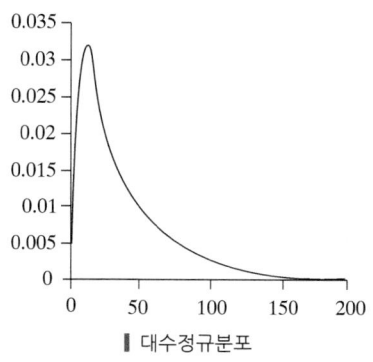
┃대수정규분포

③ 산포도
: 측정치가 평균 가까이에 분포 혹은 흩어져 분포하는지를 나타내며 **표준편차가 클수록 평균에서 떨어진 값이 많이 있음**을 나타내며 **표준편차가 0일 경우 측정치 모두가 같은 크기임**을 나타낸다.

④ 대표치 : **자료의 중심을 나타내는 값**이다.

㉠ 산술평균 : **평균 노출을 가장 잘 나타내는 대표값**
㉡ 기하평균
㉢ 가중평균
㉣ 중앙값(중앙치)
㉤ 최빈치

⑤ 중앙값(중앙치)
: 여러 개의 측정치를 크기 순서로 배열했을 때 중앙에 위치하는 값을 말하며, 측정치가 **짝수**일 때에는 중앙에 위치한 두 값의 평균을 내어 중앙값으로 계산한다.

⑥ 최빈치 : 측정치 중 **도수가 가장 큰 값**

(4) 평균 및 표준편차의 계산

① 산술평균 : 측정치들의 합의 평균

$$\text{산술평균} = \frac{X_1 + X_2 + \cdots + X_n}{N}$$

여기서,
X : 측정치
N : 측정치의 개수

② 가중평균 : 자료의 크기를 고려한 평균

$$가중평균 = \frac{X_1N_1 + X_2N_2 + \cdots + X_nN_k}{N_1 + N_2 + \cdots + N_k}$$

여기서,
X : 측정치
N : k개의 측정치에 대한 각각의 크기

③ 기하평균(GM) : **누적분포에서 50%에 해당하는 값**

$$\log(GM) = \frac{\log X_1 + \log X_2 + \cdots + \log X_n}{N}$$

$$GM = \sqrt[N]{X_1 \times X_2 \times \cdots \times X_n}$$

여기서,
X : 측정치
N : 측정치의 개수

④ 표준편차(SD)

$$SD = \sqrt{\frac{\sum_{i=1}^{N}(X_i - \overline{X})^2}{N-1}}$$

여기서,
SD : 표준편차
X_i : 측정치
$\overline{X}$: 측정치의 산술평균값
N : 측정치의 개수

⑤ 기하표준편차(GSD)

$$GSD = \sqrt{\frac{(\log X_1 - \log GM)^2 + (\log X_2 - \log GM)^2 + \cdots (\log X_N - \log GM)^2}{N-1}}$$

$$GSD = \frac{84.1\%\text{에 해당하는 값}}{50\%\text{에 해당하는 값}} = \frac{50\%\text{에 해당하는 값}}{15.9\%\text{에 해당하는 값}}$$

여기서,
GSD : 기하표준편차
GM : 기하평균
N : 측정치의 개수

⑥ 표준오차(SE)

$$SE = \frac{SD}{\sqrt{N}}$$

여기서,
SE : 표준오차
SD : 표준편차
N : 측정치의 개수

⑦ 변이계수(CV) : 통계집단의 측정값들에 대한 균일성과 정밀성의 정도를 **표현**한 값
  ㉠ 정밀도를 평가하는 계수이고, 측정자료가 데이터로서 가치가 있음을 나타내는 자료이다.
  ㉡ 평균값의 크기가 0에 가까울수록 변이계수의 의미는 작아진다.
  ㉢ 단위가 서로 다른 집단이나 특성값의 상호 산포도를 비교하는 데 이용된다.
  ㉣ 변이계수가 작을수록 자료들이 평균 주위에 가깝게 분포한다는 의미를 나타낸다.

$$CV = \frac{표준편차}{평균치} \times 100$$

여기서,
CV : 변이계수[%]

⑧ 기하평균, 기하표준편차를 구하는 2가지 방법
  ㉠ 그래프로 구하는 방법
    ⅰ) 기하평균 : 누적분포에서 50%에 해당하는 값
    ⅱ) 기하표준편차 : 누적분포 84.1%에 해당하는 값을 50%에 해당하는 값으로 나눈 값
  ㉡ 계산에 의한 방법
    ⅰ) 기하평균 : 모든 자료를 대수로 변환하여 평균을 구한 값을 역대수를 취해 구한 값
    ⅱ) 기하표준편차 : 모든 자료를 대수로 변환하여 표준편차를 구한 값을 역대수를 취해 구한 값

⑨ 평균편차 : 각 측정값에서 전체 평균을 뺀 절대값으로 표시되는 편차의 산술평균이다.

$$평균편차 = \frac{\sum_{i=1}^{N} |X_i - \overline{X}|}{N}$$

여기서,
X_i : 측정치
$\overline{X}$: 측정치의 산술평균값
N : 측정치의 개수

3-2 측정자료 평가 및 해석

(1) 작업환경 유해위험성 평가

① 표준화 값

$$Y = \frac{TWA \text{ 또는 } STEL}{허용기준}$$

여기서,
Y : 표준화 값
TWA : 시간가중평균값
$STEL$: 단시간 노출값

② 95%의 신뢰도를 가진 하한치

하한치 = $Y-$ 시료채취분석오차

③ 허용기준 초과여부 판정

㉠ 하한치>1 일 때 허용기준을 초과한 것으로 판정

㉡ 값을 구한 경우 이 값이 허용기준 TWA를 초과하고 허용기준 STEL 이하인 때는 다음 어느 하나 이상에 해당되면 허용기준을 초과한 것으로 판정한다.

- 1회 노출지속시간이 15분 이상인 경우
- 1일 4회를 초과하여 노출되는 경우
- 각 회의 간격이 60분 미만인 경우

(2) 최고농도(C)와 압력의 관계식

$$최고농도(ppm) = \frac{P}{760} \times 10^6$$

여기서,
P : 화학물질의 증기압(분압)$[mmHg]$

(3) 증기 위험화지수(VHI : Vapor Hazard Index)

$$VHI = \log\left(\frac{C}{TLV}\right)$$

여기서,
VHI : 증기 위험화지수
C : 최고농도(포화농도)
TLV : 노출기준

(4) 증기 위험비(VHR : Vapor Hazard Ratio)

$$VHR = \frac{C}{TLV}$$

여기서,
VHR : 증기 위험비
C : 최고농도(포화농도)
TLV : 노출기준

(5) 유해 위험성 평가 단계(환경위해도 평가 단계)

① 유해성 확인
② 용량 반응 평가
③ 노출 평가
④ 위험성 관리
⑤ 위험성 결정

(6) 유해인자 노출기준을 설정 시 고려사항

① 그 유해인자에 의한 건강장애에 관한 연구 및 실태조사의 결과
② 그 유해인자의 유해 위험성의 평가 결과
③ 그 유해인자의 노출기준 적용에 관한 기술적 타당성

(7) 유해 위험성 평가의 대상이 되는 유해인자 선정기준

① 유해 위험성 평가가 필요한 유해인자
② 노출 시 변이원성, 흡입독성, 생식독성, 발암성 등 근로자의 건강장애 발생이 의심되는 유해인자
③ 그 밖에 사회적 물의를 일으키는 등 유해 위험성 평가가 필요한 유해인자

03

작업환경관리대책

01. 산업 환기
02. 작업 공정 관리
03. 개인보호구

Chapter 1

산업 환기

1-1 환기 원리

(1) 산업 환기의 의미와 목적

① 산업 환기의 의미

  ㉠ 작업장의 오염된 공기를 배출하는 동시에 신선한 공기를 도입해서 공기를 교환하는 방법
  ㉡ 작업자의 **건강 보호를 위해 작업장 공기를 쾌적**하게 하는 것
  ㉢ **작업환경상의 유해요인**인 먼지, 화학물질, 고열 등을 **관리**하는 것

② 산업 환기의 목적

  ㉠ 유해물질 농도를 허용농도 이하로 낮춰 건강을 보호한다.
  ㉡ 작업장 내 온도와 습도를 조절한다.
  ㉢ 화재 및 폭발을 방지한다.
  ㉣ 작업생산능률을 향상시킨다.

(2) 환기의 기본 원리

① 산업환기 시스템

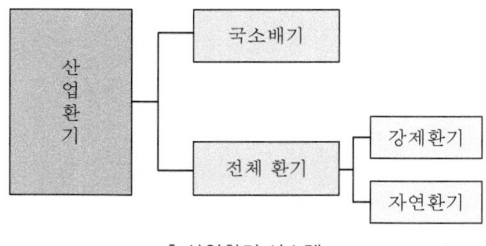

┃산업환기 시스템

  ㉠ 산업환기는 크게 **전체환기와 국소배기(국소환기)** 두 가지로 나누어진다.
  ㉡ 운영을 효율적으로 하기 위해 **보충용 공기(Make-up Air)를 공급하는 시스템이 필요**하다.

  ✔ 보충용 공기(Make-up Air)
    : 국소배기장치를 통해 배출되는 것과 동일한 양의 공기가 외부로부터 보충되는 것

② 전체환기(희석환기)

⊙ 작업장 전체를 환기시키는 방식으로 **공기를 희석하여 유해인자 농도를 낮추는 방식**

ⓒ 작업장 개구부를 통해 바람이나 작업장 내외의 **온도와 압력의 차이에 의한 대류작용으로** 행하여지는 환기

ⓒ **강제환기**와 **자연환기**로 나누어진다.

③ 국소배기(국소환기)
  : 오염물질이 발생하는 지점 근처에서 오염물질을 바로 흡인하여 환기하는 방식

(3) 유체흐름의 기본개념

① 단위

⊙ 길이 : $1m = 10^2 cm = 10^3 mm = 10^6 \mu m = 10^9 nm$

ⓒ 넓이 : $1m^2 = 10^4 cm^2 = 10^6 mm^2$

ⓒ 부피 : $1m^3 = 10^6 cm^3 = 10^9 mm^3$
$1L = 10^3 mL = 10^6 \mu L = 10^9 nL$
$1L = 1000mL = 1000cm^3 = 1000cc$

ⓔ 질량 : $1g = 10^3 mg = 10^6 \mu g = 10^9 ng$
$1ton = 10^3 kg = 10^6 g = 10^9 mg$

ⓜ 압력 : $1Pa = 1N/m^2 = 10^{-5}bar = 10 dyne/cm^2 = 0.102 mmH_2O = 9.869 \times 10^{-6} atm$

$$1기압 = 1atm = 760mmHg = 10332mmH_2O = 1.0332 kg_f/cm^2 = 10332 kg_f/m^2$$
$$= 14.7psi = 760Torr = 10332mmAq = 10.332mH_2O = 1013hPa$$
$$= 1013.25mb = 1.01325 = 1013250 dyne/cm^2 = 101325Pa$$

ⓗ 온도 : $℃ = \dfrac{5}{9}(°F - 32)$ $°F = \dfrac{9}{5}℃ + 32$ $K = ℃ + 273$

여기서,
℃ : 섭씨온도   °F : 화씨온도 K : 절대온도(켈빈온도)

② 밀도(Density : ρ) : 단위체적당 유체의 질량

$$\rho = \frac{m}{V}$$

여기서,
ρ : 밀도$[g/cm^3, kg/m^3]$
m : 질량$[g, kg]$
V : 부피$[cm^3, m^3, L, mL]$

✔ 1기압, 0℃ 에서의 공기 밀도 : $1.293 kg/m^3$
✔ 1기압, 21℃(산업환기) 에서의 공기 밀도 : $1.203 kg/m^3$

③ 비중량(Specific Weight : γ) : 단위체적당 유체의 중량

$$\gamma = \frac{W}{V} = \rho g$$

여기서,
γ : 비중량$[g_f/cm^3, kg_f/m^3]$
W : 중량$[g_f, kg_f]$
V : 부피$[cm^3, m^3, L, mL]$
ρ : 밀도$[g/cm^3, kg/m^3]$
g : 중력가속도$[9.8 m/s^2 = 980 cm/s^2]$

④ 비중(Specific Gravity : S) : 표준물질의 밀도를 기준으로 실제물질에 대한 밀도의 비

$$S = \frac{대상물질의\ 밀도}{표준물질의\ 밀도}$$

여기서,
S : 비중

표준물질의 밀도
: 고체, 액체 : 4℃, 1기압 상태의 물의 밀도 $1 g/mL$

⑤ 점성계수(Dynamic Viscosity : μ) : 전단응력에 대한 저항의 크기
단위는 $poise, kg/m \cdot sec, kg_f \cdot sec/m^2$ 등이 있다.

✔ $1 poise = 1 g/cm \cdot sec = 0.1 kg/m \cdot sec$

⑥ 동점성계수(Kinematic Viscosity, ν) : 점성계수를 밀도로 나눈 값

$$\nu = \frac{\mu}{\rho}$$

여기서,
ν : 동점성계수$[m^2/sec, stokes]$
μ : 점성계수$[kg/m \cdot sec, poise]$
ρ : 밀도$[g/cm^3, kg/m^3]$

✔ $1 stokes = 1 cm^2/sec$

⑦ 이상기체 방정식

$$PV = nRT = \frac{W}{M}RT$$

여기서,
P : 압력$[atm]$
V : 부피$[L]$
T : 온도$[K]$
R : 이상기체상수$[0.082L \cdot atm/mol \cdot K]$
n : 몰수$\left[=\frac{W}{M}\right]$
W : 기체의 무게
M : 기체의 분자량

✔ 주기율표 및 원자량

족 주기	1	2	13	14	15	16	17	18
1	H (수소)							He (헬륨)
2	Li (리튬)	Be (베릴륨)	B (붕소)	C (탄소)	N (질소)	O (산소)	F (플루오린)	Ne (네온)
3	Na (나트륨)	Mg (마그네슘)	Al (알루미늄)	Si (규소)	P (인)	S (황)	Cl (염소)	Ar (아르곤)
4	K (칼륨)	Ca (칼슘)						

※ 원자번호 짝수의 원자량 = 원자번호×2 (ex : 황 원자번호 16 : 16*2 = 32g)
※ 원자번호 홀수의 원자량 = 원자번호×2+1 (ex : 나트륨 원자번호 11 : 11*2+1 = 23g)
※ 예외 5가지
 ① 수소 : 1g ② 베릴륨 : 9g ③ 질소 : 14g ④ 염소 : 35.5g ⑤ 아르곤 : 40g

⑧ 보일-샤를의 법칙

㉠ 보일의 법칙 : **일정한 온도에서 부피와 압력은 반비례**한다.
㉡ 샤를의 법칙 : **일정한 압력에서 부피와 온도는 비례**한다.

$$\frac{P_1 V_1}{T_1} = \frac{P_2 V_2}{T_2}$$

여기서,
P : 압력$[atm]$
V : 부피$[L]$
T : 온도$[K]$

✔ 부피와 반비례 관계(응용)

$$\frac{P_1}{T_1 \rho_1} = \frac{P_2}{T_2 \rho_2}, \quad \frac{P_1}{T_1 \gamma_1} = \frac{P_2}{T_2 \gamma_2}, \quad \frac{P_1}{T_1 S_1} = \frac{P_2}{T_2 S_2}$$

여기서,
ρ : 밀도
γ : 비중량
S : 비중

✔ 부피와 비례 관계(응용)

$$\frac{P_1 Q_1}{T_1} = \frac{P_2 Q_2}{T_2}$$

여기서,
Q : 유량

✔ 게이-루삭의 법칙 : **일정한 부피에서 압력과 온도는 비례**한다.

(4) 유체의 역학적 원리

① 유체의 역학적 원리의 전제조건
 : 유체역학의 질량보존 원리를 환기시설에 적용하는 데 필요한 공기특성의 전제조건 5가지

　㉠ **건조공기**
　㉡ 공기의 **비압축성**
　㉢ 환기시설 내외의 **열교환 무시**
　㉣ 환기시설 공기 속 **오염물질 질량 및 부피 무시**
　㉤ 공기는 **상대습도 기준**

② 연속 방정식
 : 정상류로 흐르는 한 단면의 유체의 무게는 다른 단면을 통과하는 무게와 동일해야 하는 **질량 보존의 법칙을 적용한 법칙**이다.

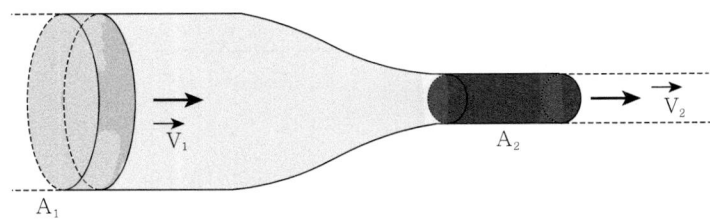

$$A_1 V_1 = A_2 V_2$$

┃연속 방정식

$Q = AV$

$Q = A_1 V_1 = A_2 V_2$

여기서,
Q : 유량 $[m^3/min]$
A : 단면적 $[m^2]$
V : 유속 $[m/min]$

✔ 단면적 공식

－ 원형 단면적 : $A = \pi r^2 = \dfrac{\pi d^2}{4}$

여기서,
r : 반지름
d : 지름

－ 사각 단면적 : $A = 밑변 \times 높이$

③ 레이놀즈 수(Re) : 유체의 흐름에서 **관성력과 점성력의 비를 무차원 수로 나타낸 것**
  ㉠ 층류(Laminar Flow)
   : **레이놀즈 수가 2100 이하**이면 관성력에 비해 점성력이 상대적으로 커져 **유체가 원래의 흐름을 유지**하려 한다.

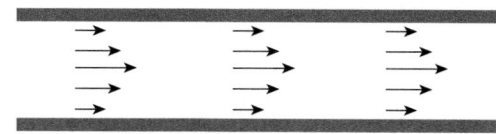

∎ 층류

  ㉡ 난류(Turbulent Flow)
   : **레이놀즈 수가 4000 초과**이면 점성력에 비해 관성력이 상대적으로 커져 유체의 흐름에 많은 교란이 생긴다.

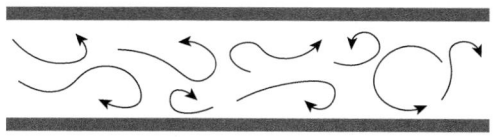

∎ 난류

  ㉢ 레이놀즈 수 관계식

$$Re = \frac{\rho VD}{\mu} = \frac{VD}{\nu} = \frac{관성력}{점성력}$$

여기서,
Re : 레이놀즈 수
ρ : 유체 밀도 $[kg/m^3]$
V : 유속 $[m/s]$
D : 직경 $[m]$
μ : 점성계수 $[kg/m \cdot s]$
ν : 동점성계수 $[m^2/s]$

✔ 여기서, 만약 원형이 아닌 사각단면으로 주어질 때 구하는 상당직경 공식

$$D = \frac{2ab}{a+b}$$

여기서,
D : 상당직경 $[m]$
a : 밑변 $[m]$
b : 높이 $[m]$

  ㉣ 레이놀즈 수에 따른 3단계 구분

흐름	레이놀즈 수
층류	$Re < 2100$
천이영역	$2100 < Re < 4000$
난류	$Re > 4000$

(5) 공기의 성질과 오염물질

① 포화농도

$$\text{포화농도} = \frac{\text{물질의 증기압}[mmHg]}{\text{대기압}[760mmHg]} \times 10^2 [\%]$$

$$= \frac{\text{물질의 증기압}[mmHg]}{\text{대기압}[760mmHg]} \times 10^6 [ppm]$$

여기서,
$1\% = 10000 ppm$

② 밀도보정계수(d_f)

$$d_f = \frac{(273+21)(P)}{(℃+273)(760)}$$

$$\rho_{(a)} = \rho_{(s)} \times d_f$$

여기서,
d_f : 밀도보정계수
P : 대기압$[mmHg]$
$\rho_{(a)}$: 실제 공기의 밀도
$\rho_{(s)}$: 표준상태의 공기밀도$[1.203kg/m^3]$

③ 유효비중(혼합비중)

$$\text{유효비중} = \frac{\text{물질의 } ppm \times \text{물질의 비중} + (10^6 - \text{물질의 } ppm) \times \text{공기의 비중}}{10^6}$$

여기서,

$$\text{물질의 비중} = \frac{\text{물질의 분자량}}{29}$$

공기의 비중 $= 1$

1-2 전체 환기

(1) 전체 환기의 개념

① 전체 환기장치
: 자연적 또는 기계적인 방법에 의하여 **작업장 내의 열수증기 및 유해물질을 희석, 환기시키는** 장치 또는 설비

② 전체 환기의 목적

㉠ 유해물질 농도를 희석시켜 근로자 건강 유지 및 증진
㉡ 화재 및 폭발 예방
㉢ 실내 온도 및 습도 조절
㉣ 작업생산 능률 향상

③ 전체 환기의 적용 조건(설치 원칙)

㉠ 발생원이 **이동성**인 경우
㉡ 유해물질이 증기나 가스인 경우
㉢ 유해물질의 발생량이 **적은** 경우
㉣ 유해물질의 독성이 비교적 **낮은** 경우
㉤ 유해물질이 시간에 따라 균일하게 발생될 경우
㉥ 국소배기가 불가능한 경우
㉦ 오염원이 근무자가 근무하는 장소로부터 멀리 떨어진 경우
㉧ 동일한 작업장에 다수의 오염원이 분산된 경우
㉨ 소량의 오염물질이 일정속도로 작업장으로 배출되는 경우

④ 전체 환기 시설 설치 시 기본원칙

㉠ 오염물질 사용량을 조사하여 **필요환기량을 계산**할 것

㉡ 배출공기를 보충하기 위하여 청정공기를 공급할 것

㉢ 오염물질 배출구는 가능한 한 오염원에 가까운 곳에 설치하여 **점환기 효과**를 얻을 것
㉣ 공기배출구와 근로자의 작업위치 사이에 오염원이 위치해야할 것

㉤ 필요 환기량은 오염물질이 충분히 희석될 수 있는 양으로 설계할 것

㉥ 공기가 급기구를 통하여 들어와서 오염물질이 있는 영역을 통과하여 배기구로 빠져나가도록 설계할 것

㉦ 건물 밖으로 배출된 오염공기가 안으로 재유입 되지 않도록 배출 높이를 적절하게 설계하고 창문이나 문 근처에 위치하도록 할 것

㉧ 오염된 공기는 작업자가 호흡하기 전 충분히 희석되도록 할 것

㉢ 오염원 주위에 다른 작업 공정이 있으면 공기배출량을 공급량보다 약간 크게 하여 음압을 형성하여 주위 근로자에게 오염 물질이 확산 되지 않도록 한다.

㉣ 오염원 주위에 근로자의 작업공간이 존재할 경우에는 배기를 급기보다 약간 많이 한다.

(2) 전체 환기의 종류

강제환기	자연환기
① 송풍기(fan)을 사용하여 강제적으로 환기하는 방식 ② 필요한 공기량을 송풍량 조절이 가능하여 작업환경을 일정하게 유지가 가능 ③ 송풍기에 의해 소음 및 진동이 발생 ④ 에너지 비용이 많이 소요	① 자연의 힘, 온도차에 의한 **부력 및 풍력을** 이용하여 환기하는 방식 ② 소음 및 진동이 발생하지 않고 에너지 비용(운전비)가 필요없음 ③ 적당한 온도차와 바람만 있을 땐 강제환기보다 효과적 ④ 기상조건 및 작업장 내 조건 등에 따라 **환기량의 변화의 차이가 심함**

(3) 건강보호를 위한 전체 환기

① 전체환기량(평형상태일 경우)

㉠ 유효환기량(Q')

$$Q' = \frac{G}{C}$$

여기서,
Q' : 유효 환기량$[m^3/\min]$
G : 유해물질 발생률$[m^3/\min]$
C : 공기 중 유해물질 농도

㉡ 실제환기량(Q)

$$Q = Q' \times K$$

여기서,
Q : 실제환기량$[m^3/\min]$
Q' : 유효환기량$[m^3/\min]$
K : 안전계수

㉢ 필요환기량(Q)

$$Q = \frac{G}{TLV} \times K$$

여기서,
Q : 필요환기량$[m^3/\min]$
G : 유해물질 발생률$[m^3/\min]$
TLV : 허용기준
K : 안전계수

② K(안전계수) 결정 시 고려하여야 하는 요인

① 유해물질의 허용기준(TLV)
② 환기방식의 효율성
③ 유해물질의 발생률
④ 근로자 위치와 발생원과의 거리
⑤ 유해물질 발생점의 위치와 수
⑥ 실내유입 보충용 공기의 혼합과 기류 분포

② 전체환기량(유해물질 농도 변화 시)

㉠ 유해물질 농도 증가 시

ⅰ) 농도 C에 도달하는 데 걸리는 시간(t)

$$t = -\frac{V}{Q'}\ln\left(\frac{G-Q'C}{G}\right)$$

여기서,
t : 농도 C에 도달하는 데 걸리는 시간[min]
V : 작업장의 체적[m^3]
Q' : 유효환기량[m^3/min]
G : 유해물질의 발생량[m^3/min]
C : 유해물질의 농도[ppm]

ⅱ) 처음 농도 0인 상태에서 t시간 후의 농도(C)

$$C = \frac{G\left(1-e^{-\frac{Q'}{V}t}\right)}{Q'}$$

㉡ 유해물질 농도 감소 시

ⅰ) 초기시간에서 농도 C_1으로부터 C_2까지 감소하는 데 걸린 시간(t)

$$t = -\frac{V}{Q'}\ln\left(\frac{C_2}{C_1}\right)$$

여기서,
C_1 : 유해물질 처음농도
C_2 : 유해물질 노출기준

ⅱ) 작업중지 후 C_1인 농도로부터 시간(t)이 지난 후 농도(C)

$$C_2 = C_1 \times e^{-\frac{Q'}{V}t}$$

③ 필요환기량(이산화탄소 제거)

$$Q = \frac{M}{C_s - C_o} \times 100$$

여기서,
Q : 필요환기량$[m^3/hr]$
M : CO_2 발생량$[m^3/hr]$
C_s : 실내 CO_2 기준농도$[\%]$
C_o : 실외 CO_2 기준농도$[\%]$

✔ $1 = 100\% = 1000000 ppm$
✔ $1\% = 10000 ppm$

④ 시간당 공기교환 횟수(ACH)

$$ACH = \frac{Q}{V}$$

$$ACH = \frac{\ln(C_1 - C_0) - \ln(C_2 - C_0)}{t}$$

여기서,
ACH : 시간당 공기교환 횟수$[회/hr]$
Q : 필요환기량$[m^3/hr]$
V : 작업장 용적$[m^3]$
C_1 : 측정 초기 농도
C_2 : 시간 경과 후 CO_2 농도
C_0 : 외부 CO_2 농도
t : 경과된 시간$[hr]$

⑤ 급기 중 외부공기 포함량(Q_A)

$$Q_A = \frac{C_r - C_s}{C_r - C_0} \times 100$$

여기서,
Q_A : 급기 중 외부공기 포함량$[\%]$
C_r : 재순환 공기 중 이산화탄소 농도
C_s : 급기 중 이산화탄소 농도
C_0 : 외부 공기 중 이산화탄소 농도

(4) 화재 및 폭발방지를 위한 전체 환기

① 화재 및 폭발방지를 위한 필요환기량

$$Q = \frac{24.1 \times S \times G \times K \times 10^2}{M \times LEL \times B}$$

여기서,
- Q : 필요환기량 $[m^3/hr]$
- S : 유해물질의 비중
- G : 유해물질의 시간당 사용량 $[L/hr]$
- K : 안전계수(혼합계수)
- M : 유해물질의 분자량
- LEL : 폭발하한계 $[\%]$
- B : 온도에 따른 상수
  (120℃ 미만 : 1.0, 120℃ 이상 : 0.7)
- 24.1 : 1atm, 21℃에서 공기의 부피 $[L]$

$$\left(\text{온도보정} : 24.1 \times \frac{273+t}{273+21}\right)$$

여기서, t : 실제공기의 온도 $[℃]$

② 노출기준에 따른 전체환기량

$$Q = \frac{24.1 \times S \times G \times K \times 10^6}{M \times TLV}$$

여기서,
- Q : 전체환기량 $[m^3/hr]$
- S : 유해물질의 비중
- G : 유해물질의 시간당 사용량 $[L/hr]$
- K : 안전계수(혼합계수)
- M : 유해물질의 분자량
- TLV : 유해물질의 노출기준 $[ppm]$
- 24.1 : 1atm, 21℃에서 공기의 부피 $[L]$

$$\left(\text{온도보정} : 24.1 \times \frac{273+t}{273+21}\right)$$

여기서, t : 실제공기의 온도 $[℃]$

$$Q = \frac{24.1 \times \text{사용량}[g/hr] \times K \times 10^3}{M \times TLV}$$

사용량$[g/hr] = S \times G \times 10^3$

(5) 혼합물질 발생시의 전체 환기

① 상가작용일 경우
  : 각각 유해물질 환기량을 **모두 합한 값**

$$Q = Q_1 + Q_2 + \cdots + Q_n$$

② 독립작용일 경우
  : 각각 유해물질 환기량 중 **가장 큰 값을 선택한 값**

(6) 온열관리와 환기

① 열평형 방정식

$$\triangle S = M \pm C \pm R - E$$

여기서,
$\triangle S$: 생체 열용량 변화
M : 작업대사량
C : 대류에 의한 열교환
R : 복사에 의한 열교환
E : 증발에 의한 열교환

② 온열지수

㉠ 태양광선이 내리쬐는 옥외 장소

WBGT(℃)=0.7×자연습구온도+0.2×흑구온도+0.1×건구온도

㉡ 태양광선이 내리쬐지 않는 옥내 또는 옥외 장소

WBGT(℃)=0.7×자연습구온도+0.3×흑구온도

※고온의 노출기준   단위 : ℃, WBGT

작업휴식시간비 \ 작업강도	경작업	중등작업	중작업
계속작업	30.0	26.7	25.0
매시간 75% 작업, 25% 휴식	30.6	28.0	25.9
매시간 50% 작업, 50% 휴식	31.4	29.4	27.9
매시간 25% 작업, 75% 휴식	32.2	31.1	30.0

✔ 경작업 : 200kcal까지의 열량이 소요되는 작업을 말하며, 앉아서 또는 서서 기계의 조정을 하기 위하여 손 또는 팔을 가볍게 쓰는 일 등을 뜻함
✔ 중등작업 : 시간당 200~350kcal의 열량이 소요되는 작업을 말하며, 물체를 들거나 털면서 걸어다니는 일 등을 뜻함
✔ 중작업 : 시간당 350~500kcal의 열량이 소요되는 작업을 말하며, 곡괭이질 또는 삽질하는 일 등을 뜻함

③ 실효온도(ET)
: 온도, 습도, 기류가 인체에 미치는 열적효과를 나타내는 수치이며 상대습도가 100%일 때의 건구온도에서 느끼는 것과 동일한 온도감각이다.

④ 수증기 발생 시 필요환기량

$$Q = \frac{W}{1.2 \times \triangle G}$$

여기서,
Q : 필요환기량 $[m^3/hr]$
W : 수증기 부하량 $[kg/hr]$
$\triangle G$: 작업장 내 공기와 급기의 절대 습도차 $[kg/kg]$

⑤ 발열 시 필요환기량

$$Q = \frac{H_s}{C_p \times \triangle t}$$

여기서,
Q : 필요환기량 $[m^3/hr]$
H_s : 발열량 $[kcal/hr]$
C_p : 공기의 비열 $[kcal/hr \cdot ℃]$
(주어지지 않으면 $C_p = 0.3$)
$\triangle t$: 외부공기와 작업장 내 온도차 $[℃]$

1-3 국소 환기

(1) 국소배기 시설의 개요

① 국소배기장치(local exhaust ventilation)
 : 유해물질의 발생원에서 이탈하여 작업장 내 비오염 지역으로 확산 및 근로자에게 노출되기 전에 **포집·제거·배출하는 장치**로서 후드, 덕트, 공기정화장치, 배풍기, 배출구로 구성된 것을 말하며, 효율적인 운전을 하기 위해 가장 우선 고려사항은 **필요송풍량 감소**이다.

② 국소배기장치를 반드시 설치하여야 하는 경우(국소배기 적용조건)

 ㉠ 유해물질 **발생량이 많은** 경우
 ㉡ 유해물질 **독성이 강한** 경우
 ㉢ **발생원이 고정**된 경우
 ㉣ 오염물질 **발생주기가 균일하지 않은** 경우
 ㉤ 작업자의 **작업위치가 유해물질 발생원에 근접한** 경우
 ㉥ **높은 증기압의 유기용제**인 경우
 ㉦ 법적으로 국소배기장치를 설치하여야 하는 경우

③ 전체환기와 비교할 때의 장점

 ㉠ 전체환기에 비해 **필요환기량이 적어 경제적**이다.
 ㉡ 작업장 내 방해기류나 부적절한 급기에 의한 영향을 적게 받는다.
 ㉢ 유해물질에 의한 작업장 내 기계 및 시설물 보호가 가능하다.

ⓔ 비중이 큰 침강성 입자상 물질 제거도 가능하므로 **작업장 관리 비용을 절감**할 수 있다.
　　ⓜ 전체환기는 완전제거가 불가능하나, **국소배기는 유해물질 완전제거가 가능**하다.

(2) 국소배기 시설의 구성

① 국소배기장치 시설의 구성
: 후드 → 덕트 → 공기정화장치 → 송풍기 → 배출구로 구성되어 있다.

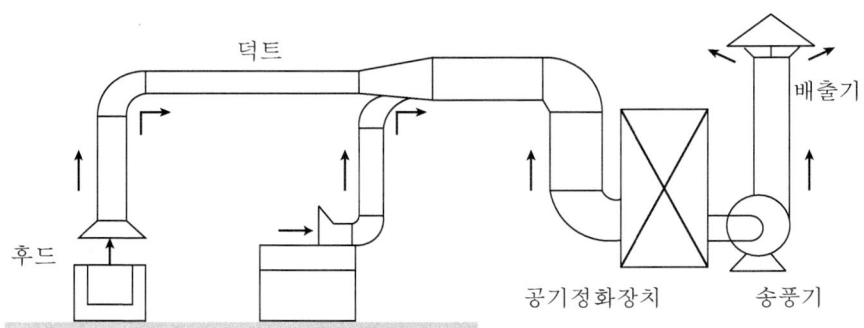

▎국소배기장치 시설 구성

② 국소배기장치 설계순서

후드 형식 선정 → 제어속도 결정 → 소요풍량 계산 → 반송속도 결정 → 배관내경 산출 → 후드 크기 결정 → 배관 배치 및 설치장소 선정 → 공기정화장치 선정 → 국소배기 계통도 및 배치도 작성 → 총 압력손실량 계산 → 송풍기 선정

(3) 공기압력

① 압력의 종류

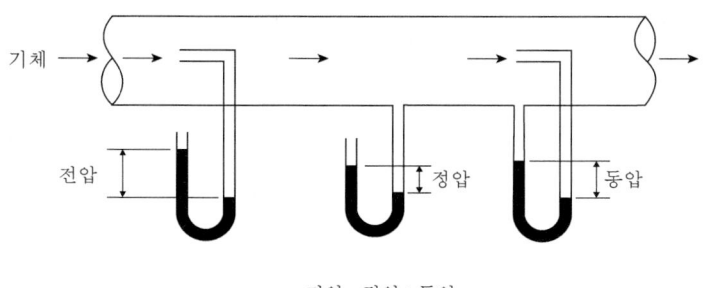

전압=정압+동압
▎공기 압력의 종류

㉠ 정압(SP : Static Pressure)
  : 덕트 내 사방으로 동일하게 미치는 압력으로 모든 방향에서 동일한 압력이며 **송풍기 앞에서 음압(-), 뒤에서 양압(+)**을 띠고 있다.

㉡ 동압(VP : Velocity Pressure, 속도압)
  : 공기의 흐름방향으로 미치는 압력

$$VP = \frac{\gamma V^2}{2g} \qquad V = \sqrt{\frac{2g\,VP}{\gamma}}$$

여기서,
VP : 동압 $[mmH_2O]$
γ : 공기의 비중량 $[kg_f/m^3]$
g : 중력가속도 $[9.8m/s^2]$

여기서, 표준공기인 경우 $\gamma = 1.203 kg_f/m^3$, $g = 9.81 m/s^2$이므로 위식에 대입하면,
(문제에서 별다른 조건없다면 표준공기로 가정한다.)

$$V = 4.043\sqrt{VP} \qquad VP = \left(\frac{V}{4.043}\right)^2$$

㉢ 전압(TP : Total Pressure)
  : 단위유체에 작용하는 정압과 동압의 총합

㉣ 음압, 양압 그림 구분

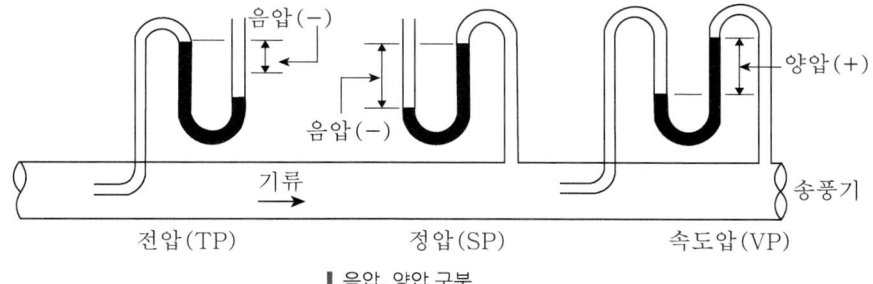

┃음압, 양압 구분

  : 동일선상 기준으로 비어있으면 음압(-), 채워져 있으면 양압(+)입니다.

(4) 후드(Hood)

① 후드

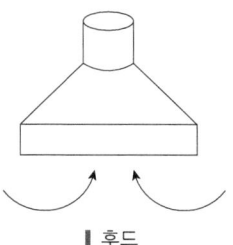

┃후드

: 유해물질을 **덕트에 흡인하기 위한 기류의 흡입구**이며, 가능한 한 오염원에 가까이 설치하여야 한다.

② 후드 모양과 크기 선정 시 고려인자 3가지

㉠ 작업형태
㉡ 작업공간 크기
㉢ 오염물질의 특성과 발생특성

③ 후드의 설치기준

㉠ **유해물질이 발생하는 곳마다 설치**할 것
㉡ 유해인자의 발생형태와 비중, 작업방법 등을 고려하여 해당 분진등의 **발산원을 제어할 수 있는 구조로 설치**할 것
㉢ 후드 형식은 가능한 한 **포위식 또는 부스식 후드를 설치**할 것
㉣ **외부식 또는 리시버식 후드는 해당 분진등의 발산원에 가장 가까운 위치에 설치**할 것

④ 후드 선정 시 고려사항

㉠ **필요환기량을 최소화**할 것
㉡ 작업자의 **작업방해를 최소화 할 수 있도록 설치**될 것
㉢ 작업자의 **호흡영역을 유해물질로부터 보호**할 것
㉣ **ACGIH 및 OSHA의 설계기준을 준수**할 것
㉤ 작업자가 사용하기 편리하도록 만들 것
㉥ 후드 설계 시 일반적인 오류를 범하지 말 것

⑤ 제어속도(포착속도)

㉠ 정의
: 유해물질을 후드쪽으로 흡인하기 위해 필요한 기류속도

ⓒ 제어속도 범위(ACGIH)

작업조건	작업공정 사례	제어속도 [m/s]
- 움직이지 않는 공기 중 속도없이 배출되는 작업조건 - 조용한 대기 중에 실제 거의 속도가 없는 상태로 발산하는 경우의 작업조건	- 탱크에서 증발, 탈지시설 - 액면에서 발생하는 가스나 증기 흡	0.25~0.5
비교적 조용한 대기 중 저속도로 비산하는 작업조건	- 용접, 도금작업 - 스프레이 도장 - 주형을 부수고 모래를 터는 장소	0.5~1.0
발생 기류가 높고 유해물질이 활발하게 발생하는 작업조건	- 스프레이 도장, 용기 충전 - 분쇄기 - 컨베이어 적재	1.0~2.5
초고속 기류가 있는 작업장소에 초고속으로 비산하는 경우	- 회전 연삭작업 - 연마작업 - 블라스트 작업	2.5~10

ⓒ 제어속도 범위 적용 시 기준

범위가 높은 쪽	범위가 낮은 쪽
① 작업장 내 기류가 국소배기 효과를 방해할 때 ② 유해물질의 독성이 높을 때 ③ 유해물질 발생량이 많을 때 ④ 소형 후드로 국소적일 때	① 작업장 내 기류가 낮거나 제어하기 유리하게 작용될 때 ② 유해물질의 독성이 낮을 때 ③ 유해물질 발생량이 적을 때 (발생이 간헐적일 때) ④ 대형 후드로 공기량이 다량일 때

ⓔ 제어속도 결정 시 고려사항

① 후드의 형식
② 유해물질의 비산방향
③ 유해물질의 비산거리
④ 유해물질의 종류
⑤ 작업장 내 방해 기류

ⓜ 작업장 내 방해 기류 발생원

① 작업장 내 개구부에 의한 기류 (가장 큰 영향)
② 작업장의 동적인 움직임에 의한 기류
③ 원료의 이동작업 시 발생하는 기류
④ 고열작업 시 열에 의한 기류
⑤ 기계 운전 시 동작에 의한 기류

⑥ 외부식 후드의 방해기류를 방지하고 송풍량을 절약하기 위한 방법
(후드 개구면 속도를 균일하게 분포시키는 방법)

㉠ 테이퍼 설치
㉡ 분리날개 설치
㉢ 슬롯 사용
㉣ 차폐막 사용

⑦ 충만실(플레넘, Plenum)
: 후드 뒷부분에 위치하여 **압력과 공기흐름을 균일하게 형성하는데 필요한 장치**

⑧ 무효점(제로점, Null Point) 이론

㉠ 무효점(Null Point)
: 발생원에서 방출된 유해물질이 초기 운동에너지를 상실하여 비산속도가 0이 되는 비산한계점

㉡ 무효점 이론
: 환기시설의 제어속도 결정 시 발생원뿐만 아니라 무효점까지 흡인할 수 있는 지점이 확대되어야 한다는 이론

⑨ 개구면속도
: 후드 면에서 측정한 기류속도

⑩ 후드의 형식 및 종류

㉠ 포위식 후드
: 발생원을 완벽히 포위하는 형태의 후드로, 가장 효과적인 형태이다.

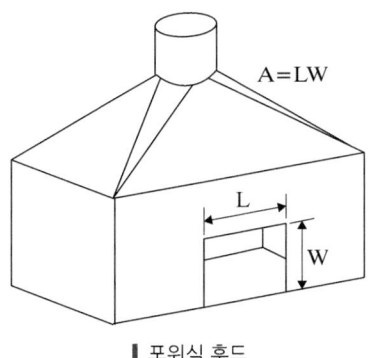

▎포위식 후드

ⅰ) 포위식 후드의 종류

① 포위형(Enclosing Type)
② 장갑부착상자형(Glove Box Hood) : 독성가스, 방사성 동위원소 및 발암물질 취급 공정에 주로 사용된다.
③ 드래프트 챔버형(Draft Chamber Hood)
④ 건축부스형

ⅱ) 포위식 후드의 특성

① 유해물질의 완벽한 흡인이 가능하다.
② 후드의 개방면에서 측정한 면속도가 제어속도이다.
③ 유해물질 제거 송풍량이 다른 형태보다 적은 편으로 경제적이다.
④ 작업장 내 난기류의 영향을 거의 받지 않는다.

ⅲ) 필요송풍량(Q)

$$Q = AV$$

여기서,
Q : 필요송풍량[m^3/min]
A : 후드의 개구면적[m^2]
V : 제어속도[m/min]

ⓛ 외부식 후드(포집형 후드)
: 후드가 오염원으로부터 일정 거리 떨어져 **후드의 흡인력이 외부까지 미치도록 설계한 후드**이다.

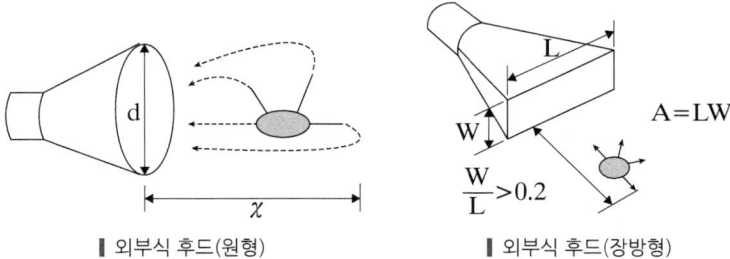

▮ 외부식 후드(원형)　　　　▮ 외부식 후드(장방형)

ⅰ) 외부식 후드의 특성

① 다른 후드 형식에 비해 **작업자가 방해를 받지 않고 작업이 가능하다.**
② 포위식에 비하여 **필요 송풍량이 많이** 든다.
③ **작업장 내 난기류의 영향을 받아 흡인효과가 저하**된다.
④ 기류속도가 후드 주변에서 매우 빠르므로 유기용제나 미세 원료분말 등과 같은 물질의 손실이 크다.

ii) 필요송풍량(Q) [Della Valle식]

조건	필요송풍량 공식
① 자유공간 위치, 플랜지 미부착	$Q = V(10X^2 + A)$
② 자유공간 위치, 플랜지 부착	$Q = 0.75V(10X^2 + A)$
③ 바닥면 위치, 플랜지 미부착	$Q = V(5X^2 + A)$
④ 바닥면 위치, 플랜지 부착	$Q = 0.5V(10X^2 + A)$

여기서,
Q : 필요송풍량[m^3/min]
A : 후드의 개구면적[m^2]
V : 제어속도[m/min]
X : 후드 중심선으로부터 발생원까지의 거리[m]

※ 후드 플랜지(Hood Flange)
: 후드 뒤쪽의 공기를 차단하기 위해 후드에 직각으로 붙인 판

※ 플랜지 폭(W) 공식 : $W = \sqrt{A}$

㉢ 슬롯(Slot) 후드
: 가로세로 비가 0.2 이하로 세로가 좁고 가로가 긴 형태의 후드

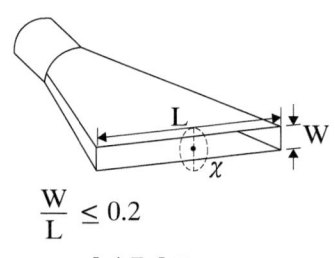

∥ 슬롯 후드

ⅰ) 필요송풍량(Q)

$Q = CLVX$

여기서,
Q : 필요송풍량[m^3/min]
C : 형상계수
V : 제어속도[m^3/min]
L : 슬롯 개구면의 길이[m]
X : 포집점까지의 거리[m]

ii) 형상계수

조건	형상계수(C)
전원주 (플랜지 미부착)	5.0 (ACGIH 기준 : 3.7)
3/4 원주	4.1
1/2 원주 (플랜지 부착)	2.8 (ACGIH 기준 : 2.6)
1/4 원주	2.6

② 외부형 캐노피(천개형) 후드
  i) 필요송풍량(Q) [Thomas식]

조건	필요송풍량 공식
① 4측면 개방 외부식 캐노피 후드 ($0.3 < H/W \leq 0.75$)	$Q = 14.5 H^{1.8} W^{0.2} V$
② 4측면 개방 외부식 캐노피 후드 ($H/L \leq 0.3$)	$Q = 1.4 PHV$
③ 3측면 개방 외부식 캐노피 후드	$Q = 8.5 H^{1.8} W^{0.2} V$
여기서, Q : 필요송풍량[m^3/min] H : 개구면에서 배출원 사이의 높이[m] W : 캐노피 직경(단변)[m] V : 제어속도[m^3/min] L : 캐노피 장변[m] P : 캐노피 둘레길이[m] → $P = 2(L+W)$	

⑩ 레시버식 캐노피(천개형) 후드
: 밀폐형 열처리로의 덮개를 열때에는 로 내부의 열기와 함께 가스 및 분진이 배출되며 로 덮개로 막았을 때에도 덮개와 본체와의 틈에서 약간의 가스가 열기와 함께 배출될 때 적절하게 적용할 수 있는 후드이며 **가열로, 연마, 연삭, 단조, 용융로 등에 적용**한다.

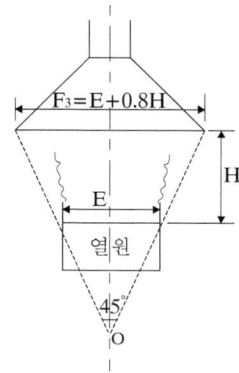

∥ 레시버식 캐노피(천개형) 후드

ⅰ) 열원과 캐노피 후드의 관계식

$$F_3 = E + 0.8H$$

여기서,
F_3 ; 후드의 직경 $[m]$
E : 열원의 직경 $[m]$
H : 후드의 높이 $[m]$

ⅱ) 필요송풍량

조건	필요송풍량 공식
① 난기류가 없을 경우	$Q = Q_1 + Q_2 = Q_1\left(1 + \dfrac{Q_2}{Q_1}\right) = Q_1(1 + K_L)$
② 난기류가 있을 경우	$Q = Q_1[1 + (m \times K_L)] = Q_1(1 + K_D)$

여기서,
Q : 필요송풍량 $[m^3/min]$
Q_1 : 열상승기류량 $[m^3/min]$
Q_2 : 유도기류량 $[m^3/min]$
K_L : 누입한계 유량비
m : 누출안전계수
K_D : 설계 유량비 → $K_D = m \times K_L$

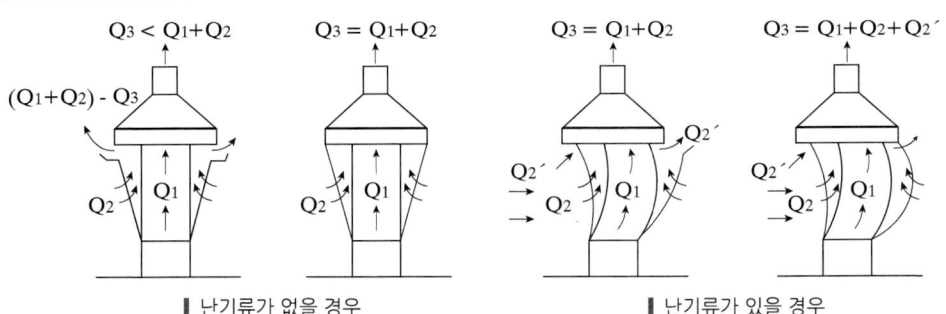

| 난기류가 없을 경우 | 난기류가 있을 경우 |

⑪ 후드의 형식과 적용작업

식	형	적용작업의 예
포위식	- 포위형 - 장갑부착 상자형	- 분쇄, 공작기계, 마무리작업, 체분저조 - 농약 등 유독성물질 또는 독성가스 취급
부스식	- 드래프트 챔버형 - 건축 부스형	- 연마,연삭, 동위원소 취급, 화학분석 및 실험, 포장 - 산 세척, 분무도장
외부식	- 슬롯형 - 루바형 - 그리드형 - 원형 또는 장방형	- 도금, 주조, 용해, 분무도장, 마무리작업 - 주물의 모래털기 작업 - 도장, 분쇄, 주형 해체 - 용해, 분쇄, 용접, 체분, 목공기계
레시버식	- 캐노피형 - 포위형 - 원형 또는 장방형	- 가열로, 용융, 단조, 소입 - 연삭, 연마 - 가열로, 용융, 탁상 그라인더

⑫ Push-Pull 후드(밀어 당김형 후드)
: 도금조와 같이 상부가 개방되어 있고 그 면적이 넓어 한쪽 방향에 후드를 설치하여, 개방조 한 변에서 압축공기를 밀어주고 반대쪽에서 당겨주는 방법으로 오염물질을 배출한다. 오염원의 발산면의 폭이 넓은 경우 가장 효과적으로 사용할 수 있는 후드이다.

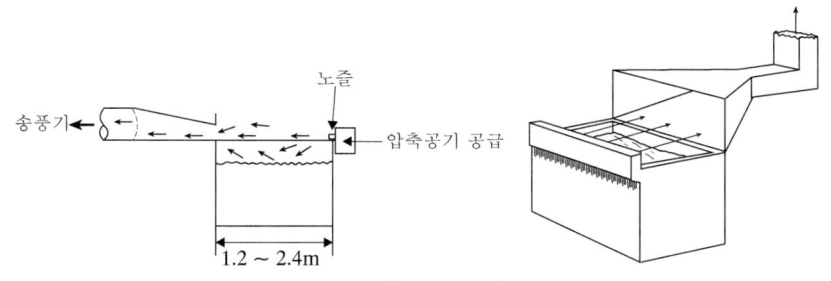

❘ Push-Pull 후드

㉠ 장점
- 작업자의 **작업방해가 적다.**
- 포집효율을 증가시켜 **필요유량을 대폭 감소**시킬 수 있다.

㉡ 단점
- **원료의 손실이 크다.**
- 설계방법이 어려운 편이다.

⑬ 필요송풍량을 감소시키는 방법(최소화하기 위한 방법)

㉠ 후드는 가능한 한 오염물질 발생원에 가까이 설치할 것
㉡ 후드는 가급적이면 공정을 많이 포위할 것
㉢ 후드 개구면에서 기류가 균일하게 분포하도록 설계할 것
㉣ 제어속도는 작업조건을 고려하여 적정하게 선정할 것
㉤ 작업이 방해되지 않도록 설치할 것

ⓑ 오염물질 발생특성을 고려하여 설계할 것
ⓢ 공정에서 **발생 또는 배출되는 오염물질 절대량을 감소**시킬 것

⑭ 공기공급 시스템(Make-Up Air System)
: 환기시설을 효율적으로 운영하기 위해 공기공급 시스템을 이용하여 **후드를 통해 배출되는 것과 동일한 양의 공기가 외부로부터 보충**되는 것

- 공기공급 시스템이 필요한 이유(작업장에 배기된 양 만큼 공기가 보충되어야 하는 이유)
  ㉠ 국소배기장치의 적절한 가동을 위해
  ㉡ 국소배기장치의 효율 유지를 위해
  ㉢ 안전사고 예방을 위해
  ㉣ 연료 절약을 위해
  ㉤ 작업장 내 방해기류가 생기는 것을 방지하기 위해
  ㉥ 외부 공기가 정화되지 않은 채 건물 내로 유입되는 것을 막기 위해

⑮ 후드의 기류 분류

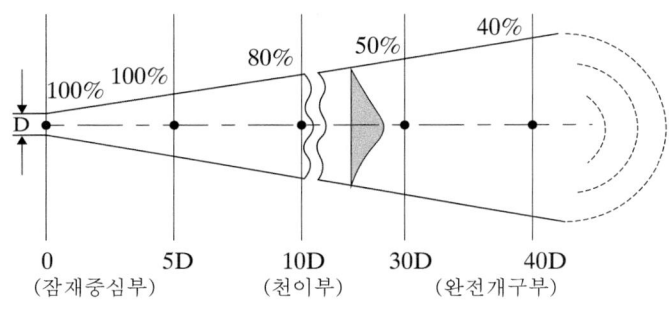

▎후드의 기류 분류

㉠ 잠재중심부
: 분출중심속도가 분사구출구속도와 동일한 속도를 유지하는 곳까지의 거리로 분출중심속도의 분출거리에 의한 변화는 배출구 직경의 5배($5D$)까지 분출중심속도의 변화는 없다.

㉡ 천이부
: 분출중심속도가 작아지는 지점부터 분출중심속도가 50%가 될 때까지 줄어드는 지점까지의 거리로 배출구 직경의 5배~30배($5D$~$30D$)까지를 의미한다.

㉢ 완전개구부
: 위치변화와 관계없이 분출중심속도의 분포가 유사한 형태를 보이는 영역

⑯ 후드의 압력손실

㉠ 가속손실 : 정지상태의 실내공기를 일정 속도로 가속화시키는데 필요한 운동에너지

$$\triangle P = 1.0 \times VP$$

여기서,
$\triangle P$: 가속손실 $[mmH_2O]$
VP : 속도압 $[mmH_2O]$

㉡ 유입손실 : 공기가 후드 또는 덕트로 유입될 때 후드 또는 덕트의 모양에 따라 발생되는 난류가 공기의 흐름을 방해할 때 생기는 에너지 손실

$$\triangle P = F \times VP$$

여기서,
$\triangle P$: 유입손실 $[mmH_2O]$
F : 유입손실계수 $\left(= \dfrac{1}{C_e^2} - 1\right)$
C_e : 유입계수 $\left(= \sqrt{\dfrac{1}{1+F}}\right)$
VP : 속도압 $[mmH_2O]$ $\left(= \dfrac{\gamma V^2}{2g}\right)$

㉢ 후드의 정압(SP_h) : 가속손실 + 유입손실

$$SP_h = VP(1+F)$$

여기서,
SP_h : 후드의 정압 $[mmH_2O]$
VP : 속도압(동압) $[mmH_2O]$
F : 유입손실계수 $\left(= \dfrac{1}{C_e^2} - 1\right)$
C_e : 유입계수 $\left(= \sqrt{\dfrac{1}{1+F}}\right)$

✔ 후드는 송풍기 앞에 있기 때문에 후드의 정압(SP_h)은 항상 음압(−) 값이 나와야한다. 즉, 구한 값이 양수(+)이면 마이너스를 붙여 최종 답을 써야한다.

(5) 덕트

① 덕트

┃덕트

: 공기를 옮기거나 순환시키기 위해 다양한 재질을 이용해 만든 **공기의 통로**이다.

② 덕트의 설치기준

㉠ 가능하면 **길이는 짧게** 하고 굴곡부의 수는 적게 할 것
㉡ **접속부의 안쪽**은 돌출된 부분이 없도록 할 것
㉢ **청소구**를 설치하는 등 **청소하기 쉬운 구조**로 할 것
㉣ 덕트 내부에 오염물질이 쌓이지 않도록 이송속도를 유지할 것
㉤ 연결 부위 등은 외부 공기가 들어오지 않도록 할 것

③ 덕트설치 시 주요원칙

㉠ 공기가 아래로 흐르도록 **하향구배**를 만든다.
㉡ 구부러짐 전후에는 **청소구**를 만든다.
㉢ **밴드는 가능하면 완만하게 구부리며**, 90°는 피한다.
㉣ **덕트는 가능한 한 짧게** 배치하도록 한다.
㉤ 가급적 **원형 덕트**를 사용하고, 사각 덕트 사용 시 **정방형**을 사용한다.
㉥ 가능한 한 **후드와 가까운 곳에 설치**한다.
㉦ **밴드의 수는 가능한 한 적게** 하도록 한다.
㉧ 수분이 응축될 경우 덕트 내로 들어가지 않도록 하며 **경사나 배수구를 마련**한다.
㉨ **덕트와 송풍기 연결부위는 진동을 고려하여 유연한 재질로** 한다.
㉩ **후드는 덕트보다 두꺼운 재질을 선택**한다.
㉪ 직경이 다른 덕트 연결 시 **경사 30° 이내의 테이퍼를 부착**한다.
㉫ 송풍기를 연결할 때 **최소 덕트 직경의 6배는 직선구간**으로 한다.
㉬ **곡관은 직관보다 0.76mm 정도 두꺼운 재질**을 선택한다.
㉭ **곡률반경은 최소 덕트 직경의 1.5 이상, 주로 2.0을 사용**한다.

④ 반송속도

: 덕트를 통하여 이동하는 유해물질이 **덕트 내에서 퇴적이 일어나지 않는 상태로 이동시키기 위하여 필요한 최소 속도**

㉠ 조건에 따른 반송속도

유해물질 발생형태	유해물질 종류	반송속도 [m/sec]
가스, 증기, 흄 및 극히 가벼운 물질	가스, 증기, 솜먼지, 고무분, 합성수지분, 산화아연 및 산화알루미늄 등의 흄 등	10
가벼운 건조먼지	곡물분, 고무, 원면, 플라스틱, 경금속 분진, 대패 밥	15
일반 공업먼지	털, 샌드블라스트, 대패 및 나무부스러기, 그라인더 분진, 내화벽돌 분진	20
무거운 먼지	납 분진, 주물사 먼지, 선반작업 발생먼지	25
무겁고 비교적 큰 입자의 젖은 먼지	젖은 주조작업 먼지, 젖은 납 분진	25 이상

㉡ 반송속도 선정 시 고려인자
- 조도
- 덕트지름
- 곡관 수 및 모양
- 단면 확대 또는 수축

⑤ 덕트의 압력손실

㉠ 공기 기류에 의한 압력손실 분류

ⅰ) 마찰압력손실
: 공기 기류가 덕트면에 접촉하여 생기는 마찰에 의해 발생하며 마찰압력손실에 미치는 영향인자로는 **공기속도, 공기밀도, 공기점도, 덕트 직경, 덕트면의 성질(조도, 거칠기)** 이 있다.

✔ 상대조도 : 절대표면조도를 덕트 직경으로 나눈 값

ⅱ) 난류압력손실
: 공기 기류가 곡관에 의한 **방향전환**이나 확대 및 수축에 의한 덕트 단면적 변화에 따른 **난류속도 증감에 의해 발생**한다.

㉡ 덕트 압력손실 계산의 종류

ⅰ) 등거리 방법(등가길이 방법)
: 덕트의 단위길이당 마찰손실을 유속과 직경의 함수로 표현한 방법이다.

ⅱ) 속도압 방법
: 덕트에 유량과 유속에 의한 1m당 발생하는 마찰손실로 속도압을 기준으로 표현한 방법이다.

ⓒ 직선 덕트의 압력손실

$$\triangle P = F \times VP = \lambda \times \frac{L}{D} \times \frac{\gamma V^2}{2g}$$

여기서,
$\triangle P$: 압력손실 $[mmH_2O]$
F : 압력손실계수
VP : 속도압 $[mmH_2O]$
λ : 관마찰계수
L : 덕트 길이 $[m]$
D : 덕트 직경 $[m]$
  장방형 덕트일 때 : 상당 직경 $D = \dfrac{2ab}{a+b}$
a : 밑변 $[m]$
b : 높이 $[m]$
γ : 비중 $[kg/m^3]$
V : 속도 $[m/\sec]$

ⓓ 곡관 압력손실

$$\triangle P = \left(\xi \times \frac{\theta}{90} \right) VP$$

여기서,
$\triangle P$: 압력손실 $[mmH_2O]$
ξ : 압력손실계수 $(\xi = 1 - R)$
  R : 정압회복계수
θ : 곡관의 각도 $[°]$
VP : 속도압 $[mmH_2O]$

- 새우등 곡관은 **직경이 $D \leq 15cm$인 경우에는 새우등은 3개 이상**, $D > 15cm$인 경우에는 **새우등은 5개 이상을 사용**하며, 후드가 곡관 덕트로 연결되는 경우 **덕트직경의 4~6배** 되는 지점에서 속도압을 측정한다.

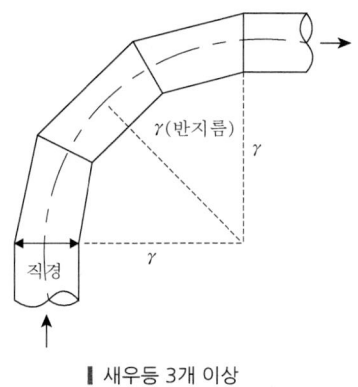

▎새우등 3개 이상

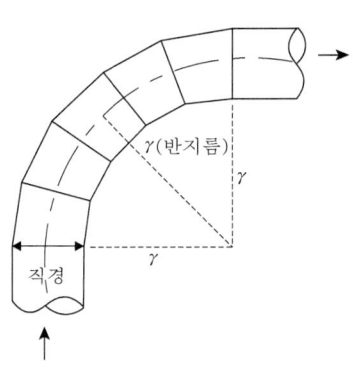

▎새우등 5개 이상

ⓜ 합류관 압력손실

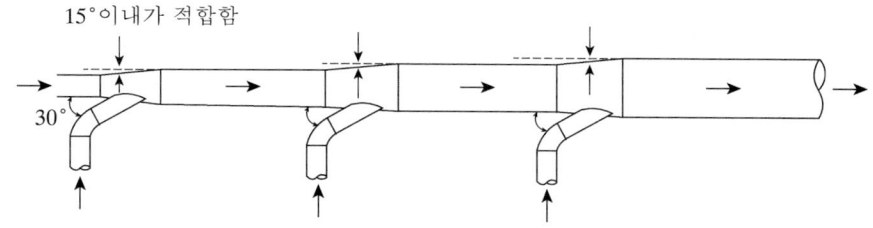

┃합류관 압력손실

- 분지관과 분지관 사이 거리는 **덕트 직경의 6배 이상**으로 한다.
- 분지관을 주관에 연결하려할 때 **30°에 가깝게** 한다.
- 분지관이 연결되는 **주관의 확대각은 15°이내**로 한다.
- 분지관의 수를 가급적 적게하여 압력손실을 감소시킨다.
- 확대 또는 축소되는 원형관의 길이는 확대부 직경과 축소부 직경차의 **5배 이상**이어야 한다.

$$\triangle P = \triangle P_1 + \triangle P_2 = (\xi VP_1) + (\xi VP_2)$$

여기서,
$\triangle P$: 압력손실 $[mmH_2O]$
$\triangle P_1$: 주관의 압력손실 $[mmH_2O]$
$\triangle P_2$: 분지관의 압력손실 $[mmH_2O]$
ξ : 압력손실계수 $(\xi = 1 - R)$
R : 정압회복계수
VP : 속도압 $[mmH_2O]$

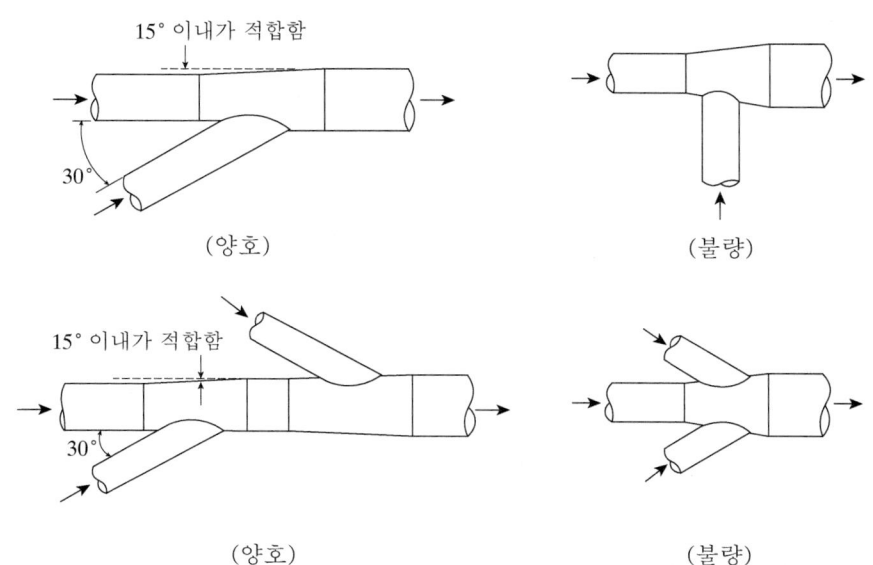

- 두 개의 덕트가 합류 시 정압(SP)의 개선사항
  : **두 개의 덕트가 합류될 때 정압 차이가 없는 것이 이상적이다.**

  ① $\dfrac{낮은\ SP}{높은\ SP} < 0.8$: 정압이 낮은 덕트 직경 재설계

  ② $0.8 \leq \dfrac{낮은\ SP}{높은\ SP} < 0.95$: 정압이 낮은 덕트의 유량 조정

  ③ $0.95 \leq \dfrac{낮은\ SP}{높은\ SP}$: 차이를 무시

ⓑ 확대관 압력손실

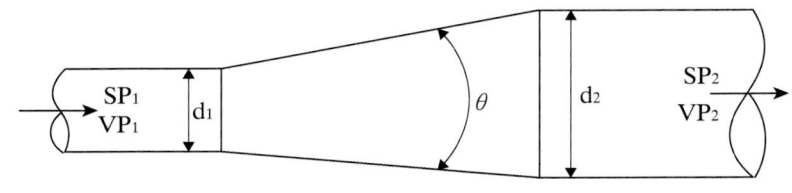

| 확대관 압력손실

$$\triangle P = \xi \times (VP_1 - VP_2)$$

여기서,
$\triangle P$: 압력손실 $[mmH_2O]$
ξ : 압력손실계수($\xi = 1 - R$)
R : 정압회복계수
VP_1 : 확대 전 속도압 $[mmH_2O]$
VP_2 : 확대 후 속도압 $[mmH_2O]$

$$\begin{aligned}SP_2 - SP_1 &= (VP_1 - VP_2) - \triangle P \\ &= (VP_1 - VP_2) - [\xi(VP_1 - VP_2)] \\ &= (1-\xi)(VP_1 - VP_2) \\ &= R(VP_1 - VP_2)\end{aligned}$$

여기서,
$\triangle P$: 압력손실 $[mmH_2O]$
SP_1 : 확대 전 정압 $[mmH_2O]$
SP_2 : 확대 후 정압 $[mmH_2O]$
$SP_2 - SP_1$: 정압회복량 $[mmH_2O]$
VP_1 : 확대 전 속도압 $[mmH_2O]$
VP_2 : 확대 후 속도압 $[mmH_2O]$
ξ : 압력손실계수($\xi = 1 - R$)
R : 정압회복계수

ⓐ 축소관 압력손실

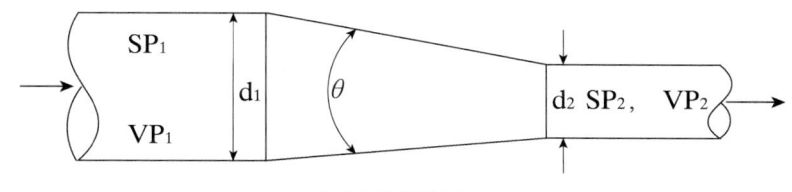

▌축소관 압력손실

$$\triangle P = \xi \times (VP_2 - VP_1)$$

여기서,
$\triangle P$: 압력손실 $[mmH_2O]$
ξ : 압력손실계수 $(\xi = 1 - R)$
  R : 정압회복계수
VP_1 : 확대 전 속도압 $[mmH_2O]$
VP_2 : 확대 후 속도압 $[mmH_2O]$

$$SP_2 - SP_1 = -(VP_2 - VP_1) - \triangle P$$
$$= -(1+\xi)(VP_2 - VP_1)$$

여기서,
$\triangle P$: 압력손실 $[mmH_2O]$
SP_1 : 확대 전 정압 $[mmH_2O]$
SP_2 : 확대 후 정압 $[mmH_2O]$
VP_1 : 확대 전 속도압 $[mmH_2O]$
VP_2 : 확대 후 속도압 $[mmH_2O]$
ξ : 압력손실계수 $(\xi = 1 - R)$
  R : 정압회복계수

ⓒ 배기구 압력손실

$$\triangle P = \xi \times VP$$

여기서,
$\triangle P$: 압력손실 $[mmH_2O]$
ξ : 압력손실계수 $(\xi = 1 - R)$
  R : 정압회복계수
VP : 속도압 $[mmH_2O]$

$$SP = (\xi - 1) \times VP$$

여기서,
SP : 정압 $[mmH_2O]$
ξ : 압력손실계수 $(\xi = 1 - R)$
  R : 정압회복계수
VP : 속도압 $[mmH_2O]$

ⓒ 총 압력손실 계산
: 덕트 합류 시 균형을 유지하기 위한(압력평형을 이루기 위한) 계산 방법이다.

- 총 압력손실 계산의 목적

> ① 제어속도와 반송속도를 얻는 데 필요한 송풍량을 확보하기 위해
> ② 환기시설 전체에 요구되는 동력의 규모를 결정하기 위해
> ③ 환기시설 전체의 압력손실을 극복하는 데 필요한 풍량과 풍압을 얻기 위한 송풍기 형식을 선정하기 위해

- 총 압력손실 계산의 방법 2가지

ⓐ 정압조절평형법(정압균형유지법, 유속조절평형법)
: 저항이 큰 쪽의 덕트 직경을 약간 크게 또는 덕트 직경을 작게하여 저항을 줄이거나 증가시켜 합류점의 정압이 같아지도록 하는 방법

- 계산식

$$Q_2 = Q_1 \sqrt{\frac{SP_2}{SP_1}}$$

$$정압비 = \frac{SP_2}{SP_1}$$

여기서,
Q_2 : 보정유량 $[m^3/min]$
Q_1 : 설계유량 $[m^3/min]$
SP_2 : 압력손실이 큰 관의 정압 $[mmH_2O]$
SP_1 : 압력손실이 작은 관의 정압 $[mmH_2O]$

✔ 계산한 결과 큰 쪽의 정압과 작은 쪽의 **정압의 비(정압비)가 1.2 이하인 경우에는 정압이 낮은 쪽의 유량을 증가시켜 압력을 조정**하고 정압비가 1.2보다 큰 경우에는 정압이 낮은 쪽을 재설계하여야 한다.

- 정압조절평형법의 장단점

> -장점
> ① 설계가 정확할 때 가장 효율적인 시설이 된다.
> ② 유속의 범위가 적절하면 덕트의 폐쇄가 일어나지 않는다.
> ③ 잘못 설계된 분지관, 최대저항 경로선정이 잘못되어도 설계 시 쉽게 발견할 수 있다.
> ④ 침식·부식·분진퇴적으로 인한 축적현상이 없어 덕트의 폐쇄가 일어나지 않는다.
>
> -단점
> ① 설계가 복잡하고 시간이 오래걸린다.
> ② 시설 설치 후 잘못된 유량을 고치기 어렵다.
> ③ 효율 개선 시 전체적으로 수정하여야 한다.
> ④ 설계유량 산정을 잘못할 경우 수정은 덕트 크기 변경을 필요로 한다.
> ⑤ 때에 따라 전체 필요한 최소유량보다 더욱 초과될 수 있다.

ⓑ 저항조절평형법(덕트균형유지법, 댐퍼조절평형법)
: **덕트에 각각 댐퍼를 부착하여 압력을 조정 및 평형을 유지하는 방법**으로 총 압력손실 계산할 때 **압력손실이 가장 큰 분지관을 기준으로 산정**한다.

－ 저항조절평형법의 장단점

―장점
① 시설 설치 후 변경이 유연하게 대처 가능하다.
② 설계 계산이 간편하고 고도의 지식을 요구하지 않는다.
③ 설치 후 송풍량 조절이 용이하다.
④ 최소 설계풍량은 평형유지가 가능하다.
⑤ 공장 내부 작업공정에 따라 적절한 덕트의 위치 변경이 가능하다.

―단점
① 임의의 댐퍼 조정 시 평형상태 파괴의 원인이 된다.
② 평형상태 시설에 댐퍼를 잘못 설치 시 평형상태 파괴의 원인이 된다.
③ 부분적 폐쇄댐퍼는 침식 및 분진퇴적의 원인이 된다.
④ 최대 저항경로 선정이 잘못되어도 설계 시 발견하기 어렵다.

⑥ 덕트(송풍관)의 재질

㉠ **주물사, 고온가스 : 흑피 강관**
㉡ 유기용제 : 아연도금 강관
㉢ 강산, 염소계 용제 : 스테인리스스틸 강판
㉣ 알칼리 : 강판
㉤ 전리방사선 : 중질 콘크리트

(6) 송풍기

① 송풍기

┃송풍기

Ch.01 산업 환기 | 159

: 유해물질을 후드에서 포집하여 덕트를 통해 외부대기로 배출하도록 하는 국소배기장치의 심장역할을 하는 장치이다.

② 송풍기 풍량 조절법
  ㉠ 회전수 조절법 : 풍량을 크게 바꾸려 할 때 가장 적절한 방법
  ㉡ 안내익 조절법 : 송풍기 흡입구에 방사상 블레이드를 부착하여 그 각도를 변경하여 풍량을 조절하는 방법
  ㉢ 댐퍼 부착법 : 배관 내 댐퍼를 설치하여 송풍량으 조절하기 가장 쉬운 방법

③ 송풍기 선정

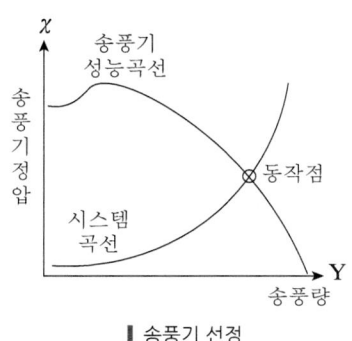

┃송풍기 선정

  ㉠ 성능곡선
   : 송풍기에 부하되는 송풍기 정압에 따라 송풍량이 변화하는 경향을 나타내는 곡선

  ㉡ 시스템 곡선(요구곡선)
   : 송풍량에 따라 송풍기 정압이 변화하는 경향을 나타내는 곡선

  ㉢ 동작점
   : 성능곡선과 시스템 곡선이 만나는 지점

  ㉣ 송풍기 평가 표 명시사항
   : 송풍량, 송풍기 크기, 회전속도, 브레이크 마력, 송풍기 전압(FTP), 송풍기 정압(FSP)

④ 송풍기의 정압의 변화 원인

송풍기 정압 증가 원인	① 후드의 댐퍼 닫힘 ② 후드와 덕트 연결부위 풀림 ③ 덕트계통 분진 퇴적 ④ 공기정화장치 분진 퇴적 ⑤ 공기정화장치 분진 취출구 열림
송풍기 정압 감소 원인	① 송풍기 능력저하 ② 송풍와 덕트 연결부위 풀림 ③ 송풍기 점검 뚜껑 열림

⑤ 송풍기 종류 및 특성

㉠ 원심력 송풍기(Centrifugal Fan)
 : 중앙의 축상으로 들어오는 공기를 입사각과 직각이 되도록 **높은 속도와 압력으로 배출**시키는 송풍기로, 축류형 송풍기보다 **불확실한 기류나 기류의 변동조건을 매우 적절하게 대처**하므로 국소배기시설에서 많이 사용하는 장치이며, 날개에 따라 **다익형, 평판형, 터보형**으로 구분한다.

종류	특징
다익형 (전향날개형) 송풍기	① 많은 날개(Blade)를 가지고 있다. ② 송풍기의 임펠러가 다람쥐 쳇바퀴 모양이다. ③ 회전날개가 회전방향과 동일한 방향이다. ④ 임펠러 회전속도가 상대적으로 낮아 소음이 작다. ⑤ 저가로 제작이 가능하다. ⑥ 높은 압력손실에서 송풍량이 급격히 떨어지는 단점이 있다. ⑦ 소형으로 제한된 장소에 사용이 가능하다.(분지관의 송풍에 적합) ⑧ 설계가 간단하다. ⑨ 구조상 고속회전이 불가능하고 효율이 낮다. ⑩ 청소가 곤란하다. ⑪ 큰 동력의 용도에 적합하지 않다.
평판형 (방사 날개형, 플레이트형) 송풍기	① 날개가 직선으로 평판모양이며, 강도가 높게 설계되어있다. ② 날개 구조가 분진 자체 정화할 수 있도록 되어있다. ③ 시멘트, 미분탄, 곡물, 모래 등 고농도 분진함유 공기, 부식성이 강한 공기를 이송시키는데 많이 이용된다. ④ 습식 집진장치의 배기에 적합하며, 소음은 보통이다. ⑤ 압력과 효율(65%)은 다익형 보다 약간 높으나 터보형보단 낮다.
터보형 (후향 날개형, 한계부하형) 송풍기	① 송풍기의 날이 회전방향에 반대되는 쪽으로 기울어진 모양이다. ② 송풍량이 증가하여도 동력이 증가하지 않는다. ③ 압력 변동이 있어도 풍량의 변화가 비교적 적다. ④ 하향구배 특성으로 풍압이 바뀌어도 풍량의 변화가 적다. ⑤ 소음이 크며, 구조가 가장 크다. ⑥ 고농도 분진 함유 공기를 이송시킬 경우 깃 뒷면에 분진이 퇴적하여 효율이 떨어진다. ⑦ 장소의 제약을 받지 않으며 송풍기 중 효율이 가장 좋은 편이다. ⑧ 송풍기를 병렬로 배치해도 풍량에 지장이 없다.

ⓒ 축류 송풍기(Axial Flow Fan)
: 공기를 임펠러의 축방향과 같은 방향으로 이송시키는 송풍기로써 **프로펠러형, 튜브형, 베인형 (고정날개형)**으로 구분된다.

ⅰ) 장단점

- 장점
① 설치비용이 저렴하다.
② 재료비가 저렴하다.
③ 전동기와 직결할 수 있다.
- 단점
① 압력손실이 많이 걸릴 때 서징현상으로 진동과 소음이 발생한다.
② 압력손실에 의해 최대 송풍량이 70% 이내가 되면 서징 현상이 발생한다.

ⅱ) 종류

종류	특징
프로펠러형	효율이 25~50%이며, 압력손실이 $25mmH_2O$ 이내로 약하여 전체환기에 적합하고, 설치비용이 저렴하다.
튜브형	효율이 30~60%이며, 압력손실이 $75mmH_2O$ 이내로 송풍관이 붙은 형태이며 모터를 덕트 외부에 부착시킬 수 있는 형태이다.
베인형 (고정날개형)	효율이 25~50%이며, 압력손실이 $100mmH_2O$ 이내로 저풍압, 다풍량에 적합하다.

⑥ 송풍기 전압(FTP)과 정압(FSP)

㉠ 송풍기 전압(FTP)

$$FTP = TP_{out} - TP_{in} = (SP_{out} + VP_{out}) - (SP_{in} + VP_{in})$$

㉡ 송풍기 정압(FSP)

$$\begin{aligned} FSP &= FTP - VP_{out} \\ &= (SP_{out} - SP_{in}) + (VP_{out} - VP_{in}) - VP_{out} \\ &= (SP_{out} - SP_{in}) - VP_{in} \\ &= SP_{out} - TP_{in} \end{aligned}$$

여기서,
FSP : 송풍기 정압$[mmH_2O]$
FTP : 송풍기 전압$[mmH_2O]$
TP_{out} : 배출구 전압$[mmH_2O]$
TP_{in} : 흡입구 전압$[mmH_2O]$
SP_{out} : 배출구 정압$[mmH_2O]$
SP_{in} : 흡입구 정압$[mmH_2O]$
VP_{out} : 배출구 속도압$[mmH_2O]$
VP_{in} : 흡입구 속도압$[mmH_2O]$

⑦ 송풍기 소요동력(H)

$$H = \frac{Q \times \triangle P}{6120\eta} \times \alpha$$

여기서,
H : 송풍기 소요동력[kW]
Q : 송풍량[$m^3/\min$]
$\triangle P$: 송풍기 유효압력[mmH_2O]
η : 송풍기 효율
α : 여유율
   (주어지지 않으면, $\alpha = 1$)

⑧ 송풍기 상사법칙(Law of Similarity)

종류	회전수(N)	직경(D)
풍량(Q)	$\dfrac{Q_2}{Q_1} = \dfrac{N_2}{N_1}$	$\dfrac{Q_2}{Q_1} = \left(\dfrac{D_2}{D_1}\right)^3$
풍압(P)	$\dfrac{P_2}{P_1} = \left(\dfrac{N_2}{N_1}\right)^2$	$\dfrac{P_2}{P_1} = \left(\dfrac{D_2}{D_1}\right)^2$
동력[H]	$\dfrac{H_2}{H_1} = \left(\dfrac{N_2}{N_1}\right)^3$	$\dfrac{H_2}{H_1} = \left(\dfrac{D_2}{D_1}\right)^5$
\multicolumn{3}{c}{$\dfrac{P_2}{P_1} \propto \dfrac{H_2}{H_1} \propto \dfrac{\rho_2}{\rho_1} \propto \dfrac{T_1}{T_2}$}		

여기서,
Q_1 : 변경 전 풍량[$m^3/\min$] N_1 : 변경 전 회전수[rpm]
Q_2 : 변경 후 풍량[$m^3/\min$] N_2 : 변경 후 회전수[rpm]
P_1 : 변경 전 풍압[mmH_2O] D_1 : 변경 전 회전차 직경[m]
P_2 : 변경 후 풍압[mmH_2O] D_2 : 변경 후 회전차 직경[m]
H_2 : 변경 전 동력[kW] ρ_1, ρ_2 : 변경 전·후 비중
H_1 : 변경 후 동력[kW] T_1, T_2 : 변경 전·후 절대온도[K]

(7) 공기정화장치

① 공기정화장치
: 후드 및 덕트를 통해 **반송된 유해물질을 정화시키는 고정식 또는 이동식의 제진, 집진, 흡수, 흡착, 연소, 산화, 환원방식 등의 처리장치**를 말하며, 입자상 물질을 처리하는 집진장치와 가스상 물질을 처리하는 집진장치로 구분된다.

② 집진장치
: 공기 중 부유하고 있는 먼지와 같은 **입자상 물질을 분리 및 포집하여 공기를 정화하는 장치**이며, 집진장치의 종류는 **중력집진장치, 관성력집진장치, 원심력집진장치, 세정집진장치, 여과집진장치, 전기집진장치** 등으로 분류한다.

㉠ 집진장치 선정 시 고려사항

① 요구되는 집진효율
② 총 에너지 요구량
③ 함진가스의 폭발 및 가연성 여부
④ 배출가스 온도, 분진제거 및 처분방법

㉡ 중력 집진장치

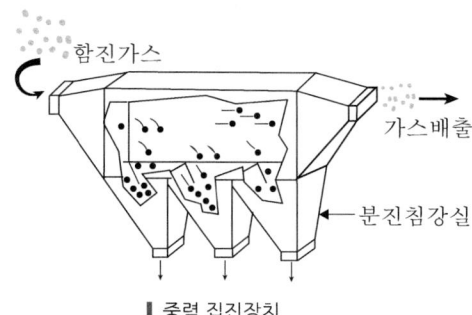
▍중력 집진장치

- Stokes의 법칙에 의한 자연침강을 이용하여 분리 및 포집하는 집진장치이다.
- 전처리 장치로 많이 사용되며 고온가스 처리가 용이하다.
- 다른 집진장치에 비해 압력손실이 적다.
- 설치 유지비가 낮고 유지관리가 용이하다.
- 넓은 설치면적을 요구하며 상대적으로 집진효율이 낮다.
- 침강속도(Stokes의 법칙)

$$V = \frac{gd^2(\rho_1 - \rho)}{18\mu}$$

여기서,
V : 침강속도 $[cm/\sec]$
g : 중력가속도 $[= 980 cm/\sec^2]$
d : 입자 직경 $[cm]$
ρ_1 : 입자 밀도 $[g/cm^3]$
ρ : 공기 밀도 $[g/cm^3]$
μ : 공기 점성계수 $[g/cm \cdot \sec]$

㉢ 관성력 집진장치

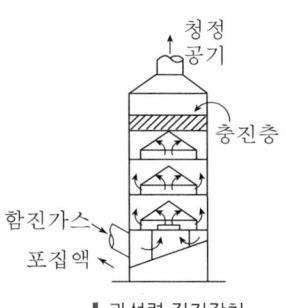
▍관성력 집진장치

- 기류 방향을 급격히 전환시킬 때 입자의 관성력에 의해 분리 포집하는 집진장치이다.
- 운전비용이 적고, 고온가스 중 입자상 물질의 제거가 가능하다.
- 미세입자 제거에 효율이 낮지만, 큰 입자 제거에 효율적이다.

ㄹ) 원심력 집진장치(사이클론)

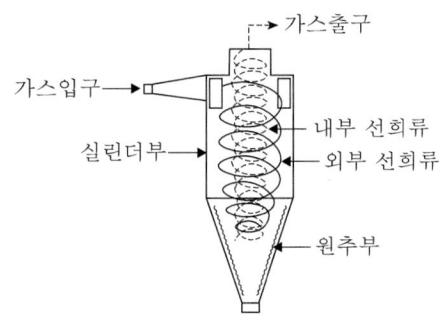

┃원심력 집진장치(사이클론)

- 함진가스에 선회운동을 시켜 가스로부터 분진을 분리 및 포집하는 집진장치이다.
- 설치장소에 구애받지 않고, 고온가스 및 고농도에 운전이 가능하며, 설치비가 낮다.
- 미세입자에 대한 집진효율이 낮고 먼지부하 및 유량변동에 민감하다.
- 먼지 퇴적에서 재유입 및 재비산 가능성이 있다.
- 성능 특성

 i) 최소입경(임계입경) : 사이클론에서 100% 처리효율로 제거되는 입자 크기 의미
 ii) 절단입경(Cut-Size) : 사이클론에서 50% 처리효율로 제거되는 입자 크기 의미

- 블로다운(Blow-Down)
 : 사이클론 하부의 분진박스에서 유입유량의 일부에 상당하는 함진가스를 추출시켜주는 방식이며, 사이클론의 집진효율을 증대, 사이클론 내 난류현상을 억제함으로써 집진된 먼지의 비산을 방지, 장치 내 먼지퇴적을 억제하여 장치의 폐쇄현상을 방지하는 효과가 있다.

- 분리계수

$$\text{분리계수} = \frac{\text{원심력}}{\text{중력}} = \frac{V^2}{Rg}$$

여기서,
V : 입자의 원주속도[m/s]
R : 입자의 회전반경[m]
g : 중력가속도[$= 9.8 m/s^2$]

ㅁ) 세정식 집진장치(스크러버)

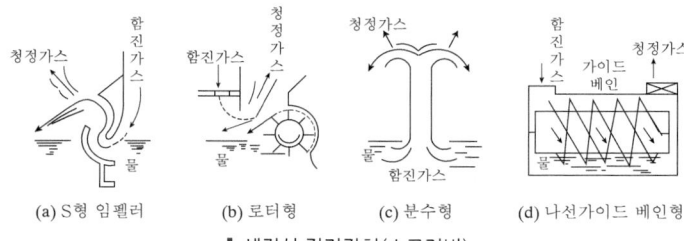

┃세정식 집진장치(스크러버)

- 원리

> ① 액적과 입자의 충돌
> ② 액적·기포와 입자의 접촉
> ③ 미립자 확산에 의한 액적과의 접촉
> ④ 배기의 증습에 의한 입자가 서로 응집

- 장점

> ① 인화성, 가열성, 폭발성 입자 처리가 가능하다.
> ② 습한 가스, 점착성 입자를 폐색없이 처리 가능하다.
> ③ 설치면적이 작은 편으로 초기 비용이 적게 든다.
> ④ 고온가스 취급이 용이하다.
> ⑤ 단일장치로 입자상 외 가스상 오염물질의 제거가 가능하다.
> ⑥ 포집효율을 변화시킬 수 있다.

- 단점

> ① 폐수가 발생한다.
> ② 폐슬러지 처리비용이 든다.
> ③ 공업용수를 과다하게 사용한다.
> ④ 포집된 분진은 오염 가능성이 있으며 회수하기도 어렵다.
> ⑤ 추운 경우 동결방지장치를 필요로 한다.
> ⑥ 배출수의 재가열이 필요하다.

(ㅂ) 여과 집진장치(백 필터)

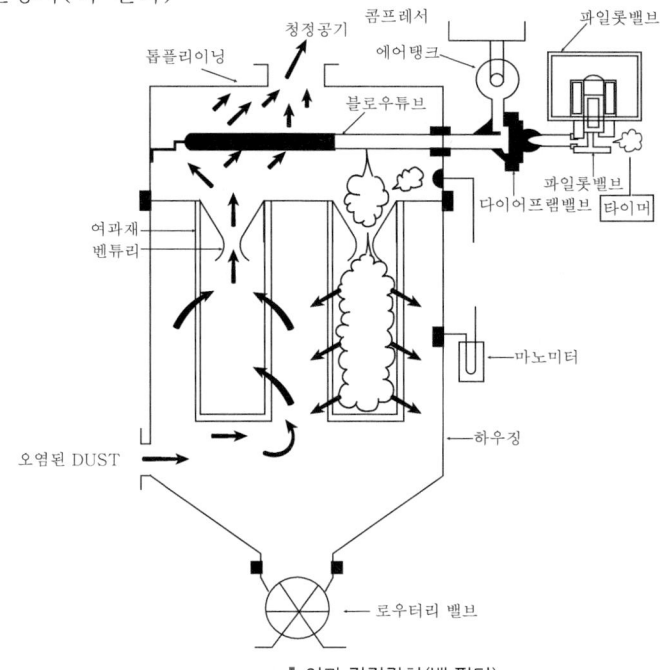

| 여과 집징장치(백 필터)

- 입자상 물질을 처리하기 위한 장치 중 **고효율 집진이 가능**하며 원리가 **직접차단, 관성충돌, 확산, 중력침강 및 정전기력 등이 복합적으로 작용**하는 집진장치
- 장점

  ① 집진효율이 99% 이상으로 높다.
  ② 다양한 용량을 처리할 수 있다.
  ③ 설계상의 융통성이 있다.
  ④ 집진효율이 처리가스의 양과 밀도 변화에 영향이 적다.
  ⑤ 설치 적용범위가 광범위하다.

- 단점

  ① 습한 가스를 취급할 수 없다.
  ② 집진장치 중 압력손실이 가장 크다.
  ③ 여과재 교체비용이 들고, 작업방법이 어렵다.
  ④ 고온 및 산·알칼리 등 부식성 물질의 경우 여과재 수명이 단축된다.

- 여과속도

$$여과속도 = \frac{총\ 처리가스량}{총\ 여과면적(여과포\ 1개의\ 면적 \times 여과포\ 개수)}$$

- 여과포 개수

$$여과포\ 개수 = \frac{전체\ 가스량}{여과포\ 하나의\ 가스량} = \frac{전체\ 여과면적}{여과포\ 하나의\ 면적(\pi \times 직경 \times 길이)}$$

ⓐ 전기 집진장치

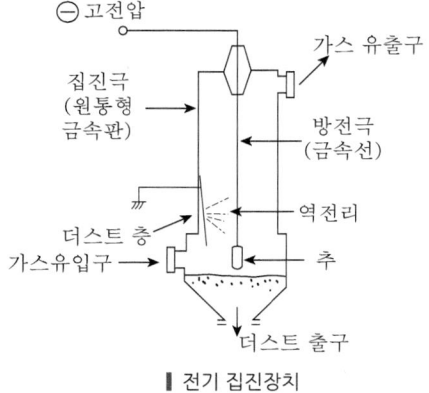

| 전기 집진장치

- 코로나 방전을 이용하여 유입된 입자에 전하를 부여하여 극성을 가진 분진을 전기장 속으로 이동시켜 부착 제거하는 집진장치이다.

- 장점

① 집진효율이 99.9% 정도로 높다.
② 광범위한 온도범위에서 적용 가능하다.
③ 고온가스 처리가 가능하여 보일러 등에 설치할 수 있다.
④ 압력손실이 낮다.
⑤ 대용량 가스처리가 가능하다.
⑥ 운전 및 유지비가 저렴하다.
⑦ 넓은 범위 입경과 분진농도에 집진효율이 높다.

- 단점

① 설치비용이 많이 들고, 설치공간을 많이 차지한다.
② 설치 후 운전조건의 변화를 유연하게 대처하기 어렵다.
③ 기체상 물질제거가 곤란하다.
④ 가연성 입자 처리가 곤란하다.

- 집진효율(η)

$$\eta = 1 - e^{\left(-\frac{AW_e}{Q}\right)}$$

여기서,
η : 집진효율
A : 유효집진 단면적 $[m^2]$
W_e : 분진입자 이동속도 $[m/sec]$
Q : 처리 가스량 $[m^3/sec]$

③ 집진율

㉠ 집진율(η)

$$\eta = 1 - \frac{C_o Q_o}{C_i Q_i} = 1 - \frac{C_o}{C_i}$$

여기서,
η : 집진율
C_i, C_o : 집진장치 입·출구 분진농도 $[g/m^3]$
Q_i, Q_o : 집진장치 입·출구 가스유량 $[m^3/hr]$

㉡ 직렬조합 시 총 집진율(η_T)

$$\eta_T = \eta_1 + \eta_2(1 - \eta_1)$$
$$= 1 - (1 - \eta_c)^n$$

여기서,
η_T : 총 집진율
η_1 : 1차 집진장치 집진율
η_2 : 2차 집진장치 집진율
η_c : 단위 집진효율
n : 집진장치 개수

(8) 배기구

① 배기구 설치규칙(15-3-15)

㉠ 15 : 배출구와 흡입구는 서로 **15m 이상 떨어질 것**
㉡ 3 : 배출구의 높이는 지붕꼭대기나 공기유입구보다 **3m 이상 높게할 것**
㉢ 15 : 배출되는 공기는 재유입되지 않도록 속도를 **15m/s 이상 유지할 것**

1-4 성능검사 및 유지관리

(1) 점검 사항과 방법

① 국소배기장치 점검시기

㉠ 신규로 설치된 **국소배기장치 최초 사용 전**
㉡ 국소배기장치 **개조 및 수리 후 사용 전**
㉢ **안전검사 대상 국소배기장치**
㉣ 최근 **2년간 작업환경측정 결과 노출기준 50% 이상**일 경우 해당 국소배기장치

② 국소배기장치 점검
 : 사업주는 **국소배기장치를 처음 사용하는 경우**나 국소배기장치를 분해하여 개조하거나 수리를 한 후 처음으로 사용하는 경우에 다음 각 호에서 정하는 바에 따라 **사용 전에 점검**하여야 한다.

국소배기장치	공기정화장치
① 덕트와 배풍기의 분진 상태	① 공기정화장치 내부의 분진상태
② 덕트 접속부가 헐거워졌는지 여부	② 여과제진장치의 여과재 파손 여부
③ 흡기 및 배기 능력	③ 공기정화장치의 분진 처리능력

(2) 검사 장비

① 국소배기장치 성능시험 시 필수장비(국소배기장치 점검 시 필요한 필수 측정장비)

㉠ 줄자
㉡ 발연관
㉢ 청음기 또는 청음봉
㉣ 절연저항계
㉤ 표면온도계 및 초자온도계
㉥ 열선풍속계

(3) 필요 환기량 측정

① 송풍관 내 풍속 측정 계기 및 사용상 측정범위

풍속측정 계기	사용상 측정범위
피토관	풍속>3m/s에 사용
풍차 풍속계	풍속>1m/s에 사용
열선식 풍속계	① 측정범위가 적은 것 : 0.05m/s<풍속<1m/s인 것을 사용 ② 측정범위가 큰 것 : 0.05m/s<풍속<40m/s인 것을 사용

② 공기의 기류(유속) 측정기기

㉠ 피토관
㉡ 열선 풍속계
㉢ 풍향 풍속계
㉣ 풍차 풍속계
㉤ 카타온도계
㉥ 회전 날개형 풍속계
㉦ 그네 날개형 풍속계

(4) 압력 측정

① 국소배기장치의 압력(정압, 속도압) 측정기기

㉠ 피토관
㉡ U자 마노미터
㉢ 경사 마노미터
㉣ 아네로이드 게이지
㉤ 마크네헬릭 게이지

Chapter 2
작업 공정 관리

2-1 작업공정관리

(1) 작업환경 관리 목적

① 산업재해 예방
② 직업병 예방
③ 작업능률 향상
④ 작업환경 개선
⑤ 근로자 건강 효율적 관리

(2) 작업환경 개선의 공학적 대책

① 대치(대체, Substitution)

㉠ 공정의 변경
㉡ 시설의 변경
㉢ 물질의 변경

② 격리(Isolation)

㉠ 공정의 격리
㉡ 시설의 격리
㉢ 저장물질의 격리
㉣ 작업자의 격리

③ 환기(Ventilation)

㉠ 자연환기
㉡ 국소배기
㉢ 전체환기

④ 교육(Education) - 가장 소극적 대책

(3) 분진작업 작업환경 관리 대책

① 분진발생 억제

　㉠ 작업공정 습식화
　　: 분진발생 억제 대책 중 가장 효과적이며 착암, 파쇄, 절단, 연마 등 공정에 사용한다.

　㉡ 대치
　　: 작업공정 변경, 재료 변경, 생산기술 변경 등

② 발생하는 분진 비산방지방법

　㉠ 국소배기
　㉡ 전체환기
　㉢ 해당 장소 밀폐 및 포위

③ 작업근로자 보호대책

　㉠ 방진마스크 지급 및 착용 지시
　㉡ 보호의 착용 지시
　㉢ 작업시간 및 작업강도 조정
　㉣ 의학적 관리

Chapter 3

개인보호구

3-1 호흡용 보호구

(1) 개념의 이해

호흡용 보호구의 종류로는 분진의 체내 침입을 방지하는 방진마스크, 가스나 증기가 체내로 들어가는 것을 방지하는 방독마스크, 송기마스크(호스마스크 및 에어라인마스크), 공기호흡기, 산소호흡기 등이 있으며, 방진마스크와 방독마스크는 외기를 여과하여 오염물질을 제거하는 매커니즘이기 때문에 **산소결핍장소에서는 착용하여서는 아니된다.**

(2) 방진마스크

① 용어

㉠ 분진등
 : **분진, 미스트 및 흄을 총칭**하는 것으로 물리적 작용 및 화학적 반응에 의해 생성된 고체 또는 액체입자를 말한다.

㉡ 전면형 방진마스크
 : 분진등으로부터 **안면부 전체(입, 코, 눈)를 덮을 수 있는 구조**의 방진마스크를 말한다.

㉢ 반면형 방진마스크
 : 분진등으로부터 **안면부의 입과 코를 덮을 수 있는 구조**의 방진마스크를 말한다.

② 방진마스크의 등급

등급	특급	1급	2급
사용장소	① **베릴륨**등과 같이 독성이 강한 물질들을 함유한 분진 등 발생장소 ② **석면** 취급장소	① 특급마스크 착용장소를 제외한 분진 등 발생장소 ② **금속흄** 등과 같이 열적으로 생기는 분진 등 발생장소 ③ 기계적으로 생기는 분진 등 발생장소	특급 및 1급 마스크 착용장소를 제외한 분진 등 발생장소
배기밸브가 없는 안면부여과식 마스크는 특급 및 1급 장소에 사용해서는 안된다.			

③ 방진마스크의 형태

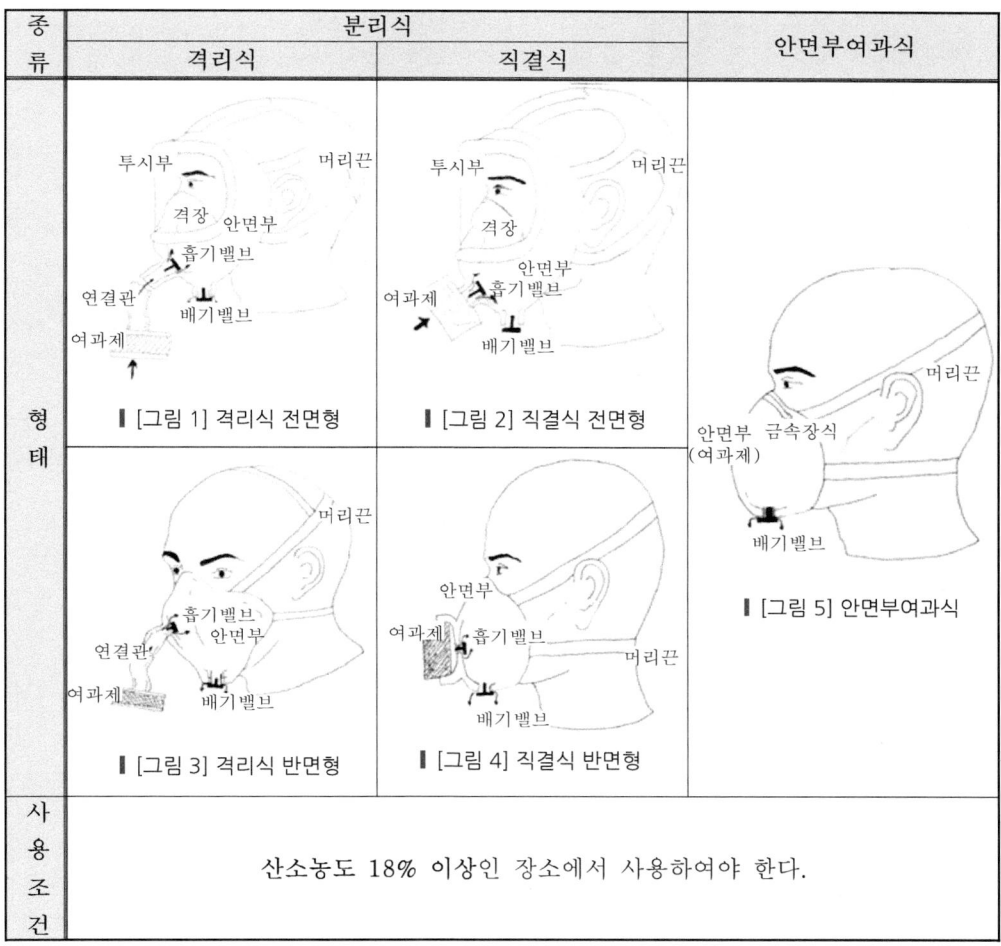

종류	분리식		안면부여과식
	격리식	직결식	
형태	[그림 1] 격리식 전면형 [그림 3] 격리식 반면형	[그림 2] 직결식 전면형 [그림 4] 직결식 반면형	[그림 5] 안면부여과식
사용조건	산소농도 18% 이상인 장소에서 사용하여야 한다.		

④ 여과재 분진 등 포집효율

종류	등급	염화나트륨($NaCl$) 및 파라핀 오일 시험
분리식	특급	99.95% 이상
	1급	94% 이상
	2급	80% 이상
안면부여과식	특급	99% 이상
	1급	94% 이상
	2급	80% 이상

⑤ 방진마스크의 구비조건(선정조건)

㉠ 흡·배기 저항(+상승률)이 낮을 것
㉡ 포집효율이 높을 것
㉢ 시야가 확보될 것(하방시야가 60도 이상 될 것)
㉣ 중량이 가벼울 것
㉤ 안면 밀착성이 클 것
㉥ 피부접촉 부위가 부드러울 것

ⓢ 침입률 1% 이하까지 정확히 평가 가능할 것　　　ⓞ 사용 후 손질이 간단할 것
ⓩ 무게중심은 안면에 강한 압박감을 주지 않는 위치에 있을 것
ⓒ 여과재로서 면, 모, 합성섬유, 유리섬유, 금속섬유 등이 있다.

(3) 방독마스크

① 용어

㉠ 파과
: 대응하는 가스에 대하여 **정화통 내부의 흡착제가 포화상태가 되어 흡착능력을 상실한 상태**를 말한다.

㉡ 파과시간
: 어느 일정농도의 유해물질 등을 포함한 공기를 일정 유량으로 **정화통에 통과하기 시작부터 파과가 보일 때까지의 시간**을 말한다.

㉢ 파과곡선
: **파과시간과 유해물질 등에 대한 농도와의 관계를 나타낸 곡선**을 말한다.

㉣ 전면형 방독마스크
: 유해물질 등으로부터 **안면부 전체(입, 코, 눈)를 덮을 수 있는 구조의 방독마스크**를 말한다.

㉤ 반면형 방독마스크
: 유해물질 등으로부터 **안면부의 입과 코를 덮을 수 있는 구조의 방독마스크**를 말한다.

㉥ 복합용 방독마스크
: 두 종류 이상의 유해물질 등에 대한 제독능력이 있는 방독마스크를 말한다.

㉦ 겸용 방독마스크
: 방독마스크(복합용 포함)의 성능에 방진마스크의 성능이 포함된 방독마스크를 말한다.

② 방독마스크의 종류

종류	시험가스	외부 측면 표시색
유기화합물용	시클로헥산(C_6H_{12})	갈색
	디메틸에테르(CH_3OCH_3)	
	이소부탄(C_4H_{10})	
할로겐용	염소가스 또는 증기(Cl_2)	회색
황화수소용	황화수소가스(H_2S)	
시안화수소용	시안화수소가스(HCN)	
아황산용	아황산가스(SO_2)	노란색
암모니아용	암모니아가스(NH_3)	녹색

③ 방독마스크의 등급

등급	사용장소
고농도	가스 또는 증기의 농도가 100분의 2(암모니아에 있어서는 100분의 3) 이하의 대기 중에서 사용하는 것
중농도	가스 또는 증기의 농도가 100분의 1(암모니아에 있어서는 100분의 1.5) 이하의 대기 중에서 사용하는 것
저농도 및 최저농도	가스 또는 증기의 농도가 100분의 0.1 이하의 대기 중에서 사용하는 것으로서 긴급용이 아닌 것

방독마스크는 산소농도가 18% 이상인 장소에서 사용하여야 하고, 고농도와 중농도에서 사용하는 방독마스크는 전면형(격리식, 직결식)을 사용해야 한다.

④ 방독마스크의 형태

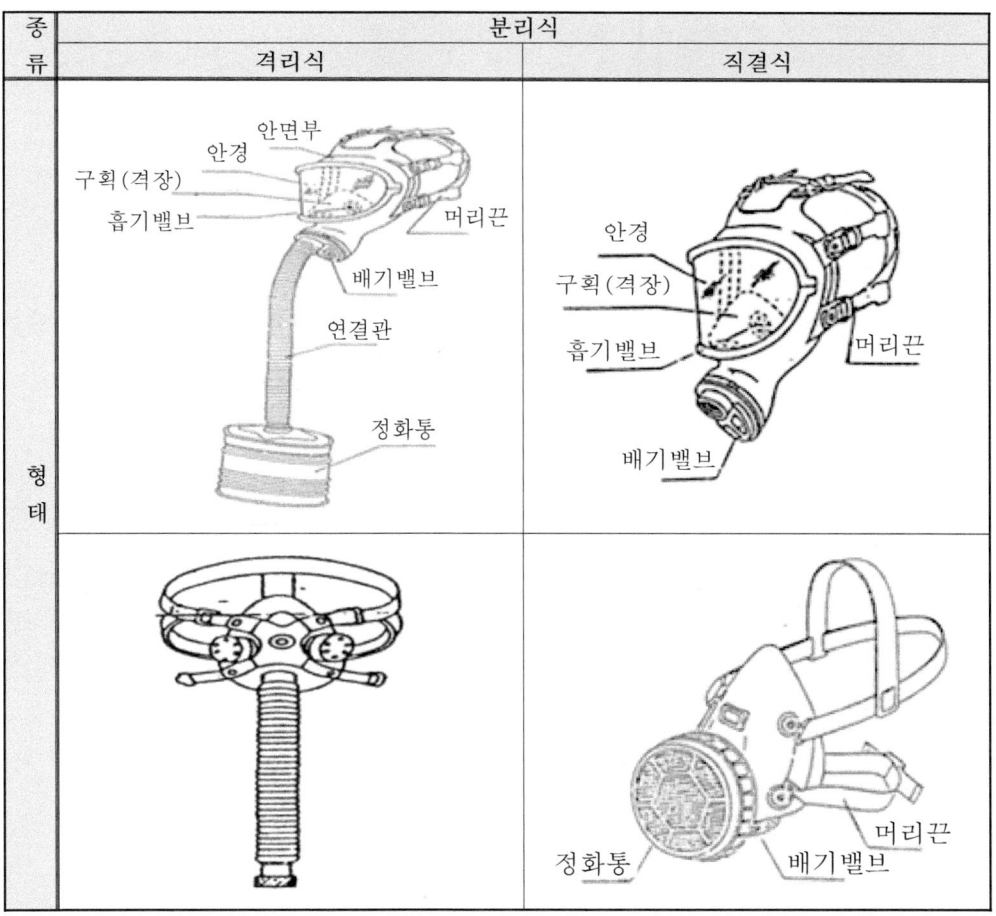

⑤ 안전인증 방독마스크 표시 외 표시사항

  ㉠ 파과곡선도
  ㉡ 사용시간 기록카드
  ㉢ 정화통의 외부측면의 표시 색
  ㉣ 사용상의 주의사항

⑥ 흡수제의 재질

  ㉠ 활성탄
  ㉡ 실리카겔
  ㉢ 염화칼슘
  ㉣ 큐프라마이트
  ㉤ 호프칼라이트
  ㉥ 소다라임
  ㉦ 알칼리제재
  ㉧ 제오라이트

⑦ 방독마스크 유효시간(파과시간)

$$유효시간 = \frac{표준유효시간 \times 시험가스\ 농도}{작업장\ 공기\ 중\ 유해가스\ 농도}$$

⑧ 보호계수(PF)와 할당보호계수(APF)

  ㉠ 보호계수(PF) : 보호구 착용함으로써 **유해물질로부터 보호구가 얼마나 보호해주는가 정도를** 의미

  $$PF = \frac{C_o}{C_i}$$

  여기서,
  PF : 보호계수
  C_o : 보호구 밖의 농도
  C_i : 보호구 안의 농도

  ㉡ 할당보호계수(APF) : 작업장에서 보호구 착용 시 기대되는 **최소보호정도치를** 의미하며 APF100의 의미는 APF100의 보호구를 착용하고 작업하면 착용자가 외부물질로부터 적어도 100배만큼 보호받을 수 있다는 것을 의미

  $$APF \geq \frac{C_{air}}{PEL} = HR$$

  여기서,
  APF : 할당보호계수
  C_{air} : 기대되는 공기 중 농도
  PEL : 노출기준
  HR : 위해비
  – 호흡용 보호구 선정 시 HR보다 APF가 큰 것을 선택해야 한다는 의미

3-2 기타 보호구

(1) 눈 보호구

① 차광보안경 사용구분에 따른 종류

종류	사용구분
자외선용	자외선이 발생하는 장소
적외선용	적외선이 발생하는 장소
복합용	자외선 및 적외선이 발생하는 장소
용접용	산소용접작업 등과 같이 자외선, 적외선 및 강렬한 가시광선이 발생하는 장소

② 보안경 사용구분에 따른 종류

종류	사용구분
유리보안경	비산물로부터 눈을 보호하기 위한 것으로 렌즈의 재질이 유리인 것
플라스틱보안경	비산물로부터 눈을 보호하기 위한 것으로 렌즈의 재질이 플라스틱인 것
도수렌즈보안경	비산물로부터 눈을 보호하기 위한 것으로 도수가 있는 것

(2) 피부 보호구

① 피부보호 도포제

㉠ **피막형 피부보호제** : 분진, 유리섬유 등에 대한 장해 예방

㉡ **소수성 피부보호제** : 내수성 피막을 만들고 소수성으로 산을 중화하는 방식으로 밀랍, 파라핀, 탄산마그네슘 등에 대한 장해 예방

㉢ 광과민성 물질차단 피부보호제 : 자외선 등에 대한 장해 예방

㉣ 수용성 물질차단 피부보호제 : 수용성 물질 등에 대한 장해 예방

㉤ 지용성 물질차단 피부보호제 : 지용성 물질 등에 대한 장해 예방

㉥ 차광성 물질차단 피부보호제 : 글리세린, 산화제이철 등에 대한 장해 예방

② 보호구 재질에 따른 적용물질

㉠ Neoprene 고무 : 비극성용제, 산, 부식성물질에 사용
㉡ Vitron : 비극성용제에 사용
㉢ Nitrile : 비극성용제에 사용
㉣ Butyl 고무 : 극성용제에 사용
㉤ 천연고무(Latex) : 극성용제, 수용성 용액에 사용
㉥ 가죽 : 찰과상 예방 (용제에 사용 불가능)
㉦ 면 : 고체상물질에 사용 (용제에 사용 불가능)
㉧ Polyvinyl Chloride(PVC) : 수용성 용액에 사용
㉨ Ethylene Vinyl Alcohol : 화학물질 취급 작업에 사용

(3) 기타 보호구

① 청력 보호구

- 귀마개는 25~35dB(A), 귀덮개는 35~45dB(A) 정도의 차음효과가 있으며 두 개를 동시에 착용하면 추가적으로 3~5dB(A) 차음 효과가 있다.
- 귀마개는 고주파수영역(약 4000Hz)에서 차음효과가 가장크다.

㉠ 귀마개(Ear Plug)

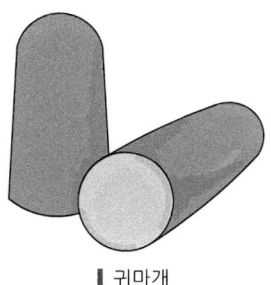

┃귀마개

ⅰ) 구분

종류	등급	기호	성능
귀마개	1종	EP-1	저음부터 고음까지 차음하는 것
	2종	EP-2	주로 고음을 차음하여 회화음 영역인 저음은 차음하지 않는 것
귀덮개	-	EM	-

ⅱ) 귀마개의 장단점

장점	단점
① 착용이 간편하다. ② 부피가 작아 휴대하기 쉽다. ③ 가격이 저렴하다. ④ 보안경이나 안전모 착용에 방해되지 않는다. ⑤ 고온작업 시 사용이 가능하다. ⑥ 좁은 장소에서 사용이 가능하다.	① 귀질환이 있는 근로자는 사용할 수 없다. ② 차음효과가 귀덮개에 비해 떨어진다. ③ 사람에 따라 차음효과의 차이가 크다. ④ 제대로 착용하기 위해 시간이 걸리고 착용요령을 습득해야 한다. ⑤ 땀이 많이 나는 여름에는 외이도염을 유발할 수 있다. ⑥ 더러운 손으로 귀마개를 만지면 외이도가 오염될 수 있다. ⑦ 착용여부 파악이 곤란하다. ⑧ 보안경 착용시 차음효과가 감소 한다.

ⓒ 귀덮개(Ear Muff) : 간헐적 소음 노출 시 적합

귀덮개의 차음효과 : 저음역 20dB 이상, 고음역 45dB 이상

▮ 귀덮개

ⅰ) 귀덮개의 장단점

장점	단점
① 귀마개보다 차음효과가 크다. ② 귀마개보다 차음효과 개인차가 적다. ③ 귀마개보다 일관성 있는 차음효과를 얻을 수 있다. ④ 귀마개보다 착용이 쉽다. ⑤ 고음영역의 차음효과가 탁월하다. ⑥ 귀에 염증이 있더라도 착용 가능하다. ⑦ 대부분의 근로자가 동일한 크기의 귀덮개 사용이 가능하다. ⑧ 멀리서도 착용 유무를 확인할 수 있다. ⑨ 크기를 여러 가지로 할 필요가 없다.	① 고온 환경에서 사용이 불편하다. ② 장시간 사용하면 불편하다. ③ 보안경이나 안전모를 착용하는 근로자는 사용 시 불편하며 차음효과가 떨어진다. ④ 귀마개보다 가격이 비싸다. ⑤ 귀덮개를 오래 사용하여 귀덮개의 귀걸이가 휘거나 탄력성이 떨어지면 차음효과가 떨어진다.

② 차음효과(OSHA)

$$차음효과 = (NRR - 7) \times 0.5$$

여기서,
NRR : 차음평가수

04

물리적유해인자관리

01. 온열조건
02. 이상기압
03. 소음진동
04. 방사선

Chapter 1

온열조건

1-1 고온

(1) 온열요소와 지적온도

① 온열요소 : 기온, 기류, 습도, 복사열 4가지이다.

㉠ 기온(온도, Air Temperature)

ⅰ) 지적온도(적정온도)

- 환경온도를 감각온도로 표시한 것이며, 사람이 활동하기 가장 좋은 상태인 이상적인 온열조건이다.

- 지적온도에 영향을 미치는 인자

  ① 계절 ② 성별 ③ 연령 ④ 민족 ⑤ 의복 ⑥ 작업의 종류 ⑦ 작업량 ⑧ 주근무시간대

ⅱ) 감각온도(실효온도)

- 기온, 기류, 습도의 조건에 따라 결정되는 체감온도이다.
- 상대습도 100%일 때 온도에서 느끼는 것과 동일한 온감을 말한다.

ⅲ) 섭씨온도(℃), 화씨온도(℉), 절대온도(K) 관계식

$$℃ = \frac{5}{9}(℉ - 32) \qquad ℉ = \frac{9}{5}℃ + 32 \qquad K = ℃ + 273$$

여기서,
℃ : 섭씨온도
℉ : 화씨온도
K : 절대온도(켈빈온도)

㉡ 기류(대류, Air Movement)

- 기류를 측정할 수 있고 느끼는 최저한계는 0.5m/sec이다.
- 불감기류 : 0.5m/sec 이하의 기류

ⓒ 습도(기습, Humidity)

　ⅰ) **상대습도** : 공기 중 **포함된 수증기량과 포화수증기량의 비**

　　- 온도에 따라 상대습도가 변한다.
　　- **사람이 활동하기 좋은 상대습도는 30~60%** 이다.

$$\text{상대습도}[\%] = \frac{\text{절대습도}}{\text{포화습도}} \times 100$$

　ⅱ) **포화습도** : 공기 중 **포화상태에서 함유할 수 있는 수증기량**

　　- 포화습도는 기온이 높아질 때 높아지고, 낮아질 때 낮아진다.

　ⅲ) **절대습도** : 공기 $1m^3$ 중 **포함된 수증기의 양**(g)

　　- 수증기량이 일정할 때 온도가 변하더라도 절대습도는 변하지 않는다.

ⓓ **복사열**(Radiant Heat) : **매개물질 없이 열이 전달되는 방법**

② 열평형 방정식

$$\triangle S = M \pm C \pm R - E$$

여기서,
$\triangle S$: 생체 열용량 변화
M : 작업대사량
C : 대류에 의한 열교환
R : 복사에 의한 열교환
E : 증발에 의한 열교환

(2) 고열 장해와 생체 영향

① 고온순화(순응)

　㉠ 고온순화 매커니즘

　　| ① **열생산 감소**
　　　② **열방산능력 증가**
　　　③ **더위에 대한 내성 증가**
　　　④ **체온조절 기전의 항진** |

　㉡ 고온에서의 생리적 변화

　　| ① 갑상선호르몬 분비 감소
　　　② 간기능 저하
　　　③ 체표면의 땀샘의 수 증가 |

ⓒ 고온에서의 생리적 현상

고온의 1차적 생리적 현상		고온의 2차적 생리적 현상	
① 발한	② 불감발한	① 신장 장해	② 위장 장해
③ 피부혈관 확장	④ 근육이완	③ 신경계 장해	④ 심혈관 장해
⑤ 호흡증가	⑥ 체표면적 증가	⑤ 수분 및 염분 부족	

② 고열장애 분류

㉠ 열사병(Heat Stroke)

- 고온다습 환경에 노출되면 뇌의 온도가 상승하여 신체 내 체온조절 중추에 기능장애를 일으켜 생기는 위급한 상태이다.
- 증상으로는 **중추신경계의 장애, 직장온도 상승, 전신 발한 정지** 등이 있다.
- 치료법으로는 체온을 급히 하강하기 위하여 **얼음물에 담가서 체온을 39℃까지 내려주어야** 하고, **호흡곤란 시 산소를 공급**해주며, 울열방지와 체열이동을 돕기 위하여 **사지를 격렬히 마찰시킨다**.

㉡ 열경련(Heat Cramp)

- 전형적인 열중증 상태로 **고온환경에서 지속적으로 심한 육체노동**을 하면 나타나며, 주로 **작업 중 사용을 많이하는 근육에 발작적 경련이 발생**하며, 특히 **수분 및 혈중 염분 손실이 있을 때 발생**한다.
- 증상으로는 체온이 정상 또는 약간 상승하며 **혈중 염화이온(Cl^-) 농도가 현저히 감소**되고, **낮은 혈중 염분 농도와 팔, 다리 근육경련이 일어나며 일시적으로 단백뇨를 배출**한다.
- 치료법으로는 **수분이나 염화나트륨($NaCl$)을 보충**하고, 바람이 잘 통하는 곳에 눕혀 안정시키며, 증상이 심하면 **생리식염수를 정맥주사**한다.

㉢ 열피로(Heat Exhaustion, 열탈진, 열피비)

- 고온환경에서 **장시간 고된 노동**을 할 때 주로 고온순화가 되지 않은 작업자에게 많이 나타나며 구토, 두통, 현기증 등 약한 증상부터 심하면 허탈로 빠져 의식을 잃고, **수분과 염분 손실이 많으며 혈장량이 감소할 때 발생**한다.
- 증상으로는 체온은 정상이며, 구강온도가 약간 상승하고 맥박수는 증가하며, 혈액농축은 정상범위를 유지한다.
- 치료법으로는 **휴식 후 포도당을 정맥주사**한다.

② 열실신(Heat, Syncope, 열허탈)
  - 고열환경에 노출되어 **혈관운동장애가 발생**하여 정맥혈이 말초혈관에 저류되고 심박출량 부족으로 발생하는 순환부전, 특히 **대뇌피질의 혈류량 부족이 주원인**이다.
  - 증상으로는 **뇌의 산소부족 및 저혈압으로 의식을 잃고, 말초혈관이 확장**된다.
  - 예방법으로는 **작업 투입 전 고온순화**가 되도록 한다.

◎ 열발진(Heat Rashes)
  - 이것은 작업환경에서 가장 흔히 발생하는 피부장해로서 **땀띠(prickly heat)**라고도 말하며, 땀에 젖은 피부 각질층이 떨어져 땀구멍을 막아 한선 내에 땀의 압력으로 염증성 반응을 일으켜 **붉은 구진(papules) 형태로 나타난다**.

⑪ 열쇠약(Heat Prostration)
  - 고열작업장에서 만성적인 건강장해로 **빈혈, 불면증, 위장장해** 등 증상이 발생한다.

(3) 고열 측정 및 평가

① 고열 측정

  ㉠ 온·습도 측정

  ⅰ) 작업환경 평가 시 **온도는 통상 아스만 통풍건습계를 이용**하며 **습도는 건구온도-습구온도를 구하여 습도환산표를 이용**하여 도출한다.

  ⅱ) 아스만(Assmann) 통풍건습계
   - 눈금 간격 : 0.5℃
   - 측정시간 : 5분 이상
   - 2개와 같은 눈금을 갖는 봉상수은온도계 사용
   - 1개는 기온을 측정하는 건구온도계, 다른 1개는 습구온도 측정

  ㉡ 기류 측정

  ⅰ) 풍차풍속계 : 1~150m/sec 범위의 풍속 측정

  ⅱ) 카타온도계 : 기류를 냉각시켜 기류 측정하고, 0.2~0.5m/sec 정도 불감기류 측정 시 기류속도 측정하고, 알코올 눈금이 100°F(37.8℃)에서 95°F(35℃)까지 내려가는데 소요되는 시간을 4~5회 측정, 평균하여 카타 상수값으로 이용 및 간접적으로 풍속 측정

  ⅲ) 열선풍속계 : 기류를 냉각시켜 기류 측정 및 0~50m/sec 범위의 풍속 측정

  ⅳ) 가열온도풍속계 : 풍속과 기온 차이 관계로 풍속을 구한다.

ⓒ 복사열 측정

- 흑구온도계를 이용하여 구한다.

ⓔ 습구, 흑구 온도측정

ⅰ) 태양광선이 내리쬐는 옥외 장소

WBGT(℃)=0.7×자연습구온도+0.2×흑구온도+0.1×건구온도

ⅱ) 태양광선이 내리쬐지 않는 옥내 또는 옥외 장소

WBGT(℃)=0.7×자연습구온도+0.3×흑구온도

※고온의 노출기준   단위 : ℃, WBGT

작업휴식시간비 \ 작업강도	경작업	중등작업	중작업
계속작업	30.0	26.7	25.0
매시간 75% 작업, 25% 휴식	30.6	28.0	25.9
매시간 50% 작업, 50% 휴식	31.4	29.4	27.9
매시간 25% 작업, 75% 휴식	32.2	31.1	30.0

✔ 경작업 : 200kcal까지의 열량이 소요되는 작업을 말하며, 앉아서 또는 서서 기계의 조정을 하기 위하여 손 또는 팔을 가볍게 쓰는 일 등을 뜻함
✔ 중등작업 : 시간당 200~350kcal의 열량이 소요되는 작업을 말하며, 물체를 들거나 털면서 걸어다니는 일 등을 뜻함
✔ 중작업 : 시간당 350~500kcal의 열량이 소요되는 작업을 말하며, 곡괭이질 또는 삽질하는 일 등을 뜻함

(4) 고열에 대한 대책

① 환경관리

작업의 종류	관리 대책
실내 작업	- 환기장치 설치 - 복사열 차단 - 열원과의 격리
실외 작업	- 작업 중 살수 실시 - 지붕 및 천막 설치
갱내 작업	- 갱내 기온 37℃ 이내로 유지

② 작업관리

   ⅰ) 고온환경에 근로자 배치 시 고온순화할 때 까지 작업시간을 단계적으로 증가시킴
   ⅱ) 연속작업이나 에너지 소비량이 많은 작업을 줄인다.
   ⅲ) 휴게시설·목욕시설·세탁시설·탈의시설·작업복 건조시설 설치·운영한다.

③ 고열작업 종사 제한 조건

   ⅰ) 비만 및 위장장애
   ⅱ) 비타민B 결핍증
   ⅲ) 고령자
   ⅳ) 심혈관계 이상

④ 보호구

   ⅰ) 방열복 등 개인 전용으로 각각 지급
   ⅱ) 흡습성, 환기성 좋은 작업복 착용

⑤ 기록 보존

사업주는 고열작업에 대해 평가 및 관리를 행할 때 그 결과를 기록하고 **5년간 보존**한다.

1-2 저온

(1) 한랭의 생체 영향

① 저온에서의 생리적 현상

저온의 1차적 생리적 현상	저온의 2차적 생리적 현상
① 피부혈관 수축 ② 체표면적 감소 ③ 근육긴장의 증가 및 떨림 ④ 화학적 대사작용 증가	① 표면조직 냉각 ② 식욕 항진 ③ 순환기능 감소 ④ 혈압 상승 ⑤ 말초 냉각

② 한랭환경에 의한 건강장애

㉠ 저체온증(전신체온 강하, General Hypothermia)

- 장시간 한랭 노출과 체열상실에 의해 발생하는 급성중증 장해이다.
- 몸의 심부온도가 35℃ 이하로 내려간 것을 의미한다.
- 신속하게 몸을 데워 정상체온으로 회복하여야 한다.

ⓛ 동상(Frostbite)

동상의 종류	설명
제1도 동상 (홍반성 동상)	초반에 말단부로의 혈행이 정체되어 국소성 빈혈이 생기며, 환부의 피부는 창백하게 되어 동통 또는 지각 이상을 발생
제2도 동상 (수포성 동상)	피부가 벗겨지거나 물집이 생기는 결빙
제3도 동상 (괴사성 동상)	장시간 한랭 노출에 의해 혈행이 완전히 정지되어 동시에 조직성분이 붕괴되어 해당 부분이 괴사되는 동상

ⓒ 참호족(침수족, Trench Foot, Immersion Foot)
- **참호족과 침수족**은 **국소 부위의 산소결핍** 때문이며, **한랭에 의한 모세혈관벽이 손상이 발생**한다.
- 참호족과 침수족의 임상증상은 거의 비슷하나, **발생시간은 침수족이 참호족에 비해 긴 편이다.**
- **참호족**은 근로자의 **발이 한랭에 장기간 노출됨과 동시에 지속적으로 습기나 물에 잠기게 되면 발생**한다.
- **침수족**은 직장온도가 **35℃** 이하로 저하되는 경우를 의미하며, 체온이 35~32.2℃에 이르면 신경학적 억제 증상으로 운동실조, 자극에 대한 반응도 저하와 언어이상 등이 온다. 27℃에서는 떨림이 멎고 혼수에 빠지게 되고, 23 ~ 25℃에 이르면 사망하게 된다.

ⓔ 레이노드 증상(Raynaud)
- **한랭환경에서 국소진동에 노출되면 발생하는 현상**으로 손과 발가락의 감각마비 증상이 나타난다.
- **청색증**이라고도 명칭을 불리우며, 심하면 극심한 통증이 발생한다.

ⓜ 알레르기 반응, 선단자람증, 폐색성 혈전장애 등이 추가적으로 있다.

(2) 한랭에 대한 대책

① 한랭장애 예방조치

㉠ 혈액순환을 원활히 하기 위한 운동지도를 할 것
㉡ 적정한 지방과 비타민 섭취를 위한 영양지도를 할 것
㉢ 체온 유지를 위하여 더운물에 비치할 것
㉣ 젖은 작업복 등은 즉시 갈아입도록 할 것

② 한랭작업장에서 취해야 할 개인위생상 준수사항

　㉠ 더운물과 더운 음식 자주 섭취
　㉡ 외피는 통기성이 적고 함기성이 큰 것을 착용
　㉢ 사이즈가 조금 큰 장갑과 방한화 착용
　㉣ 팔다리 운동으로 혈액순환 촉진
　㉤ 과도한 흡연 및 음주 삼가

Chapter 2
이상기압

2-1 이상기압

(1) 이상기압의 정의

① 용어

㉠ 이상기압
: **압력이 $1kg/cm^2$ 이상인 기압**을 말한다.

㉡ 고압작업
: 고기압($1kg/cm^2$ 이상)에서 잠함공법이나 그 외의 압기공법으로 하는 작업을 말한다.

㉢ 잠수작업
: 물속에서 하는 다음 각 목의 작업을 말한다.

  ⅰ) **표면공급식 잠수작업** : 수면 위의 공기압축기 또는 호흡용 기체통에서 압축된 호흡용 기체를 공급받으면서 하는 작업

  ⅱ) **스쿠버 잠수작업** : 호흡용 기체통을 휴대하고 하는 작업

㉣ 기압조절실
: 고압작업을 하는 근로자 또는 잠수작업을 하는 근로자가 가압 또는 감압을 받는 장소를 말한다.

㉤ 압력
: **게이지 압력**을 말한다.

㉥ 비상기체통
: 주된 기체공급 장치가 고장난 경우 잠수작업자가 **안전한 지역으로 대피하기 위하여 필요한 충분한 양의 호흡용 기체를 저장하고 있는 압력용기와 부속장치**를 말한다.

② 기압 단위

㉠ 1기압 :
$$1기압 = 1atm = 760mmHg = 10332mmH_2O = 1.0332kg_f/cm^2 = 10332kg_f/m^2$$
$$= 14.7psi = 760\,Torr = 10332mmAq = 10.332mH_2O = 1013hPa$$
$$= 1013.25mb = 1.01325bar = 1013250dyne/cm^2 = 101325Pa$$

㉡ 정상적인 대기 중 해면에서의 산소분압은 $760mmHg \times 0.21 = $ 약 $160mmHg$이다.

㉢ 수면 하에서의 기압 : 수면 하에서 절대압력은 수심이 10m 깊어질 때 마다 1기압씩 더해진다.

(2) 고압환경에서의 생체 영향

환경	설명
1차적 가압현상 (기계적 장해)	인체와 환경 사이의 기압의 차이로 인해 일어나는 현상으로 치통, 폐 압박, 부비강통, 부비강염 등 증상이 일어난다.
2차적 가압현상 (화학적 장해)	고압 하의 대기가스 독성 때문에 나타나는 현상으로, 다음 3가지 현상이 발생한다. ① 질소가스 마취 - 공기 중 질소가스는 4기압에서 마취작용을 일으킨다. - 사고력, 판단력, 기억력 저하, 불안, 공포감, 마약효과 등 증상이 일어난다. - 질소 마취증상은 대기압 조건으로 복귀하면 사라진다.(가역적이다.) - 질소가스 마취 증상이 있는 근로자에게 **질소를 헬륨으로 대치한 공기를 호흡시키면 예방**된다. ② 산소 중독 - 산소분압이 2기압을 넘으면 산소중독 증상이 일어난다. - 시력장애, 정신혼란, 근육경련 등 증상이 일어난다. - 산소중독 증상은 고압산소에 대한 노출이 중지되면 증상이 즉시 멈춘다. ③ 이산화탄소 중독 - 산소의 중독과 질소의 마취작용을 증가시키는 역할을 한다. - 고압환경에서의 이산화탄소 농도가 0.2%를 초과해서는 안된다.

(3) 감압환경에서의 생체 영향

① 감압병(잠함병, 케이슨병, Decompression)
 : 급격한 감압 시 **혈액 속 질소가 혈액과 조직에 기포를 형성하여 혈액순환 장해와 조직 손상**을 일으킨다.

② 감압 시 조직 내 질소 기포형성량에 영향을 주는 요인

 ㉠ 감압속도
 ㉡ 조직에 용해된 가스량
 ㉢ 혈류를 변화시키는 상태
 ㉣ 고기압의 노출정도

③ 조직에 용해된 가스량을 결정하는 요인

 ㉠ 체내 지방량
 ㉡ 고기압 노출정도
 ㉢ 고기압 노출시간

(4) 저압환경에서의 생체 영향

① 폐수종
: 진행성 기침과 호흡곤란이 일어나고, 폐동맥 혈압이 상승하다 **산소공급 및 해면으로 귀환으로** 급속히 줄어들며, 어른보단 순화적응속도가 느린 **어린이에게 많이 발생**하는 편이다.

② 산소결핍증(저산소증)
: 저압환경에서 가장 문제되는 증상으로 체내 조직의 산소가 결핍된 상태이다. 산소결핍에 가장 민감한 조직은 뇌이며, 생체 내 산소공급정지가 2분 이상되면 활동성이 회복되지 않는 비가역적 파괴가 일어난다.

③ 고공증상 : 신경장해, 항공치통, 항공이염, 항공부비감염 등

④ 고산병 : 우울증, 두통, 식욕상실을 보이며 흥분성이 가장 특징적인 증상이다.

⑤ 저기압의 작업환경에 대한 인체 영향

 ㉠ 산소결핍을 보충하기 위해 **호흡수와 맥박수가 증가**한다.
 ㉡ 고도의 상승으로 기압이 저하되면 공기의 산소분압이 감소되고 동시에 **폐포 내 산소분압도 감소**한다.
 ㉢ 고도 18000ft(5468m) 이상이 되면 21% 이상의 산소가 필요해진다.
 ㉣ 고도 10000ft(3048m) 까지는 시력 및 협조운동의 가벼운 장해와 피로를 유발한다.

(5) 이상기압에 대한 대책

① 고압시간

　㉠ 가압을 시작한 때부터 감압을 시작하는 때 까지의 시간을 고압시간이라 한다.
　㉡ 고압시간은 1일 6시간, 1주 34시간을 초과하지 아니할 것

② 잠수시간

　㉠ 작업자가 잠수를 시작한 때부터 부상을 시작하느 때 까지의 시간을 잠수시간이라 한다.
　㉡ 감압 속도는 매분 $0.8kg/cm^2$ 이하로 할 것
　㉢ 잠수시간은 1일 6시간, 1주 34시간을 초과하지 아니할 것

③ 감압병 예방 및 치료

　㉠ 고압환경에서 작업시간을 제한한다.
　㉡ 1분에 10m 정도씩 잠수하는 것이 안전하다.
　㉢ 감압이 끝날 쯤 순수한 산소를 흡입하면 감압시간이 25% 정도 단축된다.
　㉣ 고압환경에서 작업하는 작업자에게 **질소 대신 헬륨을 대치한 공기**를 호흡시킨다.
　㉤ 감압병 증상이 발생한 작업자는 바로 원래의 **고압환경** 상태로 복귀시키거나 인공고압실에서 천천히 감압시킨다.

2-2 산소결핍

(1) 산소결핍의 개념

① 산소결핍 : 공기 중 **산소농도가 18% 미만인 상태**
② 산소결핍증 : 산소가 결핍된 공기를 들여 마심으로 생기는 증상

(2) 산소결핍의 노출기준

① 적정공기

　㉠ 산소농도의 범위가 18% 이상 23.5% 미만인 수준의 공기
　㉡ 이산화탄소의 농도가 1.5% 미만인 수준의 공기
　㉢ 일산화탄소의 농도가 30ppm 미만인 수준의 공기
　㉣ 황화수소의 농도가 10ppm 미만인 수준의 공기

(3) 산소결핍의 인체장해

① 산소농도에 의한 인체영향

산소농도	증상
6% 이하	순간적으로 실신하거나 혼수상태가 되고, 약 8분 이내로 심장이 정지된다.
6 ~ 10%	의식상실, 전신 근육경련, 청색증, 중추신경계 장해
9 ~ 14%	판단력 저하, 기억상실, 청색증, 메스꺼움, 전신 탈진
12 ~ 16%	호흡수·맥박수 증가, 두통, 귀울림, 정신집중 곤란

② 산소 분압 공식

산소의 분압 = 기압×산소의 농도   산소의 농도는 통상 0.21(21%)이다.

(4) 산소결핍 위험 작업장의 작업환경 측정 및 관리 대책

① 밀폐공간 건강장해 예방

㉠ 밀폐공간 작업 프로그램 내용

> ① 사업장 내 밀폐공간의 위치 파악 및 관리 방안
> ② 밀폐공간 내 질식·중독 등을 일으킬 수 있는 유해·위험 요인의 파악 및 관리 방안
> ③ 밀폐공간 작업 시 사전 확인이 필요한 사항에 대한 확인 절차
> ④ 안전보건교육 및 훈련

㉡ 밀폐공간 작업 프로그램의 수립 및 시행

: 사업주는 **근로자가 밀폐공간에서 작업을 시작하기 전에 다음 각 호의 사항을 확인**하여 근로자가 안전한 상태에서 작업하도록 하여야 하며, 밀폐공간에서의 **작업이 종료될 때까지 각 호의 내용을 해당 작업장 출입구에** 게시하여야 한다.

> ① 작업 일시, 기간, 장소 및 내용 등 작업 정보
> ② 관리감독자, 근로자, 감시인 등 작업자 정보
> ③ 산소 및 유해가스 농도의 측정결과 및 후속조치 사항
> ④ 작업 중 불활성가스 또는 유해가스의 누출·유입·발생 가능성 검토 및 후속조치 사항
> ⑤ 작업 시 착용하여야 할 보호구의 종류
> ⑥ 비상연락체계

㉢ 밀폐공간 시작 전 작업근로자에게 알려야할 사항

> ① 산소 및 유해가스농도 측정에 관한 사항
> ② 환기설비의 가동 등 안전한 작업방법에 관한 사항
> ③ 보호구의 착용과 사용방법에 관한 사항
> ④ 사고 시의 응급조치 요령
> ⑤ 구조요청을 할 수 있는 비상연락처, 구조용 장비의 사용 등 비상시 구출에 관한사항

ⓔ 밀폐고간의 산소 및 유해가스 농도 측정자

① 관리감독자
② 안전관리자 또는 보건관리자
③ 안전관리전문기관
④ 보건관리전문기관
⑤ 작업환경측정기관

② 산소결핍 위험 작업장에서의 작업관리 대책

㉠ 환기
㉡ 비상시 구출기구 비치
㉢ 감시인 배치 및 외부와 연락설비 설치
㉣ 작업 전 산소 및 유해가스 농도 측정
㉤ 공기호흡기, 송기마스크와 같은 보호구 착용
㉥ 관계근로자 외 출입금지 조치
㉦ 작업장소에 근로자를 입장과 퇴장시킬 때마다 인원 점검

Chapter 3

소음진동

3-1 소음

(1) 소음의 정의와 단위

① 소음의 정의

㉠ 소음작업
: 1일 8시간 작업을 기준으로 **85dB 이상**의 소음이 발생하는 작업을 말한다.

㉡ 강렬한 소음작업

<산업안전보건 기준>
① 90dB 이상의 소음이 1일 8시간 이상 발생하는 작업
② 95dB 이상의 소음이 1일 4시간 이상 발생하는 작업
③ 100dB 이상의 소음이 1일 2시간 이상 발생하는 작업
④ 105dB 이상의 소음이 1일 1시간 이상 발생하는 작업
⑤ 110dB 이상의 소음이 1일 30분 이상 발생하는 작업
⑥ 115dB 이상의 소음이 1일 15분 이상 발생하는 작업

<ACGIH 기준>
① 85dB 이상의 소음이 1일 8시간 이상 발생하는 작업
② 88dB 이상의 소음이 1일 4시간 이상 발생하는 작업
③ 91dB 이상의 소음이 1일 2시간 이상 발생하는 작업
④ 94dB 이상의 소음이 1일 1시간 이상 발생하는 작업
⑤ 97dB 이상의 소음이 1일 30분 이상 발생하는 작업
⑥ 100dB 이상의 소음이 1일 15분 이상 발생하는 작업

㉢ 충격소음작업
: 소음이 1초 이상의 간격으로 발생하는 작업으로서 다음 각 목의 어느 하나에 해당하는 작업을 말한다.

① 120dB을 초과하는 소음이 1일 10000회 이상 발생하는 작업
② 130dB을 초과하는 소음이 1일 1000회 이상 발생하는 작업
③ 140dB을 초과하는 소음이 1일 100회 이상 발생하는 작업

② 소음의 단위

　㉠ dB : 음압수준을 표시하는 한 방법으로 사용하는 단위이며 사람이 들을 수 있는 음압은 $0.00002 \sim 60\,N/m^2$이며 이것을 데시벨로 변환하여 사용하면 0~130dB이다.

　㉡ sone : 감각적인 음의 크기를 나타내는 양으로 1000Hz의 순음의 음 세기레벨 40dB의 음의 크기를 1sone으로 정의하고 있다.

　㉢ phon : 감각적인 음의 크기를 나타내는 양으로 1000Hz의 순음의 크기와 평균적으로 같은 크기로 느끼는 1000Hz 순음의 음 세기레벨을 1phon으로 정의하고 있다.

$$sone = 2^{\frac{phon-40}{10}} \qquad phon = 33.3\log(sone) + 40$$

(2) 소음의 물리적 특성

① 합성소음도

$$L = 10\log\left(10^{\frac{L_1}{10}} + 10^{\frac{L_2}{10}} + \cdots + 10^{\frac{L_n}{10}}\right)$$

여기서,
L : 합성소음도 $[dB]$
$L_1, L_2, \cdots, L_n$: 각 소음원의 소음 $[dB]$

② 평균소음도

$$\overline{L} = 10\log\left[\frac{1}{n}\left(10^{\frac{L_1}{10}} + 10^{\frac{L_2}{10}} + \cdots + 10^{\frac{L_n}{10}}\right)\right]$$

여기서,
$\overline{L}$: 평균소음도 $[dB]$
$L_1, L_2, \cdots, L_n$: 각 소음원의 소음 $[dB]$
n : 소음원의 개수

③ 음압수준(SPL)

$$SPL = 20\log\left(\frac{P}{P_o}\right)$$

여기서,
SPL : 음압수준(음압도, 음압레벨) $[dB]$
P : 대상음의 음압 $[N/m^2]$
P_o : 기준음압 $(= 2 \times 10^{-5}\,[N/m^2])$

④ 음의 세기레벨(SIL)

$$SIL = 10\log\left(\frac{I}{I_o}\right)$$

여기서,
SIL : 음의 세기레벨(음의 강도) $[dB]$
I : 대상음의 세기 $[W/m^2]$
I_o : 최소가청음세기 $(= 10^{-12}\,[W/m^2])$

⑤ 음향파워레벨(PWL)

$$PWL = 10\log\left(\frac{W}{W_o}\right)$$

여기서,
PWL : 음향파워레벨(음력수준)$[dB]$
W : 대상음원의 음향파워$[W]$
W_o : 기준음향파워$(=10^{-12}[W])$

⑥ 음압수준(SPL)과 음향파워레벨(PWL)의 관계식

㉠ 무지향성 점음원

ⅰ) 자유공간(공중, 구면파)

$$SPL = PWL - 20\log r - 11$$

ⅱ) 반자유공간(지상, 천장, 벽, 바닥, 반구면파)

$$SPL = PWL - 20\log r - 8$$

㉡ 무지향성 선음원

ⅰ) 자유공간(공중, 구면파)

$$SPL = PWL - 10\log r - 8$$

ⅱ) 반자유공간(지상, 천장, 벽, 바닥, 반구면파)

$$SPL = PWL - 10\log r - 5$$

여기서,
SPL : 음압수준$[dB]$
PWL : 음향파워레벨$[dB]$
r : 소음원으로부터의 거리$[m]$

⑦ 거리감쇠

㉠ 점음원

$$SPL_1 - SPL_2 = 20\log\left(\frac{r_2}{r_1}\right)$$

㉡ 선음원

$$SPL_1 - SPL_2 = 10\log\left(\frac{r_2}{r_1}\right)$$

여기서,
SPL_1 : 음원으로부터 r_1 떨어진 지점의 음압레벨$[dB]$
SPL_2 : 음원으로부터 r_2 떨어진 지점의 음압레벨$[dB]$ ($r_2 > r_1$)
$SPL_1 - SPL_2$: 거리감쇠치$[dB]$

⑧ 주파수 관계식

$$f_L = \frac{f_C}{\sqrt{2}} \qquad f_U = 2f_L$$

여기서,
f_C : 중심 주파수$[Hz]$
f_L : 하한 주파수$[Hz]$
f_U : 상한 주파수$[Hz]$

⑨ 정상청력을 가진 사람의 가청주파수 영역 : 20~20000Hz

⑩ 음속

$C = f \times \lambda$

$C = 331.42 + 0.6t$

여기서,
C : 음속 $[m/sec]$
f : 주파수 $[1/sec = Hz]$
λ : 파장 $[m]$
t : 음전달 매질의 온도 $[℃]$

⑪ 음의 지향성

㉠ 지향성
: 음원에서 방출되는 음의 강도가 방향(혹은 공간)에 따라 변화하는 상태

㉡ 지향계수(Q)
: 특정 방향에 대한 음의 지향도를 나타낸 것으로, **특정방향의 에너지와 평균에너지의 비**

㉢ 지향지수(DI)
: 지향계수를 dB 단위로 나타낸 것

$DI = 10 \log Q$

여기서,
DI : 지향지수 $[dB]$
Q : 지향계수

위치	그림	지향계수
음원이 자유공간 (공중)에 있을 때 ($Q=1$)		$DI = 10\log 1 = 0 dB$
음원이 반자유 공간 (바닥 위)에 있을 때 ($Q=2$)		$DI = 10\log 2 = 3 dB$
음원이 두 면이 접하는 구석에 있을 때 ($Q=4$)		$DI = 10\log 4 = 6 dB$
음원이 세 면이 접하는 구석에 있을 때 ($Q=8$)		$DI = 10\log 8 = 9 dB$

⑫ 등청감곡선

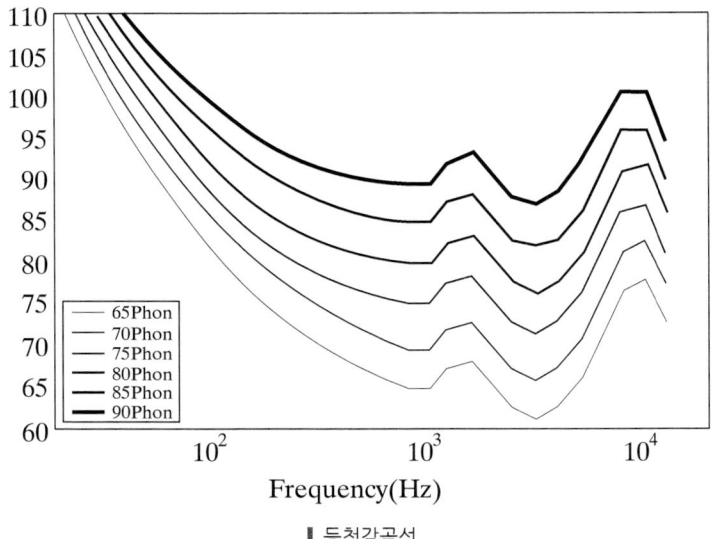

▮ 등청감곡선

㉠ 등청감곡선이란, 정상적인 청력을 가진 사람들을 대상으로 1가지 주파수로 구성된 음에 대하여 느끼는 소리의 크기를 실험한 곡선이다.

㉡ 인간의 청감은 **4000Hz 주위의 음**에서 매우 예민하며 저주파 영역에선 둔한 편이다.

⑬ 청감보정회로

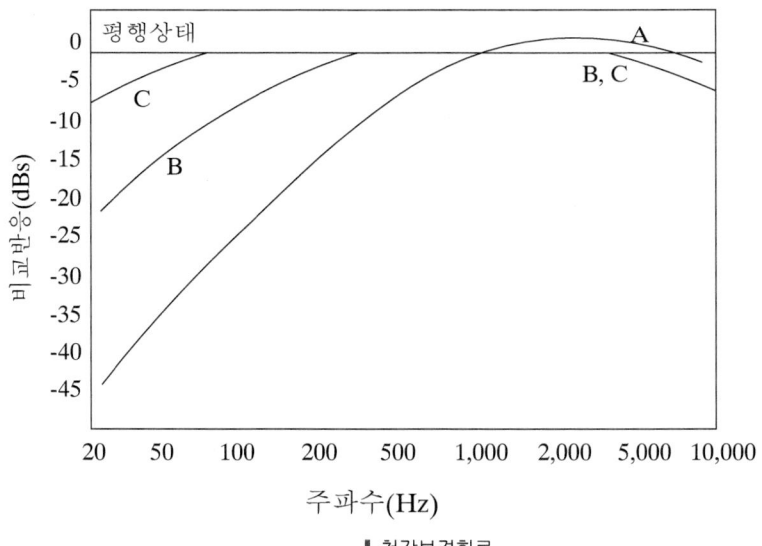

▮ 청감보경회로

㉠ 등청감곡선을 역으로 한 보정회로이며, 소음계에 내장되어 있다.
  A청감보정회로-40phon, B청감보정회로-70phon, C청감보정회로-100phon이다.

ⓒ A청감보정회로(A특성)은 사람의 청각에 대한 반응에 가깝게 음을 측정하여 나타낼 때 사용하는 단위인 dB(A)라 표현한다.

ⓒ C청감보정회로(C특성)은 실제적으로 물리적인 음에 맞춘 것이며, dB(C)라 표현한다.)

ⓔ A,B,C 특성치가 거의 일치되는 주파수는 1000Hz이다.

ⓜ $dB(A) \ll dB(C)$: 저주파 성분
　　$dB(A) \approx dB(C)$: 고주파 성분

⑭ C_5-dip 현상
: 소음성 난청 초기단계로서 4000Hz에서 청력장애가 커지는 현상

(3) 소음의 생체 작용

① 평균청력손실 평가 계산식 : **평균청력손실값이 25dB 이상이면 난청으로 평가**한다.

ⓐ 4분법

$$평균청력손실[dB] = \frac{a+2b+c}{4}$$

여기서,
a : 옥타브밴드 중심주파수 500Hz에서의 청력손실[dB]
b : 옥타브밴드 중심주파수 1000Hz에서의 청력손실[dB]
c : 옥타브밴드 중심주파수 2000Hz에서의 청력손실[dB]

ⓑ 6분법

$$평균청력손실[dB] = \frac{a+2b+2c+d}{6}$$

여기서,
d : 옥타브밴드 중심주파수 4000Hz에서의 청력손실[dB]

② 난청

난청	설명
일시적 청력손실 (TTS)	4000~6000Hz에서 가장 많이 발생하는 강력한 소음에 노출되어 생기는 난청이다. 영구적 소음성 난청의 예비신호이다.
영구적 청력손실 (PTS)	4000Hz에서 가장 심하게 발생하는 소음성 난청으로 비가역적 청력저하, 강력한 소음 및 지속적인 소음 노출에 의해 영구적인 청력저하가 발생한다.
노인성 난청	6000Hz에서 난청이 시작되는 노화에 의한 퇴행성 질환이다.

③ 소음성 난청

㉠ 소음성 난청의 업무재해 인정기준

: **연속음으로 85dB(A) 이상**의 소음에 노출되는 작업장에서 **3년 이상 종사**하거나 종사한 경력이 있는 근로자로서 **한 귀의 청력손실이 40dB 이상**이 되는 감각신경성 난청의 증상 또는 소견이 있을 것으로 정하고 있다.

㉡ 소음성 난청에 영향을 미치는 인자

영향인자	설명
소음 크기	음압수준이 클수록 영향이 크다.
개인 감수성	소음에 노출된 사람이 전부 똑같이 반응하지 않으며, 감수성이 높은 사람이 극소수로 존재한다.
소음의 주파수 구성	고주파음이 영향이 크다.
소음의 발생 특성	지속적 소음 노출이 간헐적 소음 노출보다 영향이 크다.

(4) 소음에 대한 노출기준

① 강렬한 소음작업(국내기준, OSHA기준) : 기준 : 90dB(A), 5dB 변화

1일 노출시간 $[hr]$	소음수준 $[dB(A)]$
8	90
4	95
2	100
1	105
$\frac{1}{2}$	110
$\frac{1}{4}$	115

② 강렬한 소음작업(ACGIH기준) : 기준 : 85dB(A), 3dB 변화

1일 노출시간 $[hr]$	소음수준 $[dB(A)]$
8	85
4	88
2	91
1	94
$\frac{1}{2}$	97
$\frac{1}{4}$	100

③ 충격 소음작업(국내)

소음수준[dB]	1일 작업시간 중 허용횟수
140	100
130	1000
120	10000

✔ 충격소음은 최대음압수준이 **120dB 이상**인 소음이 **1초 이상의 간격**으로 발생하는 것을 말한다.
✔ 최대음압수준이 140dB(A).를 초과하는 충격소음에 노출되어서는 아니된다.

(5) 소음의 측정 및 평가

① 측정방법

㉠ 소음측정에 사용되는 기기는 **누적소음 노출량측정기, 적분형소음계 또는 이와 동등 이상의 성능이 있는 것**으로 하되 개인 시료채취 방법이 불가능한 경우에는 지시소음계를 사용할 수 있으며, 발생시간을 고려한 **등가소음레벨 방법으로 측정**할 것. 다만, 소음발생 간격이 1초 미만을 유지하면서 계속적으로 발생되는 소음을 지시소음계 또는 이와 동등 이상의 성능이 있는 기기로 측정할 경우에는 그러하지 아니할 수 있다.

㉡ **소음계의 청감보정회로는 A특성**으로 할 것

㉢ 제1호 단서규정에 따른 소음측정은 다음과 같이 할 것

> ① 소음계 지시침의 동작은 느린(Slow) 상태로 한다.
> (소음진동공정시험기준에 따른 소음계의 동특성은 원칙적으로 빠름(Fast)모드로 하여 측정한다.
> ② 소음계의 지시치가 변동하지 않는 경우에는 해당 지시치를 그 측정점에서의 소음수준으로 한다.

㉣ 누적소음노출량 측정기로 소음을 측정하는 경우에는 Criteria는 90dB, Exchange Rate는 5dB, Threshold는 80dB로 기기를 설정할 것

㉤ 소음이 1초 이상의 간격을 유지하면서 최대음압수준이 120dB(A)이상의 소음인 경우에는 소음수준에 따른 1분 동안의 발생횟수를 측정할 것

② 측정위치

> ① 개인 시료채취 방법으로 측정하는 경우에는 소음측정기의 센서 부분을 작업 근로자의 귀 위치 (귀를 중심으로 반경 30cm인 반구)에 장착하여야 한다.
> ② 지역 시료채취 방법으로 측정하는 경우에는 소음측정기를 측정대상이 되는 근로자의 주 작업 행동 범위 내에서 작업근로자 귀 높이에 설치하여야 한다.

③ 측정시간

> ① 단위작업 장소에서 소음수준은 규정된 측정위치 및 지점에서 1일 작업시간 동안 6시간 이상 연속 측정하거나 작업시간을 1시간 간격으로 나누어 6회 이상 측정하여야 한다. 다만, 소음의 발생특성이 연속음으로서 측정치가 변동이 없다고 자격자 또는 지정측정기관이 판단한 경우에는 1시간 동안을 등간격으로 나누어 3회 이상 측정할 수 있다.
> ② 단위작업 장소에서의 소음발생시간이 6시간 이내인 경우나 소음발생원에서의 발생시간이 간헐적인 경우에는 발생시간동안 연속 측정하거나 등간격으로 나누어 4회 이상 측정하여야 한다.

④ 소음수준의 평가

㉠ 1일 작업시간 동안 연속 측정하거나 작업시간을 1시간 간격으로 나누어 6회 이상 소음수준을 측정한 경우에는 이를 평균하여 8시간 작업시의 평균소음수준으로 한다.

㉡ 단위작업 장소에서의 소음발생시간이 6시간 이내인 경우나 소음발생원에서의 발생시간이 간헐적인 경우에는 발생시간동안 연속 측정하거나 등간격으로 나누어 4회 이상 측정한 경우에는 이를 평균하여 그 기간 동안의 평균소음수준으로 하고 이를 1일 노출시간과 소음강도를 측정하여 등가소음레벨방법으로 평가한다.

㉢ 지시소음계로 측정하여 등가소음레벨방법을 적용할 경우에는 다음 계산식에 따라 산출한 값을 기준으로 평가한다.

$$Leq[dB(A)] = 16.61 \log \frac{n_1 \times 10^{\frac{LA_1}{16.61}} + n_2 \times 10^{\frac{LA_2}{16.61}} + \cdots + n_n \times 10^{\frac{LA_n}{16.61}}}{각\ 소음레벨\ 측정치의\ 발생시간\ 합}$$

여기서,
LA : 각 소음레벨의 측정치$[dB(A)]$
n : 각 소음레벨 측정치의 발생시간(분)

㉣ 단위작업 장소에서 소음의 강도가 불규칙적으로 변동하는 소음 등을 누적소음 노출량측정기로 측정하여 노출량으로 산출되었을 경우에는 시간가중평균 소음수준으로 환산하여야 한다. 다만, 누적소음 노출량측정기에 따른 노출량 산출치가 주어진 값보다 작거나 크면 시간가중평균소음은 다음 계산식에 따라 산출한 값을 기준으로 평가할 수 있다.

$$TWA = 16.61 \log \left(\frac{D}{100}\right) + 90$$

여기서,
TWA : 시간가중평균 소음수준$[dB(A)]$
D : 누적소음노출량[%]
100 : 8시간 기준 노출시간/일

ⓔ 1일 작업시간이 8시간을 초과하는 경우에는 다음 계산식에 따라 보정노출기준을 산출한 후 측정치와 비교하여 평가하여야 한다.

$$TWA = 16.61\log\left(\frac{D}{12.5 \times h}\right) + 90$$

여기서,
h : 노출시간/일

ⓑ 누적소음 노출량(D)

$$D = \left(\frac{C_1}{T_1} + \frac{C_2}{T_2} + \cdots + \frac{C_n}{T_n}\right) \times 100$$

여기서,
D : 누적소음 노출량[%]
C : 각 소음레벨측정치[dB]
T : 각 폭로허용시간(TLV)

ⓢ 노출지수

$$노출기준(EI) = \frac{C_1}{T_1} + \frac{C_2}{T_2} + \cdots + \frac{C_n}{T_n}$$

여기서,
C : 각 소음레벨측정치[dB]
T : 각 폭로허용시간(TLV)

$EI > 1$: 노출기준을 초과
$EI < 1$: 노출기준을 초과하지 않음

(6) 청력보호구

① 청력 보호구

- 귀마개는 25~35dB(A), 귀덮개는 35~45dB(A) 정도의 차음효과가 있으며 두 개를 동시에 착용하면 추가적으로 3~5dB(A) 차음 효과가 있다.
- 귀마개는 고주파수영역(약 4000Hz)에서 차음효과가 가장크다.

㉠ 귀마개(Ear Plug)

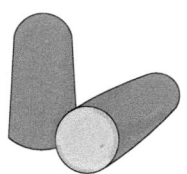

▎귀마개

ⅰ) 구분

종류	등급	기호	성능
귀마개	1종	EP-1	저음부터 고음까지 차음하는 것
	2종	EP-2	주로 고음을 차음하여 회화음 영역인 저음은 차음하지 않는 것
귀덮개	-	EM	-

ii) 귀마개의 장단점

장점	단점
① 착용이 간편하다. ② 부피가 작아 휴대하기 쉽다. ③ 가격이 저렴하다. ④ 보안경이나 안전모 착용에 방해되지 않는다. ⑤ 고온작업 시 사용이 가능하다. ⑥ 좁은 장소에서 사용이 가능하다.	① 귀질환이 있는 근로자는 사용할 수 없다. ② 차음효과가 귀덮개에 비해 떨어진다. ③ 사람에 따라 차음효과의 차이가 크다. ④ 제대로 착용하기 위해 시간이 걸리고 착용요령을 습득해야 한다. ⑤ 땀이 많이 나는 여름에는 외이도염을 유발할 수 있다. ⑥ 더러운 손으로 귀마개를 만지면 외이도가 오염될 수 있다. ⑦ 착용여부 파악이 곤란하다. ⑧ 보안경 착용시 차음효과가 감소 한다.

ⓒ 귀덮개(Ear Muff) : 간헐적 소음 노출 시 적합

귀덮개의 차음효과 : 저음역 20dB 이상, 고음역 45dB 이상

┃귀덮개

i) 귀덮개의 장단점

장점	단점
① 귀마개보다 차음효과가 크다. ② 귀마개보다 차음효과 개인차가 적다. ③ 귀마개보다 일관성 있는 차음효과를 얻을 수 있다. ④ 귀마개보다 착용이 쉽다. ⑤ 고음영역의 차음효과가 탁월하다. ⑥ 귀에 염증이 있더라도 착용 가능하다. ⑦ 대부분의 근로자가 동일한 크기의 귀덮개 사용이 가능하다. ⑧ 멀리서도 착용 유무를 확인할 수 있다. ⑨ 크기를 여러 가지로 할 필요가 없다.	① 고온 환경에서 사용이 불편하다. ② 장시간 사용하면 불편하다. ③ 보안경이나 안전모를 착용하는 근로자는 사용 시 불편하며 차음효과가 떨어진다. ④ 귀마개보다 가격이 비싸다. ⑤ 귀덮개를 오래 사용하여 귀덮개의 귀걸이가 휘거나 탄력성이 떨어지면 차음효과가 떨어진다.

② 차음효과(OSHA)

$$차음효과 = (NRR - 7) \times 0.5$$

여기서,
NRR : 차음평가수

(7) 소음 관리 및 예방 대책

① 실내소음 저감량(NR)

$$NR = SPL_1 - SPL_2 = 10\log\left(\frac{A_2}{A_1}\right) = 10\log\left(\frac{A_1 + A_\alpha}{A_1}\right)$$

여기서,
NR : 감음량[dB]
SPL_1, SPL_2 : 실내면에 대한 흡음대책 전후 실내 음압레벨[dB]
A_1, A_2 : 실내면에 대한 흡음대책 전후 실내 흡음력[m^2, $sabin$]
A_α : 실내면에 대한 흡음대책 전 실내흡음력에 추가된 흡음력[m^2, $sabin$]

② 잔향시간(반향시간, T)
: 실내에서 **음원을 끈 순간 음압레벨이 60dB 감소하는 데 소요되는 시간**

$$T = \frac{0.161 V}{A} = \frac{0.161 V}{\overline{a} S}$$

여기서,
T : 잔향시간[sec]
V : 실내 체적[m^3]
A : 실내면의 총 흡음력[m^2, $sabin$]
S : 실내면의 총 표면적[m^2]
$\overline{a}$: 실내 평균흡음률

③ 평균흡음률

$$평균흡음률 = \frac{S_1\overline{a_1} + S_2\overline{a_2} + \cdots S_n\overline{a_n}}{S_1 + S_2 + \cdots + S_n}$$

여기서,
S : 사용 재료 면적[m^2]
$\overline{a}$: 사용 재료 흡음률

④ 실내 평균흡음률 구하는 방법
  ㉠ 계산방법
  ㉡ 표준음원에 의한 방법
  ㉢ 잔향시간 측정에 의한 방법

⑤ 흡음률 측정법
  ㉠ 잔향실법
  ㉡ 관내법(정재파법)

⑥ 흡음재의 종류

  ㉠ 다공질형 흡음재
  : 음에너지를 운동에너지로 바꿔 열에너지로 전환하는 흡음재이며, 종류로는 **석면, 섬유, 암면, 유리솜, 발포수지 재료** 등이 있다.

ⓒ 판진동형 흡음재(막진동형)
: 판 자체의 내부손실 또는 접합부의 마찰저항에 의해 진동에너지가 열에너지로 전환하는 흡음재이며, 종류로는 **석고보드, 석면슬레이트, 비닐시트** 등이 있다.

ⓒ 공명흡음재
: 공기의 진동이 심할 때 마찰에 의한 열에너지 변화율도 증대되어 흡음효과가 발생하는 흡음재이며, 종류로는 **단일 공명기, 다공판 공명기, 격자 및 슬릿 흡음공명기** 등이 있다.

⑦ 차음

ⓐ 투과율

$$투과율 = \frac{I_t}{I_i}$$

여기서,
I_i : 입사음의 세기 $[W/m^2]$
I_t : 투과음의 세기 $[W/m^2]$

ⓑ 투과손실(TL)

$$TL = 10\log \frac{1}{투과율}$$

$$투과율 = 10^{-\frac{TL}{10}}$$

여기서,
TL : 투과손실 $[dB]$

ⓒ 수직입사(질량법칙)

$$TL = 20\log(m \times f) - 43$$

여기서,
m : 차음재의 면밀도 $[kg/m^2]$
f : 입사 주파수 $[Hz]$

⑧ 소음관리대책(방음대책) 방법

ⓐ 음원 대책(발생원 대책) – 적극적 대책

① 발생원 제거
② 소음기 설치
③ 방음커버 설치
④ 흡음덕트 설치
⑤ 방진, 제진

ⓑ 전파경로 대책

① 흡음
② 차음
⑫ 방음벽 설치
④ 거리감쇠
⑤ 지향성 변환

ⓒ 수음대책 - 소극적 대책

| ① 귀마개 또는 귀덮개 착용 |
| ② 마스킹 효과 |
| ③ 이중창 설치 |
| ④ 작업환경 개선 |

⑨ 분야별 소음대책

ⓐ 공학적 대책 : **흡음, 차음**
ⓑ 작업관리 대책 : **작업방법 변경, 저소음기계로 대체**
ⓒ 근로자 건강보호 대책 : **귀마개 착용, 귀덮개 착용**

⑩ 고체음의 대책

ⓐ 제진
ⓑ 공명방지
ⓒ 가진력 억제
ⓓ 방사면 축소

⑪ 공기음의 대책

ⓐ 밸브의 다단화
ⓑ 분출 유속 저감
ⓒ 관 곡률 완화

⑫ 관(튜브) 토출 시 발생하는 취출음의 대책

ⓐ 소음기 부착
ⓑ 토출 유속 저하

⑬ 소음기의 종류

ⓐ 공명형 소음기
ⓑ 간섭형 소음기
ⓒ 팽창형 소음기
ⓓ 흡음덕트형 소음기

⑭ 소음의 생리적 영향

ⓐ 혈압 증가, 맥박수 증가, 위분비액 감소, 집중력 감소
ⓑ 호흡횟수 증가, 호흡깊이 감소
ⓒ 타액분비량 증가, 위 수축운동 저하, 위액산도 저하
ⓓ 혈당도 상승, 백혈구 수 증가, 아드레날린 증가

3-2 진동

(1) 진동의 정의 및 구분

① 진동의 정의
  : 물체 또는 질점이 외력을 받아 평형위치에서 요동하거나 떨리는 현상을 뜻한다.

② 진동작업
  : 다음 각 목의 어느 하나에 해당하는 기계·기구를 사용하는 작업을 말한다.

> ① 착암기
> ② 동력을 이용한 해머
> ③ 체인톱
> ④ 엔진 커터
> ⑤ 동력을 이용한 연삭기
> ⑥ 임팩트 렌치
> ⑦ 그 밖에 진동으로 인하여 건강장해를 유발할 수 있는 기계·기구

③ 진동수에 따른 구분

  ㉠ **전신진동 : 2~100Hz** (공해진동 : 1~90Hz)
  ㉡ **국소진동 : 8~1500Hz**
  ㉢ 인간이 느끼는 최소 진동역치 : 55±5dB
  ㉣ 수직진동 : 4~8Hz
  ㉤ 수평진동 : 1~2Hz
  ㉥ **전신은 4Hz, 두부와 견부는 20~30Hz, 안구는 60~90Hz 진동에 공명**한다.

(2) 진동의 물리적 성질

① 진동크기의 3요소

  ㉠ 변위
  ㉡ 속도
  ㉢ 가속도

② 진동 시스템 구성 3요소

  ㉠ 질량
  ㉡ 탄성
  ㉢ 댐핑

(3) 진동의 생체 작용

① 전신진동의 생체 작용

㉠ 전신진동의 특징

> ① 전신진동이란, 신체 전신에 전파되는 진동을 의미한다.
> ② 저주파(2~100Hz)에서 장해를 유발한다. (4~12Hz에서 가장 민감)
> ③ 진동수, 가속도가 클수록 장해 및 진동감각이 증가한다.

㉡ 전신진동 영향

> ① 전신진동에 의한 영향은 자율신경, 특히 순환기에서 크게 나타난다.
> ② 두통, 현기증, 구토, 생식기 기능 이상
> ③ 말초혈관 수축 및 혈압 상승
> ④ 맥박 증가
> ⑤ 발한 및 피부 전기저항 저하
> ⑥ 수직 및 수평 진동이 동시에 가해져 2배의 자각현상이 일어남
> ⑦ 산소소비량 증가 및 폐환기량 증가
> ⑧ 내분비계 장해

㉢ 외부진동의 진동수와 고유장기의 진동수가 일치할 때 나타나는 공명현상

진동수	영향
3Hz 이하	구토, 팽만감, 급성으로 상복부 통증, 멀미(Motion Sickness)
6Hz	가슴, 등 통증
13Hz	머리, 안면, 볼, 눈꺼풀 영향
4~12Hz	복통, 압박감, 욱신거림
9~20Hz	대소변욕구, 무릎탄력감 영향
20~30Hz	두부, 견부, 시각, 청각장애
60~90Hz	안구

㉣ 전신진동에 의한 생체반응에 관여하는 영향인자

> ① 진동수
> ② 진동방향
> ③ 진동강도
> ④ 폭로시간

㉤ 전신진동 대책

> ① 근로자 보건교육 실시
> ② 방진매트 사용
> ③ 작업시간 단축
> ④ 전파경로 차단

② 국소진동의 생체 작용

㉠ 국소진동의 특징

> ① 국소진동이란, 국소적으로 손, 발 등 신체의 특정 부위로 전달되는 진동을 의미한다.
> ② 고주파(8~1500Hz)에서 장해를 유발한다.
> ③ 국소진동에 의해 혈관신경계장해가 발생하여 근육통, 관절통, 손가락 마비 등 장해를 초래한다.

㉡ 국소진동 대책

> ① 진동공구 무게는 10kg 이상 초과하지 않게끔 한다.
> ② 작업 시 따뜻하게 체온 유지한다.
> ③ 진동공구 사용 시 두꺼운 장갑을 착용한다.
> ④ 공구의 손잡이를 세게 잡지않고 적당히 잡는다.
> ⑤ 한번에 많이 휴식하는 것보다, 여러 번 자주 휴식하는 것이 좋다.

㉢ 레이노씨 현상(Raynaud's 현상)
 : 국소진동으로 인해 말초혈관운동 장해가 발생하여 수지가 창백해지고 손이 차가워지고 통증이 발생하는 현상으로 한랭작업조건에서 증상이 악화되며, 착암기 또는 해머 공구를 장기간 사용한 근로자에게 유발되기 쉬운 직업병이다.

㉣ 진동증후군(HAVS)에 대한 스톡홀름 워크숍 분류

단계	증상 및 징후
0단계	- 증상이 없음
1단계	- 가벼운 증상 - 하나 이상의 손가락 끝부분이 하얗게 변하는 증상
2단계	- 보통 증상 - 하나 이상의 손가락 중간부위 이상이 때때로 나타나는 증상
3단계	- 심각한 증상 - 대부분 수지들 전체에 빈번하게 나타나는 증상
4단계	- 매우 심각한 증상 - 대부분의 손가락이 하얗게 변하는 증상 - 위의 증상과 동시에 손끝에서 땀의 분비가 제대로 일어나지 않는 등 변화

(4) 방진보호구

① 금속스프링

㉠ 환경요소에 대한 저항이 크다.
㉡ 저주파 차진에 좋다.
㉢ 다양한 형상으로 제작이 가능하며 내구성이 좋다.
㉣ 최대변위가 허용된다.
㉤ 감쇠가 거의 없으며 공진 시 전달률이 매우 크며, 로킹이 일어난다.

② 방진고무

　㉠ 여러 형태로 철물에 부착이 가능하다.
　㉡ 공진 시 진폭이 지나치게 커지지 않는다.
　㉢ 고무 자체 내부 마찰로 적당한 저항을 갖는다.
　㉣ 고주파 진동의 차진에 양호하다.
　㉤ 공기 중 오존에 의해 산화된다.
　㉥ 내구성, 내유성, 내열성, 내약품성이 약하다.
　㉦ 소형, 중형 기계에 많이 사용된다.
　㉧ 열화되기 쉽다.

③ 공기스프링

　㉠ 압축기 등 부대시설이 필요하다.
　㉡ 부하능력이 광범위하다.
　㉢ 구조가 복잡하고 시설비가 많이 든다.
　㉣ 별도의 댐퍼가 필요하다.
　㉤ 하중부하 변화에 따라 고유진동수를 일정하게 유지한다.

④ 코르크

　㉠ 재질이 일정하지 않아 정확한 설계가 곤란하고 처짐을 크게 하는게 불가능하다.
　㉡ 고유진동수가 10Hz 내외로 고체음의 전파방지에 이용된다.

⑤ 펠트
: 고체음 전파방지에 이용된다.

(5) 진동방지 대책

대책	설명
발생원 대책	① 진동원을 제거한다 - 가장 적극적인 대책 ② 기초 중량의 부가 및 경감시킨다. ③ 탄성을 지지한다. ④ 불평형력의 평형을 유지한다. ⑤ 가진력을 감소시킨다.
전파경로 대책	① 거리감쇠를 크게한다. ② 전파경로를 차단한다.
수진측 대책	① 수진측에 탄성을 지지한다. ② 보건교육을 실시한다. ③ 작업시간을 단축한다. ④ 교대제를 실시한다.

Chapter 4

방사선

4-1 전리방사선

(1) 전리방사선의 개요

① 방사선의 정의
: 방사성 물질이 더 안정한 물질로 붕괴될 때나 기타 원인으로 발생하는 입자선 혹은 전자기파이며, 사람의 생체에서 **이온화시키는 데 필요한 최소에너지를 기준으로 전리방사선과 비전리방사선으로 구분**한다.

② 전리방사선과 비전리방사선의 구분
: 광자에너지의 강도 **12eV를 전리방사선과 비전리방사선의 경계선**으로 두어, 12eV 이하의 에너지를 가지는 방사선을 비전리방사선(전자파), 12eV 이상이면 전리방사선(이온화방사선)으로 구분한다.

(2) 전리방사선의 종류

전리방사선	종류
전자기 방사선	① γ선 ② X-Ray(X선)
입자 방사선	① α선 ② β선 ③ 중성자

(3) 전리방사선의 물리적 특성

① 알파선(α선)

㉠ 원자핵으로부터 방출되는 고속의 **헬륨 원자핵으로 중성자 2개와 양성자 2개로 구성**되어 있어 질량수는 4AMU이며, 전기적인 전하량은 +2이다.

㉡ **투과력은 가장 약하지만, 전리작용은 가장 강하다.**

㉢ 피부나 인체 내 오염이 발생하면 알파선이 가지고 있는 모든 에너지를 인체에 전달하게 되므로 위험성이 커지게 된다.

㉣ **외부조사보다 체내 흡입 및 섭취로 인한 내부조사의 피해가 가장 큰 전리방사선이다.**

② 베타선(β선)

　㉠ 핵에서 방출되는 **전자의 흐름**으로, 전리작용은 약하지만, 투과력이 강하다.
　㉡ 외부조사도 잠재적 위험이 되지만 **내부조사가 훨씬 큰 건강상 위해를 일으킨다.**

③ 중성자

　㉠ 전기적인 성질이 없거나 파동성을 가지고 있는 입자형태의 방사선이다.
　㉡ **수소 동위원소를 제외한 모든 원자핵에 존재**한다.

④ 감마선(γ선)

　㉠ **X-Ray(X선)과 동일한 특성을 가진 전자파 전리방사선으로 입자형태가 아니다.**
　㉡ 원자핵 전환에 따라 방출되는 자연 발생적 전자파이다.
　㉢ **전리작용은 가장 약하지만, 투과력은 가장 강하다.**
　㉣ 때때로 α선이나 β선과 함께 방출된다.
　㉤ **파장이 매우 짧은 형태의 전자기파**이다.

⑤ X-Ray(X선, 뢴트겐선)

　㉠ **에너지가 클수록 파장이 짧아진다.** (역비례 관계)
　㉡ 파장이 짧은 형태의 전자기파이다.

⑥ 방사선 인체투과력 · 전리작용 · 감수성

　㉠ 인체 투과력 순서 : 중성자 > X선 or γ > β > α

　㉡ 전리작용 순서 : 중성자 > α > β > X선 or γ

　㉢ 전리방사선에 대한 감수성 순서
　　: $\begin{bmatrix} \text{골수, 흉선 및 림프조직(조혈기관)} \\ \text{눈의 수정체, 임파선} \end{bmatrix}$ > $\begin{matrix} \text{상피세포} \\ \text{내피세포} \end{matrix}$ > 근육세포 > 신경조직

⑦ 방사선의 단위

　㉠ 뢴트겐(Rontgen, R)

　　- **조사선량(방사선량) 단위**이다.

　　- 1R : 전리작용에 의해 건조 공기 1kg당 2.58×10^{-4} 쿨롱의 전기량을 만들어내는 X선 또는 γ선의 세기를 의미한다.

　　- $1R = 2.58 \times 10^{-4} [C/kg]$

ⓒ 큐리(Curie, Ci)
- 방사성 물질의 양 단위이다.
- 단위시간 당 발생하는 방사선 붕괴율이다.
- 라듐이 붕괴하는 원자 수를 기초로 하여 정해졌으며 1초간 3.7×10^{10}개의 원자붕괴가 일어나는 방사성 물질의 양이다.
- $1Ci = 3.7 \times 10^{10} Bq$

ⓓ 베크렐(Bq)
- 방사성 물질의 양 단위이다.
- 1초에 하나의 방사선의 붕괴가 일어나는 방사능의 세기이다.

ⓔ 래드(rad)
- 흡수선량 단위이다.
- 1rad : 피조사체 1g당 100erg의 에너지 흡수를 일으키는 방사선량

ⓜ Gy(Gray)
- 흡수선량의 단위이다.
- 1Gy = 100rad = 1J/kg이다.

ⓗ 렘(rem)
- 선당량(생체실효선량)의 단위이다.

$$rem = rad \times RBE$$

여기서,
rem : 생체실효선량
rad : 흡수선량
RBE : 상대적 생물학적 효과비
- X선, γ선, β선 : RBE = 1 (기준)
- 열중성자 : RBE = 2.5
- 느린중성자 : RBE = 5
- α선, 양자, 고속중성자 : RBE = 10

ⓢ Sv(Sievert)
- 선당량(생체실효선량)의 단위이다.
- 1Sv = 100rem이다.

◎ 테슬라(T) : 단위면적을 통과하는 자속의 양이다.

구분	단위	비고
방사성물질의 양	베크렐(Bq), 큐리(Ci)	$1Ci = 3.7 \times 10^{10} Bq$
흡수선량	그레이(Gy), 라드(rad)	$1rad = 0.01 Gy$
방사선량	뢴트겐(R)	$1R = 2.58 \times 10^{-4} C/kg$
선당량(생체실효선량)	시버트(Sv), 렘(rem)	$1Sv = 100 rem$
자속 밀도	테슬라(T)	-

(4) 전리방사선의 생물학적 작용

① 전리방사선이 인체에 미치는 영향인자

㉠ 투과력
㉡ 피폭선량
㉢ 피폭방법
㉣ 전리작용
㉤ 조직 감수성

② 전리방사선 건강영향

㉠ α선은 투과력이 작은 편으로 피부를 통한 영향이 매우 적은 편이다.
㉡ 방사선은 전자를 유리시켜 이온화하고 원자의 들뜸현상을 일으킨다.
㉢ 단백질, 지질, 탄수화물 및 DNA 등 생체 구성 성분을 손상시킨다.

③ 생체성분의 손상이 발생하는 순서

분자수준의 손상 > 세포수준의 손상 > 조직 및 기관의 손상 > 발암현상

(5) 관리대책

① 전리방사선 관리대책

㉠ 시간
㉡ 거리
㉢ 차폐

4-2 비전리방사선

(1) 비전리방사선의 개요

: 비전리방사선이란, 긴 파장을 가지고 있어 원자를 전리시키지 못하고, **주파수가 감소하는 순서에 따라 자외선, 가시광선, 적외선, 마이크로파, 라디오파, 초저주파, 극저주파, 레이저가 있다.**

(2) 비전리방사선의 종류에 따른 물리적 특성 및 생물학적 작용

① 자외선(화학선) (100~400nm, 1000~4000Å)

㉠ 자외선의 분류

분류	파장	발생
UV-C	100~280nm (1000~2800Å)	피부의 색소침착
UV-B (도르노선)	280~315nm (2800~3150Å)	소독작용, 비타민 D형성(건강선, 생명선) 피부노화, 홍반, 각막염, 피부암 유발
UV-A (근자외선)	315~400nm (3150~4000Å)	피부노화 촉진, 백내장

㉡ 자외선의 생물학적 작용

: 자외선은 광화학적 반응에 의해 오존(O_3) 또는 트리클로로에틸렌을 독성이 강한 포스겐($COCl_2$)으로 전환시킨다.

분류	생물학적 작용
피부 장해	- 피부암 발생 • 280~315nm의 파장에서 피부암이 발생할 수 있다. • 옥외 작업을 하면서 콜타르의 유도체, 벤조피렌, 안트라센 화합물과 상호작용하여 피부암을 유발시킨다. - 피부의 비후 : 자외선에 의해 진피 두께가 두꺼워진다. - 피부홍반 형성 및 색소 침착 : 200~290nm에서 홍반작용이 강하게 발생한다.
눈 장해	- 240~310nm 파장에서 백내장 및 결막염을 일으킨다. - 급성각막염 발생 : 자외선 살균취급자, 전기용접자 등에서 **자외선에 의한 전광성 안염(전기성 안염)**이 발생한다.
비타민 D 생성	- 280~320nm의 파장에서 비타민 D가 생성된다.
살균작용	- 254~280nm의 파장에서 강한 살균작용을 한다. - 254nm 파장 부근에서 살균작용이 가장 강하다.
전신 건강장해	- 적혈구, 백혈구, 혈소판이 증가한다. - 2차적 증상으로 두통, 피로, 불면, 홍분, 체온상승이 나타난다.

② 적외선(열선) (750~1200nm, 7500~120000Å)

㉠ 물리적 특성

- 태양복사에너지 52%를 차지한다.
- 절대온도 이상의 어떠한 물체든 적외선을 복사한다.
- 용접, 제강, 야금공정, 레이저, 가열램프 작업, 초자제조공정 등에서 발생한다.
- 피부조직 온도를 증가시켜 **충혈, 혈관확장, 두부장해, 각막손상**을 일으킨다.

㉡ 적외선의 분류[국제 조명위원회(CIE)의 구분]

구분	파장
IR-A	700nm ~ 1400nm
IR-B	1400nm ~ 3000nm
IR-C	3000nm ~ 1mm

㉢ 자외선의 생물학적 작용
: 적외선이 신체에 조사되면 일부가 반사되고 나머지는 조직에 흡수되며, 화학반응을 일으키는 것이 아닌 조직온도가 상승한다.

분류	생물학적 작용
피부 장해	- 피부투과성은 700~760nm 파장 범위에서 가장 강하다. - 색소침착, 급성 피부화상 등을 일으킨다. - 해당 부위에 온도가 오르면 홍반이 생기고 혈관 확장 및 암 변성을 유발한다.
눈 장해	- 1400nm 이상의 적외선은 각막손상을 유발한다. - 1400nm 이하의 적외선에 만성적으로 폭로되면 적외선 백내장을 유발한다.
두부 장해	- 강렬한 적외선은 뇌막 자극 증상인 열사병 및 의식상실 등을 유발한다.

③ 가시광선 (400~760nm, 4000~7600Å)

㉠ 가시광선의 생물학적 작용

분류	생물학적 작용
조명과잉	녹내장, 백내장, 망막변성 등 기질적 안질환을 유발한다.(조명부족과 무관)
조명부족	장시간 조명부족 상태에서 작업하면 근시, **안구 진탕증**, 안정피로를 유발한다.

4-3 조명

(1) 조명의 필요성

① 조명 : 자연광 + 인공조명

② 조명 선택 시 고려사항

  ㉠ 빛의 색
  ㉡ 눈부심과 휘도
  ㉢ 조도와 조도의 분포

(2) 빛과 밝기의 단위

① 조도의 단위

  ㉠ 럭스(Lux)
  : 1lumen의 빛이 $1m^2$의 평면상에 수직으로 비칠 때의 밝기

$$조도(Lux) = \frac{광도(lumen)}{거리^2}$$

  ㉡ 칸델라(Candela, Cd)
  : 광원으로부터 나오는 빛의 세기

  ㉢ 촉광(Candle)
  : 빛의 세기인 광도를 나타내는 단위

$$조도(E) = \frac{광도(Candle)}{거리^2}$$

  ㉣ 루멘(Lumen, lm)
  : 1촉광의 광원으로부터 한 단위 입체각으로 나가는 광속의 단위로 1촉광=4π루멘으로 나타낸다.

  ㉤ 풋 캔들(Foot Candle)
  : 1lumen의 빛이 $1ft^2$의 평면상에 수직으로 비칠 때 그 평면의 빛 밝기이다.

$$풋 캔들(ft\ cd) = \frac{lumen}{ft^2}$$

$$1ft\ cd = 10.8 Lux$$
$$1 Lux = 0.093 ft\ cd$$

  ㉥ 램버트(Lambert)
  : 빛을 완전히 확산시키는 평면의 $1cm^2(1ft^2)$에서 1lumen의 빛을 발하거나 반사시킬 때의 밝기이며, $1 Lambert = 3.18 candle/m^2$이다.

② 반사율

$$반사율[\%] = \frac{광속발산도(fL)}{조명(fc)} \times 100$$

③ 대비

$$대비[\%] = \frac{배경반사율(Lb) - 표적물체반사율(Lt)}{배경반사율(Lt)} \times 100$$

(3) 채광 및 조명방법

① 채광의 방법

㉠ 창의 방향

방향	요구
남향	많은 채광을 요구하는 경우
북향 or 동북향	조명의 평등을 요구하는 작업실

㉡ 창의 높이와 면적
- 조도는 단순 창을 크게하는 것 보다 **창의 높이를 크게하는 것이 효과적이다.**
- 창의 면적은 방바닥 면적의 15~20%($\frac{1}{5} \sim \frac{1}{7}$)가 적당하다.

㉢ 개각과 입사각
- 실내 각점의 개각은 4~5°가 좋으며, 개각이 클수록 실내는 밝다.
- 입사각은 28° 이상이 좋으며, 입사각이 크면 클수록 실내는 밝다.
- 개각 1°가 감소할 때 입사각으로 2~5° 증가가 필요하다.

② 인공조명 시 고려사항

㉠ 광원 또는 전등의 휘도를 줄인다.
㉡ 광원을 시선에서 멀리 위치시킨다.
㉢ 광원 주위를 밝게 하여 광도비를 적정하게 한다.
㉣ 눈이 부신 물체와 시선과의 각을 크게한다.
㉤ 가급적 간접 조명이 되도록할 것
㉥ 경제적이며 취급이 용이할 것
㉦ 조도는 작업상 충분히 유지시킬 것
㉧ 조도는 균등히 유지할 수 있을 것
㉨ 광색은 주광색에 가깝게 할 것
㉩ 폭발성 또는 발화성이 없을 것

(4) 적정조명수준

① 전체조명의 조도는 국부조명에 의한 조도의 $\frac{1}{5} \sim \frac{1}{10}$ 정도가 되도록 조절한다.

② 법적 조도 기준

작업의 종류	조도
초정밀작업	750Lux 이상
정밀작업	300Lux 이상
보통작업	150Lux 이상
그 밖의 작업	75Lux 이상

(5) 조명의 측정방법 및 평가

① 럭스계
② 광전관 조도계
③ 맥버스 조도계

Memo

05
산업독성학

01. 입자상 물질
02. 유해 화학 물질
03. 중금속
04. 인체 구조 및 대사

Chapter 1

입자상 물질

1-1 종류, 발생, 성질

(1) 입자상 물질의 정의

: 공기 중 오염물질이 고체나 액체상태로 입자 형상을 가지는 것

(2) 입자상 물질의 종류

종류	정의
분진(powder)	기계적인 분쇄·마찰·연마·연삭 등 작업 시 발생하는 입자상 물질
흄(fume)	고열에 의해 고체상 증기가 발생 후 공기중에서 빠르게 산화한 후 응축하여 생기는 미세한 고체 입자상 물질이며 흄의 생성기전 3단계는 금속의 증기화, 증기물의 산화, 산화물의 응축이다.
미스트(mist)	작은 방울형태로 비산하는 입자상 물질
안개(fog)	매우 작은 물방울이 대기 중에 떠있는 형태의 입자상 물질
섬유(fiber)	길이가 $5\mu m$ 이상이고 길이 대 너비의 비가 3 : 1 이상인 가늘고 긴 먼지이다.
먼지(dust)	고체의 미립자가 공기 중에 부유하고 있는 것
스모그(smog)	연기와 안개가 결합된 상태
에어로졸(aerosol)	유기물의 불완전 연소에 의하여 액체와 고체의 미세한 입자가 공기 중 부유되어 있는 혼합체
검댕(soot)	탄소함유 물질의 불완전연소로 생성된 탄소입자의 응집체

(3) 입자상 물질의 모양 및 크기

- ACGIH에서 정한 입자상물질의 입자크기별 분류

분진의 종류	설명
흡입성 입자상 물질 (IPM : Inspirable Particulates Mass)	호흡기 어느부위에 침착하더라도 독성을 유발하는 분진으로 입경범위가 $0 \sim 100 \mu m$이며, 평균 입경은 $100 \mu m$이다. 분진 입경별 채취효율$[SI(d)]$: $SI(d) = 50\% \times (1 - e^{-0.06d})$ 여기서, d : 분진의 공기역학적 직경$[\mu m]$
흉곽성 입자상 물질 (TPM : Thoracic Particulates Mass)	기도나 하기도에 침착하여 독성을 나타내는 물질로 평균 입경은 $10 \mu m$이다.
호흡성 입자상 물질 (RPM : Respirable Particulates Mass)	가스 교환부위, 즉 폐포에 침착할 때 유해한 물질로 평균 입경은 $4 \mu m$이며, 폐포에 침착하여 진폐증을 유발하고, 채취기구는 10mm nylon cyclone이다.

1-2 인체 영향

(1) 인체 내 축적 및 제거

① 여과포집원리(채취기전)

㉠ 직접차단(간섭)

- 영향인자

① 분진입자의 크기 ② 섬유의 직경 ③ 여과지의 기공 크기 ④ 여과지의 고형성분

㉡ 관성충돌

- 영향인자

① 입자의 크기 ② 입자의 밀도 ③ 섬유로의 접근속도 ④ 섬유의 직경

㉢ 중력침강

- 영향인자

① 입자의 크기 ② 입자의 밀도 ③ 섬유로의 접근속도 ④ 섬유의 공극률

ⓐ 확산
- 영향인자

  ① 입자의 크기 ② 입자의 농도 ③ 섬유로의 접근속도 ④ 섬유의 직경

⑩ 정전기침강
: 입자가 정전기를 띠는 경우엔 중요한 기전 및 정량화가 어렵다.

ⓗ 체질(체)
: 시료를 체에 담아 입자의 크기에 따라 체눈을 통과하는 것과 통과하지 않는 것으로 나누는 조작

여과포집원리에 중요한 기전 3가지	① 직접차단 ② 관성충돌 ③ 확산
입자상 물질이 호흡기도(폐)에 침착하는 데 중요한 기전 3가지	① 관성충돌 ② 확산 ③ 중력침강
입자크기별 여과기전	① 입경 $0.1\mu m$ 미만 입자 : 확산 ② 입경 $0.1 \sim 0.5\mu m$: 확산, 직접차단 ③ 입경 $0.5\mu m$ 이상 : 관성충돌, 직접차단

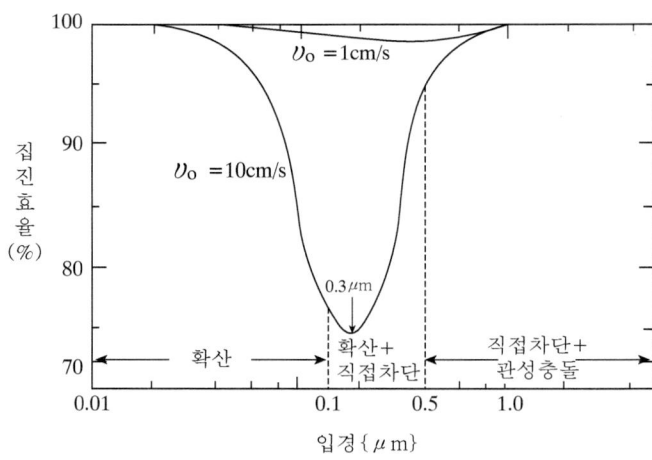

│ 여과속도에 따른 집진메카니즘

② 입자 크기에 따른 침착현상

㉠ **$1\mu m$ 이하** 입자 : **확산**에 의해 침착된다.
㉡ **$1 \sim 5\mu m$** 입자 : **침강(침전)현상**에 의해 침착된다.
㉢ **$5 \sim 30\mu m$** 입자 : **관성충돌**에 의해 침착된다.

(2) 입자상 물질의 노출기준

① 정의

 ㉠ 노출기준
  : 근로자가 유해인자에 노출되는 경우 **노출기준 이하 수준에서는 거의 모든 근로자에게 건강상 나쁜 영향을 미치지 아니하는 기준**을 말하며, 1일 작업시간동안의 시간가중평균노출기준(Time Weighted Average, TWA), 단시간노출기준(Short Term Exposure Limit, STEL) 또는 최고노출기준(Ceiling, C)으로 표시한다.

 ㉡ 시간가중평균노출기준(TWA)
  : 1일 8시간 작업을 기준으로 하여 유해인자의 측정치에 발생시간을 곱하여 8시간으로 나눈 값을 말하며, 다음식에 따라 산출한다.

$$TWA \text{ 환산값} = \frac{C_1 T_1 + C_2 T_2 + \cdots\cdots + C_n T_n}{8}$$

여기서,
C : 유해인자의 측정치 [ppm 또는 mg/m^3]
T : 유해인자의 발생시간 [시간]

 ㉢ 단시간노출기준(STEL)
  : 근로자가 1회에 15분간 유해인자에 노출되는 경우의 기준으로 이 기준 이하에서는 1회 노출 간격이 1시간 이상인 경우에 1일 작업시간 동안 4회까지 노출이 허용될 수 있는 기준을 말한다.

 ㉣ 최고노출기준(C)
  : 근로자가 1일 작업시간동안 잠시라도 노출되어서는 아니 되는 기준을 말하며, 노출기준 앞에 "C"를 붙여 표시한다.

② 노출기준 사용상의 유의사항

① 각 유해인자의 노출기준은 해당 유해인자가 단독으로 존재하는 경우의 노출기준을 말하며, 2종 또는 그 이상의 유해인자가 혼재하는 경우에는 각 유해인자의 상가작용으로 유해성이 증가할 수 있으므로 제6조에 따라 산출하는 노출기준을 사용하여야 한다.
② 노출기준은 1일 8시간 작업을 기준으로 하여 제정된 것이므로 이를 이용할 경우에는 근로시간, 작업의 강도, 온열조건, 이상기압 등이 노출기준 적용에 영향을 미칠 수 있으므로 이와 같은 제반요인을 특별히 고려하여야 한다.
③ 유해인자에 대한 감수성은 개인에 따라 차이가 있고, 노출기준 이하의 작업환경에서도 직업성 질병에 이환되는 경우가 있으므로 노출기준은 직업병진단에 사용하거나 노출기준 이하의 작업환경이라는 이유만으로 직업성질병의 이환을 부정하는 근거 또는 반증자료로 사용하여서는 아니 된다.
④ 노출기준은 대기오염의 평가 또는 관리상의 지표로 사용하여서는 아니 된다.

③ 유해인자별 노출 농도의 허용기준

유해인자		허용기준			
		시간가중평균값 (TWA)		단시간 노출값 (STEL)	
		ppm	mg/m³	ppm	mg/m³
6가크롬[18540-29-9] 화합물(Chromium VI compounds)	불용성		0.01		
	수용성		0.05		
납[7439-92-1] 및 그 무기화합물 (Lead and its inorganic compounds)			0.05		
니켈[7440-02-0] 화합물 (불용성 무기화합물로 한정한다) (Nickel and its insoluble inorganic compounds)			0.2		
니켈카르보닐(Nickel carbonyl; 13463-39-3)		0.001			
디메틸포름아미드(Dimethylformamide; 68-12-2)		10			
디클로로메탄(Dichloromethane; 75-09-2)		50			
1,2-디클로로프로판(1,2-Dichloro propane; 78-87-5)		10		110	
망간[7439-96-5] 및 그 무기화합물 (Manganese and its inorganic compounds)			1		
메탄올(Methanol; 67-56-1)		200		250	
메틸렌 비스(페닐 이소시아네이트) [Methylene bis(phenylisocya nate); 101-68-8 등]			0.005		
베릴륨[7440-41-7] 및 그 화합물 (Beryllium and its compounds)			0.002		0.01
벤젠(Benzene; 71-43-2)		0.5		2.5	
1,3-부타디엔(1,3-Butadiene; 106-99-0)		2		10	
2-브로모프로판(2-Bromopropane; 75-26-3)		1			
브롬화 메틸(Methyl bromide; 74-83-9)		1			
산화에틸렌(Ethylene oxide; 75-21-8)		1			
석면(제조·사용하는 경우만 해당한다) (Asbestos; 1332-21-4 등)			0.1개/cm³		
수은[7439-97-6] 및 그 무기화합물 (Mercury and its inorganic compounds)			0.025		
스티렌(Styrene; 100-42-5)		20		40	
시클로헥사논(Cyclohexanone; 108-94-1)		25		50	
아닐린(Aniline; 62-53-3)		2			
아크릴로니트릴(Acrylonitrile; 107-13-1)		2			
암모니아(Ammonia; 7664-41-7 등)		25		35	
염소(Chlorine; 7782-50-5)		0.5		1	
염화비닐(Vinyl chloride; 75-01-4)		1			
이황화탄소(Carbon disulfide; 75-15-0)		1			
일산화탄소(Carbon monoxide; 630-08-0)		30		200	
카드뮴[7440-43-9] 및 그 화합물 (Cadmium and its compounds)			0.01(호흡성 분진인 경우 0.002)		
코발트[7440-48-4] 및 그 무기 화합물 (Cobalt and its inorganic compounds)			0.02		
콜타르피치[65996-93-2] 휘발 물(Coal tar pitch volatiles)			0.2		
톨루엔(Toluene; 108-88-3)		50		150	
톨루엔-2,4-디이소시아네이트 (Toluene-2,4- diisocyanate; 584-84-9 등)		0.005		0.02	
톨루엔-2,6-디이소시아네이트 (Toluene- 2,6- diisocyanate; 91-08-7 등)		0.005		0.02	
트리클로로메탄(Trichloromethane; 67-66-3)		10			
트리클로로에틸렌(Trichloroethylene; 79-01-6)		10		25	
포름알데히드(Formaldehyde; 50-00-0)		0.3			
n-헥산(n-Hexane; 110-54-3)		50			
황산(Sulfuric acid; 7664-93-9)			0.2		0.6

④ 혼합물

㉠ 화학물질이 2종 이상 혼재하는 경우에 혼재하는 물질간에 유해성이 인체의 서로 다른 부위에 작용한다는 증거가 없는 한 유해작용은 가중되므로 **노출기준은 다음식에 따라 산출하되, 산출되는 수치가 1을 초과하지 아니하는 것으로 한다.**

$$노출기준(EI) = \frac{C_1}{T_1} + \frac{C_2}{T_2} + \cdots + \frac{C_n}{T_n}$$

여기서,
C : 화학물질 각각의 측정치
T : 화학물질 각각의 노출기준

$EI > 1$: 노출기준을 초과
$EI < 1$: 노출기준을 초과하지 않음

$$혼합물의\ TLV-TWA = \frac{C_1 + C_2 + \cdots + C_n}{EI}$$

$$혼합물의\ 노출기준 = \frac{f_1 + f_2 + \cdots + f_n}{\frac{f_1}{TLV_1} + \frac{f_2}{TLV_2} + \cdots + \frac{f_n}{TLV_n}}$$

여기서,
f : 액체 혼합물에서의 각 성분 무게(중량)
TLV : 해당 물질의 노출기준

㉡ 제1항의 경우와는 달리 혼재하는 물질간에 유해성이 인체의 서로 다른 부위에 유해작용을 하는 경우에 **유해성이 각각 작용하므로 혼재하는 물질 중 어느 한 가지라도 노출기준을 넘는 경우 노출기준을 초과**하는 것으로 한다.

(3) 입자상 물질에 의한 건강 장해

① 피부병, 알레르기성 천식 : 털, 나무가루, 꽃가루 등
② 섬유증식, 결절형성 : $5\mu m$ 이하의 미세한 분진
③ 폐결핵, 산소섭취능력 방해 : 석영(유리규산), 석면, 흑연 등
④ 규폐성 결정, 폐포벽 파괴 등 망상 내피계 반응 : $2\sim5\mu m$ 크기의 석영(유리규산) 분진

(4) 진폐증

① 진폐증 정의
: 흡인된 분진이 폐 조직에 축적되어 병적인 변화를 일으키는 질환을 총괄적으로 의미하는 용어

② 분진 종류에 따른 진폐증 분류

무기성(광물성)분진에 의한 진폐증 (교원성 진폐증)	유기성 분진에 의한 진폐증 (비교원성 진폐증)
① 규폐증 ② 규조토폐증 ③ 탄소폐증 ④ 석면폐증 ⑤ 용접공폐증 ⑥ 탄광부 진폐증 ⑦ 베릴륨폐증 ⑧ 철폐증 ⑨ 활석폐증 ⑩ 흑연폐증 ⑪ 주석폐증 ⑫ 칼륨폐증 ⑬ 바륨폐증	① 농부폐증 ② 연초폐증 ③ 면폐증 ④ 설탕폐증 ⑤ 목재분진폐증 ⑥ 모발분진 폐증

③ 병리적 변화에 따른 분류

교원성 진폐증	비교원성 진폐증
① 폐포조직의 비가역적 변화나 파괴 ② 폐 조직의 병리적 반응이 영구적 ③ 간질반응이 명백, 정도가 심함	① 분진에 의한 조직반응은 가역적인 경우가 많음 ② 폐 조직이 정상이며, 망상 섬유로 구성 ③ 간질반응이 경미

④ 분진의 종류와 유발물질의 종류

분진의 종류	유발물질의 종류
진폐성 분진	규산, 석면, 활석, 흑연
불활성 분진	석탄, 시멘트, 탄화수소
발암성 분진	석면, 니켈카보닐, 아연계색소
알레르기성 분진	꽃가루, 털, 나뭇가루
유기성 분진	목분진, 면, 밀가루

⑤ 진폐증 발생의 관여요인

㉠ **분진의 크기**　㉡ **분진의 농도**　㉢ **분진 노출시간**　㉣ **분진 종류**

⑥ 진폐증의 독성 병리기전

㉠ **진폐증의 대표 병리소견은 섬유증**이다.

㉡ **섬유증이 동반되는 진폐증의 대표 원인물질은 석면, 베릴륨, 실리카, 알루미늄, 석탄분진** 등이 있다.

㉢ **콜라겐 섬유가 증식**하면 폐 탄력성이 떨어져 호흡곤란, 폐기능 저하, 지속적 기침을 가져온다.

㉣ **폐포 대식세포는** 분진탐식 과정에서 **활성산소유리기에 의한 섬유모세포의 증식을 유도**한다.

⑦ 진폐증의 종류 및 특징

진폐증의 종류	특징
규폐증 (Silicosis)	① 이산화규소(SiO_2, 유리규산, 석영) 분진의 장기적 흡입에 의해 발생하는 진폐증 ② 건축업, 도자기 작업장, 채석장, 석재공장 등에서 많이 발생한다. ③ 폐암, 폐결핵의 합병증을 일으키며 폐하엽 부위에 많이 생긴다. ④ 산화규소결정체 : 함유율 1% 이하, 노출기준 10mg/m³ 이하 ⑤ 결정체 트리폴리 : 노출기준 0.1mg/m³ 이하 ⑥ 이집트의 미라에서도 발견된 오랜 질병이다. ⑦ 석면의 고농도분진을 장기적으로 흡입할 때 주로 발생되는 질병이다.
석면폐증 (Asbestosis)	① 석면 분진의 흡입에 의해 발생하는 진폐증 ② 길이가 5~8μm보다 길고, 두께가 0.25~1.5μm보다 얇은 석면이 석면폐증을 잘 일으킨다. ③ 폐암, 악성중피종, 늑막암 등을 일으킨다.
석탄폐증 (Coal Pneumonitis)	① 석탄 분진의 흡입에 의해 발생하는 진폐증 ② 광부에게 잘 발생하며, 다른 진폐증에 비해 증상이 약하다.
농부폐증 (Farmer's Pneumonia)	① 건초 사업장에서 잘 발생한다. ② 체내 반응보다 직접적인 알레르기 반응을 일으킨다. ③ 호열성 방선균류의 과민증상이 많이 발생한다.

(5) 석면에 의한 건강장해

① 석면의 종류 및 특징

석면의 종류	화학식	특징
백석면	$3MgO_2SiO_22H_2O$	- 가늘고 부드러운 섬유이며, 인장강도가 크다. - 가장 많이 사용되는 석면이다.
갈석면	$(FeMg)SiO_3$	- 고내열성 섬유이며, 취성을 가지고 있다.
청석면	$NaFe(SiO_3)_2FeSiO_3H_2$	- 석면광물 중 가장 강하고, 취성을 가지고 있다. - 건강에 가장 치명적인 영향을 미친다.

② 석면에 의한 건강장해

㉠ **폐암, 석면폐증, 악성중피종**을 유발한다.
㉡ 인체에 해로운 순서 : **청석면 > 갈석면 > 백석면**

③ 석면 해체 및 제거 작업 계획 수립 시 포함사항

㉠ **석면 해체·제거작업의 절차와 방법**
㉡ **석면 흩날림 방지 및 폐기방법**
㉢ **근로자 보호조치**

④ 석면의 제조·사용 작업, 해체·제거 작업 및 유지·관리 조치기준

> ① 사업주는 석면분진이 퍼지지 않도록 석면을 사용하는 장소를 다른 작업장소와 격리하여야 한다.
> ② 사업주는 석면을 사용하는 작업장소의 **바닥재료는 불침투성 재료를 사용하고 청소하기 쉬운 구조**로 하여야 한다.
> ③ 사업주는 석면을 사용하는 설비 중 **근로자가 상시 접근할 필요가 없는 설비는 밀폐된 장소에 설치**하여야 한다.
> ④ 밀폐된 실내에 설치된 설비를 점검할 필요가 있는 경우에는 **투명유리를 설치하는 등 실외에서 점검할 수 있는 구조**로 하여야 한다.
> ⑤ 사업주는 석면이 들어있는 포장 등의 개봉작업, 석면의 계량작업, 배합기 또는 개면기 등에 석면을 투입하는 작업, 석면제품 등의 포장작업을 하는 장소 등 **석면분진이 흩날릴 우려가 있는 작업을 하는 장소에는 국소배기장치를 설치·가동**하여야 한다.
> ⑥ 국소배기장치의 성능에 관하여는 **입자 상태 물질에 대한 국소배기장치의 성능기준을 준용**한다.
> ⑦ 사업주는 **석면을 뿜어서 칠하는 작업에 근로자를 종사하도록 해서는 아니 된다.**
> ⑧ 사업주는 석면을 사용하거나 석면이 붙어 있는 물질을 이용하는 작업을 하는 경우에 **석면이 흩날리지 않도록 습기를 유지**하여야 한다. 다만, 작업의 성질상 습기를 유지하기 곤란한 경우에는 다음 각 호의 조치를 한 후 작업하도록 하여야 한다.
> ㉠ 석면으로 인한 근로자의 건강장해 예방을 위하여 밀폐설비나 국소배기장치의 설치 등 필요한 보호대책을 마련할 것
> ㉡ 석면을 함유하는 폐기물은 새지 않도록 불침투성 자루 등에 밀봉하여 보관할 것

⑤ 석면 해체·제거작업에 종사하는 근로자에게 지급하여야 하는 보호구

㉠ 방진마스크, 송기마스크 또는 전동식호흡보호구
㉡ 고글보안경
㉢ 보호복, 보호장갑, 보호신발

(6) 인체 방어기전

① 인체 방어기전(제거기전)

㉠ 점액 섬모운동
: 기초적인 방어기전이며 점액 섬모운동에 의한 배출 시스템으로 폐포로 이동하는 과정에서 이물질을 제거하는 과정이며, 기관지에서의 방어기전을 의미한다.

㉡ 대식세포에 의한 정화(작용)
: 대식세포가 방출하는 효소에 의해 용해되어 이물질을 제거하는 과정이며, 폐포에 방어기전을 의미하고, 대식세포에 융해되지 않은 대표적 독성물질은 유리규산, 석면 등이 있다.

Memo

Chapter 2

유해 화학 물질

2-1 종류, 발생, 성질

(1) 유해물질의 정의

: 유독물질, 허가물질, 제한물질 또는 금지물질, 사고대비물질, 그 밖에 유해성 또는 위해성이 있거나 그러할 우려가 있는 화학물질을 말한다.

(2) 유해물질의 종류 및 발생원

① 제조 등 금지되는 유해물질의 종류

- ㉠ β-나프틸아민과 그 염
- ㉡ 4-니트로디페닐과 그 염
- ㉢ 백연을 포함한 페인트(포함된 중량의 비율이 2% 이하인 것은 제외한다)
- ㉣ 벤젠을 포함하는 고무풀(포함된 중량의 비율이 5% 이하인 것은 제외한다)
- ㉤ 석면
- ㉥ 폴리클로리네이티드 터페닐
- ㉦ 황린 성냥
- ㉧ ㉠, ㉡, ㉤ 또는 ㉥에 해당하는 물질을 포함한 혼합물(포함된 중량의 비율이 1% 이하인 것은 제외한다)
- ㉨ 「화학물질관리법」 제2조 제5호에 따른 금지물질(같은 법 제3조제1항제1호부터 제12호까지의 규정에 해당하는 화학물질은 제외한다)
- ㉩ 그 밖에 보건상 해로운 물질로서 산업재해보상보험및예방심의위원회의 심의를 거쳐 고용노동부장관이 정하는 유해물질

② 관리대상 유해물질의 종류 중 특별관리물질

- ㉠ 벤젠
- ㉡ 페놀
- ㉢ 산화에틸렌
- ㉣ 1,3-부타디엔
- ㉤ 1-브로모프로판
- ㉥ 2-브로모프로판 등

③ 유해인자의 유해성·위험성 분류기준(물리적 위험성 분류기준)

물리적 위험성 분류	설명
폭발성 물질	자체의 화학반응에 따라 주위환경에 손상을 줄 수 있는 정도의 온도·압력 및 속도를 가진 가스를 발생시키는 고체·액체 또는 혼합물
인화성 가스	20℃, 표준압력(101.3kPa)에서 공기와 혼합하여 인화되는 범위에 있는 가스와 54℃ 이하 공기 중에서 자연발화하는 가스를 말한다.(혼합물을 포함한다.)
인화성 액체	표준압력(101.3kPa)에서 인화점이 93℃ 이하인 액체
인화성 고체	쉽게 연소되거나 마찰에 의하여 화재를 일으키거나 촉진할 수 있는 물질
에어로졸	재충전이 불가능한 금속·유리 또는 플라스틱 용기에 압축가스·액화가스 또는 용해가스를 충전하고 내용물을 가스에 현탁시킨 고체나 액상입자로, 액상 또는 가스상에서 폼·페이스트·분말상으로 배출되는 분사장치를 갖춘 것
물반응성 물질	물과 상호작용하여 자연발화되거나 인화성 가스를 발생시키는 고체·액체 또는 혼합물
산화성 가스	일반적으로 산소를 공급함으로써 공기보다 다른 물질의 연소를 더 잘 일으키거나 촉진하는 가스
산화성 액체	그 자체로는 연소하지 않더라도 일반적으로 산소를 발생시켜 다른 물질을 연소시키거나 연소를 촉진하는 액체
산화성 고체	그 자체로는 연소하지 않더라도 일반적으로 산소를 발생시켜 다른 물질을 연소시키거나 연소를 촉진하는 고체
고압가스	20℃, 200kPa 이상의 압력 하에서 용기에 충전되어 있는 가스 또는 냉동 액화가스 형태로 용기에 충전되어 있는 가스(압축가스, 액화가스, 냉동액화가스, 용해가스로 구분한다.)
자기반응성 물질	열적인 면에서 불안정하여 산소를 공급되지 않아도 강렬하게 발열·분해하기 쉬운 액체·고체 또는 혼합물
자연발화성 액체	적은 양으로도 공기와 접촉하여 5분 안에 발화할 수 있는 액체
자연발화성 고체	적은 양으로도 공기와 접촉하여 5분 안에 발화할 수 있는 고체
자기발열성 물질	주위의 에너지 공급 없이 공기와 반응하여 스스로 발열하는 물질(자기발화성 물질은 제외한다.)
유기과산화물	2가의 -O-O- 구조를 가지고 1개 또는 2개의 수소 원자가 유기라디칼에 의하여 치환된 과산화수소의 유도체를 포함한 액체 또는 고체 유기물질
금속 부식성 물질	화학적인 작용으로 금속에 손상 또는 부식을 일으키는 물질

(3) 유해물질의 물리적·화학적 특성

① 유해물질의 독성을 결정하는 인자(인체에 미치는 영향인자)

- ㉠ 작업강도
- ㉡ 기상조건
- ㉢ 개인 감수성
- ㉣ 노출농도
- ㉤ 노출시간
- ㉥ 호흡량

② 유해물질 취급상 안전조치

- ㉠ 실내환기
- ㉡ 점화원 제거
- ㉢ 환경의 정돈 및 청소
- ㉣ 유해물질에 대한 사전조사
- ㉤ 유해물질 발생원인 차단

2-2 인체 영향

(1) 인체 내 축적 및 제거

① 유해물질 인체침입 경로

- ㉠ **호흡기** : 공기 중 기체, 증기, 미스트, 분진, 흄 등 물리적 성상으로 존재하는 화학물질은 호흡기를 통해 생체 내로 흡수되는 경우가 가장 많다.
- ㉡ **소화기** : 식수나 식품과 함께 혹은 흡연 중 침입한다.
- ㉢ **피부** : 피부손상시나 수분함량이 증가할 때 유해물질 흡수 증가

(2) 유해화학물질에 의한 건강 장해

① 유기용제 : 상온, 상압하에서 휘발성이 있는 액체로서 유기화합물이며, **다른 물질을 녹이는 성질이 있는 유기화합물**을 말하며, 중추신경계 작용으로 **마취작용**이 일어난다.

㉠ 화학물질 성상에 따른 유기용제 구분

구분	종류
방향족 및 지방족 탄화수소류	벤젠, 톨루엔, 크실렌, 헥산 등
알코올류	메탄올, 에탄올 등
에테르류	디메틸에테르, 메틸에틸에테르 등
케톤류	메틸에틸케톤 등
할로겐화 탄화수소류	사염화탄소, 트리클로로에틸렌 등
에스테르류	부틸산염(독성이 가장 강함) 등

ⓒ 유기용제의 중추신경계에 대한 일반적인 독성작용

① 탄소사슬의 길이가 길수록 유기화학물질의 중추신경 억제효과는 증가한다.
② 탄소사슬의 길이가 증가하면 수용성은 감소하고 반면 지용성이 증가한다.
③ 불포화화합물은 포화화합물보다 더욱 강력한 중추신경 억제물질이다.
④ 중추신경 억제작용은 할로겐화하면 크게 증가하고 알코올 작용기에 의해 다소 증가한다.
⑤ 유기용제는 지방에 대한 친화력은 높고 물에 대한 친화력이 낮아 신체조직의 지방부분에 축적이 잘 된다.

ⓒ 유기용제의 중추신경계 마취작용 순서

작용	순서
억제작용 순서	알칸 < 알켄 < 알코올 < 유기산 < 에스테르 < 에테르 < 할로겐화합물
자극작용 순서	알칸 < 알코올 < 알데히드 < 케톤 < 유기산 < 아민류

ⓒ **방향족 유기용제의 중추신경계에 대한 영향크기 순서**
: 벤젠 < 알킬벤젠 < 알릴벤젠 < 치환벤젠 < 고리형 지방족 치환벤젠

ⓔ 유기용제의 증기가 가장 활발하게 발생할 수 있는 환경조건 : **높은 온도와 낮은 기압**

② 유기용제 종류별 독성작용

㉠ 방향족 탄화수소

① 1개 이상의 벤젠고리로 구성된 화합물이다.
② 종류로는 벤젠(C_6H_6), 톨루엔($C_6H_5CH_3$), 크실렌($C_6H_4(CH_3)_2$) 등이 있다.
③ 지방족 탄화수소에 비해 독성이 훨씬 강한 편이다.
④ 급성 전신중독 시 독성이 강한 순서 : 톨루엔 > 크실렌 > 벤젠
⑤ 급성중독 시 중추신경계 억제에 의한 마취작용을 유발한다.
⑥ 만성중독 시 골수 및 조혈기능 장해를 유발한다.

종류	설명
벤젠	① 방향족 탄화수소 중 저농도에 장기간 노출되어 만성중독을 일으키는 경우에 가장 위험하다. ② 만성장해로서 조혈장해(백혈구 감소, 재생불량성 빈혈 등)를 가장 잘 유발시킨다. ③ 혈액조직에서 벤젠이 유발하는 독성작용은 백혈구 수의 감소로 인한 응고작용결핍 등이다. ④ 벤젠은 영구적인 혈액장애를 일으킨다. ⑤ 벤젠은 주로 페놀로 대사되며 페놀은 벤젠의 생물학적 노출지표로 이용된다. ⑥ 벤젠에 지속적으로 노출되면, 급성골수성 백혈병에 걸릴 수 있다.
톨루엔	① 방향족 탄화수소 중 급성전신중독을 일으키는데 독성이 가장 강하다. ② 벤젠보다 더 강력한 중추신경억제제이다. ③ 영구적인 혈액장애나 골수장애가 일어나지 않는다. ④ 주로 간에서 o-크레졸로 되어 뇨로 배설된다.

ⓒ 다핵(다환) 방향족 탄화수소류(PAHs)

① 2개 이상의 벤젠고리로 구성된 화합물이다.
② 대사가 거의 되지 않아 방향족 고리로 구성되어 있다.
③ 굴뚝 청소, 아스팔트 포장, 석탄건류, 연소공정, 흡연, 코크스제조공정 등에서 주로 생성된다.
④ 배설하기 쉽게 하기 위하여 수용성으로 대사된다.
⑤ 대사 중에 산화아렌(Arene Oxide)을 생성하고 잠재적 독성이 있다.
⑥ 비극성 지용성 화합물로 소화관을 통해 흡수된다.
⑦ 종류로는 나프탈렌, 벤조피렌 등 20여가지 이상이 있다.

ⓒ 할로겐화탄화수소

① 심한 독성을 가진 유기용제이며 중추신경계 억제작용(마취작용), 간 및 신장, 폐에 장해를 유발한다.
② 신장장해 증상으로 감뇨, 혈뇨 등 발생하며 완전 무뇨증이 되면 사망할 수 있다.
③ 독성의 정도는 할로겐원소의 수가 커질수록 증가한다.
④ 독성의 정도는 화합물의 분자량이 커질수록 증가한다.
⑤ 사염화탄소(CCl_4), 염화비닐, 염화에틸렌, 클로로포름 등이 있다.

종류	설명
사염화탄소	① 피부를 통해 인체에 흡수된다. ② 고농도로 폭로되면 간이나 신장에 장해가 일어나 혈뇨, 단백뇨, 황달의 증상이 생긴다. ③ 간에 대한 독성작용이 심하여 중심소엽성 괴사를 일으킨다. ④ 가열하면 포스겐과 염산(염화수소)로 분해된다.
염화비닐	① 간에 혈관육종을 일으킨다. ② 장기간 노출되면 간조직 세포에 섬유화 증상이 발생한다. ③ 장기간 흡입한 작업자에게 레이노 현상이 나타나며 자체 독성보단 대사산물에 의한 독성작용이 있다.
염화에틸렌	① 가열하면 유독한 포스겐이 발생하여 폐수종을 일으킨다.
클로로포름	① 페니실린을 비롯한 약품을 정제하기 위하여 추출제 혹은 냉동제 및 합성수지에 이용된다.
트리클로로에틸렌	① 금속표면의 탈지 및 세정용으로 사용된다. ② 간 및 신장장해를 유발한다. ③ 스티븐슨존슨 증후군을 일으킨다.
염화탄화수소	① 간장해를 유발한다

ⓔ 알코올류

① 메탄올, 에탄올이 호흡기 및 폐에 흡수되며 에틸렌 글리콜은 경피를 통해 흡수된다.
② 중추신경계 억제작용, 자극작용 등 유발한다.

종류	설명
메탄올	① 자극적이고 신경독성물질로 시신경장해, 중추신경억제를 유발한다. ② 플라스틱, 필름제조 등 공업용제로 사용된다. ③ 시각장해의 기전은 메탄올 대사산물인 포름알데히드가 망막조직을 손상시킨다. ④ 메탄올 중독 시 중탄산염의 투여 및 혈액투석치료를 해야한다. ⑤ 메탄올 시각장해 독성 대사단계 메탄올 → 포름알데히드 → 포름산 → 이산화탄소
에탄올	① 골격에 근병증과 간경화증을 유발하여 간암으로 진행한다.
에틸렌 글리콜	① 노출 초기에 호흡 마비 증상, 노출 말기에는 단백뇨, 신부전 증상을 유발한다.

③ 유기용제 중독자 응급처치 방법

㉠ 유기용제가 묻은 **옷을 벗긴다.**
㉡ 환자를 옮겨 **맑은 공기를 마시게 한다.**
㉢ 체온유지를 위해 **담요를 덮는 등 보온 및 안정시킨다.**
㉣ 의식이 없는 상황일 땐 **산소를 흡입시킨다.**
㉤ 호흡이 끊기지 않도록 **지속으로 인공호흡을 한다.**
㉥ 의식을 잃지 않은 환자에게는 **따뜻한 물을 마시게한다.**

④ 기타 유해화학물질 주요 독성

㉠ 이황화탄소(CS_2)

① 중추신경장해, 말초신경장해(파킨슨 증후군), 생식기능장해, 두통, 급성마비, 신경행동학적 이상, 기질적 뇌손상(급성 뇌병증), 시·청각 장해 등을 유발한다.
② 상온에서 무색 무취의 휘발성이 높은 액체이며, 폭발의 위험성이 있다.
③ 사염화탄소 제조, 고무제품의 용제, 셀로판 생산, 농약 공장, 인조견 등에 사용된다.

㉡ 노말헥산(n-헥산)

① 투명한 휘발성 액체로 사지의 지각상실과 신근마비 등 다발성 신경장해를 일으키는 파라핀계 탄화수소의 종류이다.
② 체내 대사과정을 거쳐 2,5-hexanedione 물질로 배설한다.
③ 페인트, 시너, 잉크 등의 용제로 사용된다.
④ 장기간 폭로 시 다발성 말초신경장해(앉은뱅이 증후군)을 유발한다.

㉢ 알데히드류

① 호흡기에 대한 자극작용이 심하다.
② 다발성골수종, 악성흑색종 및 호흡기계 암의 원인이 된다.

ⓔ 메탈부틸케톤(MBK) : 말초신경장해 유발
ⓜ 사카린 : 방광암 촉진제로 작용
ⓑ 아민 : 중추신경자극 작용
ⓢ 결정형실리카 : 폐암 유발
ⓞ 에틸렌글리콜에테르 : 생식기 장해 유발
ⓩ **벤지딘 : 급성중독으로 피부염, 급성방광염과 만성중독으로 방광암, 요로계 종양을 유발**
ⓒ 아크릴로니트릴 : 폐암, 대장암 유발
ⓚ 유기인제 : Cholinesterase 효소를 억압하여 신경증상 유발
ⓣ DMF(DiMethylFormamide) : 피부로 흡수되어 간장해 등 중독증상 유발

⑤ 자극제 : 흡입하거나 피부, 눈과 접촉 시 자극을 유발하는 물질

호흡기 자극성 물질 구분	
상기도 점막 자극제	① 암모니아 : 피부, 점막에 작용하여 눈의 결막 및 각막을 자극하며 폐부종, 성대경련, 호흡장애 및 기관지경련 등을 초래한다. ② 염산(염화수소) ③ 아황산가스 ④ 포름알데히드 ⑤ 아크로레인 ⑥ 아세트알데히드 ⑦ 산화에틸렌 ⑧ 불산 ⑨ 크롬산
상기도 점막 및 폐조직 자극제	① 불소 : 뼈에 많이 축적된다. ② 브롬 ③ 오존 ④ 염소 ⑤ 요오드
종말 기관지 및 폐포적막 자극제	① 이산화질소 ② 포스겐 ③ 염화비소

⑥ 질식제 : 조직 내 산화작용을 방해하는 물질

질식제의 구분	
단순 질식제	－ 생리적으로 아무 작용하지 않으나 공기 중에 많이 존재하여 산소분압을 감소시켜 조직에 필요한 산소의 공급부족을 유발한다. ① 이산화탄소 ② 메탄 ③ 질소 ④ 수소 ⑤ 에탄 ⑥ 프로판 ⑦ 에틸렌 ⑧ 아세틸렌 ⑨ 헬륨
화학적 질식제	－ 산소운반 능력을 방해하거나 조직이 산소를 받아들이는 능력을 저하 시켜 내질식을 일으킨다. ① 일산화탄소 ② 황화수소 ③ 시안화수소 ④ 아닐린 ⑤ 염소 ⑥ 포스겐

⑦ 전신중독제 : 피부 흡수 또는 흡입을 통해 전신중독을 일으키는 물질

질식제의 구분	
할로겐화탄화수소	간 및 신장 등 장해를 일으킨다.
사염화탄소, 사염화에탄, 니트로사민	간 장해를 일으킨다.
발열성 금속	아연, 마그네슘, 알루미늄, 구리, 망간, 니켈, 카드뮴, 안티몬 등의 흄으로 흡입하면 알레르기성 발열(금속열, **월요일열**)을 일으킨다.

(3) 감작물질과 질환

① 감작물질의 정의 : **체내에서 알레르기 반응을 일으키는 물질**

② 직업성 피부질환
: **작업환경에서** 근로자가 취급하는 물리적 또는 화학적, 생물학적 요인에 의해 **발생하는 피부 질환**을 의미한다.
  ㉠ 가장 빈번한 직업성 피부질환은 **접촉성 피부염**이다.
  ㉡ **첩포시험**은 알레르기성 접촉 피부염의 감작물질을 색출하는 임상시험이다.
  ㉢ **일부 화학물질과 식물은 광선에 의해서 활성화되어 피부반응**을 보일 수 있다.
  ㉣ 원인

직접원인	간접원인
① 물리적 요인 : 온도, 진동, 자외선 등 ② 화학적 요인 : 알레르기성 접촉 피부염 물질 등 ③ 생물학적 요인 : 바이러스, 세균 등	① 계절 ② 성별 ③ 연령 ④ 인종 ⑤ 의복 ⑥ 피부의 종류

③ 직업성 천식

㉠ 호흡기 감작물질(천식유발물질)
: **호흡을 통해 체내에서 알레르기 반응(비가역적인 면역반응)을 일으키는 물질**

㉡ 직업성 천식 특징

① 근무시간에 증상이 심해지고 비근무시간에 증상이 완화된다.
② 톨루엔 디이소시안산염(TDI), 무수트리 멜리트산(TMA) 등 대표적인 천식유발물질이다.
③ 질환에 노출되면 작업환경에서 소량의 동일한 천식유발물질에 노출되더라도 지속적으로 증상이 발현된다.

(4) 독성물질의 생체 작용

① 화학물의 피부흡수 특성 영향인자

㉠ 노출시간　㉡ 주변온도　㉢ 발한　㉣ 화학물질의 양　㉤ 화학물질의 특성

② 독성실험 단계

단계	설명
제1단계 (동물에 대한 급성노출실험)	① 눈과 피부에 대한 자극성 실험을 진행한다. ② 변이원성에 대하여 1차적인 스크리닝 실험을 진행한다. ③ 치사성과 기관장해에 대한 양-반응곡선을 작성한다.
제2단계 (동물에 대한 만성노출실험)	① 장기독성 실험을 진행한다. ② 행동특성 실험을 진행한다. ③ 변이원성에 대하여 2차적인 스크리닝 실험을 진행한다. ④ 상승작용과 가승작용, 상쇄작용에 대하여 실험을 진행한다. ⑤ 생식영향과 산아장해 실험을 진행한다.

③ 급성 독성시험에서 얻을 수 있는 정보

㉠ NOEL(No Observed Effect Level)
㉡ 치사율
㉢ 생식영향과 산아장해

④ 독성실험 용어

용어	정의
MLD	피실험동물 가운데 한 마리를 치사시키는 데 필요한 최소의 양
LD_{50}	피실험동물의 50%가 죽게 되는 양
LC_{50}	피실험동물의 50%가 죽게 되는 유해물질의 농도
EC_{50}	투여량 농도에 대한 과반수 영향 농도
TD_{50}	피실험동물 50%에 독성을 나타내는 양
ED_{50}	피실험동물 50%가 일정한 반응을 일으키는 양
유효량(ED)	실험동물을 대상으로 투여 시 독성을 초래하지는 않지만 관찰 가능한 가역적인 반응이 나타나는 양
무영향농도	투여량 또는 투여농도에 있어, 어떠한 영향도 나타나지 않은 양 또는 농도
안전역	화학물질 투여에 의한 독성범위 $$안전역 = \frac{중독량}{유효량} = \frac{TD_{50}}{ED_{50}} = \frac{LD_{01}}{ED_{99}}$$ 안전역이 1 이상일 경우 안전하다고 평가
TI	생물학적 활성을 가지는 약물의 안정성을 평가하는 데 사용되는 치료지수 $$치료지수 = \frac{치사량}{유효량} = \frac{LD_{50}}{ED_{50}}$$

⑤ 화학물질의 노출기준 용어

용어	정의
NEL (No Effect Level)	독성을 나타내지 않는 용량
NOEL (No Observed Effect Level)	만성독성 검사에서 구해지는 주요지표로 투여 전 기간(3달~2년)에 걸쳐 독성이 관찰되지 않는 용량
NOAEL (No Observed Adverse Effect Level)	무관찰 부작용량
LOEL (Lowest Observed Effect Level)	독성을 나타내는 최소량
LOAEL (Lowest Observed Adverse Effect Level)	최소 관찰부작용량

⑥ 체내흡수량(SHD : Safe Human Dose)
: 동물실험으로 구해진 역치량을 인체에 안전한 양으로 추정한 흡수량을 의미한다.

$$SHD = C \times T \times V \times R$$

$$SHD = \frac{독성물질에\ 대한\ 역치 \times 몸무게}{안전인자}$$

여기서,
C : 공기 중 유해물질 농도 $[mg/m^3]$
T : 노출시간 $[hr]$
V : 호흡율(폐환기율) $[m^3/hr]$
R : 체내 잔유율(일반적으로 1이다.)

⑦ 발암물질
㉠ 국제암연구위원회(IARC)의 발암물질 구분

구분	설명
Group 1	- 확실한 발암물질 - 사람, 동물에게 발암성 평가
Group 2A	- 가능성이 높은 발암물질 - 동물에게만 발암성 평가
Group 2B	- 가능성이 있는 발암물질 - 발암물질로서 증거 부적절
Group 3	- 불확실한 발암물질 - 발암물질로서 증거 부적절
Group 4	- 발암성이 없는 물질

ⓒ 미국산업위생전문가협의회(ACGIH)의 발암물질 구분

구분	설명
A1	- 인체 발암 확인물질 - 석면, 베릴륨, 우라늄, 벤지딘, 염화비닐 등
A2	- 인체 발암이 의심되는 물질
A3	- 동물 발암성 확인물질
A4	- 인체 발암성 미분류 물질
A5	- 인체 발암성 미의심 물질

ⓒ 우리나라 발암물질 구분

구분	설명
1A	사람에게 충분한 발암성 증거가 있는 물질
1B	시험동물에서 발암성 증거가 충분히 있거나, 시험동물과 사람 모두에서 제한된 발암성 증거가 있는 물질
2	사람이나 동물에서 제한된 증거가 있지만, 구분1로 분류하기에는 증거가 불충분한 물질

ⓔ 발암과정(화학물질에 의한 단계별 암발생 이론)
 : 개시 단계 → 촉진 단계 → 전환 단계 → 진행 단계

ⓜ Skin 표시물질
 : 피부로 흡수되어 전체 노출량에 기여할 수 있다는 의미이다.

(5) 표적장기 독성

① 폭로물질에 의해 간장(간)이 표적장기가 되는 이유

 ㉠ 간장은 각종 **대사효소가 집중적으로 분포**되어 있다.

 ㉡ 효소활동에 의해 **다양한 대사물질이 만들어지기 때문**이다.

 ㉢ 다른 기관에 비해 **독성물질의 폭로가능성이 높다.**

 ㉣ 문정맥을 통하여 **소화기계로부터 혈액을 공급받기 때문**이다.

 ㉤ **소화기관을 통하여 흡수된 독성물질의 일차표적**이 된다.

 ㉥ 간장을 혈액의 흐름이 매우 풍부하기 때문에 **혈액을 통해서 쉽게 침투가 가능**하다.

 ㉦ **정상적인 생활에서도 여러 가지 복잡한 생화학 반응 등 매우 복합적인 기능을 수행하여 기능의 손상가능성이 매우 높다.**

② 생식독성
: 생식기능 및 능력에 대한 유해영향을 일으키거나 태아의 발육에 유해한 영향을 주는 성질이다.

남성근로자의 생식독성 유발요인	여성근로자의 생식독성 유발요인
흡연, 음주, 고온, 전리방사선, 망간, 카드뮴, 납, 농약, 염화비닐, 알킬화제, 유기용제, 항암제, 호르몬제, 마취제, 마이크로파 등	흡연, 음주, 납, 카드뮴, 망간, X선, 고열, 풍진, 매독, 알킬화제, 유기인제 농약, 마취제, 항암제, 항생제, 스테로이드계 약물 등

Chapter 3

중금속

3-1 인체 영향

(1) 중금속에 의한 건강장해·노출기준·표적장기

① 수은(Hg)

㉠ 특징

- 상온에서 유일하게 액체상태로 존재하는 금속이다.
- 뇌산 수은(뇌홍)의 제조에 사용된다.
- 온도계 제조, 농약 및 살충제 제조업, 치과용 아말감 산업, 페인트 제조업 등에 노출된다.
- 연금술, 의약품 등에 가장 오래 사용해온 중금속 중 하나이며, 17세기 유럽에서 **신사용 중절모자를 제작하는 데 사용하여 근육경련**을 일으킨 사례가 있다.
- 소화관으로는 2~7% 정도의 소량으로 흡수한다.
- 금속 형태는 뇌, 혈액, 심근에 많이 분포한다.

㉡ 수은중독의 증세

- 대표적인 증상은 **구내염, 근육진전, 정신증상, 식욕부진, 신기능부전** 등이 있다.
- 시신경장애, 정신이상, 보행장애, 수족신경마비, 신기능부전 증상이 있다.
- 혀가 떨리거나 수전증 증상이 있다.
- 소화관으로 약 7% 이하 소량으로 흡수되며, **금속형태는 뇌, 심근, 혈액에 많이 분포**되어 있다.
- 주로 신장에 축적된다.
- 유기수은의 독성은 무기수은의 독성보다 훨씬 강하다.
- 메틸수은은 미나마타병을 일으킨다.
- 전리된 수소이온은 단백질을 침전시키고 -SH기를 가진 효소작용을 억제하여 독성을 나타낸다.

ⓒ 수은중독 진단검사
- 간기능 및 신기능 검사
- 뇨 중 수은량 측정(크레아티닌 측정)
- 개인적 수은약제 사용유무 조사
- 불면증, 침흘림, 두통, 구내염, 치아부식, 치은염, 수지진전, 보행실조 임상증상 확인
- 급성중독 : 중독 발생 시 상황·접촉 유무 및 정도 조사
- 만성중독 : 직력조사 및 현직 근로연수 조사

ⓔ 수은중독 치료사항
- 급성중독
  · 우유와 계란흰자를 먹인다.
  · BAL을 투여한다.
  · 위세척을 한다.
  · 마늘을 섭취한다.

- 만성중독
  · 수은 취급을 즉시 중지한다.
  · BAL을 투여한다.
  · N-acetyl-D-penicillamine을 투여한다.
  · 하루 10L 등장식염수를 공급한다.
  · 땀을 흘리게 하여 수은배설을 촉진시킨다.
  · 진전증세에 genascopalin을 투여한다.

ⓜ 수은배설
- 금속수은은 대변보다 소변으로 배설이 잘 된다.
- 금속수은 및 무기수은의 배설경로는 서로 상이하지 않다.
- 유기수은 화합물은 땀, 대변으로 배설된다.
- 유기수은은 담즙을 통하여 소화관으로 배설되기도 하지만 소화관에서 재흡수되기도 한다.
- 무기수은의 생물학적 반감기는 약 6주이다.

② 납(Pb)

㉠ 특징

- 역사상 최초로 기록된 직업병 : 납중독
- 납중독이 주로 발생하는 작업장으론, **연제련, 축전지제조업**, 도자기 제조업, 페인트 안료 제조업(광명단 제조업) 등에서 노출될 수 있다.

㉡ 납중독의 증세

- **소화기장해**(위장계통의 장해)
- **중추신경장해**(뇌중독 증상)
- **신경·근육 계통의 장해**
- 기타 증상
  · 이미증(Pica) : 극소량의 농도에서 어린아이에게 학습장해 및 기능저하를 초래하며 1~5세 소아환자에게 발생하기 쉽다.
  · 납빈혈 및 연산통
  · 만성신부전
  · 골수 침입 및 혈청 내 철 증가
  · 혈색소 양 저하, 망상적혈구수 증가
  · 적혈구 내 Protoporphyrin(프로토포르피린) 증가
  · 소변 중 Coprophyrin(코프로포르피린) 증가
  · 소변 중 δ-ALA 증가
  · 소변 중 δ-ALAD 활성치 감소

㉢ 납중독 진단검사

- 혈액검사
- 빈혈검사
- 뇨중 Coprophyrin(코프로포르피린) 배설량 측정
- 뇨중 δ-ALA(헴의 전구물질) 측정
- 뇨중 납량 측정
- 혈중 납량 측정
- 혈중 ZPP(Zinc Protoporphyrin) 측정

② 납중독의 치료사항

- 급성중독
  - Ca-EDTA를 하루에 1~4g 정맥 내 투여하여 치료(신장이 나쁜 사람에게는 금지)
  - 섭취한 경우 즉시 3% 황산소다용액으로 위세척

- 만성중독
  - 배설촉진제인 Ca-EDTA 및 페니실라민(Penicillamine)을 투여(신장이 나쁜 사람에게는 금지)
  - 안정제, 진정제, 비타민 B_1, B_2 사용

⑩ 납중독 확인 시험사항

- 혈중 납 농도
- 헴(Heme)의 대사
- 말초신경의 신경 전달속도
- Ca-EDTA 이동시험
- ALA(Amino Levulinic Acid) 축적

⑭ 납의 흡수 및 축적

- 인체에 침입한 납(Pb)은 주로 뼈에 축적된다.
- 유기납 : 피부를 통하여 흡수
- 무기납 : 호흡기, 입, 피부로 흡수되며, 피부로는 흡수효율이 낮은 편이다.
- 혈중 납 양은 최근에 흡수된 납 양을 말한다.

③ 크롬(Cr)

㉠ 특징

- 3가 크롬은 피부흡수가 어렵다.
- 6가 크롬은 쉽게 피부를 통과하여 3가 크롬에 비해 더 해로운 편이다.
- 전기도금공장, 가죽 제조, 용접, 스테인리스강 가공 등에서 노출된다.
- 체내에 흡수되어 간, 폐, 신장에 축적되어 주로 소변을 통해 배설된다.

㉡ 크롬중독의 증세

- 급성중독
  : 신장장해로 과뇨증이 오며 더욱 진전되면 무뇨증을 일으켜 요독증으로 사망가능성이 높아진다.

- 만성중독
  : 폐암, 비강암, 비중격천공증, 접촉성 피부염, 크롬폐증 등 증상이 있다.

ⓒ 크롬중독의 치료사항
- 섭취 시 응급조치로 **우유 및 비타민C를 섭취**한다.
- 크롬 폭로 시 즉시 중단하고 만성 크롬중독인 경우 특별한 치료방법이 없다.
- 크롬으로 인한 **피부궤양 발생 시** Sodium Citrate 용액, Sodium Thiosulfate 용액, 10% CaNa2EDTA 연고 등을 사용하여 치료한다.

④ 카드뮴(Cd)

㉠ 특징
- **니켈, 알루미늄과의 합금, 살균제, 페인트, 납광물, 아연 제련, 축전기 전극제조** 등에서 노출될 수 있다.
- 1945년 일본에서 **이타이이타이병** 중독사건이 발생한 적이 있다.

ⓒ 카드뮴중독의 증세
- 급성중독
  - **폐렴, 간장해, 신장장해, 체중감소, 복통, 근육통, 치통** 증상
  - 초기에 기침, 두통, 인두부 통증 현상이 나타나며 시간이 지날수록 **폐수종, 호흡곤란 증상**으로 사망에 이를 수 있다.
- 만성중독
  - **신장기능장해**(단백뇨 다량 배설, 신석증 유발 등)
  - **골격계장해**(골절, 골다공증, 골연화증 등)
  - **폐기능장해**(폐기종, 만성폐기능장해 등)
  - **자각증상**(기침, 체중감소, 식욕부진 등)
  - **칼슘대사장해** : 다량의 칼슘배설

ⓒ 카드뮴중독의 치료사항
- 안정을 취하고 동시에 **산소흡입, 스테로이드를 투여**한다.
- 비타민 D를 피하 주사한다.
- BAL 및 Ca-EDTA 등 배설촉진제는 신장 독성을 증가시키므로 **절대 투여를 금지**한다.

⑤ 망간(Mn)

㉠ 특징
- 철강 제조, 도자기 제조, 전기용접봉 제조, 합금제조 등에서 노출될 수 있다.
- 호흡기 노출이 주경로이다.

㉡ 망간중독의 증세
- 급성중독
  - **금속열** 유발
  - **정신병** 유발
- 만성중독
  - **파킨슨증후군** 유발
  - **손 떨림, 중풍** 유발
  - 안면변화 및 배근력 저하
  - 언어장애 및 균형감각 상실 증상 유발

⑥ 비소(As)

㉠ 특징
- 은빛 광택을 내는 비금속이다.
- 살충제, 농약, 토양의 광석, 베어링 제조 등에서 노출된다.
- 무기비소가 유기비소에 비해 독성이 강하다.
- 3가 비소(삼산화비소)가 5가비소보다 독성이 강하다.

㉡ 비소중독의 증세
- 급성중독
  - 신장기능의 저하에 의해 **혈뇨 및 무뇨증이 발생**한다.
  - **구토, 설사, 쇼크, 심장이상** 등 발생한다.
  - **용혈성 빈혈**을 일으킨다.
- 만성중독
  - **피부암, 폐암, 비중격궤양** 등 발생한다.
  - **다발성 신경염** 등 말초신경장해가 발생한다.

ⓒ 비소중독의 치료사항

- 급성중독 시 활성탄 및 하제를 투여하여 구토를 유발시킨 후 BAL을 투여한다.
- 급성중독 시 dimercaprol 약제를 처치한다.
- 만성중독 시 작업을 중지시킨다.
- 비소폭로가 심할 땐 전체 수혈을 시행한다.
- 쇼크 치료는 강력한 혈압상승제 및 정맥수액제를 사용한다.

⑦ 베릴륨(Be)

㉠ 특징

- 현존하는 금속 중 **가장 가벼운 금속**이다.
- **합금 제조, 금속재생공정, 원자로 작업** 등에 노출될 수 있다.

㉡ 베릴륨중독의 증세

- 급성중독

  : **인후염, 폐부종, 접촉성피부염, 기관지염** 등 발생한다.

- 만성중독

  : 'Neighborhood cases'라 불리우며 **폐암, 폐렴, 육아 종양, 체중감소, 전신쇠약** 등 유발

ⓒ 베릴륨중독의 치료사항

- 급성 베릴륨폐증이면 즉시 작업을 중단한다.
- 금속배출촉진제 Chelating Agent를 투여한다.
- BAL 등 금속배설 촉진제와 BAL연고는 절대 투여를 금지시킨다.

⑧ 니켈(Ni)

㉠ 특징

- **도금, 제강, 전지, 합금 공정** 등에 노출될 수 있다.

㉡ 니켈중독의 증세

- 급성중독

  : **접촉성 피부염, 복통, 설사, 두통, 현기증, 폐렴, 폐부종, 전신중독** 유발

- 만성중독

  : **폐암, 비강암, 비중격천공증** 유발

ⓒ 니켈중독의 치료사항
: 체내 축적 시 **아연, 비타민 E, 셀레늄 등 황 함유 아미노산을 섭취**한다.

⑨ 금속증기열(Metal Fume Fever, 월요일열)

㉠ 특징
- **고농도의 산화금속 흄을 흡입하여 발병**된다.
- **전기도금, 용접 등에 노출**될 수 있다.
- 하루 정도 지나면 증상은 회복되며 대부분 특별한 후유증 없이 3~4시간만에 열이 내린다.

㉡ 금속증기열중독의 증세
- **오한, 구토, 기침, 전신위약감 등 감기증상을 유발**한다.

㉢ 금속증기열 발생원인 물질
: **구리, 니켈, 마그네슘, 망간, 아연**

(2) 인체 내 축적 및 제거

① 중금속에 대한 노출경로(금속의 체내 흡수과정)

노출경로	흡수과정
호흡기	대부분 호흡기를 통해 입자상 물질(미스트, 먼지, 흄 등)의 형태로 흡수
소화기	작업장 내 오염된 음식 및 음료수 등이 입을 통해 들어온 중금속이 소화관을 통해 흡수된다. - 금속이 소화관에서 흡수되는 작용 ① 음세포작용 ② 특이적 수송과정 ③ 단순확산(또는 촉진확산)
피부	유기납은 피부를 통해 흡수

② 중금속의 독성기전

독성기전	설명
효소의 억제	대부분의 중금속은 단백질과 직접적으로 반응하여 효소구조 및 기능을 변화시킨다.
금속 평형의 파괴	어떠한 중금속이 지나치게 공급되면 생물학적 단계의 필수금속이 과잉 및 고갈된다.
필수 금속성분 대체	필수금속과 화학적으로 유사한 중금속이 필수금속을 대체한다.
간접 영향	대부분의 중금속은 세포성분의 역할을 변화시킨다.

③ 금속의 배설

기관	설명
신장	중금속의 가장 중요한 배설경로
소화기계	두 번째로 중요한 배설경로
장간순환	중금속이 소장을 따라 내려가는 중 혈액 속으로 재흡수되기도 하고 간으로 되돌아가서 배설되기도 한다.
기타 경로	땀, 타액, 손톱, 발톱, 머리카락 등

Memo

Chapter 4
인체 구조 및 대사

4-1 인체 구조

(1) 인체의 구성

① 인체의 구성요소

㉠ 세포
㉡ 세포외의 물질
㉢ 조직
㉣ 기관
㉤ 기관계

(2) 근골격계 해부학적 구조

① 근골격계 구조

㉠ 뼈
㉡ 관절
㉢ 근육
㉣ 결합조직(인대 및 건과 근막 등)

② 골격의 주요 기능

㉠ 신체지지
㉡ 조혈작용
㉢ 장기보호

(3) 순환계 및 호흡계

① 순환계

㉠ **혈액, 림프, 혈관계, 림프관계, 심장, 골수, 림프절** 등으로 **구성**되어 있다.
㉡ 체내에서 혈액과 림프액을 만들어서 순환시켜 각 **구성세포에 영양소를 공급 및 노폐물** 등 운반, 제거하며 산소(O_2)와 이산화탄소(CO_2)를 교환한다.
㉢ **혈액응고효소** 등을 손상 받은 부위로 **수송**하여 신체를 **방어**한다.
㉣ 림프절은 체내에 들어온 **감염성 미생물과 이물질을 살균하고 식균**한다.
㉤ 혈관계 동맥은 심장에서 말초혈관으로 이동하는 원심성 혈관이다.

② 호흡계

㉠ **기도, 폐, 흉곽** 등으로 **구성**되어 있다.
㉡ 기도 : 가스 교환에 참여하지 않고 단순 공기 통로 역할을 한다.
㉢ 폐 : 직접적으로 가스교환을 담당한다.
㉣ 흉곽 : 호흡하여 폐를 환기시키는 역할을 한다.

(4) 청각기관의 구조

① 외이, 내이, 중이로 구성되어 있다.
② 와우관에 **코르티기관**이 있으며 이것은 기계적 파동을 뉴런을 통해 전기적 신호로 **변환**시킨다.
③ 외이는 바깥 공기의 진동을 직접 받아들이는 역할을 한다.
④ 내이는 와우와 여러 비청각구조로 **구성**되어있어 청각신경의 말단이 **분포**하고 있다.
⑤ 중이는 외이와 내이를 연결하고있고, 외이로부터 음파를 내이의 난원창으로 **전달**한다.

4-2 유해물질 대사 및 축적

(1) 생체막 투과

① 생체막 투과 정의
: 생체막은 물질투과에 대한 경계이면서 선택적으로 투과하는 기능을 가지고 있다. 비극성이고 지용성인 일부 작은 분자량의 물질은 막의 지질부위에 용해되어 생체막을 쉽게 통과할 수 있지만 대부분의 물질은 생체막에 있는 운송체계인 담체수송이나 관로수송 기능에 의해서만 통과할 수 있다.

② 생체막에서 물질을 수송하는 방법

　㉠ 단순확산
　㉡ 촉진확산
　㉢ 수식수송
　㉣ 능동수송
　㉤ 음세포 및 토세포작용

③ 투과에 미치는 영향인자

　㉠ 용해성
　㉡ 지용성
　㉢ 이온화 정도
　㉣ 유해물질 크기 및 형태

(2) 화학반응의 용량·반응

① 화학물질의 용량-반응 관계

　㉠ 용량(Dose) : 동물실험에 투여되는 화학물질 양 또는 **근로자들이 노출되는 유해물질 양**

　　┌─────────────────────────────┐
　　│ ① 노출량
　　│ ② 작업자의 유해물질 흡입량
　　│ ③ 공기 중 유해물질 농도×노출기간
　　└─────────────────────────────┘

　－ Haber 법칙 : 유해자수 = 유해물질의 농도×접촉시간

　㉡ 반응(Response) : 실험동물이 나타내는 질적·양적 영향 또는 **작업자가 나타나는 건강상**
　　　　　　　　　　　　　　　　　　　　　　　　　　　　　　　　영향의 정도

　㉢ 용량-반응곡선 관계

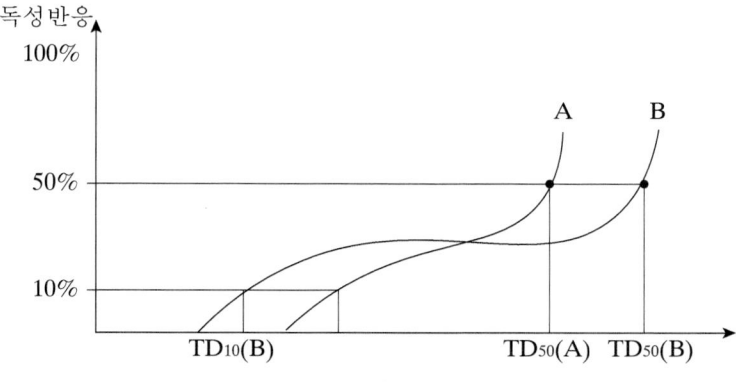

　▌용량 - 반응곡선 관계

: 용량-반응 간 상관관계를 log형태로 나타낸 그래프로 A물질이 B물질보다 독성반응이 급하게 일어난 것을 의미한다.(A물질이 조직 등에 손상을 더급격하게 유발함)
  TD_{10}을 비교하면 B물질의 특성이 A물질보다 크다.
  TD_{50}을 비교하면 A물질의 특성이 B물질보다 크다.

ㄹ) 기관장해 3단계

단계	설명
1단계 항상성 유지단계	유해인자 노출에 대해 적응할 수 있는 단계
2단계 보상단계	방어기전을 동원하여 기능장애를 방어할 수 있는 단계
3단계 고장단계	보상이 불가하여 기관이 파괴되는 단계

ㅁ) 위해성 평가(위해도 평가, Risk Assessment)
: 유해물질 노출로 인해 나타나게 되는 건강유해 가능성을 평가하는 프로세스

ㅂ) 유해·위험성 평가 실시 4단계
: 유해성 확인 → 용량-반응 평가 → 노출 평가 → 위험성 결정

(3) 흡수경로·분포작용·대사기전

① 유해물질 흡수, 분포, 대사작용

ㄱ) 대부분 유해물질은 **간에서 대사**되며 대사작용에 의해 유해물질 독성이 증가 또는 감소된다.
ㄴ) 유해물질이 체내에서 **해독되는 경우 효소가 가장 중요한 작용**을 한다.
ㄷ) 흡수된 유해물질은 **수용성으로 대사**된다.
ㄹ) 체내로 흡수된 유해물질은 **혈액을 통해 신체 각 부위 조직으로 운반**된다.
ㅁ) 유해물질의 **분포량은 혈중농도에 대한 투여량으로 산출**된다.
ㅂ) 반감기 : 유해물질의 **혈장농도가 50%로 감소하는데 소요되는 시간**

4-3 유해물질 방어기전

(1) 유해물질의 해독작용

① 독성물질 생체변환

　㉠ 생체변환 기전은 기존 화합물보다 인체 내 제거하기 쉬운 대사물질로 변화시키는 것이다.
　㉡ 생체변환은 독성물질 및 약물의 제거가 1번째 기전이며, 1상반응과 2상반응으로 구분한다.
　㉢ 1상 반응 : 산화, 환원, 가수분해 등의 과정을 통해 이루어진다.
　㉣ 2상 반응 : 1상 반응을 거친 물질을 수용성으로 더욱 더 만드는 포합반응이다.

4-4 생물학적 모니터링

(1) 정의와 목적

① 생물학적 모니터링 정의
　: 근로자의 유해인자에 대한 노출정도를 소변, 호기, 혈액 중에서 그 물질이나 대사산물을 측정함으로써 노출 정도를 추정하는 방법이며, 측정을 통해 노출의 정도나 건강위험을 평가한다.

② 생물학적 모니터링 목적

　㉠ 유해물질에 노출된 근로자의 정보 자료의 노출 근거 자료로 활용
　㉡ 개인보호구의 효율성, 기술적 대책, 관리 및 평가
　㉢ 작업장 근로자 보호 전략 수립

③ 생물학적 모니터링 장단점

　㉠ 장점

　　- 모든 침입경로에 의한 섭취량 평가 가능
　　- 운동량에 의한 섭취량 증가에 대응 가능
　　- 작업시간 영향의 반영 가능
　　- 방독마스크 착용 전후의 유해물 노출량의 평가 가능
　　- 건강상의 위험에 대해서 보다 정확한 평가 가능
　　- 작업환경측정(개인시료)보다 더 직접적으로 근로자 노출을 추정할 수 있다.

　㉡ 단점

　　- 시료채취가 어렵다.
　　- 각 작업자의 생물학적 차이가 나타날 수 있다.
　　- 유기시료의 특이성이 존재하며 복잡하다.
　　- 분석의 어려움 및 분석 시 오염에 노출될 가능성이 있다.

④ 생물학적 모니터링 특징

  ㉠ 근로자의 생물학적 시료에서 화학물질의 노출을 추정하는 것을 말한다.
  ㉡ 근로자의 노출평가와 건강상 영향평가 2가지 목적으로 모두 사용될 수 있다.
  ㉢ 모든 노출경로에 의한 흡수정도를 나타낼 수 있다.
  ㉣ 폭로 근로자의 소변, 호기, 혈액, 기타 생체시료를 분석하게 된다.
  ㉤ 유해물질의 전반적인 폭로량을 추정할 수 있다.
  ㉥ 개인의 작업특성, 습관 등에 따른 노출의 차이도 평가할 수 있다.
  ㉦ 개인시료 결과보다 측정결과를 해석하기가 복잡하고 어렵다.
  ㉧ 생체시료가 너무 복잡하고 쉽게 변질되기 때문에 시료의 분석과 취급이 어렵다.
  ㉨ 단지 생물학적 변수로만 추정하기 때문에 허용기준을 검증하거나 직업병을 진단하는 수단으로 이용할 수 없다.
  ㉩ 반감기가 짧은 물질인 경우 시료채취 시기는 특별히 중요하나, 긴 경우는 특별히 중요하지 않다.
  ㉪ 건강상의 영향과 생물학적 변수와 상관성이 있는 물질이 많지 않아 작업환경 측정에서 설정한 허용기준(TLV)보다 훨씬 적은 기준을 가지고 있다.
  ㉫ 생물학적 시료는 그 구성이 복잡하고 특이성이 없는 경우가 많아 생물학적 노출지수(BEI)와 건강상 영향과의 상관이 없는 경우가 많다.

⑤ 생물학적 노출지수(폭로지수, BEI, ACGIH)
  : 혈액, 소변, 호기 등 생체시료로부터 유해물질 그 자체 또는 유해물질의 대사산물 및 생화학적 변화를 반영하는 지표를 말하며, 근로자의 전반적인 노출량 평가할 때 이에 대한 기준으로 사용한다.

⑥ 생물학적 노출지수(BEI) 이용 시 주의사항

  ㉠ 생물학적 모니터링의 기준값으로 사용된다.
  ㉡ 주5일 1일 8시간 기준으로 허용농도(TLV)에 해당하는 농도에 노출될 때의 농도이다.
  ㉢ 위험하거나 위험하지 않은 물질을 명확히 구별하는 것은 아니다.
  ㉣ 작업시간 증가 시 노출지수를 그대로 적용해서는 안된다.
  ㉤ 환경오염에 대한 노출을 결정하는 데 이용해서는 안된다.
  ㉥ 직업병이나 중독 정도를 평가하는 데 이용해서는 안된다.

⑦ 생물학적 모니터링의 결정인자

  ㉠ 작업자 체액의 화학물질 또는 대사산물
  ㉡ 조직에 작용하는 화학물질 양
  ㉢ 건강상 영향을 초래하지 않는 조직 또는 부위

⑧ 생물학적 모니터링의 결정인자 선택기준

   ㉠ **결정인자가 충분히 특이적일 것**
   ㉡ **적절한 민감도를 가질 것**
   ㉢ **분석적인 변이나 생물학적 변이가 타당할 것**
   ㉣ **채취 및 검사과정에서 불편함을 주지 않을 것**
   ㉤ **건강위험을 평가하는 유용성을 고려할 것**

⑨ 생체시료 특징

종류	특징
소변	① 시료채취 과정에서 오염될 가능성이 높다. ② 채취시료는 신속하게 검사가 가능하다. ③ 많은 양의 시료 확보가 가능하다. ④ 비파괴적으로 시료채취가 가능하다.
호기	① 폐포공기가 혼합된 호기 시료에서 측정한다. ② 노출 전후의 시료를 채취한다. ③ 수증기에 의한 수분응축 영향을 고려한다. - 생물학적 모니터링에서 호기시료를 잘 이용하지 않는 이유 ① 채취시간 및 호기상태에 따라 농도가 변하기 때문 ② 수증기에 의한 수분응축 영향이 있기 때문
혈액	① 시료채취 과정에서 오염될 가능성이 낮다. ② 정맥혈 기준으로 한다.(동맥혈은 적용이 안된다.) ③ 시료채취 시 근로자가 부담을 가질 수 있다. ④ 분석방법 선택 시 특정물질의 단백질 결합을 고려해야 한다.

(2) 검사 방법의 분류

① 작업자의 화학물질에 대한 노출평가 방법의 종류

종류	설명
개인시료 측정	근로자 신체부위에 감지기구를 부착하여 해당 부근의 양이나 농도를 간접적으로 측정하고 평가한다.
생물학적 모니터링	근로자의 노출평가와 건강상 영향평가 2가지 목적으로 모두 사용 가능하다.
건강감시	근로자의 건강한 상태를 평가하고 건강상의 악영향에 대한 초기 증상을 각 근로자에게 규명하는 데 목적이 있다.

② 생물학적 모니터링의 종류

   ㉠ 유해인자에 대한 **근로자 노출 평가**   ㉡ 유해인자에 대한 **건강상 영향 평가**

(3) 생체 시료 채취 및 분석방법

① 화학물질의 생물학적 노출지표물질

화학물질	대사산물(측정대상물질)	시료채취시기
벤젠	뇨 중 t,t-뮤코닉산(뮤콘산) 뇨 중 S-페닐머캅토산 혈액 중 벤젠	당일 작업 종료 2시간 전부터 작업종료 사이
톨루엔	뇨 중 o-크레졸 혈액 중 톨루엔	작업 종료 2시간 전부터 작업종료 사이
크실렌	뇨 중 메틸마뇨산	당일 작업 종료 2시간 전부터 작업종료 사이
납	혈액 중 납 뇨 중 납 혈액 중 아연 프로토포르피린 뇨 중 델타아미노레불린산	특별한 제한 없음
일산화탄소	혈액 중 카복시헤모글로빈(COHb)	작업 종료 후 15분 이내
트리클로로에틸렌	뇨 중 삼염화초산	주말작업 종료 직후
에틸벤젠	뇨 중 만델산	당일 작업 종료 2시간 전부터 작업종료 사이
노말헥산	뇨 중 2,5-헥산디온	당일 작업 종료 2시간 전부터 작업종료 사이
클로로벤젠	뇨 중 총 4-클로로카테콜	당일 작업 종료 2시간 전부터 작업종료 사이
페놀	뇨 중 페놀	당일 작업 종료 2시간 전부터 작업종료 사이
디메틸포름아미드	뇨 중 N-메틸포름아미드	당일 작업 종료 2시간 전부터 작업종료 사이
이황화탄소	뇨 중 TTCA 뇨 중 이황화탄소	당일 작업 종료 2시간 전부터 작업종료 사이
크롬(수용성 흄)	뇨 중 크롬	4~5일간 작업 종료 2시간 전부터 작업종료 사이
메틸 노말부틸 케톤	뇨 중 2,5-헥산디온	
삼염화에틸렌	뇨 중 삼염화초산 (트리클로로초산) 뇨 중 삼염화에탄올	주말작업 종료시

② 작업환경측정에 의한 노출평가의 단점

  ㉠ 동일 노출 그룹의 적용이 어렵다.
  ㉡ 동일 노출에도 개인별 건강상 특성의 영향이 다르게 나타난다.
  ㉢ 흡수, 제거, 생체변환 등에서의 각 개인차가 심하게 나타난다.
  ㉣ 작업특성 및 개인위생습관에 따라 노출경로가 다르다.

③ 바이어에어로졸(Bioaerosol)
  : 0.02~100㎛ 정도 크기로 미생물 등이 고체 또는 액체 입자에 부착, 포함되어 있는 것

  - 바이어에어로졸 생물학적 유해인자 종류 6가지

    ㉠ 곰팡이   ㉡ 꽃가루
    ㉢ 박테리아   ㉣ 집진드기
    ㉤ 바퀴벌레   ㉥ 원생동물

④ 혼합물의 화학적 상호작용

작용	설명
상가작용	두 유해인자의 독성합만큼 독성 결과를 나타내는 작용(3+3=6) ex) 일반적인 화학물질
상승작용	두 유해인자의 독성합보다 결과가 커짐을 나타내는 작용(3+3=20) ex) 에탄올과 사염화탄소 등
길항작용	두 유해인자가 서로의 작용을 방해하는 것(3+3=0) ex) 페노바비탈과 디란틴 등 - 길항작용의 종류 ① 배분적 길항작용 : 물질의 흡수 및 대사 등에 변화를 일으켜 독성이 낮아진다. ② 화학적 길항작용 : 화학적인 상호반응에 의해 독성이 낮아진다. ③ 기능적 길항작용 : 생체 내 서로 반대되는 기능을 가져 독성이 낮아진다. ④ 수용적 길항작용 : 두 화학물질이 같은 수용체에 결합하여 독성이 낮아진다.
독립작용	두 유해인자가 서로 다른 조직 또는 기관에 영향을 미치는 작용 ex) 톨루엔과 황산, 납과 황산, 질산과 카드뮴 등
가승작용	독성이 없는 물질을 독성이 있는 물질과 혼합하면 독성이 강해지는 작용 (3+0=10) ex) 이소프로필알코올과 사염화탄소 등

4-5 산업역학

(1) 용어

① 환자군 : 어떤 특정질환이나 문제를 가진 집단

② 대조군 : 질환이나 문제를 일으키지 않는 집단

③ 유병률 : 어떤 시점에서 이미 존재하는 질병의 비율

$$유병률 = 발생률 \times 평균이환기간$$

단, 유병률은 10% 이하, 발생률과 평균이환기간이 시간 경과에 따라 일정해야 한다.

④ 발생률 : 특정기간 위험에 노출된 인구집단 중 새로 발생한 환자수의 비율

$$발생밀도 = \frac{일정기간 \; 내 \; 새로 \; 발생한 \; 환자수}{관찰 \; 연인원의 \; 총합}$$

$$누적발생률 = \frac{연구기간 \; 동안 \; 새로 \; 발생한 \; 환자수}{관찰개시 \; 때 \; 위험요인에 \; 노출된 \; 인구수}$$

⑤ 위험도 : 집단에 소속된 구성원 개개인이 일정기간 내 질병에 걸릴 확률

㉠ 상대위험도(비교위험도) : 비노출군에 비해 노출군에서 질병에 걸릴 위험이 얼마나 큰지 나타낸다.

$$상대위험도 = \frac{노출군에서 \; 질병발생률}{비노출군에서 \; 질병발생률}$$

- 상대위험비=1 : 노출과 질병 사이의 연관성이 없음
- 상대위험비>1 : 위험이 증가
- 상대위험비<1 : 질병에 대한 방어효과가 있음

㉡ 기여위험도(귀속위험도) : 유해요인에 노출될 때 얼만큼의 환자수가 증가하였는가를 나타낸다.

$$기여위험도 = 노출군에서의 \; 질병발생률 - 비노출군에서의 \; 질병발생률$$

㉢ 기여분율 : 노출군에서 노출이 질병 발생에 얼마나 기여했는가를 나타낸다.

$$기여분율 = \frac{노출군에서의 \; 질병발생률 - 비노출군에서의 \; 질병발생률}{노출군에서의 \; 질병발생률}$$

$$= \frac{상대위험비 - 1}{상대위험비}$$

㉣ 교차비 : 특성을 지닌 사람들의 수와 특성을 지니지 않은 사람들의 수의 비

$$교차비 = \frac{환자군에서의\ 노출\ 대응비}{대조군에서의\ 노출\ 대응비}$$

- 교차비=1 : 요인과 질병 사이의 관계가 업음
- 교차비>1 : 요인에의 노출이 질병발생을 증가시킴
- 교차비<1 : 요인에의 노출이 질병발생을 방어함

⑥ 표준화사망비(SMR : Standard Mortality Ratio) : 작업인원의 사망률을 일반집단의 사망률과의 비

$$SMR = \frac{작업장에서의\ 사망률}{일반인구의\ 사망률} = \frac{관찰\ 사망자수}{기대\ 사망자수}$$

SMR>1 : 표준인구집단에 비해 더 많은 사망자가 발생
SMR<1 : 표준인구집단에 비해 더 적은 사망자가 발생

(2) 역학연구의 종류

① 기술역학 : 있는 그대로 상황을 파악하여 기술하는 것이며, 새로운 가설을 유도하는데 이용

② 분석역학 : 질병발생과 관련 요인과의 원인성을 규명하는데 이용
  - 분석역학의 종류

  ㉠ 단면 연구
  ㉡ 개입 연구
  ㉢ 코호트 연구
  ㉣ 환자-대조군 연구

(3) 편견의 종류

종류	설명
선택편견	유해인자에 대한 노출 및 비노출 그룹을 설정 시 잘못된 설정을 의미
혼란편견	원인과 결과 사이 관계를 혼란시키는 변수로 인한 편견
관찰편견	검증되지 않은 방법이나 동일하지 않은 측정방법으로 자료를 수집하거나 해석할 때 나타나는 편견
정보편견	잘못된 정보에 의한 편견 - 종류 ① 기억편견 ② 과장편견 ③ 면접편견

(4) 측정타당도

구분		질병(실제값)		합계
		양성	음성	
검사법	양성	A	B	$A+B$
	음성	C	D	$C+D$
합계		$A+C$	$B+D$	-

① 민감도 : 노출 측정 시 실제 노출된 사람이 해당 측정방법에 의해 '노출된 것'으로 나타날 확률이다.

$$민감도 = \frac{A}{A+C}$$

② 특이도 : 실제 노출되지 않은 사람이 해당 측정방법에 의해 '노출되지 않은 것'으로 나타날 확률이다.

$$특이도 = \frac{D}{B+D}$$

③ 가양성률 : 특이도의 상대적 개념으로, '1-특이도'로 나타낼 수 있다.

$$가양성률 = \frac{B}{B+D}$$

④ 가음성률 : 민감도의 상대적 개념으로, '1-민감도'로 나타낼 수 있다.

$$가음성률 = \frac{C}{A+C}$$

(5) 노출인년
: 조사 근로자를 1년간 관찰한 수치로 환산한 것

$$노출인년 = 노출자수 \times 연간 근무시간 = 노출자수 \times \frac{조사개월\ 수}{12개월}$$

06

과년도 기출문제

01. 09년도 기출문제
02. 10년도 기출문제
03. 11년도 기출문제
04. 12년도 기출문제
05. 13년도 기출문제
06. 14년도 기출문제
07. 15년도 기출문제
08. 16년도 기출문제
09. 17년도 기출문제
10. 18년도 기출문제
11. 19년도 기출문제
12. 20년도 기출문제
13. 21년도 기출문제
14. 22년도 기출문제
15. 23년도 기출문제
16. 24년도 기출문제

2009 1회차 산업위생관리기사 필답형 기출문제

01
동일노출그룹(HEG) 또는 유사노출그룹 설정 목적 3가지를 쓰시오.

① 시료채취 수를 경제적으로 하기 위하여
② 모든 작업의 근로자에 대한 노출농도를 평가하기 위하여
③ 작업장에서 모니터링하고 관리해야 할 우선적인 노출그룹을 결정하기 위함

02
계통오차를 설명하고 종류 3가지를 쓰시오.

(1) 계통오차
오차의 크기와 부호를 추정할 수 있고 보정할 수 있는 오차

(2) 계통오차 종류
① 외계오차
② 기계오차
③ 개인오차

03
공기역학적 직경에 대해 설명하시오.

대상 먼지와 침강속도가 같고 밀도가 $1g/cm^3$이며, 구형인 먼지의 직경으로 환산된 직경

04
국소배기장치 성능시험 또는 점검 시 필수장비 5가지를 쓰시오.

① 줄자
② 발연관
③ 청음기 또는 청음봉
④ 절연저항계
⑤ 열선풍속계
⑥ 표면온도계 및 초자온도계

05
어떤 분진이 많이 발생하는 작업장에 설치된 송풍기의 정압이 $100mmH_2O$이다. 1년 후 다시 측정해 보니 $300mmH_2O$로 증가되어 있었을 때 해당 송풍기의 정압이 증가된 이유를 2가지 쓰시오.

① 후드 댐퍼 닫힘
② 덕트 계통의 분진 퇴적
③ 공기정화장치의 분진 퇴적

06
다음 항목의 사무실 공기관리지침상 오염물질 관리기준을 쓰시오.

(1) 이산화질소(NO_2)
(2) 일산화탄소(CO)
(3) 라돈

(1) 0.1ppm 이하
(2) 10ppm 이하
(3) 148Bq/m³ 이하

*사무실 오염물질의 관리기준

오염물질	관리기준
미세먼지(PM10)	100μg/m³ 이하
초미세먼지(PM2.5)	50μg/m³ 이하
이산화탄소(CO_2)	1000ppm 이하
일산화탄소(CO)	10ppm 이하
이산화질소(NO_2)	0.1ppm 이하
포름알데히드(HCHO)	100μg/m³ 이하
총휘발성 유기화합물(TVOC)	500μg/m³ 이하
라돈	148Bq/m³ 이하
총부유세균	800CFU/m³ 이하
곰팡이	500CFU/m³ 이하

07
공기정화장치 중 여과집진시설의 채취기전(채취원리, 포집원리) 5가지를 쓰시오.

① 직접차단
② 관성충돌
③ 중력침강
④ 확산
⑤ 정전기침강
⑥ 체

08
총 압력손실 계산법 2가지를 쓰고, 각각의 장점 2가지씩 쓰시오.

(1) 정압조절 평형법 장점
① 설계가 정확할 때 가장 효율적인 시설이 된다.
② 유속의 범위가 적절하면 덕트의 폐쇄가 일어나지 않는다.
③ 잘못 설계된 분지관, 최대저항 경로선정이 잘못되어도 설계 시 쉽게 발견할 수 있다.

④ 침식·부식·분진퇴적으로 인한 축적현상이 없어 덕트의 폐쇄가 일어나지 않는다.

(2) 저항조절 평형법 장점
① 시설 설치 후 변경이 유연하게 대처 가능하다.
② 설계 계산이 간편하고 고도의 지식을 요구하지 않는다.
③ 설치 후 송풍량 조절이 용이하다.
④ 최소 설계풍량은 평형유지가 가능하다.
⑤ 공장 내부 작업공정에 따라 적절한 덕트의 위치 변경이 가능하다.

09
유량 $120m^3/min$이 흐르는 원형직관의 지름이 $42.5cm$이고, 관마찰계수 0.02, 비중이 1.2일 때 관 길이 $5m$당 압력손실$[mmH_2O]$을 구하시오.

비중이 1.2면, 비중량(γ)은 $1.2kg_f/m^3$이다.

$$V = \frac{Q}{A} = \frac{Q}{\frac{\pi d^2}{4}}$$
$$= \frac{120}{\frac{\pi \times 0.425^2}{4}} = 845.89 m/min \times \left(\frac{1min}{60sec}\right)$$
$$= 14.1 m/s$$

$$\therefore \Delta P = F \times VP = \lambda \times \frac{L}{D} \times \frac{\gamma V^2}{2g}$$
$$= 0.02 \times \frac{5}{0.425} \times \frac{1.2 \times 14.1^2}{2 \times 9.8} = 2.86 mmH_2O$$

여기서,
ΔP : 압력손실$[mmH_2O]$
F : 압력손실계수
VP : 속도압$[mmH_2O]$
λ : 관마찰계수
L : 덕트 길이$[m]$
D : 덕트 직경$[m]$
γ : 비중량$[kg_f/m^3]$
V : 유속$[m/s]$
g : 중력가속도$[m/s^2]$

• 1min=60sec

10

층류영역에서 직경이 $5\mu m$이며 비중이 2.5인 입자상 물질의 침강속도 $[cm/\sec]$를 구하시오.

$\rho =$ 비중 × 물의 밀도($=1$) $= 2.5 \times 1 = 2.5 g/cm^3$
$\therefore V = 0.003\rho d^2 = 0.003 \times 2.5 \times 5^2 = 0.19 cm/\sec$

여기서,
V : 리프만(Lippman)식 침강속도 $[cm/\sec]$
ρ : 입자 밀도 $[g/cm^3]$
d : 입자 직경 $[\mu m]$

11

후드의 유입손실계수가 1.4일 때 후드의 유입계수를 구하시오.

$F = \dfrac{1}{C_e^2} - 1$ 에서,

$1.4 = \dfrac{1}{C_e^2} - 1 \Rightarrow \therefore C_e = 0.65$

여기서,
F : 유입손실계수 $\left(= \dfrac{1}{C_e^2} - 1\right)$
C_e : 유입계수 $\left(= \sqrt{\dfrac{1}{1+F}}\right)$

12

작업장 내 기계 소음이 각각 $65dB$, $71dB$을 발생하는 경우 총 소음수준 $[dB]$을 구하시오.

$L = 10\log\left(10^{\frac{L_1}{10}} + 10^{\frac{L_2}{10}} + \cdots + 10^{\frac{L_n}{10}}\right)$

$= 10\log\left(10^{\frac{65}{10}} + 10^{\frac{71}{10}}\right) = 71.97 dB$

L : 합성소음도 $[dB]$
$L_1, L_2, \cdots L_n$ = 각 소음원의 소음 $[dB]$

13

송풍기의 송풍량이 $200m^3/\min$이고, 송풍기 전압이 $100mmH_2O$인 송풍기의 소요동력을 $5kW$ 미만으로 유지하기 위해 필요한 송풍기 효율 $[\%]$을 구하시오.

$H = \dfrac{Q \times \triangle P}{6120\eta} \times \alpha$ 에서,

$5 = \dfrac{200 \times 100}{6120 \times \eta} \times 1 \Rightarrow \therefore \eta = 0.6536 = 65.36\%$

여기서,
H : 송풍기 소요동력 $[kW]$
Q : 송풍량 $[m^3/\min]$
$\triangle P$: 송풍기 유효압력 $[mmH_2O]$
η : 송풍기 효율
α : 여유율 (주어지지 않으면, $\alpha = 1$)

14

재순환 공기의 CO_2 농도는 $650ppm$이고 급기의 CO_2 농도는 $450ppm$일 때 급기 중의 외부공기 포함량[%]을 구하시오.
(단, 외부공기의 CO_2 농도는 $330ppm$이다.)

$$Q_A = \frac{C_r - C_s}{C_r - C_0} \times 100 = \frac{650 - 450}{650 - 330} \times 100 = 62.5\%$$

여기서,
Q_A : 급기 중 외부공기 포함량[%]
C_r : 재순환 공기 중 이산화탄소 농도
C_s : 급기 중 이산화탄소 농도
C_0 : 외부 공기 중 이산화탄소 농도

15

음력이 $1watt$인 소음원으로부터 $10m$ 떨어진 지점에서 음압수준[dB]을 구하시오.
(단, 무지향성 점음원, 자유공간 위치이다.)

무지향성 점음원, 자유공간 위치일 때,
$$\begin{aligned} SPL &= PWL - 20\log r - 11 \\ &= 10\log \frac{W}{W_o} - 20\log r - 11 \\ &= 10\log \frac{1}{10^{-12}} - 20\log 10 - 11 = 89dB \end{aligned}$$

여기서,
SPL : 음압수준[dB]
PWL : 음향파워레벨[dB]
r : 소음원으로부터의 거리[m]
W : 대상음원의 음향파워[W]
W_o : 기준음향파워($= 10^{-12}[W]$)

16

2단 전기집진장치가 병렬로 설치되어 있고, 유량을 동일하게 흐르고 있다. 함진배기농도 $4.6g/m^3$, 소요풍량 $100m^3/\min$, 집진판 간격 $25cm$, 집진판의 크기(가로×세로) $2.4m \times 3.6m$, 유동속도 $0.12m/s$일 때 하나의 집진장치에서 배출되는 시간당 분진중량[g/hr]을 구하시오.

(단, 집진효율을 구하는 공식은, $\eta = 1 - e^{\left(-\frac{A \times W_e}{Q}\right)}$ 이고, 여기서, A는 집진판의 넓이$[m^2]$, W_e는 유동속도$[m/s]$, Q는 유량$[m^3/s]$이다.)

2단 전기집진장치가 병렬로 흐르기 때문에
$$\begin{aligned} Q_1 = Q_2 &= \frac{Q_{전체}}{2} = \frac{100}{2} \\ &= 50m^3/\min \times \left(\frac{1\min}{60\sec}\right) \\ &= 0.83m^3/s \end{aligned}$$

2개의 집진판의 넓이는,
$A = 2 \times (2.4 \times 3.6) = 17.28m^2$

$\eta = 1 - e^{\left(-\frac{A \times W_e}{Q}\right)} = 1 - e^{\left(-\frac{17.28 \times 0.12}{0.83}\right)} = 0.9178 = 91.78\%$

$\eta = \left(1 - \frac{C_o Q_o}{C_i Q_i}\right) \times 100$

$91.78 = \left(1 - \frac{C_o Q_o}{4.6 \times 0.83}\right) \times 100$

∴ 시간당 분진중량($C_o Q_o$)
$= 0.3138g/\sec \times \left(\frac{3600\sec}{1hr}\right) = 1129.68g/hr$

여기서,
C_i : 함진배기농도$[g/m^3]$
Q_i : 내부 유량$[m^3/hr]$
$C_o Q_o$: 시간당 분진중량$[g/hr]$

- 1min = 60sec
- 1hr = 3600sec

17

채취 전 여과지 무게 $20mg$, 채취 후 여과지 무게 $22.5mg$, 채취 부피가 $850L$일 때 공기 중 농도 $[mg/m^3]$을 구하시오.

$$mg/m^3 = \frac{(22.5-20)mg}{850L \times \left(\frac{1m^3}{1000L}\right)} = 2.94mg/m^3$$

- $1m^3 = 1000L$

18

$21℃$, 1기압의 어느 작업장에서 MEK을 $0.5L/hr$씩 공기 중으로 증발할 때, 필요 환기량 $[m^3/\min]$을 구하시오.
(단, MEK의 비중 0.805, 분자량은 72, TLV는 $200ppm$, 안전계수는 6이다.)

$$Q = \frac{24.1 \times S \times G \times K \times 10^6}{M \times TLV}$$
$$= \frac{24.1 \times 0.805 \times 0.5 \times 6 \times 10^6}{72 \times 200}$$
$$= 4041.77 m^3/hr \times \left(\frac{1hr}{60\min}\right) = 67.36 m^3/\min$$

여기서,
Q : 전체환기량 $[m^3/hr]$
S : 유해물질의 비중
G : 유해물질의 시간당 사용량 $[L/hr]$
K : 안전계수(혼합계수)
M : 유해물질의 분자량
TLV : 유해물질의 노출기준 $[ppm]$
24.1 : $1atm$, $21℃$에서 공기의 부피 $[L]$

$$\left(\text{온도보정}: 24.1 \times \frac{273+t}{273+21}\right)$$

여기서, t : 실제공기의 온도 $[℃]$

- $1hr = 60\min$

19

어떤 작업장에서 소음이 $100dB$에서 3시간, $95dB$에서 3시간 발생할 때 다음을 구하시오.

(1) 노출지수(EI)
(2) 허용기준 초과여부

(1) $EI = \dfrac{C_1}{T_1} + \dfrac{C_2}{T_2} + \cdots + \dfrac{C_n}{T_n} = \dfrac{3}{2} + \dfrac{3}{4} = 2.25$

(2) $EI = 2.25$이므로, ∴허용기준 초과

여기서,
C : 소음 각각의 측정치
T : 소음 각각의 노출기준

$EI > 1$: 허용기준을 초과
$EI < 1$: 허용기준을 초과하지 않음

*소음작업
1일 8시간 작업을 기준하여 85dB 이상의 소음이 발생하는 작업
① 강렬한 소음작업

데시벨(이상)	발생시간(1일 기준)
90dB	8시간 이상
95dB	4시간 이상
100dB	2시간 이상
105dB	1시간 이상
110dB	30분 이상
115dB	15분 이상

② 충격 소음작업

데시벨(이상)	발생시간(1일 기준)
120dB	10000회 이상
130dB	1000회 이상
140dB	100회 이상

20

기압 $1atm$, 온도 $100℃$인 환경에서 A기체의 부피가 $2m^3$일 때 $2atm$, $150℃$에서의 A기체의 부피$[m^3]$를 구하시오.

$\dfrac{P_1 V_1}{T_1} = \dfrac{P_2 V_2}{T_2}$ 에서,

$\therefore V_2 = \dfrac{P_1 V_1 T_2}{T_1 P_2} = \dfrac{1 \times 2 \times (273+150)}{(273+100) \times 2} = 1.13 m^3$

- 절대온도(K)=273+섭씨온도(℃)
- 1atm=760mmHg

2009 2회차 산업위생관리기사 실기 필답형 기출문제

01
전체환기 적용조건 4가지를 쓰시오.

① 발생원이 이동성인 경우
② 유해물질이 증기나 가스인 경우
③ 유해물질의 발생량이 적은 경우
④ 유해물질의 독성이 비교적 낮은 경우
⑤ 유해물질이 시간에 따라 균일하게 발생될 경우
⑥ 국소배기가 불가능한 경우

02
국제암연구회(IARC)의 발암물질 구분 그룹의 각 정의 5가지를 쓰고 각각 설명하시오.

① Group 1 : 확실한 발암물질
② Group 2A : 가능성이 높은 발암물질
③ Group 2B : 가능성이 있는 발암물질
④ Group 3 : 불확실한 발암물질
⑤ Group 4 : 발암성이 없는 물질

03
다음 용어를 설명하시오.

(1) 단위작업장소
(2) 정확도
(3) 정밀도

(1) 동일 노출집단의 근로자가 작업을 하는 장소
(2) 분석치가 참값에 얼마나 접근하였는가 하는 수치상의 표현
(3) 분석치의 변동 크기가 얼마나 작은가 하는 수치상의 표현

04
다음 그림의 빈칸을 채우시오.

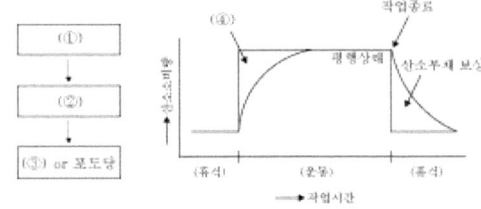

<혐기성 대사 순서>   <작업시간 및 종료 시의 산소소비량>

① ATP
② CP
③ 글리코겐
④ 산소부채

05

총 압력손실 계산법 2가지를 쓰고, 각각의 장점 3가지씩 쓰시오.

(1) 정압조절 평형법 장점
① 설계가 정확할 때 가장 효율적인 시설이 된다.
② 유속의 범위가 적절하면 덕트의 폐쇄가 일어나지 않는다.
③ 잘못 설계된 분지관, 최대저항 경로선정이 잘못되어도 설계 시 쉽게 발견할 수 있다.
④ 침식·부식·분진퇴적으로 인한 축적현상이 없어 덕트의 폐쇄가 일어나지 않는다.

(2) 저항조절 평형법 장점
① 시설 설치 후 변경이 유연하게 대처 가능하다.
② 설계 계산이 간편하고 고도의 지식을 요구하지 않는다.
③ 설치 후 송풍량 조절이 용이하다.
④ 최소 설계풍량은 평형유지가 가능하다.
⑤ 공장 내부 작업공정에 따라 적절한 덕트의 위치 변경이 가능하다.

06

국소배기장치를 설치한 작업장에 배기된 양 만큼 공기가 보충되어야 하는 이유(공기공급 시스템이 필요한 이유)를 5가지 쓰시오.

① 국소배기장치의 적절한 가동을 위해
② 국소배기장치의 효율 유지를 위해
③ 안전사고 예방을 위해
④ 연료 절약을 위해
⑤ 작업장 내 방해기류가 생기는 것을 방지하기 위해
⑥ 외부 공기가 정화되지 않은 채 건물 내로 유입되는 것을 막기 위해

07

입자상 물질의 크기를 표시하는 방법 중 기하학적(물리적) 직경 3가지를 쓰고 각각 설명하시오.

① 마틴 직경
먼지의 면적을 이등분하는 선의 길이로 선의 방향은 항상 일정하여야 하며 과소평가할 수 있는 단점이 있다.

② 페렛 직경
먼지의 한쪽 끝 가장자리와 다른쪽 끝 가장자리 사이의 거리로 과대평가할 수 있는 단점이 있다.

③ 등면적 직경
먼지의 면적과 같은 면적을 가진 원의 직경으로 가장 정확한 직경으로 측정은 현미경 접안경에 porton reticle을 삽입하여 측정한다.

08

작업환경측정의 설계에 있어서 동일노출군(HEG)의 정의를 간단하게 서술하시오.

어떤 동일한 유해인자에 대하여 통계적으로 비슷한 수준에 노출되는 근로자 그룹

09

다음 보기는 동일노출그룹 설정 순서에 대한 내용일 때 빈칸을 채우시오.

[보기]
조직 → (①) → 작업범주 → (②) → 업무

① 공정 ② 작업내용

10

작업대 위에서 용접할 때 흄(fume)을 포집 제거하기 위해 작업면에 고정된 플랜지가 붙은 외부식 사각형 후드를 설치하였다면 필요 송풍량[m^3/min]을 구하시오.
(단, 개구면에서 작업지점까지의 거리는 $40cm$, 제어속도는 $0.5m/s$, 후드 개구면의 규격은 $300mm \times 200mm$ 이다.)

바닥면 위치, 플랜지 부착이므로,
$A = 0.3 \times 0.2 = 0.06 m^2$
$\therefore Q = 0.5V(10X^2 + A) = 0.5 \times 0.5 \times (10 \times 0.4^2 + 0.06)$
$= 0.415 m^3/sec \times \left(\dfrac{60sec}{1min}\right) = 24.9 m^3/min$

*필요송풍량(Q)

조건	필요송풍량 공식
① 자유공간 위치, 플랜지 미부착	$Q = V(10X^2 + A)$
② 자유공간 위치, 플랜지 부착	$Q = 0.75V(10X^2 + A)$
③ 바닥면 위치, 플랜지 미부착	$Q = V(5X^2 + A)$
④ 바닥면 위치, 플랜지 부착	$Q = 0.5V(10X^2 + A)$

여기서,
Q : 필요송풍량[m^3/min]
A : 후드의 개구면적[m^2]
V : 제어속도[m/min]
X : 후드 중심선으로부터 발생원까지의 거리[m]

11

선반을 약품에 담근 후 건조시키는 과정에서 크실렌이 시간당 $1.6L$ 증발한다면 다음 조건을 고려하여 화재 및 폭발방지를 위한 필요환기량[m^3/min]을 구하시오.

[조건]
- 작업장 외기온도 21℃
- 작업조건의 사용온도 157℃
- 크실렌 비중 0.88
- 크실렌 폭발하한계(LEL) 1%
- 크실렌 분자량 106, 안전계수 10

$Q = \dfrac{24.1 \times \dfrac{273+t}{273+21} \times S \times G \times K \times 10^2}{M \times LEL \times B}$

$= \dfrac{24.1 \times \dfrac{273+157}{273+21} \times 0.88 \times 1.6 \times 10 \times 10^2}{106 \times 1 \times 0.7}$

$= 668.86 m^3/hr \times \left(\dfrac{1hr}{60min}\right) = 11.15 m^3/min$

여기서,
Q : 필요환기량[m^3/hr]
S : 유해물질의 비중
G : 유해물질의 시간당 사용량[L/hr]
K : 안전계수(혼합계수)
M : 유해물질의 분자량
LEL : 폭발하한계[%]
B : 온도에 따른 상수
 (120℃ 미만 : 1.0, 120℃ 이상 : 0.7)
24.1 : $1atm$, 21℃에서 공기의 부피[L]
 $\left(\text{온도보정} : 24.1 \times \dfrac{273+t}{273+21}\right)$
 여기서, t : 실제공기의 온도[℃]

• 1hr=60min

12

다음 보기를 참고하여 상대위험도를 구하시오.

[보기]
- 노출군 중 환자 : 3
- 노출군 중 대조군 : 15
- 비노출군 중 환자 : 1
- 비노출군 중 대조군 : 18

$$\text{상대위험도} = \frac{\text{노출군에서 질병발생률}}{\text{비노출군에서 질병발생률}}$$
$$= \frac{\left(\frac{3}{3+15}\right)}{\left(\frac{1}{1+18}\right)} = 3.17$$

14

실내에서 발생하는 이산화탄소의 양이 $0.15 m^3/hr$이고, 실외 이산화탄소 농도 0.03%, 실내 이산화탄소 농도 0.1%일 때 필요환기량 $[m^3/hr]$을 구하시오.

$$Q = \frac{M}{C_s - C_o} \times 100 = \frac{0.15}{0.1 - 0.03} \times 100 = 214.29 m^3/hr$$

여기서,
Q : 필요환기량$[m^3/hr]$
M : 이산화탄소 발생량$[m^3/hr]$
C_s : 실내 이산화탄소 기준농도$[\%]$
C_o : 실외 이산화탄소 기준농도$[\%]$

13

단위작업 장소에서 소음의 강도가 불규칙적으로 변동하는 소음을 누적소음 노출량측정기로 측정하였다. 작업장에서 210분간 측정한 결과 누적소음 노출량이 40%일 때 시간가중평균 소음수준 $[dB(A)]$을 구하시오.

$$T = 210 min \times \left(\frac{1hr}{60min}\right) = 3.5 hr$$
$$\therefore TWA = 16.61 \log\left(\frac{D}{12.5T}\right) + 90$$
$$= 16.61 \log\frac{40}{12.5 \times 3.5} + 90 = 89.35 dB(A)$$

여기서,
TWA : 시간가중평균 소음수준$[dB(A)]$
D : 누적소음노출량$[\%]$
100 : 8시간 기준 노출시간/일$(= 12.5T)$
T : 측정 시간$[hr]$

15

온도 $25℃$, 1기압 하에서 채취한 $100L$의 공기 중에서 벤젠이 $76mg$ 검출되었다면 검출 시 공기 중 벤젠농도$[ppm]$을 구하시오.

$$mg/m^3 = \frac{76mg}{100L \times \left(\frac{1m^3}{1000L}\right)} = 760 mg/m^3$$

$$\therefore ppm = mg/m^3 \times \frac{\text{부피}}{\text{분자량}} = 760 \times \frac{24.45}{78} = 238.23 ppm$$

- $1m^3 = 1000L$
- $1atm$, $25℃$의 부피 $= 24.45L$
- 벤젠(C_6H_6)의 분자량 $= 12 \times 6 + 1 \times 6 = 78g$
- C의 원자량 : $12g$, H의 원자량 : $1g$

16

덕트 직경이 $30cm$이고 레이놀즈수가 2×10^5일 때 덕트 내 공기의 유속$[m/s]$을 구하시오.
(단, 공기의 동점성계수는 $1.5\times10^{-5}m^2/s$이다.)

$Re = \dfrac{\rho VD}{\mu} = \dfrac{VD}{\nu}$ 에서,

$\therefore V = \dfrac{Re \times \nu}{D} = \dfrac{2\times10^5 \times 1.5\times10^{-5}}{0.3} = 10m/s$

여기서,
Re : 레이놀즈 수
ρ : 유체 밀도$[kg/m^3]$
ν : 유체 동점성계수$[m^2/s]$
V : 유속$[m/s]$
D : 직경$[m]$
μ : 점성계수$[kg/m\cdot s]$

17

공기의 비중량이 $1.2kg_f/m^3$, 덕트 내 유속이 $20m/s$일 때 지름 $20cm$, 중심선 반지름 $50cm$인 $60°$ 곡관의 압력손실$[mmH_2O]$을 구하시오.

반경비(R/D)	압력손실계수(ξ)
1.25	0.55
1.50	0.39
1.75	0.32
2.00	0.27
2.25	0.26
2.50	0.22
2.75	0.19

반경비 $= \dfrac{R}{D} = \dfrac{50}{20} = 2.5$
반경비 2.5일 때 압력손실계수(ξ)는 0.22이다.

$VP = \dfrac{\gamma V^2}{2g} = \dfrac{1.2\times20^2}{2\times9.8} = 24.49mmH_2O$

$\therefore \Delta P = \left(\xi \times \dfrac{\theta}{90}\right)VP$
$= \left(0.22 \times \dfrac{60}{90}\right) \times 24.49 = 3.59mmH_2O$

여기서,
V : 유속$[m/s]$
g : 중력가속도$[=9.8m/s^2]$
ξ : 압력손실계수($\xi = 1-R$) R : 정압회복계수
θ : 곡관의 각도$[°]$
VP : 속도압$[mmH_2O]$

18

중심주파수가 $500Hz$인 경우, 하한주파수와 상한주파수를 구하시오.
(단, $1/1$ 옥타브 밴드 기준이다.)

$f_L = \dfrac{f_C}{\sqrt{2}} = \dfrac{500}{\sqrt{2}} = 353.55Hz$

$f_U = 2f_L = 2\times353.55 = 707.1Hz$

여기서
f_C : 중심 주파수$[Hz]$
f_L : 하한 주파수$[Hz]$
f_U : 상한 주파수$[Hz]$

19

어떤 작업장의 환기시스템에서 송풍량 $0.2m^3/s$, 덕트의 지름 $15cm$, 후드 유입계수 0.85, 공기의 비중량 $1.2kg_f/m^3$일 때 후드의 정압$[mmH_2O]$을 구하시오.

$V = \dfrac{Q}{A} = \dfrac{Q}{\dfrac{\pi d^2}{4}} = \dfrac{0.2}{\dfrac{\pi \times 0.15^2}{4}} = 11.32m/s$

$VP = \dfrac{\gamma V^2}{2g} = \dfrac{1.2\times11.32^2}{2\times9.8} = 7.85mmH_2O$

$F = \dfrac{1}{C_e^2} - 1 = \dfrac{1}{0.85^2} - 1 = 0.38$

$SP_h = VP(1+F) = 7.85(1+0.38) = 10.83mmH_2O$

$\therefore SP_h = -10.83mmH_2O$

여기서
SP_h : 후드의 정압 $[mmH_2O]$
VP : 속도압(동압) $[mmH_2O]$
F : 압력손실계수 $\left(=\dfrac{1}{C_e^2}-1\right)$
C_e : 유입계수 $\left(=\sqrt{\dfrac{1}{1+F}}\right)$

국소배기장치 시스템에서 송풍기 앞에 있는 부품들의 압력은 빨아들이는 압력이어야 하기 때문에 음압(-)이 나와야한다. 후드는 송풍기의 앞에 있는 부품이기 때문에 후드의 정압(SP_h)은 음압(-)으로 도출하여야 한다.

20

송풍기의 회전수가 $400 rpm$이고 송풍량이 $250 m^3$, /min **풍압이** $30 mmH_2O$, 동력이 $2.2 HP$이다. 회전수가 $600 rpm$으로 바뀔 때 다음을 구하시오.

(1) 송풍량 $[m^3/\min]$
(2) 풍압 $[mmH_2O]$
(3) 동력 $[HP]$

(1) $\dfrac{Q_2}{Q_1} = \dfrac{N_2}{N_1}$

$\therefore Q_2 = Q_1 \times \dfrac{N_2}{N_1} = 250 \times \dfrac{600}{400} = 375 m^3/\min$

(2) $\dfrac{P_2}{P_1} = \left(\dfrac{N_2}{N_1}\right)^2$

$\therefore P_2 = P_1 \times \left(\dfrac{N_2}{N_1}\right)^2$
$= 30 \times \left(\dfrac{600}{400}\right)^2 = 67.5 mmH_2O$

(3) $\dfrac{H_2}{H_1} = \left(\dfrac{N_2}{N_1}\right)^3$

$\therefore H_2 = H_1 \times \left(\dfrac{N_2}{N_1}\right)^3 = 2.2 \times \left(\dfrac{600}{400}\right)^3 = 7.43 HP$

*송풍기 상사법칙

종류	회전수(N)	직경(D)
풍량(Q)	$\dfrac{Q_2}{Q_1} = \dfrac{N_2}{N_1}$	$\dfrac{Q_2}{Q_1} = \left(\dfrac{D_2}{D_1}\right)^3$
풍압(P)	$\dfrac{P_2}{P_1} = \left(\dfrac{N_2}{N_1}\right)^2$	$\dfrac{P_2}{P_1} = \left(\dfrac{D_2}{D_1}\right)^2$
동력$[H]$	$\dfrac{H_2}{H_1} = \left(\dfrac{N_2}{N_1}\right)^3$	$\dfrac{H_2}{H_1} = \left(\dfrac{D_2}{D_1}\right)^5$

여기서,
Q_1 : 변경 전 풍량 $[m^3/\min]$
Q_2 : 변경 후 풍량 $[m^3/\min]$
N_1 : 변경 전 회전수 $[rpm]$
N_2 : 변경 후 회전수 $[rpm]$
P_1 : 변경 전 풍압 $[mmH_2O]$
P_2 : 변경 후 풍압 $[mmH_2O]$
D_1 : 변경 전 회전차 직경 $[m]$
D_2 : 변경 후 회전차 직경 $[m]$
H_1 : 변경 전 동력 $[kW]$
H_2 : 변경 후 동력 $[kW]$

2009 3회차 산업위생관리기사 실기 필답형 기출문제

01

다음 보기의 국소배기장치들 중에 경제적으로 우수한 순서대로 쓰시오.

[보기]
① 포위식 후드
② 플랜지가 부착된 작업면에 고정된 외부식 후드
③ 플랜지가 없는 자유공간 외부식 후드
④ 플랜지가 부착된 자유공간 외부식 후드

① > ② > ④ > ③
(송풍량이 작을수록 효율이 좋아 경제적으로 우수하다.)

*필요송풍량(Q)

조건	필요송풍량 공식
① 자유공간 위치, 플랜지 미부착	$Q = V(10X^2 + A)$
② 자유공간 위치, 플랜지 부착	$Q = 0.75V(10X^2 + A)$
③ 바닥면 위치, 플랜지 미부착	$Q = V(5X^2 + A)$
④ 바닥면 위치, 플랜지 부착	$Q = 0.5V(10X^2 + A)$

여기서,
Q : 필요송풍량[m^3/min]
A : 후드의 개구면적[m^2]
V : 제어속도[m/min]
X : 후드 중심선으로부터 발생원까지의 거리[m]

02

입자상 물질의 크기를 표시하는 방법 중 기하학적(물리적) 직경 3가지를 쓰고 각각 설명하시오.

① 마틴 직경
먼지의 면적을 이등분하는 선의 길이로 선의 방향은 항상 일정하여야 하며 과소평가할 수 있는 단점이 있다.

② 페렛 직경
먼지의 한쪽 끝 가장자리와 다른쪽 끝 가장자리 사이의 거리로 과대평가할 수 있는 단점이 있다.

③ 등면적 직경
먼지의 면적과 같은 면적을 가진 원의 직경으로 가장 정확한 직경으로 측정은 현미경 접안경에 porton reticle을 삽입하여 측정한다.

03

다음 보기의 '사무실 공기관리 지침' 내용 중 틀린 것을 고르고, 알맞게 고치시오.

[보기]
① 공기정화시설을 갖춘 사무실에서의 환기횟수는 시간당 4회 이상으로 한다.
② 사무실 오염물질 관리기준은 8시간 시간가중 평균농도로 한다.
③ 공기의 측정시료는 사무실 내에서 공기질이 가장 나쁠 것으로 예상되는 3곳 이상에서 채취한다.
④ 사무실 공기질의 측정결과는 측정치 전체 중 최대값을 오염물질 별 관리기준과 비교하여 평가한다.
⑤ 일산화탄소(CO)는 연 1회 이상, 업무시작 후 1시간 이내 및 업무 종료 후 1시간 이내에 각각 10분간 측정을 실시한다.

③ 공기의 측정시료는 사무실 안에서 공기질이 가장 나쁠 것으로 예상되는 2곳 이상에서 채취한다.
④ 사무실 공기질의 측정결과는 측정치 전체에 대한 평균값을 오염물질별 관리기준과 비교하여 평가한다.
⑤ 일산화탄소(CO)는 연 1회 이상, 업무시작 후 1시간 전후 및 종료 전 1시간 전후 각각 10분간 측정을 실시한다.

04

국소배기(환기)장치의 설계 시 총 압력손실을 계산하는 목적 3가지를 쓰시오.

① 제어속도와 반송속도를 얻는 데 필요한 송풍량을 확보하기 위해
② 환기시설 전체에 요구되는 동력의 규모를 결정하기 위해
③ 환기시설 전체의 압력손실을 극복하는 데 필요한 풍량과 풍압을 얻기 위한 송풍기 형식을 선정하기 위해

05

인체와 환경 사이의 열평형 방정식을 쓰고, 각 요소를 설명하시오.

$\triangle S = M \pm C \pm R - E$

$\triangle S$: 생체 열용량 변화
M : 작업대사량
C : 대류에 의한 열교환
R : 복사에 의한 열교환
E : 증발에 의한 열교환

06

전체 환기시설 설계를 위한 계획은 목적에 따라 크게 2가지 방법으로 구분한다. 이 2가지가 무엇인지 쓰시오.

① 필요환기량법   ② 환기장치법

07

①가지덕트와 ②가지덕트 중 주덕트에 2개의 가지덕트를 연결할 때 각 물음에 답하시오.

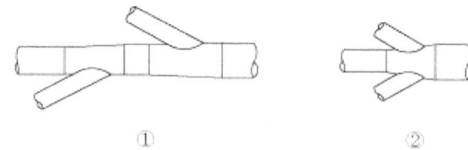

(1) 압력손실 저감 측면에서 양호한 가지덕트는?
(2) (1)에서 선택한 가지덕트의 이상적인 연결각도는?

(1) ①
(2) 30°

주덕트에 가지덕트를 연결할 때 확대관을 사용하여 엇갈리게 연결해 주덕트와 가지덕트의 기류가 합류하는 곳에서 두 덕트의 기류가 혼합될 때 와류 발생을 줄여 압력손실이 적어지기 때문에 ① 가지덕트가 적합하고, 일반적으로 합류각은 30° 이하가 적합하다.

08

다음 보기는 적정공기에 대한 내용일 때 빈칸을 채우시오.

[보기]
적정공기란, 공기 중 산소가 (①)% 이상 (②)% 미만 수준이며, 탄산가스는 (③)% 미만, 황화수소는 (④)ppm 미만, 일산화탄소 농도가 (⑤)ppm 미만인 수준의 공기를 말한다.
또한 산소결핍은 산소농도가 (⑥)% 미만인 상태를 말한다.

① 18　② 23.5　③ 1.5　④ 10　⑤ 30　⑥ 18

09

미국산업위생전문가협의회(ACGIH)의 발암성 확인물질(A1)의 종류 4가지를 쓰시오.

① 석면
② 베릴륨
③ 우라늄
④ 벤지딘
⑤ 염화비닐
⑥ 벤젠
⑦ 크롬산아연 등

10

톨루엔을 분석한 결과 검량선을 구한 것의 식이 아래와 같고 면적은 $1126952m^2$일 때 톨루엔의 농도 $[ppm]$을 구하시오.

공기 채취량	12L
작업장 온도	25℃
톨루엔 분자량	92.13

[공식]
반응 피크면적 = 8723 × 톨루엔의 양$[\mu g]$ + 816.2

반응 피크면적 = 8723 × 톨루엔의 양$[\mu g]$ + 816.2
1126952 = 8723 × 톨루엔의 양$[\mu g]$ + 816.2
톨루엔의 양 = 129.1μg

$$mg/m^3 = \frac{129.1\mu g \times \left(\frac{10^{-3}mg}{1\mu g}\right)}{12L \times \left(\frac{10^{-3}m^3}{1L}\right)} = 10.76 mg/m^3$$

$$\therefore ppm = mg/m^3 \times \frac{부피}{분자량} = 10.76 \times \frac{24.45}{92.13} = 2.86 ppm$$

- 1g = 1000mg = 1000000μg → 1μg = 10^{-3}mg
- $1m^3$ = 1000L → 1L = $10^{-3}m^3$
- 1atm, 25℃의 부피 = 24.45L

11

어떤 작업장의 환기시스템에서 송풍량 $0.165 m^3/s$, 덕트의 지름 $11 cm$, 후드 유입계수 0.8, 공기의 비중량 $1.293 kg_f/m^3$일 때 후드의 정압$[mmH_2O]$을 구하시오.

$$V = \frac{Q}{A} = \frac{Q}{\frac{\pi d^2}{4}} = \frac{0.165}{\frac{\pi \times 0.11^2}{4}} = 17.36 m/s$$

$$VP = \frac{\gamma V^2}{2g} = \frac{1.293 \times 17.36^2}{2 \times 9.8} = 19.88 mmH_2O$$

$$F = \frac{1}{C_e^2} - 1 = \frac{1}{0.8^2} - 1 = 0.56$$

$$SP_h = VP(1+F) = 19.88(1+0.56) = 31.01 mmH_2O$$

$$\therefore SP_h = -31.01 mmH_2O$$

여기서
SP_h : 후드의 정압$[mmH_2O]$
VP : 속도압(동압)$[mmH_2O]$
F : 압력손실계수 $\left(= \frac{1}{C_e^2} - 1\right)$
C_e : 유입계수 $\left(= \sqrt{\frac{1}{1+F}}\right)$

국소배기장치 시스템에서 송풍기 앞에 있는 부품들의 압력은 빨아들이는 압력이어야 하기 때문에 음압(-)이 나와야한다. 후드는 송풍기의 앞에 있는 부품이기 때문에 후드의 정압(SP_h)은 음압(-)으로 도출하여야 한다.

12

다음 표는 음압레벨 합산을 위한 도표로 표를 이용하여 다음 보기의 음압레벨에 대한 합$[dB]$을 구하시오.

두 음압레벨의 차	두 음압레벨 중 높은 음압레벨에 더하는 음압레벨
1.7 ~ 1.9	2.2
4.0 ~ 5.0	1.5
9.7 ~ 10.7	0.4
10.8 ~ 12.2	0.3
12.5 ~ 13.5	0.2
14.8 ~ 19.3	0.1
19.4 ~ ∞	0

[보기]
45.8dB, 61.9dB, 85.4dB, 86.9dB, 91dB, 91.7dB, 97.8dB, 98.2dB, 100dB

가장 큰 소음과 그 다음 큰 소음을 도표로 이용하여 합산 후, 합산된 음압수준과 그 다음 큰 소음을 합산하고 계속 이와 같은 방법으로 보기에 주어진 데이터의 총 합을 구한다.
일단 가장 높은 소음 순서로 배열하면,
100dB, 98.2dB, 97.8dB, 91.7dB, 91dB, 86.9dB, 85.4dB, 61.9dB, 45.8dB

① 100−98.2=1.8dB
⇒ 표(2.2dB) : 100+2.2=102.2dB

② 102.2−97.8=4.4dB
⇒ 표(1.5dB) : 102.2+1.5=103.7dB

③ 103.7−91.7=12dB
⇒ 표(0.3dB) : 103.7+0.3=104dB

④ 104−91=13dB
⇒ 표(0.2dB) : 104+0.2 = 104.2dB

⑤ 104.2−86.9=17.3dB
⇒ 표(0.1dB) : 104.2+0.1=104.3dB

⑥ 104.3−85.4=18.9dB
⇒ 표(0.1dB) : 104.3+0.1=104.4dB

⑦ 104.4−61.9=42.5dB
⇒ 표(0dB) : 104.4+0=104.4dB

⑧ 104.4−45.8=58.6dB

⇒ 표(0dB) : 104.4+0=104.4dB

∴ 음압레벨에 대한 합 : 104.4dB

13

어떤 작업장에서 소음이 $100dB$에서 1시간, $95dB$에서 3시간, $85dB$에서 4시간 발생할 때 다음을 구하시오.

(1) 노출지수(EI)
(2) 허용기준 초과여부

(1) $EI = \dfrac{C_1}{T_1} + \dfrac{C_2}{T_2} + \cdots + \dfrac{C_n}{T_n} = \dfrac{1}{2} + \dfrac{3}{4} = 1.25$

(여기서, 85dB는 강렬한 소음작업이 아니므로 고려하지 않는다.)

(2) $EI=1.25$이므로, ∴허용기준 초과

여기서,
C : 소음 각각의 측정치
T : 소음 각각의 노출기준

$EI > 1$: 허용기준을 초과
$EI < 1$: 허용기준을 초과하지 않음

*소음작업
1일 8시간 작업을 기준하여 85dB 이상의 소음이 발생하는 작업
① 강렬한 소음작업

데시벨(이상)	발생시간(1일 기준)
90dB	8시간 이상
95dB	4시간 이상
100dB	2시간 이상
105dB	1시간 이상
110dB	30분 이상
115dB	15분 이상

② 충격 소음작업

데시벨(이상)	발생시간(1일 기준)
120dB	10000회 이상
130dB	1000회 이상
140dB	100회 이상

14

송풍기의 회전수가 $400rpm$이고 송풍량이 $240m^3/\min$, 풍압이 $60mmH_2O$, 동력이 $5.5HP$이다. 회전수가 $500rpm$으로 바뀔 때 다음을 구하시오.

(1) 송풍량$[m^3/\min]$
(2) 풍압$[mmH_2O]$
(3) 동력$[HP]$

(1) $\dfrac{Q_2}{Q_1} = \dfrac{N_2}{N_1}$

∴ $Q_2 = Q_1 \times \dfrac{N_2}{N_1} = 240 \times \dfrac{500}{400} = 300m^3/\min$

(2) $\dfrac{P_2}{P_1} = \left(\dfrac{N_2}{N_1}\right)^2$

∴ $P_2 = P_1 \times \left(\dfrac{N_2}{N_1}\right)^2$

$= 60 \times \left(\dfrac{500}{400}\right)^2 = 93.75mmH_2O$

(3) $\dfrac{H_2}{H_1} = \left(\dfrac{N_2}{N_1}\right)^3$

∴ $H_2 = H_1 \times \left(\dfrac{N_2}{N_1}\right)^3 = 5.5 \times \left(\dfrac{500}{400}\right)^3 = 10.74HP$

*송풍기 상사법칙

종류	회전수(N)	직경(D)
풍량(Q)	$\dfrac{Q_2}{Q_1} = \dfrac{N_2}{N_1}$	$\dfrac{Q_2}{Q_1} = \left(\dfrac{D_2}{D_1}\right)^3$
풍압(P)	$\dfrac{P_2}{P_1} = \left(\dfrac{N_2}{N_1}\right)^2$	$\dfrac{P_2}{P_1} = \left(\dfrac{D_2}{D_1}\right)^2$
동력[H]	$\dfrac{H_2}{H_1} = \left(\dfrac{N_2}{N_1}\right)^3$	$\dfrac{H_2}{H_1} = \left(\dfrac{D_2}{D_1}\right)^5$

여기서,
Q_1 : 변경 전 풍량$[m^3/\min]$
Q_2 : 변경 후 풍량$[m^3/\min]$
N_1 : 변경 전 회전수$[rpm]$
N_2 : 변경 후 회전수$[rpm]$
P_1 : 변경 전 풍압$[mmH_2O]$
P_2 : 변경 후 풍압$[mmH_2O]$
D_1 : 변경 전 회전차 직경$[m]$
D_2 : 변경 후 회전차 직경$[m]$
H_1 : 변경 전 동력$[kW]$
H_2 : 변경 후 동력$[kW]$

15

작업장 내 트리클로로에틸렌 노출농도를 측정하고자 한다. 과거의 노출농도는 평균 $50ppm$이었다. 시료는 활성탄관을 이용하여 $0.15L/min$의 유량으로 채취한다. 트리클로로에틸렌의 분자량은 131, 가스크로마토 그래피의 정량한계(LOQ)는 시료 당 $0.5mg$이다. 시료를 채위해야 할 최소한의 시간[min]을 구하시오.
(단, 작업장 내 온도는 $25℃$이다.)

$$mg/m^3 = ppm \times \frac{분자량}{부피} = 50 \times \frac{131}{24.45} = 267.89mg/m^3$$

$$부피 = \frac{LOQ}{농도} = \frac{0.5mg}{267.89mg/m^3 \times \left(\frac{1m^3}{1000L}\right)} = 1.87L$$

$$\therefore 최초 채취시간 = \frac{1.87L}{0.15L/min} = 12.47min$$

- 1atm, 25℃의 부피 = 24.45L
- $1m^3 = 1000L$

16

톨루엔 $2L$를 $10000m^3$ 공간에 혼입하려 한다. 공간은 $1atm$, $21℃$이고, 톨루엔의 비중은 0.87, 분자량은 92일 때 톨루엔 농도[ppm]를 구하시오.

물질의 밀도 = 물질의 비중×물의 밀도($=1g/mL$)
$= 0.87 \times 1 = 0.87g/mL$

$$mg/m^3 = \frac{2L \times 0.87g/mL \times \left(\frac{1000mL}{1L}\right) \times \left(\frac{1000mg}{1g}\right)}{10000m^3}$$
$$= 174mg/m^3$$

$$\therefore ppm = mg/m^3 \times \frac{부피}{분자량} = 174 \times \frac{24.1}{92} = 45.58ppm$$

- 1L = 1000mL
- 1g = 1000mg
- 1atm, 21℃의 부피 = 24.1L

17

유량 $50m^3/min$이 흐르는 수평직관의 가로 $0.13m$, 세로 $0.26m$, 관마찰계수 0.004, 비중량이 $1.23kg_f/m^3$일 때 관 길이 $10m$당 압력손실[mmH_2O]을 구하시오.

$$V = \frac{Q}{A} = \frac{Q}{ab} = \frac{50}{0.13 \times 0.26}$$
$$= 1479.29m^3/min \times \left(\frac{1min}{60sec}\right)$$
$$= 24.65m/sec$$

$$D = \frac{2ab}{a+b} = \frac{2 \times 0.13 \times 0.26}{0.13 + 0.26} = 0.17m$$

$$\therefore \Delta P = F \times VP = \lambda \times \frac{L}{D} \times \frac{\gamma V^2}{2g}$$
$$= 0.004 \times \frac{10}{0.17} \times \frac{1.23 \times 24.65^2}{2 \times 9.8} = 8.97mmH_2O$$

여기서,
ΔP : 압력손실[mmH_2O]
F : 압력손실계수
VP : 속도압[mmH_2O]
λ : 관마찰계수
L : 덕트 길이[m]
D : 덕트 직경[m] $\left(= \frac{2ab}{a+b}\right)$
a : 수평직관의 가로[m]
b : 수평직관의 세로[m]
γ : 비중량[kg_f/m^3]
V : 유속[m/s]
g : 중력가속도[m/s^2]

18

작업장 내 열부하량이 $25500 kcal/hr$이며, 외기온도 $15℃$, 작업장 내 온도는 $35℃$이다. 이때 전체 환기를 위한 필요 환기량$[m^3/hr]$을 구하시오. (단, 정압비열은 $0.3 kcal/(m^3 \cdot ℃)$이다.)

$$Q = \frac{H_s}{C_p \times \Delta t} = \frac{25500 kcal/hr}{0.3 \times (35-15)} = 4250 m^3/hr$$

여기서,
Q : 필요환기량$[m^3/hr]$
H_s : 발열량$[kcal/hr]$
C_p : 공기의 비열$[kcal/hr \cdot ℃]$
  (주어지지 않으면 $C_p = 0.3$)
Δt : 외부공기와 작업장 내 온도차$[℃]$

19

지름이 $50cm$인 덕트에 표준공기가 흐르고 있고, 덕트 내 전압은 $102 mmH_2O$, 정압은 $85 mmH_2O$일 때 덕트 내 공기유량$[m^3/\sec]$을 구하시오.

$$A = \frac{\pi d^2}{4} = \frac{\pi \times 0.5^2}{4} = 0.196 m^2$$

$TP = SP + VP$에서,
$VP = TP - SP = 102 - 85 = 17 mmH_2O$
$V = 4.043\sqrt{VP} = 4.043\sqrt{17} = 16.67 m/\sec$

$\therefore Q = AV = 0.196 \times 16.67 = 3.27 m^3/\sec$

- 전압(TP)=정압(SP)+속도압(VP)

20

$800 mmH_2O$, $40℃$에서 $853L$인 $C_5H_8O_2$가 $65mg$이다. $1atm$, $21℃$에서 농도$[ppm]$를 구하시오.

$\dfrac{P_1 V_1}{T_1} = \dfrac{P_2 V_2}{T_2}$에서,

$\therefore V_2 = \dfrac{P_1 V_1 T_2}{T_1 P_2} = \dfrac{800 \times 853 \times (273+21)}{(273+40) \times 10332} = 62.04 L$

$mg/m^3 = \dfrac{65 mg}{62.04 L \times \left(\dfrac{1 m^3}{1000 L}\right)} = 1047.71 mg/m^3$

$\therefore ppm = 1047.71 \times \dfrac{24.1}{100} = 252.5 ppm$

- 절대온도(K)=273+섭씨온도(℃)
- $1atm = 10332 mmH_2O$
- $1 m^3 = 1000 L$
- $C_5H_8O_2$의 분자량 $= 12 \times 5 + 1 \times 8 + 16 \times 2 = 100 g$
- C의 원자량 : 12g, H의 원자량 : 1g, O의 원자량 : 16g

2010년 1회차 산업위생관리기사 실기 필답형 기출문제

01
사업주는 석면의 제조·사용 작업에 근로자를 종사하도록 하는 경우에 석면분진의 발산과 근로자의 오염을 방지하기 위한 작업수칙 3가지를 쓰시오.

① 진공청소기 등을 이용한 작업장 바닥의 청소방법
② 작업자의 왕래와 외부기류 또는 기계진동 등에 의하여 분진이 흩날리는 것을 방지하기 위한 조치
③ 분진이 쌓일 염려가 있는 깔개 등을 작업장 바닥에 방치하는 행위를 방지하기 위한 조치
④ 분진이 확산되거나 작업자가 분진에 노출될 위험이 있는 경우에는 선풍기 사용 금지
⑤ 용기에 석면을 넣거나 꺼내는 작업
⑥ 석면을 담은 용기의 운반
⑦ 여과집진방식 집진장치의 여과재 교환
⑧ 해당 작업에 사용된 용기 등의 처리
⑨ 이상사태가 발생한 경우의 응급조치
⑩ 보호구의 사용·점검·보관 및 청소

02
전형적인 열중증 상태로 고온환경에서 지속적으로 심한 육체노동을 하면 나타나며, 주로 작업 중 사용을 많이하는 근육에 발작적 경련이 발생하며, 특히 수분 및 혈중 염분 손실이 있을 때 발생하는 고열장애의 명칭을 쓰시오.

열경련

03
생물학적 모니터링 생체시료 3가지를 쓰시오.

① 혈액 ② 소변 ③ 호기

04
공기정화장치 중 여과집진시설의 채취기전(채취원리, 포집원리) 6가지를 쓰시오.

① 직접차단
② 관성충돌
③ 중력침강
④ 확산
⑤ 정전기침강
⑥ 체

05
전체환기 적용조건 5가지를 쓰시오.

① 발생원이 이동성인 경우
② 유해물질이 증기나 가스인 경우
③ 유해물질의 발생량이 적은 경우
④ 유해물질의 독성이 비교적 낮은 경우
⑤ 유해물질이 시간에 따라 균일하게 발생될 경우
⑥ 국소배기가 불가능한 경우

06
공기역학적 직경에 대해 설명하시오.

대상 먼지와 침강속도가 같고 밀도가 $1g/cm^3$이며, 구형인 먼지의 직경으로 환산된 직경

07
$5000ppm$의 사염화탄소가 작업 환경 중의 공기와 완전 혼합되어 있다. 이 혼합물의 유효비중을 구하시오.
(단, 공기 중 사염화탄소 비중 5.7, 소수점 넷째 자리까지 나타내시오.)

유효비중
$= \dfrac{물질의\ ppm \times 물질의\ 비중 + (10^6 - 물질의\ ppm) \times 1}{10^6}$
$= \dfrac{5000 \times 5.7 + (10^6 - 5000) \times 1}{10^6} = 1.0235$

08
$2000m^3$인 사무실에 30명의 근로자가 있다. 실내 CO_2 농도를 $700ppm$으로 유지하려 할 때 시간당 공기교환횟수[회/hr]을 구하시오.
(단, 1인당 CO_2 배출량은 흡연을 고려하여 $45L/hr$로 하고, 외기 CO_2농도는 $400ppm$이다.)

$Q = \dfrac{M}{C_s - C_o} \times 100$
$= \dfrac{45L/hr \times \left(\dfrac{1m^3}{1000L}\right)}{0.07 - 0.04} \times 100$
$= 150m^3/hr \times 30명 = 4500m^3/hr$

$\therefore ACH = \dfrac{Q}{V} = \dfrac{4500}{2000} = 2.25회/hr$

여기서,
Q : 필요환기량$[m^3/hr]$
M : 이산화탄소 발생량$[m^3/hr]$
C_s : 실내 이산화탄소 기준농도[%]
C_o : 실외 이산화탄소 기준농도[%]
V : 작업장 용적$[m^3]$

- $1m^3 = 1000L$
- $1 = 100\% = 1000000ppm \rightarrow 1ppm = 10^{-4}\%$
- $700ppm \rightarrow 0.07\%,\ 400ppm \rightarrow 0.04\%$

09
체내흡수량이 체중 kg당 $0.06mg$, 평균체중이 $70kg$인 근로자가 경작업수준으로 1일 8시간 작업 시 허용농도$[mg/m^3]$를 구하시오.
(단, 폐환기율 $0.98m^3/hr$, 체내 잔류율 1.0이다.)

$SHD = C \times T \times V \times R$
$\therefore C = \dfrac{SHD}{T \times V \times R} = \dfrac{0.06 \times 70}{8 \times 0.98 \times 1.0} = 0.54mg/m^3$

여기서,
C : 농도$[mg/m^3]$
T : 노출시간$[hr]$
V : 폐환기율, 호흡률$[m^3/hr]$
R : 체내잔류율(일반적으로 1.0)
SHD : 체중당흡수량 $\times$ 체중$[mg]$

10
오염원과 후드와의 거리가 $0.5m$, 제어속도가 $0.5m/s$, 후드 개구부 면적 $0.9m^2$인 외부식 후드가 있을 때 오염원과 후드와의 거리가 $1m$로 변화할 때 필요송풍량은 몇 배로 증가하는가?

자유공간 위치, 플랜지 미부착이므로,
$Q_1 = V(10X^2 + A) = 0.5(10 \times 0.5^2 + 0.9) = 1.7m^3/s$
$Q_2 = V(10X^2 + A) = 0.5(10 \times 1^2 + 0.9) = 5.45m^3/s$
$\therefore \dfrac{Q_2}{Q_1} = \dfrac{5.45}{1.7} = 3.21배\ 증가$

*필요송풍량(Q)

조건	필요송풍량 공식
① 자유공간 위치, 플랜지 미부착	$Q = V(10X^2 + A)$
② 자유공간 위치, 플랜지 부착	$Q = 0.75V(10X^2 + A)$
③ 바닥면 위치, 플랜지 미부착	$Q = V(5X^2 + A)$
④ 바닥면 위치, 플랜지 부착	$Q = 0.5V(10X^2 + A)$

여기서,
Q : 필요송풍량[m^3/min]
A : 후드의 개구면적[m^2]
V : 제어속도[m/min]
X : 후드 중심선으로부터 발생원까지의 거리[m]

11

$15\mu m$인 분진 입자를 중력 침강실에 처리하려고 한다. 입자의 밀도는 $1.3g/cm^3$, 가스의 밀도는 $0.0012g/cm^3$, 가스의 점성계수는 $1.78 \times 10^{-4}g/cm \cdot s$일 때 침강속도[$cm$/sec]를 구하시오.

$$V = \frac{gd^2(\rho_1 - \rho)}{18\mu}$$
$$= \frac{980cm/sec^2 \times (15 \times 10^{-4}cm)^2 \times (1.3 - 0.0012)g/cm^3}{18 \times 1.78 \times 10^{-4}g/cm \cdot sec}$$
$$= 0.89cm/sec$$

여기서,
V : 스토크스(Stokes)식 침강속도[cm/sec]
g : 중력가속도[$= 980cm/sec^2$]
d : 입자 직경[cm]
ρ_1 : 입자 밀도[g/cm^3]
ρ : 공기 밀도[g/cm^3]
μ : 공기 점성계수[$g/cm \cdot sec$]

• $1m = 100cm = 10^6 \mu m \rightarrow 1\mu m = 10^{-4}cm$

12

송풍기의 회전수가 $1000rpm$이고 송풍량이 $31.9 m^3/\min$, 풍압이 $50mmH_2O$이다. 회전수가 $1100rpm$으로 바뀔 때 다음을 구하시오.

(1) 송풍량[$m^3/\min$]
(2) 풍압[mmH_2O]

(1) $\frac{Q_2}{Q_1} = \frac{N_2}{N_1}$
$\therefore Q_2 = Q_1 \times \frac{N_2}{N_1} = 31.9 \times \frac{1100}{1000} = 35.09 m^3/\min$

(2) $\frac{P_2}{P_1} = \left(\frac{N_2}{N_1}\right)^2$
$\therefore P_2 = P_1 \times \left(\frac{N_2}{N_1}\right)^2$
$= 50 \times \left(\frac{1100}{1000}\right)^2 = 60.5 mmH_2O$

*송풍기 상사법칙

종류	회전수(N)	직경(D)
풍량(Q)	$\frac{Q_2}{Q_1} = \frac{N_2}{N_1}$	$\frac{Q_2}{Q_1} = \left(\frac{D_2}{D_1}\right)^3$
풍압(P)	$\frac{P_2}{P_1} = \left(\frac{N_2}{N_1}\right)^2$	$\frac{P_2}{P_1} = \left(\frac{D_2}{D_1}\right)^2$
동력[H]	$\frac{H_2}{H_1} = \left(\frac{N_2}{N_1}\right)^3$	$\frac{H_2}{H_1} = \left(\frac{D_2}{D_1}\right)^5$

여기서,
Q_1 : 변경 전 풍량[$m^3/\min$]
Q_2 : 변경 후 풍량[$m^3/\min$]
N_1 : 변경 전 회전수[rpm]
N_2 : 변경 후 회전수[rpm]
P_1 : 변경 전 풍압[mmH_2O]
P_2 : 변경 후 풍압[mmH_2O]
D_1 : 변경 전 회전차 직경[m]
D_2 : 변경 후 회전차 직경[m]
H_1 : 변경 전 동력[kW]
H_2 : 변경 후 동력[kW]

13

음력이 $1watt$인 소음원으로부터 $40m$ 떨어진 지점에서 음압수준$[dB]$을 구하시오.
(단, 무지향성 선음원, 자유공간 위치이다.)

무지향성 선음원, 자유공간 위치일 때,
$$\begin{aligned}SPL &= PWL - 10\log r - 8 \\ &= 10\log\frac{W}{W_o} - 10\log r - 8 \\ &= 10\log\frac{1}{10^{-12}} - 10\log 40 - 8 = 95.98 dB\end{aligned}$$

여기서,
SPL : 음압수준$[dB]$
PWL : 음향파워레벨$[dB]$
r : 소음원으로부터의 거리$[m]$
W : 대상음원의 음향파워$[W]$
W_o : 기준음향파워($=10^{-12}[W]$)

14

현재 총 흡음량이 $1000 sabin$인 작업장의 천장에 흡음물질을 첨가하여 $3000 sabin$을 더할 경우 실내소음 저감량$[dB]$을 구하시오.

$$NR = SPL_1 - SPL_2 = 10\log\left(\frac{A_2}{A_1}\right) = 10\log\left(\frac{A_1 + A_\alpha}{A_1}\right)$$
$$= 10\log\left(\frac{1000 + 3000}{1000}\right) = 6.02 dB$$

여기서,
NR : 감음량$[dB]$
SPL_1, SPL_2 : 실내면에 대한 흡음대책 전후 실내 음압레벨$[dB]$
A_1, A_2 : 실내면에 대한 흡음대책 전후 실내 흡음력$[m^2, sabin]$
A_α : 실내면에 대한 흡음대책 전 실내흡음력에 추가된 흡음력$[m^2, sabin]$

15

$21℃$, 1기압의 어느 작업장에서 오염물질을 $2L/hr$씩 공기 중으로 증발할 때, 필요 환기량 $[m^3/\min]$을 구하시오.
(단, 오염물질의 비중 0.792, 분자량은 58, TLV는 $750 ppm$, 안전계수는 3이다.)

$$\begin{aligned}Q &= \frac{24.1 \times S \times G \times K \times 10^6}{M \times TLV} \\ &= \frac{24.1 \times 0.792 \times 2 \times 3 \times 10^6}{58 \times 750} \\ &= 2632.72 m^3/hr \times \left(\frac{1hr}{60\min}\right) = 43.88 m^3/\min\end{aligned}$$

여기서,
Q : 전체환기량$[m^3/hr]$
S : 유해물질의 비중
G : 유해물질의 시간당 사용량$[L/hr]$
K : 안전계수(혼합계수)
M : 유해물질의 분자량
TLV : 유해물질의 노출기준$[ppm]$
24.1 : $1 atm$, $21℃$에서 공기의 부피$[L]$
$\left(\text{온도보정} : 24.1 \times \frac{273+t}{273+21}\right)$
여기서, t : 실제공기의 온도$[℃]$

- $1 hr = 60\min$

16

덕트의 속도압이 $12 mmH_2O$, 후드의 정압이 $20 mmH_2O$일 때, 후드의 유입계수를 구하시오.

$$SP_h = VP(1+F) = VP\left(1+\frac{1}{C_e^2}-1\right) = VP\left(\frac{1}{C_e^2}\right)$$
$$20 = 12\left(\frac{1}{C_e^2}\right) \Rightarrow \therefore C_e = 0.77$$

여기서,
SP_h : 후드의 정압$[mmH_2O]$

F : 유입손실계수 $\left(=\dfrac{1}{C_e^2}-1\right)$

C_e : 유입계수 $\left(=\sqrt{\dfrac{1}{1+F}}\right)$

VP : 속도압 $[mmH_2O]\left(=\dfrac{\gamma V^2}{2g}\right)$

17

덕트 직경이 $35cm$이고 덕트 내 공기의 유속이 $11m/s$일 때 레이놀즈 수와 흐름의 종류를 구하시오.
(단, 공기의 점성계수 $1.8\times 10^{-5} kg/m \cdot sec$, 공기의 밀도 $1.203 kg/m^3$이다.)

$Re = \dfrac{\rho VD}{\mu} = \dfrac{1.203 \times 11 \times 0.35}{1.8 \times 10^{-5}} = 257308.33$

$Re > 4000$이므로 ∴ 난류

여기서,
Re : 레이놀즈 수
ρ : 유체 밀도 $[kg/m^3]$
V : 유속 $[m/s]$
D : 직경 $[m]$
μ : 점성계수 $[kg/m \cdot s]$

*레이놀즈수에 따른 흐름의 종류

흐름	레이놀즈 수
층류	Re < 2100
천이영역	2100 < Re < 4000
난류	Re > 4000

18

덕트의 단면적 $0.038m^2$이고, 덕트 내 정압은 $-64.5mmH_2O$, 전압은 $-20.5mmH_2O$이고 공기의 비중량이 $1.2kg_f/m^3$일 때 다음을 구하시오.

(1) 덕트 내 반송속도 $[m/s]$
(2) 공기유량 $[m^3/\min]$

(1) $TP = SP + VP$
$VP = TP - SP = -20.5 - (-64.5) = 44 mmH_2O$
$\therefore V = \sqrt{\dfrac{2gVP}{\gamma}} = \sqrt{\dfrac{2 \times 9.8 \times 44}{1.2}} = 26.81 m/s$

(2) $Q = AV = 0.038m^2 \times 26.81 m/sec \times \left(\dfrac{60sec}{1min}\right)$
$= 61.13 m^3/\min$

19

1기압, $18℃$에서 채취할 때, 채취 전 여과지 무게 $2.620g$, 채취 후 여과지 무게 $5.012g$, 채취 유량은 $800L/\min$에서 30분간 공기시료를 채취했다. 1기압, $25℃$에서의 공기 중 농도 $[mg/m^3]$을 구하시오.

$V_1 = 800L/\min \times 30\min \times \left(\dfrac{1m^3}{1000L}\right) = 24m^3$

보일-샤를의 법칙을 이용하여 압력조건이 없으므로,

$\dfrac{P_1 V_1}{T_1} = \dfrac{P_2 V_2}{T_2} \Rightarrow \dfrac{V_1}{T_1} = \dfrac{V_2}{T_2}$

$V_2 = \dfrac{V_1 T_2}{T_1} = \dfrac{24 \times (273+25)}{(273+18)} = 24.58 m^3$

$\therefore mg/m^3 = \dfrac{(5.012-2.620)g \times \left(\dfrac{1000mg}{1g}\right)}{24.58m^3} = 97.31 mg/m^3$

• $1m^3 = 1000L$, $1g = 1000mg$

20

기압 $680mmHg$, 온도 $150℃$인 환경에서 A기체의 부피가 $120m^3$일 때 $1atm$, $21℃$에서의 A기체의 부피$[m^3]$를 구하시오.

$\dfrac{P_1 V_1}{T_1} = \dfrac{P_2 V_2}{T_2}$ 에서,

$\therefore V_2 = \dfrac{P_1 V_1 T_2}{T_1 P_2} = \dfrac{680 \times 120 \times (273+21)}{(273+150) \times 760} = 74.62 m^3$

- 절대온도(K)=273+섭씨온도(℃)
- 1atm=760mmHg

2010년 2회차 산업위생관리기사 실기 필답형 기출문제

01
다음 보기는 전체환기 정의에 대한 내용일 때 빈칸을 채우시오.

[보기]
전체환기 중 자연환기는 작업장의 개구부를 통하여 바람이나 작업장 내외의 (①)와 (②) 차이에 의한 (③)으로 행해지는 환기를 말한다.

① 온도 ② 압력 ③ 대류작용

02
국소배기장치 성능시험 또는 점검 시 필수장비 5가지를 쓰시오.

① 줄자
② 발연관
③ 청음기 또는 청음봉
④ 절연저항계
⑤ 열선풍속계
⑥ 표면온도계 및 초자온도계

03
공기정화장치 중 여과집진시설의 채취기전(채취원리, 포집원리) 4가지를 쓰시오.

① 직접차단
② 관성충돌
③ 중력침강
④ 확산
⑤ 정전기침강
⑥ 체

04
중금속에 속하는 크롬 또는 납 분석 시 다음 물음에 답하시오.

(1) 채취여과지의 종류
(2) 분석법
(3) 분석기기

(1) MCE막 여과지
(2) 원자흡광광도법
(3) 원자흡광광도계

05

다음 용어를 설명하시오.

(1) 단위작업장소
(2) 정확도
(3) 정밀도

(1) 동일 노출집단의 근로자가 작업을 하는 장소
(2) 분석치가 참값에 얼마나 접근하였는가 하는 수치상의 표현
(3) 분석치의 변동 크기가 얼마나 작은가 하는 수치상의 표현

06

다음 용어를 설명하시오.

(1) 개인시료채취
(2) 지역시료채취

(1) 개인시료채취기를 이용하여 가스·증기·분진·흄·미스트 등을 근로자의 호흡위치에서 채취하는 것
(2) 시료채취기를 이용하여 가스·증기·분진·흄·미스트 등을 근로자의 작업행동 범위에서 호흡기 높이에 고정하여 채취하는 것

07

환기시스템의 제어풍속이 설계할 때 보다 저하되어 후드의 불량이 되는 원인 3가지를 쓰시오.

① 집진장치 내 분진퇴적
② 덕트의 분진퇴적
③ 외부공기 유입
④ 송풍기 송풍량이 부족하다.
⑤ 발생원에서 후드 개구면 까지 거리가 멀다.

08

A작업장에서 전체 환기를 적용하려 한다. A작업장에는 3가지 오염물질이 발생하는데 오염물질에 대한 필요환기량과 각 물질에 대한 환기량의 크기가 아래의 표와 같을 때 각 물음에 답하시오.

오염물질량	M_1	M_2	M_3
각 물질에 대한 필요환기량	Q_1	Q_2	Q_3
각 물질에 대한 필요환기량 크기 비교	$Q_1 > Q_2 > Q_3$		

(1) 각 물질의 독성이 서로 상가작용을 할 때 필요환기량
(2) 각 물질의 독성이 독립작용을 할 때 필요환기량

(1) 상가작용은 각각 유해물질 환기량을 모두 합한 값이다. ∴ $Q_1 + Q_2 + Q_3$
(2) 독립작용은 각각 유해물질 환기량 중 가장 큰 값을 선택한 값이다. ∴ Q_1

09

소음측정 시 소음기의 청감보정회로를 dB(A)로 선택하여 측정할 때와 dB(C)로 선택하여 측정할 때의 대표적인 경우 1가지씩 쓰시오.

① dB(A) : 인체영향에 관한 내용 분석 시 사용
② dB(C) : 기계음 분석 시 사용

10

다음 항목의 사무실 공기관리지침상 오염물질 관리기준을 쓰시오.

(1) 미세먼지($PM10$)
(2) 일산화탄소(CO)

(1) $100\mu g/m^3$ 이하
(2) $10ppm$ 이하

사무실 오염물질의 관리기준

오염물질	관리기준
미세먼지(PM10)	$100\mu g/m^3$ 이하
초미세먼지(PM2.5)	$50\mu g/m^3$ 이하
이산화탄소(CO_2)	1000ppm 이하
일산화탄소(CO)	10ppm 이하
이산화질소(NO_2)	0.1ppm 이하
포름알데히드(HCHO)	$100\mu g/m^3$ 이하
총휘발성 유기화합물(TVOC)	$500\mu g/m^3$ 이하
라돈	$148Bq/m^3$ 이하
총부유세균	$800CFU/m^3$ 이하
곰팡이	$500CFU/m^3$ 이하

11

어떤 원형덕트에 유체가 흐르고 있다. 덕트의 직경을 $\frac{1}{2}$로 하면 직관부분의 압력손실은 몇 배로 되는가?
(단, 달시의 방정식을 적용한다.)

$$Q=AV \Rightarrow V=\frac{Q}{A}=\frac{4Q}{\pi D^2}$$

$$\triangle P_1 = F \times VP = \lambda \times \frac{L}{D} \times \frac{\gamma V^2}{2g} = \lambda \times \frac{L}{D} \times \frac{\gamma \left(\frac{4Q}{\pi D^2}\right)^2}{2g}$$

$$\triangle P_1 \propto \frac{1}{D^5}$$

$$\triangle P_2 \propto \frac{1}{\left(\frac{1}{2}D\right)^5} = \frac{32}{D^5}$$

$$\therefore \frac{\triangle P_2}{\triangle P_1} = \frac{\frac{32}{D^5}}{\frac{1}{D^5}} = 32배$$

여기서,
$\triangle P$: 압력손실$[mmH_2O]$
F : 압력손실계수
VP : 속도압$[mmH_2O]$
λ : 관마찰계수
L : 덕트 길이$[m]$

12

아래 보기는 소음을 6번 측정한 결과일 때 평균소음도$[dB]$를 구하시오.

[보기]
69dB, 72dB, 75dB, 77dB, 80dB, 81dB

$$\overline{L} = 10\log\left[\frac{1}{n}\left(10^{\frac{L_1}{10}} + 10^{\frac{L_2}{10}} + \cdots + 10^{\frac{L_n}{10}}\right)\right]$$

$$= 10\log\left[\frac{1}{6}\left(10^{\frac{69}{10}} + 10^{\frac{72}{10}} + 10^{\frac{75}{10}} + 10^{\frac{77}{10}} + 10^{\frac{80}{10}} + 10^{\frac{81}{10}}\right)\right]$$

$$= 77.42dB$$

여기서,
$\overline{L}$: 평균소음도$[dB]$
$L_1, L_2, \cdots, L_n$: 각 소음원의 소음$[dB]$
n : 소음원의 개수

13

어떤 작업장의 환기시스템에서 송풍량 $50m^3/min$, 덕트의 지름 $30cm$, 유입손실계수 0.65일 때 후드의 정압$[mmH_2O]$을 구하시오.

$$V = \frac{Q}{A} = \frac{Q}{\frac{\pi d^2}{4}} = \frac{50}{\frac{\pi \times 0.3^2}{4}} = 707.36 m/min$$

$$V = 707.36 m/min \times \left(\frac{1min}{60sec}\right) = 11.79 m/sec$$

$$VP = \left(\frac{V}{4.043}\right)^2 = \left(\frac{11.79}{4.043}\right)^2 = 8.5 mmH_2O$$

$$SP_h = VP(1+F) = 8.5(1+0.65) = 14.03 mmH_2O$$

$$\therefore SP_h = -14.03 mmH_2O$$

여기서
SP_h : 후드의 정압$[mmH_2O]$
VP : 속도압(동압)$[mmH_2O]$
F : 압력손실계수$\left(=\frac{1}{C_e^2}-1\right)$

국소배기장치 시스템에서 송풍기 앞에 있는 부품들의 압력은 빨아들이는 압력이어야 하기 때문에 음압(−)이 나와야한다. 후드는 송풍기의 앞에 있는 부품이기 때문에 후드의 정압(SP_h)은 음압(−)으로 도출하여야 한다.

14

표준상태($1atm$, $0℃$)에서 공기의 밀도가 $1.293\ kg/m^3$일 때, $700mmHg$, $35℃$에서 공기의 밀도[kg/m^3]를 구하시오.

보일-샤를의 법칙 : $\dfrac{P_1 V_1}{T_1} = \dfrac{P_2 V_2}{T_2}$

ρ(밀도) $= \dfrac{m(질량)}{V(부피)}$ 관계에 따라 밀도와 부피는 반비례 관계이므로,

$\dfrac{P_1}{T_1 \rho_1} = \dfrac{P_2}{T_2 \rho_2}$ 에서,

$\therefore \rho_2 = \dfrac{T_1 \rho_1 P_2}{T_2 P_1} = \dfrac{(273+0) \times 1.293 \times 700}{(273+35) \times 760} = 1.06 kg/m^3$

- 절대온도(K)=273+섭씨온도(℃)
- 1atm=760mmHg

15

$3000ppm$의 아세톤이 작업 환경 중의 공기와 완전 혼합되어 있다. 이 혼합물의 유효비중을 구하시오.
(단, 아세톤 가스 비중 2, 소수점 셋 째 자리까지 나타내시오.)

유효비중
$= \dfrac{물질의\ ppm \times 물질의\ 비중 + (10^6 - 물질의\ ppm) \times 1}{10^6}$
$= \dfrac{3000 \times 2 + (10^6 - 3000) \times 1}{10^6} = 1.003$

16

국소환기시설에서 덕트 압력손실계수는 0.44이고, 정압이 $15mmH_2O$, 전압이 $20mmH_2O$일 때 압력손실[mmH_2O]를 구하시오.

$TP = SP + VP$
$VP = TP - SP = 20 - 15 = 5mmH_2O$
$\therefore \triangle P = F \times VP = 0.44 \times 5 = 2.2 mmH_2O$

여기서
TP : 전압[mmH_2O]
SP : 정압[mmH_2O]
VP : 속도압[mmH_2O]
$\triangle P$: 압력손실[mmH_2O]
F : 압력손실계수

17

덕트의 압력손실 $20mmH_2O$, 속도압 $30mmH_2O$, 길이 $10m$, 관마찰손실계수 0.02 덕트의 직경[m]을 구하시오.

$\triangle P = F \times VP = \lambda \times \dfrac{L}{D} \times VP$ 에서,

$20 = 0.02 \times \dfrac{10}{D} \times 30 \Rightarrow \therefore D = 0.3m$

여기서,
$\triangle P$: 압력손실[mmH_2O]
F : 압력손실계수
VP : 속도압[mmH_2O]
λ : 관마찰계수
L : 덕트 길이[m]
D : 덕트 직경[m]

18

후드로부터 $0.3m$ 떨어진 곳에 있는 금속제품의 연마 공정에서 발생되는 금속먼지를 제거하기 위해 개구면적이 $1.5m^2$인 후드를 설치하였을 때 필요송풍량$[m^3/\min]$을 구하시오.
(단, 제어속도는 $1.5m/s$이고, 자유공간 위치에 플랜지가 부착되어 있다.)

자유공간 위치, 플랜지 부착이므로,
$Q = 0.75V(10X^2 + A)$
  $= 0.75 \times 1.5(10 \times 0.3^2 + 1.5)$
  $= 2.7m^3/sec \times \left(\dfrac{60sec}{1min}\right) = 162m^3/\min$

*필요송풍량(Q)

조건	필요송풍량 공식
① 자유공간 위치, 플랜지 미부착	$Q = V(10X^2 + A)$
② 자유공간 위치, 플랜지 부착	$Q = 0.75V(10X^2 + A)$
③ 바닥면 위치, 플랜지 미부착	$Q = V(5X^2 + A)$
④ 바닥면 위치, 플랜지 부착	$Q = 0.5V(10X^2 + A)$

여기서,
Q : 필요송풍량$[m^3/\min]$
A : 후드의 개구면적$[m^2]$
V : 제어속도$[m/\min]$
X : 후드 중심선으로부터 발생원까지의 거리$[m]$

19

$1atm$, $25℃$에서 $25ppm$ 농도의 벤젠이 있을 때 벤젠의 질량농도$[mg/m^3]$을 구하시오.
(단, 벤젠의 분자량은 78이다.)

$mg/m^3 = ppm \times \dfrac{분자량}{부피} = 25 \times \dfrac{78}{24.45} = 79.75 mg/m^3$

- $1atm$, $25℃$의 부피 $= 24.45L$

20

현재 총 흡음량이 $2500 sabin$인 작업장의 천장에 흡음물질을 첨가하여 $2500 sabin$을 더할 경우 실내소음 저감량$[dB]$을 구하시오.

$NR = SPL_1 - SPL_2 = 10\log\left(\dfrac{A_2}{A_1}\right) = 10\log\left(\dfrac{A_1 + A_\alpha}{A_1}\right)$
$= 10\log\left(\dfrac{2500 + 2500}{2500}\right) = 3.01 dB$

여기서,
NR : 감음량$[dB]$
SPL_1, SPL_2 : 실내면에 대한 흡음대책 전후 실내 음압레벨$[dB]$
A_1, A_2 : 실내면에 대한 흡음대책 전후 실내 흡음력$[m^2, sabin]$
A_α : 실내면에 대한 흡음대책 전 실내흡음력에 추가된 흡음력$[m^2, sabin]$

2010 3회차 산업위생관리기사 실기 필답형 기출문제

01
생물학적 모니터링 생체시료 3가지 중 하나인 호기를 잘 사용하지 않는 이유 2가지 쓰시오.

① 채취시간 및 호기상태에 따라 농도가 변하기 때문
② 수증기에 의한 수분응축 영향이 있기 때문

02
다음을 구하시오.

(1) 덕트 압력손실 원인의 종류 2가지
(2) 압력손실 계산방법 2가지

(1) 마찰압력손실, 난류압력손실
(2) 등가길이 방법, 속도압 방법

03
세정집진장치의 집진원리 4가지 쓰시오.

① 액적과 입자의 충돌
② 액적·기포와 입자의 접촉
③ 미립자 확산에 의한 액적과의 접촉
④ 배기의 증습에 의한 입자가 서로 응집

04
직경분립 충돌기(Cascade Impactor)의 장점과 단점 각각 3가지씩 기술하시오.

(1) 장점
① 입자의 질량 크기 분포를 얻을 수 있다.
② 호흡기의 부분별로 침착된 입자 크기의 자료를 추정할 수 있다.
③ 흡입성·흉곽성·호흡성 입자 크기별로 분포 및 농도를 계산할 수 있다.

(2) 단점
① 시료채취가 까다롭다.
② 비용이 많이 든다.
③ 채취 준비시간이 많이 든다.
④ 되튐으로 인한 시료의 손실이 일어나 과소분석 결과를 초래할 수 있어 유량을 2L/min 이하로 채취하여야 한다.

05
변이계수에 대한 각 물음에 답하시오.

(1) 정의
(2) 중요성

(1) 통계집단의 측정값들에 대한 균일성과 정밀성의 정도를 표현한 값
(2) 단위가 서로 다른 집단이나 특성값의 상호 산포도를 비교하는 데 이용할 수 있어 중요하다.

06

누적소음 노출량 측정기의 법적 기기설정 기준 3가지를 쓰고, 청감보정회로에서 A, B, C특성에 해당하는 Phon값을 각각 쓰시오.

(1) 누적소음 노출량의 법적 기기설정 기준
 ① criteria : 90dB
 ② threshold : 80dB
 ③ exchange rate : 5dB

(2) 청감보정회로 특성에 따른 phon 값
 ① A특성 : 40phon
 ② B특성 : 70phon
 ③ C특성 : 100phon

07

공기정화장치 중 흡착장치 설계 시 고려사항 3가지 쓰시오.

① 압력손실
② 처리능력
③ 흡착제 수명
④ 충진량

08

공기정화장치 중 여과집진시설의 채취기전(채취원리, 포집원리) 6가지를 쓰시오.

① 직접차단
② 관성충돌
③ 중력침강
④ 확산
⑤ 정전기침강
⑥ 체

09

전체환기 적용조건 5가지를 쓰시오.

① 발생원이 이동성인 경우
② 유해물질이 증기나 가스인 경우
③ 유해물질의 발생량이 적은 경우
④ 유해물질의 독성이 비교적 낮은 경우
⑤ 유해물질이 시간에 따라 균일하게 발생될 경우
⑥ 국소배기가 불가능한 경우

10

다음 용어를 설명하시오.

(1) 단위작업장소
(2) 정확도
(3) 정밀도

(1) 동일 노출집단의 근로자가 작업을 하는 장소
(2) 분석치가 참값에 얼마나 접근하였는가 하는 수치상의 표현
(3) 분석치의 변동 크기가 얼마나 작은가 하는 수치상의 표현

11

기하평균과 기하표준편차를 구하는 방법 중 그래프로 구하는 방법을 설명하시오.

① 기하평균
누적분포에서 50%에 해당하는 값

② 기하표준편차
누적분포 84.1%에 해당하는 값을 50%에 해당하는 값으로 나눈 값

12

국소배기장치를 설치한 작업장에 배기된 양 만큼 공기가 보충되어야 하는 이유(공기공급 시스템이 필요한 이유)를 5가지 쓰시오.

① 국소배기장치의 적절한 가동을 위해
② 국소배기장치의 효율 유지를 위해
③ 안전사고 예방을 위해
④ 연료 절약을 위해
⑤ 작업장 내 방해기류가 생기는 것을 방지하기 위해
⑥ 외부 공기가 정화되지 않은 채 건물 내로 유입 되는 것을 막기 위해

13

입자상 물질의 크기를 표시하는 방법 중 기하학적(물리적) 직경 3가지를 쓰고 각각 설명하시오.

① 마틴 직경
먼지의 면적을 이등분하는 선의 길이로 선의 방향은 항상 일정하여야 하며 과소평가할 수 있는 단점이 있다.

② 페렛 직경
먼지의 한쪽 끝 가장자리와 다른쪽 끝 가장자리 사이의 거리로 과대평가할 수 있는 단점이 있다.

③ 등면적 직경
먼지의 면적과 같은 면적을 가진 원의 직경으로 가장 정확한 직경으로 측정은 현미경 접안경에 porton reticle을 삽입하여 측정한다.

14

다음 보기는 단위작업장소에 대한 내용일 때 빈 칸을 채우시오.

[보기]
단위작업장소에서 최고 노출근로자 (①)인 이상에 대하여 동시에 측정하되, 단위작업장소에 근로자가 1인인 경우에는 그러하지 아니하며, 동일 작업근로자 수가 10인을 초과하는 경우에는 매 (②)인당 1인[(③)개 지점] 이상 추가하여 측정하여야 한다. 다만, 동일 작업근로자 수가 100인을 초과하는 경우에는 최대 시료채취 근로자 수를 (④)인으로 조정할 수 있다.

① 2 ② 5 ③ 1 ④ 20

15

작업환경 개선의 공학적 대책 4가지를 쓰시오.

① 대치 ② 격리 ③ 환기 ④ 교육

16

온도 $25℃$, 1기압 하에서 분당 $200mL$씩 8시간 동안 채취한 공기 중에서 벤젠이 $2mg$ 검출되었다면 검출 시 공기 중 벤젠농도$[ppm]$을 구하시오.
(단, 벤젠의 분자량은 78이다.)

$$mg/m^3 = \frac{2mg}{0.2L/\min \times 480\min \times \left(\frac{1m^3}{1000L}\right)} = 20.83mg/m^3$$

$$\therefore ppm = mg/m^3 \times \frac{부피}{분자량} = 20.83 \times \frac{24.45}{78} = 6.53ppm$$

- $1m^3 = 1000L$
- $200mL/\min = 0.2L/\min$
- 1atm, 25℃의 부피 = 24.45L

17

층류영역에서 직경이 $5\mu m$이며 비중이 2.5인 입자상 물질의 침강속도$[cm/\sec]$를 구하시오.

$\rho = $ 비중×물의 밀도$(=1) = 2.5 \times 1 = 2.5 g/cm^3$
$\therefore V = 0.003\rho d^2 = 0.003 \times 2.5 \times 5^2 = 0.19 cm/\sec$

여기서,
V : 리프만(Lippman)식 침강속도$[cm/\sec]$
ρ : 입자 밀도$[g/cm^3]$
d : 입자 직경$[\mu m]$

18

재순환 공기의 CO_2 농도는 $750 ppm$이고 급기의 CO_2 농도는 $650 ppm$일 때 급기 중의 외부공기 포함량$[\%]$을 구하시오.
(단, 외부공기의 CO_2 농도는 $330 ppm$이다.)

$Q_A = \dfrac{C_r - C_s}{C_r - C_0} \times 100 = \dfrac{750-650}{750-330} \times 100 = 23.81\%$

여기서,
Q_A : 급기 중 외부공기 포함량$[\%]$
C_r : 재순환 공기 중 이산화탄소 농도
C_s : 급기 중 이산화탄소 농도
C_0 : 외부 공기 중 이산화탄소 농도

19

흡광광도계에서 빛의 강도가 i_o인 단색광이 어떤 시료용액을 통과할 때 그 빛이 80%가 흡수될 경우, 흡광도를 구하시오.

흡광도 $= \log\dfrac{1}{\text{투과율}} = \log\dfrac{1}{1-\text{흡수율}}$
$= \log\dfrac{1}{1-0.8} = 0.7$

20

가로 $20m$, 세로 $50m$, 높이 $10m$인 작업장 소음 이슈에 대한 것을 해결하기 위하여 총 흡음량을 조사하는 작업을 하고 있다. 총 흡음량은 음의 잔향시간(반향시간)을 이용하여 측정하고 철로 되어있는 막대기로 테스트 해보았을 때 $125 dB$의 소음을 발생했을 때 작업장의 소음이 $65 dB$까지 감소하는데 걸리는 시간은 2초일 때 각 물음에 답하시오.

(1) 작업장의 총 흡음량$[sabin]$
(2) 흡음물질을 사용하여 총 흡음량을 3배로 증가시킬 때 증가에 따른 실내소음 저감량$[dB]$

(1) $V = 20 \times 50 \times 10 = 10000 m^2$
$T = 2\sec$
$T = \dfrac{0.161 V}{A}$
$\therefore A = \dfrac{0.161 V}{T} = \dfrac{0.161 \times 10000}{2} = 805 sabin$

여기서,
T : 잔향시간$[\sec]$
V : 실내 체적$[m^3]$
A : 실내면의 총 흡음력$[m^2, sabin]$
S : 실내면의 총 표면적$[m^2]$
$\bar{a}$: 실내 평균흡음률

(2) 총 흡음량이 3배 증가한거면, $\dfrac{A_2}{A_1} = 3$이다.

$\therefore NR = SPL_1 - SPL_2 = 10\log\left(\dfrac{A_2}{A_1}\right)$
$= 10\log 3 = 4.77 dB$

여기서,
NR : 감음량$[dB]$
SPL_1, SPL_2 : 실내면에 대한 흡음대책 전후 실내 음압레벨$[dB]$
A_1, A_2 : 실내면에 대한 흡음대책 전후 실내 흡음력$[m^2, sabin]$

Memo

2011년 1회차 산업위생관리기사 실기 필답형 기출문제

01
Push-Pull 후드(밀어 당김형 후드)에 대한 각 물음에 답하시오.

(1) 정의
(2) 장점과 단점 각각 한 가지씩 쓰시오.

(1) 개방조 한 변에서 압축공기를 밀어주고 반대쪽에서 당겨주는 방법으로 오염물질을 배출하는 후드
(2)
- 장점
① 작업자의 작업방해가 적다.
② 포집효율을 증가시켜 필요유량을 대폭 감소시킬 수 있다.

- 단점
① 원료의 손실이 크다.
② 설계방법이 어려운 편이다.

02
후드 선정 시 고려사항 4가지 쓰시오.

① 필요환기량을 최소화할 것
② 작업자의 작업방해를 최소화 할 수 있도록 설치될 것
③ 작업자의 호흡영역을 유해물질로부터 보호할 것
④ ACGIH 및 OSHA의 설계기준을 준수할 것
⑤ 작업자가 사용하기 편리하도록 만들 것
⑥ 후드 설계 시 일반적인 오류를 범하지 말 것

03
공기역학적 직경에 대해 설명하시오.

대상 먼지와 침강속도가 같고 밀도가 $1g/cm^3$이며, 구형인 먼지의 직경으로 환산된 직경

04
다음 단체의 각 허용기준을 쓰시오.

(1) OSHA
(2) ACGIH
(3) NIOSH

(1) PEL
(2) TLV
(3) REL

05
PV수지를 만드는 공장에서 염화비닐 모노버(Vinyl Chloride Monomer) 노출로 인한 간혈관육종의 발생에 관하여 연구한 결과 아래 표의 연구결과 표가 나왔을 때 다음을 구하시오.

공정	표준화사망비 (SMR)	유의도
단량체 중합반응공정	3.1	$P < 0.001$
PVC 건조공정	2.2	$P < 0.01$
PVC 포장공정	1.1	$P < 0.05$

(1) 표준화사망비(SMR) 공식
(2) 위 표의 표준화사망비(SMR)이 나타내는 의미를 쓰시오.

(1) 표준화사망비(SMR) 공식
$$SMR = \frac{\text{작업장에서의 사망률}}{\text{일반인구의 사망률}} = \frac{\text{관찰 사망자수}}{\text{기대 사망자수}}$$

(2) SMR이 1보다 크면 표준인구집단에 비해 더 많은 사망자가 발생한다는 의미로 단량체 중합 반응공정, PVC 건조공정, PVC 포장공정 순서대로 SMR이 크기 때문에 사망자 발생이 많은 것을 의미한다.

07

전체환기 적용조건 5가지를 쓰시오.

① 발생원이 이동성인 경우
② 유해물질이 증기나 가스인 경우
③ 유해물질의 발생량이 적은 경우
④ 유해물질의 독성이 비교적 낮은 경우
⑤ 유해물질이 시간에 따라 균일하게 발생될 경우
⑥ 국소배기가 불가능한 경우

06

다음 그림의 빈칸에 알맞은 포집기전을 모두 쓰시오.

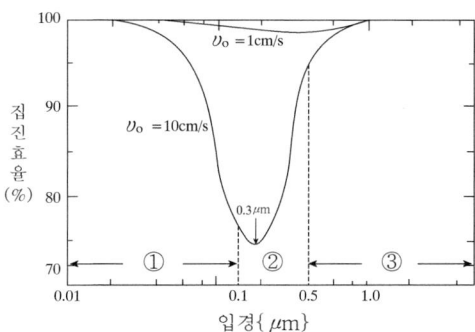

① 0.1μm 미만 입자 : 확산
② 0.1~0.5μm 입자 : 확산, 직접차단
③ 0.5μm 이상 입자 : 관성충돌, 직접차단

08

작업환경측정 및 정도관리 등에 관한 고시상의 가스상 및 증기시료의 포집(채취)방법 5가지를 쓰시오.

① 액체 채취방법
② 고체 채취방법
③ 직접 채취방법
④ 냉각응축 채취방법
⑤ 여과 채취방법

09

석면 해체 및 제거 작업 계획 수립 시 포함사항 3가지를 쓰시오.

① 석면 해체·제거작업의 절차와 방법
② 석면 흩날림 방지 및 폐기방법
③ 근로자 보호조치

10

다음 표를 보고 석면의 종류에 대한 빈칸을 채우시오.

석면의 종류	화학식
(①)	- 가늘고 부드러운 섬유이며, 인장강도가 크다. - 가장 많이 사용되는 석면이다. - 화학식 : $3MgO_2SiO_22H_2O$
(②)	- 고내열성 섬유이다. - 취성을 가지고 있다. - 화학식 : $(FeMg)SiO_3$
(③)	- 석면광물 중 가장 강하다. - 취성을 가지고 있다. - 건강에 가장 치명적인 영향을 미친다. - 화학식 : $NaFe(SiO_3)_2FeSiO_3H_2$

① 백석면
② 갈석면
③ 청석면

11

덕트 내 공기의 유속을 피토튜브(피토관)로 측정한 결과 속도압 $15mmAq$, 덕트 내 온도 $270℃$, 피토계수 0.96일 때 유속$[m/\sec]$을 구하시오.
(단, $0℃$에서 비중은 1.3이다.)

비중이 1.3이면 비중량이 $1.3kg_f/m^3$이다.

보일-샤를의 법칙 : $\dfrac{P_1V_1}{T_1} = \dfrac{P_2V_2}{T_2}$

$\rho(밀도) = \dfrac{m(질량)}{V(부피)} = \dfrac{\gamma(비중량)}{g(중력\ 가속도)}$ 관계에 따라 비중량과 부피는 반비례 관계이고, 압력에 대한 조건이 없으므로 동일하다고 보면,

$\dfrac{1}{T_1\gamma_1} = \dfrac{1}{T_2\gamma_2}$ 에서,

$\gamma_2 = \dfrac{T_1\gamma_1}{T_2} = \dfrac{(273+0)\times 1.3}{(273+270)} = 0.654 kg_f/m^3$

$\therefore V = C\sqrt{\dfrac{2gVP}{\gamma}} = 0.96 \times \sqrt{\dfrac{2\times 9.8\times 15}{0.654}} = 20.35 m/\sec$

12

8시간 노출 소음(휴식시간 총 1시간)이 아래의 보기와 같을 때 다음을 구하시오.
(단, 노출허용시간 $= \dfrac{8}{2^{\left(\frac{소음-90}{5}\right)}}$ 이다.)

[보기]
[단위 : dB(A)] : 90, 92, 91, 94, 90, 93, 92, 91, 90, 92

(1) TWA 소음강도 $[dB(A)]$
(2) 노출기준 초과여부 평가

(1) 보기 소음의 노출허용시간을 구한다.

$90dB : \dfrac{8}{2^{\left(\frac{90-90}{5}\right)}} = 8hr$

$92dB : \dfrac{8}{2^{\left(\frac{92-90}{5}\right)}} = 6.06hr$

$91dB : \dfrac{8}{2^{\left(\frac{91-90}{5}\right)}} = 6.96hr$

$94dB : \dfrac{8}{2^{\left(\frac{94-90}{5}\right)}} = 4.59hr$

$90dB : \dfrac{8}{2^{\left(\frac{90-90}{5}\right)}} = 8hr$

$93dB : \dfrac{8}{2^{\left(\frac{93-90}{5}\right)}} = 5.28hr$

$92dB : \dfrac{8}{2^{\left(\frac{92-90}{5}\right)}} = 6.06hr$

$91dB : \dfrac{8}{2^{\left(\frac{91-90}{5}\right)}} = 6.96hr$

$90dB : \dfrac{8}{2^{\left(\frac{90-90}{5}\right)}} = 8hr$

$92dB : \dfrac{8}{2^{\left(\frac{92-90}{5}\right)}} = 6.06hr$

노출 평균시간 $= \dfrac{노출\ 시간}{노출\ 횟수} = \dfrac{8-1}{10} = 0.7hr$

$D = \dfrac{노출\ 평균시간}{노출\ 허용시간}$ 이므로,

$$D = \frac{0.7}{8} + \frac{0.7}{6.06} + \frac{0.7}{6.96} + \frac{0.7}{4.59} + \frac{0.7}{8} +$$
$$\frac{0.7}{5.28} + \frac{0.7}{6.06} + \frac{0.7}{6.96} + \frac{0.7}{8} + \frac{0.7}{6.06} = 1.095$$
$$= 109.5\%$$

$$\therefore TWA = 16.61 \log\left(\frac{D}{12.5T}\right) + 90$$
$$= 16.61 \log \frac{109.5}{12.5 \times 7} + 90 = 91.62 dB(A)$$

여기서,
TWA : 시간가중평균 소음수준$[dB(A)]$
D : 누적소음노출량[%]
100 : 8시간 기준 노출시간/일($12.5T$)
T : 측정 시간[hr]

(2) 위에서 구한 D=1.095가 1보다 크기 때문에
∴ 노출기준 초과이다.

13

공기 중의 사염화탄소 농도가 $100ppm$이라면 정화통의 사용가능 시간이 농도가 $1000ppm$에서 50분간 사용 가능한 정화통과 비교하여 파과시간이 50분보다 긴지, 아닌지 답과 그에 대한 이유를 쓰시오.

① 유효시간 = $\frac{\text{표준유효시간} \times \text{시험가스 농도}}{\text{작업장 공기 중 유해가스 농도}}$
$= \frac{50 \times 1000}{100} = 500$분
∴ 더 길다.
② 농도와 사용시간은 반비례 관계이기 때문

14

필요송풍량이 $45m^3/\min$, 반송속도가 $15m/\sec$일 때 덕트의 안지름[cm]을 구하시오.

$$Q = AV = \frac{\pi D^2}{4} V$$
$$\therefore D = \sqrt{\frac{4Q}{\pi V}}$$
$$= \sqrt{\frac{4 \times 45 m^3/\min \times \left(\frac{1\min}{60\sec}\right)}{\pi \times 15}} = 0.2523 m$$
$$= 25.23 cm$$

- 1min=60sec
- 1m=100cm

15

벤젠의 분석량이 $0.8mg$, 채취유량 $40cm^3/\min$, 채취시간 400min, 탈착효율 95%일 때 질량농도 [mg/m^3]을 구하시오.

$$mg/m^3 = \frac{0.8mg}{40cm^3/\min \times 400 \times \left(\frac{1m^3}{10^6 cm^3}\right) \times 0.95}$$
$$= 52.63 mg/m^3$$

16

$1atm$, 25℃인 작업장에서 벤젠을 고체흡착관으로 1시 12분부터 4시 45분까지 측정하려 한다. 비누거품미터로 유량을 보정할 때 $50cc$를 통과하는 데 시료채취 전에는 16.5초, 시료채취 후에는 16.9초가 걸렸다. 측정된 벤젠을 분석한 결과 활성탄관 앞층에서 $2.0mg$, 뒤층에서 $0.1mg$가 검출되었을 때 공기 중 벤젠의 농도[ppm]을 구하시오.

평균 시료채취 시간
$$= \frac{\text{시료채취 전 시간} + \text{시료채취 후 시간}}{2}$$
$$= \frac{16.5 + 16.9}{2} = 16.7 \text{sec}$$

펌프 유량 $= \frac{\text{통과하는 부피}}{\text{평균 시료채취 시간}}$
$$= \frac{0.05L}{16.7\text{sec} \times \left(\frac{1\text{min}}{60\text{sec}}\right)} = 0.18 L/\text{min}$$

$mg/m^3 = \frac{(\text{앞층 분석량} + \text{뒤층 분석량})}{\text{공기채취량}}$
$$= \frac{(2.0 + 0.1)mg}{0.18L/\text{min} \times 213\text{min} \times \left(\frac{1m^3}{1000L}\right)} = 54.77 mg/m^3$$

$$\therefore ppm = mg/m^3 \times \frac{\text{부피}}{\text{분자량}} = 54.77 \times \frac{24.45}{78} = 17.17 ppm$$

- 1L = 1000cc → 50cc = 0.05L
- 1min = 60sec
- 1시 12분 ~ 4시 45분 = 213분
- $1m^3 = 1000L$
- 1atm, 25℃의 부피 = 24.45L
- 벤젠(C_6H_6)의 분자량 $= 12 \times 6 + 1 \times 6 = 78g$
- C의 원자량 : 12g, H의 원자량 : 1g

17

오후 6시 30분에 측정한 사무실 내 이산화탄소의 농도는 $1500ppm$, 사무실이 빈 상태로 2시간 30분이 경과한 오후 9시에 측정한 이산화탄소 농도는 $500ppm$이었다. 이 사무실의 시간당 공기교환횟수(ACH)[회/hr]를 구하시오.
(단, 외부공기 중의 이산화탄소의 농도는 $330ppm$이다.)

$$ACH = \frac{\ln(C_1 - C_0) - \ln(C_2 - C_0)}{t}$$
$$= \frac{\ln(1500 - 330) - \ln(500 - 330)}{2.5} = 0.77 \text{회}/hr$$

여기서,
ACH : 시간당 공기교환 횟수[회/hr]

- C_1 : 측정 초기 농도
- C_2 : 시간 경과 후 CO_2 농도
- C_0 : 외부 CO_2 농도
- t : 경과된 시간[hr]

- 2시간 30분 = 2.5hr

18

작업실 내에서 단조로 근처 온도가 건구온도 35℃, 습구온도 30℃, 흑구온도 50℃이고 작업은 연속작업, 작업조건은 중등작업일 때 다음을 구하시오.

(1) 작업실 내 $WBGT$[℃]
(2) 노출기준 초과여부 평가

(1)
$WBGT$(℃) $= 0.7 \times$ 자연습구온도 $+ 0.3 \times$ 흑구온도
$= 0.7 \times 30 + 0.3 \times 50 = 36$℃

(2) 연속작업(계속작업), 중등작업의 노출기준이 26.7℃이므로 ∴ 노출기준 초과 판정

*고온의 노출기준(ACGIH)   단위 : ℃, WBGT

작업강도 작업 휴식시간비	경작업	중등작업	중작업
계속작업	30.0	26.7	25.0
매시간 75% 작업, 25% 휴식	30.6	28.0	25.9
매시간 50% 작업, 50% 휴식	31.4	29.4	27.9
매시간 25% 작업, 75% 휴식	32.2	31.1	30.0

① 경작업
200kcal까지의 열량이 소요되는 작업을 말하며, 앉아서 또는 서서 기계의 조정을 하기 위하여 손 또는 팔을 가볍게 쓰는 일 등을 뜻함
② 중등작업
시간당 200~350kcal의 열량이 소요되는 작업을 말하며, 물체를 들거나 털면서 걸어다니는 일 등을 뜻함

③ 중작업
시간당 350~500kcal의 열량이 소요되는 작업을 말하며, 곡괭이질 또는 삽질하는 일 등을 뜻함

*습구흑구온도지수(WBGT)
① 태양광선이 내리쬐는 옥외 장소
$WBGT(℃)$
$= 0.7 × 자연습구온도 + 0.2 × 흑구온도 + 0.1 × 건구온도$

② 태양광선이 내리쬐지 않는 옥내 또는 옥외 장소 $WBGT(℃) = 0.7 × 자연습구온도 + 0.3 × 흑구온도$

19

어떤 작업장의 환기시스템에서 송풍량 $0.165 m^3/s$, 덕트의 지름 $11cm$, 후드 유입계수 0.8, 공기의 비중량 $1.293 kg_f/m^3$일 때 후드의 정압 $[mmH_2O]$을 구하시오.

$$V = \frac{Q}{A} = \frac{Q}{\frac{\pi d^2}{4}} = \frac{0.165}{\frac{\pi × 0.11^2}{4}} = 17.36 m/s$$

$$VP = \frac{\gamma V^2}{2g} = \frac{1.293 × 17.36^2}{2 × 9.8} = 19.88 mmH_2O$$

$$F = \frac{1}{C_e^2} - 1 = \frac{1}{0.8^2} - 1 = 0.56$$

$$SP_h = VP(1+F) = 19.88(1+0.56) = 31.01 mmH_2O$$

$$∴ SP_h = -31.01 mmH_2O$$

여기서
SP_h : 후드의 정압 $[mmH_2O]$
VP : 속도압(동압) $[mmH_2O]$
F : 압력손실계수 $\left(= \frac{1}{C_e^2} - 1\right)$
C_e : 유입계수 $\left(= \sqrt{\frac{1}{1+F}}\right)$

국소배기장치 시스템에서 송풍기 앞에 있는 부품들의 압력은 빨아들이는 압력이어야 하기 때문에 음압(-)이 나와야한다. 후드는 송풍기의 앞에 있는 부품이기 때문에 후드의 정압(SP_h)은 음압(-)으로 도출하여야 한다.

20

송풍기의 송풍량이 $100 m^3/\min$이고, 송풍기 전압이 $95 mmH_2O$, 송풍기 효율이 70%일 때 송풍기의 동력$[kW]$을 구하시오.

$$H = \frac{Q × \Delta P}{6120\eta} × \alpha = \frac{100 × 95}{6120 × 0.7} × 1 = 2.22 kW$$

여기서,
H : 송풍기 소요동력 $[kW]$
Q : 송풍량 $[m^3/\min]$
ΔP : 송풍기 유효압력 $[mmH_2O]$
η : 송풍기 효율
α : 여유율 (주어지지 않으면, $\alpha = 1$)

2011 2회차 산업위생관리기사 실기 필답형 기출문제

01
덕트 내 작용하는 압력의 종류 3가지를 쓰고 각각 설명하시오.

① 정압(SP)
덕트 내 사방으로 동일하게 미치는 압력
② 속도압(=동압, VP)
공기의 흐름방향으로 미치는 압력
③ 전압(TP)
단위유체에 작용하는 정압과 속도압의 총합

02
직독식 분진 측정기기의 공기 중 분진 측정원리 3가지를 쓰시오.

① 흡수광량
② 진동 주파수
③ 산란광의 강도

03
ACGIH에서 TLV(허용농도) 설정 시 가장 중요한 자료 한 가지와 이유를 쓰시오.

자료 : 사업장 역학조사 자료
이유 : 실제 사업장에 상시 근로하는 근로자가 대상이기 때문에

04
분진의 유해성에 대해 사업주가 근로자에게 알려야 하는 사항 5가지를 쓰시오.

① 분진의 유해성과 노출경로
② 분진의 발산 방지와 작업장의 환기 방법
③ 작업장 및 개인위생 관리
④ 호흡용 보호구의 사용 방법
⑤ 분진에 관련된 질병 예방 방법

05
다음 보기의 '사무실 공기관리 지침' 내용 중 틀린 것을 고르고, 알맞게 고치시오.

[보기]
① 공기정화시설을 갖춘 사무실에서의 환기횟수는 시간당 4회 이상으로 한다.
② 사무실 오염물질 관리기준은 8시간 시간가중 평균농도로 한다.
③ 공기의 측정시료는 사무실 내에서 공기질이 가장 나쁠 것으로 예상되는 3곳 이상에서 채취한다.
④ 사무실 공기질의 측정결과는 측정치 전체 중 최대값을 오염물질 별 관리기준과 비교하여 평가한다.
⑤ 일산화탄소(CO)는 연 1회 이상, 업무시작 후 1시간 이내 및 업무 종료 후 1시간 이내에 각각 10분간 측정을 실시한다.

③ 공기의 측정시료는 사무실 안에서 공기질이 가장 나쁠 것으로 예상되는 2곳 이상에서 채취한다.
④ 사무실 공기질의 측정결과는 측정치 전체에 대한 평균값을 오염물질별 관리기준과 비교하여 평가한다.
⑤ 일산화탄소(CO)는 연 1회 이상, 업무시작 후 1시간 전후 및 종료 전 1시간 전후 각각 10분간 측정을 실시한다.

06

후드의 형식별 적용 작업의 예를 각각 2가지씩 쓰시오.

(1) 부스식
(2) 외부식
(3) 레시버식

(1) 부스식
연마, 연삭, 동위원소 취급, 포장 등

(2) 외부식
도금, 주조, 용해, 분무도장, 마무리작업, 등

(3) 레시버식
연마, 연삭, 가열로, 용융, 단조 등

*후드의 형식과 적용작업

식	형	적용작업의 예
포위식	- 포위형 - 장갑부착 상자형	- 분쇄, 공작기계, 마무리작업, 체분저조 - 농약 등 유독성물질 또는 독성가스 취급
부스식	- 드래프트 챔버형 - 건축 부스형	- 연마, 연삭, 동위원소 취급, 화학분석 및 실험, 포장 - 산 세척, 분무도장
외부식	- 슬롯형 - 루바형 - 그리드형 - 원형 또는 장방형	- 도금, 주조, 용해, 분무도장, 마무리작업 - 주물의 모래털기 작업 - 도장, 분쇄, 주형 해체 - 용해, 분쇄, 용접, 체분, 목공기계
레시버식	- 캐노피형 - 포위형 - 원형 또는 장방형	- 가열로, 용융, 단조, 소입 - 연삭, 연마 - 가열로, 용융, 탁상 그라인더

07

국소배기(환기)장치의 설계 시 총 압력손실을 계산하는 목적 3가지를 쓰시오.

① 제어속도와 반송속도를 얻는 데 필요한 송풍량을 확보하기 위해
② 환기시설 전체에 요구되는 동력의 규모를 결정하기 위해
③ 환기시설 전체의 압력손실을 극복하는 데 필요한 풍량과 풍압을 얻기 위한 송풍기 형식을 선정하기 위해

08

사업주는 석면의 제조·사용 작업에 근로자를 종사하도록 하는 경우에 석면분진의 발산과 근로자의 오염을 방지하기 위한 작업수칙 3가지를 쓰시오.

① 진공청소기 등을 이용한 작업장 바닥의 청소방법
② 작업자의 왕래와 외부기류 또는 기계진동 등에 의하여 분진이 흩날리는 것을 방지하기 위한 조치
③ 분진이 쌓일 염려가 있는 깔개 등을 작업장 바닥에 방치하는 행위를 방지하기 위한 조치
④ 분진이 확산되거나 작업자가 분진에 노출될 위험이 있는 경우에는 선풍기 사용 금지
⑤ 용기에 석면을 넣거나 꺼내는 작업
⑥ 석면을 담은 용기의 운반
⑦ 여과집진방식 집진장치의 여과재 교환
⑧ 해당 작업에 사용된 용기 등의 처리
⑨ 이상사태가 발생한 경우의 응급조치
⑩ 보호구의 사용·점검·보관 및 청소

09

관마찰계수 0.08, 속도압 $10mmH_2O$, 덕트의 내경이 $20cm$, 길이가 $300cm$인 직관의 압력손실 $[mmH_2O]$을 구하시오.

$$\Delta P = F \times VP = \lambda \times \frac{L}{D} \times VP$$
$$= 0.08 \times \frac{3}{0.2} \times 10 = 12 mmH_2O$$

여기서,
ΔP : 압력손실 $[mmH_2O]$
F : 압력손실계수
VP : 속도압 $[mmH_2O]$
λ : 관마찰계수
L : 덕트 길이 $[m]$
D : 덕트 직경 $[m]$

10

벤젠의 농도가 $4mg/m^3$일 때 산업환기 표준상태에서의 농도 $[ppm]$를 구하시오.

$$ppm = mg/m^3 \times \frac{부피}{분자량} = 4 \times \frac{24.1}{78} = 1.24 ppm$$

- 산업환기 표준공기상태 조건 : 1atm, 21℃
- 1atm, 21℃의 부피 : 24.1L
- 벤젠(C_6H_6)의 분자량 $= 12 \times 6 + 1 \times 6 = 78g$
- C의 원자량 : 12g, H의 원자량 : 1g

11

작업장의 체적이 $100000 m^3$이며, 작업장에서 메틸클로로포름 증기가 $1.2 m^3/min$으로 발생하고 이때 환기량이 $6000 m^3/min$(유효환기량이 $2000 m^3/min$)일 때 다음을 구하시오.

(1) 작업장의 초기농도가 0인 상태에서 $200 ppm$에 도달하는 데 걸리는 시간 $[min]$
(2) 1시간 후의 농도 $[ppm]$

(1) $t = -\frac{V}{Q'} \ln\left(\frac{G - Q'C}{G}\right)$
$= -\frac{100000}{2000} \ln\left[\frac{1.2 - (2000 \times 200 \times 10^{-6})}{1.2}\right]$
$= 20.27 min$

여기서,
t : 농도 C에 도달하는 데 걸리는 시간 $[min]$
V : 작업장의 체적 $[m^3]$
Q' : 유효환기량 $[m^3/min]$
G : 유해물질의 발생량 $[m^3/min]$
C : 유해물질의 농도 $[ppm]$

(2) $C = \frac{G\left(1 - e^{-\frac{Q'}{V}t}\right)}{Q'} = \frac{1.2\left(1 - e^{-\frac{2000}{100000} \times 60}\right)}{2000}$
$= 4.1928 \times 10^{-4} \times \left(\frac{10^6 ppm}{1}\right) = 419.28 ppm$

- $1 = 10^6 ppm$
- $1hr = 60min$

12

$3000m^3$인 사무실에 500명의 근로자가 있다. 실내 CO_2 농도를 0.1%으로 유지하려 할 때 시간당 공기 교환횟수[회/hr]을 구하시오.
(단, 1인당 CO_2 배출량은 흡연을 고려하여 $21L/hr$로 하고, 외기 CO_2농도는 0.03%이다.)

$$Q = \frac{M}{C_s - C_o} \times 100$$

$$= \frac{21L/hr \times \left(\frac{1m^3}{1000L}\right)}{0.1 - 0.03} \times 100$$

$$= 30m^3/hr \times 500명 = 15000m^3/hr$$

$$\therefore ACH = \frac{Q}{V} = \frac{15000}{3000} = 5회/hr$$

여기서,
Q : 필요환기량[m^3/hr]
M : 이산화탄소 발생량[m^3/hr]
C_s : 실내 이산화탄소 기준농도[%]
C_o : 실외 이산화탄소 기준농도[%]
V : 작업장 용적[m^3]

- $1m^3 = 1000L$

13

벤젠이 배출되는 작업장에서 채취한 시료의 벤젠 농도 분석 결과가 오전 3시간 동안 $60ppm$, 오후 4시간 동안 $45ppm$일 때 다음을 구하시오.
(단, 벤젠의 TLV는 $50ppm$이다.)

(1) 작업장의 벤젠 TWA[ppm]
(2) 허용기준 초과여부 평가

(1) $TWA = \frac{C_1 T_1 + C_2 T_2 + \cdots + C_n T_n}{8}$

$= \frac{60 \times 3 + 45 \times 4 + 0 \times 1}{8} = 45ppm$

여기서,
C : 유해인자의 측정치[ppm]
T : 유해인자의 발생시간[시간]

(2) $EI = \frac{C}{TLV} = \frac{45}{50} = 0.9$
$EI = 0.9$이므로, $\therefore$ 허용기준 미만

여기서,
$EI > 1$: 허용기준을 초과
$EI < 1$: 허용기준을 초과하지 않음

14

덕트의 속도압이 $30mmH_2O$, 후드의 압력손실이 $3.24mmH_2O$일 때, 후드의 유입계수를 구하시오.

$$\Delta P = F \times VP = \left(\frac{1}{C_e^2} - 1\right) \times VP$$

$$3.24 = \left(\frac{1}{C_e^2} - 1\right) \times 30$$

$$\therefore C_e = 0.95$$

여기서,
ΔP : 유입손실[mmH_2O]
F : 유입손실계수$\left(= \frac{1}{C_e^2} - 1\right)$
C_e : 유입계수$\left(= \sqrt{\frac{1}{1+F}}\right)$
VP : 속도압[mmH_2O]$\left(= \frac{\gamma V^2}{2g}\right)$

15

$95dB(A)$의 소음이 발생하는 작업장에서 흡음물질 추가 후 총 흡음량이 4배 증가하였다면 흡음물질 첨가 후 예측되는 소음 $[dB(A)]$을 구하시오.

총 흡음량이 4배 증가한거면, $\dfrac{A_2}{A_1} = 4$이다.

$NR = SPL_1 - SPL_2 = 10\log\left(\dfrac{A_2}{A_1}\right) = 10\log4 = 6.02dB(A)$

∴ 예측 소음 $= 95 - 6.02 = 88.98dB(A)$

여기서,
NR : 감음량 $[dB(A)]$
SPL_1, SPL_2 : 실내면에 대한 흡음대책 전후 실내 음압레벨 $[dB(A)]$
A_1, A_2 : 실내면에 대한 흡음대책 전후 실내 흡음력 $[m^2, sabin]$

16

음력이 $1.2watt$인 소음원으로부터 $35m$ 떨어진 지점에서 음압수준 $[dB]$을 구하시오.
(단, 무지향성 점음원, 자유공간 위치이다.)

무지향성 점음원, 자유공간 위치일 때,
$SPL = PWL - 20\log r - 11$
$= 10\log\dfrac{W}{W_o} - 20\log r - 11$
$= 10\log\dfrac{1.2}{10^{-12}} - 20\log 35 - 11 = 78.91dB$

여기서,
SPL : 음압수준 $[dB]$
PWL : 음향파워레벨 $[dB]$
r : 소음원으로부터의 거리 $[m]$
W : 대상음원의 음향파워 $[W]$
W_o : 기준음향파워 $(= 10^{-12}[W])$

17

아래 표는 슬롯 후드의 형상계수이고, 길이가 $2.5m$, 폭이 $0.5m$인 플랜지 부착 슬롯형 후드가 바닥에 설치되어 있다. 포착점까지의 거리가 $1m$, 제어속도가 $0.6m/s$일 때 필요 송풍량 $[m^3/\min]$을 구하시오.

조건	형상계수
전원주 (플랜지 미부착)	5.0
3/4 원주	4.1
1/2 원주 (플랜지 부착)	2.8
1/4 원주	1.6

$Q = CLVX$ 에서,
∴ $Q = 2.8 \times 2.5 \times 0.6 \times 1$
$= 4.2m^3/\sec \times \left(\dfrac{60\sec}{1\min}\right) = 252m^3/\min$

여기서,
Q : 필요송풍량 $[m^3/\min]$
C : 형상계수
V : 제어속도 $[m^3/\min]$
L : 슬롯 개구면의 길이 $[m]$
X : 포집점까지의 거리 $[m]$

조건	형상계수
전원주 (플랜지 미부착)	5.0 (ACGIH 기준 : 3.7)
3/4 원주	4.1
1/2 원주 (플랜지 부착)	2.8 (ACGIH 기준 : 2.6)
1/4 원주	1.6

• $1\min = 60\sec$

18

송풍기의 회전수가 $1200rpm$이고 송풍량이 $25m^3/\min$, 풍압이 $60mmH_2O$, 동력이 $0.7kW$이다. 회전수가 $1400rpm$으로 바뀔 때 다음을 구하시오.

(1) 송풍량$[m^3/\min]$
(2) 풍압$[mmH_2O]$
(3) 동력$[kW]$

(1) $\dfrac{Q_2}{Q_1} = \dfrac{N_2}{N_1}$

$\therefore Q_2 = Q_1 \times \dfrac{N_2}{N_1} = 25 \times \dfrac{1400}{1200} = 29.17 m^3/\min$

(2) $\dfrac{P_2}{P_1} = \left(\dfrac{N_2}{N_1}\right)^2$

$\therefore P_2 = P_1 \times \left(\dfrac{N_2}{N_1}\right)^2$

$= 60 \times \left(\dfrac{1400}{1200}\right)^2 = 81.67 mmH_2O$

(3) $\dfrac{H_2}{H_1} = \left(\dfrac{N_2}{N_1}\right)^3$

$\therefore H_2 = H_1 \times \left(\dfrac{N_2}{N_1}\right)^3 = 0.7 \times \left(\dfrac{1400}{1200}\right)^3 = 1.11 kW$

*송풍기 상사법칙

종류	회전수(N)	직경(D)
풍량(Q)	$\dfrac{Q_2}{Q_1} = \dfrac{N_2}{N_1}$	$\dfrac{Q_2}{Q_1} = \left(\dfrac{D_2}{D_1}\right)^3$
풍압(P)	$\dfrac{P_2}{P_1} = \left(\dfrac{N_2}{N_1}\right)^2$	$\dfrac{P_2}{P_1} = \left(\dfrac{D_2}{D_1}\right)^2$
동력(H)	$\dfrac{H_2}{H_1} = \left(\dfrac{N_2}{N_1}\right)^3$	$\dfrac{H_2}{H_1} = \left(\dfrac{D_2}{D_1}\right)^5$

여기서,
Q_1 : 변경 전 풍량$[m^3/\min]$
Q_2 : 변경 후 풍량$[m^3/\min]$
N_1 : 변경 전 회전수$[rpm]$
N_2 : 변경 후 회전수$[rpm]$
P_1 : 변경 전 풍압$[mmH_2O]$
P_2 : 변경 후 풍압$[mmH_2O]$
D_1 : 변경 전 회전차 직경$[m]$
D_2 : 변경 후 회전차 직경$[m]$
H_1 : 변경 전 동력$[kW]$
H_2 : 변경 후 동력$[kW]$

19

21℃, 1기압의 어느 작업장에서 클로로포름(비중 1.476) 사용량이 $0.2L/hr$이고, 메틸에틸케톤(비중 0.805) 사용량이 $2L/hr$일 때 다음을 구하시오. (단, 클로로포름의 분자량은 119, TLV는 $10ppm$, 안전계수는 6, 메틸에틸케톤의 분자량은 72, TLV는 $200ppm$, 안전계수는 4이다.)

(1) 두 물질의 필요 환기량$[m^3/\min]$
(2) 두 물질이 독립작용할 때 전체 환기량$[m^3/\min]$

(1)
클로로포름의 필요환기량(Q_1)

$Q_1 = \dfrac{24.1 \times S \times G \times K \times 10^6}{M \times TLV}$

$= \dfrac{24.1 \times 1.476 \times 0.2 \times 6 \times 10^6}{119 \times 10}$

$= 35870.52 m^3/hr \times \left(\dfrac{1hr}{60\min}\right) = 597.84 m^3/\min$

메틸에틸케톤의 필요환기량(Q_2)

$Q_2 = \dfrac{24.1 \times S \times G \times K \times 10^6}{M \times TLV}$

$= \dfrac{24.1 \times 0.805 \times 2 \times 4 \times 10^6}{72 \times 200}$

$= 10778.06 m^3/hr \times \left(\dfrac{1hr}{60\min}\right) = 179.63 m^3/\min$

여기서,
Q : 전체환기량$[m^3/hr]$
S : 유해물질의 비중
G : 유해물질의 시간당 사용량$[L/hr]$
K : 안전계수(혼합계수)
M : 유해물질의 분자량
TLV : 유해물질의 노출기준$[ppm]$
24.1 : $1atm$, 21℃에서 공기의 부피$[L]$

$\left(\text{온도보정} : 24.1 \times \dfrac{273+t}{273+21}\right)$

여기서, t : 실제공기의 온도$[℃]$

(2) 독립작용은 각각 유해물질 환기량 중 가장 큰 값을 선택한 값이다.

$\therefore Q = 597.84 m^3/\min$

• $1hr = 60\min$

20

2.1, 2.5, 3.1, 5.2, 7.2, 4.3, 2.5, $3.8 mg/m^3$의 **측정값이 나올 때 기하평균을 구하시오.**

$$GM = \sqrt[N]{X_1 \times X_2 \times \cdots \times X_n}$$
$$= \sqrt[8]{2.1 \times 2.5 \times 3.1 \times 5.2 \times 7.2 \times 4.3 \times 2.5 \times 3.8}$$
$$= 3.54 mg/m^3$$

여기서,
X : 측정치
N : 측정치의 개수

2011년 3회차 산업위생관리기사 실기 필답형 기출문제

01
작업환경 개선의 공학적 대책 3가지와 각각 방법 2가지를 쓰시오.

(1) 대치
 ① 공정의 변경
 ② 시설의 변경
 ③ 물질의 변경

(2) 격리
 ① 공정의 격리
 ② 시설의 격리
 ③ 저장물질의 격리
 ④ 작업자의 격리

(3) 환기
 ① 자연환기
 ② 국소배기
 ③ 전체환기

02
검지관방식으로 측정하는 경우 측정위치 2가지를 쓰시오.

① 해당 작업근로자의 호흡기 및 가스상 물질 발생원에 근접한 위치
② 근로자 작업행동 범위의 주 작업 위치에서 근로자 호흡기 높이

03
휘발성 유기화합물(VOC) 처리방법 2가지를 쓰고 각각 특징 2가지씩 쓰시오.

(1) 불꽃연소법
① VOC 농도가 높은 경우에 적합
② 시스템이 간단하여 보수가 용이

(2) 촉매산화법
① VOC 농도가 낮은 경우에 적합
② 저온에서 처리하여 CO_2와 H_2O로 완전 무해화 시킴

04
다음 보기는 전신피로에 관한 설명일 때 빈칸을 채우시오.

[보기]
심한 전신피로 상태란 작업 종료 후 30~60초 사이의 평균 맥박수가 (①)회 초과하고 150~180초 사이와 60~90초 사이의 차이가 (②) 미만일 때를 말한다.

① 110 ② 10

*전신피로의 정도 평가

종류	설명
HR_1	작업종료 후 30~60초 사이의 평균맥박수
HR_2	작업종료 후 60~90초 사이의 평균맥박수
HR_3	작업종료 후 150~180초 사이의 평균맥박수

✔심한 전신피로 상태
HR_1이 110을 초과하고 HR_3과 HR_2의 차이가 10 미만인 경우

05

유해가스 처리방법 중 하나인 흡수법에서 흡수액의 구비조건 4가지를 쓰시오.

① 용해도가 클 것
② 휘발성이 적을 것
③ 부식성이 없을 것
④ 독성이 없을 것

06

블로다운(Blow Down) 효과 3가지를 쓰시오.

① 집진효율 증가
② 장치 내 먼지퇴적 억제
③ 집진된 먼지의 비산 방지

07

공기정화장치 중 여과집진시설의 채취기전(채취원리, 포집원리) 6가지를 쓰시오.

① 직접차단
② 관성충돌
③ 중력침강
④ 확산
⑤ 정전기침강
⑥ 체

08

체적이 $1500m^3$이고 유효환기량 $1.2m^3/\text{sec}$인 작업장에 메틸클로로포름 증기가 발생하여 $200ppm$의 상태로 오염되었다. 이 상태에서 증기발생이 중지되었다면 $25ppm$까지 농도를 감소시키는데 걸리는 시간[min]을 구하시오.

$$Q = 1.2m^3/\text{sec} \times \left(\frac{60\text{sec}}{1\text{min}}\right) = 72m^3/\text{min}$$

$$\therefore t = -\frac{V}{Q}\ln\left(\frac{C_2}{C_1}\right)$$

$$= -\frac{1500m^3}{72m^3/\text{min}}\ln\left(\frac{25}{200}\right) = 43.32\text{min}$$

여기서,
C_1 : 유해물질 처음농도
C_2 : 유해물질 노출기준

- 1min=60sec

09

바닥에서 천장까지 높이 $3m$인 작업장에서 직경 $2\mu m$, 비중 2.5인 먼지의 비산을 억제하기 위하여 청소는 몇 분 후에 시작하여야 하는가?

$$\rho = \text{비중} \times \text{물의 밀도}(=1) = 2.5 \times 1 = 2.5g/cm^3$$
$$V = 0.003\rho d^2 = 0.003 \times 2.5 \times 2^2 = 0.03cm/\text{sec}$$

$$\therefore \text{시간} = \frac{\text{작업장 높이}}{V}$$

$$= \frac{300cm}{0.03cm/\text{sec} \times \left(\frac{60\text{sec}}{1\text{min}}\right)} = 166.67\text{min}$$

여기서,
V : 리프만(Lippman)식 침강속도[cm/sec]
ρ : 입자 밀도[g/cm^3]
d : 입자 직경[μm]

- 3m=300cm
- 1min=60sec

10

선반을 약품에 담근 후 건조시키는 과정에서 톨루엔이 시간당 $0.24L$ 증발한다면 다음 조건을 고려하여 화재 및 폭발방지를 위한 필요환기량 $[m^3/\min]$을 **구하시오.**

[조건]
- 작업장 외기온도 21℃
- 작업조건의 사용온도 80℃
- 톨루엔 비중 0.9
- 톨루엔 폭발하한계(LEL) 5vol%
- 톨루엔 분자량 92, 안전계수 10

$$Q = \frac{24.1 \times \frac{273+t}{273+21} \times S \times G \times K \times 10^2}{M \times LEL \times B}$$

$$= \frac{24.1 \times \frac{273+80}{273+21} \times 0.9 \times 0.24 \times 10 \times 10^2}{92 \times 5 \times 1}$$

$$= 13.59 m^3/hr \times \left(\frac{1hr}{60\min}\right) = 0.23 m^3/\min$$

여기서,
Q : 필요환기량$[m^3/hr]$
S : 유해물질의 비중
G : 유해물질의 시간당 사용량$[L/hr]$
K : 안전계수(혼합계수)
M : 유해물질의 분자량
LEL : 폭발하한계$[\%]$
B : 온도에 따른 상수
  (120℃ 미만 : 1.0, 120℃ 이상 : 0.7)
24.1 : $1atm$, 21℃에서 공기의 부피$[L]$
  $\left(\text{온도보정} : 24.1 \times \frac{273+t}{273+21}\right)$
  여기서, t : 실제공기의 온도[℃]

- 1hr=60min

11

채취 전 여과지 무게 $0.001\mu g$, 채취 후 여과지 무게 $0.109\mu g$, 회수율 98%, 채취 부피가 $100L$일 때 공기 중 농도$[mg/m^3]$을 구하시오.
(단, 소수점 넷째자리까지 구하시오.)

$$mg/m^3 = \frac{(0.109-0.001)\mu g \times \left(\frac{10^{-3}mg}{1\mu g}\right)}{100L \times \left(\frac{1m^3}{1000L}\right) \times 0.98} = 0.0011 mg/m^3$$

- 1g=1000mg=1000000μg → 1μg=10^{-3}mg
- 1m^3=1000L

12

다음 보기는 공기의 조성비를 보여줄 때 다음을 구하시오.
(단, $1atm$, 25℃ 이다.)

[보기]
질소 78.2%, 산소 21%,
수증기 0.5%, 이산화탄소 0.3%

(1) 공기의 평균 분자량$[g]$
(2) 공기의 밀도$[kg/m^3]$

(1) 공기 평균 분자량
$= \frac{(\text{각물질의 분자량} \times \text{비율})\text{의 합}}{100}$
$= \frac{28 \times 78.2 + 32 \times 21 + 18 \times 0.5 + 44 \times 0.3}{100}$
$= 28.84g$

(2) 밀도 $= \frac{\text{질량}}{\text{부피}} = \frac{28.84}{24.45} = 1.18 kg/m^3$

- 질소(N_2)의 분자량 : $14 \times 2 = 28g$
- 산소(O_2)의 분자량 : $16 \times 2 = 32g$
- 수증기(H_2O)의 분자량 : $1 \times 2 + 16 = 18g$
- 이산화탄소(CO_2)의 분자량 : $12 + 16 \times 2 = 44g$
- H의 원자량 1g, C의 원자량 : 12g,
  N의 원자량 : 14g, O의 원자량 16g
- 1atm, 25℃의 부피 = 24.45L

14

$700ppm$의 아세톤과 $500ppm$의 사염화탄소가 작업 환경 중의 공기와 완전 혼합되어 있다. 이 혼합물의 유효비중을 구하시오.
(단, 아세톤 가스 비중 2.7, 사염화탄소 가스 비중 4.6, 소수점 넷 째 자리까지 나타내시오.)

유효비중
$= \dfrac{물질의\ ppm \times 물질의\ 비중 + (10^6 - 물질의\ ppm) \times 1}{10^6}$

$= \dfrac{700 \times 2.7 + 500 \times 4.6 + (10^6 - 700 - 500) \times 1}{10^6} = 1.0029$

13

벤젠의 농도가 $18mg/m^3$, 압력 $740mmHg$, 온도 $30℃$일 때 이상기체방정식을 활용하여 농도$[ppm]$으로 환산하시오.

(단, 기체상수는 $R = 0.082 \left[\dfrac{L \cdot atm}{mol \cdot K}\right]$이다.)

$P = 740mmHg \times \left(\dfrac{1atm}{760mmHg}\right) = 0.974atm$

$PV = nRT = \dfrac{W}{M}RT$

$\therefore V = \dfrac{WRT}{PM} = \dfrac{18 \times 0.082 \times (273+30)}{0.974 \times 78}$

$= 5.89mL/m^3 = 5.89ppm$

여기서,
P : 압력$[atm]$
V : 체적당 부피(=농도)$[mL/m^3 = ppm]$
W : 체적당 질량(=농도)$[mg/m^3]$
M : 분자량
R : 이상기체상수$[0.082L \cdot atm/mol \cdot K]$
T : 온도$[K]$

- 1atm=760mmHg
- 절대온도(K)=273+섭씨온도(℃)

15

다음 표는 음압레벨 합산을 위한 도표로 표를 이용하여 다음 보기의 음압레벨에 대한 합$[dB]$을 구하시오.

두 음압레벨의 차	두 음압레벨 중 높은 음압레벨에 더하는 음압레벨
1.7 ~ 1.9	2.2
4.0 ~ 5.0	1.5
9.7 ~ 10.7	0.4
10.8 ~ 12.2	0.3
12.5 ~ 13.5	0.2
14.8 ~ 19.3	0.1
19.4 ~ ∞	0

[보기]
45.8dB, 61.9dB, 85.4dB, 86.9dB, 91dB,
91.7dB, 97.8dB, 98.2dB, 100dB

가장 큰 소음과 그 다음 큰 소음을 도표로 이용하여 합산 후, 합산된 음압수준과 그 다음 큰 소음을 합산하고 계속 이와 같은 방법으로 보기에 주어진 데이터의 총 합을 구한다.
일단 가장 높은 소음 순서로 배열하면,
100dB, 98.2dB, 97.8dB, 91.7dB, 91dB, 86.9dB, 85.4dB, 61.9dB, 45.8dB

① $100-98.2=1.8dB$
  $\Rightarrow$ 표(2.2dB) : $100+2.2=102.2dB$
② $102.2-97.8=4.4dB$
  $\Rightarrow$ 표(1.5dB) : $102.2+1.5=103.7dB$
③ $103.7-91.7=12dB$
  $\Rightarrow$ 표(0.3dB) : $103.7+0.3=104dB$
④ $104-91=13dB$
  $\Rightarrow$ 표(0.2dB) : $104+0.2=104.2dB$
⑤ $104.2-86.9=17.3dB$
  $\Rightarrow$ 표(0.1dB) : $104.2+0.1=104.3dB$
⑥ $104.3-85.4=18.9dB$
  $\Rightarrow$ 표(0.1dB) : $104.3+0.1=104.4d$
⑦ $104.4-61.9=42.5dB$
  $\Rightarrow$ 표(0dB) : $104.4+0=104.4d$
⑧ $104.4-45.8=58.6dB$
  $\Rightarrow$ 표(0dB) : $104.4+0=104.4dB$

∴ 음압레벨에 대한 합 : 104.4dB

종류	회전수(N)	직경(D)
풍량(Q)	$\dfrac{Q_2}{Q_1}=\dfrac{N_2}{N_1}$	$\dfrac{Q_2}{Q_1}=\left(\dfrac{D_2}{D_1}\right)^3$
풍압(P)	$\dfrac{P_2}{P_1}=\left(\dfrac{N_2}{N_1}\right)^2$	$\dfrac{P_2}{P_1}=\left(\dfrac{D_2}{D_1}\right)^2$
동력[H]	$\dfrac{H_2}{H_1}=\left(\dfrac{N_2}{N_1}\right)^3$	$\dfrac{H_2}{H_1}=\left(\dfrac{D_2}{D_1}\right)^5$

여기서,
Q_1 : 변경 전 풍량[m^3/min]
Q_2 : 변경 후 풍량[m^3/min]
N_1 : 변경 전 회전수[rpm]
N_2 : 변경 후 회전수[rpm]
P_1 : 변경 전 풍압[mmH_2O]
P_2 : 변경 후 풍압[mmH_2O]
D_1 : 변경 전 회전차 직경[m]
D_2 : 변경 후 회전차 직경[m]
H_1 : 변경 전 동력[kW]
H_2 : 변경 후 동력[kW]

16

송풍기의 회전수가 $1200rpm$이고 송풍량이 $8m^3/\sec$, 풍압이 $830N/m^2$이다. 송풍량이 $12m^3/\sec$로 증가 시 압력[N/m^2]을 구하시오.

$\dfrac{Q_2}{Q_1}=\dfrac{N_2}{N_1} \Rightarrow \left(\dfrac{Q_2}{Q_1}\right)^2=\left(\dfrac{N_2}{N_1}\right)^2$
$\dfrac{P_2}{P_1}=\left(\dfrac{N_2}{N_1}\right)^2=\left(\dfrac{Q_2}{Q_1}\right)^2$
$\therefore P_2 = P_1 \times \left(\dfrac{Q_2}{Q_1}\right)^2$
$= 830 \times \left(\dfrac{12}{8}\right)^2 = 1867.5 N/m^2$

*송풍기 상사법칙

17

길이가 $200cm$인 플랜지 부착 슬롯형 후드가 바닥에 설치되어 있다. 포착점까지의 거리가 $30cm$, 제어속도가 $3m/s$일 때 필요 송풍량 [m^3/min]을 구하시오.

플랜지 부착에 우리나라는 ACGIH 기준에 따르므로,
$Q= CLVX$에서,
$\therefore Q = 2.6 \times 2 \times 3 \times 0.3$
  $= 4.68 m^3/\sec \times \left(\dfrac{60\sec}{1\min}\right) = 280.8 m^3/min$

여기서,
Q : 필요송풍량[m^3/min]
C : 형상계수
V : 제어속도[m^3/min]
L : 슬롯 개구면의 길이[m]
X : 포집점까지의 거리[m]

조건	형상계수
전원주	5.0
(플랜지 미부착)	(ACGIH 기준 : 3.7)
3/4 원주	4.1
1/2 원주	2.8
(플랜지 부착)	(ACGIH 기준 : 2.6)
1/4 원주	1.6

- 1min=60sec

18

벤젠 $4L$를 $2000m^3$ 공간에 모두 증발시키려 한다. 공간은 $1atm$, $21℃$이고, 벤젠의 비중은 0.88, 분자량은 78일 때 벤젠이 차지하는 비율 [%]을 구하시오.
(단, 소수점 셋 째 자리까지 나타내시오.)

물질의 밀도 = 물질의 비중×물의 밀도$(=1g/mL)$
$= 0.88 \times 1 = 0.88 g/mL$

$$mg/m^3 = \frac{4L \times 0.88g/mL \times \left(\frac{1000mL}{1L}\right) \times \left(\frac{1000mg}{1g}\right)}{2000m^3}$$
$= 1760 mg/m^3$

$ppm = mg/m^3 \times \frac{부피}{분자량} = 1760 \times \frac{24.1}{78} = 543.79 ppm$

$\therefore 543.79 ppm \times \left(\frac{1\%}{10000ppm}\right) = 0.054\%$

- 1L=1000mL
- 1g=1000mg
- 1atm, 25℃의 부피 = 24.45L
- 1 = 100% = 1000000ppm → 1% = 10000ppm

19

$2000m^3$인 사무실에 300명의 근로자가 있다. 실내 CO_2 농도를 0.1%으로 유지하려 할 때 시간당 공기교환횟수[회/hr]을 구하시오.
(단, 1인당 CO_2 배출량은 흡연을 고려하여 $21L/hr$로 하고, 외기 CO_2농도는 0.03%이다.)

$$Q = \frac{M}{C_s - C_o} \times 100$$
$$= \frac{21L/hr \times \left(\frac{1m^3}{1000L}\right)}{0.1 - 0.03} \times 100$$
$= 30m^3/hr \times 300명 = 9000m^3/hr$

$\therefore ACH = \frac{Q}{V} = \frac{9000}{2000} = 4.5회/hr$

여기서,
Q : 필요환기량[m^3/hr]
M : 이산화탄소 발생량[m^3/hr]
C_s : 실내 이산화탄소 기준농도[%]
C_o : 실외 이산화탄소 기준농도[%]
V : 작업장 용적[m^3]

- $1m^3$=1000L

20

단면적의 너비(W)가 $30cm$, 길이(D)가 $15cm$인 직사각형 덕트의 곡률반경(R)이 $15cm$인 $90°$ 곡관이 있다. 흡입하는 공기의 속도압이 $30mmH_2O$일 때 아래의 표를 이용하여 이 덕트의 압력손실$[mmH_2O]$을 구하시오.

[압력손실계수(F) 표]

형상비 반경비	0.25	0.5	1.0	2.0	2.5	3.0
0.0	1.50	1.32	1.15	1.04	0.92	0.86
0.5	1.36	0.21	1.05	0.95	0.84	0.79
1.0	0.45	0.28	0.21	0.21	0.20	0.19
1.5	0.28	0.18	0.13	0.13	0.12	0.12
2.0	0.24	0.15	0.11	0.11	0.10	0.10
2.5	0.22	0.13	0.10	0.10	0.09	0.09

형상비 $\left(\dfrac{W}{D}\right) = \dfrac{30}{15} = 2.0$

반경비 $\left(\dfrac{R}{D}\right) = \dfrac{15}{15} = 1.0$

표에서 압력손실계수(F)를 구하면, $F = 0.21$

$\therefore \triangle P = \left(F \times \dfrac{\theta}{90}\right) VP = \left(0.21 \times \dfrac{90}{90}\right) \times 30 = 6.3 mmH_2O$

F : 압력손실계수
θ : 곡관의 각도[°]
VP : 속도압$[mmH_2O]$

2012 1회차 산업위생관리기사 실기 필답형 기출문제

01
전체환기 적용조건 5가지를 쓰시오.

① 발생원이 이동성인 경우
② 유해물질이 증기나 가스인 경우
③ 유해물질의 발생량이 적은 경우
④ 유해물질의 독성이 비교적 낮은 경우
⑤ 유해물질이 시간에 따라 균일하게 발생될 경우
⑥ 국소배기가 불가능한 경우

02
공기정화장치 중 여과집진시설의 채취기전(채취원리, 포집원리) 4가지를 쓰시오.

① 직접차단
② 관성충돌
③ 중력침강
④ 확산
⑤ 정전기침강
⑥ 체

03
다음 보기는 단위작업장소에 대한 내용일 때 빈칸을 채우시오.

[보기]
단위작업장소에서 최고 노출근로자 (①)인 이상에 대하여 동시에 측정하되, 단위작업장소에 근로자가 1인인 경우에는 그러하지 아니하며, 동일 작업근로자 수가 10인을 초과하는 경우에는 매 (②)인당 1인[(③)개 지점] 이상 추가하여 측정하여야 한다. 다만, 동일 작업근로자 수가 100인을 초과하는 경우에는 최대 시료채취 근로자 수를 (④)인으로 조정할 수 있다.

① 2 ② 5 ③ 1 ④ 20

04
덕트의 조도에 대하여 설명하시오.

일반적으로 상대조도를 의미하며 내면의 거칠기 정도를 말한다.

05

입자상 물질의 크기를 표시하는 방법 중 기하학적(물리적) 직경 3가지를 쓰고 각각 설명하시오.

① 마틴 직경
먼지의 면적을 이등분하는 선의 길이로 선의 방향은 항상 일정하여야 하며 과소평가할 수 있는 단점이 있다.

② 페렛 직경
먼지의 한쪽 끝 가장자리와 다른쪽 끝 가장자리 사이의 거리로 과대평가할 수 있는 단점이 있다.

③ 등면적 직경
먼지의 면적과 같은 면적을 가진 원의 직경으로 가장 정확한 직경으로 측정은 현미경 접안경에 porton reticle을 삽입하여 측정한다.

06

국소배기(환기)장치의 설계시 총 압력손실을 계산하는 목적 3가지를 쓰시오.

① 제어속도와 반송속도를 얻는 데 필요한 송풍량을 확보하기 위해
② 환기시설 전체에 요구되는 동력의 규모를 결정하기 위해
③ 환기시설 전체의 압력손실을 극복하는 데 필요한 풍량과 풍압을 얻기 위한 송풍기 형식을 선정하기 위해

07

총 압력손실 계산법 중 저항조절 평형법의 장점과 단점을 각각 2가지씩 쓰시오.

(1) 장점
① 시설 설치 후 변경이 유연하게 대처 가능하다.
② 설계 계산이 간편하고 고도의 지식을 요구하지 않는다.
③ 설치 후 송풍량 조절이 용이하다.
④ 최소 설계풍량은 평형유지가 가능하다.
⑤ 공장 내부 작업공정에 따라 적절한 덕트의 위치 변경이 가능하다.

(2) 단점
① 임의의 댐퍼 조정 시 평형상태 파괴의 원인이 된다.
② 평형상태 시설에 댐퍼를 잘못 설치 시 평형상태 파괴의 원인이 된다.
③ 부분적 폐쇄댐퍼는 침식 및 분진퇴적의 원인이 된다.
④ 최대 저항경로 선정이 잘못되어도 설계 시 발견하기 어렵다.

08

다음 보기를 보고 국소배기장치의 구성 순서를 쓰시오.

[보기]
덕트, 송풍기, 배출기, 공기정화장치, 후드

후드 → 덕트 → 공기정화장치 → 송풍기 → 배출기

*국소배기장치 구성

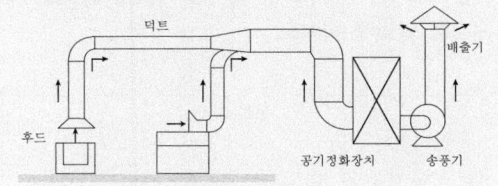

09

근골격계 질환 위험요인 4가지를 쓰시오.

① 반복적인 동작
② 부적절한 작업자세
③ 무리한 힘의 사용
④ 날카로운 면과의 신체접촉
⑤ 진동 및 온도

10

ACGIH의 허용농도(TLV) 적용상 주의사항 5가지를 쓰시오.

① 대기오염 평가 및 지표에 사용할 수 없다.
② 안전농도와 위험농도를 정확히 구분하는 경계선이 아니다.
③ 작업조건이 다른나라의 ACGIH-TLV를 그대로 사용할 수 없다.
④ 기존의 질병이나 신체적 조건을 판단하기 위한 척도로 사용할 수 없다.
⑤ 독성의 강도를 비교할 수 있는 지표가 아니다.
⑥ 피부로 흡수되는 양은 고려하지 않은 기준이다.
⑦ 반드시 산업보건 전문가에 의하여 설명, 적용되어야 한다.
⑧ 산업장의 유해조건을 평가하기 위한 지침이다.
⑨ 건강장해를 예방하기 위한 지침이다.
⑩ 24시간 노출 또는 정상 작업시간을 초과한 노출에 대한 독성 평가에는 적용할 수 없다.

11

다음 보기는 예비조사 실시에 대한 내용일 때 순서를 알맞게 하시오.

[보기]
- 예비조사
- 시료 운반 후 분석실 제출
- 시료채취 전 유량보정
- 시료채취 및 유량보정
- 시료채취 전략수립
- 분석 및 처리
- 평가

예비조사 → 시료채취 전략수립 → 시료채취 전 유량보정 → 시료채취 및 유량보정 → 시료 운반 후 분석실 제출 → 분석 및 처리 → 평가

12

다음 보기는 분진이 발생하는 작업장에 플랜지 부착 외부식 측방형 후드를 설치한 경우의 조건을 참고하여 각 물음에 답하시오.

[보기]
- 후드 크기 : 60cm×60cm
- 제어속도 : 0.5m/sec
- 후드와 발생원의 거리 : 40cm
- 반송속도 10m/sec
- 관마찰손실계수 : 0.3
- 작업장 내 총 덕트길이 : 5m
- 공기의 비중량 : 1.2kg_f/m^3
- 후드 압력손실 : 0.03mmH_2O
- 공기정화기 압력손실 : 100mmH_2O
- 송풍기 효율 : 75%

(1) 필요송풍량 $[m^3/min]$
(2) 덕트직경 $[m]$
(3) 총 압력손실 $[mmH_2O]$
(4) 송풍기 소요동력 $[kW]$

(1) $A = 가로 \times 세로 = 0.6 \times 0.6 = 0.36 m^2$
$\therefore Q = 0.75 V(10X^2 + A)$
$= 0.75 \times 0.5 \times (10 \times 0.4^2 + 0.36)$
$= 0.735 m^3/\sec \times \left(\dfrac{60\sec}{1\min}\right) = 44.1 m^3/\min$

(2) $Q = AV = \dfrac{\pi D^2}{4} V$ 에서,
$0.735 m^3/\sec = \dfrac{\pi \times D^2}{4} \times 10 m/\sec$
$\therefore D = 0.31 m$

(3) $\Delta P = F \times VP = \lambda \times \dfrac{L}{D} \times \dfrac{\gamma V^2}{2g}$
$= 0.3 \times \dfrac{5}{0.31} \times \dfrac{1.2 \times 10^2}{2 \times 9.8}$
$= 29.62 mmH_2O$

$\therefore$ 총압력손실 $= 29.62 + 0.03 + 100$
$= 129.65 mmH_2O$

(4) $H = \dfrac{Q \times \Delta P}{6120\eta} \times \alpha$
$= \dfrac{44.1 \times 129.65}{6120 \times 0.75} \times 1 = 1.25 kW$

*필요송풍량(Q)

조건	필요송풍량 공식
① 자유공간 위치, 플랜지 미부착	$Q = V(10X^2 + A)$
② 자유공간 위치, 플랜지 부착	$Q = 0.75V(10X^2 + A)$
③ 바닥면 위치, 플랜지 미부착	$Q = V(5X^2 + A)$
④ 바닥면 위치, 플랜지 부착	$Q = 0.5V(10X^2 + A)$

여기서,
Q : 필요송풍량 $[m^3/min]$
A : 후드의 개구면적 $[m^2]$
V : 제어속도 $[m/min]$
X : 후드 중심선으로부터 발생원까지의 거리 $[m]$

• 1min = 60sec

13

현재 총 흡음량이 $500 sabin$인 작업장의 천장에 흡음물질을 첨가하여 $2000 sabin$을 더할 경우 실내소음 저감량$[dB]$을 구하시오.

$$NR = SPL_1 - SPL_2 = 10\log\left(\frac{A_2}{A_1}\right) = 10\log\left(\frac{A_1 + A_\alpha}{A_1}\right)$$
$$= 10\log\left(\frac{500 + 2000}{500}\right) = 6.99 dB$$

여기서,
NR : 감음량$[dB]$
SPL_1, SPL_2 : 실내면에 대한 흡음대책 전후 실내음압레벨$[dB]$
A_1, A_2 : 실내면에 대한 흡음대책 전후 실내 흡음력$[m^2, sabin]$
A_α : 실내면에 대한 흡음대책 전 실내흡음력에 추가된 흡음력$[m^2, sabin]$

14

다음 그림에서 전압(TP)$[mmH_2O]$을 구하시오.

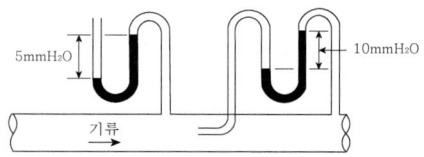

$TP = SP + VP = -5 + 10 = 5 mmH_2O$

15

유량 $240 m^3/min$이 흐르는 수평직관의 가로 $0.2m$, 세로 $0.6m$, 관마찰계수 0.019, 밀도가 $1.2 kg/m^3$일 때 관 길이 $10m$당 압력손실 $[mmH_2O]$을 구하시오.

밀도가 $1.2 kg/m^3$이면, 비중량은 $1.2 kg_f/m^3$이다.

$$V = \frac{Q}{A} = \frac{Q}{ab} = \frac{240}{0.2 \times 0.6}$$
$$= 2000 m^3/min \times \left(\frac{1min}{60sec}\right)$$
$$= 33.33 m/sec$$

$$D = \frac{2ab}{a+b} = \frac{2 \times 0.2 \times 0.6}{0.2 + 0.6} = 0.3m$$

$$\therefore \Delta P = F \times VP = \lambda \times \frac{L}{D} \times \frac{\gamma V^2}{2g}$$
$$= 0.019 \times \frac{10}{0.3} \times \frac{1.2 \times 33.33^2}{2 \times 9.8} = 43.08 mmH_2O$$

여기서,
ΔP : 압력손실$[mmH_2O]$
F : 압력손실계수
VP : 속도압$[mmH_2O]$
λ : 관마찰계수

L : 덕트 길이$[m]$
D : 덕트 직경$[m]\left(=\dfrac{2ab}{a+b}\right)$
a : 수평직관의 가로$[m]$
b : 수평직관의 세로$[m]$
γ : 비중량$[kg_f/m^3]$
V : 유속$[m/s]$
g : 중력가속도$[m/s^2]$

※송풍기 상사법칙

종류	회전수(N)	직경(D)
풍량(Q)	$\dfrac{Q_2}{Q_1}=\dfrac{N_2}{N_1}$	$\dfrac{Q_2}{Q_1}=\left(\dfrac{D_2}{D_1}\right)^3$
풍압(P)	$\dfrac{P_2}{P_1}=\left(\dfrac{N_2}{N_1}\right)^2$	$\dfrac{P_2}{P_1}=\left(\dfrac{D_2}{D_1}\right)^2$
동력(H)	$\dfrac{H_2}{H_1}=\left(\dfrac{N_2}{N_1}\right)^3$	$\dfrac{H_2}{H_1}=\left(\dfrac{D_2}{D_1}\right)^5$

여기서,
Q_1 : 변경 전 풍량$[m^3/\min]$
Q_2 : 변경 후 풍량$[m^3/\min]$
N_1 : 변경 전 회전수$[rpm]$
N_2 : 변경 후 회전수$[rpm]$
P_1 : 변경 전 풍압$[mmH_2O]$
P_2 : 변경 후 풍압$[mmH_2O]$
D_1 : 변경 전 회전차 직경$[m]$
D_2 : 변경 후 회전차 직경$[m]$
H_1 : 변경 전 동력$[kW]$
H_2 : 변경 후 동력$[kW]$

16

송풍기의 회전수가 $500rpm$이고 송풍량이 $300m^3/\min$ 풍압이 $45mmH_2O$, 동력이 $8HP$이다. 회전수가 $600rpm$으로 바뀔 때 다음을 구하시오.

(1) 송풍량$[m^3/\min]$
(2) 풍압$[mmH_2O]$
(3) 동력$[HP]$

(1) $\dfrac{Q_2}{Q_1}=\dfrac{N_2}{N_1}$

$\therefore Q_2 = Q_1 \times \dfrac{N_2}{N_1} = 300 \times \dfrac{600}{500} = 360 m^3/\min$

(2) $\dfrac{P_2}{P_1}=\left(\dfrac{N_2}{N_1}\right)^2$

$\therefore P_2 = P_1 \times \left(\dfrac{N_2}{N_1}\right)^2$

$= 45 \times \left(\dfrac{600}{500}\right)^2 = 64.8 mmH_2O$

(3) $\dfrac{H_2}{H_1}=\left(\dfrac{N_2}{N_1}\right)^3$

$\therefore H_2 = H_1 \times \left(\dfrac{N_2}{N_1}\right)^3 = 8 \times \left(\dfrac{600}{500}\right)^3 = 13.82 HP$

17

흑구온도는 $38℃$, 건구온도는 $25℃$, 자연습구온도는 $30℃$인 실내작업장의 습구흑구온도지수(WBGT)$[℃]$를 구하시오.

$WBGT(℃) = 0.7 \times 자연습구온도 + 0.3 \times 흑구온도$
$= 0.7 \times 30 + 0.3 \times 38 = 32.4℃$

※습구흑구온도지수(WBGT)
① 태양광선이 내리쬐는 옥외 장소
$WBGT(℃)$
$= 0.7 \times 자연습구온도 + 0.2 \times 흑구온도 + 0.1 \times 건구온도$
② 태양광선이 내리쬐지 않는 옥내 또는 옥외 장소 $WBGT(℃) = 0.7 \times 자연습구온도 + 0.3 \times 흑구온도$

18

체내흡수량이 체중 kg당 $0.24mg$, 평균체중이 $70kg$인 근로자가 경작업수준으로 1일 8시간 작업 시 허용농도$[mg/m^3]$를 구하시오.
(단, 폐환기율 $0.98m^3/hr$, 체내 잔류율 1.0이다.)

$$SHD = C \times T \times V \times R$$
$$\therefore C = \frac{SHD}{T \times V \times R} = \frac{0.24 \times 70}{8 \times 0.98 \times 1.0} = 2.14 mg/m^3$$

여기서,
C : 농도$[mg/m^3]$
T : 노출시간$[hr]$
V : 폐환기율, 호흡률$[m^3/hr]$
R : 체내잔류율(일반적으로 1.0)
SHD : 체중당흡수량×체중$[mg]$

19

덕트 직경이 $15cm$이고 레이놀즈수가 30000일 때 덕트 내 공기의 유속$[m/s]$을 구하시오.
(단, 공기의 밀도는 $1.2kg/m^3$, 공기의 점성계수는 $1.85 \times 10^{-5} kg/m \cdot s$이다.)

$$Re = \frac{\rho VD}{\mu} \text{에서,}$$
$$\therefore V = \frac{Re \times \mu}{\rho D} = \frac{30000 \times 1.85 \times 10^{-5}}{1.2 \times 0.15} = 3.08 m/s$$

여기서,
Re : 레이놀즈 수
ρ : 유체 밀도$[kg/m^3]$
V : 유속$[m/s]$
D : 직경$[m]$
μ : 점성계수$[kg/m \cdot s]$

20

단면적이 $0.00785m^2$, 길이 $10m$인 직선 원형 덕트 내 유량이 $5.4m^3/min$인 표준상태의 공기가 통과할 때 아래의 조건을 활용하여 속도압 방법에 의한 압력손실$[mmH_2O]$을 구하시오.

[조건]
속도압 방법 계산 시 마찰손실계수(HF)를 계산할 때 상수 a는 0.0155, b는 0.533, c는 0.612로 계산하여 압력손실을 구할 것

$$Q = 5.4 m^3/min \times \left(\frac{1min}{60sec}\right) = 0.09 m^3/sec$$
$$V = \frac{Q}{A} = \frac{0.09}{0.00785} = 11.47 m/sec$$
$$HF = \frac{aV^b}{Q^c} = \frac{0.0155 \times 11.47^{0.533}}{0.09^{0.612}} = 0.25$$
$$VP = \left(\frac{V}{4.043}\right)^2 = \left(\frac{11.47}{4.043}\right)^2 = 8.04 mmH_2O$$
$$\therefore \triangle P = HF \times L \times VP = 0.25 \times 10 \times 8.04 = 19.97 mmH_2O$$

여기서,
HF : 마찰손실계수$\left(= \frac{aV^b}{Q^c}\right)$
Q : 유량$[m^3/sec]$
V : 유속$[m/sec]$
a, b, c : 상수
VP : 속도압$[mmH_2O]$
$\triangle P$: 압력손실$[mmH_2O]$
L : 길이$[m]$

2012 2회차 산업위생관리기사 실기 필답형 기출문제

01
필요환기량을 계산할 때 안전계수(K) 결정 시 고려하여야 하는 요인 5가지를 쓰시오.

① 유해물질의 허용기준
② 환기방식의 효율성
③ 유해물질의 발생률
④ 근로자 위치와 발생원과의 거리
⑤ 유해물질 발생점의 위치와 수
⑥ 실내유입 보충용 공기의 혼합과 기류 분포

02
전체환기 적용조건 5가지를 쓰시오.

① 발생원이 이동성인 경우
② 유해물질이 증기나 가스인 경우
③ 유해물질의 발생량이 적은 경우
④ 유해물질의 독성이 비교적 낮은 경우
⑤ 유해물질이 시간에 따라 균일하게 발생될 경우
⑥ 국소배기가 불가능한 경우

03
건강진단 결과에 따른 건강관리 6가지를 구분하시오.

① A : 건강한 근로자
② C_1 : 직업병 요관찰자
③ C_2 : 일반질병 요관찰자
④ D_1 : 직업병 유소견자
⑤ D_2 : 일반질병 유소견자
⑥ R : 제2차 건강진단 대상자

04
조선업종의 작업환경에서 발생하는 대표적인 유해요인 4가지를 쓰시오.

① 소음
② 용접흄
③ 철분진
④ 유기용제

05
온열요소 4가지를 쓰시오.

① 기온
② 기류
③ 습도
④ 복사열

06
국소배기장치 사용 전 점검사항 3가지를 쓰시오.

① 덕트와 배풍기의 분진 상태
② 덕트 접속부가 헐거워졌는지 여부
③ 흡기 및 배기 능력

*공기정화장치 사용 전 점검사항
① 공기정화장치 내부의 분진상태
② 여과제진장치의 여과재 파손 여부
③ 공기정화장치의 분진 처리능력

07

다음 용어의 정의를 쓰시오.

(1) 제어속도
(2) 개구속도
(3) 반송속도
(4) 충만실(플래넘)
(5) 경사접합부(테이퍼)

(1) 유해물질을 후드쪽으로 흡인하기 위해 필요한 기류속도
(2) 후드 개구면상 속도
(3) 유해물질이 덕트 내 퇴적이 일어나지 않는 상태로 이동시키기 위하여 필요한 최소 풍속
(4) 후드 뒷부분에 위치하여 압력과 공기흐름을 균일하게 형성하는데 필요한 장치
(5) 후드 개구면 속도를 균일하게 분포시키는 장치

08

공기정화장치 중 여과집진시설의 채취기전(채취원리, 포집원리) 6가지를 쓰시오.

① 직접차단
② 관성충돌
③ 중력침강
④ 확산
⑤ 정전기침강
⑥ 체

09

인체와 환경 사이의 열평형 방정식을 쓰고, 각 요소를 설명하시오.

$\triangle S = M \pm C \pm R - E$

$\triangle S$: 생체 열용량 변화
M : 작업대사량
C : 대류에 의한 열교환
R : 복사에 의한 열교환
E : 증발에 의한 열교환

10

총 압력손실 계산법 중 정압조절 평형법과 저항조절 평형법의 장점을 각각 3가지씩 쓰시오.

(1) 정압조절 평형법 장점
① 설계가 정확할 때 가장 효율적인 시설이 된다.
② 유속의 범위가 적절하면 덕트의 폐쇄가 일어나지 않는다.
③ 잘못 설계된 분지관, 최대저항 경로선정이 잘못되어도 설계 시 쉽게 발견할 수 있다.
④ 침식·부식·분진퇴적으로 인한 축적현상이 없어 덕트의 폐쇄가 일어나지 않는다.

(2) 저항조절 평형법 장점
① 시설 설치 후 변경이 유연하게 대처 가능하다.
② 설계 계산이 간편하고 고도의 지식을 요구하지 않는다.
③ 설치 후 송풍량 조절이 용이하다.
④ 최소 설계풍량은 평형유지가 가능하다.
⑤ 공장 내부 작업공정에 따라 적절한 덕트의 위치 변경이 가능하다.

11
다음 항목의 사무실 공기관리지침상 오염물질 관리기준을 쓰시오.

(1) 이산화질소(NO_2)
(2) 일산화탄소(CO)
(3) 라돈
(4) 포름알데히드($HCHO$)
(5) 총휘발성 유기화합물($TVOC$)
(6) 초미세먼지($PM2.5$)

(1) 0.1ppm 이하
(2) 10ppm 이하
(3) 148Bq/m³ 이하
(4) 100μg/m³ 이하
(5) 500μg/m³ 이하
(6) 50μg/m³ 이하

*사무실 오염물질의 관리기준

오염물질	관리기준
미세먼지(PM10)	100μg/m³ 이하
초미세먼지(PM2.5)	50μg/m³ 이하
이산화탄소(CO_2)	1000ppm 이하
일산화탄소(CO)	10ppm 이하
이산화질소(NO_2)	0.1ppm 이하
포름알데히드(HCHO)	100μg/m³ 이하
총휘발성 유기화합물(TVOC)	500μg/m³ 이하
라돈	148Bq/m³ 이하
총부유세균	800CFU/m³ 이하
곰팡이	500CFU/m³ 이하

12
국제암연구회(IARC)의 발암물질 구분 그룹의 각 정의 5가지를 쓰고 각각 설명하시오.

① Group 1 : 확실한 발암물질
② Group 2A : 가능성이 높은 발암물질
③ Group 2B : 가능성이 있는 발암물질
④ Group 3 : 불확실한 발암물질
⑤ Group 4 : 발암성이 없는 물질

13
작업환경 개선의 공학적 대책 4가지를 쓰시오.

① 대치 ② 격리 ③ 환기 ④ 교육

14
생물학적 모니터링 생체시료 3가지를 쓰시오.

① 혈액 ② 소변 ③ 호기

15
공기역학적 직경에 대해 설명하시오.

대상 먼지와 침강속도가 같고 밀도가 1g/cm³이며, 구형인 먼지의 직경으로 환산된 직경

16
덕트의 속도압이 $30mmH_2O$, 후드의 압력손실이 $3.24mmH_2O$일 때, 후드의 유입계수를 구하시오.

$$\Delta P = F \times VP = \left(\frac{1}{C_e^2} - 1\right) \times VP$$
$$3.24 = \left(\frac{1}{C_e^2} - 1\right) \times 30$$
$$\therefore C_e = 0.95$$

여기서,
$\triangle P$: 유입손실 $[mmH_2O]$
F : 유입손실계수 $\left(=\dfrac{1}{C_e^2}-1\right)$
C_e : 유입계수 $\left(=\sqrt{\dfrac{1}{1+F}}\right)$
VP : 속도압 $[mmH_2O]\left(=\dfrac{\gamma V^2}{2g}\right)$

17

벤젠의 농도가 $4mg/m^3$일 때 산업환기 표준상태에서의 농도 $[ppm]$를 구하시오.

$ppm = mg/m^3 \times \dfrac{부피}{분자량} = 4 \times \dfrac{24.1}{78} = 1.24ppm$

- 산업환기 표준공기상태 조건 : 1atm, 21℃
- 1atm, 21℃의 부피 : 24.1L
- 벤젠(C_6H_6)의 분자량 = $12 \times 6 + 1 \times 6 = 78g$
- C의 원자량 : 12g, H의 원자량 : 1g

18

25℃, 1기압의 어느 작업장에서 톨루엔과 크실렌을 각각 $200g/hr$씩 사용(증발)할 때, 필요 환기량 $[m^3/hr]$을 구하시오.
(단, 두 물질은 상가작용을 하며, 톨루엔의 분자량은 92, TLV는 $100ppm$, 크실렌의 분자량은 106, TLV는 $50ppm$이고, 각 물질의 안전계수는 7로 동일하다.)

사용량$[g/hr] = S \times G \times 10^3$

톨루엔의 필요환기량(Q_1)
$Q_1 = \dfrac{24.1 \times \dfrac{273+t}{273+21} \times S \times G \times K \times 10^6}{M \times TLV}$
$= \dfrac{24.1 \times \dfrac{273+t}{273+21} \times 사용량[g/hr] \times K \times 10^3}{M \times TLV}$
$= \dfrac{24.1 \times \dfrac{273+25}{273+21} \times 200 \times 7 \times 10^3}{92 \times 100} = 3717.29 m^3/hr$

크실렌의 필요환기량(Q_2)
$Q_2 = \dfrac{24.1 \times \dfrac{273+t}{273+21} \times S \times G \times K \times 10^6}{M \times TLV}$
$= \dfrac{24.1 \times \dfrac{273+t}{273+21} \times 사용량[g/hr] \times K \times 10^3}{M \times TLV}$
$= \dfrac{24.1 \times \dfrac{273+25}{273+21} \times 200 \times 7 \times 10^3}{106 \times 50} = 6452.65 m^3/hr$

두 물질은 상가작용을 하므로,
$\therefore Q = Q_1 + Q_2 = 3717.29 + 6452.65 = 10169.94 m^3/hr$

여기서,
Q : 전체환기량 $[m^3/hr]$
S : 유해물질의 비중
G : 유해물질의 시간당 사용량 $[L/hr]$
K : 안전계수(혼합계수)
M : 유해물질의 분자량
TLV : 유해물질의 노출기준 $[ppm]$
24.1 : $1atm$, $21℃$에서 공기의 부피 $[L]$
$\left(온도보정 : 24.1 \times \dfrac{273+t}{273+21}\right)$
여기서, t : 실제공기의 온도 $[℃]$

19

작업실 내에서 단조로 근처 온도가 건구온도 35℃, 습구온도 30℃, 흑구온도 50℃이고 작업은 연속작업, 작업조건은 중등작업일 때 다음을 구하시오.

(1) 작업실 내 $WBGT[℃]$
(2) 노출기준 초과여부 평가

(1) $WBGT(℃) = 0.7 \times 자연습구온도 + 0.3 \times 흑구온도$
$= 0.7 \times 30 + 0.3 \times 50 = 36℃$

(2) 연속작업(계속작업), 중등작업의 노출기준이 26.7℃이므로 ∴ 노출기준 초과 판정

*고온의 노출기준(ACGIH)　　단위 : ℃, WBGT

작업강도 작업 휴식시간비	경작업	중등작업	중작업
계속작업	30.0	26.7	25.0
매시간 75% 작업, 25% 휴식	30.6	28.0	25.9
매시간 50% 작업, 50% 휴식	31.4	29.4	27.9
매시간 25% 작업, 75% 휴식	32.2	31.1	30.0

① 경작업
200kcal까지의 열량이 소요되는 작업을 말하며, 앉아서 또는 서서 기계의 조정을 하기 위하여 손 또는 팔을 가볍게 쓰는 일 등을 뜻함

② 중등작업
시간당 200~350kcal의 열량이 소요되는 작업을 말하며, 물체를 들거나 털면서 걸어다니는 일 등을 뜻함

③ 중작업
시간당 350~500kcal의 열량이 소요되는 작업을 말하며, 곡괭이질 또는 삽질하는 일 등을 뜻함

*습구흑구온도지수(WBGT)
① 태양광선이 내리쬐는 옥외 장소
$WBGT(℃)$
$= 0.7 \times 자연습구온도 + 0.2 \times 흑구온도 + 0.1 \times 건구온도$

② 태양광선이 내리쬐지 않는 옥내 또는 옥외 장소 $WBGT(℃) = 0.7 \times 자연습구온도 + 0.3 \times 흑구온도$

20

작업장의 체적이 $100000 m^3$이며, 작업장에서 메틸클로로포름 증기가 $1.2 m^3/\min$으로 발생하고 이때 환기량이 $6000 m^3/\min$(**유효환기량이 $2000 m^3/\min$)일 때 다음을 구하시오.**

(1) 작업장의 초기농도가 0인 상태에서 $200 ppm$에 도달하는 데 걸리는 시간[min]
(2) 1시간 후의 농도[ppm]

(1) $t = -\dfrac{V}{Q'} \ln\left(\dfrac{G - Q'C}{G}\right)$

$= -\dfrac{100000}{2000} \ln\left[\dfrac{1.2 - (2000 \times 200 \times 10^{-6})}{1.2}\right]$

$= 20.27 \min$

여기서,
t : 농도 C에 도달하는 데 걸리는 시간[min]
V : 작업장의 체적[m^3]
Q' : 유효환기량[$m^3/\min$]
G : 유해물질의 발생량[$m^3/\min$]
C : 유해물질의 농도[ppm]

(2) $C = \dfrac{G\left(1 - e^{-\frac{Q'}{V}t}\right)}{Q'} = \dfrac{1.2\left(1 - e^{-\frac{2000}{100000} \times 60}\right)}{2000}$

$= 4.1928 \times 10^{-4} \times \left(\dfrac{10^6 ppm}{1}\right) = 419.28 ppm$

- $1 = 10^6 ppm$
- $1hr = 60\min$

2012 3회차 산업위생관리기사 실기 필답형 기출문제

01
다음 보기는 공기압력과 배기 시스템에 대한 설명일 때 틀린 내용의 번호를 모두 고르고, 옳게 서술하시오.

[보기]
① 공기의 흐름은 압력차에 의해 이동하므로 송풍기 입구의 압력은 항상 (+)압이고, 출구의 압력은 (-)압이다.
② 속도압은 공기가 이동하는 힘이므로 항상 (+)값이다.
③ 정압은 잠재적인 에너지로 공기의 이동에 소요되며, 유용한 일을 하므로 (+) 혹은 (-)값을 가질 수 있다.
④ 송풍기 배출구의 압력은 항상 대기압보다 낮아야 한다.
⑤ 후드 내 압력은 일반 작업장의 압력보다 낮아야 한다.

① 송풍기 입구의 압력은 항상 (-)압이고, 출구의 압력은 (+)압이다.
④ 송풍기 배출구의 압력은 항상 대기압보다 높아야 한다.

02
전체환기 적용조건 5가지를 쓰시오.

① 발생원이 이동성인 경우
② 유해물질이 증기나 가스인 경우
③ 유해물질의 발생량이 적은 경우
④ 유해물질의 독성이 비교적 낮은 경우
⑤ 유해물질이 시간에 따라 균일하게 발생될 경우
⑥ 국소배기가 불가능한 경우

03
검지관방식의 측정을 사용하는 경우 3가지를 쓰시오.

① 예비조사 목적인 경우
② 검지관방식 외에 다른 측정방법이 없는 경우
③ 발생하는 가스상 물질이 단일물질인 경우

04
특별관리물질 4가지를 쓰시오.

① 벤젠
② 페놀
③ 산화에틸렌
④ 1,3-부타디엔
⑤ 1-브로모프로판
⑥ 2-브로모프로판 등

05
동일노출그룹(HEG) 또는 유사노출그룹 설정 목적 3가지를 쓰시오.

① 시료채취 수를 경제적으로 하기 위하여
② 모든 작업의 근로자에 대한 노출농도를 평가하기 위하여
③ 작업장에서 모니터링하고 관리해야 할 우선적인 노출그룹을 결정하기 위함

06

다음 물음에 알맞은 그림을 바르게 연결하시오.

[보기]
① 급성독성물질 경고
② 부식성물질 경고
③ 호흡기 과민성 물질 경고
④ 위험장소 경고

| ㉠ | ㉡ | ㉢ | ㉣ |

① – ㉢
② – ㉠
③ – ㉣
④ – ㉡

*경고표지

인화성물질 경고	산화성물질 경고	폭발성물질 경고	급성독성 물질경고
부식성물질 경고	방사성물질 경고	고압전기 경고	매달린물체 경고
낙하물 경고	고온 경고	저온 경고	몸균형상실 경고
레이저광선 경고	위험장소 경고	발암성·변이원성·생식독성·전신독성·호흡기 과민성물질 경고	

07

1차 표준기구와 2차 표준기구의 대표적인 예시 한 가지와 정확도를 쓰시오.

① 1차 표준기구 : 비누거품미터(정확도 : ±1% 이내)
② 2차 표준기구 : 로터미터(정확도 : ±5% 이내)

*표준기구의 종류

1차 표준기구	2차 표준기구
① 비누거품미터	① 로터미터
② 폐활량계	② 습식 테스터미터
③ 가스치환병	③ 건식 가스미터
④ 유리피스톤미터	④ 오리피스미터
⑤ 흑연피스톤미터	⑤ 열선기류계
⑥ 피토관(피토튜브)	

08

다음 혼합물의 화학적 상호작용을 설명하고, 작업장에서 적용하는 예시를 각각 쓰시오.

(1) 상가작용
(2) 상승작용
(3) 길항작용

(1) 상가작용
두 유해인자의 독성합만큼 독성 결과를 나타내는 작용 : 일반적인 화학물질
(2) 상승작용
두 유해인자의 독성합보다 결과가 커짐을 나타내는 작용 : 에탄올과 사염화탄소
(3) 길항작용
두 유해인자가 서로 작용을 방해하는 것
: 페노바비탈과 디란틴

*혼합물의 화학적 상호작용

작용	설명
상가 작용	두 유해인자의 독성합만큼 독성 결과를 나타내는 작용(3+3=6) ex) 일반적인 화학물질
상승 작용	두 유해인자의 독성합보다 결과가 커짐을 나타내는 작용(3+3=20) ex) 에탄올과 사염화탄소 등
길항 작용	두 유해인자가 서로의 작용을 방해하는 것(3+3=0) ex) 페노바비탈과 디란틴 등 - 길항작용의 종류 ① 배분적 길항작용 물질의 흡수 및 대사 등에 변화를 일으켜 독성이 낮아진다. ② 화학적 길항작용 화학적인 상호반응에 의해 독성이 낮아진다. ③ 기능적 길항작용 생체 내 서로 반대되는 기능을 가져 독성이 낮아진다. ④ 수용적 길항작용 두 화학물질이 같은 수용체에 결합하여 독성이 낮아진다.
독립 작용	두 유해인자가 서로 다른 조직 또는 기관에 영향을 미치는 작용 ex) 톨루엔과 황산, 납과 황산, 질산과 카드뮴 등
가승 작용	독성이 없는 물질을 독성이 있는 물질과 혼합하면 독성이 강해지는 작용 (3+0=10) ex) 이소프로필알코올과 사염화탄소 등

09

공기정화장치 중 여과집진시설의 채취기전(채취원리, 포집원리) 6가지를 쓰시오.

① 직접차단
② 관성충돌
③ 중력침강
④ 확산
⑤ 정전기침강
⑥ 체

10

실린더 본체의 직경이 $2.8m$인, 사이클론 내로 $900m/\min$ 유속으로 함진 기체가 유입되고 있다. 함진 기체의 온도가 $77℃$일 때 아래의 조건을 이용하여 밀도가 $1.5g/cm^3$이고, 직경이 $35\mu m$인 구형 입자의 이론적 제거효율[%]을 구하시오.

[조건]
$$D_p = \sqrt{\frac{9\mu b}{2\pi NV(\rho_p - \rho_g)}}$$

여기서,
D_p : 제거효율이 50%인 입자의 직경[m]
μ : 77℃ 기체의 점성계수($=2.1\times10^{-5}kg/m\cdot sec$)
b : 사이클론 유입구의 너비$\left(=\dfrac{\text{실린더 본체 직경}}{4}\right)$
N : 사이클론 내 기체 유효회전수($=5$)
V : 사이클론 내 유속[m/sec]
ρ_p : 입자의 밀도[kg/m^3]
ρ_g : 가스의 밀도($=1.3kg/m^3$)

$\dfrac{D}{D_p}$	0.5	1.0	1.5	2.0	2.5	3.0	3.5	4.5
제거효율[%]	22	51	70	81	88	91	95	97

$b = \dfrac{2.8}{4} = 0.7m$

$V = 900m/\min \times \left(\dfrac{1\min}{60\sec}\right) = 15m/\sec$

$\rho_p = 1.5g/cm^3 \times \left(\dfrac{1kg}{1000g}\right) \times \left(\dfrac{10^6 cm^3}{1m^3}\right) = 1500kg/m^3$

$D_p = \sqrt{\dfrac{9\mu b}{2\pi NV(\rho_p - \rho_g)}}$
$= \sqrt{\dfrac{9\times 2.1\times 10^{-5}\times 0.7}{2\pi \times 5\times 15\times (1500-1.3)}}$
$= 1.369\times 10^{-5}m = 13.69\mu m$

입경비 $\left(\dfrac{D}{D_p}\right) = \dfrac{35}{13.69} = 2.55 ≒ 2.5$

표에서 입경비 2.5에 해당하는 제거효율을 찾으면
∴ 88%

11

유해물질(노출기준 $188mg/m^3$)을 취급하는 작업을 하루 10시간씩 할 때 근로자의 노출기준 $[mg/m^3]$을 구하시오.
(단, Brief-Scala 보정방법 기준)

$$허용기준 = TLV \times \frac{8}{H} \times \frac{24-H}{16}$$
$$= 188 \times \frac{8}{10} \times \frac{24-10}{16} = 131.6 mg/m^3$$

12

톨루엔 $2L$를 $10000m^3$ 공간에 혼입하려 한다. 공간은 $1atm$, $21℃$이고, 톨루엔의 비중은 0.87, 분자량은 92일 때 톨루엔농도$[ppm]$을 구하시오.

물질의 밀도 = 물질의 비중×물의 밀도$(=1g/mL)$
$= 0.87 \times 1 = 0.87 g/mL$

$$mg/m^3 = \frac{2L \times 0.87 g/mL \times \left(\frac{1000mL}{1L}\right) \times \left(\frac{1000mg}{1g}\right)}{10000 m^3}$$
$$= 174 mg/m^3$$

$$\therefore ppm = mg/m^3 \times \frac{부피}{분자량} = 174 \times \frac{24.1}{92} = 45.58 ppm$$

- $1L = 1000mL$
- $1g = 1000mg$
- $1atm$, $21℃$의 부피 $= 24.1L$

13

어떤 작업장에서 소음이 $95dB$에서 3시간, $90dB$에서 3시간, $85dB$에서 2시간 발생할 때 다음을 구하시오.

(1) 노출지수(EI)
(2) 허용기준 초과여부

(1) $EI = \frac{C_1}{T_1} + \frac{C_2}{T_2} + \cdots + \frac{C_n}{T_n} = \frac{3}{4} + \frac{3}{8} = 1.13$

(여기서, 85dB는 강렬한 소음작업이 아니므로 고려하지 않는다.)

(2) $EI = 1.13$이므로, ∴ 허용기준 초과

여기서,
C: 소음 각각의 측정치
T: 소음 각각의 노출기준

$EI > 1$: 허용기준을 초과
$EI < 1$: 허용기준을 초과하지 않음

*소음작업
1일 8시간 작업을 기준하여 85dB 이상의 소음이 발생하는 작업

① 강렬한 소음작업

데시벨(이상)	발생시간(1일 기준)
90dB	8시간 이상
95dB	4시간 이상
100dB	2시간 이상
105dB	1시간 이상
110dB	30분 이상
115dB	15분 이상

② 충격 소음작업

데시벨(이상)	발생시간(1일 기준)
120dB	10000회 이상
130dB	1000회 이상
140dB	100회 이상

14

단면의 폭이 $600mm$, 높이가 $350mm$인 장방형 덕트 직관 내 풍량이 $125m^3/\min$, 길이 $5m$, 관마찰손실계수 0.02일 때 압력손실$[mmH_2O]$을 구하시오.
(단, 비중량은 $1.2kg_f/m^3$이다.)

$$V = \frac{Q}{A} = \frac{Q}{ab} = \frac{125}{0.6 \times 0.35}$$
$$= 595.24 m^3/\min \times \left(\frac{1\min}{60\sec}\right)$$
$$= 9.92 m/\sec$$

$$D = \frac{2ab}{a+b} = \frac{2 \times 0.6 \times 0.35}{0.6 + 0.35} = 0.44m$$

$$\therefore \triangle P = F \times VP = \lambda \times \frac{L}{D} \times \frac{\gamma V^2}{2g}$$
$$= 0.02 \times \frac{5}{0.44} \times \frac{1.2 \times 9.92^2}{2 \times 9.8} = 1.37 mmH_2O$$

여기서,
$\triangle P$: 압력손실$[mmH_2O]$
F : 압력손실계수
VP : 속도압$[mmH_2O]$
λ : 관마찰계수
L : 덕트 길이$[m]$
D : 덕트 직경$[m]\left(=\frac{2ab}{a+b}\right)$
a : 수평직관의 가로$[m]$
b : 수평직관의 세로$[m]$
γ : 비중량$[kg_f/m^3]$
V : 유속$[m/s]$
g : 중력가속도$[m/s^2]$

15

층류영역에서 직경이 $2.4\mu m$이며 비중이 6.6인 입자상 물질의 침강속도$[m/\sec]$를 구하시오.
(단, 소수점 다섯 째 자리까지 나타내시오.)

ρ = 비중×물의 밀도($=1$) = $6.6 \times 1 = 6.6 g/cm^3$
$\therefore V = 0.003\rho d^2 = 0.003 \times 6.6 \times 2.4^2$
$= 0.114 cm/\sec \times \left(\frac{1m}{100cm}\right) = 0.00114 m/\sec$

여기서,
V : 리프만(Lippman)식 침강속도$[cm/\sec]$
ρ : 입자 밀도$[g/cm^3]$
d : 입자 직경$[\mu m]$

16

덕트 직경이 $600mm$이고 레이놀즈수가 3.8×10^4일 때 덕트 내 공기의 유속$[m/s]$을 구하시오.
(단, 공기의 동점성계수는 $0.1501 cm^2/s$이다.)

$$\nu = 0.1501 cm^2/\sec \times \left(\frac{1m^2}{10^4 cm^2}\right) = 1.5 \times 10^{-5} m^2/\sec$$
$$Re = \frac{\rho VD}{\mu} = \frac{VD}{\nu} \text{에서,}$$
$$\therefore V = \frac{Re \times \nu}{D} = \frac{3.8 \times 10^4 \times 1.5 \times 10^{-5}}{0.6} = 0.95 m/s$$

여기서,
Re : 레이놀즈 수
ρ : 유체 밀도$[kg/m^3]$
ν : 유체 동점성계수$[m^2/s]$
V : 유속$[m/s]$
D : 직경$[m]$
μ : 점성계수$[kg/m \cdot s]$

17

송풍기의 회전수가 $400rpm$이고 송풍량이 $240m^3/\min$, 풍압이 $60mmH_2O$, 동력이 $5.5HP$이다. 회전수가 $500rpm$으로 바뀔 때 다음을 구하시오.

(1) 송풍량$[m^3/\min]$
(2) 풍압$[mmH_2O]$
(3) 동력$[HP]$

(1) $\dfrac{Q_2}{Q_1} = \dfrac{N_2}{N_1}$

$\therefore Q_2 = Q_1 \times \dfrac{N_2}{N_1} = 240 \times \dfrac{500}{400} = 300 m^3/\min$

(2) $\dfrac{P_2}{P_1} = \left(\dfrac{N_2}{N_1}\right)^2$

$\therefore P_2 = P_1 \times \left(\dfrac{N_2}{N_1}\right)^2$

$= 60 \times \left(\dfrac{500}{400}\right)^2 = 93.75 mmH_2O$

(3) $\dfrac{H_2}{H_1} = \left(\dfrac{N_2}{N_1}\right)^3$

$\therefore H_2 = H_1 \times \left(\dfrac{N_2}{N_1}\right)^3 = 5.5 \times \left(\dfrac{500}{400}\right)^3 = 10.74 HP$

*송풍기 상사법칙

종류	회전수(N)	직경(D)
풍량(Q)	$\dfrac{Q_2}{Q_1} = \dfrac{N_2}{N_1}$	$\dfrac{Q_2}{Q_1} = \left(\dfrac{D_2}{D_1}\right)^3$
풍압(P)	$\dfrac{P_2}{P_1} = \left(\dfrac{N_2}{N_1}\right)^2$	$\dfrac{P_2}{P_1} = \left(\dfrac{D_2}{D_1}\right)^2$
동력$[H]$	$\dfrac{H_2}{H_1} = \left(\dfrac{N_2}{N_1}\right)^3$	$\dfrac{H_2}{H_1} = \left(\dfrac{D_2}{D_1}\right)^5$

여기서,
Q_1 : 변경 전 풍량$[m^3/\min]$
Q_2 : 변경 후 풍량$[m^3/\min]$
N_1 : 변경 전 회전수$[rpm]$
N_2 : 변경 후 회전수$[rpm]$
P_1 : 변경 전 풍압$[mmH_2O]$
P_2 : 변경 후 풍압$[mmH_2O]$
D_1 : 변경 전 회전차 직경$[m]$
D_2 : 변경 후 회전차 직경$[m]$
H_1 : 변경 전 동력$[kW]$
H_2 : 변경 후 동력$[kW]$

18

벤젠의 농도가 $4mg/m^3$일 때 산업환기 표준상태에서의 농도$[ppm]$를 구하시오.

$ppm = mg/m^3 \times \dfrac{부피}{분자량} = 4 \times \dfrac{24.1}{78} = 1.24 ppm$

- 산업환기 표준공기상태 조건 : 1atm, 21℃
- 1atm, 21℃의 부피 : 24.1L
- 벤젠(C_6H_6)의 분자량 $= 12 \times 6 + 1 \times 6 = 78g$
- C의 원자량 : 12g, H의 원자량 : 1g

19

그림에서 $E=1.2m$, $H=1m$이고 열원의 온도가 1800℃일 때 다음 조건을 이용하여 필요송풍량 (Q)$[m^3/\min]$을 구하시오.

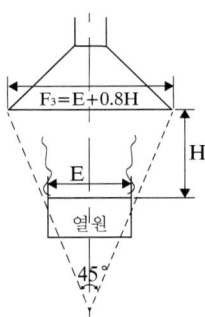

[조건]
- $Q[m^3/\text{min}] = \dfrac{0.57}{\gamma(A\gamma)^{0.33}} \times \triangle t^{0.45} \times Z^{1.5}$
- 온도차($\triangle t$) 계산식

$H/E \leq 0.7$	$H/E > 0.7$
$\triangle t = t_m - 20$	$\triangle t = (t_m - 20)\left[\dfrac{(2E+H)}{2.7E}\right]^{-1.7}$

- 가상고도(Z) 계산식

$H/E \leq 0.7$	$H/E > 0.7$
$Z = 2E$	$Z = 0.74(2E + H)$

- 열원의 종횡비(γ) = 1

$\dfrac{H}{E} = \dfrac{1}{1.2} = 0.83 > 0.7$

$\triangle t = (t_m - 20)\left[\dfrac{(2E+H)}{2.7E}\right]^{-1.7}$
$= (1800 - 20)\left[\dfrac{(2 \times 1.2 + 1)}{2.7 \times 1.2}\right]^{-1.7} = 1639.96℃$

$Z = 0.74(2E + H) = 0.74(2 \times 1.2 + 1) = 2.51$

$A = \dfrac{\pi D^2}{4} = \dfrac{\pi \times 1.2^2}{4} = 1.13 m^2 \ (D = E)$

$\therefore Q = \dfrac{0.57}{\gamma(A\gamma)^{0.33}} \times \triangle t^{0.45} \times Z^{1.5}$
$= \dfrac{0.57}{1(1.13 \times 1)^{0.33}} \times 1639.96^{0.45} \times 2.51^{1.5} = 60.89 m^3/\text{min}$

20

다음 그림에서 유량은 $0.3 m^3/\sec$ 이고 원형 확대관에서 확대 전 직경(d_1)은 $20cm$, 확대 후 직경(d_2)은 $30cm$, 확대 전 정압은 $-21.5 mmH_2O$일 때 확대 후 정압[mmH_2O]을 구하시오.
(단, 정압회복계수는 0.76이다.)

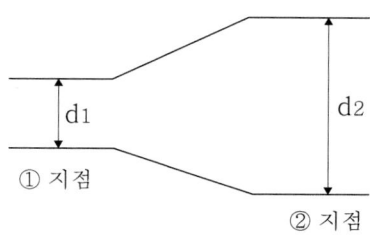

① 지점
② 지점

$V_1 = \dfrac{Q}{A_1} = \dfrac{Q}{\dfrac{\pi d_1^2}{4}} = \dfrac{0.3}{\dfrac{\pi \times 0.2^2}{4}} = 9.55 m/\sec$

$VP_1 = \left(\dfrac{V_1}{4.043}\right)^2 = \left(\dfrac{9.55}{4.043}\right)^2 = 5.58 mmH_2O$

$V_2 = \dfrac{Q}{A_2} = \dfrac{Q}{\dfrac{\pi d_2^2}{4}} = \dfrac{0.3}{\dfrac{\pi \times 0.3^2}{4}} = 4.24 m/\sec$

$VP_2 = \left(\dfrac{V_2}{4.043}\right)^2 = \left(\dfrac{4.24}{4.043}\right)^2 = 1.1 mmH_2O$

$SP_2 - SP_1 = R(VP_1 - VP_2)$
$\therefore SP_2 = SP_1 + R(VP_1 - VP_2)$
$= -21.5 + 0.76(5.58 - 1.1) = -18.1 mmH_2O$

$SP_2 - SP_1 = (VP_1 - VP_2) - \triangle P$
$= (VP_1 - VP_2) - [\xi(VP_1 - VP_2)]$
$= (1 - \xi)(VP_1 - VP_2)$
$= R(VP_1 - VP_2)$

여기서,
$\triangle P$: 압력손실[mmH_2O]
SP_1 : 확대 전 정압[mmH_2O]
SP_2 : 확대 후 정압[mmH_2O]
VP_1 : 확대 전 속도압[mmH_2O]
VP_2 : 확대 후 속도압[mmH_2O]
ξ : 압력손실계수($\xi = 1 - R$)
R : 정압회복계수

2013년 1회차 산업위생관리기사 실기 필답형 기출문제

01
벤투리 스크러버의 유지관리상 점검사항 4가지를 쓰시오.

① 목 부의 유속 측정
② 벤투리관 전후 압력차를 마노미터로 측정
③ 세정액 분무상태 눈으로 확인
④ 세정수의 규정량 분출 여부 확인
⑤ 급수부 등의 축적 등에 의한 막힘, 부식, 파손 여부 확인

02
다음 보기는 전체환기 정의에 대한 내용일 때 빈칸을 채우시오.

[보기]
전체환기 중 자연환기는 작업장의 개구부를 통하여 바람이나 작업장 내외의 (①)와 (②) 차이에 의한 (③)으로 행해지는 환기를 말한다.

① 온도 ② 압력 ③ 대류작용

03
유체역학의 질량보존 원리를 환기시설에 적용하는데 필요한 공기특성 전제조건 4가지를 쓰시오.

① 건조공기
② 공기의 비압축성
③ 환기시설 내외의 열교환 무시
④ 환기시설 공기 속 오염물질 질량 및 부피 무시
⑤ 공기는 상대습도 기준

04
직경분립 충돌기(Cascade Impactor)의 장점과 단점 각각 3가지씩 기술하시오.

(1) 장점
① 입자의 질량 크기 분포를 얻을 수 있다.
② 호흡기의 부분별로 침착된 입자 크기의 자료를 추정할 수 있다.
③ 흡입성·흉곽성·호흡성 입자 크기별로 분포 및 농도를 계산할 수 있다.

(2) 단점
① 시료채취가 까다롭다.
② 비용이 많이 든다.
③ 채취 준비시간이 많이 든다.
④ 되튐으로 인한 시료의 손실이 일어나 과소분석 결과를 초래할 수 있어 유량을 2L/min 이하로 채취하여야 한다.

05
기하평균과 기하표준편차를 구하는 방법 중 그래프로 구하는 방법을 설명하시오.

① 기하평균
누적분포에서 50%에 해당하는 값

② 기하표준편차
누적분포 84.1%에 해당하는 값을 50%에 해당하는 값으로 나눈 값

06

다음 생물학적 모니터링의 설명 중 잘못된 항을 모두 고르시고, 옳게 고치시오.

[보기]
① 작업자의 생물학적 시료에서 화학물질의 노출을 추정하는 것을 말한다.
② 개인시료 결과보다 측정 결과를 해석하기가 간편하고 쉽다.
③ 개인의 직업 특성, 습관 등에 따른 노출의 차이는 평가할 수 없다.
④ 폭로근로자의 호기, 소변, 혈액 등 생체시료를 분석한다.

② : 개인시료 결과보다 측정 결과를 해석하기가 복잡하고 어렵다.
③ : 개인의 직업 특성, 습관 등에 따른 노출의 차이는 평가할 수 있다.

07

중금속에 속하는 크롬 또는 납 분석 시 다음 물음에 답하시오.

(1) 채취여과지의 종류
(2) 분석법
(3) 분석기기

(1) MCE막 여과지
(2) 원자흡광광도법
(3) 원자흡광광도계

08

국소배기장치를 설치한 작업장에 배기된 양 만큼 공기가 보충되어야 하는 이유(공기공급 시스템이 필요한 이유)를 5가지 쓰시오.

① 국소배기장치의 적절한 가동을 위해
② 국소배기장치의 효율 유지를 위해
③ 안전사고 예방을 위해
④ 연료 절약을 위해
⑤ 작업장 내 방해기류가 생기는 것을 방지하기 위해
⑥ 외부 공기가 정화되지 않은 채 건물 내로 유입되는 것을 막기 위해

09

동일노출그룹(HEG) 또는 유사노출그룹 설정 목적 3가지를 쓰시오.

① 시료채취 수를 경제적으로 하기 위하여
② 모든 작업의 근로자에 대한 노출농도를 평가하기 위하여
③ 작업장에서 모니터링하고 관리해야 할 우선적인 노출그룹을 결정하기 위함

10

액체흡수법(임핀저, 버블러 등 사용)의 흡수용액을 이용하여 시료를 포집할 때 흡수효율을 증가시키는 방법 3가지를 쓰시오.

① 시료채취 유량을 낮춘다.
② 액체의 교반을 강하게 한다.
③ 흡수액 양을 늘린다.
④ 시료채취속도를 낮춘다.
⑤ 두 개 이상의 버블러를 연속적으로 연결(직렬연결)하여 용액의 양을 증가시킨다.
⑥ 포집용액의 온도를 낮추어 오염물질의 휘발성을 제한한다.
⑦ 가는 구멍이 많은 Fritted 버블러 등 채취효율이 좋은 기구를 사용한다.(기포와 액체의 접촉면을 크게한다.)

11

적정공기 조건 3가지를 쓰시오.

① 산소농도의 범위가 18% 이상 23.5% 미만인 수준의 공기
② 탄산가스의 농도가 1.5% 미만인 수준의 공기
③ 일산화탄소의 농도가 30ppm 미만인 수준의 공기
④ 황화수소의 농도가 10ppm 미만인 수준의 공기

12

작업장 내 기계 소음이 각각 $88dB$ 2대, $87dB$ 3대가 동시에 가동 시 합성소음도[dB]를 구하시오.

$$L = 10\log\left(10^{\frac{L_1}{10}} + 10^{\frac{L_2}{10}} + \cdots + 10^{\frac{L_n}{10}}\right)$$
$$= 10\log\left(10^{\frac{88}{10}} \times 2 + 10^{\frac{87}{10}} \times 3\right) = 94.42 dB$$

L : 합성소음도[dB]
$L_1, L_2, \cdots L_n$ = 각 소음원의 소음[dB]

13

흑구온도는 $50℃$, 건구온도는 $30℃$, 자연습구온도는 $30℃$인 실내작업장의 습구흑구온도지수(WBGT)[$℃$]를 구하시오.

$$WBGT(℃) = 0.7 \times 자연습구온도 + 0.3 \times 흑구온도$$
$$= 0.7 \times 30 + 0.3 \times 50 = 36℃$$

*습구흑구온도지수(WBGT)
① 태양광선이 내리쬐는 옥외 장소
$WBGT(℃)$
$= 0.7 \times 자연습구온도 + 0.2 \times 흑구온도 + 0.1 \times 건구온도$
② 태양광선이 내리쬐지 않는 옥내 또는 옥외 장소 $WBGT(℃) = 0.7 \times 자연습구온도 + 0.3 \times 흑구온도$

14

공기 중 벤젠 $5ppm$(TLV : $10ppm$), 톨루엔 $25ppm$(TLV : $50ppm$), 크실렌 $5ppm$ TLV : $20ppm$)의 혼합물이 서로 상가작용할 때 다음을 구하시오.

(1) 허용농도 초과여부
(2) 혼합공기 허용농도[ppm]

(1) $EI = \dfrac{C_1}{T_1} + \dfrac{C_2}{T_2} + \cdots + \dfrac{C_n}{T_n}$
$= \dfrac{5}{10} + \dfrac{25}{50} + \dfrac{5}{20} = 1.25$

1을 초과하였으므로 ∴노출기준을 초과

여기서,
C : 화학물질 각각의 측정치
T : 화학물질 각각의 노출기준

$EI > 1$: 노출기준을 초과
$EI < 1$: 노출기준을 초과하지 않음

(2) 혼합물의 $TLV-TWA$
$= \dfrac{C_1 + C_2 + \cdots + C_n}{EI}$
$= \dfrac{5 + 25 + 5}{1.25} = 28ppm$

15

$800mmH_2O$, $40℃$에서 $853L$인 $C_5H_8O_2$가 $65mg$이다. $1atm$, $21℃$에서 농도[ppm]를 구하시오.

$\dfrac{P_1V_1}{T_1} = \dfrac{P_2V_2}{T_2}$ 에서,

$\therefore V_2 = \dfrac{P_1V_1T_2}{T_1P_2} = \dfrac{800 \times 853 \times (273+21)}{(273+40) \times 10332} = 62.04L$

$mg/m^3 = \dfrac{65mg}{62.04L \times \left(\dfrac{1m^3}{1000L}\right)} = 1047.71 mg/m^3$

$\therefore ppm = 1047.71 \times \dfrac{24.1}{100} = 252.5 ppm$

- 절대온도(K)=273+섭씨온도(℃)
- $1atm = 10332 mmH_2O$
- $1m^3 = 1000L$
- $C_5H_8O_2$의 분자량 = $12 \times 5 + 1 \times 8 + 16 \times 2 = 100g$
- C의 원자량 : 12g, H의 원자량 : 1g, O의 원자량 : 16g

16

다음 보기를 참고하여 근로자들의 조사년한을 노출인년[인년]으로 환산하시오.

[보기]
- 3개월 동안 노출농도를 조사한 사람의 수 : 8명
- 3년 동안 노출농도를 조사한 사람의 수 : 10명

노출인년
= 노출자수 × 연간 근무시간
= 노출자수 × $\dfrac{조사개월\ 수}{12개월}$
= $8 \times \dfrac{3}{12} + 10 \times \dfrac{36}{12} = 32$인년

17

송풍기 회전차의 직경이 $400mm$이고 송풍량이 $300m^3/min$, 풍압이 $100mmH_2O$, 동력이 $10kW$이다. 회전차의 직경이 $800mm$으로 바뀔 때 다음을 구하시오.

(1) 송풍량[m^3/min]
(2) 풍압[mmH_2O]
(3) 동력[kW]

(1) $\dfrac{Q_2}{Q_1} = \left(\dfrac{D_2}{D_1}\right)^3$

$\therefore Q_2 = Q_1\left(\dfrac{D_2}{D_1}\right)^3 = 300 \times \left(\dfrac{800}{400}\right)^3 = 2400 m^3/min$

(2) $\dfrac{P_2}{P_1} = \left(\dfrac{D_2}{D_1}\right)^2$

$\therefore P_2 = P_1\left(\dfrac{D_2}{D_1}\right)^2 = 100 \times \left(\dfrac{800}{400}\right)^2 = 400 mmH_2O$

(3) $\dfrac{H_2}{H_1} = \left(\dfrac{D_2}{D_1}\right)^5$

$\therefore H_2 = H_1\left(\dfrac{D_2}{D_1}\right)^5 = 10 \times \left(\dfrac{800}{400}\right)^5 = 320 kW$

*송풍기 상사법칙

종류	회전수(N)	직경(D)
풍량(Q)	$\dfrac{Q_2}{Q_1} = \dfrac{N_2}{N_1}$	$\dfrac{Q_2}{Q_1} = \left(\dfrac{D_2}{D_1}\right)^3$
풍압(P)	$\dfrac{P_2}{P_1} = \left(\dfrac{N_2}{N_1}\right)^2$	$\dfrac{P_2}{P_1} = \left(\dfrac{D_2}{D_1}\right)^2$
동력[H]	$\dfrac{H_2}{H_1} = \left(\dfrac{N_2}{N_1}\right)^3$	$\dfrac{H_2}{H_1} = \left(\dfrac{D_2}{D_1}\right)^5$

여기서,
Q_1 : 변경 전 풍량[m^3/min]
Q_2 : 변경 후 풍량[m^3/min]
N_1 : 변경 전 회전수[rpm]
N_2 : 변경 후 회전수[rpm]
P_1 : 변경 전 풍압[mmH_2O]
P_2 : 변경 후 풍압[mmH_2O]
D_1 : 변경 전 회전차 직경[m]
D_2 : 변경 후 회전차 직경[m]
H_1 : 변경 전 동력[kW]
H_2 : 변경 후 동력[kW]

18

화학물질을 다루는 공장에서 서로 상가작용이 있는 헵탄($TLV=1640mg/m^3$)과 메틸클로로포름 ($TLV=1910mg/m^3$)과 퍼클로로에틸렌($TLV=170mg/m^3$)이 $1:2:3$의 비율로 조성된 액체 용제가 증발되어 작업 환경을 오염시킨 경우 이 혼합물의 $TLV[mg/m^3]$을 구하시오.

혼합물의 허용농도

$$= \frac{f_1+f_2+\cdots+f_n}{\frac{f_1}{TLV_1}+\frac{f_2}{TLV_2}+\cdots+\frac{f_n}{TLV_n}}$$

$$= \frac{1+2+3}{\frac{1}{1640}+\frac{2}{1910}+\frac{3}{170}} = 310.82 mg/m^3$$

여기서,
f : 액체 혼합물에서의 각 성분 무게(중량, 비율)
TLV : 해당 물질의 노출기준

19

단면의 폭이 $40cm$, 높이가 $60cm$인 장방형 덕트 직관 내 속도압 $100mmH_2O$, 길이 $10m$, 관마찰손실계수 0.1일 때 압력손실$[mmH_2O]$을 구하시오.

$$D = \frac{2ab}{a+b} = \frac{2\times 0.4 \times 0.6}{0.4+0.6} = 0.48m$$

$$\therefore \triangle P = F \times VP = \lambda \times \frac{L}{D} \times VP$$

$$= 0.1 \times \frac{10}{0.48} \times 100 = 208.33 mmH_2O$$

여기서,
$\triangle P$: 압력손실$[mmH_2O]$
F : 압력손실계수
VP : 속도압$[mmH_2O]$
λ : 관마찰계수
L : 덕트 길이$[m]$
D : 덕트 직경$[m]\left(=\frac{2ab}{a+b}\right)$
a : 수평직관의 가로$[m]$
b : 수평직관의 세로$[m]$

20

덕트의 단면적 $0.38m^2$이고, 덕트 내 정압은 $-64.5mmH_2O$, 전압은 $-20.5mmH_2O$이고 공기의 비중량이 $1.2kg_f/m^3$일 때 다음을 구하시오.

(1) 덕트 내 반송속도$[m/s]$
(2) 공기유량$[m^3/min]$

(1) $TP = SP + VP$
$VP = TP - SP = -20.5 - (-64.5) = 44 mmH_2O$
$$\therefore V = \sqrt{\frac{2gVP}{\gamma}} = \sqrt{\frac{2\times 9.8 \times 44}{1.2}} = 26.81 m/s$$

(2) $Q = AV = 0.38m^2 \times 26.81 m/\sec \times \left(\frac{60\sec}{1\min}\right)$
$= 611.27 m^3/\min$

2013년 2회차 산업위생관리기사 실기 필답형 기출문제

01
ACGIH의 입자 크기별 기준 중 호흡성 입자상 물질(RPM)에 대한 각 물음에 답하시오.

(1) 정의
(2) 평균입경
(3) 채취기구

(1) 폐포에 침착할 때 유해한 물질
(2) $4\mu m$
(3) $10mm$ nylon cyclone

02
실효온도의 정의를 쓰고, 습구흑구온도지수를 옥외와 옥내로 구분하여 계산방법을 서술하시오.

① 실효온도
온도, 습도, 기류가 인체에 미치는 열적효과를 나타내는 수치

② 옥외 장소
$WBGT(℃) = 0.7 \times 자연습구온도 + 0.2 \times 흑구온도 + 0.1 \times 건구온도$

③ 옥내 장소
$WBGT(℃) = 0.7 \times 자연습구온도 + 0.3 \times 흑구온도$

03
다음 보기는 용접흄에 대한 내용일 때 빈칸을 채우시오.

[보기]
용접흄은 (①) 채취방법으로 하되 용접보안면을 착용한 경우에는 그 내부에서 채취하고, 중량분석방법과 원자흡광분광기 또는 (②)를 이용한 분석방법으로 측정한다.

① 여과 ② 유도결합플라즈마

04
총 압력손실 계산법 2가지를 쓰고, 각각의 장점 2가지씩 쓰시오.

(1) 정압조절 평형법 장점
① 설계가 정확할 때 가장 효율적인 시설이 된다.
② 유속의 범위가 적절하면 덕트의 폐쇄가 일어나지 않는다.
③ 잘못 설계된 분지관, 최대저항 경로선정이 잘못되어도 설계 시 쉽게 발견할 수 있다.
④ 침식·부식·분진퇴적으로 인한 축적현상이 없어 덕트의 폐쇄가 일어나지 않는다.

(2) 저항조절 평형법 장점
① 시설 설치 후 변경이 유연하게 대처 가능하다.
② 설계 계산이 간편하고 고도의 지식을 요구하지 않는다.
③ 설치 후 송풍량 조절이 용이하다.
④ 최소 설계풍량은 평형유지가 가능하다.
⑤ 공장 내부 작업공정에 따라 적절한 덕트의 위치 변경이 가능하다.

05

필요 환기량 계산 시 각 물음에 대한 안전계수(K)의 값을 쓰시오.

(1) 작업장 내의 공기 혼합이 원활한 경우
(2) 작업장 내의 공기 혼합이 보통인 경우
(3) 작업장 내의 공기 혼합이 불완전한 경우

(1) $K=1$ (2) $K=2$ (3) $K=3$

06

다음 용어의 정의를 쓰시오.

(1) 후드 플랜지
(2) 슬롯 후드
(3) 충만실
(4) 무효점(Null Point)
(5) 무효점 이론(Null Point 이론)
(6) Skin

(1) 후드 뒤쪽의 공기를 차단하기 위해 후드에 직각으로 붙인 판
(2) 가로세로 비가 0.2 이하로 세로가 좁고 가로가 긴 형태의 후드
(3) 후드 뒷부분에 위치하여 압력과 공기흐름을 균일하게 형성하는데 필요한 장치
(4) 발생원에서 방출된 유해물질이 초기 운동에너지를 상실하여 비산속도가 0이 되는 비산한계점
(5) 환기시설의 제어속도 결정 시 발생원뿐만 아니라 무효점까지 흡인할 수 있는 지점이 확대되어야 한다는 이론
(6) 피부로 흡수되어 전체 노출량에 기여할 수 있다는 의미

07

곡관의 각도가 90°인 새우등곡관 2가지의 경우를 그리고 새우등 개수를 나타내시오.

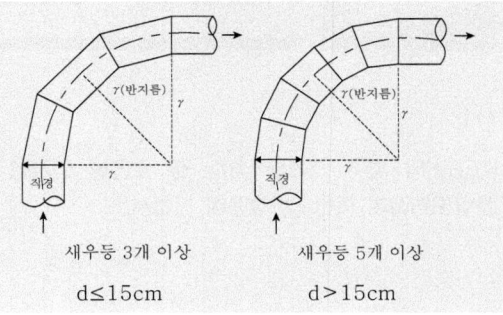

새우등 3개 이상   새우등 5개 이상
d≤15cm   d>15cm

08

입자상 물질의 크기를 표시하는 방법 중 기하학적(물리적) 직경 3가지를 쓰고 각각 설명하시오.

① 마틴 직경
먼지의 면적을 이등분하는 선의 길이로 선의 방향은 항상 일정하여야 하며 과소평가할 수 있는 단점이 있다.

② 페렛 직경
먼지의 한쪽 끝 가장자리와 다른쪽 끝 가장자리 사이의 거리로 과대평가할 수 있는 단점이 있다.

③ 등면적 직경
먼지의 면적과 같은 면적을 가진 원의 직경으로 가장 정확한 직경으로 측정은 현미경 접안경에 porton reticle을 삽입하여 측정한다.

09

계통오차를 설명하고 종류 3가지를 쓰시오.

(1) 계통오차
오차의 크기와 부호를 추정할 수 있고 보정할 수 있는 오차

(2) 계통오차 종류
① 외계오차
② 기계오차
③ 개인오차

10

다음 용어를 설명하시오.

(1) 단위작업장소
(2) 정확도
(3) 정밀도

(1) 동일 노출집단의 근로자가 작업을 하는 장소
(2) 분석치가 참값에 얼마나 접근하였는가 하는 수치상의 표현
(3) 분석치의 변동 크기가 얼마나 작은가 하는 수치상의 표현

11

기하평균과 기하표준편차를 구하는 방법 각각 2가지씩 설명하시오.

(1) 기하평균
① 그래프로 구하는 방법
누적분포에서 50%에 해당하는 값

② 계산에 의한 방법
모든 자료를 대수로 변환하여 평균을 구한 값을 역대수를 취해 구한 값

(2) 기하표준편차
① 그래프로 구하는 방법
누적분포 84.1%에 해당하는 값을 50%에 해당하는 값으로 나눈 값

② 계산에 의한 방법
모든 자료를 대수로 변환하여 표준편차를 구한 값을 역대수를 취해 구한 값

12

선반을 약품에 담근 후 건조시키는 과정에서 이소프로필알코올이 5분당 $10kg$씩 증발한다면 다음 조건을 고려하여 화재 및 폭발방지를 위한 필요환기량 $[m^3/\min]$을 구하시오.

[조건]
- 작업장 외기온도 21℃
- 작업조건의 사용온도 30℃
- 이소프로필알코올 폭발하한계 2.02%
- 이소프로필알코올 분자량 60, 안전계수 4

사용량$[kg/\min] = S \times G = \dfrac{10}{5} = 2kg/\min$

$$\therefore Q = \dfrac{24.1 \times \dfrac{273+t}{273+21} \times S \times G \times K \times 10^2}{M \times LEL \times B}$$

$$= \dfrac{24.1 \times \dfrac{273+t}{273+21} \times 사용량[kg/\min] \times K \times 10^2}{M \times LEL \times B}$$

$$= \dfrac{24.1 \times \dfrac{273+30}{273+21} \times 2 \times 4 \times 10^2}{60 \times 2.02 \times 1}$$

$= 163.95 m^3/\min$

여기서,
Q : 필요환기량$[m^3/hr]$
S : 유해물질의 비중
G : 유해물질의 시간당 사용량$[L/hr]$
K : 안전계수(혼합계수)
M : 유해물질의 분자량
LEL : 폭발하한계[%]
B : 온도에 따른 상수
  (120℃ 미만 : 1.0, 120℃ 이상 : 0.7)
24.1 : 1atm, 25℃에서 공기의 부피$[L]$
  $\left(온도보정 : 24.1 \times \dfrac{273+t}{273+21}\right)$
  여기서, t : 실제공기의 온도[℃]

13

용융로에 설치된 레시버식 캐노피(천개형) 후드의 열상승 기류량이 $50m^3/min$, 누입한계 유량비 1.5일 때 필요송풍량$[m^3/min]$을 구하시오.
(단, 표준상태 기준이고 후드 주위에 난기류가 있다고 가정한다.)

$$Q = Q_1[1+(m \times K_L)] = Q_1(1+K_D)$$
$$= 50(1+1.5) = 125m^3/min$$

*레시버식 캐노피(천개형) 후드의 필요송풍량(Q)

조건	필요송풍량 공식
난기류가 없을 경우	$Q = Q_1 + Q_2 = Q_1\left(1+\dfrac{Q_2}{Q_1}\right) = Q_1(1+K_L)$
난기류가 있을 경우	$Q = Q_1[1+(m \times K_L)] = Q_1(1+K_D)$

여기서,
Q ; 필요송풍량$[m^3/min]$
Q_1 ; 열상승기류량$[m^3/min]$
Q_2 ; 유도기류량$[m^3/min]$
K_L : 누입한계 유량비
m : 누출안전계수
K_D : 설계 유량비 → $K_D = m \times K_L$

14

작업장 내 열부하량이 $15000kcal/hr$이며, 외기온도 $25℃$, 작업장 내 온도는 $35℃$이다. 이때 전체 환기를 위한 필요 환기량$[m^3/hr]$을 구하시오.

$$Q = \frac{H_s}{C_p \times \Delta t} = \frac{15000kcal/hr}{0.3 \times (35-25)} = 5000m^3/hr$$

여기서,
Q : 필요환기량$[m^3/hr]$
H_s : 발열량$[kcal/hr]$
C_p : 공기의 비열$[kcal/hr \cdot ℃]$
　　(주어지지 않으면 $C_p = 0.3$)
Δt : 외부공기와 작업장 내 온도차$[℃]$

15

어떤 작업장의 환기시스템에서 송풍량 $0.165m^3/s$, 덕트의 지름 $11cm$, 후드 유입계수 0.8, 공기의 비중량 $1.293kg_f/m^3$일 때 후드의 정압$[mmH_2O]$을 구하시오.

$$V = \frac{Q}{A} = \frac{Q}{\frac{\pi d^2}{4}} = \frac{0.165}{\frac{\pi \times 0.11^2}{4}} = 17.36m/s$$

$$VP = \frac{\gamma V^2}{2g} = \frac{1.293 \times 17.36^2}{2 \times 9.8} = 19.88mmH_2O$$

$$F = \frac{1}{C_e^2} - 1 = \frac{1}{0.8^2} - 1 = 0.56$$

$$SP_h = VP(1+F) = 19.88(1+0.56) = 31.01mmH_2O$$

$$\therefore SP_h = -31.01mmH_2O$$

여기서
SP_h : 후드의 정압$[mmH_2O]$
VP : 속도압(동압)$[mmH_2O]$
F : 압력손실계수 $\left(= \dfrac{1}{C_e^2} - 1\right)$
C_e : 유입계수 $\left(= \sqrt{\dfrac{1}{1+F}}\right)$

국소배기장치 시스템에서 송풍기 앞에 있는 부품들의 압력은 빨아들이는 압력이어야 하기 때문에 음압(-)이 나와야한다. 후드는 송풍기의 앞에 있는 부품이기 때문에 후드의 정압(SP_h)은 음압(-)으로 도출하여야 한다.

16

공기 중 벤젠 $0.25ppm$(TLV : $0.5ppm$), 톨루엔 $25ppm$(TLV : $50ppm$), 크실렌 $60ppm$(TLV : $100ppm$)의 혼합물이 서로 상가작용할 때 다음을 구하시오.

(1) 허용농도 초과여부
(2) 혼합공기 허용농도$[ppm]$

(1) $EI = \dfrac{C_1}{T_1} + \dfrac{C_2}{T_2} + \cdots + \dfrac{C_n}{T_n}$

  $= \dfrac{0.25}{0.5} + \dfrac{25}{50} + \dfrac{60}{100} = 1.6$

  1을 초과하였으므로 ∴ 노출기준을 초과

  여기서,
  C : 화학물질 각각의 측정치
  T : 화학물질 각각의 노출기준

  $EI > 1$: 노출기준을 초과
  $EI < 1$: 노출기준을 초과하지 않음

(2) 혼합물의 $TLV - TWA$

  $= \dfrac{C_1 + C_2 + \cdots + C_n}{EI}$

  $= \dfrac{0.25 + 25 + 60}{1.6} = 53.28\,ppm$

17

21℃, 1기압의 어느 작업장에서 톨루엔을 $2kg/hr$씩 사용(증발)할 때, 필요 환기량 $[m^3/\min]$을 구하시오.
(단, 톨루엔의 분자량은 92, TLV는 $100ppm$, 안전계수는 6이다.)

사용량$[g/hr] = S \times G \times 10^3$

$Q = \dfrac{24.1 \times S \times G \times K \times 10^6}{M \times TLV}$

  $= \dfrac{24.1 \times 사용량[g/hr] \times K \times 10^3}{M \times TLV}$

  $= \dfrac{24.1 \times 2000 \times 6 \times 10^3}{92 \times 100}$

  $= 31434.78\,m^3/hr \times \left(\dfrac{1hr}{60\min}\right) = 523.91\,m^3/\min$

여기서,
Q : 전체환기량 $[m^3/hr]$
S : 유해물질의 비중
G : 유해물질의 시간당 사용량 $[L/hr]$
K : 안전계수(혼합계수)
M : 유해물질의 분자량
TLV : 유해물질의 노출기준 $[ppm]$
24.1 : $1atm$, 21℃에서 공기의 부피 $[L]$
$\left(온도보정 : 24.1 \times \dfrac{273+t}{273+21}\right)$
  여기서, t : 실제공기의 온도 [℃]

- 사용량 : 2kg/hr=2000g/hr
- 1hr=60min

18

표준상태($1atm$, 0℃)에서 공기의 밀도가 $1.293\,kg/m^3$일 때, $700mmHg$, 35℃에서 공기의 밀도$[kg/m^3]$를 구하시오.

보일-샤를의 법칙 : $\dfrac{P_1 V_1}{T_1} = \dfrac{P_2 V_2}{T_2}$

$\rho(밀도) = \dfrac{m(질량)}{V(부피)}$ 관계에 따라 밀도와 부피는 반비례 관계이므로,

$\dfrac{P_1}{T_1 \rho_1} = \dfrac{P_2}{T_2 \rho_2}$ 에서,

∴ $\rho_2 = \dfrac{T_1 \rho_1 P_2}{T_2 P_1} = \dfrac{(273+0) \times 1.293 \times 700}{(273+35) \times 760} = 1.06\,kg/m^3$

- 절대온도(K)=273+섭씨온도(℃)
- 1atm=760mmHg

19

채취 전 여과지 무게 $0.004\mu g$, 채취 후 여과지 무게 $5\mu g$, 회수율 95%, 채취 부피가 $500L$일 때 공기 중 농도$[mg/m^3]$을 구하시오.
(단, 소수점 넷 째 자리까지 구하시오.)

$mg/m^3 = \dfrac{(5-0.004)\mu g \times \left(\dfrac{10^{-3}mg}{1\mu g}\right)}{500L \times \left(\dfrac{1m^3}{1000L}\right) \times 0.95} = 0.0105\,mg/m^3$

- 1g=1000mg=1000000μg → 1μg=10^{-3}mg
- 1m^3=1000L

20

외부식 후드에 플랜지가 붙고 자유공간에 설치된 후드와 플랜지가 붙고 바닥에 설치된 후드가 있다. 플랜지가 붙고 바닥에 설치된 후드의 공기량은 플랜지가 붙고 자유공간에 설치된 후드에 비하여 필요공기량을 몇 % 감소시킬 수 있는가?

자유공간 위치, 플랜지 부착
: $Q_1 = 0.75\,V(10X^2 + A)$

바닥면 위치, 플랜지 부착
: $Q_2 = 0.5\,V(10X^2 + A)$

$\therefore$ 절감효율 $= \dfrac{Q_1 - Q_2}{Q_1} \times 100$

$= \dfrac{0.75 - 0.5}{0.75} \times 100 = 33.33\%$

*필요송풍량(Q)

조건	필요송풍량 공식
① 자유공간 위치, 플랜지 미부착	$Q = V(10X^2 + A)$
② 자유공간 위치, 플랜지 부착	$Q = 0.75\,V(10X^2 + A)$
③ 바닥면 위치, 플랜지 미부착	$Q = V(5X^2 + A)$
④ 바닥면 위치, 플랜지 부착	$Q = 0.5\,V(10X^2 + A)$

여기서,
Q : 필요송풍량 [$m^3/\min$]
A : 후드의 개구면적 [m^2]
V : 제어속도 [$m/\min$]
X : 후드 중심선으로부터 발생원까지의 거리 [m]

2013 3회차 산업위생관리기사 실기 필답형 기출문제

01
공기역학적 직경에 대해 설명하시오.

대상 먼지와 침강속도가 같고 밀도가 1g/cm³이며, 구형인 먼지의 직경으로 환산된 직경

02
다음 보기를 참고하여 상대위험도(상대위험비)의 정의와 구한 상대위험도(상대위험비)의 의미를 설명하시오.

[보기]
- 노출군 중 환자 : 3
- 노출군 중 대조군 : 15
- 비노출군 중 환자 : 2
- 비노출군 중 대조군 : 20

(1) 정의 : 비노출군에 비해 노출군에서 질병에 걸릴 위험이 얼마나 큰지 나타낸다.

(2) 상대위험도 = $\dfrac{\text{노출군에서 질병발생률}}{\text{비노출군에서 질병발생률}}$

$= \dfrac{\left(\dfrac{3}{3+15}\right)}{\left(\dfrac{2}{2+20}\right)} = 1.83$

상대위험비(1.83) > 1이기 때문에 위험이 증가한다.

*상대위험도(비교위험도)
비노출군에 비해 노출군에서 질병에 걸릴 위험이 얼마나 큰지 나타낸다.

상대위험도 = $\dfrac{\text{노출군에서 질병발생률}}{\text{비노출군에서 질병발생률}}$

- 상대위험비=1 : 노출과 질병 사이의 연관성이 없음
- 상대위험비>1 : 위험이 증가
- 상대위험비<1 : 질병에 대한 방어효과가 있음

03
물질안전보건자료(MSDS)의 작성 · 비치대상에서 제외되는 화학물질 6가지를 쓰시오.

① 「화장품법」에 따른 화장품
② 「농약관리법」에 따른 농약
③ 「폐기물관리법」에 따른 폐기물
④ 「비료관리법」에 따른 비료
⑤ 「사료관리법」에 따른 사료
⑥ 「생활주변방사선 안전관리법」에 따른 원료물질
⑦ 「생활화학제품 및 살생물질의 안전관리에 관한 법률」에 따른 안전확인대상생활화학제품 및 살생물제품 중 일반소비자의 생활용으로 제공되는 제품
⑧ 「식품위생법」에 따른 식품 및 식품첨가물
⑨ 「약사법」에 따른 의약품 및 의약외품
⑩ 「위생용품 관리법」에 따른 위생용품
⑪ 「원자력안전법」에 따른 방사성물질
⑫ 「의료기기법」에 따른 의료기기
⑬ 「총포·도검·화약류 등의 안전관리에 관한 법률」에 따른 화약류
⑭ 「마약류 관리에 관한 법률」에 따른 마약 및 항정신성의약품
⑮ 「건강기능식품에 관한 법률」에 따른 건강기능식품

04
다공질형 흡음재료의 종류 5가지를 쓰시오.

① 석면
② 섬유
③ 암면
④ 유리솜
⑤ 발포수지 재료

05
흡수탑의 충진제 구비조건 3가지를 쓰시오.

① 압력손실이 적을 것
② 충진밀도가 클 것
③ 단위부피 내 표면적이 클 것
④ 세정액의 체류현상이 적을 것

06
인체와 환경 사이의 열평형 방정식을 쓰고, 각 요소를 설명하시오.

$\triangle S = M \pm C \pm R - E$

$\triangle S$: 생체 열용량 변화
M : 작업대사량
C : 대류에 의한 열교환
R : 복사에 의한 열교환
E : 증발에 의한 열교환

07
다음 그림의 빈칸에 알맞은 포집기전을 모두 쓰시오.

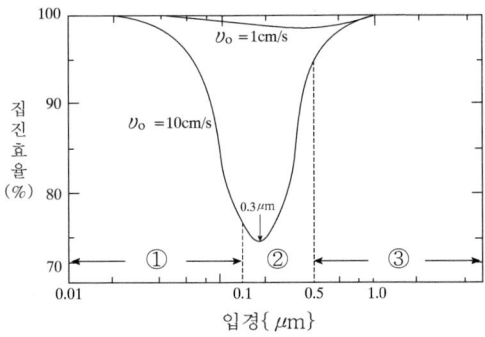

① 0.1μm 미만 입자 : 확산
② 0.1~0.5μm 입자 : 확산, 직접차단
③ 0.5μm 이상 입자 : 관성충돌, 직접차단

08
길항작용의 종류 4가지를 쓰고 설명하시오.

① 배분적 길항작용
물질의 흡수 및 대사 등에 변화를 일으켜 독성이 낮아진다.
② 화학적 길항작용
화학적인 상호반응에 의해 독성이 낮아진다.
③ 기능적 길항작용
생체 내 서로 반대되는 기능을 가져 독성이 낮아진다.
④ 수용적 길항작용
두 화학물질이 같은 수용체에 결합하여 독성이 낮아진다.

09

작업환경측정 및 정도관리 등에 관한 고시상의 가스상 및 증기시료의 포집(채취)방법 5가지를 쓰시오.

① 액체 채취방법
② 고체 채취방법
③ 직접 채취방법
④ 냉각응축 채취방법
⑤ 여과 채취방법

10

공기정화장치 중 여과집진시설의 채취기전(채취원리, 포집원리) 6가지를 쓰시오.

① 직접차단
② 관성충돌
③ 중력침강
④ 확산
⑤ 정전기침강
⑥ 체

11

화학시험의 용어에 대한 각 정의를 쓰시오.

(1) 시험조작 중 "즉시"
(2) "감압 또는 진공"
(3) "약"

(1) 30초 이내에 표시된 조작을 하는 것
(2) 따로 규정이 없는 한 15mmHg 이하
(3) 그 무게 또는 부피에 대하여 ±10% 이상의 차이가 있지 아니한 것

12

덕트 직경이 $10cm$이고 덕트 내 공기의 유속이 $2m/s$일 때 레이놀즈 수와 흐름의 종류를 구하시오.
(단, 공기의 점성계수 $1.8 \times 10^{-5} kg/m \cdot sec$, 공기의 밀도 $1.2 kg/m^3$이다.)

$$Re = \frac{\rho VD}{\mu} = \frac{1.2 \times 2 \times 0.1}{1.8 \times 10^{-5}} = 13333.33$$

$Re > 4000$이므로 ∴ 난류

여기서,
Re : 레이놀즈 수
ρ : 유체 밀도$[kg/m^3]$
V : 유속$[m/s]$
D : 직경$[m]$
μ : 점성계수$[kg/m \cdot s]$

*레이놀즈수에 따른 흐름의 종류

흐름	레이놀즈 수
층류	Re < 2100
천이영역	2100 < Re < 4000
난류	Re > 4000

13

선반을 약품에 담근 후 건조시키는 과정에서 크실렌이 시간당 $1.5L$ 증발한다면 다음 조건을 고려하여 화재 및 폭발방지를 위한 필요환기량 $[m^3/\min]$을 구하시오.

[조건]
- 작업장 외기온도 25℃
- 작업조건의 사용온도 175℃
- 크실렌 비중 0.88
- 크실렌 폭발하한계 1%
- 크실렌 분자량 106, 안전계수 10

$$Q = \frac{24.45 \times \frac{273+t}{273+25} \times S \times G \times K \times 10^2}{M \times LEL \times B}$$

$$= \frac{24.45 \times \frac{273+175}{273+25} \times 0.88 \times 1.5 \times 10 \times 10^2}{106 \times 1 \times 0.7}$$

$$= 653.9 m^3/hr \times \left(\frac{1hr}{60min}\right) = 10.9 m^3/min$$

여기서,
Q : 필요환기량 $[m^3/hr]$
S : 유해물질의 비중
G : 유해물질의 시간당 사용량 $[L/hr]$
K : 안전계수(혼합계수)
M : 유해물질의 분자량
LEL : 폭발하한계 [%]
B : 온도에 따른 상수
　　(120℃ 미만 : 1.0,　120℃ 이상 : 0.7)
24.45 : 1atm, 25℃에서 공기의 부피 [L]
$\left(\text{온도보정} : 24.45 \times \frac{273+t}{273+25}\right)$
　여기서, t : 실제공기의 온도 [℃]

- 1hr = 60min

14

작업장의 체적이 $2500m^3$이며, 작업장에서 메틸클로로포름 증기가 $0.03m^3/\min$으로 발생하고 이때 유효환기량이 $50m^3/\min$일 때 다음을 구하시오.

(1) 작업장의 초기농도가 0인 상태에서 $200ppm$에 도달하는 데 걸리는 시간 [min]
(2) 1시간 후의 농도 [ppm]

(1) $t = -\frac{V}{Q'} \ln\left(\frac{G - Q'C}{G}\right)$

$= -\frac{2500}{50} \ln\left[\frac{0.03 - (50 \times 200 \times 10^{-6})}{0.03}\right]$

$= 20.27 \min$

여기서,
t : 농도 C에 도달하는 데 걸리는 시간 [min]
V : 작업장의 체적 $[m^3]$
Q' : 유효환기량 $[m^3/\min]$
G : 유해물질의 발생량 $[m^3/\min]$
C : 유해물질의 농도 [ppm]

(2) $C = \frac{G\left(1 - e^{-\frac{Q'}{V}t}\right)}{Q'} = \frac{0.03\left(1 - e^{-\frac{50}{2500} \times 60}\right)}{50}$

$= 4.1928 \times 10^{-4} \times \left(\frac{10^6 ppm}{1}\right) = 419.28 ppm$

- $1 = 10^6 ppm$
- 1hr = 60min

15

측정값이 4, 5, 7, 8, 10, 12ppm일 때 기하평균을 구하시오.

$GM = \sqrt[N]{X_1 \times X_2 \times \cdots \times X_n}$

$= \sqrt[6]{4 \times 5 \times 7 \times 8 \times 10 \times 12} = 7.16 ppm$

여기서,
X : 측정치
N : 측정치의 개수

16

유량 $200m^3/\min$ 이 흐르는 원형직관의 지름이 $40cm$ 이고, 관마찰계수 0.02, 비중량이 $1.2kg_f/m^3$ 일 때 관 길이 $10m$ 당 압력손실 $[mmH_2O]$을 구하시오.

$$V = \frac{Q}{A} = \frac{Q}{\frac{\pi d^2}{4}}$$
$$= \frac{200}{\frac{\pi \times 0.4^2}{4}} = 1591.55 m/\min \times \left(\frac{1\min}{60\sec}\right)$$
$$= 26.53 m/s$$

$$\therefore \triangle P = F \times VP = \lambda \times \frac{L}{D} \times \frac{\gamma V^2}{2g}$$
$$= 0.02 \times \frac{10}{0.4} \times \frac{1.2 \times 26.53^2}{2 \times 9.8} = 21.55 mmH_2O$$

여기서,
$\triangle P$: 압력손실 $[mmH_2O]$
F : 압력손실계수
VP : 속도압 $[mmH_2O]$
λ : 관마찰계수
L : 덕트 길이 $[m]$
D : 덕트 직경 $[m]$
γ : 비중량 $[kg_f/m^3]$
V : 유속 $[m/s]$
g : 중력가속도 $[m/s^2]$

17

흡음재료를 추가하여 총 흡음량이 3배로 증가 시 실내소음 저감량 $[dB]$를 구하시오.

총 흡음량이 3배 증가한거면, $\frac{A_2}{A_1} = 3$이다.

$$\therefore NR = SPL_1 - SPL_2 = 10\log\left(\frac{A_2}{A_1}\right)$$
$$= 10\log 3 = 4.77 dB$$

여기서,
NR : 감음량 $[dB]$
SPL_1, SPL_2 : 실내면에 대한 흡음대책 전후 실내 음압레벨 $[dB]$
A_1, A_2 : 실내면에 대한 흡음대책 전후 실내 흡음력 $[m^2, sabin]$

18

체적이 $1500m^3$ 이고 유효환기량 $1.2m^3/\sec$인 작업장에 메틸클로로포름 증기가 발생하여 $200ppm$의 상태로 오염되었다. 이 상태에서 증기발생이 중지되었다면 $25ppm$까지 농도를 감소시키는데 걸리는 시간 $[\min]$을 구하시오.

$$Q = 1.2m^3/\sec \times \left(\frac{60\sec}{1\min}\right) = 72m^3/\min$$
$$\therefore t = -\frac{V}{Q}\ln\left(\frac{C_2}{C_1}\right)$$
$$= -\frac{1500m^3}{72m^3/\min}\ln\left(\frac{25}{200}\right) = 43.32\min$$

여기서,
C_1 : 유해물질 처음농도
C_2 : 유해물질 노출기준

- $1\min = 60\sec$

19

작업장 내 총 체적이 $300m^2$이다. 이 작업장의 벽체면적은 $100m^2$로 흡음률이 0.5이고, 나머지 바닥과 천장의 흡음률은 각각 0.2일 때 이 작업장의 흡음력$[m^2]$을 구하시오.

$S_{전체} = S_{벽} + S_{천장} + S_{바닥} = 100 + S_{천장} + S_{바닥} = 300m^2$
여기서 천장과 바닥은 면적이 동일하므로,
$S_{천장} = S_{바닥} = S_{벽} = 100m^2$

평균흡음률 $= \dfrac{S_1\overline{a_1} + S_2\overline{a_2} + \cdots S_n\overline{a_n}}{S_1 + S_2 + \cdots + S_n}$

$= \dfrac{100 \times 0.5 + 100 \times 0.2 + 100 \times 0.2}{100 + 100 + 100}$

$= 0.3$

∴ 흡음력 = 총 체적 × 평균 흡음률 = $300 \times 0.3 = 90m^2$

여기서,
S : 사용 재료 면적$[m^2]$
$\overline{a}$: 사용 재료 흡음률

20

선반을 약품에 담근 후 건조시키는 과정에서 톨루엔이 시간당 $0.3L$ 증발한다면 다음 조건을 고려하여 화재 및 폭발방지를 위한 필요환기량 $[m^3/\min]$을 구하시오.
(단, 온도보정은 고려하지 않고 계산하시오.)

[조건]
- 작업장 외기온도 21℃
- 작업조건의 사용온도 70℃
- 톨루엔 비중 0.87
- 톨루엔 폭발하한계(LEL) 5%
- 톨루엔 분자량 92
- LEL의 20% 이하의 농도로 유지하려 한다.

$\leq L$의 20% 이하의 농도로 유지하려 한다.
⇒ 안전계수$(K) = \dfrac{100}{농도} = \dfrac{100}{20} = 5$

$\therefore Q = \dfrac{24.1 \times S \times G \times K \times 10^2}{M \times LEL \times B}$

$= \dfrac{24.1 \times 0.87 \times 0.3 \times 5 \times 10^2}{92 \times 5 \times 1}$

$= 6.84 m^3/hr \times \left(\dfrac{1hr}{60\min}\right) = 0.11 m^3/\min$

여기서,
Q : 필요환기량$[m^3/hr]$
S : 유해물질의 비중
G : 유해물질의 시간당 사용량$[L/hr]$
K : 안전계수(혼합계수)
M : 유해물질의 분자량
LEL : 폭발하한계$[\%]$
B : 온도에 따른 상수
 (120℃ 미만 : 1.0, 120℃ 이상 : 0.7)
24.1 : $1atm$, 25℃에서 공기의 부피$[L]$
 $\left(온도보정 : 24.1 \times \dfrac{273+t}{273+21}\right)$
 여기서, t : 실제공기의 온도$[℃]$

- 1hr = 60min

01
검지관방식으로 측정하는 경우 측정위치 2가지를 쓰시오.

① 해당 작업근로자의 호흡기 및 가스상 물질 발생원에 근접한 위치
② 근로자 작업행동 범위의 주 작업 위치에서 근로자 호흡기 높이

02
송풍기 풍량조절방법 3가지를 쓰시오.

① 회전수 조절법
② 안내익 조절법
③ 댐퍼 부착법

03
다음 설명의 용어를 쓰시오.

(1) 동일 노출집단의 근로자가 작업을 하는 장소
(2) 분석치의 변동 크기가 얼마나 작은가 하는 수치상의 표현
(3) 분석치가 참값에 얼마나 접근하였는가 하는 수치상의 표현

(1) 단위작업장소
(2) 정밀도
(3) 정확도

04
다음 그림의 빈칸에 알맞은 포집기전을 모두 쓰시오.

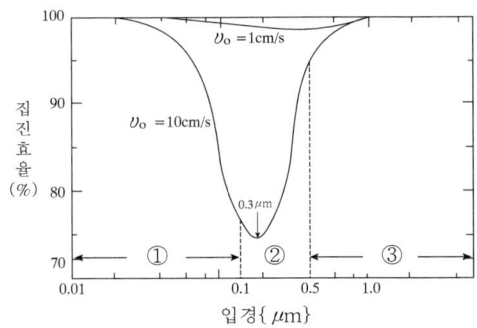

① $0.1\mu m$ 미만 입자 : 확산
② $0.1 \sim 0.5\mu m$ 입자 : 확산, 직접차단
③ $0.5\mu m$ 이상 입자 : 관성충돌, 직접차단

05
다음 그림의 빈칸을 채우시오.

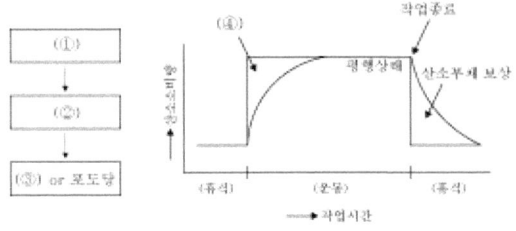

<혐기성 대사 순서> <작업시간 및 종료 시의 산소소비량>

① ATP
② CP
③ 글리코겐
④ 산소부채

06

작업장에서 $100dB(A)$의 소음이 발생하는 경우 다음 대책을 2가지씩 쓰시오.

(1) 공학적 대책
(2) 작업관리 대책
(3) 근로자 건강보호 대책

(1) 흡음, 차음
(2) 작업방법 변경, 저소음기계로 대체
(3) 귀마개 착용, 귀덮개 착용

07

인체와 환경 사이의 열평형 방정식을 쓰고, 각 요소를 설명하시오.

$\triangle S = M \pm C \pm R - E$

$\triangle S$: 생체 열용량 변화
M : 작업대사량
C : 대류에 의한 열교환
R : 복사에 의한 열교환
E : 증발에 의한 열교환

08

소음 전파과정에서 나타나는 물리적 특성(현상) 5가지를 쓰시오.

① 반사
② 흡수
③ 투과
④ 굴절
⑤ 회절

09

변이계수에 대한 각 물음에 답하시오.

(1) 정의
(2) 중요성
(3) 공식

(1) 통계집단의 측정값들에 대한 균일성과 정밀성의 정도를 표현한 값
(2) 단위가 서로 다른 집단이나 특성값의 상호 산포도를 비교하는 데 이용할 수 있어 중요하다.
(3) $CV(\%) = \dfrac{표준편차}{평균치} \times 100$

10

석면 또는 금속 흄 등 채취시 MCE막 여과지를 사용하는 이유를 2가지 쓰시오.

① 산에 쉽게 용해되고 가수분해되며, 습식 회화되기 때문에 공기 중 입자상 물질 중 금속을 채취하여 원자흡광광도법으로 분석할 때 적당하다.
② 직경 37mm, 여과지 구멍의 크기가 $0.45 \sim 0.8 \mu m$ 정도로 작아 금속흄 채취가 가능하다.
③ 유해물질이 여과지의 표면에 주로 침착되어 석면 등 현미경 분석을 위한 시료채취에 유리하다.

11

고체흡착방법 중 하나인 활성탄관을 사용할 때 일반적으로 파과가 안되기 위한 기준치를 설명하시오.

뒷층의 흡착량이 앞층의 흡착량의 10% 이내이면 파과가 일어나지 않는다.

12

ACGIH에서 TLV 설정, 개정 시 이용되는 자료 3가지를 쓰시오.

① 사업장 역학조사 자료
② 동물실험 자료
③ 인체실험 자료
④ 화학구조상의 유사성

13

다음 보기는 작업환경 측정시간에 대한 내용일 때 빈칸을 채우시오.

[보기]
작업환경 측정시간은 시간가중 평균기준(TWA)이 설정되어 있는 대상물질을 측정하는 경우에는 1일 작업시간 동안 (①)시간 이상 연속 측정하거나, 작업시간을 등간격으로 나누어 (②)시간 이상 연속 분리 측정하여야 한다.

① 6 ② 6

14

국소배기장치 성능시험 또는 점검 시 필수장비 5가지를 쓰시오.

① 줄자
② 발연관
③ 청음기 또는 청음봉
④ 절연저항계
⑤ 열선풍속계
⑥ 표면온도계 및 초자온도계

15

비중을 갖는 입자상 물질(흄, 먼지 등)을 전체 환기로 적용하지 않는 이유를 쓰시오.

비중을 갖는 입자상 물질은 희석효과보다는 국소배기로 처리하는 것이 바람직하다.

16

대기압이 $1atm$인 화학공장에서 환기장치의 설치가 어려워 유해성이 적은 사용물질로 변경하려 한다. 아래 보기의 A물질과 B물질을 비교하여 어느 물질을 선정하는 것이 적절한지 그 이유를 쓰시오.

[보기]
A물질 : TLV $100ppm$, 증기압 $25mmHg$
B물질 : TLV $350ppm$, 증기압 $100mmHg$

A물질 $- VHI = \log\left(\dfrac{C}{TLV}\right) = \log\left(\dfrac{\frac{25}{760} \times 10^6}{100}\right) = 2.52$

B물질 $- VHI = \log\left(\dfrac{C}{TLV}\right) = \log\left(\dfrac{\frac{100}{760} \times 10^6}{350}\right) = 2.58$

VHI(증기 위험화지수)값이 적은 것을 선정하는 것이 바람직하기 때문에 ∴ A물질

여기서,
VHI : 증기 위험화지수
C : 최고농도(포화농도) $\left(= \dfrac{증기압}{760} \times 10^6\right)$
TLV : 노출기준

17

두 개의 버블러를 연속적으로 연결하여 시료를 채취할 때, 첫 번째 버블러의 채취효율이 70%이고, 총 집진효율이 99%일 때 두 번째 버블러의 채취효율[%]을 구하시오.

$\eta_T = \eta_1 + \eta_2(1-\eta_1)$
$0.99 = 0.7 + \eta_2(1-0.7)$
$\therefore \eta_2 = 0.9667 = 96.67\%$

여기서,
η_1 : 1차 집진장치 집진율
η_2 : 2차 집진장치 집진율

18

38세 된 남성근로자의 육체적 작업능력(PWC)은 $16kcal/\min$이다. 이 근로자가 1일 8시간 동안 물체를 운반하고 있으며 이때의 작업 대사량은 $9kcal/\min$이고, 휴식 시 대사량은 $1.4kcal/\min$이다. 이 사람의 적정 휴식시간과 작업시간의 배분(매시간별)은 어떻게 하는 것이 이상적인가?

$$휴식시간 = 60 \times \frac{\frac{PWC}{3} - 작업대사량}{휴식대사량 - 작업대사량}$$

$$= 60 \times \frac{\frac{16}{3} - 9}{1.4 - 9} = 28.95분$$

작업시간 $= 60분 - 휴식시간 = 60 - 28.95 = 31.05분$

19

표준공기가 흐르는 덕트의 직경 $100mm$, 점성계수 $1.607 \times 10^{-4} poise$, 밀도 $1.2kg/m^3$, 레이놀즈 수 30000일 때 덕트의 유속$[m/\sec]$을 구하시오.

$\mu = 1.607 \times 10^{-4} poise \times \left(\frac{1g/cm \cdot \sec}{poise}\right)\left(\frac{1kg}{1000g}\right)\left(\frac{100cm}{1m}\right)$
$= 1.607 \times 10^{-5} kg/m \cdot \sec$

$Re = \frac{\rho VD}{\mu}$ 에서,

$\therefore V = \frac{Re \times \mu}{\rho D} = \frac{30000 \times 1.607 \times 10^{-5}}{1.2 \times 0.1} = 4.02 m/\sec$

여기서,
Re : 레이놀즈 수
ρ : 유체 밀도$[kg/m^3]$
V : 유속$[m/s]$
D : 직경$[m]$
μ : 점성계수$[kg/m \cdot s]$

- 1poise=1g/cm·sec
- 1kg=1000g
- 1m=100cm

20

작업대 위에서 용접할 때 흄(fume)을 포집 제거하기 위해 작업면에 고정된 플랜지가 붙은 외부식 사각형 후드를 설치하였다면 다음을 구하시오.
(단, 개구면에서 작업지점까지의 거리는 $40cm$, 제어속도는 $1m/s$, 후드 개구면의 규격은 $30cm \times 40cm$ 이다.)

(1) 필요 송풍량$[m^3/\min]$
(2) 플랜지 폭$[cm]$

(1) 바닥면 위치, 플랜지 부착이므로,
$A = 0.3 \times 0.4 = 0.12 m^2$
$\therefore Q = 0.5V(10X^2 + A)$
$= 0.5 \times 1 \times (10 \times 0.4^2 + 0.12)$
$= 0.86 m^3/\sec \times \left(\dfrac{60\sec}{1\min}\right) = 51.6 m^3/\min$

(2) $W = \sqrt{A} = \sqrt{30 \times 40} = 34.64 cm$

*필요송풍량(Q)

조건	필요송풍량 공식
① 자유공간 위치, 플랜지 미부착	$Q = V(10X^2 + A)$
② 자유공간 위치, 플랜지 부착	$Q = 0.75V(10X^2 + A)$
③ 바닥면 위치, 플랜지 미부착	$Q = V(5X^2 + A)$
④ 바닥면 위치, 플랜지 부착	$Q = 0.5V(10X^2 + A)$

여기서,
Q : 필요송풍량$[m^3/\min]$
A : 후드의 개구면적$[m^2]$
V : 제어속도$[m/\min]$
X : 후드 중심선으로부터 발생원까지의 거리$[m]$

2014 2회차
산업위생관리기사 실기
필답형 기출문제

01
다음 보기를 참고하여 제어속도 범위가 증가되는 순서대로 나열하시오.

[보기]
① 탱크에서 증발, 탈지시설
② 연마작업, 블라스트 작업
③ 컨베이어 적재, 분쇄기
④ 용접, 도금작업

① → ④ → ③ → ②

*제어속도 범위(ACGIH)

작업조건	작업공정 사례	제어속도 [m/s]
움직이지 않는 공기 중 속도없이 배출되는 작업조건 조용한 대기 중에 실제 거의 속도가 없는 상태로 발산하는 경우의 작업조건	- 탱크에서 증발, 탈지시설 - 액면에서 발생하는 가스나 증기 흄	0.25~0.5
비교적 조용한 대기 중 저속도로 비산하는 작업조건	- 용접, 도금작업 - 스프레이 도장 - 주형을 부수고 모래를 터는 장소	0.5~1.0
발생 기류가 높고 유해물질이 활발하게 발생하는 작업조건	- 스프레이 도장, 용기 충전 - 분쇄기 - 컨베이어 적재	1.0~2.5
초고속 기류가 있는 작업장소에 초고속으로 비산하는 경우	- 회전 연삭작업 - 연마작업 - 블라스트 작업	2.5~10

02
다음 그림은 활성탄관일 때 빈칸에 알맞은 명칭을 쓰시오.

(②)   (③)

① 유리관   ② 유리섬유   ③ 우레탄 폼

03
유해 위험성(환경 위해도) 평가 5단계를 쓰시오.

① 유해성 확인
② 용량 반응 평가
③ 노출 평가
④ 위험성 관리
⑤ 위험성 결정

여기서 만약, 4단계를 구하라고 하면 '위험성 관리'를 빼고 4단계로 완성하면 됩니다.

04
적정공기 조건 3가지를 쓰시오.

① 산소농도의 범위가 18% 이상 23.5% 미만인 수준의 공기
② 탄산가스의 농도가 1.5% 미만인 수준의 공기
③ 일산화탄소의 농도가 30ppm 미만인 수준의 공기
④ 황화수소의 농도가 10ppm 미만인 수준의 공기

05

오염물질의 확산이동 관찰에 유용하게 사용되며, 대략적인 후드 성능을 평가할 수 있고, 염화제2주석이 공기와 반응하여 흰색 연기를 발생시키는 원리를 사용하고, 레시버식 후드의 개구부 흡입기류 방향을 확인할 수 있는 측정기(시험장비)의 명칭은?

발연관

06

수동식(확산식) 시료채취기의 장·단점 1가지씩 쓰시오.

(1) 장점
① 취급방법이 편리하다.
② 시료채취 전후에 펌프유량을 보정하지 않아도 된다.
③ 근로자들이 편리하게 착용 가능하다.
④ 개인용 펌프가 필요없어 다수의 근로자들이 착용 가능하다.

(2) 단점
채취오염물질의 양이 적어 재현성이 별로다.

07

기하평균과 기하표준편차를 구하는 방법 각각 2가지씩 설명하시오.

(1) 기하평균
① 그래프로 구하는 방법
누적분포에서 50%에 해당하는 값

② 계산에 의한 방법
모든 자료를 대수로 변환하여 평균을 구한 값을 역대수를 취해 구한 값

(2) 기하표준편차
① 그래프로 구하는 방법
누적분포 84.1%에 해당하는 값을 50%에 해당하는 값으로 나눈 값

② 계산에 의한 방법
모든 자료를 대수로 변환하여 표준편차를 구한 값을 역대수를 취해 구한 값

08

중량물 취급작업 권고기준(RWL)의 관계식 및 각 요소를 설명하시오.

$$RWL = LC \times HM \times VM \times DM \times AM \times FM \times CM$$

LC : 중량상수(23kg)
HM : 수평계수
VM : 수직계수
DM : 거리계수
AM : 비대칭계수
FM : 빈도계수
CM : 커플링계수

09

지적온도의 영향인자 5가지를 쓰시오.

① 계절
② 성별
③ 연령
④ 민족
⑤ 의복
⑥ 작업의 종류
⑦ 작업량
⑧ 주근무시간대

10
배기구 설치규칙 15-3-15에 대하여 설명하시오.

① 15 : 배출구와 흡입구는 서로 15m 이상 떨어질 것
② 3 : 배출구의 높이는 지붕꼭대기나 공기유입구보다 3m 이상 높게 할 것
③ 15 : 배출되는 공기는 재유입되지 않도록 속도를 15m/s 이상 유지할 것

11
원심력식 송풍기를 날개 각도 기준으로 3가지 분류하시오.

① 다익형(전향날개형 송풍기)
② 평판형(방사날개형 송풍기)
③ 터보형(후향날개형 송풍기)

12
아래의 표는 각 조건의 온도와 부피에 대한 표일 때 빈칸을 채우시오.

조건	온도	부피
순수자연과학 (일반대기)	(①)	(②)
산업환기	(③)	(④)
산업위생 (작업환경 측정)	(⑤)	(⑥)

① 0℃   ② 22.4L
③ 21℃ ④ 24.1L
⑤ 25℃ ⑥ 24.45L

13
밀폐공간 환기 시 주의사항 3가지를 쓰시오.

① 작업 전에는 유해공기의 농도가 기준농도를 넘어가지 않도록 충분한 환기를 실시하여야 한다.
② 정전 등에 의한 환기 중단 시에는 즉시 외부로 대피하여야 한다.
③ 밀폐공간의 환기시에는 급기구와 배기구를 적절하게 배치하여 작업장내 환기가 효과적으로 이루어지도록 하여야 한다.

14
다음 그림은 후드의 기류 분류를 나타내는 것으로 배출구의 직경(폭)이 10배, 30배, 40배일 때 감소되는 분출 중심속도의 %를 빈칸에 알맞게 채우시오.

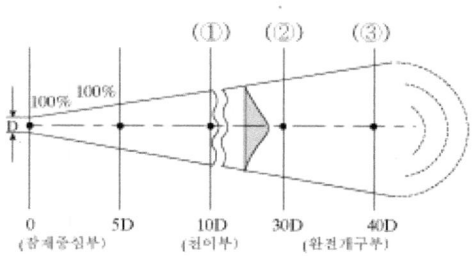

① 80%   ② 50%   ③ 40%

15
활성탄관에서 앞층과 뒷층을 구분하는 이유를 쓰시오.

시료채취를 정확하게 하고, 파과현상으로 인한 오염물질 과소평가를 방지하기 위하여

16

$89.6°F$, $750mmHg$ 상태의 배기가스 $3m^3$를 표준상태에서의 부피$[m^3]$로 구하시오.

$T_1 = 89.6°F = \frac{9}{5} \times °C + 32 \Rightarrow T_1 = 32°C$

$\frac{P_1V_1}{T_1} = \frac{P_2V_2}{T_2}$ 에서,

$\therefore V_2 = \frac{P_1V_1T_2}{T_1P_2} = \frac{750 \times 3 \times (273+0)}{(273+32) \times 760} = 2.65m^3$

- 문제 조건은 일반대기이므로,
  - 초기압력(P_1) : 1atm(=760mmHg)
  - 초기온도(T_1) : 0°C [=(273+0)K]

17

톨루엔을 분석한 결과 검량선을 구한 것의 식이 아래와 같고 면적은 $1126952m^2$일 때 톨루엔의 농도$[ppm]$을 구하시오.

공기 채취량	12L
작업장 온도	25°C
톨루엔 분자량	92.13

[공식]
반응 피크면적 = $8723 \times$ 톨루엔의 양$[\mu g] + 816.2$

반응 피크면적 = $8723 \times$ 톨루엔의 양$[\mu g] + 816.2$
$1126952 = 8723 \times$ 톨루엔의 양$[\mu g] + 816.2$
톨루엔의 양 = $129.1 \mu g$

$mg/m^3 = \frac{129.1\mu g \times \left(\frac{10^{-3}mg}{1\mu g}\right)}{12L \times \left(\frac{10^{-3}m^3}{1L}\right)} = 10.76 mg/m^3$

$\therefore ppm = mg/m^3 \times \frac{부피}{분자량} = 10.76 \times \frac{24.45}{92.13} = 2.86 ppm$

- 1g=1000mg=1000000μg → 1μg=10^{-3}mg
- 1m^3=1000L → 1L=$10^{-3}m^3$
- 1atm, 25°C의 부피 = 24.45L

18

공기 중 톨루엔에 대한 방독마스크 흡수관 수명이 $5000ppm$에서 60분일 때 다음을 구하시오.

(1) 공기 중 톨루엔 농도가 $200ppm$인 경우 방독마스크 사용 가능시간[분]
(2) 방독마스크 보호계수가 50이고, 방독마스크 안의 농도가 $20ppm$인 경우 공기 중 톨루엔의 농도$[ppm]$

(1) 유효시간 = $\frac{표준유효시간 \times 시험가스 농도}{작업장 공기 중 유해가스 농도}$
$= \frac{60 \times 5000}{200} = 1500$분

(2) $PF = \frac{C_o}{C_i}$ 에서,
$\therefore C_o = PF \times C_i = 50 \times 20 = 1000 ppm$

여기서,
PF : 보호계수
C_o : 보호구 밖의 농도
C_i : 보호구 안의 농도

19

음의 속도가 $340m/sec$, 파장이 $10m$일 경우 주파수(Hz)를 구하시오.

$C = f \times \lambda$ 에서,
$\therefore f = \frac{C}{\lambda} = \frac{340}{10} = 34 Hz$

20

$0.001N-NaOH$의 pH를 구하시오.

$pOH = -\log[OH^-] = -\log[0.001] = 3$
$pH + pOH = 14$
$\therefore pH = 14 - 3 = 11$

2014 3회차 산업위생관리기사 실기 필답형 기출문제

01
다음 보기는 산업위생의 정의(AIHA)일 때 빈칸을 채우시오.

[보기]
근로자나 일반 대중에게 질병, 건강장애와 안녕방해, 심각한 불쾌감 및 능률 저하 등을 초래하는 작업환경요인과 스트레스를 (①), (②), (③)하고 (④)하는 과학과 기술이다.

① 예측 ② 측정 ③ 평가 ④ 관리

02
휘발성 유기화합물(VOC) 처리방법 2가지를 쓰고 각각 특징 2가지씩 쓰시오.

(1) 불꽃연소법
① VOC 농도가 높은 경우에 적합
② 시스템이 간단하여 보수가 용이

(2) 촉매산화법
① VOC 농도가 낮은 경우에 적합
② 저온에서 처리하여 CO_2와 H_2O로 완전 무해화시킴

03
여과집진장치의 여과포 눈막힘 현상의 대책 2가지를 쓰시오.

① 여과집진장치 정지 후 탈진 실시
② 여과집진장치 내 각부 온도를 산노점 이상 유지

04
원자흡광광도법의 램버티-비어(Lambert-Beer)법칙의 공식과 각 요소를 설명하고 원리를 설명하시오.

① 공식 : $I_t = I_o \times 10^{-\varepsilon \times C \times L}$

② 각 요소
I_t : 투사광의 강도
I_o : 입사광의 강도
ε : 흡광계수
C : 농도
L : 빛의 투사거리

③ 원리
I_o가 C, L인 용액층을 통과하면 용액에 빛이 흡수되어 I_o가 감소되는 것을 이용하는 원리

05

다음 표의 빈칸에 들어갈 용어를 쓰시오.

물질명	생물학적 검체대상	결정인자 (대사산물)	시료채취 시간
아세톤	(①)	아세톤	작업종료 시
카드뮴	혈액	(②)	중요하지 않음
일산화탄소	(③)	일산화탄소	(④)
클로로벤젠	소변	(⑤)	작업종료 시
크롬(VI)	소변	크롬	(⑥)

① 소변
② 카드뮴
③ 호기
④ 작업종료 시
⑤ 총 4-chlorocatechol 또는 총 p-chlorophenol
⑥ 주말 작업종료 시

※ 화학물질의 생물학적 노출지표물질

화학물질	대사산물(측정대상물질)	시료채취시기
납	혈액 중 납 뇨 중 납	중요치 않은
카드뮴	혈액 중 카드뮴 뇨 중 카드뮴	중요치 않은
일산화탄소	호기에서 일산화탄소 혈액 중 carboxyhemoglobin	작업 종료시
벤젠	뇨 중 총 페놀 뇨 중 t,t-뮤코닉산	작업 종료시
에틸벤젠	뇨 중 만델린산	작업 종료시
니트로벤젠	뇨 중 p-니트로페놀	작업 종료시
아세톤	뇨 중 아세톤	작업 종료시
톨루엔	뇨 중 o-크레졸 혈액, 호기에서 톨루엔	작업 종료시
크실렌	뇨 중 메틸마뇨산	작업 종료시
스티렌	뇨 중 만델린산	작업 종료시
노말헥산 (n-헥산)	뇨 중 2,5-hexanedione 뇨 중 n-헥산	작업 종료시
클로로벤젠	뇨 중 총 4-chlorocatechol 뇨 중 총 p-chlorophenol	작업 종료시
페놀	뇨 중 메틸마뇨산	작업 종료시
N,N-디메틸포름아미드	뇨 중 N-메틸포름아미드	작업 종료시
트리클로로에틸렌	뇨 중 삼염화초산 (트리클로로초산)	주말작업 종료시
테트라클로로에틸렌	뇨 중 삼염화초산 (트리클로로초산)	주말작업 종료시
트리클로로에탄	뇨 중 삼염화초산 (트리클로로초산)	주말작업 종료시
사염화에틸렌	뇨 중 삼염화초산 (트리클로로초산) 뇨 중 삼염화에탄올	주말작업 종료시
크롬(수용성 흄)	뇨 중 총 크롬	주말작업 종료시 주간작업 중
이황화탄소	뇨 중 TTCA 뇨 중 이황화탄소	당일 작업종료 2시간 전부터 작업종료 사이에 채취
메탄올	뇨 중 메탄올	—

※ 비고
① 배출이 빠르고 반감기가 짧은 물질(5분 이내)에 대해서 시료채취시기가 많이 중요하다.
② 반감기가 긴 물질(중금속)에 대해서 시료채취시기는 중요하지 않다.
③ 축적이 누적되는 유해물질(PCV, 카드뮴, 납 등)인 경우 노출 전에 기본적인 내재용량을 평가하는게 바람직하다.

06
산소부채(Oxygen Debt)를 설명하시오.

작업이 끝난 후 남아있는 젖산을 제거하기 위해서는 산소가 더 필요하며, 이때 동원되는 산소 소비량이다.

07
덕트의 조도에 대하여 설명하시오.

일반적으로 상대조도를 의미하며 내면의 거칠기 정도를 말한다.

08
다음 용어를 설명하시오.

(1) 개인시료채취
(2) 지역시료채취

(1) 개인시료채취기를 이용하여 가스·증기·분진·흄·미스트 등을 근로자의 호흡위치에서 채취하는 것
(2) 시료채취기를 이용하여 가스·증기·분진·흄·미스트 등을 근로자의 작업행동 범위에서 호흡기 높이에 고정하여 채취하는 것

09
검지관 측정법의 원리와 구조에 대하여 설명하시오.

(1) 원리
오염물질을 통과시켜 반응관 내 검지제와 화학적 작용으로 검지제가 변색되는 것을 이용하여 오염물질 농도를 측정한다.

(2) 구조
일정 내경의 유리관에 검지제를 밀도있게 채워, 그 양 끝을 녹여 봉하고 그 표면에 농도 눈금을 인쇄한 구조

10
산업피로 발생요인 3가지를 쓰시오.

① 작업강도
② 작업시간
③ 작업편성
④ 작업환경조건

11
흄의 생성기전 3단계를 쓰시오.

1단계 : 금속의 증기화
2단계 : 증기물의 산화
3단계 : 산화물의 응축

12
송풍관 내 공기의 기류(유속) 측정기기 3가지를 쓰시오.

① 피토관
② 열선 풍속계
③ 풍향 풍속계
④ 풍차 풍속계
⑤ 카타온도계
⑥ 회전 날개형 풍속계
⑦ 그네 날개형 풍속계

13
ACGIH에서 정한 입자상물질의 입자크기별로 3가지로 분류하고 각각 평균입경을 쓰시오.

① 흡입성 입자상 물질(IPM) : $100\mu m$
② 흉곽성 입자상 물질(TPM) : $10\mu m$
③ 호흡성 입자상 물질(RPM) : $4\mu m$

14
제어속도(포착속도)에 대한 각 물음에 답하시오.

(1) 정의
(2) 제어속도 결정 시 고려사항 3가지

(1) 제어속도 정의
유해물질을 후드쪽으로 흡인하기 위해 필요한 기류속도

(2) 제어속도 결정 시 고려사항
① 후드의 형식
② 유해물질의 비산방향
③ 유해물질의 비산거리
④ 유해물질의 종류
⑤ 작업장 내 방해 기류

15
보건관리자 업무 3가지를 쓰시오.

① 산업보건의의 직무
② 업무수행 내용의 기록·유지
③ 사업장 순회점검·지도 및 조치의 건의

*보건관리자 업무
① 산업안전보건위원회에서 심의·의결한 업무와 안전보건관리규정 및 취업규칙에서 정한 업무
② 안전인증대상 기계·기구등과 자율안전확인대상 기계·기구등 중 보건과 관련된 보호구 구입 시 적격품 선정에 관한 보좌 및 조언·지도
③ 물질안전보건자료의 게시 또는 비치에 관한 보좌 및 조언·지도
④ 위험성평가에 관한 보좌 및 조언·지도
⑤ 산업보건의의 직무
⑥ 해당 사업장 보건교육계획의 수립 및 보건교육 실시에 관한 보좌 및 조언·지도
⑦ 작업장 내에서 사용되는 전체 환기장치 및 국소배기장치 등에 관한 설비의 점검과 작업방법의 공학적 개선에 관한 보좌 및 조언·지도
⑧ 사업장 순회점검·지도 및 조치의 건의
⑨ 산업재해 발생의 원인 조사·분석 및 재발방지를 위한 기술적 보좌 및 조언·지도
⑩ 산업재해에 관한 통계의 유지·관리·분석을 위한 보좌 및 조언·지도
⑪ 법 또는 법에 따른 명령으로 정한 보건에 관한 사항의 이행에 관한 보좌 및 조언·지도
⑫ 업무수행 내용의 기록·유지

16

측정값이 0.4, 1.5, 15, 78 μm일 때 다음을 구하시오.

(1) 산술평균
(2) 기하평균

(1) 산술평균 $= \dfrac{0.4+1.5+15+78}{4} = 23.73\mu m$

(2) $GM = \sqrt[N]{X_1 \times X_2 \times \cdots \times X_n}$
$= \sqrt[4]{0.4 \times 1.5 \times 15 \times 78} = 5.15\mu m$

여기서,
X : 측정치
N : 측정치의 개수

17

유량, 측정시간, 회수율 및 분석에 의한 오차가 각각 10%, 7%, −5%, −10%일 때, 누적오차[%]를 구하고, 오차를 최소화하기 위한 우선적 개선항목을 모두 쓰시오.

(1) $E_c = \sqrt{E_1^2 + E_2^2 + \cdots + E_n^2}$
$= \sqrt{10^2 + 7^2 + (-5)^2 + (-10)^2} = 16.55\%$

여기서,
$E_1, E_2, \cdots, E_n$: 각 요소에 대한 오차[%]

(2) 유량, 분석
우선적 개선항목은 절대값이 가장 큰 항목을 선택하면 된다.

18

작업장의 체적이 $100000 m^3$이며, 작업장에서 메틸클로로포름 증기가 $1.2 m^3/\min$으로 발생하고 이때 환기량이 $6000 m^3/\min$(**유효환기량이 $2000 m^3/\min$**)일 때 다음을 구하시오.

(1) 작업장의 초기농도가 0인 상태에서 200 ppm에 도달하는 데 걸리는 시간[min]
(2) 1시간 후의 농도[ppm]

(1) $t = -\dfrac{V}{Q'} \ln\left(\dfrac{G-Q'C}{G}\right)$

$= -\dfrac{100000}{2000} \ln\left[\dfrac{1.2 - (2000 \times 200 \times 10^{-6})}{1.2}\right]$

$= 20.27 \min$

여기서,
t : 농도 C에 도달하는 데 걸리는 시간[min]
V : 작업장의 체적[m^3]
Q' : 유효환기량[$m^3/\min$]
G : 유해물질의 발생량[$m^3/\min$]
C : 유해물질의 농도[ppm]

(2) $C = \dfrac{G\left(1 - e^{-\frac{Q'}{V}t}\right)}{Q'} = \dfrac{1.2\left(1 - e^{-\frac{2000}{100000} \times 60}\right)}{2000}$

$= 4.1928 \times 10^{-4} \times \left(\dfrac{10^6 ppm}{1}\right) = 419.28 ppm$

- $1 = 10^6 ppm$
- $1 hr = 60 \min$

19

$2000m^3$인 사무실에 30명의 근로자가 있다. 실내 CO_2 농도를 $700ppm$으로 유지하려 할 때 시간당 공기교환횟수[회/hr]을 구하시오.
(단, 1인당 CO_2 배출량은 흡연을 고려하여 $45L/hr$로 하고, 외기 CO_2농도는 $400ppm$ 이다.)

$$Q = \frac{M}{C_s - C_o} \times 100$$

$$= \frac{45L/hr \times \left(\frac{1m^3}{1000L}\right)}{0.07 - 0.04} \times 100$$

$$= 150m^3/hr \times 30명 = 4500m^3/hr$$

$$\therefore ACH = \frac{Q}{V} = \frac{4500}{2000} = 2.25회/hr$$

여기서,
Q : 필요환기량$[m^3/hr]$
M : 이산화탄소 발생량$[m^3/hr]$
C_s : 실내 이산화탄소 기준농도[%]
C_o : 실외 이산화탄소 기준농도[%]
V : 작업장 용적$[m^3]$

- $1m^3 = 1000L$
- $1 = 100\% = 1000000ppm \rightarrow 1ppm = 10^{-4}\%$
- $700ppm \rightarrow 0.07\%$, $400ppm \rightarrow 0.04\%$

20

재순환 공기의 CO_2 농도는 $650ppm$이고 급기의 CO_2 농도는 $450ppm$일 때 급기 중의 외부공기 포함량[%]을 구하시오.
(단, 외부공기의 CO_2농도는 $330ppm$이다.)

$$Q_A = \frac{C_r - C_s}{C_r - C_0} \times 100 = \frac{650 - 450}{650 - 330} \times 100 = 62.5\%$$

여기서,
Q_A : 급기 중 외부공기 포함량[%]
C_r : 재순환 공기 중 이산화탄소 농도
C_s : 급기 중 이산화탄소 농도
C_0 : 외부 공기 중 이산화탄소 농도

2015 1회차 산업위생관리기사 실기 필답형 기출문제

01
C_5-dip 현상을 설명하시오.

소음성 난청 초기단계로서 4000Hz에서 청력장애가 커지는 현상

02
아래의 그림은 환풍기 배치일 때 그림의 불량, 양호, 우수로 구분하여 쓰시오.

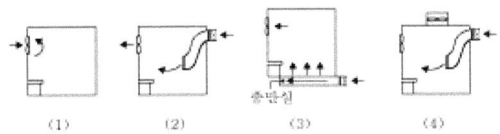

(1) 불량
(2) 양호
(3) 우수
(4) 양호

*환풍기 배치 평가
① 후드와 충만실이 있다 : 우수
② 후드만 있다 : 양호
③ 후드와 충만실 둘 다 없다 : 불량

03
전체환기 적용조건 5가지를 쓰시오.
(단, 국소배기장치가 불가능한 경우는 제외한다.)

① 발생원이 이동성인 경우
② 유해물질이 증기나 가스인 경우
③ 유해물질의 발생량이 적은 경우
④ 유해물질의 독성이 비교적 낮은 경우
⑤ 유해물질이 시간에 따라 균일하게 발생될 경우

04
외부식 후드의 방해기류를 방지하고 송풍량을 절약하기 위한 방법 3가지를 쓰시오.

① 테이퍼 설치
② 슬롯 사용
③ 차폐막 사용
④ 분리날개 설치

05
예비조사 목적 2가지를 쓰시오.

① 동일노출그룹 설정
② 정확한 시료채취 전략 수립

06

Tenax관은 활성탄관과 달리 앞층과 뒤층의 분리가 되어있지 않다. 유해물질이 저농도로 발생할 경우 포집할 때 파과현상을 판단하는 기준을 쓰시오.

튜브 두 개를 연속으로 연결하여 시료 채취 및 분석 후 분석결과에서 뒤쪽 튜브에 분석 성분이 앞쪽 튜브보다 5% 이상이면 파과로 판단

07

작업환경 개선의 공학적 대책 4가지를 쓰고 각각의 방법 또는 대상을 1가지씩 쓰시오.

(1) 대치
① 공정의 변경
② 시설의 변경
③ 물질의 변경

(2) 격리
① 공정의 격리
② 시설의 격리
③ 저장물질의 격리
④ 작업자의 격리

(3) 환기
① 자연환기
② 국소배기
③ 전체환기

(4) 교육
① 근로자에게 작업방법에 대한 교육

08

산소부채(Oxygen Debt)를 설명하시오.

작업이 끝난 후 남아있는 젖산을 제거하기 위해서는 산소가 더 필요하며, 이때 동원되는 산소소비량이다.

09

공기정화장치 중 흡착장치 설계 시 고려사항 3가지 쓰시오.

① 압력손실
② 처리능력
③ 흡착제 수명
④ 충진량

10

방향의 무색 액체로 인화·폭발 위험성이 존재하며 분자량이 92.13이고 대사산물이 소변 중 o-크레졸인 해당 물질의 명칭을 쓰시오.

톨루엔($C_6H_5CH_3$)

11

다음 보기의 '사무실 공기관리 지침' 내용 중 틀린 것을 고르고, 알맞게 고치시오.

[보기]
① 공기정화시설을 갖춘 사무실에서의 환기횟수는 시간당 4회 이상으로 한다.
② 사무실 오염물질 관리기준은 8시간 시간가중 평균농도로 한다.
③ 공기의 측정시료는 사무실 내에서 공기질이 가장 나쁠 것으로 예상되는 3곳 이상에서 채취한다.
④ 사무실 공기질의 측정결과는 측정치 전체 중 최대값을 오염물질 별 관리기준과 비교하여 평가한다.
⑤ 일산화탄소(CO)는 연 1회 이상, 업무시작 후 1시간 이내 및 업무 종료 후 1시간 이내에 각각 10분간 측정을 실시한다.

③ 공기의 측정시료는 사무실 안에서 공기질이 가장 나쁠 것으로 예상되는 2곳 이상에서 채취한다.
④ 사무실 공기질의 측정결과는 측정치 전체에 대한 평균값을 오염물질별 관리기준과 비교하여 평가한다.
⑤ 일산화탄소(CO)는 연 1회 이상, 업무시작 후 1시간 전후 및 종료 전 1시간 전후 각각 10분간 측정을 실시한다.

12

송풍기의 회전수가 $1000 rpm$이고 송풍량이 $28.3 m^3/\min$, 풍압이 $21.6 mmH_2O$, 동력이 $0.5 HP$이다. 회전수가 $1125 rpm$으로 바뀔 때 다음을 구하시오.

(1) 송풍량 $[m^3/\min]$
(2) 풍압 $[mmH_2O]$
(3) 동력 $[HP]$

(1) $\dfrac{Q_2}{Q_1} = \dfrac{N_2}{N_1}$

$\therefore Q_2 = Q_1 \times \dfrac{N_2}{N_1} = 28.3 \times \dfrac{1125}{1000} = 31.84 m^3/\min$

(2) $\dfrac{P_2}{P_1} = \left(\dfrac{N_2}{N_1}\right)^2$

$\therefore P_2 = P_1 \times \left(\dfrac{N_2}{N_1}\right)^2$
$= 21.6 \times \left(\dfrac{1125}{1000}\right)^2 = 27.34 mmH_2O$

(3) $\dfrac{H_2}{H_1} = \left(\dfrac{N_2}{N_1}\right)^3$

$\therefore H_2 = H_1 \times \left(\dfrac{N_2}{N_1}\right)^3 = 0.5 \times \left(\dfrac{1125}{1000}\right)^3 = 0.71 HP$

*송풍기 상사법칙

종류	회전수(N)	직경(D)
풍량(Q)	$\dfrac{Q_2}{Q_1} = \dfrac{N_2}{N_1}$	$\dfrac{Q_2}{Q_1} = \left(\dfrac{D_2}{D_1}\right)^3$
풍압(P)	$\dfrac{P_2}{P_1} = \left(\dfrac{N_2}{N_1}\right)^2$	$\dfrac{P_2}{P_1} = \left(\dfrac{D_2}{D_1}\right)^2$
동력[H]	$\dfrac{H_2}{H_1} = \left(\dfrac{N_2}{N_1}\right)^3$	$\dfrac{H_2}{H_1} = \left(\dfrac{D_2}{D_1}\right)^5$

여기서,
Q_1 : 변경 전 풍량$[m^3/\min]$
Q_2 : 변경 후 풍량$[m^3/\min]$
N_1 : 변경 전 회전수$[rpm]$
N_2 : 변경 후 회전수$[rpm]$
P_1 : 변경 전 풍압$[mmH_2O]$
P_2 : 변경 후 풍압$[mmH_2O]$
D_1 : 변경 전 회전차 직경$[m]$
D_2 : 변경 후 회전차 직경$[m]$
H_1 : 변경 전 동력$[kW]$
H_2 : 변경 후 동력$[kW]$

13

작업장의 체적이 $3000m^3$이며, 작업장에서 메틸클로로포름 증기가 $600L/hr$으로 발생하고 이때 유효환기량이 $56.6m^3/min$일 때 30분 후 작업장의 농도$[ppm]$을 구하시오.

$$G = 600L/hr \times \left(\frac{1hr}{60min}\right) \times \left(\frac{1m^3}{1000L}\right) = 0.01m^3/min$$

$$\therefore C = \frac{G\left(1-e^{-\frac{Q'}{V}t}\right)}{Q'} = \frac{0.01\left(1-e^{-\frac{56.6}{3000} \times 30}\right)}{56.6}$$

$$= 7.636 \times 10^{-5} \times \left(\frac{10^6 ppm}{1}\right) = 76.36 ppm$$

여기서,
t : 농도 C에 도달하는 데 걸리는 시간$[min]$
V : 작업장의 체적$[m^3]$
Q' : 유효환기량$[m^3/min]$
G : 유해물질의 발생량$[m^3/min]$
C : 유해물질의 농도$[ppm]$

- $1hr = 60min$
- $1m^3 = 1000L$
- $1 = 10^6 ppm$

14

합류관에서 유량 $50m^3/min$, $30m^3/min$이 합류하여 흐르고 있고, 합류관의 유속이 $20m/sec$일 때 합류관의 직경$[m]$을 구하시오.

$$Q = AV = \frac{\pi D^2}{4}V \text{에서,}$$

$$\therefore D = \sqrt{\frac{4Q}{\pi V}} = \sqrt{\frac{4 \times (50+30)m^3/min}{\pi \times 20m/sec \times \left(\frac{60sec}{1min}\right)}} = 0.29m$$

- $1min = 60sec$

15

유량 $120m^3/min$이 흐르는 원형직관의 지름이 $30cm$이고, 관마찰계수 0.02, 밀도는 $1.2kg/m^3$일 때 관 길이 $10m$당 압력손실$[mmH_2O]$을 구하시오.

밀도(ρ)가 $1.2kg/m^3$이면, 비중량(γ)은 $1.2kg_f/m^3$이다.

$$V = \frac{Q}{A} = \frac{Q}{\frac{\pi d^2}{4}}$$

$$= \frac{120}{\frac{\pi \times 0.3^2}{4}} = 1697.65m/min \times \left(\frac{1min}{60sec}\right)$$

$$= 28.29m/s$$

$$\therefore \Delta P = F \times VP = \lambda \times \frac{L}{D} \times \frac{\gamma V^2}{2g}$$

$$= 0.02 \times \frac{10}{0.3} \times \frac{1.2 \times 28.29^2}{2 \times 9.8} = 32.67 mmH_2O$$

여기서,
ΔP : 압력손실$[mmH_2O]$
F : 압력손실계수
VP : 속도압$[mmH_2O]$
λ : 관마찰계수
L : 덕트 길이$[m]$
D : 덕트 직경$[m]$
γ : 비중량$[kg_f/m^3]$
V : 유속$[m/s]$
g : 중력가속도$[m/s^2]$

- $1min = 60sec$

16

실내에서 발생하는 이산화탄소의 양이 $0.14m^3/hr$이고, 실외 이산화탄소 농도 0.03%, 실내 이산화탄소 농도 0.1%일 때 필요환기량 $[m^3/hr]$을 구하시오.

$$Q = \frac{M}{C_s - C_o} \times 100 = \frac{0.14}{0.1 - 0.03} \times 100 = 200 m^3/hr$$

17

중심주파수가 $500Hz$인 경우, 하한주파수와 상한주파수를 구하시오.
(단, 1/1옥타브 밴드 기준이다.)

$$f_L = \frac{f_C}{\sqrt{2}} = \frac{500}{\sqrt{2}} = 353.55 Hz$$
$$f_U = 2f_L = 2 \times 353.55 = 707.1 Hz$$

18

화학물질을 다루는 공장에서 서로 상가작용이 있는 파라티온($TLV = 0.1mg/m^3$)과 EPN($TLV = 0.5mg/m^3$)이 $1:4$의 비율로 조성된 액체용제가 증발되어 작업 환경을 오염시킨 경우 이 혼합물의 $TLV[mg/m^3]$을 구하시오.

혼합물의 허용농도
$$= \frac{f_1 + f_2 + \cdots + f_n}{\frac{f_1}{TLV_1} + \frac{f_2}{TLV_2} + \cdots + \frac{f_n}{TLV_n}}$$
$$= \frac{1+4}{\frac{1}{0.1} + \frac{4}{0.5}} = 0.28 mg/m^3$$

여기서,
f : 액체 혼합물에서의 각 성분 무게(중량, 비율)
TLV : 해당 물질의 노출기준

19

선반을 약품에 담근 후 건조시키는 과정에서 크실렌이 시간당 $1.5L$ 증발한다면 다음 조건을 고려하여 화재 및 폭발방지를 위한 필요환기량 $[m^3/\min]$을 구하시오.

[조건]
- 작업장 외기온도 25℃
- 작업조건의 사용온도 175℃
- 크실렌 비중 0.88
- 크실렌 폭발하한계 1%
- 크실렌 분자량 106, 안전계수 10

$$Q = \frac{24.45 \times \frac{273+t}{273+25} \times S \times G \times K \times 10^2}{M \times LEL \times B}$$
$$= \frac{24.45 \times \frac{273+175}{273+25} \times 0.88 \times 1.5 \times 10 \times 10^2}{106 \times 1 \times 0.7}$$
$$= 653.9 m^3/hr \times \left(\frac{1hr}{60\min}\right) = 10.9 m^3/\min$$

여기서,
Q : 필요환기량$[m^3/hr]$
S : 유해물질의 비중
G : 유해물질의 시간당 사용량$[L/hr]$
K : 안전계수(혼합계수)
M : 유해물질의 분자량
LEL : 폭발하한계[%]
B : 온도에 따른 상수
　(120℃ 미만 : 1.0,　120℃ 이상 : 0.7)
24.45 : $1atm$, 25℃에서 공기의 부피$[L]$
$$\left(\text{온도보정} : 24.45 \times \frac{273+t}{273+25}\right)$$
여기서, t : 실제공기의 온도[℃]

- 1hr=60min

20

다음 보기는 분진이 발생하는 작업장에 플랜지 부착 외부식 측방형 후드를 설치한 경우의 조건을 참고하여 각 물음에 답하시오.

[보기]
- 후드 크기 : 60cm×60cm
- 제어속도 : 0.5m/sec
- 후드와 발생원의 거리 : 40cm
- 반송속도 10m/sec
- 관마찰손실계수 : 0.3
- 작업장 내 총 덕트길이 : 5m
- 공기의 비중량 : 1.2kg$_f$/m^3
- 후드 압력손실 : 0.03mmH$_2$O
- 공기정화기 압력손실 : 100mmH$_2$O
- 송풍기 효율 : 75%

*필요송풍량(Q)

조건	필요송풍량 공식
① 자유공간 위치, 플랜지 미부착	$Q = V(10X^2 + A)$
② 자유공간 위치, 플랜지 부착	$Q = 0.75V(10X^2 + A)$
③ 바닥면 위치, 플랜지 미부착	$Q = V(5X^2 + A)$
④ 바닥면 위치, 플랜지 부착	$Q = 0.5V(10X^2 + A)$

여기서,
Q : 필요송풍량[m^3/min]
A : 후드의 개구면적[m^2]
V : 제어속도[m/min]
X : 후드 중심선으로부터 발생원까지의 거리[m]

• 1min=60sec

(1) 필요송풍량[m^3/min]
(2) 덕트직경[m]
(3) 총 압력손실[mmH_2O]
(4) 송풍기 소요동력[kW]

(1) $A = 가로×세로 = 0.6×0.6 = 0.36m^2$
∴ $Q = 0.75V(10X^2 + A)$
$= 0.75×0.5×(10×0.4^2 + 0.36)$
$= 0.735m^3/sec × \left(\dfrac{60sec}{1min}\right) = 44.1m^3/min$

(2) $Q = AV = \dfrac{\pi D^2}{4}V$에서,
$0.735m^3/sec = \dfrac{\pi × D^2}{4} × 10m/sec$
∴ $D = 0.31m$

(3) $\triangle P = F × VP = \lambda × \dfrac{L}{D} × \dfrac{\gamma V^2}{2g}$
$= 0.3 × \dfrac{5}{0.31} × \dfrac{1.2×10^2}{2×9.8}$
$= 29.62 mmH_2O$

∴ 총압력손실 $= 29.62 + 0.03 + 100$
$= 129.65 mmH_2O$

(4) $H = \dfrac{Q × \triangle P}{6120\eta} × \alpha$
$= \dfrac{44.1 × 129.65}{6120 × 0.75} × 1 = 1.25 kW$

01
ACGIH의 허용농도(TLV) 적용상 주의사항 5가지를 쓰시오.

① 대기오염 평가 및 지표에 사용할 수 없다.
② 안전농도와 위험농도를 정확히 구분하는 경계선이 아니다.
③ 작업조건이 다른나라의 ACGIH-TLV를 그대로 사용할 수 없다.
④ 기존의 질병이나 신체적 조건을 판단하기 위한 척도로 사용할 수 없다.
⑤ 독성의 강도를 비교할 수 있는 지표가 아니다.
⑥ 피부로 흡수되는 양은 고려하지 않은 기준이다.
⑦ 반드시 산업보건 전문가에 의하여 설명, 적용 되어야 한다.
⑧ 산업장의 유해조건을 평가하기 위한 지침이다.
⑨ 건강장해를 예방하기 위한 지침이다.
⑩ 24시간 노출 또는 정상 작업시간을 초과한 노출에 대한 독성 평가에는 적용할 수 없다.

02
길항작용의 종류 3가지를 쓰고 설명하시오.

① 배분적 길항작용
물질의 흡수 및 대사 등에 변화를 일으켜 독성이 낮아진다.
② 화학적 길항작용
화학적인 상호반응에 의해 독성이 낮아진다.
③ 기능적 길항작용
생체 내 서로 반대되는 기능을 가져 독성이 낮아진다.
④ 수용적 길항작용
두 화학물질이 같은 수용체에 결합하여 독성이 낮아진다.

03
공기정화장치 중 흡착장치 설계 시 고려사항 3가지 쓰시오.

① 압력손실
② 처리능력
③ 흡착제 수명
④ 충진량

04
다음 보기는 레시버식 캐노피형 후드에 관한 기호일 때 각 용어를 쓰시오.

[보기]
Q_1, Q_2, $Q_2{'}$, m, K_L, K_D

필요송풍량 공식
① 난기류가 없을 경우
$Q = Q_1 + Q_2 = Q_1\left(1 + \dfrac{Q_2}{Q_1}\right) = Q_1(1 + K_L)$
② 난기류가 있을 경우
$Q = Q_1[1 + (m \times K_L)] = Q_1(1 + K_D)$

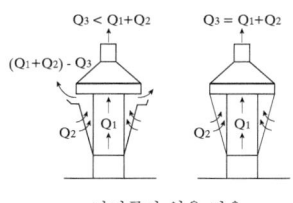
난기류가 없을 경우

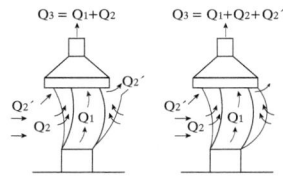
난기류가 있을 경우

① Q_1 : 열상승기류량
② Q_2 : 유도기류량
③ Q_2' : 난류로 인한 누출기류량
④ m : 누출안전계수
⑤ K_L : 누입한계 유량비
⑥ K_D : 설계 유량비

05

인체와 환경 사이의 열평형 방정식을 쓰고, 각 요소를 설명하시오.

$\triangle S = M \pm C \pm R - E$

$\triangle S$: 생체 열용량 변화
M : 작업대사량
C : 대류에 의한 열교환
R : 복사에 의한 열교환
E : 증발에 의한 열교환

06

보건관리자가 작업장에서 시너 사용시 업무 3가지를 쓰시오.

① 대상유해인자 확인
② 유해인자 측정
③ 유해인자의 노출기준과 비교평가

07

후드 분출기류 분류에서 잠재중심부를 설명하시오.

분출중심속도가 분사구출구속도와 동일한 속도를 유지하는 곳 까지의 거리

08

다음 항목의 사무실 공기관리지침상 오염물질 관리기준에 해당하는 오염물질을 각각 쓰시오.

(1) $100\mu g/m^3$ 이하
(2) $10 ppm$ 이하
(3) $148 Bq/m^3$ 이하

(1) 미세먼지(PM10) 또는 포름알데히드(HCHO)
(2) 일산화탄소(CO)
(3) 라돈

*사무실 오염물질의 관리기준

오염물질	관리기준
미세먼지(PM10)	$100\mu g/m^3$ 이하
초미세먼지(PM2.5)	$50\mu g/m^3$ 이하
이산화탄소(CO_2)	1000ppm 이하
일산화탄소(CO)	10ppm 이하
이산화질소(NO_2)	0.1ppm 이하
포름알데히드(HCHO)	$100\mu g/m^3$ 이하
총휘발성 유기화합물(TVOC)	$500\mu g/m^3$ 이하
라돈	$148Bq/m^3$ 이하
총부유세균	$800CFU/m^3$ 이하
곰팡이	$500CFU/m^3$ 이하

09

ACGIH의 입자 크기별 기준 중 호흡성 입자상 물질(RPM)의 침착기전을 설명하시오.

폐포에 침착할 때 독성으로 인한 섬유화 유발로 인해 진폐증을 발생시킨다.

10

대상 먼지와 침강속도가 같고 밀도가 $1g/cm^3$이며, 구형인 먼지의 직경으로 환산된 직경의 명칭은?

공기역학적 직경

11

송풍기의 회전수가 $400rpm$이고 송풍량이 $240m^3/\min$, 풍압이 $60mmH_2O$, 동력이 $5.5HP$이다. 회전수가 $500rpm$으로 바뀔 때 다음을 구하시오.

(1) 송풍량$[m^3/\min]$
(2) 풍압$[mmH_2O]$
(3) 동력$[HP]$

(1) $\dfrac{Q_2}{Q_1} = \dfrac{N_2}{N_1}$

$\therefore Q_2 = Q_1 \times \dfrac{N_2}{N_1} = 240 \times \dfrac{500}{400} = 300 m^3/\min$

(2) $\dfrac{P_2}{P_1} = \left(\dfrac{N_2}{N_1}\right)^2$

$\therefore P_2 = P_1 \times \left(\dfrac{N_2}{N_1}\right)^2$
$= 60 \times \left(\dfrac{500}{400}\right)^2 = 93.75 mmH_2O$

(3) $\dfrac{H_2}{H_1} = \left(\dfrac{N_2}{N_1}\right)^3$

$\therefore H_2 = H_1 \times \left(\dfrac{N_2}{N_1}\right)^3 = 5.5 \times \left(\dfrac{500}{400}\right)^3 = 10.74 HP$

*송풍기 상사법칙

종류	회전수(N)	직경(D)
풍량(Q)	$\dfrac{Q_2}{Q_1} = \dfrac{N_2}{N_1}$	$\dfrac{Q_2}{Q_1} = \left(\dfrac{D_2}{D_1}\right)^3$
풍압(P)	$\dfrac{P_2}{P_1} = \left(\dfrac{N_2}{N_1}\right)^2$	$\dfrac{P_2}{P_1} = \left(\dfrac{D_2}{D_1}\right)^2$
동력[H]	$\dfrac{H_2}{H_1} = \left(\dfrac{N_2}{N_1}\right)^3$	$\dfrac{H_2}{H_1} = \left(\dfrac{D_2}{D_1}\right)^5$

여기서,
Q_1 : 변경 전 풍량$[m^3/\min]$
Q_2 : 변경 후 풍량$[m^3/\min]$
N_1 : 변경 전 회전수$[rpm]$
N_2 : 변경 후 회전수$[rpm]$
P_1 : 변경 전 풍압$[mmH_2O]$
P_2 : 변경 후 풍압$[mmH_2O]$
D_1 : 변경 전 회전차 직경$[m]$
D_2 : 변경 후 회전차 직경$[m]$
H_1 : 변경 전 동력$[kW]$
H_2 : 변경 후 동력$[kW]$

12

노출군에서 질병 발생률 $\frac{10}{100}$, 비노출군에서 질병 발생률 $\frac{1}{100}$일 때 기여위험도를 구하시오.

기여위험도
=노출군에서의 질병발생률-비노출군에서의 질병발생률
$= \frac{10}{100} - \frac{1}{100} = 0.09$

*필요송풍량(Q)

조건	필요송풍량 공식
① 자유공간 위치, 플랜지 미부착	$Q = V(10X^2 + A)$
② 자유공간 위치, 플랜지 부착	$Q = 0.75V(10X^2 + A)$
③ 바닥면 위치, 플랜지 미부착	$Q = V(5X^2 + A)$
④ 바닥면 위치, 플랜지 부착	$Q = 0.5V(10X^2 + A)$

여기서,
Q : 필요송풍량[m^3/min]
A : 후드의 개구면적[m^2]
V : 제어속도[m/min]
X : 후드 중심선으로부터 발생원까지의 거리[m]

13

외부식 후드에 플랜지가 붙고 자유공간에 설치된 후드와 플랜지가 붙고 바닥에 설치된 후드가 있다. 플랜지가 붙고 바닥에 설치된 후드의 공기량은 플랜지가 붙고 자유공간에 설치된 후드에 비하여 필요공기량을 몇 % 감소시킬 수 있는가?

자유공간 위치, 플랜지 부착
: $Q_1 = 0.75V(10X^2 + A)$

바닥면 위치, 플랜지 부착
: $Q_2 = 0.5V(10X^2 + A)$

$\therefore$ 절감효율 $= \frac{Q_1 - Q_2}{Q_1} \times 100$
$= \frac{0.75 - 0.5}{0.75} \times 100 = 33.33\%$

14

지름이 $30cm$인 덕트에 공기가 $100m^3$/min으로 흐르고 있다. 표준공기 상태에서 속도압 [mmH_2O]을 구하시오.

$Q = AV = \frac{\pi D^2}{4}V$ 에서,

$V = \frac{4Q}{\pi D^2} = \frac{4 \times 100m^3/\min \times \left(\frac{1\min}{60\sec}\right)}{\pi \times 0.3^2} = 23.58m/\sec$

$\therefore VP = \left(\frac{V}{4.043}\right)^2 = \left(\frac{23.58}{4.043}\right)^2 = 34.02mmH_2O$

15

선반을 약품에 담근 후 건조시키는 과정에서 톨루엔이 시간당 $0.24L$ 증발한다면 다음 조건을 고려하여 화재 및 폭발방지를 위한 필요환기량 $[m^3/\min]$을 구하시오.

[조건]
- 작업장 외기온도 21℃
- 작업조건의 사용온도 80℃
- 톨루엔 비중 0.9
- 톨루엔 폭발하한계(LEL) 5vol%
- 톨루엔 분자량 92, 안전계수 10

$$Q = \frac{24.1 \times \frac{273+t}{273+21} \times S \times G \times K \times 10^2}{M \times LEL \times B}$$

$$= \frac{24.1 \times \frac{273+80}{273+21} \times 0.9 \times 0.24 \times 10 \times 10^2}{92 \times 5 \times 1}$$

$$= 13.59 m^3/hr \times \left(\frac{1hr}{60\min}\right) = 0.23 m^3/\min$$

여기서,
Q : 필요환기량 $[m^3/hr]$
S : 유해물질의 비중
G : 유해물질의 시간당 사용량 $[L/hr]$
K : 안전계수 (혼합계수)
M : 유해물질의 분자량
LEL : 폭발하한계 [%]
B : 온도에 따른 상수
　　(120℃ 미만 : 1.0, 120℃ 이상 : 0.7)
24.1 : $1atm$, 21℃에서 공기의 부피 $[L]$
　　$\left(\text{온도보정} : 24.1 \times \frac{273+t}{273+21}\right)$
　　여기서, t : 실제공기의 온도 [℃]

- 1hr=60min

16

작업장에서 공기시료 채취용 펌프로 공기를 측정하려 한다. 비누거품미터로 유량을 보정할 때 $1000cc$를 통과하는 데 총 4번 측정한 결과 25.5초, 25.2초, 25.9초, 25.4초가 걸을 때 이 펌프의 평균유량 $[L/\min]$을 구하시오.

$$\text{평균 시료채취 시간} = \frac{\text{측정값의 합}}{\text{측정횟수}}$$

$$= \frac{25.5+25.2+25.9+25.4}{4} = 25.5\text{sec}$$

$$\text{펌프 유량} = \frac{\text{통과하는 부피}}{\text{평균 시료채취 시간}}$$

$$= \frac{1L}{25.5\text{sec} \times \left(\frac{1\min}{60\text{sec}}\right)} = 2.35 L/\min$$

- 1L=1000cc
- 1min=60sec

17

단면의 폭이 $600mm$, 높이가 $350mm$인 장방형 덕트 직관 내 풍량이 $125m^3/\min$, 길이 $5m$, 관마찰손실계수 0.02일 때 압력손실 $[mmH_2O]$을 구하시오.
(단, 비중량은 $1.2kg_f/m^3$이다.)

$$V = \frac{Q}{A} = \frac{Q}{ab} = \frac{125}{0.6 \times 0.35}$$

$$= 595.24 m^3/\min \times \left(\frac{1\min}{60\text{sec}}\right)$$

$$= 9.92 m/\text{sec}$$

$$D = \frac{2ab}{a+b} = \frac{2 \times 0.6 \times 0.35}{0.6 + 0.35} = 0.44 m$$

$$\therefore \Delta P = F \times VP = \lambda \times \frac{L}{D} \times \frac{\gamma V^2}{2g}$$

$$= 0.02 \times \frac{5}{0.44} \times \frac{1.2 \times 9.92^2}{2 \times 9.8} = 1.37 mmH_2O$$

여기서,
ΔP : 압력손실$[mmH_2O]$
F : 압력손실계수
VP : 속도압$[mmH_2O]$
λ : 관마찰계수
L : 덕트 길이$[m]$
D : 덕트 직경$[m]\left(=\dfrac{2ab}{a+b}\right)$
a : 수평직관의 가로$[m]$
b : 수평직관의 세로$[m]$
γ : 비중량$[kg_f/m^3]$
V : 유속$[m/s]$
g : 중력가속도$[m/s^2]$

18

$10\mu m$인 분진 입자를 중력 침강실에 처리하려고 한다. 입자의 밀도는 $1.4g/cm^3$, 가스의 밀도는 $1.29kg/m^3$, 가스의 점성계수는 $1.78\times 10^{-4}g/cm\cdot s$일 때 침강속도$[cm/\sec]$를 구하시오.

$$V = \dfrac{gd^2(\rho_1 - \rho)}{18\mu}$$
$$= \dfrac{980cm/\sec^2 \times (10\times 10^{-4}cm)^2 \times (1.4-0.00129)g/cm^3}{18\times 1.78\times 10^{-4}g/cm\cdot\sec}$$
$$= 0.43cm/\sec$$

여기서,
V : 스토크스(stokes)식 침강속도$[cm/\sec]$
g : 중력가속도$[=980cm/\sec^2]$
d : 입자 직경$[cm]$
ρ_1 : 입자 밀도$[g/cm^3]$
ρ : 공기 밀도$[g/cm^3]$
μ : 공기 점성계수$[g/cm\cdot sec]$

- $1m=100cm=10^6\mu m \rightarrow 1\mu m=10^{-4}cm$
- $1kg=1000g$
- $1m^3=10^6cm^3$
- $1.29kg/m^3=0.00129g/cm^3$

19

층류영역에서 직경이 $0.001cm$이며 밀도가 $1.3g/cm^3$인 입자상 물질의 침강속도$[cm/\sec]$를 구하시오.

$$d=0.001cm\times\left(\dfrac{10^4\mu m}{1cm}\right)=10\mu m$$
$$\therefore V = 0.003\rho d^2 = 0.003\times 1.3\times 10^2 = 0.39 cm/\sec$$

여기서,
V : 리프만(Lippman)식 침강속도$[cm/\sec]$
ρ : 입자 밀도$[g/cm^3]$
d : 입자 직경$[\mu m]$

- $1m=100cm=10^6\mu m \rightarrow 1cm=10^4\mu m$

20

$1atm$, $25℃$인 작업장에서 벤젠을 고체흡착관으로 1시 12분부터 4시 45분까지 측정하려 한다. 비누거품미터로 유량을 보정할 때 $50cc$를 통과하는데 시료채취 전에는 16.5초, 시료채취 후에는 16.9초가 걸렸다. 측정된 벤젠을 분석한 결과 활성탄관 앞층에서 $2.0mg$, 뒤층에서 $0.1mg$가 검출되었을 때 공기 중 벤젠의 농도[ppm]을 구하시오.

평균 시료채취 시간
$= \dfrac{\text{시료채취 전 시간} + \text{시료채취 후 시간}}{2}$
$= \dfrac{16.5 + 16.9}{2} = 16.7\text{sec}$

펌프 유량 $= \dfrac{\text{통과하는 부피}}{\text{평균 시료채취 시간}}$
$= \dfrac{0.05L}{16.7\text{sec} \times \left(\dfrac{1\text{min}}{60\text{sec}}\right)} = 0.18L/\text{min}$

$mg/m^3 = \dfrac{(\text{앞층 분석량} + \text{뒤층 분석량})}{\text{공기채취량}}$
$= \dfrac{(2.0 + 0.1)mg}{0.18L/\text{min} \times 213\text{min} \times \left(\dfrac{1m^3}{1000L}\right)} = 54.77mg/m^3$

$\therefore ppm = mg/m^3 \times \dfrac{\text{부피}}{\text{분자량}} = 54.77 \times \dfrac{24.45}{78} = 17.17ppm$

- $1L = 1000cc \rightarrow 50cc = 0.05L$
- $1\text{min} = 60\text{sec}$
- 1시 12분 ~ 4시 45분 = 213분
- $1m^3 = 1000L$
- $1atm$, $25℃$의 부피 = $24.45L$
- 벤젠(C_6H_6)의 분자량 = $12 \times 6 + 1 \times 6 = 78g$
- C의 원자량 : $12g$, H의 원자량 : $1g$

2015 3회차 산업위생관리기사 실기 필답형 기출문제

01
관(튜브) 토출 시 발생하는 취출음의 대책 2가지를 쓰시오.

① 소음기 부착
② 토출 유속 저하

02
송풍관 내 풍속 측정 계기 2가지 및 각 사용상 측정범위를 쓰시오.

① 피토관 : 풍속>3m/s에 사용
② 풍차 풍속계 : 풍속>1m/s에 사용
③ 열선식 풍속계
  ㉠ 측정범위가 적은 것
     0.05m/s<풍속<1m/s인 것을 사용
  ㉡ 측정범위가 큰 것
     0.05m/s<풍속<40m/s인 것을 사용

03
휘발성 유기화합물(VOC) 처리방법 2가지를 쓰고 각각 특징 2가지씩 쓰시오.

(1) 불꽃연소법
① VOC 농도가 높은 경우에 적합
② 시스템이 간단하여 보수가 용이

(2) 촉매산화법
① VOC 농도가 낮은 경우에 적합
② 저온에서 처리하여 CO_2와 H_2O로 완전 무해화시킴

04
여과지 선정 시 구비조건(고려사항) 5가지를 쓰시오.

① 흡습률이 낮을 것
② 압력손실이 적을 것
③ 분석 시 방해되는 불순물이 없을 것
④ 가볍고 1매당 무게의 불균형이 적을 것
⑤ 접거나 구부리더라도 파손되지 않고 찢어지지 않을 것
⑥ 포집효율이 높을 것

05
국소배기시설에서 필요송풍량을 최소화(감소)하기 위한 방법 4가지를 쓰시오.

① 가능한 한 오염물질 발생원에 가까이 설치할 것
② 가급적이면 공정을 많이 포위할 것
③ 후드 개구면에서 기류가 균일하게 분포하도록 설계할 것
④ 제어속도는 작업조건을 고려하여 적정하게 선정할 것
⑤ 작업이 방해되지 않도록 설치할 것
⑥ 오염물질 발생특성을 고려하여 설계할 것
⑦ 공정에서 발생 또는 배출되는 오염물질 절대량을 감소시킬 것

06

동일노출그룹(HEG) 또는 유사노출그룹 설정 목적 3가지를 쓰시오.

① 시료채취 수를 경제적으로 하기 위하여
② 모든 작업의 근로자에 대한 노출농도를 평가하기 위하여
③ 작업장에서 모니터링하고 관리해야 할 우선적인 노출그룹을 결정하기 위함

07

총 압력손실 계산법 중 저항조절 평형법의 장점과 단점을 각각 2가지씩 쓰시오.

(1) 장점
① 시설 설치 후 변경이 유연하게 대처 가능하다.
② 설계 계산이 간편하고 고도의 지식을 요구하지 않는다.
③ 설치 후 송풍량 조절이 용이하다.
④ 최소 설계풍량은 평형유지가 가능하다.
⑤ 공장 내부 작업공정에 따라 적절한 덕트의 위치 변경이 가능하다.

(2) 단점
① 임의의 댐퍼 조정 시 평형상태 파괴의 원인이 된다.
② 평형상태 시설에 댐퍼를 잘못 설치 시 평형상태 파괴의 원인이 된다.
③ 부분적 폐쇄댐퍼는 침식 및 분진퇴적의 원인이 된다.
④ 최대 저항경로 선정이 잘못되어도 설계 시 발견하기 어렵다.

08

공기정화장치 중 여과집진시설의 채취기전(채취원리, 포집원리) 4가지를 쓰시오.

① 직접차단
② 관성충돌
③ 중력침강
④ 확산
⑤ 정전기침강
⑥ 체

09

덕트 내 작용하는 압력의 종류 3가지를 쓰고 각각 설명하시오.

① 정압(SP)
덕트 내 사방으로 동일하게 미치는 압력

② 속도압(=동압, VP)
공기의 흐름방향으로 미치는 압력

③ 전압(TP)
단위유체에 작용하는 정압과 속도압의 총합

10

1차 표준기구와 2차 표준기구의 대표적인 예시 한 가지와 정확도를 쓰시오.

① 1차 표준기구 : 비누거품미터(정확도 : ±1% 이내)
② 2차 표준기구 : 로터미터(정확도 : ±5% 이내)

*표준기구의 종류

1차 표준기구	2차 표준기구
① 비누거품미터	① 로터미터
② 폐활량계	② 습식 테스터미터
③ 가스치환병	③ 건식 가스미터
④ 유리피스톤미터	④ 오리피스미터
⑤ 흑연피스톤미터	⑤ 열선기류계
⑥ 피토관(피토튜브)	

11

공기역학적 직경에 대해 설명하시오.

대상 먼지와 침강속도가 같고 밀도가 $1g/cm^3$이며, 구형인 먼지의 직경으로 환산된 직경

12

사업주는 석면의 제조·사용 작업에 근로자를 종사하도록 하는 경우에 석면분진의 발산과 근로자의 오염을 방지하기 위한 작업수칙 3가지를 쓰시오.

① 진공청소기 등을 이용한 작업장 바닥의 청소방법
② 작업자의 왕래와 외부기류 또는 기계진동 등에 의하여 분진이 흩날리는 것을 방지하기 위한 조치
③ 분진이 쌓일 염려가 있는 깔개 등을 작업장 바닥에 방치하는 행위를 방지하기 위한 조치
④ 분진이 확산되거나 작업자가 분진에 노출될 위험이 있는 경우에는 선풍기 사용 금지
⑤ 용기에 석면을 넣거나 꺼내는 작업
⑥ 석면을 담은 용기의 운반
⑦ 여과집진방식 집진장치의 여과재 교환
⑧ 해당 작업에 사용된 용기 등의 처리
⑨ 이상사태가 발생한 경우의 응급조치
⑩ 보호구의 사용·점검·보관 및 청소

13

송풍기의 회전수가 $1200 rpm$이고 송풍량이 $8m^3/\sec$, 풍압이 $830 N/m^2$이다. 송풍량이 $12m^3/\sec$로 증가 시 압력[N/m^2]을 구하시오.

$$\frac{Q_2}{Q_1} = \frac{N_2}{N_1} \Rightarrow \left(\frac{Q_2}{Q_1}\right)^2 = \left(\frac{N_2}{N_1}\right)^2$$

$$\frac{P_2}{P_1} = \left(\frac{N_2}{N_1}\right)^2 = \left(\frac{Q_2}{Q_1}\right)^2$$

$$\therefore P_2 = P_1 \times \left(\frac{Q_2}{Q_1}\right)^2$$

$$= 830 \times \left(\frac{12}{8}\right)^2 = 1867.5 N/m^2$$

*송풍기 상사법칙

종류	회전수(N)	직경(D)
풍량(Q)	$\frac{Q_2}{Q_1} = \frac{N_2}{N_1}$	$\frac{Q_2}{Q_1} = \left(\frac{D_2}{D_1}\right)^3$
풍압(P)	$\frac{P_2}{P_1} = \left(\frac{N_2}{N_1}\right)^2$	$\frac{P_2}{P_1} = \left(\frac{D_2}{D_1}\right)^2$
동력[H]	$\frac{H_2}{H_1} = \left(\frac{N_2}{N_1}\right)^3$	$\frac{H_2}{H_1} = \left(\frac{D_2}{D_1}\right)^5$

여기서,
Q_1 : 변경 전 풍량[m^3/min]
Q_2 : 변경 후 풍량[m^3/min]
N_1 : 변경 전 회전수[rpm]
N_2 : 변경 후 회전수[rpm]
P_1 : 변경 전 풍압[mmH_2O]
P_2 : 변경 후 풍압[mmH_2O]
D_1 : 변경 전 회전차 직경[m]
D_2 : 변경 후 회전차 직경[m]
H_1 : 변경 전 동력[kW]
H_2 : 변경 후 동력[kW]

14

주파수가 $500 Hz$이고 음속이 $340 m/\sec$일 때 음의 파장[m]을 구하시오.

$$\lambda = \frac{c}{f} = \frac{340}{500} = 0.68 m$$

15

흑구온도는 $30℃$, 건구온도는 $28℃$, 자연습구온도는 $20℃$인 실내작업장의 습구흑구온도지수 (WBGT)$[℃]$를 구하시오.

$$WBGT(℃) = 0.7 \times 자연습구온도 + 0.3 \times 흑구온도$$
$$= 0.7 \times 20 + 0.3 \times 30 = 23℃$$

*습구흑구온도지수(WBGT)
① 태양광선이 내리쬐는 옥외 장소
$WBGT(℃)$
$= 0.7 \times 자연습구온도 + 0.2 \times 흑구온도 + 0.1 \times 건구온도$

② 태양광선이 내리쬐지 않는 옥내 또는 옥외 장소
$WBGT(℃) = 0.7 \times 자연습구온도 + 0.3 \times 흑구온도$

16

$7500 ppm$의 사염화탄소가 작업 환경 중의 공기와 완전 혼합되어 있다. 이 혼합물의 유효비중을 구하시오.
(단, 공기 중 사염화탄소 비중 5.7, 소수점 넷째 자리까지 나타내시오.)

유효비중
$$= \frac{물질의\ ppm \times 물질의\ 비중 + (10^6 - 물질의\ ppm) \times 1}{10^6}$$
$$= \frac{7500 \times 5.7 + (10^6 - 7500) \times 1}{10^6} = 1.0353$$

17

$2000m^3$인 사무실에 300명의 근로자가 있다. 실내 CO_2 농도를 0.1%로 유지하려 할 때 시간당 공기교환횟수$[회/hr]$을 구하시오.
(단, 1인당 CO_2 배출량은 흡연을 고려하여 $21 L/hr$로 하고, 외기 CO_2농도는 0.03%이다.)

$$Q = \frac{M}{C_s - C_o} \times 100$$
$$= \frac{21 L/hr \times \left(\frac{1m^3}{1000L}\right)}{0.1 - 0.03} \times 100$$
$$= 30 m^3/hr \times 300명 = 9000 m^3/hr$$

$$\therefore ACH = \frac{Q}{V} = \frac{9000}{2000} = 4.5회/hr$$

18

메틸클로로포름(노출기준 $50 ppm$)을 취급하는 작업을 하루 9시간씩 할 때 근로자의 노출기준 $[ppm]$을 구하시오.
(단, Brief-Scala 보정방법 기준)

$$허용기준 = TLV \times \frac{8}{H} \times \frac{24-H}{16}$$
$$= 50 \times \frac{8}{9} \times \frac{24-9}{16} = 41.67 ppm$$

19

작업장 내 열부하량이 $10000 kcal/hr$이며, 외기 온도 $20℃$, 작업장 내 온도는 $35℃$이다. 이때 전체 환기를 위한 필요 환기량$[m^3/hr]$을 구하시오.

$$Q = \frac{H_s}{C_p \times \Delta t} = \frac{10000 kcal/hr}{0.3 \times (35-20)} = 2222.22 m^3/hr$$

여기서,
Q : 필요환기량$[m^3/hr]$
H_s : 발열량$[kcal/hr]$
C_p : 공기의 비열$[kcal/hr \cdot ℃]$
  (주어지지 않으면 $C_p = 0.3$)
Δt : 외부공기와 작업장 내 온도차$[℃]$

20

어떤 작업장에서 소음이 $100dB$에서 30분, $95dB$에서 3시간, $90dB$에서 2시간, $85dB$에서 3시간 30분 발생할 때 다음을 구하시오.

(1) 노출지수(EI)
(2) 허용기준 초과여부

(1) $EI = \dfrac{C_1}{T_1} + \dfrac{C_2}{T_2} + \cdots + \dfrac{C_n}{T_n}$
  $= \dfrac{0.5}{2} + \dfrac{3}{4} + \dfrac{2}{8} = 1.25$

 (여기서, 85dB는 강렬한 소음작업이 아니므로 고려하지 않는다.)

(2) $EI = 1.25$이므로, ∴ 허용기준 초과

  여기서,
  C : 소음 각각의 측정치
  T : 소음 각각의 노출기준

  $EI > 1$: 허용기준을 초과
  $EI < 1$: 허용기준을 초과하지 않음

*소음작업
1일 8시간 작업을 기준하여 85dB 이상의 소음이 발생하는 작업
① 강렬한 소음작업

데시벨(이상)	발생시간(1일 기준)
90dB	8시간 이상
95dB	4시간 이상
100dB	2시간 이상
105dB	1시간 이상
110dB	30분 이상
115dB	15분 이상

② 충격 소음작업

데시벨(이상)	발생시간(1일 기준)
120dB	10000회 이상
130dB	1000회 이상
140dB	100회 이상

01
작업환경측정의 목적 3가지를 쓰시오.

① 근로자의 유해인자 노출정도 파악
② 작업환경개선 시설 성능 평가
③ 역학조사시 근로자 노출량 평가
④ 법적 노출기준 초과여부 확인
⑤ 과거 노출농도 타당성 확인
⑥ 진단을 위한 측정
⑦ 근로자 노출에 대한 기초자료 확보를 위한 측정
⑧ 법적인 노출기준 초과여부를 판단하기 위한 측정

02
국소배기장치를 설치한 작업장에 배기된 양 만큼 공기가 보충되어야 하는 이유(공기공급 시스템이 필요한 이유)를 5가지 쓰시오.

① 국소배기장치의 적절한 가동을 위해
② 국소배기장치의 효율 유지를 위해
③ 안전사고 예방을 위해
④ 연료 절약을 위해
⑤ 작업장 내 방해기류가 생기는 것을 방지하기 위해
⑥ 외부 공기가 정화되지 않은 채 건물 내로 유입되는 것을 막기 위해

03
곡관 압력손실을 결정하는 요인(요소) 3가지를 쓰시오.

① 곡률반경비
② 곡관 연결상태
③ 곡관의 크기 및 형태

04
산업피로 발생 시 다음 물음에 나타나는 현상 2가지 씩 쓰시오.

(1) 혈액
(2) 소변

(1) 혈액
① 혈당치가 낮아진다.
② 젖산과 탄산량이 증가하여 산혈증이 발생한다.
(2) 소변
① 소변의 양이 감소한다.
② 뇨 내 단백질 또는 교질물질의 배설량이 증가한다.

05

생물학적 모니터링 생체시료 3가지 중 하나인 호기를 잘 사용하지 않는 이유 2가지 쓰시오.

① 채취시간 및 호기상태에 따라 농도가 변하기 때문
② 수증기에 의한 수분응축 영향이 있기 때문

06

다음 용어를 설명하시오.

(1) 단위작업장소
(2) 정확도
(3) 정밀도

(1) 동일 노출집단의 근로자가 작업을 하는 장소
(2) 분석치가 참값에 얼마나 접근하였는가 하는 수치상의 표현
(3) 분석치의 변동 크기가 얼마나 작은가 하는 수치상의 표현

07

다음 물음에 알맞은 그림을 바르게 연결하시오.

[보기]
① 급성독성물질 경고
② 부식성물질 경고
③ 호흡기 과민성 물질 경고
④ 위험장소 경고

① - ㉢
② - ㉠
③ - ㉣
④ - ㉡

08

다음 보기는 공기압력과 배기 시스템에 대한 설명일 때 틀린 내용의 번호를 모두 고르고, 옳게 서술하시오.

[보기]
① 공기의 흐름은 압력차에 의해 이동하므로 송풍기 입구의 압력은 항상 (+)압이고, 출구의 압력은 (-)압이다.
② 속도압은 공기가 이동하는 힘이므로 항상 (+)값이다.
③ 정압은 잠재적인 에너지로 공기의 이동에 소요되며, 유용한 일을 하므로 (+) 혹은 (-)값을 가질 수 있다.
④ 송풍기 배출구의 압력은 항상 대기압보다 낮아야 한다.
⑤ 후드 내 압력은 일반 작업장의 압력보다 낮아야 한다.

① 송풍기 입구의 압력은 항상 (-)압이고, 출구의 압력은 (+)압이다.
④ 송풍기 배출구의 압력은 항상 대기압보다 높아야 한다.

09

ACGIH에서 정한 입자상물질의 입자크기별로 3가지로 분류하고 각각 평균입경을 쓰시오.

① 흡입성 입자상 물질(IPM) : $100\mu m$
② 흉곽성 입자상 물질(TPM) : $10\mu m$
③ 호흡성 입자상 물질(RPM) : $4\mu m$

10

오염물질의 확산이동 관찰에 유용하게 사용되며, 대략적인 후드 성능을 평가할 수 있고, 염화제2주석이 공기와 반응하여 흰색 연기를 발생시키는 원리를 사용하고, 레시버식 후드의 개구부 흡입기류 방향을 확인할 수 있는 측정기(시험장비)의 명칭은?

발연관

11

높은 온도의 열을 이용하여 유리를 제조하는 작업장에서 작업자가 눈에 통증을 느낄 때 발생한 유해물질과 병(질환)의 명칭을 쓰시오.

① 발생한 유해물질 : 복사열
② 병(질환) 명칭 : 안질환

12

인체와 환경 사이의 열평형 방정식을 쓰고, 각 요소를 설명하시오.

$\triangle S = M \pm C \pm R - E$

$\triangle S$: 생체 열용량 변화
M : 작업대사량
C : 대류에 의한 열교환
R : 복사에 의한 열교환
E : 증발에 의한 열교환

13

21℃, 1기압의 어느 작업장에서 톨루엔을 $0.5kg/hr$씩 사용(증발)할 때, 필요 환기량 $[m^3/min]$을 구하시오.
(단, 톨루엔의 분자량은 92, 비중 0.871, TLV는 $50ppm$, 안전계수는 5이다.)

사용량$[g/hr] = S \times G \times 10^3$

$$Q = \frac{24.1 \times S \times G \times K \times 10^6}{M \times TLV}$$
$$= \frac{24.1 \times 사용량[g/hr] \times K \times 10^3}{M \times TLV}$$
$$= \frac{24.1 \times 500 \times 5 \times 10^3}{92 \times 50}$$
$$= 13097.83 m^3/hr \times \left(\frac{1hr}{60min}\right) = 218.3 m^3/min$$

여기서,
Q : 전체환기량$[m^3/hr]$
S : 유해물질의 비중
G : 유해물질의 시간당 사용량$[L/hr]$
K : 안전계수(혼합계수)
M : 유해물질의 분자량
TLV : 유해물질의 노출기준$[ppm]$
24.1 : $1atm$, 21℃에서 공기의 부피$[L]$

$$\left(온도보정 : 24.1 \times \frac{273+t}{273+21}\right)$$

여기서, t : 실제공기의 온도[℃]

- 사용량 : 0.5kg/hr=500g/hr
- 1hr=60min

14

유속 $10m/s$으로 유체가 흐르는 원형직관의 지름이 $0.3m$이고, 관마찰계수 0.02, 비중량이 $1.203kg_f/m^3$일 때 관 길이 $50m$당 압력손실 $[mmH_2O]$을 구하시오.

$$\triangle P = F \times VP = \lambda \times \frac{L}{D} \times \frac{\gamma V^2}{2g}$$
$$= 0.02 \times \frac{50}{0.3} \times \frac{1.203 \times 10^2}{2 \times 9.8} = 20.46 mmH_2O$$

여기서,
$\triangle P$: 압력손실$[mmH_2O]$
F : 압력손실계수
VP : 속도압$[mmH_2O]$
λ : 관마찰계수
L : 덕트 길이$[m]$
D : 덕트 직경$[m]$
γ : 비중량$[kg_f/m^3]$
V : 유속$[m/s]$
g : 중력가속도$[m/s^2]$

15

후드로부터 $0.5m$ 떨어진 곳에 있는 금속제품의 연마 공정에서 발생되는 금속먼지를 제거하기 위해 개구면적이 $0.6m^2$인 후드를 설치하였을 때 필요송풍량$[m^3/min]$을 구하시오.
(단, 제어속도는 $0.8m/s$이고, 자유공간 위치에 플랜지가 부착되어 있다.)

자유공간 위치, 플랜지 부착이므로,
$$Q = 0.75 V(10X^2 + A)$$
$$= 0.75 \times 0.8(10 \times 0.5^2 + 0.6)$$
$$= 1.86 m^3/sec \times \left(\frac{60sec}{1min}\right) = 111.6 m^3/min$$

*필요송풍량(Q)

조건	필요송풍량 공식
① 자유공간 위치, 플랜지 미부착	$Q = V(10X^2 + A)$
② 자유공간 위치, 플랜지 부착	$Q = 0.75 V(10X^2 + A)$
③ 바닥면 위치, 플랜지 미부착	$Q = V(5X^2 + A)$
④ 바닥면 위치, 플랜지 부착	$Q = 0.5 V(10X^2 + A)$

여기서,
Q : 필요송풍량$[m^3/min]$
A : 후드의 개구면적$[m^2]$
V : 제어속도$[m/min]$
X : 후드 중심선으로부터 발생원까지의 거리$[m]$

16

유량이 $120m^3/\min$이고 덕트 내경이 $350mm$일 때 속도압(동압)$[mmH_2O]$를 구하시오.
(단, 공기의 밀도는 $1.2kg/m^3$이다.)

밀도(ρ)가 $1.2kg/m^3$이면, 비중량(γ)은 $1.2kg_f/m^3$이다.
$Q = AV$에서,

$$V = \frac{Q}{A} = \frac{Q}{\frac{\pi D^2}{4}} = \frac{120m^3/\min \times \left(\frac{1\min}{60\sec}\right)}{\left(\frac{\pi \times 0.35^2}{4}\right)m^2} = 20.79 m/s$$

$$\therefore VP = \frac{\gamma V^2}{2g} = \frac{1.2 \times 20.79^2}{2 \times 9.8} = 26.46 mmH_2O$$

17

송풍기의 송풍량이 $3000m^3/hr$이고, 송풍기 전압이 $80mmH_2O$, 송풍기 효율이 60%일 때 송풍기의 동력$[kW]$을 구하시오.
(단, 여유율은 1.2이다.)

$$Q = 3000m^3/hr \times \left(\frac{1hr}{60\min}\right) = 50m^3/\min$$

$$\therefore H = \frac{Q \times \Delta P}{6120\eta} \times \alpha = \frac{50 \times 80}{6120 \times 0.6} \times 1.2 = 1.31 kW$$

여기서,
H : 송풍기 소요동력$[kW]$
Q : 송풍량$[m^3/\min]$
ΔP : 송풍기 유효압력$[mmH_2O]$
η : 송풍기 효율
α : 여유율 (주어지지 않으면, $\alpha = 1$)

18

덕트 직경이 $120mm$이고 덕트 내 공기의 유속이 $5m/s$일 때 레이놀즈 수와 흐름의 종류를 구하시오.
(단, 작업장 내 공기($1atm$, $21℃$)의 동점성계수는 $1.5 \times 10^{-5} m^2/\sec$이다.)

$$Re = \frac{\rho VD}{\mu} = \frac{VD}{\nu} = \frac{5 \times 0.12}{1.5 \times 10^{-5}} = 40000$$

$Re > 4000$이므로 $\therefore$ 난류

여기서,
Re : 레이놀즈 수
ρ : 유체 밀도$[kg/m^3]$
ν : 유체 동점성계수$[m^2/s]$
V : 유속$[m/s]$
D : 직경$[m]$
μ : 점성계수$[kg/m \cdot s]$

*레이놀즈수에 따른 흐름의 종류

흐름	레이놀즈 수
층류	Re < 2100
천이영역	2100 < Re < 4000
난류	Re > 4000

19

공기 중 벤젠 $0.25ppm$ (TLV : $0.5ppm$), 톨루엔 $25ppm$ (TLV : $50ppm$), 크실렌 $60ppm$ TLV : $100ppm$)의 혼합물이 서로 상가작용할 때 다음을 구하시오.

(1) 허용농도 초과여부
(2) 혼합공기 허용농도 [ppm]

(1) $EI = \dfrac{C_1}{T_1} + \dfrac{C_2}{T_2} + \cdots + \dfrac{C_n}{T_n}$
$= \dfrac{0.25}{0.5} + \dfrac{25}{50} + \dfrac{60}{100} = 1.6$

1을 초과하였으므로 ∴ 노출기준을 초과

여기서,
C : 화학물질 각각의 측정치
T : 화학물질 각각의 노출기준

$EI > 1$: 노출기준을 초과
$EI < 1$: 노출기준을 초과하지 않음

(2) 혼합물의 $TLV - TWA$
$= \dfrac{C_1 + C_2 + \cdots + C_n}{EI}$
$= \dfrac{0.25 + 25 + 60}{1.6} = 53.28 ppm$

20

직경 $25mm$ 여과지(유효직경 $22.14mm$)를 사용하여 백석면을 채취하여 분석한 결과 단위 시야 당 시료는 3.1개, 공시료는 0.05개였을 때 석면의 농도[개/cc]를 구하시오.
(단, 측정시간은 1.5시간이, 펌프유량은 $2.4L/\min$이다.)

$A_s = \dfrac{\pi D^2}{4} = \dfrac{\pi \times 22.14^2}{4} = 384.99 mm^2$

∴ 석면 농도 $= \dfrac{(C_s - C_b) \times A_s}{A_f \times T \times R \times 1000}$
$= \dfrac{(3.1 - 0.05) \times 384.99}{0.00785 \times 90 \times 2.4 \times 1000}$
$= 0.69$개/cc

여기서
C_s : 단위 시야당 시료[개]
C_b : 공시료[개]
A_s : 유효면적 [mm^2]
A_f : 단위 시야의 면적 ($= 0.00785 mm^2$)
T : 측정시간 [min]
R : 펌프 유량 [$L/\min$]

- 1.5hr = 90min
- 단위 시야의 면적(A_f) = 0.00785mm²는 암기사항

2016년 2회차 산업위생관리기사 실기 필답형 기출문제

01
ACGIH, NIOSH, TLV 각각의 영문을 쓰고 한글로 정확하게 번역하시오.

(1) ACGIH
① American Conference of Governmental Industrial Hygienists
② 미국정부산업위생전문가협의회

(2) NIOSH
① National Institute for Occupational Safety and Health
② 미국국립산업안전보건연구원

(3) TLV
① Threshold Limit Value
② 허용기준

02
보충용 공기(Make-up Air) 정의를 쓰시오.

국소배기장치를 통해 배출되는 것과 동일한 양의 공기가 외부로부터 보충되는 공기

03
블로다운(Blow Down) 정의와 효과 3가지를 쓰시오.

(1) 정의
사이클론 하부의 분진박스에서 유입유량의 일부에 상당하는 함진가스를 추출시켜주어 사이클론 집진효율을 향상시키는 방법이다.

(2) 효과
① 집진효율 증가
② 장치 내 먼지퇴적 억제
③ 집진된 먼지의 비산 방지

04
전체환기 적용조건 5가지를 쓰시오.

① 발생원이 이동성인 경우
② 유해물질이 증기나 가스인 경우
③ 유해물질의 발생량이 적은 경우
④ 유해물질의 독성이 비교적 낮은 경우
⑤ 유해물질이 시간에 따라 균일하게 발생될 경우
⑥ 국소배기가 불가능한 경우

05
무효점 이론(Null Point 이론)에 대하여 설명하시오.

환기시설의 제어속도 결정 시 발생원뿐만 아니라 무효점까지 흡인할 수 있는 지점이 확대되어야 한다는 이론

06
오염물질의 확산이동 관찰에 유용하게 사용되며, 대략적인 후드 성능을 평가할 수 있고, 염화제2주석이 공기와 반응하여 흰색 연기를 발생시키는 원리를 사용하고, 레시버식 후드의 개구부 흡입 기류 방향을 확인할 수 있는 측정기(시험장비)의 명칭은?

발연관

07
다음 보기는 가스상 물질에 대한 내용일 때 빈칸을 채우시오.

[보기]
가스상 물질은 (　　) 정도에 따라 침착되는 부분이 달라진다. 이산화황은 상기도에 침착, 오존과 이황화탄소는 폐포에 침착된다.

용해도

08
다음 보기는 전체환기에 대한 내용일 때 빈칸을 채우시오.

[보기]
- 전체환기 중 자연환기는 작업장의 개구부를 통하여 바람이나 작업장 내외의 (①)와 (②) 차이에 의한 (③)으로 행해지는 환기를 말한다.
- 외부공기와 실내공기와의 압력 차이가 0인 부분의 위치를 (④)라 하며 환기정도를 좌우하고, 높을수록 환기효율이 양호하다.
- 인공환기(기계환기)는 환기량 조절이 가능하고, 배기법은 오염작업장에 적용하며 실내압을 (⑤)으로 유지한다. 급기법은 청정산업에 적용하며 실내압은 (⑥)으로 유지한다.

① 온도　② 압력　③ 대류작용
④ 중성대　⑤ 음압　⑥ 양압

09
생물학적 모니터링 생체시료 3가지를 쓰시오.

① 혈액
② 소변
③ 호기

10
ACGIH에서 권고하는 TLV-TWA(시간 가중 평균치)에 대한 근로자의 노출의 상한치와 노출시간 권고사항 2가지를 쓰시오.

① TLV-TWA 3배 이상 : 30분 이하 노출 권고
② TLV-TWA 5배 이상 : 잠시라도 노출 금지

11

노출군에서 질병 발생률 2, 비노출군에서 질병 발생률 1일 때 상대위험도(비교위험도)를 구하시오.

$$\text{상대위험도} = \frac{\text{노출군에서 질병발생률}}{\text{비노출군에서 질병발생률}} = \frac{2}{1} = 2$$

12

21℃, 1기압의 어느 작업장에서 톨루엔을 $1kg/hr$씩 사용(증발)할 때, 필요 환기량 $[m^3/min]$을 구하시오.
(단, 톨루엔의 분자량은 92, TLV는 $100ppm$, 안전계수는 6이다.)

$$\text{사용량}[g/hr] = S \times G \times 10^3$$

$$\begin{aligned}
Q &= \frac{24.1 \times S \times G \times K \times 10^6}{M \times TLV} \\
&= \frac{24.1 \times \text{사용량}[g/hr] \times K \times 10^3}{M \times TLV} \\
&= \frac{24.1 \times 1000 \times 6 \times 10^3}{92 \times 100} \\
&= 15717.39 m^3/hr \times \left(\frac{1hr}{60min}\right) = 261.96 m^3/min
\end{aligned}$$

여기서,
Q : 전체환기량$[m^3/hr]$
S : 유해물질의 비중
G : 유해물질의 시간당 사용량$[L/hr]$
K : 안전계수(혼합계수)
M : 유해물질의 분자량
TLV : 유해물질의 노출기준$[ppm]$
24.1 : 1atm, 21℃에서 공기의 부피$[L]$
$\left(\text{온도보정} : 24.1 \times \frac{273+t}{273+21}\right)$
　　여기서, t : 실제공기의 온도[℃]

- 사용량 : 1kg/hr=1000g/hr
- 1hr=60min

13

현재 총 흡음량이 $1000sabin$인 작업장의 천장에 흡음물질을 첨가하여 $3000sabin$을 더할 경우 실내소음 저감량$[dB]$을 구하시오.

$$NR = SPL_1 - SPL_2 = 10\log\left(\frac{A_2}{A_1}\right) = 10\log\left(\frac{A_1 + A_\alpha}{A_1}\right)$$
$$= 10\log\left(\frac{1000 + 3000}{1000}\right) = 6.02 dB$$

여기서,
NR : 감음량$[dB]$
SPL_1, SPL_2 : 실내면에 대한 흡음대책 전후 실내 음압레벨$[dB]$
A_1, A_2 : 실내면에 대한 흡음대책 전후 실내 흡음력$[m^2, sabin]$
A_α : 실내면에 대한 흡음대책 전 실내흡음력에 추가된 흡음력$[m^2, sabin]$

14

덕트의 속도압이 $30mmH_2O$, 후드의 압력손실이 $3.24mmH_2O$일 때, 후드의 유입계수를 구하시오.

$$\triangle P = F \times VP = \left(\frac{1}{C_e^2} - 1\right) \times VP$$
$$3.24 = \left(\frac{1}{C_e^2} - 1\right) \times 30$$
$$\therefore C_e = 0.95$$

여기서,
$\triangle P$: 유입손실$[mmH_2O]$
F : 유입손실계수$\left(= \frac{1}{C_e^2} - 1\right)$
C_e : 유입계수$\left(= \sqrt{\frac{1}{1+F}}\right)$
VP : 속도압$[mmH_2O]\left(= \frac{\gamma V^2}{2g}\right)$

15

덕트 내 공기의 유속을 피토튜브(피토관)로 측정한 결과 속도압 $15mmAq$, 덕트 내 온도 $270℃$, 피토계수 0.96일 때 유속$[m/\sec]$을 구하시오.
(단, $0℃$에서 비중은 1.3이다.)

비중이 1.3이면 비중량이 $1.3kg_f/m^3$이다.

보일-샤를의 법칙 : $\dfrac{P_1V_1}{T_1} = \dfrac{P_2V_2}{T_2}$

$\rho(밀도) = \dfrac{m(질량)}{V(부피)} = \dfrac{\gamma(비중량)}{g(중력\ 가속도)}$ 관계에 따라 비중량과 부피는 반비례 관계이고, 압력에 대한 조건이 없으므로 동일하다고 보면,

$\dfrac{1}{T_1\gamma_1} = \dfrac{1}{T_2\gamma_2}$ 에서,

$\gamma_2 = \dfrac{T_1\gamma_1}{T_2} = \dfrac{(273+0)\times1.3}{(273+270)} = 0.654 kg_f/m^3$

$\therefore V = C\sqrt{\dfrac{2gVP}{\gamma}} = 0.96 \times \sqrt{\dfrac{2\times9.8\times15}{0.654}} = 20.35 m/\sec$

16

체내흡수량이 체중 kg당 $0.06mg$, 평균체중이 $70kg$인 근로자가 경작업수준으로 1일 8시간 작업 시 허용농도$[mg/m^3]$를 구하시오.
(단, 폐환기율 $0.98m^3/hr$, 체내 잔류율 1.0이다.)

$SHD = C \times T \times V \times R$

$\therefore C = \dfrac{SHD}{T \times V \times R} = \dfrac{0.06 \times 70}{8 \times 0.98 \times 1.0} = 0.54 mg/m^3$

여기서,
C : 농도$[mg/m^3]$
T : 노출시간$[hr]$
V : 폐환기율, 호흡률$[m^3/hr]$
R : 체내잔류율(일반적으로 1.0)
SHD : 체중당흡수량$\times$체중$[mg]$

17

작업장에 슬롯 후드(길이 $70cm$, 높이 $10cm$)가 설치되어 유량이 $90m^3/\min$으로 흐를 때 속도압$[mmH_2O]$을 구하시오.

$V = \dfrac{Q}{A} = \dfrac{90m^3/\min \times \left(\dfrac{1\min}{60\sec}\right)}{0.7m \times 0.1m} = 21.42 m/\sec$

$\therefore VP = \left(\dfrac{V}{4.043}\right)^2 = \left(\dfrac{21.42}{4.043}\right)^2 = 28.07 mmH_2O$

• $1\min = 60\sec$

18

작업장 내 기계 소음이 각각 $94dB$, $95dB$, $98dB$을 발생하는 경우 총 음압레벨$[dB]$을 구하시오.

$L = 10\log\left(10^{\frac{L_1}{10}} + 10^{\frac{L_2}{10}} + \cdots + 10^{\frac{L_n}{10}}\right)$

$= 10\log\left(10^{\frac{94}{10}} + 10^{\frac{95}{10}} + 10^{\frac{98}{10}}\right) = 100.79 dB$

L : 합성소음도$[dB]$
$L_1, L_2, \cdots L_n$ = 각 소음원의 소음$[dB]$

19

한 변의 길이가 $0.3m$인 사각덕트에 표준공기가 흐르고 있고, 덕트 내 전압은 $48mmH_2O$, 정압은 $36mmH_2O$일 때 덕트 내 반송속도$[m/\sec]$와 공기유량$[m^3/\min]$을 구하시오.

$TP = SP + VP$에서,
$VP = TP - SP = 48 - 36 = 12mmH_2O$

$\therefore V = 4.043\sqrt{VP} = 4.043\sqrt{12} = 14.01 m/\sec$
$\therefore Q = AV = 0.3 \times 0.3 \times 14.01$
$\quad = 1.26 m^3/\sec \times \left(\dfrac{60\sec}{1\min}\right) = 75.6 m^3/\min$

- 전압(TP)=정압(SP)+속도압(VP)

20

단면적이 $0.00785m^2$, 길이 $10m$인 직선 원형 덕트 내 유량이 $5.4m^3/\min$인 표준상태의 공기가 통과할 때 아래의 조건을 활용하여 속도압 방법에 의한 압력손실$[mmH_2O]$을 구하시오.

[조건]
속도압 방법 계산 시 마찰손실계수(HF)를 계산할 때 상수 a는 0.0155, b는 0.533, c는 0.612로 계산하여 압력손실을 구할 것

$Q = 5.4 m^3/\min \times \left(\dfrac{1\min}{60\sec}\right) = 0.09 m^3/\sec$

$V = \dfrac{Q}{A} = \dfrac{0.09}{0.00785} = 11.47 m/\sec$

$HF = \dfrac{aV^b}{Q^c} = \dfrac{0.0155 \times 11.47^{0.533}}{0.09^{0.612}} = 0.25$

$VP = \left(\dfrac{V}{4.043}\right)^2 = \left(\dfrac{11.47}{4.043}\right)^2 = 8.04 mmH_2O$

$\therefore \triangle P = HF \times L \times VP = 0.25 \times 10 \times 8.04 = 19.97 mmH_2O$

여기서,
HF : 마찰손실계수 $\left(= \dfrac{aV^b}{Q^c}\right)$
Q : 유량$[m^3/\sec]$
V : 유속$[m/\sec]$
a, b, c : 상수
VP : 속도압$[mmH_2O]$
$\triangle P$: 압력손실$[mmH_2O]$
L : 길이$[m]$

2016 3회차 산업위생관리기사 실기 필답형 기출문제

01
고농도 분진이 발생하는 작업장에서 근로자하는 작업자와 작업장에 대한 작업환경 관리대책 4가지를 쓰시오.

① 작업공정 습식화
② 작업장소 밀폐 및 포위
③ 국소배기 또는 전체환기
④ 방진마스크 지급 및 착용
⑤ 작업시간 및 작업강도 조정

02
작업환경 개선의 공학적 대책 4가지를 쓰시오.

① 대치 ② 격리 ③ 환기 ④ 교육

03
중량물 취급 작업 시 지켜야 할 가장 중요한 원칙(적용범위) 2가지를 쓰시오.

① 보통속도로 반드시 두 손으로 들어올리는 작업일 것
② 작업장의 온도가 적절할 것
③ 신발이 작업장에 닿을 때 미끄럽지 아니하고, 손으로 물건을 잡을 때 불편함이 없을 것
④ 물체를 들어 올리는데 자연스러울 것
⑤ 물체의 폭이 75cm 이하로 두 손을 적당히 벌리는 작업을 할 것

04
다음 항목의 사무실 공기관리지침상 오염물질 관리기준을 쓰시오.

(1) 이산화질소(NO_2)
(2) 일산화탄소(CO)
(3) 라돈

(1) 0.1ppm 이하
(2) 10ppm 이하
(3) 148Bq/m^3 이하

*사무실 오염물질의 관리기준

오염물질	관리기준
미세먼지(PM10)	100μg/m^3 이하
초미세먼지(PM2.5)	50μg/m^3 이하
이산화탄소(CO_2)	1000ppm 이하
일산화탄소(CO)	10ppm 이하
이산화질소(NO_2)	0.1ppm 이하
포름알데히드(HCHO)	100μg/m^3 이하
총휘발성 유기화합물(TVOC)	500μg/m^3 이하
라돈	148Bq/m^3 이하
총부유세균	800CFU/m^3 이하
곰팡이	500CFU/m^3 이하

05
벤투리 스크러버의 원리를 설명하시오.

스크러버로 유입된 액체가 오염 입자들을 관성 충돌에 의해 포획하는 원리

06

OSHA 보정방법의 허용농도에 대한 보정이 필요 없는 경우를 제시할 때 제시내용 3가지를 쓰시오.

① 천정값으로 되어 있는 노출기준
② 가벼운 자극을 유발하는 물질에 대한 노출기준
③ 기술적으로 타당성이 없는 노출기준

07

귀마개의 장점과 단점 2가지씩 쓰시오.

(1) 장점
① 착용이 간편하다.
② 부피가 작아 휴대하기 쉽다.
③ 가격이 저렴하다.
④ 보안경이나 안전모 착용에 방해되지 않는다.
⑤ 고온작업 시 사용이 가능하다.
⑥ 좁은 장소에서 사용이 가능하다.

(2) 단점
① 귀질환이 있는 근로자는 사용할 수 없다.
② 차음효과가 귀덮개에 비해 떨어진다.
③ 사람에 따라 차음효과의 차이가 크다.
④ 제대로 착용하기 위해 시간이 걸리고 착용요령을 습득해야 한다.
⑤ 땀이 많이 나는 여름에는 외이도염을 유발할 수 있다.
⑥ 더러운 손으로 귀마개를 만지면 외이도가 오염될 수 있다.
⑦ 착용여부 파악이 곤란하다.

08

먼지가 발생하는 작업장에 설치된 후드가 $200m^3/min$의 필요환기량으로 배기할 수 있도록 설치되어 있고, 후드의 정압이 $60mmH_2O$이다. 3개월 후에 후드의 정압을 측정해보니 $15.2mmH_2O$로 낮아졌을 때 각 물음에 답하시오.

(1) 현재 후드에서 변화된 필요환기량$[m^3/min]$
(2) 후드의 정압이 감소하게 된 원인을 후드에서만 찾아서 2가지 쓰시오.

(1) $\dfrac{P_2}{P_1} = \left(\dfrac{N_2}{N_1}\right)^2 \Rightarrow \sqrt{\dfrac{P_2}{P_1}} = \dfrac{N_2}{N_1}$

$\dfrac{Q_2}{Q_1} = \dfrac{N_2}{N_1} = \sqrt{\dfrac{P_2}{P_1}}$

$\therefore Q_2 = Q_1 \times \sqrt{\dfrac{P_2}{P_1}}$

$= 200 \times \sqrt{\dfrac{15.2}{60}} = 100.66 m^3/min$

(2) 후드 정압 감소 원인
① 후드 가까이 장애물 존재
② 후드 형식이 조건 부적합
③ 후드 개구면 기류제어 불량

*송풍기 상사법칙

종류	회전수(N)	직경(D)
풍량(Q)	$\dfrac{Q_2}{Q_1} = \dfrac{N_2}{N_1}$	$\dfrac{Q_2}{Q_1} = \left(\dfrac{D_2}{D_1}\right)^3$
풍압(P)	$\dfrac{P_2}{P_1} = \left(\dfrac{N_2}{N_1}\right)^2$	$\dfrac{P_2}{P_1} = \left(\dfrac{D_2}{D_1}\right)^2$
동력(H)	$\dfrac{H_2}{H_1} = \left(\dfrac{N_2}{N_1}\right)^3$	$\dfrac{H_2}{H_1} = \left(\dfrac{D_2}{D_1}\right)^5$

여기서,
Q_1 : 변경 전 풍량$[m^3/min]$
Q_2 : 변경 후 풍량$[m^3/min]$
N_1 : 변경 전 회전수$[rpm]$
N_2 : 변경 후 회전수$[rpm]$
P_1 : 변경 전 풍압$[mmH_2O]$
P_2 : 변경 후 풍압$[mmH_2O]$
D_1 : 변경 전 회전차 직경$[m]$
D_2 : 변경 후 회전차 직경$[m]$
H_1 : 변경 전 동력$[kW]$
H_2 : 변경 후 동력$[kW]$

09

에틸벤젠(노출기준 $100ppm$)을 취급하는 작업을 하루 10시간씩 할 때 근로자의 노출기준$[ppm]$을 구하시오.
(단, Brief-Scala 보정방법 기준)

$$\text{허용기준} = TLV \times \frac{8}{H} \times \frac{24-H}{16}$$
$$= 100 \times \frac{8}{10} \times \frac{24-10}{16} = 70ppm$$

10

다음 표와 같이 합류관에서는 각도에 따라 유입손실이 발생한다. 합류관의 유입각도를 $90°$에서 $30°$로 변경할 때 두 경우 속도압은 $10mmH_2O$이고, 합류관에서 발생되는 압력손실$[mmAq]$을 얼마나 감소시킬 수 있는지 구하시오.

합류관의 각도	압력손실계수
15°	0.09
30°	0.18
45°	0.28
90°	1.00

$\triangle P_{90°} = \xi \times VP = 1.0 \times 10 = 10mmAq$
$\triangle P_{30°} = \xi \times VP = 0.18 \times 10 = 1.8mmAq$
$\therefore \triangle P = \triangle P_{90°} - \triangle P_{30°} = 10 - 1.8 = 8.2mmAq$

11

바닥에서 천장까지 높이 $3m$인 작업장에서 직경 $2\mu m$, 비중 2.5인 먼지의 비산을 억제하기 위하여 청소는 몇 분 후에 시작하여야 하는가?

$\rho = \text{비중} \times \text{물의 밀도}(=1) = 2.5 \times 1 = 2.5g/cm^3$
$V = 0.003\rho d^2 = 0.003 \times 2.5 \times 2^2 = 0.03cm/\sec$

$\therefore \text{시간} = \dfrac{\text{작업장 높이}}{V}$
$= \dfrac{300cm}{0.03cm/\sec \times \left(\dfrac{60\sec}{1\min}\right)} = 166.67\min$

여기서,
V : 리프만(Lippman)식 침강속도$[cm/\sec]$
ρ : 입자 밀도$[g/cm^3]$
d : 입자 직경$[\mu m]$

- 3m=300cm
- 1min=60sec

12

$1m \times 0.7m$의 개구면을 가진 사각 후드를 통하여 $20m^3/\min$의 혼합된 공기가 최소 덕트 운반속도 $1000m/\min$에서 덕트로 유입되도록 적절한 덕트의 직경$[cm]$을 구하시오.
(단, 정수화 하시오.)

$Q = AV = \dfrac{\pi D^2}{4}V$
$\therefore D = \sqrt{\dfrac{4Q}{\pi V}} = \sqrt{\dfrac{4 \times 20}{\pi \times 1000}}$
$= 0.1596m = 15.96cm ≒ 16cm$

13

$15\mu m$인 분진 입자를 중력 침강실에 처리하려고 한다. 입자의 밀도는 $1.3g/cm^3$, 가스의 밀도는 $0.0012g/cm^3$, 가스의 점성계수는 $1.78\times10^{-4}g/cm\cdot s$일 때 침강속도$[cm/\sec]$를 구하시오.

$$V = \frac{gd^2(\rho_1-\rho)}{18\mu}$$
$$= \frac{980cm/\sec^2 \times (15\times10^{-4}cm)^2 \times (1.3-0.0012)g/cm^3}{18\times 1.78\times10^{-4}g/cm\cdot\sec}$$
$$= 0.89 cm/\sec$$

여기서,
V : 스토크스(stokes)식 침강속도$[cm/\sec]$
g : 중력가속도$[=980cm/\sec^2]$
d : 입자 직경$[cm]$
ρ_1 : 입자 밀도$[g/cm^3]$
ρ : 공기 밀도$[g/cm^3]$
μ : 공기 점성계수$[g/cm\cdot sec]$

- $1m=100cm=10^6\mu m \rightarrow 1\mu m=10^{-4}cm$

14

필터의 무게가 $5mg$이고, 채취 전 여과지 무게 $0.5mg$, 채취 후 여과지 무게 $2mg$, 분당 채취부피가 $2L$인 곳에서 120분간 포집하였을 때 공기 중 농도$[mg/m^3]$을 구하시오.

$$mg/m^3 = \frac{(2-0.5)mg}{2L/min \times 120min \times \left(\frac{1m^3}{1000L}\right)} = 6.25mg/m^3$$

- $1m^3 = 1000L$

15

저용량 에어 샘플러로 납의 시료채취를 한 결과 납의 정량치는 $15\mu g$이고 총 흡인유량이 $250L$, 회수율이 95%일 때 공기 중 납의 농도$[mg/m^3]$를 구하시오.

$$mg/m^3 = \frac{15\mu g \times \left(\frac{1mg}{1000\mu g}\right)}{250L \times \left(\frac{1m^3}{1000L}\right) \times 0.95} = 0.06 mg/m^3$$

- $1g=1000mg=10^6\mu g \rightarrow 1mg=1000\mu g$
- $1m^3=1000L$

16

선반을 약품에 담근 후 건조시키는 과정에서 톨루엔이 시간당 $0.24L$ 증발한다면 다음 조건을 고려하여 화재 및 폭발방지를 위한 필요환기량 $[m^3/min]$을 구하시오.

[조건]
- 작업장 외기온도 21℃
- 작업조건의 사용온도 80℃
- 톨루엔 비중 0.9
- 톨루엔 폭발하한계(LEL) 5vol%
- 톨루엔 분자량 92, 안전계수 10

$$Q = \frac{24.1 \times \frac{273+t}{273+21} \times S \times G \times K \times 10^2}{M \times LEL \times B}$$
$$= \frac{24.1 \times \frac{273+80}{273+21} \times 0.9 \times 0.24 \times 10 \times 10^2}{92\times 5 \times 1}$$
$$= 13.59 m^3/hr \times \left(\frac{1hr}{60min}\right) = 0.23 m^3/min$$

여기서,
Q : 필요환기량$[m^3/hr]$
S : 유해물질의 비중
G : 유해물질의 시간당 사용량$[L/hr]$

K : 안전계수(혼합계수)
M : 유해물질의 분자량
LEL : 폭발하한계[%]
B : 온도에 따른 상수
 (120℃ 미만 : 1.0, 120℃ 이상 : 0.7)
24.1 : $1atm$, 21℃에서 공기의 부피[L]
$\left(온도보정 : 24.1 \times \dfrac{273+t}{273+21}\right)$
 여기서, t : 실제공기의 온도[℃]

- 1hr=60min

17

다음 보기는 공기의 조성비를 보여줄 때 다음을 구하시오.
(단, $1atm$, 25℃ 이다.)

[보기]
질소 78.2%, 산소 21%,
수증기 0.5%, 이산화탄소 0.3%

(1) 공기의 평균 분자량[g]
(2) 공기의 밀도[kg/m^3]

(1) 공기 평균 분자량
 = $\dfrac{(각물질의 분자량 \times 비율)의 합}{100}$
 = $\dfrac{28 \times 78.2 + 32 \times 21 + 18 \times 0.5 + 44 \times 0.3}{100}$
 = $28.84g$

(2) 밀도 = $\dfrac{질량}{부피} = \dfrac{28.84}{24.45} = 1.18 kg/m^3$

- 질소(N_2)의 분자량 : 14×2=28g
- 산소(O_2)의 분자량 : 16×2=32g
- 수증기(H_2O)의 분자량 : 1×2+16=18g
- 이산화탄소(CO_2)의 분자량 : 12+16×2=44g
- H의 원자량 1g, C의 원자량 : 12g,
 N의 원자량 : 14g, O의 원자량 16g
- $1atm$, 25℃의 부피 = 24.45L

18

벤젠 $4L$를 $2000m^3$ 공간에 혼입하려 한다. 공간은 $1atm$, 25℃ 이고, 벤젠의 비중은 0.88, 분자량은 78일 때 벤젠농도[ppm]을 구하시오.

물질의 밀도 = 물질의 비중×물의 밀도(=$1g/mL$)
 = $0.88 \times 1 = 0.88 g/mL$

$mg/m^3 = \dfrac{4L \times 0.88 g/mL \times \left(\dfrac{1000mL}{1L}\right) \times \left(\dfrac{1000mg}{1g}\right)}{2000m^3}$
 = $1760 mg/m^3$

$\therefore ppm = mg/m^3 \times \dfrac{부피}{분자량} = 1760 \times \dfrac{24.45}{78} = 551.69 ppm$

- 1L=1000mL
- 1g=1000mg
- $1atm$, 25℃의 부피 = 24.45L

19

$1atm$, 25℃의 작업장에서 벤젠을 취급하는 근로자가 실수로 작업장 바닥에 $1.8L$를 흘렸다. 벤젠의 분자량 78, 비중 0.88일 때 공기 중으로 증발한 벤젠의 증기용량[L]을 구하시오.

사용량[g] = $S \times G \times 10^3 = 0.88 \times 1.8 \times 10^3 = 1584g$
$\therefore$ 벤젠의 증기용량 = 사용량 × $\dfrac{부피}{분자량}$
 = $1584 \times \dfrac{24.45}{78} = 496.52L$

여기서,
S : 비중, G : 사용량[L]

- $1atm$, 25℃의 부피 = 24.45L

20

$10m^2$인 창문에 음압레벨 $120dB$인 음파가 통과할 때 이 창을 통과한 음파의 음향파워$[W]$를 구하시오.

$SPL = PWL - 10\log S$
$SPL = 10\log \dfrac{W}{W_o} - 10\log S$
$SPL = 10\log \dfrac{W}{10^{-12}} - 10\log S$
$120 = 10\log \dfrac{W}{10^{-12}} - 10\log 10$
$\therefore W = 10\,W$

여기서,
SPL : 음압수준$[dB]$
PWL : 음향파워레벨$[dB]$
r : 소음원으로부터의 거리$[m]$
W : 대상음원의 음향파워$[W]$
W_o : 기준음향파워$(=10^{-12}[W])$

2017년 1회차 산업위생관리기사 실기 필답형 기출문제

01
인체 내 방어기전 중 대식세포 기능에 손상을 주는 물질 3가지를 쓰시오.

① 석면
② 유리섬유
③ 박테리아

02
ACGIH의 입자 크기별 기준 중 호흡성 입자상 물질(RPM)에 대한 각 물음에 답하시오.

(1) 정의
(2) 평균입경
(3) 측정목적

(1) 폐포에 침착할 때 유해한 물질
(2) $4\mu m$
(3) 진폐증 유발유무 확인

03
외부식 후드의 형식 3가지와 각 적용작업 1가지씩 쓰시오.

① 슬롯형 : 도금작업
② 루바형 : 주물의 모래털기 작업
③ 그리드형 : 도장작업
④ 원형 또는 장방형 : 용해작업

*후드의 형식과 적용작업

식	형	적용작업의 예
포위식	– 포위형 – 장갑부착 상자형	– 분쇄, 공작기계, 마무리작업, 체분저조 – 농약 등 유독성물질 또는 독성가스 취급
부스식	– 드래프트 챔버형 – 건축부스형	– 연마,연삭, 동위원소 취급, 화학분석 및 실험, 포장 – 산 세척, 분무도장
외부식	– 슬롯형 – 루바형 – 그리드형 – 원형 또는 장방형	– 도금, 주조, 용해, 분무도장, 마무리작업 – 주물의 모래털기 작업 – 도장, 분쇄, 주형 해체 – 용해, 분쇄, 용접, 체분, 목공기계
레시버식	– 캐노피형 – 포위형 – 원형 또는 장방형	– 가열로, 용융, 단조, 소입 – 연삭, 연마 – 가열로, 용융, 탁상 그라인더

04
고온순화(고온순응) 매커니즘 4가지를 쓰시오.

① 열생산 감소
② 열방산능력 증가
③ 더위에 대한 내성 증가
④ 체온조절 기전의 항진

05
공기역학적 직경에 대해 설명하시오.

대상 먼지와 침강속도가 같고 밀도가 $1g/cm^3$ 이며, 구형인 먼지의 직경으로 환산된 직경

06

오염물질이 고체흡착관의 앞층에 포화된 다음 뒤층에 흡착되기 시작하며, 오염물질이 시료채취 매체에 포함되지 않고 기류를 따라 흡착관을 빠져나가는 현상은 무엇인가?

파과현상

07

기류를 냉각시켜 기류를 측정하는 기기 2가지를 쓰시오.

① 카타온도계   ② 열선풍속계

08

공기기류 흐름 방향에 따른 송풍기 종류 2가지를 쓰시오.

① 원심력 송풍기
② 축류 송풍기

09

어떤 분진이 많이 발생하는 작업장에 설치된 송풍기의 정압이 $100\,mmH_2O$이다. 1년 후 다시 측정해 보니 $300\,mmH_2O$로 증가되어 있었을 때 해당 송풍기의 정압이 증가된 이유를 2가지 쓰시오.

① 후드 댐퍼 닫힘
② 덕트 계통의 분진 퇴적
③ 공기정화장치의 분진 퇴적

10

덕트 내 작용하는 압력의 종류 3가지를 쓰고 각각 설명하시오.

① 정압(SP)
덕트 내 사방으로 동일하게 미치는 압력
② 속도압(=동압, VP)
공기의 흐름방향으로 미치는 압력
③ 전압(TP)
단위유체에 작용하는 정압과 속도압의 총합

11

후드 선정 시 고려사항 3가지 쓰시오.

① 필요환기량을 최소화할 것
② 작업자의 작업방해를 최소화 할 수 있도록 설치될 것
③ 작업자의 호흡영역을 유해물질로부터 보호할 것
④ ACGIH 및 OSHA의 설계기준을 준수할 것
⑤ 작업자가 사용하기 편리하도록 만들 것
⑥ 후드 설계 시 일반적인 오류를 범하지 말 것

12

$10000\,ppm$의 사염화에틸렌을 이용하여 금속제품의 기름때를 제거하는 작업을 한다. 세척조에서 발생하는 사염화에틸렌의 증기로부터 작업자를 보호하기 위하여 설치된 국소배기장치의 후드 위치가 세척조 개구면의 위쪽에 설치되어야 하는 이유를 유효비중을 이용하여 설명하시오.
(단, 공기 중 사염화에틸렌 비중 5.7, 소수점 셋째 자리까지 나타내시오.)

$$\text{유효비중} = \frac{\text{물질의 } ppm \times \text{물질의 비중} + (10^6 - \text{물질의 } ppm) \times 1}{10^6}$$

$$= \frac{10000 \times 5.7 + (10^6 - 10000) \times 1}{10^6} = 1.047$$

오염된 공기 속 극소량의 증기유효비중(1.047)은 공기비중(1)과 거의 동일하여 바닥에 가라앉지 않아 개구면 위쪽으로 설치되어야 한다.

13

원형덕트에서 레이놀즈 수가 50000 이하 시에는 난류중심속도는 $\frac{1}{7}$ 승 법칙의 지수함수를 따르며, 덕트의 반경은 R_o이고, 평균속도에 해당하는 반경은 $R = 0.762R_o$이다. 중심속도가 $6m/\sec$일 때 평균속도[$m/\sec$]를 구하시오

$Re = 50000$ 이하의 난류에서의 평균속도는,

$$\therefore V = V_o \times \left(\frac{R}{R_o}\right)^{\frac{1}{7}} = 6 \times \left(\frac{0.762R_o}{R_o}\right)^{\frac{1}{7}} = 5.77 m/\sec$$

여기서,
V : 평균속도[$m/\sec$]
V_o : 중심속도[$m/\sec$]
R_o : 덕트의 반경[m]
R : 평균속도에 해당하는 반경[m]

14

어떤 작업장에서 소음이 $95dB(A)$에서 2시간, $90dB(A)$에서 3시간 발생할 때 다음을 구하시오.

(1) 노출지수(EI)
(2) 허용기준 초과여부

(1) $EI = \frac{C_1}{T_1} + \frac{C_2}{T_2} + \cdots + \frac{C_n}{T_n} = \frac{2}{4} + \frac{3}{8} = 0.88$

(2) $EI = 0.88$이므로, ∴허용기준 미만

여기서,
C : 소음 각각의 측정치
T : 소음 각각의 노출기준

$EI > 1$: 허용기준을 초과
$EI < 1$: 허용기준을 초과하지 않음

*소음작업
1일 8시간 작업을 기준하여 85dB 이상의 소음이 발생하는 작업
① 강렬한 소음작업

데시벨(이상)	발생시간(1일 기준)
90dB	8시간 이상
95dB	4시간 이상
100dB	2시간 이상
105dB	1시간 이상
110dB	30분 이상
115dB	15분 이상

② 충격 소음작업

데시벨(이상)	발생시간(1일 기준)
120dB	10000회 이상
130dB	1000회 이상
140dB	100회 이상

15

$1atm$, $25℃$의 작업장에서 테트라클로로에틸렌(폐흡수율 75%, TLV-TWA $25ppm$, 분자량 165.8)을 사용하고 있고, 체중 $70kg$인 작업자가 경노동(호흡률 $0.98m^3/hr$)을 6시간, 중노동(호흡률 $1.47m^3/hr$)을 2시간 하였다. 작업장에 폭로된 농도가 $22.5ppm$이면 이 근로자의 하루 폭로량$[mg/kg]$을 구하시오.

농도$(C)[mg/m^3] = ppm \times \dfrac{분자량}{부피}$

$C[mg/m^3] = 22.5ppm \times \dfrac{165.8}{24.45} = 152.58mg/m^3$

$SHD = C \times T \times V \times R$ 에서,

경노동 : $SHD = C \times T \times V \times R$
$= 152.58 \times 6 \times 0.98 \times 0.75 = 672.88mg$

중노동 : $SHD = C \times T \times V \times R$
$= 152.58 \times 2 \times 1.47 \times 0.75 = 336.44mg$

총 흡수량 $= 672.88 + 336.44 = 1009.32mg$

∴ 근로자 하루 폭로량 $= \dfrac{총흡수량}{체중} = \dfrac{1009.32}{70}$
$= 14.42mg/kg$

여기서,
C : 농도$[mg/m^3]$
T : 노출시간$[hr]$
V : 폐환기율, 호흡률$[m^3/hr]$
R : 체내잔류율(일반적으로 1.0)
SHD : 체중당흡수량 × 체중$[mg]$

- $1atm$, $25℃$의 부피 $= 24.45L$

16

중심주파수가 $500Hz$인 경우, 하한주파수와 상한주파수를 구하시오.
(단, 1/1 옥타브 밴드 기준이다.)

$f_L = \dfrac{f_C}{\sqrt{2}} = \dfrac{500}{\sqrt{2}} = 353.55Hz$

$f_U = 2f_L = 2 \times 353.55 = 707.1Hz$

17

자유공간에서 장방형 후드($40cm \times 20cm$)가 직경 $20cm$ 원형덕트에 연결되었을 때 다음을 구하시오.

(1) 플랜지 폭$[cm]$
(2) 플랜지가 없는 경우에 비하여 플랜지가 있는 경우 송풍량이 몇 % 감소되는지 쓰시오.

(1) $W = \sqrt{A} = \sqrt{40 \times 20} = 28.28cm$
(2) 자유공간 위치, 플랜지 미부착
: $Q_1 = V(10X^2 + A)$

자유공간 위치, 플랜지 부착
: $Q_2 = 0.75V(10X^2 + A)$

∴ 절감효율 $= \dfrac{Q_1 - Q_2}{Q_1} \times 100$
$= \dfrac{1 - 0.75}{1} \times 100 = 25\%$

*필요송풍량(Q)

조건	필요송풍량 공식
① 자유공간 위치, 플랜지 미부착	$Q = V(10X^2 + A)$
② 자유공간 위치, 플랜지 부착	$Q = 0.75V(10X^2 + A)$
③ 바닥면 위치, 플랜지 미부착	$Q = V(5X^2 + A)$
④ 바닥면 위치, 플랜지 부착	$Q = 0.5V(10X^2 + A)$

여기서,
Q : 필요송풍량$[m^3/min]$
A : 후드의 개구면적$[m^2]$
V : 제어속도$[m/min]$
X : 후드 중심선으로부터 발생원까지의 거리$[m]$

18

두 개의 버블러를 연속적으로 연결하여 시료를 채취할 때, 두 번째 버블러의 채취효율이 95%이고, 총 집진효율이 99%일 때 첫 번째 버블러의 채취효율$[\%]$을 구하시오.

$\eta_T = \eta_1 + \eta_2(1-\eta_1)$
$0.99 = \eta_1 + 0.95(1-\eta_1)$
$\therefore \eta_1 = 0.8 = 80\%$

여기서,
η_1 : 1차 집진장치 집진율, η_2 : 2차 집진장치 집진율

19

자유공간 위치에서 외부식 원형후드이며, 후드 단면적 $0.5m^2$, 제어속도 $0.5m/\sec$, 후드와 발생원의 거리 $1m$일 때 다음을 구하시오.

(1) 플랜지가 없을 때 필요환기량$[m^3/\min]$
(2) 플랜지가 있을 때 필요환기량$[m^3/\min]$

(1) $Q = V(10X^2+A) = 0.5(10\times 1^2 + 0.5)$
$= 5.25m^3/\sec \times \left(\dfrac{60\sec}{1\min}\right) = 315m^3/\min$

(2) $Q = 0.75V(10X^2+A) = 0.75\times 0.5(10\times 1^2 + 0.5)$
$= 3.94m^3/\sec \times \left(\dfrac{60\sec}{1\min}\right) = 236.4m^3/\min$

*필요송풍량(Q)

조건	필요송풍량 공식
① 자유공간 위치, 플랜지 미부착	$Q = V(10X^2+A)$
② 자유공간 위치, 플랜지 부착	$Q = 0.75V(10X^2+A)$
③ 바닥면 위치, 플랜지 미부착	$Q = V(5X^2+A)$
④ 바닥면 위치, 플랜지 부착	$Q = 0.5V(10X^2+A)$

여기서,
Q : 필요송풍량$[m^3/\min]$
A : 후드의 개구면적$[m^2]$
V : 제어속도$[m/\min]$
X : 후드 중심선으로부터 발생원까지의 거리$[m]$

20

길이, 폭, 높이가 $5m$, $3m$, $2m$인 작업장의 흡음률이 천장은 $0.1m$, 벽은 0.05, 바닥은 0.2일 때 각 물음에 답하시오.

(1) 총 흡음력$[sabin]$을 구하시오.
(2) 천장, 벽의 흡음률을 0.3, 0.2로 증가 시 실내소음 저감량$[dB]$을 구하시오.

(1)

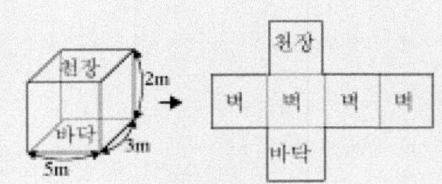

$S_{천장} = 5\times 3 = 15m^2$
$S_{벽} = (5\times 2\times 2) + (3\times 2\times 2) = 32m^2$
$S_{바닥} = 5\times 3 = 15m^2$

평균흡음률 $= \dfrac{S_1\overline{a_1} + S_2\overline{a_2} + \cdots S_n\overline{a_n}}{S_1 + S_2 + \cdots + S_n}$
$= \dfrac{15\times 0.1 + 32\times 0.05 + 15\times 0.2}{15+32+15}$
$= 0.0984$

$\therefore A =$ 평균흡음률$\times$총 면적
$= 0.0984\times(15+32+15) = 6.1\,sabin$

여기서,
S : 사용 재료 면적$[m^2]$
$\overline{a}$: 사용 재료 흡음률

(2)
평균흡음률 $= \dfrac{S_1\overline{a_1} + S_2\overline{a_2} + \cdots S_n\overline{a_n}}{S_1 + S_2 + \cdots + S_n}$
$= \dfrac{15\times 0.3 + 32\times 0.2 + 15\times 0.2}{15+32+15}$
$= 0.224$

$A =$ 평균흡음률$\times$총 면적
$= 0.224\times(15+32+15) = 13.89\,sabin$

$\therefore NR = SPL_1 - SPL_2 = 10\log\left(\dfrac{A_2}{A_1}\right)$
$= 10\log\left(\dfrac{13.89}{6.1}\right) = 3.57\,dB$

여기서,
NR : 감음량 $[dB]$
SPL_1, SPL_2 : 실내면에 대한 흡음대책 전후 실내 음압레벨 $[dB]$
A_1, A_2 : 실내면에 대한 흡음대책 전후 실내 흡음력 $[m^2,\ sabin]$

2017 2회차 산업위생관리기사 실기 필답형 기출문제

01
반송속도 선정 시 고려인자 4가지를 쓰시오.

① 조도
② 덕트지름
③ 곡관수 및 모양
④ 단면 확대 또는 수축

02
TLV-C 정의를 쓰시오.

근로자가 1일 작업시간 동안 잠시라도 노출되어서는 아니되는 기준농도

03
다음 단체의 각 허용기준을 쓰시오.

(1) OSHA
(2) ACGIH
(3) NIOSH

(1) PEL
(2) TLV
(3) REL

04
국소배기장치를 통해 배출되는 것과 동일한 양의 공기가 외부로부터 보충되는 공기의 명칭은 무엇인가?

보충용 공기

05
다음 보기 중 파과와 관련하여 틀린 것을 선택하여 옳게 고치시오.

[보기]
① 작업환경측정 시 많이 사용하는 흡착관은 앞층 100mg, 뒤층 50mg 이다.
② 앞층과 뒤층으로 구분되어 있는 이유는 파과현상으로 인한 오염물질의 과소평가를 방지하기 위함이다.
③ 일반적으로 앞층의 5/10 이상이 뒤층으로 넘어가면 파과가 일어났다고 한다.
④ 파과가 일어났다는 것은 시료채취가 잘 이루어진 것이다.
⑤ 비극성은 상관있고 극성은 상관없다.

③ 일반적으로 앞층의 1/10 이상이 뒤층으로 넘어가면 파과가 일어났다고 한다.
④ 파과가 일어났다는 것은 시료채취가 잘 이루어진 것이 아니다.
⑤ 비극성은 상관없고 극성은 상관있다.

06

마노미터, 피토관의 그림을 각각 그리고 속도압과 속도를 구하는 원리를 설명하시오.

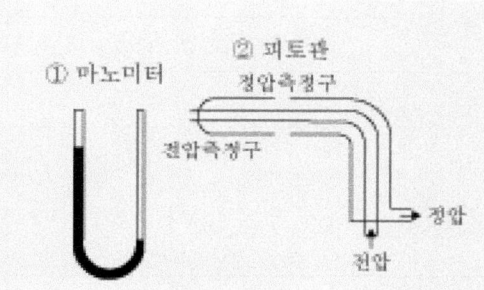

전압관에 마노미터의 한 쪽 끝을 연결하여 전압 측정, 정압관에 마노미터의 한 쪽 끝을 연결하여 정압 측정 후,
속도압 = 전압 - 정압, 속도 = $4.043\sqrt{속도압}$ 으로 구한다.

07

국소배기시설에서 필요송풍량을 최소화(감소)하기 위한 방법 4가지를 쓰시오.

① 가능한 한 오염물질 발생원에 가까이 설치할 것
② 가급적이면 공정을 많이 포위할 것
③ 후드 개구면에서 기류가 균일하게 분포하도록 설계할 것
④ 제어속도는 작업조건을 고려하여 적정하게 선정할 것
⑤ 작업이 방해되지 않도록 설치할 것
⑥ 오염물질 발생특성을 고려하여 설계할 것
⑦ 공정에서 발생 또는 배출되는 오염물질 절대량을 감소시킬 것

08

작업장 내 열부하량이 $25500 kcal/hr$이며, 외기온도 $15℃$, 작업장 내 온도는 $35℃$이다. 이때 전체 환기를 위한 필요 환기량$[m^3/hr]$을 구하시오. (단, 정압비열은 $0.3 kcal/(m^3 \cdot ℃)$이다.)

$$Q = \frac{H_s}{C_p \times \Delta t} = \frac{25500 kcal/hr}{0.3 \times (35-15)} = 4250 m^3/hr$$

여기서,
Q : 필요환기량$[m^3/hr]$
H_s : 발열량$[kcal/hr]$
C_p : 공기의 비열$[kcal/hr \cdot ℃]$
(주어지지 않으면 $C_p = 0.3$)
Δt : 외부공기와 작업장 내 온도차$[℃]$

09

사무실에 20명의 근로자가 있다. 실내 CO_2 농도를 $700ppm$으로 유지하려 할 때 필요 환기량 $[m^3/hr]$을 구하시오.
(단, 1인당 CO_2 배출량은 흡연을 고려하여 $40L/hr$로 하고, 외기 CO_2농도는 $400ppm$이다.)

$$Q = \frac{M}{C_s - C_o} \times 100$$
$$= \frac{40L/hr \times \left(\frac{1m^3}{1000L}\right)}{0.07 - 0.04} \times 100$$
$$= 133.33 m^3/hr \times 20명 = 2666.6 m^3/hr$$

여기서,
Q : 필요환기량$[m^3/hr]$
M : 이산화탄소 발생량$[m^3/hr]$
C_s : 실내 이산화탄소 기준농도$[\%]$
C_o : 실외 이산화탄소 기준농도$[\%]$

- $1m^3 = 1000L$
- $1 = 100\% = 1000000ppm$ → $1ppm = 10^{-4}\%$
- $700ppm → 0.07\%$, $400ppm → 0.04\%$

10

기압 $700mmHg$, 온도 $150℃$인 환경에서 A 기체의 부피가 $100m^3$일 때 $760mmHg$, $21℃$에서의 A기체의 부피$[m^3]$를 구하시오.

$$\frac{P_1V_1}{T_1} = \frac{P_2V_2}{T_2} \text{에서,}$$
$$\therefore V_2 = \frac{P_1V_1T_2}{T_1P_2} = \frac{700 \times 100 \times (273+21)}{(273+150) \times 760} = 64.02m^3$$

- 절대온도(K)=273+섭씨온도(℃)

※필요송풍량(Q)

조건	필요송풍량 공식
① 자유공간 위치, 플랜지 미부착	$Q = V(10X^2+A)$
② 자유공간 위치, 플랜지 부착	$Q = 0.75V(10X^2+A)$
③ 바닥면 위치, 플랜지 미부착	$Q = V(5X^2+A)$
④ 바닥면 위치, 플랜지 부착	$Q = 0.5V(10X^2+A)$

여기서,
Q : 필요송풍량$[m^3/\min]$
A : 후드의 개구면적$[m^2]$
V : 제어속도$[m/\min]$
X : 후드 중심선으로부터 발생원까지의 거리$[m]$

11

작업대 위에서 용접할 때 흄(fume)을 포집 제거하기 위해 작업면에 고정된 플랜지가 붙은 외부식 사각형 후드를 설치하였다면 필요 송풍량 $[m^3/\min]$을 구하시오.
(단, 개구면에서 작업지점까지의 거리는 $0.7m$, 제어속도는 $0.35m/s$, 후드 개구면의 면적 $0.6m^2$이다.)

바닥면 위치, 플랜지 부착이므로,
$Q = 0.5V(10X^2+A) = 0.5 \times 0.35 \times (10 \times 0.7^2 + 0.6)$
$= 0.9625m^3/\sec \times \left(\frac{60\sec}{1\min}\right) = 57.75m^3/\min$

12

직경 $15cm$인 덕트의 유속은 $2m/s$일 때 길이, 폭, 높이가 각각 $5m$, $7m$, $2m$인 실내의 시간당 공기교환횟수$[회/hr]$를 구하시오.

$Q = AV_{유속} = \frac{\pi d^2}{4}V_{유속} = \frac{\pi \times 0.15^2}{4} \times 2 = 0.03534m^3/s$

$\therefore ACH = \frac{Q}{V} = \frac{0.03534m^3/s \times \left(\frac{3600\sec}{1hr}\right)}{5m \times 7m \times 2m} = 1.82회/hr$

여기서,
Q : 필요환기량$[m^3/hr]$
V : 작업장 용적$[m^3]$
$A\left(=\frac{\pi d^2}{4}\right)$: 개구부의 원형 단면적$[m^2]$
d : 개구부의 직경$[m]$

- 용적(부피)=길이×폭×높이
- 1hr=3600sec

13

$2000m^3$인 사무실에 30명의 근로자가 있다. 실내 CO_2 농도를 $700ppm$으로 유지하려 할 때 시간당 공기교환횟수[회/hr]을 구하시오.
(단, 1인당 CO_2 배출량은 흡연을 고려하여 $45L/hr$로 하고, 외기 CO_2농도는 $400ppm$이다.)

$$Q = \frac{M}{C_s - C_o} \times 100$$

$$= \frac{45L/hr \times \left(\frac{1m^3}{1000L}\right)}{0.07 - 0.04} \times 100$$

$$= 150m^3/hr \times 30명 = 4500m^3/hr$$

$$\therefore ACH = \frac{Q}{V} = \frac{4500}{2000} = 2.25회/hr$$

여기서,
Q : 필요환기량$[m^3/hr]$
M : 이산화탄소 발생량$[m^3/hr]$
C_s : 실내 이산화탄소 기준농도[%]
C_o : 실외 이산화탄소 기준농도[%]
V : 작업장 용적$[m^3]$

- $1m^3 = 1000L$
- $1 = 100\% = 1000000ppm \rightarrow 1ppm = 10^{-4}\%$
- $700ppm \rightarrow 0.07\%$, $400ppm \rightarrow 0.04\%$

14

$1atm$, $25℃$인 작업장에서 벤젠을 고체흡착관으로 3시간동안 측정하려 한다. 비누거품미터로 유량을 보정할 때 $500cc$를 통과하는 데 시료채취 전에는 16.5초, 시료채취 후에는 16.9초가 걸렸다. 측정된 벤젠을 분석한 결과 활성탄관 앞층에서 $2.5mg$, 뒤층에서 $0.2mg$가 검출되었을 때 공기 중 벤젠의 농도$[ppm]$을 구하시오.
(단, 공시료의 평균 분석량 $0.01mg$이다.)

평균 시료채취 시간
$= \frac{\text{시료채취 전 시간} + \text{시료채취 후 시간}}{2}$
$= \frac{16.5 + 16.9}{2} = 16.7\text{sec}$

펌프 유량 $= \frac{\text{통과하는 부피}}{\text{평균 시료채취 시간}}$
$= \frac{0.5L}{16.7\text{sec} \times \left(\frac{1\min}{60\text{sec}}\right)} = 1.8L/\min$

$mg/m^3 = \frac{(\text{앞층 분석량} + \text{뒤층 분석량}) - \text{공시료 분석량}}{\text{공기채취량}}$

$= \frac{(2.5 + 0.2)mg - 0.01mg}{1.8L/\min \times 180\min \times \left(\frac{1m^3}{1000L}\right)} = 8.3mg/m^3$

$$\therefore ppm = mg/m^3 \times \frac{\text{부피}}{\text{분자량}} = 8.3 \times \frac{24.45}{78} = 2.6ppm$$

- $1L = 1000cc \rightarrow 500cc = 0.5L$
- $1\min = 60\text{sec}$
- $3hr = 180\min$
- $1m^3 = 1000L$
- $1atm$, $25℃$의 부피 $= 24.45L$
- 벤젠(C_6H_6)의 분자량 $= 12 \times 6 + 1 \times 6 = 78g$
- C의 원자량 : $12g$, H의 원자량 : $1g$

15

체적이 $1500m^3$이고 유효환기량 $1.2m^3/\sec$인 작업장에 메틸클로로포름 증기가 발생하여 $200ppm$의 상태로 오염되었다. 이 상태에서 증기발생이 중지되었다면 $25ppm$까지 농도를 감소시키는데 걸리는 시간[min]을 구하시오.

$$Q = 1.2m^3/\sec \times \left(\frac{60\sec}{1\min}\right) = 72m^3/\min$$

$$\therefore t = -\frac{V}{Q'}\ln\left(\frac{C_2}{C_1}\right)$$

$$= -\frac{1500m^3}{72m^3/\min}\ln\left(\frac{25}{200}\right) = 43.32\min$$

여기서,
C_1 : 유해물질 처음농도
C_2 : 유해물질 노출기준

• $1\min = 60\sec$

16

현재 총 흡음량이 $2500sabin$인 작업장의 천장에 흡음물질을 첨가하여 $2500sabin$을 더할 경우 실내소음 저감량[dB]을 구하시오.

$$NR = SPL_1 - SPL_2 = 10\log\left(\frac{A_2}{A_1}\right) = 10\log\left(\frac{A_1 + A_\alpha}{A_1}\right)$$

$$= 10\log\left(\frac{2500 + 2500}{2500}\right) = 3.01dB$$

여기서,
NR : 감음량[dB]
SPL_1, SPL_2 : 실내면에 대한 흡음대책 전후 실내 음압레벨[dB]
A_1, A_2 : 실내면에 대한 흡음대책 전후 실내 흡음력[m^2, $sabin$]
A_α : 실내면에 대한 흡음대책 전 실내흡음력에 추가된 흡음력[m^2, $sabin$]

17

$21℃$, 1기압의 어느 작업장에서 MEK을 $3L/hr$씩 공기 중으로 증발할 때, 필요 환기량 [$m^3/\min$]을 구하시오.
(단, MEK의 비중 0.805, 분자량은 72, TLV는 $200ppm$, 안전계수는 3이다.)

$$Q = \frac{24.1 \times S \times G \times K \times 10^6}{M \times TLV}$$

$$= \frac{24.1 \times 0.805 \times 3 \times 3 \times 10^6}{72 \times 200}$$

$$= 12125.31m^3/hr \times \left(\frac{1hr}{60\min}\right) = 202.09m^3/\min$$

여기서,
Q : 전체환기량[m^3/hr]
S : 유해물질의 비중
G : 유해물질의 시간당 사용량[L/hr]
K : 안전계수(혼합계수)
M : 유해물질의 분자량
TLV : 유해물질의 노출기준[ppm]
24.1 : $1atm$, $21℃$에서 공기의 부피[L]

$$\left(온도보정 : 24.1 \times \frac{273+t}{273+21}\right)$$

여기서, t : 실제공기의 온도[℃]

• $1hr = 60\min$

18

덕트 직경이 $60mm$이고 레이놀즈수가 3.8×10^4일 때 덕트 내 공기의 유속$[m/s]$을 구하시오.
(단, 공기의 동점성계수는 $0.1501 cm^2/s$이다.)

$\nu = 0.1501 cm^2/\sec \times \left(\dfrac{1m^2}{10^4 cm^2}\right) = 1.5 \times 10^{-5} m^2/\sec$

$Re = \dfrac{\rho VD}{\mu} = \dfrac{VD}{\nu}$에서,

$\therefore V = \dfrac{Re \times \nu}{D} = \dfrac{3.8 \times 10^4 \times 1.5 \times 10^{-5}}{0.06} = 9.5 m/s$

여기서,
Re : 레이놀즈 수
ρ : 유체 밀도$[kg/m^3]$
ν : 유체 동점성계수$[m^2/s]$
V : 유속$[m/s]$
D : 직경$[m]$
μ : 점성계수$[kg/m \cdot s]$

19

덕트 내 전압, 정압, 속도압을 피토관으로 측정하려 할 때 해당 그림에서 전압, 정압, 속도압을 각각 찾고 각각 압력$[mmH_2O]$을 구하시오.

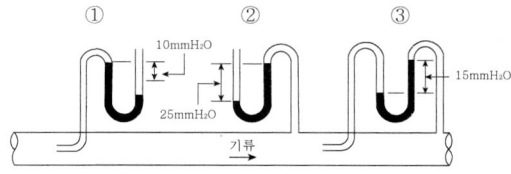

① 전압 : $-10 mmH_2O$
② 정압 : $-25 mmH_2O$
③ 속도압 : $15 mmH_2O$

20

음압이 $2.6 \mu bar$일 때 음압레벨$[dB]$을 구하시오.

$P = 2.6 \mu bar \times \left(\dfrac{10^5 Pa}{1 bar}\right) \times \left(\dfrac{1 Pa}{10^6 \mu Pa}\right) = 0.26 Pa$

$\therefore SPL = 20\log\left(\dfrac{P}{P_o}\right) = 20\log\left(\dfrac{0.26}{2 \times 10^{-5}}\right) = 82.28 dB$

여기서
SPL : 음압수준(음압도, 음압레벨)$[dB]$
P : 대상음의 음압$[N/m^2]$
P_o : 기준음압($= 2 \times 10^{-5} [N/m^2]$)

- $1 bar = 10^5 Pa = 0.1 MPa$
- $1 Pa = 10^6 \mu Pa$

2017 3회차 산업위생관리기사 실기 필답형 기출문제

01
산소부채(Oxygen Debt)를 설명하시오.

작업이 끝난 후 남아있는 젖산을 제거하기 위해서는 산소가 더 필요하며, 이때 동원되는 산소소비량이다.

02
다음 보기는 사무실 공기관리 지침에 관한 내용일 때 빈칸을 채우시오.

[보기]
- 사무실 환기횟수는 시간당 (①)회 이상으로 한다.
- 공기의 측정시료는 사무실 내에서 공기질이 가장 나쁠 것으로 예상되는 (②)곳 이상에서 채취하고 측정은 사무실 바닥으로부터 0.9m~1.5m 높이에서 한다.
- 일산화탄소 측정 시 시료 채취시간은 업무 시작 후 1시간 전후 및 종료 전 1시간 전후 각각 (③) 분간 측정한다.

① 4 ② 2 ③ 10

03
배기구 설치규칙 15-3-15에 대하여 설명하시오.

① 15 : 배출구와 흡입구는 서로 15m 이상 떨어질 것
② 3 : 배출구의 높이는 지붕꼭대기나 공기유입구보다 3m 이상 높게할 것
③ 15 : 배출되는 공기는 재유입되지 않도록 속도를 15m/s 이상 유지할 것

04
다음 용어의 정의를 쓰시오.

(1) 제어속도
(2) 충만실(플래넘)
(3) 후드 플랜지

(1) 유해물질을 후드쪽으로 흡인하기 위해 필요한 기류속도
(2) 후드 뒷부분에 위치하여 압력과 공기흐름을 균일하게 형성하는데 필요한 장치
(3) 후드 뒤쪽의 공기를 차단하기 위해 후드에 직각으로 붙인 판

05
입자상 물질의 크기를 표시하는 방법 중 기하학적(물리적) 직경 3가지를 쓰시오.

① 마틴 직경
② 페렛 직경
③ 등면적 직경

06
실내 공기오염 원인 중 공기조화설비(HVAC)가 무엇인지 설명하시오.

냉난방 및 환기계통을 의미하며 정해진 공간 내 온도, 습도, 공기의 이동 및 품질을 동시에 조절하는 설비

07
다음 표를 보고 석면의 종류에 대한 빈칸을 채우시오.

석면의 종류	화학식
(①)	- 가늘고 부드러운 섬유이며, 인장강도가 크다. - 가장 많이 사용되는 석면이다. - 화학식 : $3MgO_2SiO_2 2H_2O$
(②)	- 고내열성 섬유이다. - 취성을 가지고 있다. - 화학식 : $(FeMg)SiO_3$
(③)	- 석면광물 중 가장 강하다. - 취성을 가지고 있다. - 건강에 가장 치명적인 영향을 미친다. - 화학식 : $NaFe(SiO_3)_2 FeSiO_3H_2$

① 백석면
② 갈석면
③ 청석면

08
공기정화장치 중 흡착장치 설계 시 고려사항 3가지 쓰시오.

① 압력손실
② 처리능력
③ 흡착제 수명
④ 충진량

09
전체환기시설 설치 시 기본원칙 4가지를 쓰시오.

① 오염물질 사용량을 조사하여 필요환기량을 계산한다.
② 배출공기를 보충하기 위하여 청정공기를 공급한다.
③ 오염물질 배출구는 가능한 오염원에 가까운 곳에 설치하여 점환기 효과를 얻는다.
④ 공기배출구와 근로자의 작업위치 사이에 오염원이 위치해야 한다.

10
다음 보기의 빈칸안에 알맞은 용어를 쓰시오.

[보기]
(①) : 분석치가 참값에 얼마나 접근하였는가 하는 수치상의 표현
(②) : 일정한 물질에 대해 반복 측정·분석을 했을 때 나타나는 자료분석치의 변동크기가 얼마나 작은가하는 수치상의 표현
(③) : 작업환경측정의 대상이 되는 작업장 또는 공정에서 정상적인 작업을 수행하는 동일노출집단의 근로자가 작업을 행하는 장소
(④) : 시료채취기를 이용하여 가스·증기·분진·흄·미스트 등을 근로자의 작업행동범위에서 호흡기 높이에 고정하여 채취
(⑤) : 작업환경 측정·분석치에 대한 정확도와 정밀도를 확보하기 위하여 통계적 처리를 통한 일정한 신뢰 한계 내에서 측정·분석치를 평가하고, 그 결과에 따라 지도 및 교육, 기타 측정·분석 능력 향상을 위하여 행하는 모든 관리적 수단

① 정확도
② 정밀도
③ 단위작업장소
④ 지역시료채취
⑤ 정도관리

11

작업대 위에서 용접할 때 흄(fume)을 포집 제거하기 위해 후드를 설치하였을 때 각 물음에 답하시오.
(단, 개구면에서 작업지점까지의 거리는 $0.25m$, 제어속도는 $0.5m/s$, 후드 개구면적은 $0.5m^2$이다.)

(1) 작업면 위 플랜지가 부착된 필요송풍량 $[m^3/min]$
(2) 자유공간에 플랜지가 미부착된 필요송풍량 $[m^3/min]$

(1) 바닥면 위치, 플랜지 부착이므로,
$Q = 0.5V(10X^2 + A) = 0.5 \times 0.5 \times (10 \times 0.25^2 + 0.5)$
$= 0.2813 m^3/\text{sec} \times \left(\dfrac{60\text{sec}}{1\text{min}}\right) = 16.88 m^3/\text{min}$

(2) 자유공간 위치, 플랜지 미부착이므로,
$Q = V(10X^2 + A) = 0.5 \times (10 \times 0.25^2 + 0.5)$
$= 0.5625 m^3/\text{sec} \times \left(\dfrac{60\text{sec}}{1\text{min}}\right) = 33.75 m^3/\text{min}$

*필요송풍량(Q)

조건	필요송풍량 공식
① 자유공간 위치, 플랜지 미부착	$Q = V(10X^2 + A)$
② 자유공간 위치, 플랜지 부착	$Q = 0.75V(10X^2 + A)$
③ 바닥면 위치, 플랜지 미부착	$Q = V(5X^2 + A)$
④ 바닥면 위치, 플랜지 부착	$Q = 0.5V(10X^2 + A)$

여기서,
Q : 필요송풍량$[m^3/min]$
A : 후드의 개구면적$[m^2]$
V : 제어속도$[m/min]$
X : 후드 중심선으로부터 발생원까지의 거리$[m]$

12

속도압(VP)과 속도(V)에 대한 관계식을 간단하게 쓰시오.
(단, 비중량은 γ, 중력가속도 g이고 표준상태라고 가정한다.)

$$VP = \dfrac{\gamma V^2}{2g}, \quad V = 4.043\sqrt{VP}$$

13

다음 보기는 공기의 조성비를 보여줄 때 다음을 구하시오.
(단, $1atm$, $25℃$ 이다.)

[보기]
질소 78.2%, 산소 21%,
수증기 0.5%, 이산화탄소 0.3%

(1) 공기의 평균 분자량$[g]$
(2) 공기의 밀도$[kg/m^3]$

(1) 공기 평균 분자량
$= \dfrac{(각물질의 분자량 \times 비율)의 합}{100}$
$= \dfrac{28 \times 78.2 + 32 \times 21 + 18 \times 0.5 + 44 \times 0.3}{100}$
$= 28.84 g$

(2) 밀도 $= \dfrac{질량}{부피} = \dfrac{28.84}{24.45} = 1.18 kg/m^3$

- 질소(N_2)의 분자량 : $14 \times 2 = 28g$
- 산소(O_2)의 분자량 : $16 \times 2 = 32g$
- 수증기(H_2O)의 분자량 : $1 \times 2 + 16 = 18g$
- 이산화탄소(CO_2)의 분자량 : $12 + 16 \times 2 = 44g$
- H의 원자량 1g, C의 원자량 : 12g, N의 원자량 : 14g, O의 원자량 16g
- 1atm, 25℃의 부피 = 24.45L

14

지름이 $150mm$인 덕트에 표준공기가 흐르고 있고, 덕트 내 전압은 $-30mmH_2O$, 정압은 $-63mmH_2O$일 때 덕트 내 공기유량$[m^3/\sec]$을 구하시오.

$$A = \frac{\pi d^2}{4} = \frac{\pi \times 0.15^2}{4} = 0.0177m^2$$

$TP = SP + VP$에서,
$VP = TP - SP = -30 - (-63) = 33mmH_2O$
$V = 4.043\sqrt{VP} = 4.043\sqrt{33} = 23.23m/\sec$

$\therefore Q = AV = 0.0177 \times 23.23 = 0.41m^3/\sec$

- 전압(TP) = 정압(SP) + 속도압(VP)

*소음작업
1일 8시간 작업을 기준하여 85dB 이상의 소음이 발생하는 작업

① 강렬한 소음작업

데시벨(이상)	발생시간(1일 기준)
90dB	8시간 이상
95dB	4시간 이상
100dB	2시간 이상
105dB	1시간 이상
110dB	30분 이상
115dB	15분 이상

② 충격 소음작업

데시벨(이상)	발생시간(1일 기준)
120dB	10000회 이상
130dB	1000회 이상
140dB	100회 이상

15

어떤 작업장에서 소음이 $100dB$에서 1시간, $95dB$에서 3시간, $85dB$에서 4시간 발생할 때 다음을 구하시오.

(1) 노출지수(EI)
(2) 허용기준 초과여부

(1) $EI = \dfrac{C_1}{T_1} + \dfrac{C_2}{T_2} + \cdots + \dfrac{C_n}{T_n} = \dfrac{1}{2} + \dfrac{3}{4} = 1.25$

(여기서, 85dB는 강렬한 소음작업이 아니므로 고려하지 않는다.)

(2) $EI = 1.25$이므로, $\therefore$ 허용기준 초과

여기서,
C: 소음 각각의 측정치
T: 소음 각각의 노출기준

$EI > 1$: 허용기준을 초과
$EI < 1$: 허용기준을 초과하지 않음

16

체적이 $400m^3$이고 유효환기량 $56.6m^3/\min$인 작업장에 메틸클로로포름 증기가 발생하여 $100ppm$의 상태로 오염되었다. 이 상태에서 증기발생이 중지되었다면 $25ppm$까지 농도를 감소시키는데 걸리는 시간$[\min]$을 구하시오.

$$t = -\frac{V}{Q'}\ln\left(\frac{C_2}{C_1}\right) = -\frac{400m^3}{56.6m^3/\min}\ln\left(\frac{25}{100}\right) = 9.8\min$$

여기서,
C_1 : 유해물질 처음농도
C_2 : 유해물질 노출기준

- 1min = 60sec

17

다음 표를 보고 기하평균과 기하표준편차를 구하시오.

누적 분포	데이터
15.9%	0.05
50%	0.2
84.1%	0.8

① 기하평균 : 누적분포에서 50%에 해당하는 값
 $= 0.2$

② 기하표준편차
 $= \dfrac{84.1\%\text{에 해당하는 값}}{50\%\text{에 해당하는 값}} = \dfrac{0.8}{0.2} = 4$

18

어떤 작업장의 환기시스템에서 송풍량 $0.12 m^3/s$, 덕트의 지름 $8.8cm$, 유입손실계수 0.27, 공기의 비중량일 때 후드의 정압 $[mmH_2O]$을 구하시오.

$V = \dfrac{Q}{A} = \dfrac{Q}{\dfrac{\pi d^2}{4}} = \dfrac{0.12}{\dfrac{\pi \times 0.088^2}{4}} = 19.73 m/s$

$VP = \left(\dfrac{V}{4.043}\right)^2 = \left(\dfrac{19.73}{4.043}\right)^2 = 23.81 mmH_2O$

$SP_h = VP(1+F) = 23.81(1+0.27) = 30.24 mmH_2O$

$\therefore SP_h = -30.24 mmH_2O$

여기서
SP_h : 후드의 정압 $[mmH_2O]$
VP : 속도압(동압) $[mmH_2O]$
F : 압력손실계수 $\left(= \dfrac{1}{C_e^2} - 1\right)$
C_e : 유입계수 $\left(= \sqrt{\dfrac{1}{1+F}}\right)$

국소배기장치 시스템에서 송풍기 앞에 있는 부품들의 압력은 빨아들이는 압력이어야 하기 때문에 음압(−)이 나와야한다. 후드는 송풍기의 앞에 있는 부품이기 때문에 후드의 정압(SP_h)은 음압(−)으로 도출하여야 한다.

19

대기압이 $1 atm$인 화학공장에서 환기장치의 설치가 어려워 유해성이 적은 사용물질로 변경하려 한다. 아래 보기의 A물질과 B물질을 비교하여 어느 물질을 선정하는 것이 적절한지 그 이유를 쓰시오.

[보기]
A물질 : TLV $100 ppm$, 증기압 $25 mmHg$
B물질 : TLV $350 ppm$, 증기압 $100 mmHg$

A물질 $- VHI = \log\left(\dfrac{C}{TLV}\right) = \log\left(\dfrac{\dfrac{25}{760} \times 10^6}{100}\right) = 2.52$

B물질 $- VHI = \log\left(\dfrac{C}{TLV}\right) = \log\left(\dfrac{\dfrac{100}{760} \times 10^6}{350}\right) = 2.58$

VHI(증기 위험화지수)값이 적은 것을 선정하는 것이 바람직하기 때문에 $\therefore$ A물질

여기서,
VHI : 증기 위험화지수
C : 최고농도(포화농도) $\left(= \dfrac{\text{증기압}}{760} \times 10^6\right)$
TLV : 노출기준

20

송풍기의 회전수가 $400rpm$이고 송풍량이 $240m^3/\min$, 풍압이 $60mmH_2O$, 동력이 $5.5HP$이다. 회전수가 $500rpm$으로 바뀔 때 다음을 구하시오.

(1) 송풍량$[m^3/\min]$
(2) 풍압$[mmH_2O]$
(3) 동력$[HP]$

(1) $\dfrac{Q_2}{Q_1} = \dfrac{N_2}{N_1}$

$\therefore Q_2 = Q_1 \times \dfrac{N_2}{N_1} = 240 \times \dfrac{500}{400} = 300 m^3/\min$

(2) $\dfrac{P_2}{P_1} = \left(\dfrac{N_2}{N_1}\right)^2$

$\therefore P_2 = P_1 \times \left(\dfrac{N_2}{N_1}\right)^2$
$= 60 \times \left(\dfrac{500}{400}\right)^2 = 93.75 mmH_2O$

(3) $\dfrac{H_2}{H_1} = \left(\dfrac{N_2}{N_1}\right)^3$

$\therefore H_2 = H_1 \times \left(\dfrac{N_2}{N_1}\right)^3 = 5.5 \times \left(\dfrac{500}{400}\right)^3 = 10.74 HP$

*송풍기 상사법칙

종류	회전수(N)	직경(D)
풍량(Q)	$\dfrac{Q_2}{Q_1} = \dfrac{N_2}{N_1}$	$\dfrac{Q_2}{Q_1} = \left(\dfrac{D_2}{D_1}\right)^3$
풍압(P)	$\dfrac{P_2}{P_1} = \left(\dfrac{N_2}{N_1}\right)^2$	$\dfrac{P_2}{P_1} = \left(\dfrac{D_2}{D_1}\right)^2$
동력$[H]$	$\dfrac{H_2}{H_1} = \left(\dfrac{N_2}{N_1}\right)^3$	$\dfrac{H_2}{H_1} = \left(\dfrac{D_2}{D_1}\right)^5$

여기서,
Q_1 : 변경 전 풍량$[m^3/\min]$
Q_2 : 변경 후 풍량$[m^3/\min]$
N_1 : 변경 전 회전수$[rpm]$
N_2 : 변경 후 회전수$[rpm]$
P_1 : 변경 전 풍압$[mmH_2O]$
P_2 : 변경 후 풍압$[mmH_2O]$
D_1 : 변경 전 회전차 직경$[m]$
D_2 : 변경 후 회전차 직경$[m]$
H_1 : 변경 전 동력$[kW]$
H_2 : 변경 후 동력$[kW]$

2018 1회차 산업위생관리기사 실기 필답형 기출문제

01
주로 상지작업 특히 손과 손목을 중심으로 이루어지는 작업인 세탁작업·전자부품 조립작업 등 작업자가 손목을 반복적으로 사용하는 작업에서 체크리스트를 이용하여 위험요인을 평가하는 도구를 쓰시오.

JSI(작업 긴장도지수)

02
아래 그림은 고열작업장에서 사용하는 레시버식 캐노피 후드일 때 후드의 직경(F_3)을 H와 E를 이용하여 공식을 쓰시오.

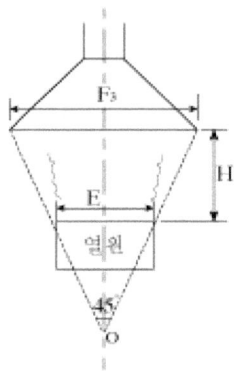

$F_3 = E + 0.8H$

03
후드, 덕트 연결부위로 급격한 단면 변화로 인한 압력손실을 방지할 수 있으며, 점진적인 경사가 있고 후드 개구면 속도를 균일하게 분포시키는 장치의 명칭을 쓰시오.

테이퍼(경사접합부)

04
운전 및 유지비가 저렴하고, 대용량 가스처리가 가능하고 설치공간이 많이 필요하며, 집진효율이 높고, 압력손실이 낮은 특징을 가진 집진장치의 명칭을 쓰시오.

전기집진장치

05
오리피스형상의 후드에 플랜지 부착 유무에 따른 유입손실($\triangle P$) 공식을 쓰시오.

① 플랜지 미부착 유입손실 : $\triangle P = 0.93 VP$
② 플랜지 부착 유입손실 : $\triangle P = 0.49 VP$

06
포위식 후드의 장점 3가지를 쓰시오.

① 유해물질의 완벽한 흡인이 가능하다.
② 유해물질 제거 송풍량이 다른 형태보다 적은 편으로 경제적이다.
③ 작업장 내 난기류의 영향을 거의 받지 않는다.

07
공기정화장치 중 여과집진시설의 채취기전(채취원리, 포집원리) 6가지를 쓰시오.

① 직접차단   ④ 확산
② 관성충돌   ⑤ 정전기침강
③ 중력침강   ⑥ 체

08
킬레이트 적정법의 종류 4가지를 쓰시오.

① 직접적정법
② 간접적정법
③ 치환적정법
④ 역적정법

09
전체환기시설 설치 시 기본원칙 4가지를 쓰시오.

① 오염물질 사용량을 조사하여 필요환기량을 계산한다.
② 배출공기를 보충하기 위하여 청정공기를 공급한다.
③ 오염물질 배출구는 가능한 오염원에 가까운 곳에 설치하여 점환기 효과를 얻는다.
④ 공기배출구와 근로자의 작업위치 사이에 오염원이 위치해야 한다.

10
어떤 원형덕트에 유체가 흐르고 있다. 덕트의 직경을 $\frac{1}{2}$로 하면 직관부분의 압력손실은 몇 배로 되는가? (단, 달시의 방정식을 적용한다.)

$$Q = AV \Rightarrow V = \frac{Q}{A} = \frac{4Q}{\pi D^2}$$

$$\triangle P_1 = F \times VP = \lambda \times \frac{L}{D} \times \frac{\gamma V^2}{2g} = \lambda \times \frac{L}{D} \times \frac{\gamma \left(\frac{4Q}{\pi D^2}\right)^2}{2g}$$

$$\triangle P_1 \propto \frac{1}{D^5}$$

$$\triangle P_2 \propto \frac{1}{\left(\frac{1}{2}D\right)^5} = \frac{32}{D^5}$$

$$\therefore \frac{\triangle P_2}{\triangle P_1} = \frac{\frac{32}{D^5}}{\frac{1}{D^5}} = 32배$$

여기서,
$\triangle P$: 압력손실$[mmH_2O]$
F : 압력손실계수
VP : 속도압$[mmH_2O]$
λ : 관마찰계수
L : 덕트 길이$[m]$

11

선반을 약품에 담근 후 건조시키는 과정에서 크실렌이 시간당 $1.5L$ 증발한다면 다음 조건을 고려하여 화재 및 폭발방지를 위한 필요환기량 $[m^3/\min]$을 구하시오.

[조건]
- 작업장 외기온도 25℃
- 작업조건의 사용온도 175℃
- 크실렌 비중 0.88
- 크실렌 폭발하한계 1%
- 크실렌 분자량 106, 안전계수 10

$$Q = \frac{24.45 \times \frac{273+t}{273+25} \times S \times G \times K \times 10^2}{M \times LEL \times B}$$

$$= \frac{24.45 \times \frac{273+175}{273+25} \times 0.88 \times 1.5 \times 10 \times 10^2}{106 \times 1 \times 0.7}$$

$$= 653.9 m^3/hr \times \left(\frac{1hr}{60\min}\right) = 10.9 m^3/\min$$

여기서,
Q : 필요환기량 $[m^3/hr]$
S : 유해물질의 비중
G : 유해물질의 시간당 사용량 $[L/hr]$
K : 안전계수(혼합계수)
M : 유해물질의 분자량
LEL : 폭발하한계 $[\%]$
B : 온도에 따른 상수
　　(120℃ 미만 : 1.0, 120℃ 이상 : 0.7)
24.45 : $1atm$, 25℃에서 공기의 부피 $[L]$
$$\left(온도보정 : 24.45 \times \frac{273+t}{273+25}\right)$$
여기서, t : 실제공기의 온도 $[℃]$

- $1hr = 60\min$

12

NRR이 19이고, 음압수준이 $100dB(A)$인 경우 귀덮개 차음효과와 작업자가 노출되는 음압수준 $[dB(A)]$을 구하시오.

① 차음효과
　　$= (NRR-7) \times 0.5 = (19-7) \times 0.5 = 6dB(A)$
② 음압수준
　　$= 100dB(A) -$ 차음효과 $= 100 - 6 = 94dB(A)$

13

덕트 직경이 $120mm$이고 덕트 내 공기의 유속이 $5m/s$일 때 레이놀즈 수와 흐름의 종류를 구하시오.
(단, 작업장 내 공기($1atm$, 21℃)의 동점성계수는 $1.5 \times 10^{-5} m^2/\sec$이다.)

$$Re = \frac{\rho VD}{\mu} = \frac{VD}{\nu} = \frac{5 \times 0.12}{1.5 \times 10^{-5}} = 40000$$

$Re > 4000$이므로 ∴ 난류

여기서,
Re : 레이놀즈 수
ρ : 유체 밀도 $[kg/m^3]$
ν : 유체 동점성계수 $[m^2/s]$
V : 유속 $[m/s]$
D : 직경 $[m]$
μ : 점성계수 $[kg/m \cdot s]$

*레이놀즈수에 따른 흐름의 종류

흐름	레이놀즈 수
층류	Re < 2100
천이영역	2100 < Re < 4000
난류	Re > 4000

14

채취 전 여과지 무게 $22.3mg$, 채취 후 여과지 무게 $27.5mg$, 분당 채취 부피가 $5L$인 곳에서 60분간 포집하였을 때 공기 중 농도$[mg/m^3]$을 구하시오.

$$mg/m^3 = \frac{(27.5-22.3)mg}{5L/\min \times 60\min \times \left(\frac{1m^3}{1000L}\right)} = 17.33mg/m^3$$

- $1m^3 = 1000L$

15

$25℃$, 1기압의 어느 작업장에서 MEK을 $2L/hr$씩 공기 중으로 증발할 때, 필요 환기량$[m^3/hr]$을 구하시오.
(단, MEK의 비중 0.805, 분자량은 72, TLV는 $200ppm$, 안전계수는 2이다.)

$$Q = \frac{24.45 \times S \times G \times K \times 10^6}{M \times TLV}$$
$$= \frac{24.45 \times 0.805 \times 2 \times 2 \times 10^6}{72 \times 200}$$
$$= 5467.29 m^3/hr$$

여기서,
Q : 전체환기량$[m^3/hr]$
S : 유해물질의 비중
G : 유해물질의 시간당 사용량$[L/hr]$
K : 안전계수(혼합계수)
M : 유해물질의 분자량
TLV : 유해물질의 노출기준$[ppm]$
24.45 : $1atm$, $25℃$에서 공기의 부피$[L]$
$\left(온도보정 : 24.45 \times \frac{273+t}{273+25}\right)$
여기서, t : 실제공기의 온도$[℃]$

- $1hr = 60\min$

16

벤젠이 배출되는 작업장에서 채취한 시료의 벤젠 농도 분석 결과가 오전 3시간 동안 $60ppm$, 오후 4시간 동안 $45ppm$일 때 다음을 구하시오.
(단, 벤젠의 TLV는 $50ppm$이다.)

(1) 작업장의 벤젠 TWA$[ppm]$
(2) 허용기준 초과여부 평가

(1) $TWA = \dfrac{C_1 T_1 + C_2 T_2 + \cdots + C_n T_n}{8}$
$= \dfrac{60 \times 3 + 45 \times 4 + 0 \times 1}{8} = 45ppm$

여기서,
C : 유해인자의 측정치$[ppm]$
T : 유해인자의 발생시간$[시간]$

(2) $EI = \dfrac{C}{TLV} = \dfrac{45}{50} = 0.9$
$EI = 0.9$이므로, ∴ 허용기준 미만

여기서,
$EI > 1$: 허용기준을 초과
$EI < 1$: 허용기준을 초과하지 않음

17

$25, 28, 27, 20, 45, 52, 58, 38, 42, 27 mg/m^3$의 측정값이 나올 때 기하평균을 구하시오.

$GM = \sqrt[N]{X_1 \times X_2 \times \cdots \times X_n}$
$= \sqrt[10]{25 \times 28 \times 27 \times 20 \times 45 \times 52 \times 58 \times 38 \times 42 \times 27}$
$= 34.23 mg/m^3$

여기서,
X : 측정치
N : 측정치의 개수

18

작업장 내 트리클로로에틸렌 노출농도를 측정하고자 한다. 과거의 노출농도는 평균 $50ppm$이었다. 시료는 활성탄관을 이용하여 $0.15L/\min$의 유량으로 채취한다. 트리클로로에틸렌의 분자량은 131, 가스크로마토 그래피의 정량한계(LOQ)는 시료 당 $0.5mg$이다. 시료를 채위해야 할 최소한의 시간[min]을 구하시오.
(단, 작업장 내 온도는 $25℃$이다.)

$$mg/m^3 = ppm \times \frac{분자량}{부피} = 50 \times \frac{131}{24.45} = 267.89 mg/m^3$$

$$부피 = \frac{LOQ}{농도} = \frac{0.5mg}{267.89 mg/m^3 \times \left(\frac{1m^3}{1000L}\right)} = 1.87L$$

$$\therefore 최초\ 채취시간 = \frac{1.87L}{0.15L/\min} = 12.47\min$$

여기서, LOQ : 정량한계[mg]

- 1atm, $25℃$의 부피 = 24.45L
- $1m^3 = 1000L$

19

공기 중 벤젠 $0.25ppm$(TLV : $0.5ppm$), 톨루엔 $25ppm$(TLV : $50ppm$), 크실렌 $60ppm$(TLV : $100ppm$)의 혼합물이 서로 상가작용할 때 다음을 구하시오.

(1) 허용농도 초과여부
(2) 혼합공기 허용농도[ppm]

(1) $EI = \frac{C_1}{T_1} + \frac{C_2}{T_2} + \cdots + \frac{C_n}{T_n}$
$= \frac{0.25}{0.5} + \frac{25}{50} + \frac{60}{100} = 1.6$

1을 초과하였으므로 $\therefore$ 노출기준을 초과

여기서,
C : 화학물질 각각의 측정치
T : 화학물질 각각의 노출기준

$EI > 1$: 노출기준을 초과
$EI < 1$: 노출기준을 초과하지 않음

(2) 혼합물의 $TLV-TWA$
$= \frac{C_1 + C_2 + \cdots + C_n}{EI}$
$= \frac{0.25 + 25 + 60}{1.6} = 53.28ppm$

20

25℃, 1기압의 어느 작업장에서 톨루엔과 크실렌을 각각 $200g/hr$씩 사용(증발)할 때, 필요 환기량 $[m^3/hr]$을 구하시오.
(단, 두 물질은 상가작용을 하며, 톨루엔의 분자량은 92, TLV는 $100ppm$, 크실렌의 분자량은 106, TLV는 $50ppm$이고, 각 물질의 안전계수는 7로 동일하다.)

사용량$[g/hr] = S \times G \times 10^3$

톨루엔의 필요환기량(Q_1)

$$Q_1 = \frac{24.1 \times \frac{273+t}{273+21} \times S \times G \times K \times 10^6}{M \times TLV}$$

$$= \frac{24.1 \times \frac{273+t}{273+21} \times 사용량[g/hr] \times K \times 10^3}{M \times TLV}$$

$$= \frac{24.1 \times \frac{273+25}{273+21} \times 200 \times 7 \times 10^3}{92 \times 100} = 3717.29 m^3/hr$$

크실렌의 필요환기량(Q_2)

$$Q_2 = \frac{24.1 \times \frac{273+t}{273+21} \times S \times G \times K \times 10^6}{M \times TLV}$$

$$= \frac{24.1 \times \frac{273+t}{273+21} \times 사용량[g/hr] \times K \times 10^3}{M \times TLV}$$

$$= \frac{24.1 \times \frac{273+25}{273+21} \times 200 \times 7 \times 10^3}{106 \times 50} = 6452.65 m^3/hr$$

두 물질은 상가작용을 하므로,
∴ $Q = Q_1 + Q_2 = 3717.29 + 6452.65 = 10169.94 m^3/hr$

여기서,
Q : 전체환기량$[m^3/hr]$
S : 유해물질의 비중
G : 유해물질의 시간당 사용량$[L/hr]$
K : 안전계수(혼합계수)
M : 유해물질의 분자량
TLV : 유해물질의 노출기준$[ppm]$
24.1 : $1atm$, 21℃에서 공기의 부피$[L]$

$\left(온도보정 : 24.1 \times \frac{273+t}{273+21} \right)$
　　여기서, t : 실제공기의 온도[℃]

2018년 2회차 산업위생관리기사 실기 필답형 기출문제

01
1차 표준보정기구와 2차 표준보정기구의 정의와 정확도를 각각 쓰시오.

(1) 1차 표준보정기구(1차 유량보정장치)
① 정의 : 공간의 부피를 직접 측정할 수 있는 기구
② 정확도 : ±1% 이내
(2) 2차 표준보정기구(2차 유량보정장치)
① 정의 : 공간의 부피를 직접 측정할 수 없으며 1차 표준기구를 기준으로 보정하여 사용할 수 있는 기구
② 정확도 : ±5% 이내

*표준기구의 종류

1차 표준기구	2차 표준기구
① 비누거품미터	① 로터미터
② 폐활량계	② 습식 테스터미터
③ 가스치환병	③ 건식 가스미터
④ 유리피스톤미터	④ 오리피스미터
⑤ 흑연피스톤미터	⑤ 열선기류계
⑥ 피토관(피토튜브)	

02
액체흡수법(임핀저, 버블러 등 사용)의 흡수용액을 이용하여 시료를 포집할 때 흡수효율을 증가시키는 방법 3가지를 쓰시오.

① 시료채취 유량을 낮춘다.
② 액체의 교반을 강하게 한다.
③ 흡수액 양을 늘린다.
④ 시료채취속도를 낮춘다.
⑤ 두 개 이상의 버블러를 연속적으로 연결(직렬연결)하여 용액의 양을 증가시킨다.
⑥ 포집용액의 온도를 낮추어 오염물질의 휘발성을 제한한다.
⑦ 가는 구멍이 많은 Fritted 버블러 등 채취효율이 좋은 기구를 사용한다.(기포와 액체의 접촉면을 크게 한다.)

03
속도압(VP)의 정의와 속도(V)에 대한 관계식을 간단하게 쓰시오.
(단, 비중량은 γ, 중력가속도 g이고 표준상태라고 가정한다.)

① 정의 : 공기의 흐름방향으로 미치는 압력
② 관계식 : $VP = \dfrac{\gamma V^2}{2g}$, $V = 4.043\sqrt{VP}$

04
다음 보기 내용은 국소배기장치의 설계에 대한 내용일 때 설계 순서대로 나열하시오.

[보기]
① 공기정화장치   ⑤ 반송속도 결정
② 후드 형식 선정   ⑥ 제어속도 결정
③ 총 압력손실 계산 ⑦ 소요풍량 계산
④ 송풍기 선정

② → ⑥ → ⑦ → ⑤ → ① → ③ → ④

*국소배기장치 설계순서
후드 형식 선정 → 제어속도 결정 → 소요풍량 계산 → 반송속도 결정 → 배관내경 산출 → 후드 크기 결정 → 배관 배치 및 설치장소 선정 → 공기정화장치 선정 → 국소배기 계통도 및 배치도 작성 → 총 압력손실량 계산 → 송풍기 선정

05

ACGIH에서 정한 입자상물질의 입자크기별로 3가지로 분류하고 각각 평균입경을 쓰시오.

① 흡입성 입자상 물질(IPM) : $100\mu m$
② 흉곽성 입자상 물질(TPM) : $10\mu m$
③ 호흡성 입자상 물질(RPM) : $4\mu m$

06

Flex-Time제를 설명하시오.

모든 근로자가 근무를 하지 않으면 안되는 중추 시간을 설정하고, 지정된 주간 근무시간 내에서 자유 출퇴근을 인정하는 제도

07

덕트 내 작용하는 압력의 종류 3가지를 쓰고 각각 설명하시오.

① 정압(SP)
덕트 내 사방으로 동일하게 미치는 압력

② 속도압(=동압, VP)
공기의 흐름방향으로 미치는 압력

③ 전압(TP)
단위유체에 작용하는 정압과 속도압의 총합

08

소음노출 평가, 소음노출 기준 초과에 따른 공학적 대책, 청력보호구의 지급과 착용, 소음의 유해성과 예방에 관한 교육, 정기적 청력검사, 기록·관리 사항 등이 포함된 소음성 난청을 예방·관리하기 위한 종합적인 계획의 명칭을 쓰시오.

청력보존 프로그램

09

벤젠의 작업환경 측정의 결과가 노출기준을 초과할 때 몇 개월 후에 재측정을 하여야 하는지 쓰시오.

측정일로부터 3개월 후 1회 이상

10

바이어에어로졸(Bioaerosol)의 정의와 생물학적 유해인자 종류 3가지를 쓰시오.

(1) 정의
$0.02 \sim 100\mu m$ 정도 크기로 미생물 등이 고체 또는 액체 입자에 부착, 포함되어 있는 것

(2) 유해인자 종류
① 곰팡이　　　④ 집진드기
② 꽃가루　　　⑤ 바퀴벌레
③ 박테리아　　⑥ 원생동물

11

재순환 공기의 CO_2 농도는 $650ppm$이고 급기의 CO_2농도는 $450ppm$일 때 급기 중의 외부공기 포함량[%]을 구하시오.
(단, 외부공기의 CO_2 농도는 $300ppm$이다.)

$$Q_A = \frac{C_r - C_s}{C_r - C_0} \times 100 = \frac{650-450}{650-300} \times 100 = 57.14\%$$

여기서,
Q_A : 급기 중 외부공기 포함량[%]
C_r : 재순환 공기 중 이산화탄소 농도
C_s : 급기 중 이산화탄소 농도
C_0 : 외부 공기 중 이산화탄소 농도

12

$7500ppm$의 사염화탄소가 작업 환경 중의 공기와 완전 혼합되어 있다. 이 혼합물의 유효비중을 구하시오.
(단, 공기 중 사염화탄소 비중 5.7, 소수점 넷째 자리까지 나타내시오.)

유효비중
$= \frac{물질의\ ppm \times 물질의\ 비중 + (10^6 - 물질의\ ppm) \times 1}{10^6}$
$= \frac{7500 \times 5.7 + (10^6 - 7500) \times 1}{10^6} = 1.0353$

13

선반을 약품에 담근 후 건조시키는 과정에서 크실렌이 시간당 $1.5L$ 증발한다면 다음 조건을 고려하여 화재 및 폭발방지를 위한 필요환기량 $[m^3/\min]$을 구하시오.

[조건]
- 작업장 외기온도 25℃
- 작업조건의 사용온도 200℃
- 크실렌 비중 0.88
- 크실렌 폭발하한계 1%
- 크실렌 분자량 106, 안전계수 10

$$Q = \frac{24.45 \times \frac{273+t}{273+25} \times S \times G \times K \times 10^2}{M \times LEL \times B}$$
$$= \frac{24.45 \times \frac{273+200}{273+25} \times 0.88 \times 1.5 \times 10 \times 10^2}{106 \times 1 \times 0.7}$$
$$= 690.39 m^3/hr \times \left(\frac{1hr}{60\min}\right) = 11.51 m^3/\min$$

여기서,
Q : 필요환기량$[m^3/hr]$
S : 유해물질의 비중
G : 유해물질의 시간당 사용량$[L/hr]$
K : 안전계수(혼합계수)
M : 유해물질의 분자량
LEL : 폭발하한계[%]
B : 온도에 따른 상수
　　(120℃ 미만 : 1.0, 120℃ 이상 : 0.7)
24.45 : $1atm$, 25℃에서 공기의 부피$[L]$
　　$\left(온도보정 : 24.45 \times \frac{273+t}{273+25}\right)$
　　여기서, t : 실제공기의 온도[℃]

- 1hr=60min

14

단면적의 너비(W)가 $30cm$, 길이(D)가 $15cm$인 직사각형 덕트의 곡률반경(R)이 $30cm$인 $90°$ 곡관이 있다. 흡입하는 공기의 속도압이 $20mmH_2O$일 때 아래의 표를 이용하여 이 덕트의 압력손실[mmH_2O]을 구하시오.

[압력손실계수(F) 표]

형상비 반경비	0.25	0.5	1.0	2.0	2.5	3.0
0.0	1.50	1.32	1.15	1.04	0.92	0.86
0.5	1.36	0.21	1.05	0.95	0.84	0.79
1.0	0.45	0.28	0.21	0.21	0.20	0.19
1.5	0.28	0.18	0.13	0.13	0.12	0.12
2.0	0.24	0.15	0.11	0.11	0.10	0.10
2.5	0.22	0.13	0.10	0.10	0.09	0.09

형상비 $\left(\dfrac{W}{D}\right) = \dfrac{30}{15} = 2.0$

반경비 $\left(\dfrac{R}{D}\right) = \dfrac{30}{15} = 2.0$

표에서 압력손실계수(F)를 구하면, $F = 0.11$

$\therefore \triangle P = \left(F \times \dfrac{\theta}{90}\right)VP = \left(0.11 \times \dfrac{90}{90}\right) \times 20 = 2.2 mmH_2O$

F : 압력손실계수
θ : 곡관의 각도[°]
VP : 속도압[mmH_2O]

15

채취 전 여과지 무게 $20mg$, 채취 후 여과지 무게 $22.5mg$, 채취 부피가 $850L$일 때 공기 중 농도[mg/m^3]을 구하시오.

$mg/m^3 = \dfrac{(22.5-20)mg}{850L \times \left(\dfrac{1m^3}{1000L}\right)} = 2.94 mg/m^3$

- $1m^3 = 1000L$

16

송풍기의 송풍량이 $200m^3/\min$이고, 송풍기 전압이 $120mmH_2O$, 송풍기 효율이 0.7일 때 송풍기의 동력[kW]을 구하시오.

$H = \dfrac{Q \times \triangle P}{6120\eta} \times \alpha = \dfrac{200 \times 120}{6120 \times 0.7} \times 1 = 5.6 kW$

여기서,
H : 송풍기 소요동력[kW]
Q : 송풍량[$m^3/\min$]
$\triangle P$: 송풍기 유효압력[mmH_2O]
η : 송풍기 효율
α : 여유율 (주어지지 않으면, $\alpha=1$)

17

화학공장의 작업장 내 Toluene 농도를 측정하였더니 $0.4, 1.5, 15, 78 ppm$일 때, 측정치의 기하표준편차(GSD) [ppm]을 구하시오.

$GM = \sqrt[N]{X_1 \times X_2 \times \cdots \times X_n}$

$= \sqrt[4]{0.4 \times 1.5 \times 15 \times 78} = 5.15 ppm$

$\log GSD$
$= \sqrt{\dfrac{(\log X_1 - \log GM)^2 + \cdots (\log X_N - \log GM)^2}{N-1}}$
$= \sqrt{\dfrac{(\log 0.4 - \log 5.15)^2 + (\log 1.5 - \log 5.15)^2 + (\log 15 - \log 5.15)^2 + (\log 78 - \log 5.15)^2}{4-1}}$
$= 1.021$

$\therefore GSD = 10^{1.021} = 10.5 ppm$

여기서,
X : 측정치
N : 측정치의 개수
GSD : 기하표준편차
GM : 기하평균

18

덕트 내 전압, 정압, 속도압을 피토관으로 측정하려 할 때 해당 그림에서 전압, 정압, 속도압을 각각 찾고 각각 압력[mmH_2O]을 구하시오.

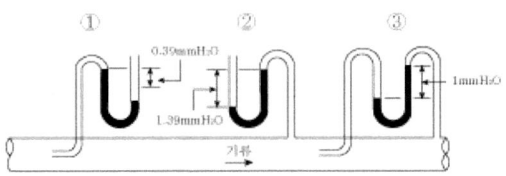

① 전압 : $-0.39mmH_2O$
② 정압 : $-1.39mmH_2O$
③ 속도압 : $1mmH_2O$

19

오후 7시에 측정한 사무실 내 이산화탄소의 농도는 $1200ppm$, 사무실이 빈 상태로 2시간이 경과한 오후 9시에 측정한 이산화탄소 농도는 $400ppm$이었다. 이 사무실의 시간당 공기교환 횟수[회/hr]를 구하시오.
(단, 외부공기 중의 이산화탄소의 농도는 $330ppm$이다.)

$$ACH = \frac{\ln(C_1 - C_0) - \ln(C_2 - C_0)}{t}$$
$$= \frac{\ln(1200-330) - \ln(400-330)}{2} = 1.26회/hr$$

여기서,
ACH : 시간당 공기교환 횟수[회/hr]
C_1 : 측정 초기 농도
C_2 : 시간 경과 후 CO_2 농도
C_0 : 외부 CO_2 농도
t : 경과된 시간[hr]

• 2시간 30분 = 2.5hr

20

덕트의 단면적은 $0.038m^2$이고, 송풍기 동력은 $7.5kW$, 덕트 내 정압은 $-64.5mmH_2O$, 전압은 $-20.5mmH_2O$이다. 송풍유량이 부족하여 20% 증가시키려 할 때 다음을 구하시오.

(1) 변화 전 송풍기 유량[m^3/min]
(2) 변화 후 송풍기 동력[kW]

(1) $VP = TP - SP$
$= -20.5 - (-64.5) = 44mmH_2O$

$V = 4.043\sqrt{VP} = 4.043\sqrt{44} = 26.82m/sec$

$\therefore Q_1 = AV$
$= 0.038m^2 \times 26.82m/sec \times \left(\frac{60sec}{1min}\right)$
$= 61.15m^3/min$

(2) $\frac{Q_2}{Q_1} = \frac{N_2}{N_1} \Rightarrow \left(\frac{Q_2}{Q_1}\right)^3 = \left(\frac{N_2}{N_1}\right)^3$

$\frac{H_2}{H_1} = \left(\frac{N_2}{N_1}\right)^3 = \left(\frac{Q_2}{Q_1}\right)^3$

$\therefore H_2 = H_1 \left(\frac{Q_2}{Q_1}\right)^3$
$= 7.5 \times \left(\frac{61.15 \times 1.2}{61.15}\right)^3 = 12.96kW$

*송풍기 상사법칙

종류	회전수(N)	직경(D)
풍량(Q)	$\frac{Q_2}{Q_1} = \frac{N_2}{N_1}$	$\frac{Q_2}{Q_1} = \left(\frac{D_2}{D_1}\right)^3$
풍압(P)	$\frac{P_2}{P_1} = \left(\frac{N_2}{N_1}\right)^2$	$\frac{P_2}{P_1} = \left(\frac{D_2}{D_1}\right)^2$
동력[H]	$\frac{H_2}{H_1} = \left(\frac{N_2}{N_1}\right)^3$	$\frac{H_2}{H_1} = \left(\frac{D_2}{D_1}\right)^5$

여기서,
Q_1 : 변경 전 풍량[m^3/min]
Q_2 : 변경 후 풍량[m^3/min]
N_1 : 변경 전 회전수[rpm]
N_2 : 변경 후 회전수[rpm]
P_1 : 변경 전 풍압[mmH_2O]
P_2 : 변경 후 풍압[mmH_2O]
D_1 : 변경 전 회전차 직경[m]
D_2 : 변경 후 회전차 직경[m]
H_1 : 변경 전 동력[kW]
H_2 : 변경 후 동력[kW]

2018 3회차 산업위생관리기사 실기 필답형 기출문제

01
전체환기 적용조건 5가지를 쓰시오.

① 발생원이 이동성인 경우
② 유해물질이 증기나 가스인 경우
③ 유해물질의 발생량이 적은 경우
④ 유해물질의 독성이 비교적 낮은 경우
⑤ 유해물질이 시간에 따라 균일하게 발생될 경우
⑥ 국소배기가 불가능한 경우

02
공기역학적 직경에 대해 설명하시오.

대상 먼지와 침강속도가 같고 밀도가 $1g/cm^3$이며, 구형인 먼지의 직경으로 환산된 직경

03
사업주가 관리대상 유해물질을 취급하는 작업에 근로자를 종사하도록 하는 경우에 근로자를 작업에 배치하기 전에 근로자에게 알려야 하는 사항 3가지를 쓰시오.

① 관리대상 유해물질의 명칭 및 물리적·화학적 특성
② 인체에 미치는 영향과 증상
③ 취급상의 주의사항
④ 착용하여야 할 보호구와 착용방법
⑤ 응급상황 시의 대처방법과 응급조치 요령
⑥ 그 밖에 근로자의 건강장해 예방에 관한 사항

04
중금속에 속하는 크롬 또는 납 분석 시 다음 물음에 답하시오.

(1) 채취여과지의 종류
(2) 분석기기

(1) MCE막 여과지
(2) 원자흡광광도계

05
다음 보기는 용접흄에 대한 내용일 때 빈칸을 채우시오.

[보기]
용접흄은 (①) 채취방법으로 하되 용접보안면을 착용한 경우에는 그 내부에서 채취하고, 중량분석방법과 원자흡광분광기 또는 (②)를 이용한 분석방법으로 측정한다.

① 여과   ② 유도결합플라즈마

06

검지관 방식의 장점 3가지를 쓰시오.

① 사용이 간편하다.
② 반응시간이 빨라서 빠른 시간에 측정 결과를 알 수 있다.
③ 숙련된 전문가가 아니여도 어느 정도 숙지되면 사용이 가능하다.
④ 맨홀 등 밀폐공간에서 산소가 부족하거나 폭발성 가스로 인해 안전이 문제가 될 때 유용하게 사용이 가능하다.

07

사업주는 근로자가 곤충 및 동물매개 감염병 고위험작업을 하는 경우에 조치사항 4가지를 쓰시오.

① 긴 소매의 옷과 긴 바지의 작업복을 착용하도록 할 것
② 곤충 및 동물매개 감염병 발생 우려가 있는 장소에서는 음식물 섭취 등을 제한할 것
③ 작업 장소와 인접한 곳에 오염원과 격리된 식사 및 휴식 장소를 제공할 것
④ 작업 후 목욕을 하도록 지도할 것
⑤ 곤충이나 동물에 물렸는지를 확인하고 이상증상 발생 시 의사의 진료를 받도록 할 것

08

다음 보기의 설명에 대한 알맞은 용어를 쓰시오.

[보기]
① 전형적인 열중증 상태로 고온환경에서 지속적으로 심한 육체노동을 하면 나타나며, 주로 작업 중 사용을 많이하는 근육에 발작적 경련이 발생하며, 특히 수분 및 혈중 염분 손실이 있을 때 발생한다.
② 고온다습 환경에 노출되면 뇌의 온도가 상승하여 신체 내 체온조절 중추에 기능장애를 일으켜 생기는 위급한 상태로 증상으로는 중추신경계의 장애, 직장온도 상승, 전신 발한 정지 등이 있다.

① 열경련 ② 열사병

09

휘발성 유기화합물(VOC) 처리방법 2가지를 쓰고 각각 특징 2가지씩 쓰시오.

(1) 불꽃연소법
① VOC 농도가 높은 경우에 적합
② 시스템이 간단하여 보수가 용이
(2) 촉매산화법
① VOC 농도가 낮은 경우에 적합
② 저온에서 처리하여 CO_2와 H_2O로 완전 무해화시킴

10

다음 그림의 빈칸에 알맞은 포집기전을 모두 쓰시오.

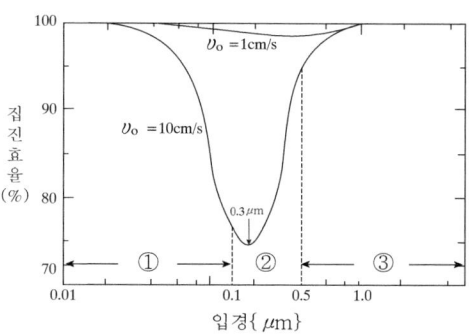

① 0.1μm 미만 입자 : 확산
② 0.1~0.5μm 입자 : 확산, 직접차단
③ 0.5μm 이상 입자 : 관성충돌, 직접차단

11

다음 아래의 각 필요송풍량 $[m^3/\min]$을 구하시오.

(1) 플랜지가 붙은 외부식 후드
(2) 하방흡인형 후드(오염원이 개구면과 가까움)

(1) $Q = 0.75V(10X^2 + A)$

여기서,
Q : 필요송풍량
A : 후드의 개구면적
V : 제어속도
X : 후드 중심선으로부터 발생원까지의 거리

(2) $Q = AV$

여기서,
Q : 필요송풍량
A : 후드의 개구면적
V : 제어속도

*필요송풍량(Q)

조건	필요송풍량 공식
① 자유공간 위치, 플랜지 미부착	$Q = V(10X^2 + A)$
② 자유공간 위치, 플랜지 부착	$Q = 0.75V(10X^2 + A)$
③ 바닥면 위치, 플랜지 미부착	$Q = V(5X^2 + A)$
④ 바닥면 위치, 플랜지 부착	$Q = 0.5V(10X^2 + A)$

여기서,
Q : 필요송풍량$[m^3/\min]$
A : 후드의 개구면적$[m^2]$
V : 제어속도$[m/\min]$
X : 후드 중심선으로부터 발생원까지의 거리$[m]$

12

길이가 $20cm$, 높이가 $3cm$인 플랜지 부착 슬롯형 후드가 바닥에 설치되어 있다. 오염원까지의 거리가 $30cm$, 제어속도가 $3m/\sec$일 때 필요송풍량$[m^3/\min]$을 구하시오.

플랜지 부착에 우리나라는 ACGIH 기준에 따르므로,
$Q = CLVX$에서,
$\therefore Q = 2.6 \times 0.2 \times 3 \times 0.3$
$= 0.468 m^3/\sec \times \left(\dfrac{60\sec}{1\min}\right) = 28.08 m^3/\min$

여기서,
Q : 필요송풍량$[m^3/\min]$
C : 형상계수
V : 제어속도$[m^3/\min]$
L : 슬롯 개구면의 길이$[m]$
X : 포집점까지의 거리$[m]$

조건	형상계수
전원주 (플랜지 미부착)	5.0 (ACGIH 기준 : 3.7)
3/4 원주	4.1
1/2 원주 (플랜지 부착)	2.8 (ACGIH 기준 : 2.6)
1/4 원주	1.6

• 1min=60sec

13

다음 그림에서 유량은 $0.3 m^3/\sec$이고 원형 확대관에서 확대 전 직경(d_1)은 $20 cm$, 확대 후 직경(d_2)은 $30 cm$, 확대 전 정압은 $-21.5 mmH_2O$일 때 확대 후 정압$[mmH_2O]$을 구하시오.
(단, 정압회복계수는 0.76이다.)

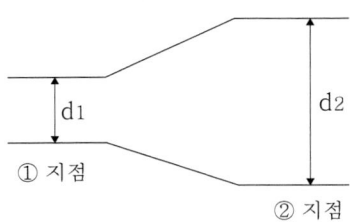

$$V_1 = \frac{Q}{A_1} = \frac{Q}{\frac{\pi d_1^2}{4}} = \frac{0.3}{\frac{\pi \times 0.2^2}{4}} = 9.55 m/\sec$$

$$VP_1 = \left(\frac{V_1}{4.043}\right)^2 = \left(\frac{9.55}{4.043}\right)^2 = 5.58 mmH_2O$$

$$V_2 = \frac{Q}{A_2} = \frac{Q}{\frac{\pi d_2^2}{4}} = \frac{0.3}{\frac{\pi \times 0.3^2}{4}} = 4.24 m/\sec$$

$$VP_2 = \left(\frac{V_2}{4.043}\right)^2 = \left(\frac{4.24}{4.043}\right)^2 = 1.1 mmH_2O$$

$$SP_2 - SP_1 = R(VP_1 - VP_2)$$
$$\therefore SP_2 = SP_1 + R(VP_1 - VP_2)$$
$$= -21.5 + 0.76(5.58 - 1.1) = -18.1 mmH_2O$$

$$SP_2 - SP_1 = (VP_1 - VP_2) - \triangle P$$
$$= (VP_1 - VP_2) - [\xi(VP_1 - VP_2)]$$
$$= (1 - \xi)(VP_1 - VP_2)$$
$$= R(VP_1 - VP_2)$$

여기서,
$\triangle P$: 압력손실$[mmH_2O]$
SP_1 : 확대 전 정압$[mmH_2O]$
SP_2 : 확대 후 정압$[mmH_2O]$
VP_1 : 확대 전 속도압$[mmH_2O]$
VP_2 : 확대 후 속도압$[mmH_2O]$
ξ : 압력손실계수($\xi = 1 - R$)
R : 정압회복계수

14

용융로에 설치된 레시버식 캐노피(천개형) 후드의 열상승 기류량이 $15 m^3/\min$, 누입한계 유량비 3.5일 때 필요송풍량$[m^3/\min]$을 구하시오.
(단, 표준상태 기준이고 후드 주위에 난기류가 있다고 가정한다.)

$$Q = Q_1[1 + (m \times K_L)] = Q_1(1 + K_D)$$
$$= 15(1 + 3.5) = 67.5 m^3/\min$$

*레시버식 캐노피(천개형) 후드의 필요송풍량(Q)

조건	필요송풍량 공식
난기류가 없을 경우	$Q = Q_1 + Q_2 = Q_1\left(1 + \frac{Q_2}{Q_1}\right) = Q_1(1 + K_L)$
난기류가 있을 경우	$Q = Q_1[1 + (m \times K_L)] = Q_1(1 + K_D)$

여기서,
Q ; 필요송풍량$[m^3/\min]$
Q_1 : 열상승기류량$[m^3/\min]$
Q_2 : 유도기류량$[m^3/\min]$
K_L : 누입한계 유량비
m : 누출안전계수
K_D : 설계 유량비 → $K_D = m \times K_L$

15

인쇄작업 금형을 보관하는 작업장($1atm$, $18℃$)에 시간당 $100g$의 톨루엔을 사용한다. 톨루엔의 분자량이 92.13이고, 허용기준 $188mg/m^3$일 때 전체환기장치를 설치하려할 때 톨루엔의 시간당 발생률$[L/hr]$을 구하시오.

$$\frac{V_1}{T_1} = \frac{V_2}{T_2}$$

$$V_2 = \frac{V_1 T_2}{T_1} = \frac{24.1 \times (273+18)}{(273+21)} = 23.85L$$

∴ 발생률$[L/hr]$ = 사용량$[g/hr]$ × $\frac{부피}{분자량}$

$= 100 \times \frac{23.85}{92.13} = 25.89 L/hr$

- 환기에 관한 문제이기 때문에 산업환기가 기준
- 산업환기 표준공기상태 조건 : $1atm$, $21℃$
- 절대온도(K) = 273 + 섭씨온도(℃)

16

작업장 내 열부하량이 $15000kcal/hr$이며, 외기온도 $25℃$, 작업장 내 온도는 $35℃$이다. 이때 전체 환기를 위한 필요 환기량$[m^3/\min]$을 구하시오.

$Q = \frac{H_s}{C_p \times \Delta t}$

$= \frac{15000 kcal/hr}{0.3 \times (35-25)}$

$= 5000 m^3/hr \times \left(\frac{1hr}{60\min}\right) = 83.33 m^3/\min$

여기서,
Q : 필요환기량$[m^3/hr]$
H_s : 발열량$[kcal/hr]$
C_p : 공기의 비열$[kcal/hr \cdot ℃]$
  (주어지지 않으면 $C_p = 0.3$)
Δt : 외부공기와 작업장 내 온도차$[℃]$

17

공기 중 벤젠 $0.25 ppm$ (TLV : $0.5 ppm$), 톨루엔 $25 ppm$ (TLV : $50 ppm$), 크실렌 $60 ppm$ (TLV : $100 ppm$)의 혼합물이 서로 상가작용할 때 다음을 구하시오.

(1) 허용농도 초과여부
(2) 혼합공기 허용농도$[ppm]$

(1) $EI = \frac{C_1}{T_1} + \frac{C_2}{T_2} + \cdots + \frac{C_n}{T_n}$

$= \frac{0.25}{0.5} + \frac{25}{50} + \frac{60}{100} = 1.6$

1을 초과하였으므로   ∴ 노출기준을 초과

여기서,
C : 화학물질 각각의 측정치
T : 화학물질 각각의 노출기준

$EI > 1$: 노출기준을 초과
$EI < 1$: 노출기준을 초과하지 않음

(2) 혼합물의 $TLV-TWA$

$= \frac{C_1 + C_2 + \cdots + C_n}{EI}$

$= \frac{0.25 + 25 + 60}{1.6} = 53.28 ppm$

18

제어속도가 $0.25 \sim 0.5 m/\sec$ 범위에서 부스식 후드를 설치하려 한다. 하한 제어속도의 20% 빠른 속도로 포집하려 하며, 개구면적을 $1.5m \times 1m$로 할 경우 필요흡인량$[m^3/\min]$을 구하시오.

$A = 1.5 \times 1 = 1.5 m^2$

하한속도에 20%(1.2배) 빠른 속도를 적용하면,
$V = 0.25 \times 1.2 = 0.3 m/\sec$

∴ $Q = AV = 1.5 m^2 \times 0.3 m/\sec \times \left(\frac{60\sec}{1\min}\right) = 27 m^3/\min$

19

작업에서 상방흡인형의 외부식 캐노피 후드의 설치를 설치하려 한다. 후드의 크기는 $2.5m \times 1.5m$이고, 개구면에서 배출원 사이의 높이는 $0.7m$이고, 제어속도가 $0.3m/\sec$일 때 필요송풍량$[m^3/\min]$을 구하시오.
(단, Della Vella식을 사용하시오.)

$H/L = \dfrac{0.7}{2.5} = 0.28$
$H/L \leq 0.3$인 외부형 캐노피 후드의 Q값 공식은,
$P = 2(L+W) = 2(2.5+1.5) = 8m$
$\therefore Q = 1.4PHV$
$\quad = 1.4 \times 8 \times 0.7 \times 0.3 = 2.352 m^3/\sec \times \left(\dfrac{60\sec}{1\min}\right)$
$\quad = 141.12 m^3/\min$

여기서,
Q : 필요송풍량$[m^3/\min]$
H : 개구면에서 배출원 사이의 높이$[m]$
V : 제어속도$[m^3/\min]$
P : 캐노피 둘레길이$[m]$ → $P = 2(L+W)$
L : 캐노피 장변$[m]$
W : 캐노피 직경(단변)$[m]$

20

용접작업장에서 채취한 공기 시료채취량이 $96L$인 시료여재로부터 $0.25mg$의 아연(Zn)을 분석할 때 시료채취기간 동안 용접 작업자에게 노출된 산화아연(ZnO) 흄의 농도$[mg/m^3]$을 구하시오.
(단, 아연(Zn)의 원자량은 65이다.)

산화아연 질량
$= $ 아연 질량 $\times \dfrac{\text{산화아연 분자량}}{\text{아연 분자량}}$
$= 0.25 \times \dfrac{81}{65} = 0.31mg$

$\therefore$ 산화아연 농도 $= \dfrac{\text{산화아연 질량}}{\text{부피}}$
$= \dfrac{0.31mg}{96L \times \left(\dfrac{1m^3}{1000L}\right)} = 3.23 mg/m^3$

- 산화아연(ZnO)의 분자량 : 65+16=81
- 산소(O)의 원자량 : 16

Memo

2019년 1회차 산업위생관리기사 실기 필답형 기출문제

01
총압력손실을 계산하는 방법 2가지를 쓰시오.

① 정압조절 평형법
② 저항조절 평형법

02
수동식(확산식) 시료채취기의 장점 4가지 쓰시오.

① 취급방법이 편리하다.
② 시료채취 전후에 펌프유량을 보정하지 않아도 된다.
③ 근로자들이 편리하게 착용 가능하다.
④ 개인용 펌프가 필요없어 다수의 근로자들이 착용 가능하다.

03
입자상 물질의 크기를 표시하는 방법 중 기하학적(물리적) 직경 3가지를 쓰고 각각 설명하시오.

① 마틴 직경
먼지의 면적을 이등분하는 선의 길이로 선의 방향은 항상 일정하여야 하며 과소평가할 수 있는 단점이 있다.

② 페렛 직경
먼지의 한쪽 끝 가장자리와 다른쪽 끝 가장자리 사이의 거리로 과대평가할 수 있는 단점이 있다.

③ 등면적 직경
먼지의 면적과 같은 면적을 가진 원의 직경으로 가장 정확한 직경으로 측정은 현미경 접안경에 porton reticle을 삽입하여 측정한다.

04
산업피로 발생 시 다음 물음에 나타나는 현상 2가지 씩 쓰시오.

(1) 혈액
(2) 소변

(1) 혈액
① 혈당치가 낮아진다.
② 젖산과 탄산량이 증가하여 산혈증이 발생한다.

(2) 소변
① 소변의 양이 감소한다.
② 뇨 내 단백질 또는 교질물질의 배설량이 증가한다.

05
전체환기 적용조건 5가지를 쓰시오.

① 발생원이 이동성인 경우
② 유해물질이 증기나 가스인 경우
③ 유해물질의 발생량이 적은 경우
④ 유해물질의 독성이 비교적 낮은 경우
⑤ 유해물질이 시간에 따라 균일하게 발생될 경우
⑥ 국소배기가 불가능한 경우

06

ACGIH에서 정한 입자상물질의 입자크기별로 3가지로 분류하고 각각 평균입경을 쓰시오.

① 흡입성 입자상 물질(IPM) : $100\mu m$
② 흉곽성 입자상 물질(TPM) : $10\mu m$
③ 호흡성 입자상 물질(RPM) : $4\mu m$

07

공기정화장치 중 여과집진시설의 채취기전(채취원리, 포집원리) 4가지를 쓰시오.

① 직접차단
② 관성충돌
③ 중력침강
④ 확산
⑤ 정전기침강
⑥ 체

08

염소가스나 이산화질소가스와 같이 흡수제에 쉽게 흡수되지 않는 물질의 시료채취에 사용되는 시료채취 매체의 명칭을 쓰고 사용하는 이유를 쓰시오.

① 시료채취 매체 : 고체흡착관
② 사용이유
염소는 실리카겔(극성 흡착제), 이산화질소는 활성탄(비극성 흡착제)를 이용하여 채취가 가능하기 때문

09

아래의 표는 각 조건의 온도와 부피에 대한 표일 때 빈칸을 채우시오.

조건	온도	부피
순수자연과학 (일반대기)	(①)	(②)
산업환기	(③)	(④)
산업위생 (작업환경 측정)	(⑤)	(⑥)

① 0℃ ② 22.4L
③ 21℃ ④ 24.1L
⑤ 25℃ ⑥ 24.45L

10

$1atm$, $25℃$인 작업장에서 톨루엔을 활성탄관을 사용하여 $0.25L/min$으로 200min 동안 측정한 후 분석한 결과 앞층에서 $3.31mg$, 뒷층에서 $0.11mg$이 검출되었다. 탈착효율이 95%일 때 다음을 구하시오.

(1) 파과여부
(2) 공기 중 농도 $[ppm]$

(1) $\dfrac{뒷층 검출량}{앞층 검출량} = \dfrac{0.11}{3.31} \times 100 = 3.32\%$

10%보다 작으므로 ∴ 파과 아님

(2) mg/m^3

$= \dfrac{(3.31 + 0.11)mg}{0.25L/min \times 200min \times \left(\dfrac{1m^3}{1000L}\right) \times 0.95}$

$= 72mg/m^3$

∴ $ppm = mg/m^3 \times \dfrac{부피}{분자량}$

$= 72 \times \dfrac{24.45}{92} = 19.13ppm$

11

표준공기가 흐르는 덕트의 직경 $100mm$, 점성계수 $1.607 \times 10^{-4} poise$, 밀도 $1.2kg/m^3$, 레이놀즈 수 30000일 때 덕트의 유속 $[m/\sec]$을 구하시오.

$\mu = 1.607 \times 10^{-4} poise \times \left(\dfrac{1g/cm \cdot \sec}{poise}\right)\left(\dfrac{1kg}{1000g}\right)\left(\dfrac{100cm}{1m}\right)$
$= 1.607 \times 10^{-5} kg/m \cdot \sec$

$Re = \dfrac{\rho V D}{\mu}$ 에서,

$\therefore V = \dfrac{Re \times \mu}{\rho D} = \dfrac{30000 \times 1.607 \times 10^{-5}}{1.2 \times 0.1} = 4.02 m/\sec$

여기서,
Re : 레이놀즈 수
ρ : 유체 밀도 $[kg/m^3]$
V : 유속 $[m/s]$
D : 직경 $[m]$
μ : 점성계수 $[kg/m \cdot s]$

- 1poise=1g/cm·sec
- 1kg=1000g
- 1m=100cm

- $1m^3$=1000L
- 1atm, 25℃의 부피 = 24.45L
- 톨루엔($C_6H_5CH_3$)의 분자량
  = $12 \times 6 + 1 \times 5 + 12 + 1 \times 3$ = 92g
- C의 원자량 : 12g, H의 원자량 : 1g

12

작업장의 체적이 $3000m^3$이며, 작업장에서 메틸렌글로라이드 증기가 $600g/hr$으로 발생하고 이때 유효환기량이 $56.6m^3/\min$, 메틸렌글로라이드의 농도가 $100mg/m^3$가 될 때 까지 걸리는 시간 $[\min]$을 구하시오.

$Q'C = 56.6m^3/\min \times 100mg/m^3 \times \left(\dfrac{1g}{1000mg}\right) \times \left(\dfrac{60\min}{1hr}\right)$
$= 339.6 g/hr$

$\therefore t = -\dfrac{V}{Q'} \ln\left(\dfrac{G - Q'C}{G}\right)$

$= -\dfrac{3000}{56.6} \ln\left[\dfrac{600 - 339.6}{600}\right] = 44.24 \min$

여기서,
t : 농도 C에 도달하는 데 걸리는 시간 $[\min]$
V : 작업장의 체적 $[m^3]$
Q' : 유효환기량 $[m^3/\min]$
G : 유해물질의 발생량 $[m^3/\min]$
C : 유해물질의 농도 $[ppm]$

- 1g=1000mg
- 1hr=60min

13

작업장에 소음 발생이 $80dB$은 4시간, $85dB$은 2시간, $91dB$은 30분, $94dB$은 10분 발생할 때 다음을 구하시오.
(단, 소음작업의 기준은 ACGIH 기준으로 한다.)

(1) 노출지수(EI)
(2) 허용기준 초과여부

(1) $EI = \dfrac{C_1}{T_1} + \dfrac{C_2}{T_2} + \cdots + \dfrac{C_n}{T_n}$

$= \dfrac{2}{8} + \dfrac{\left(\dfrac{30}{60}\right)}{2} + \dfrac{\left(\dfrac{10}{60}\right)}{1} = 0.67$

(여기서, 80dB는 강렬한 소음작업이 아니므로 고려하지 않는다.)

(2) $EI = 0.67$이므로, ∴허용기준 미만

여기서,
C : 소음 각각의 측정치
T : 소음 각각의 노출기준

$EI > 1$: 허용기준을 초과
$EI < 1$: 허용기준을 초과하지 않음

**강렬한 소음작업(ACGIH 기준)*

데시벨	발생시간(1일 기준)
85dB	8시간 이상
88dB	4시간 이상
91dB	2시간 이상
94dB	1시간 이상
97dB	30분 이상
100dB	15분 이상

**필요송풍량(Q)*

조건	필요송풍량 공식
① 자유공간 위치, 플랜지 미부착	$Q = V(10X^2 + A)$
② 자유공간 위치, 플랜지 부착	$Q = 0.75\,V(10X^2 + A)$
③ 바닥면 위치, 플랜지 미부착	$Q = V(5X^2 + A)$
④ 바닥면 위치, 플랜지 부착	$Q = 0.5\,V(10X^2 + A)$

여기서,
Q : 필요송풍량$[m^3/\min]$
A : 후드의 개구면적$[m^2]$
V : 제어속도$[m/\min]$
X : 후드 중심선으로부터 발생원까지의 거리$[m]$

14

오염원과 후드와의 거리가 $0.5m$, 제어속도가 $6m/s$, 후드 개구부 면적 $1.2m^2$인 외부식 후드가 있을 때 필요송풍량$[m^3/\min]$을 구하시오.

자유공간 위치, 플랜지 미부착이므로,
$Q = V(10X^2 + A) = 6 \times (10 \times 0.5^2 + 1.2)$
$= 22.2\,m^3/\sec \times \left(\dfrac{60\sec}{1\min}\right) = 1332\,m^3/\min$

15

작업장 내 열부하량이 $200000\,kcal/hr$이며, 외기 온도 $25℃$, 작업장 내 온도는 $35℃$이다. 이때 전체 환기를 위한 필요 환기량$[m^3/\min]$을 구하시오.

$Q = \dfrac{H_s}{C_p \times \Delta t}$

$= \dfrac{200000\,kcal/hr}{0.3 \times (35 - 25)}$

$= 66666.67\,m^3/hr \times \left(\dfrac{1hr}{60\min}\right) = 1111.11\,m^3/\min$

여기서,
Q : 필요환기량$[m^3/hr]$
H_s : 발열량$[kcal/hr]$
C_p : 공기의 비열$[kcal/hr \cdot ℃]$
(주어지지 않으면 $C_p = 0.3$)
Δt : 외부공기와 작업장 내 온도차$[℃]$

16

표준상태($1atm$, $0℃$)에서 공기의 밀도가 $1.293kg/m^3$일 때, $700mmHg$, $35℃$에서 공기의 밀도$[kg/m^3]$를 구하시오.

보일-샤를의 법칙 : $\dfrac{P_1V_1}{T_1} = \dfrac{P_2V_2}{T_2}$

$\rho(밀도) = \dfrac{m(질량)}{V(부피)}$ 관계에 따라 밀도와 부피는 반비례 관계이므로,

$\dfrac{P_1}{T_1\rho_1} = \dfrac{P_2}{T_2\rho_2}$ 에서,

$\therefore \rho_2 = \dfrac{T_1\rho_1P_2}{T_2P_1} = \dfrac{(273+0)\times 1.293 \times 700}{(273+35)\times 760} = 1.06 kg/m^3$

- 절대온도(K)=273+섭씨온도(℃)
- 1atm=760mmHg

17

송풍기의 회전수가 $1000rpm$이고 송풍량이 $28.3\ m^3/\min$, 풍압이 $21.6mmH_2O$, 동력이 $0.5HP$ 이다. 회전수가 $1125rpm$으로 바뀔 때 다음을 구하시오.

(1) 송풍량$[m^3/\min]$
(2) 풍압$[mmH_2O]$
(3) 동력$[HP]$

(1) $\dfrac{Q_2}{Q_1} = \dfrac{N_2}{N_1}$

$\therefore Q_2 = Q_1 \times \dfrac{N_2}{N_1} = 28.3 \times \dfrac{1125}{1000} = 31.84 m^3/\min$

(2) $\dfrac{P_2}{P_1} = \left(\dfrac{N_2}{N_1}\right)^2$

$\therefore P_2 = P_1 \times \left(\dfrac{N_2}{N_1}\right)^2$

$= 21.6 \times \left(\dfrac{1125}{1000}\right)^2 = 27.34 mmH_2O$

(3) $\dfrac{H_2}{H_1} = \left(\dfrac{N_2}{N_1}\right)^3$

$\therefore H_2 = H_1 \times \left(\dfrac{N_2}{N_1}\right)^3 = 0.5 \times \left(\dfrac{1125}{1000}\right)^3 = 0.71 HP$

*송풍기 상사법칙

종류	회전수(N)	직경(D)
풍량(Q)	$\dfrac{Q_2}{Q_1} = \dfrac{N_2}{N_1}$	$\dfrac{Q_2}{Q_1} = \left(\dfrac{D_2}{D_1}\right)^3$
풍압(P)	$\dfrac{P_2}{P_1} = \left(\dfrac{N_2}{N_1}\right)^2$	$\dfrac{P_2}{P_1} = \left(\dfrac{D_2}{D_1}\right)^2$
동력$[H]$	$\dfrac{H_2}{H_1} = \left(\dfrac{N_2}{N_1}\right)^3$	$\dfrac{H_2}{H_1} = \left(\dfrac{D_2}{D_1}\right)^5$

여기서,
Q_1 : 변경 전 풍량$[m^3/\min]$
Q_2 : 변경 후 풍량$[m^3/\min]$
N_1 : 변경 전 회전수$[rpm]$
N_2 : 변경 후 회전수$[rpm]$
P_1 : 변경 전 풍압$[mmH_2O]$
P_2 : 변경 후 풍압$[mmH_2O]$
D_1 : 변경 전 회전차 직경$[m]$
D_2 : 변경 후 회전차 직경$[m]$
H_1 : 변경 전 동력$[kW]$
H_2 : 변경 후 동력$[kW]$

18

덕트의 단면적 $0.38m^2$이고, 덕트 내 정압은 $-64.5mmH_2O$, 전압은 $-20.5mmH_2O$이고 공기의 비중량이 $1.2kg_f/m^3$일 때 다음을 구하시오.

(1) 덕트 내 반송속도$[m/s]$
(2) 공기유량$[m^3/\min]$

(1) $TP = SP + VP$
$VP = TP - SP = -20.5 - (-64.5) = 44 mmH_2O$

$\therefore V = \sqrt{\dfrac{2gVP}{\gamma}} = \sqrt{\dfrac{2\times 9.8 \times 44}{1.2}} = 26.81 m/s$

(2) $Q = AV = 0.38m^2 \times 26.81 m/\sec \times \left(\dfrac{60\sec}{1\min}\right)$
$= 611.27 m^3/\min$

19

그림에서 $E=1.2m$, $H=1m$이고 열원의 온도가 1800℃일 때 다음 조건을 이용하여 필요송풍량 (Q)[m^3/min]을 구하시오.

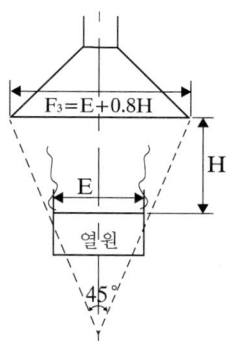

[조건]
- $Q[m^3/min] = \dfrac{0.57}{\gamma(A\gamma)^{0.33}} \times \triangle t^{0.45} \times Z^{1.5}$
- 온도차($\triangle t$) 계산식

$H/E \leq 0.7$	$H/E > 0.7$
$\triangle t = t_m - 20$	$\triangle t = (t_m - 20)\left[\dfrac{(2E+H)}{2.7E}\right]^{-1.7}$

- 가상고도(Z) 계산식

$H/E \leq 0.7$	$H/E > 0.7$
$Z = 2E$	$Z = 0.74(2E+H)$

- 열원의 종횡비(γ) = 1

$\dfrac{H}{E} = \dfrac{1}{1.2} = 0.83 > 0.7$

$\triangle t = (t_m - 20)\left[\dfrac{(2E+H)}{2.7E}\right]^{-1.7}$
$= (1800-20)\left[\dfrac{(2\times1.2+1)}{2.7\times1.2}\right]^{-1.7} = 1639.96℃$

$Z = 0.74(2E+H) = 0.74(2\times1.2+1) = 2.51$

$A = \dfrac{\pi D^2}{4} = \dfrac{\pi \times 1.2^2}{4} = 1.13m^2 \ (D=E)$

$\therefore Q = \dfrac{0.57}{\gamma(A\gamma)^{0.33}} \times \triangle t^{0.45} \times Z^{1.5}$
$= \dfrac{0.57}{1(1.13\times1)^{0.33}} \times 1639.96^{0.45} \times 2.51^{1.5} = 60.89 m^3/min$

20

다음 보기를 참고하여 근로자들의 조사년한을 노출인년[인년]으로 환산하시오.

[보기]
- 6개월 동안 노출농도를 조사한 사람의 수 : 8명
- 1년 동안 노출정도를 조사한 사람의 수 : 20명
- 3년 동안 노출농도를 조사한 사람의 수 : 10명

노출인년
= 노출자수 × 연간 근무시간
= 노출자수 × $\dfrac{\text{조사개월 수}}{12\text{개월}}$
= $8 \times \dfrac{6}{12} + 20 \times \dfrac{12}{12} + 10 \times \dfrac{36}{12}$ = 54인년

2019년 2회차 산업위생관리기사 실기 필답형 기출문제

01
정상청력을 가진 사람의 가청주파수 영역을 쓰시오.

20~20000Hz

02
전체환기 적용조건 5가지를 쓰시오.

① 발생원이 이동성인 경우
② 유해물질이 증기나 가스인 경우
③ 유해물질의 발생량이 적은 경우
④ 유해물질의 독성이 비교적 낮은 경우
⑤ 유해물질이 시간에 따라 균일하게 발생될 경우
⑥ 국소배기가 불가능한 경우

03
고체흡착관의 종류인 활성탄과 실리카겔의 사용 용도와 시료채취 시 주의사항 2가지를 쓰시오.

(1) 사용용도
① 활성탄 : 비극성 물질 채취
② 실리카겔 : 극성 물질 채취

(2) 주의사항
① 파과 주의
② 시료채취 시 영향인자 주의

04
국소배기장치의 압력(정압, 속도압) 측정기기 3가지를 쓰시오.

① 피토관
② U자 마노미터
③ 경사 마노미터
④ 아네로이드 게이지
⑤ 마크네헬릭 게이지

05
유해물질의 독성을 결정하는 인자(인체 영향인자) 5가지를 쓰시오.

① 작업강도
② 기상조건
③ 개인 감수성
④ 노출농도
⑤ 노출시간
⑥ 호흡량

06
고농도 분진이 발생하는 작업장에서 근로자하는 작업자와 작업장에 대한 작업환경 관리대책 4가지를 쓰시오.

① 작업공정 습식화
② 작업장소 밀폐 및 포위
③ 국소배기 또는 전체환기
④ 방진마스크 지급 및 착용
⑤ 작업시간 및 작업강도 조정

07
다음 용어의 정의를 쓰시오.

(1) 플랜지
(2) 충만실(플래넘)
(3) 경사접합부(테이퍼)

(1) 후드 뒤쪽의 공기를 차단하기 위해 후드에 직각으로 붙인 판
(2) 후드 뒷부분에 위치하여 압력과 공기흐름을 균일하게 형성하는데 필요한 장치
(3) 후드 개구면 속도를 균일하게 분포시키는 장치

08
작업장에서 A와 B 화학물질이 새로 들어왔다. 이에 대하여 전문 연구소에 조사연구를 의뢰하여 연구소에서 동물실험을 실시하여 다음과 같은 용량-반응곡선을 구하였다. A와 B 화학물질의 독성에 대하여 TD_{10}, TD_{50}을 기준으로 비교하여 설명하시오.
(단, TD는 피실험동물에 독성을 나타내는 양이다.)

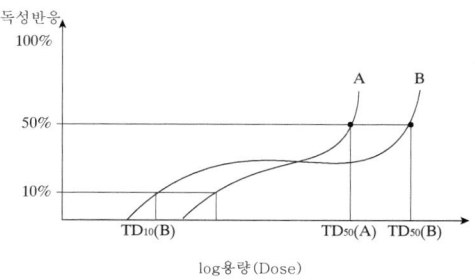

A물질이 B물질보다 독성반응이 급격하게 일어난 것을 의미하고 TD_{10}을 비교하면 B물질의 특성이 A물질보다 크고, TD_{50}을 비교하면 A물질의 특성이 B물질보다 크다.

09
귀덮개의 장점 4가지를 쓰시오.

① 귀마개보다 차음효과가 크다.
② 귀마개보다 차음효과 개인차가 적다.
③ 귀마개보다 일관성 있는 차음효과를 얻을 수 있다.
④ 귀마개보다 착용이 쉽다.
⑤ 고음영역의 차음효과가 탁월하다.
⑥ 귀에 염증이 있더라도 착용 가능하다.
⑦ 대부분의 근로자가 동일한 크기의 귀덮개 사용이 가능하다.
⑧ 멀리서도 착용 유무를 확인할 수 있다.
⑨ 크기를 여러 가지로 할 필요가 없다.

*귀덮개의 장단점

장점	① 귀마개보다 차음효과가 크다. ② 귀마개보다 차음효과 개인차가 적다. ③ 귀마개보다 일관성 있는 차음효과를 얻을 수 있다. ④ 귀마개보다 착용이 쉽다. ⑤ 고음영역의 차음효과가 탁월하다. ⑥ 귀에 염증이 있더라도 착용 가능하다. ⑦ 대부분의 근로자가 동일한 크기의 귀덮개 사용이 가능하다. ⑧ 멀리서도 착용 유무를 확인할 수 있다. ⑨ 크기를 여러 가지로 할 필요가 없다.
단점	① 고온 환경에서 사용이 불편하다. ② 장시간 사용하면 불편하다. ③ 보안경이나 안전모를 착용하는 근로자는 사용 시 불편하며 차음효과가 떨어진다. ④ 귀마개보다 가격이 비싸다. ⑤ 귀덮개를 오래 사용하여 귀덮개의 귀걸이가 휘거나 탄력성이 떨어지면 차음효과가 떨어진다.

10
덕트 직경이 $20cm$이고 공기의 유속이 $25m/sec$일 때, 레이놀즈수(Reynold)를 구하시오.
(단, 공기의 밀도는 $1.2kg/m^3$, 공기의 동점성계수는 $1.85\times10^{-5}m^2/s$이다.)

$$Re = \frac{\rho VD}{\mu} = \frac{VD}{\nu} = \frac{25 \times 0.2}{1.85 \times 10^{-5}} = 270270.27$$

여기서,
Re : 레이놀즈 수
ρ : 유체 밀도$[kg/m^3]$
ν : 유체 동점성계수$[m^2/s]$
V : 유속$[m/s]$
D : 직경$[m]$
μ : 점성계수$[kg/m \cdot s]$

11

메틸사이클로헥사놀(노출기준 $50ppm$)을 취급하는 작업을 하루 10시간씩 할 때 근로자의 노출기준$[ppm]$을 구하시오.
(단, Brief-Scala 보정방법 기준)

$$허용기준 = TLV \times \frac{8}{H} \times \frac{24-H}{16}$$
$$= 50 \times \frac{8}{10} \times \frac{24-10}{16} = 35ppm$$

12

송풍기의 흡입 정압은 $-70mmH_2O$이고 배출 정압은 $20mmH_2O$, 송풍기 입구의 평균유속이 $13.5m/s$일 때 송풍기 정압$[mmH_2O]$을 구하시오.
(단, 비중량은 $1.21kg_f/m^3$이다.)

$$VP_{in} = \frac{\gamma V^2}{2g} = \frac{1.21 \times 13.5^2}{2 \times 9.8} = 11.25mmH_2O$$
$$\therefore FSP = (SP_{out} - SP_{in}) - VP_{in}$$
$$= [20-(-70)] - 11.25 = 78.75mmH_2O$$

송풍기 정압(FSP)
$$FSP = FTP - VP_{out}$$
$$= (SP_{out} - SP_{in}) + (VP_{out} - VP_{in}) - VP_{out}$$
$$= (SP_{out} - SP_{in}) - VP_{in}$$
$$= SP_{out} - TP_{in}$$

여기서,
FSP : 송풍기 정압$[mmH_2O]$
FTP : 송풍기 전압$[mmH_2O]$
TP_{out} : 배출구 전압$[mmH_2O]$
TP_{in} : 흡입구 전압$[mmH_2O]$
SP_{out} : 배출구 정압$[mmH_2O]$
SP_{in} : 흡입구 정압$[mmH_2O]$
VP_{out} : 배출구 속도압$[mmH_2O]$
VP_{in} : 흡입구 속도압$[mmH_2O]$

13

어떤 작업장의 환기시스템에서 송풍량 $50m^3/min$, 덕트의 지름 $30cm$, 유입손실계수 0.65일 때 후드의 정압$[mmH_2O]$을 구하시오.

$$V = \frac{Q}{A} = \frac{Q}{\frac{\pi d^2}{4}} = \frac{50}{\frac{\pi \times 0.3^2}{4}} = 707.36m/min$$
$$V = 707.36m/min \times \left(\frac{1min}{60sec}\right) = 11.79m/sec$$
$$VP = \left(\frac{V}{4.043}\right)^2 = \left(\frac{11.79}{4.043}\right)^2 = 8.5mmH_2O$$
$$SP_h = VP(1+F) = 8.5(1+0.65) = 14.03mmH_2O$$
$$\therefore SP_h = -14.03mmH_2O$$

여기서
SP_h : 후드의 정압$[mmH_2O]$
VP : 속도압(동압)$[mmH_2O]$
F : 압력손실계수$\left(=\frac{1}{C_e^2}-1\right)$

국소배기장치 시스템에서 송풍기 앞에 있는 부품들의 압력은 빨아들이는 압력이어야 하기 때문에 음압($-$)이 나와야한다. 후드는 송풍기의 앞에 있는 부품이기 때문에 후드의 정압(SP_h)은 음압($-$)으로 도출하여야 한다.

14

어떤 사업장에 측정한 공기 중 먼지의 공기역학적 직경은 평균적으로 $5.5\mu m$이고 이 먼지를 흡입성 먼지 채취기로 채취한다고 가정할 때 분진 입경별 채취효율[%]을 구하시오.
(단, 채취효율 : $SI(d) = 50\% \times (1 + e^{-0.06d})$이다.)

$$SI(d) = 50\% \times (1 + e^{-0.06d})$$
$$= 50\% \times (1 + e^{-0.06 \times 5.5}) = 85.95\%$$

15

작업대 위에서 용접할 때 흄(fume)을 포집 제거하기 위해 작업면에 고정된 플랜지가 붙은 외부식 사각형 후드를 설치하였다면 다음을 구하시오.
(단, 개구면에서 작업지점까지의 거리는 $0.3m$, 제어속도는 $1m/s$, 후드 개구면의 규격은 $30cm \times 10cm$이다.)

(1) 필요 송풍량[$m^3/\min$]
(2) 플랜지 폭[cm]

(1) 바닥면 위치, 플랜지 부착이므로,
$A = 0.3 \times 0.1 = 0.03m^2$
$\therefore Q = 0.5V(10X^2 + A)$
$= 0.5 \times 1 \times (10 \times 0.3^2 + 0.03)$
$= 0.465m^3/\sec \times \left(\dfrac{60\sec}{1\min}\right) = 27.9m^3/\min$

(2) $W = \sqrt{A} = \sqrt{30 \times 10} = 17.32cm$

16

단면의 폭이 $850mm$, 높이가 $400mm$인 장방형 덕트 직관 내 풍량이 $300m^3/\min$, 길이 $5m$, 관마찰손실계수 0.02일 때 압력손실[mmH_2O]을 구하시오.
(단, 밀도는 $1.2kg/m^3$이다.)

밀도(ρ)가 $1.2kg/m^3$이므로, 비중량(γ)은 $1.2kg_f/m^3$이다.
$V = \dfrac{Q}{A} = \dfrac{Q}{ab} = \dfrac{300}{0.85 \times 0.4}$
$= 882.35m^3/\min \times \left(\dfrac{1\min}{60\sec}\right)$
$= 14.71m/\sec$

$D = \dfrac{2ab}{a+b} = \dfrac{2 \times 0.85 \times 0.4}{0.85 + 0.4} = 0.544m$

$\therefore \triangle P = F \times VP = \lambda \times \dfrac{L}{D} \times \dfrac{\gamma V^2}{2g}$
$= 0.02 \times \dfrac{5}{0.544} \times \dfrac{1.2 \times 14.71^2}{2 \times 9.8} = 2.44mmH_2O$

여기서,
$\triangle P$: 압력손실[mmH_2O]
F : 압력손실계수
VP : 속도압[mmH_2O]
λ : 관마찰계수
L : 덕트 길이[m]
D : 덕트 직경[m]$\left(= \dfrac{2ab}{a+b}\right)$
a : 수평직관의 가로[m]
b : 수평직관의 세로[m]
γ : 비중량[kg_f/m^3]
V : 유속[m/s]
g : 중력가속도[m/s^2]

17

$3000ppm$의 아세톤이 작업 환경 중의 공기와 완전 혼합되어 있다. 이 혼합물의 유효비중을 구하시오.
(단, 아세톤 가스 비중 2, 소수점 셋 째 자리까지 나타내시오.)

유효비중
$= \dfrac{\text{물질의 } ppm \times \text{물질의 비중} + (10^6 - \text{물질의 } ppm) \times 1}{10^6}$
$= \dfrac{3000 \times 2 + (10^6 - 3000) \times 1}{10^6} = 1.003$

18

층류영역에서 직경이 $2.4\mu m$이며 비중이 6.6인 입자상 물질의 침강속도$[m/\sec]$를 구하시오.
(단, 소수점 다섯 째 자리까지 나타내시오.)

$\rho = \text{비중} \times \text{물의 밀도}(=1) = 6.6 \times 1 = 6.6 g/cm^3$
$\therefore V = 0.003 \rho d^2 = 0.003 \times 6.6 \times 2.4^2$
$\qquad = 0.114 cm/\sec \times \left(\dfrac{1m}{100cm}\right) = 0.00114 m/\sec$

여기서,
V : 리프만(Lippman)식 침강속도$[cm/\sec]$
ρ : 입자 밀도$[g/cm^3]$
d : 입자 직경$[\mu m]$

19

$3000m^3$인 사무실에 500명의 근로자가 있다. 실내 CO_2 농도를 0.1%으로 유지하려 할 때 시간당 공기교환횟수$[회/hr]$을 구하시오.
(단, 1인당 CO_2 배출량은 흡연을 고려하여 $21L/hr$로 하고, 외기 CO_2농도는 0.03%이다.)

$Q = \dfrac{M}{C_s - C_o} \times 100$
$= \dfrac{21L/hr \times \left(\dfrac{1m^3}{1000L}\right)}{0.1 - 0.03} \times 100$
$= 30m^3/hr \times 500\text{명} = 15000m^3/hr$

$\therefore ACH = \dfrac{Q}{V} = \dfrac{15000}{3000} = 5\text{회}/hr$

여기서,
Q : 필요환기량$[m^3/hr]$
M : 이산화탄소 발생량$[m^3/hr]$
C_s : 실내 이산화탄소 기준농도$[\%]$
C_o : 실외 이산화탄소 기준농도$[\%]$
V : 작업장 용적$[m^3]$

- $1m^3 = 1000L$

20

ACH가 10이고, 실내 체적이 $1000m^3$일 때 실내공기 환기량$[m^3/\sec]$을 구하시오.

$ACH = \dfrac{Q}{V}$ 에서,
$\therefore Q = ACH \times V$
$= 10 \times 1000$
$= 10000 m^3/hr \times \left(\dfrac{1hr}{3600\sec}\right) = 2.78 m^3/\sec$

여기서,
ACH : 시간당 공기교환 횟수$[회/hr]$
Q : 필요환기량$[m^3/hr]$
V : 작업장 용적$[m^3]$

2019 3회차 산업위생관리기사 실기 필답형 기출문제

01
보충용 공기(Make-up Air) 정의를 쓰시오.

국소배기장치를 통해 배출되는 것과 동일한 양의 공기가 외부로부터 보충되는 공기

02
다음 보기의 국소배기장치들 중에 경제적으로 우수한 순서대로 쓰시오.

[보기]
① 포위식 후드
② 플랜지가 부착된 작업면에 고정된 외부식 후드
③ 플랜지가 없는 자유공간 외부식 후드
④ 플랜지가 부착된 자유공간 외부식 후드

① > ② > ④ > ③
(송풍량이 작을수록 효율이 좋아 경제적으로 우수하다.)

*필요송풍량(Q)

조건	필요송풍량 공식
① 자유공간 위치, 플랜지 미부착	$Q = V(10X^2 + A)$
② 자유공간 위치, 플랜지 부착	$Q = 0.75V(10X^2 + A)$
③ 바닥면 위치, 플랜지 미부착	$Q = V(5X^2 + A)$
④ 바닥면 위치, 플랜지 부착	$Q = 0.5V(10X^2 + A)$

여기서,
Q : 필요송풍량[m^3/min]
A : 후드의 개구면적[m^2]
V : 제어속도[m/min]
X : 후드 중심선으로부터 발생원까지의 거리[m]

03
후드 선정 시 고려사항 4가지 쓰시오.

① 필요환기량을 최소화할 것
② 작업자의 작업방해를 최소화 할 수 있도록 설치될 것
③ 작업자의 호흡영역을 유해물질로부터 보호할 것
④ ACGIH 및 OSHA의 설계기준을 준수할 것
⑤ 작업자가 사용하기 편리하도록 만들 것
⑥ 후드 설계 시 일반적인 오류를 범하지 말 것

04
공기역학적 직경에 대해 설명하시오.

대상 먼지와 침강속도가 같고 밀도가 $1g/cm^3$이며, 구형인 먼지의 직경으로 환산된 직경

05
계통오차와 우발오차를 각각 설명하시오.

① 계통오차
오차의 크기와 부호를 추정할 수 있고 보정할 수 있는 오차

② 우발오차
참값의 변이가 기준값에 비해 불규칙하게 변하는 오차

06
ACGIH의 허용농도(TLV) 적용상 주의사항 5가지를 쓰시오.

① 대기오염 평가 및 지표에 사용할 수 없다.
② 안전농도와 위험농도를 정확히 구분하는 경계선이 아니다.
③ 작업조건이 다른나라의 ACGIH-TLV를 그대로 사용할 수 없다.
④ 기존의 질병이나 신체적 조건을 판단하기 위한 척도로 사용할 수 없다.
⑤ 독성의 강도를 비교할 수 있는 지표가 아니다.
⑥ 피부로 흡수되는 양은 고려하지 않은 기준이다.
⑦ 반드시 산업보건 전문가에 의하여 설명, 적용 되어야 한다.
⑧ 산업장의 유해조건을 평가하기 위한 지침이다.
⑨ 건강장해를 예방하기 위한 지침이다.

07
다음 보기는 적정공기에 대한 내용일 때 빈칸을 채우시오.

[보기]
적정공기란, 공기 중 산소가 (①)% 이상 (②)% 미만 수준이며, 탄산가스는 (③)% 미만, 황화수소는 (④)ppm 미만, 일산화탄소 농도가 (⑤)ppm 미만인 수준의 공기를 말한다.
또한 산소결핍은 산소농도가 (⑥)% 미만인 상태를 말한다.

① 18 ② 23.5 ③ 1.5 ④ 10 ⑤ 30 ⑥ 18

08
덕트의 속도압이 $30mmH_2O$, 후드의 압력손실이 $3.24mmH_2O$일 때, 후드의 유입계수를 구하시오.

$$\triangle P = F \times VP = \left(\frac{1}{C_e^2} - 1\right) \times VP$$
$$3.24 = \left(\frac{1}{C_e^2} - 1\right) \times 30$$
$$\therefore C_e = 0.95$$

여기서,
$\triangle P$: 유입손실$[mmH_2O]$
F : 유입손실계수$\left(=\frac{1}{C_e^2}-1\right)$
C_e : 유입계수$\left(=\sqrt{\frac{1}{1+F}}\right)$
VP : 속도압$[mmH_2O]\left(=\frac{\gamma V^2}{2g}\right)$

09
덕트 직경이 $15cm$이고 레이놀즈수가 30000일 때 덕트 내 공기의 유속$[m/s]$을 구하시오.
(단, 공기의 밀도는 $1.2kg/m^3$, 공기의 점성계수는 $1.85 \times 10^{-5} kg/m \cdot s$이다.)

$$Re = \frac{\rho VD}{\mu}$$에서,
$$\therefore V = \frac{Re \times \mu}{\rho D} = \frac{30000 \times 1.85 \times 10^{-5}}{1.2 \times 0.15} = 3.08 m/s$$

여기서,
Re : 레이놀즈 수
ρ : 유체 밀도$[kg/m^3]$
V : 유속$[m/s]$
D : 직경$[m]$
μ : 점성계수$[kg/m \cdot s]$

10

$800mmHg$, $40℃$에서 $853L$인 $C_5H_8O_2$가 $65mg$이다. $1atm$, $21℃$에서 농도$[ppm]$를 구하시오.

$\dfrac{P_1V_1}{T_1} = \dfrac{P_2V_2}{T_2}$ 에서,

$\therefore V_2 = \dfrac{P_1V_1T_2}{T_1P_2} = \dfrac{800 \times 853 \times (273+21)}{(273+40) \times 760} = 843.39L$

$mg/m^3 = \dfrac{65mg}{843.39L \times \left(\dfrac{1m^3}{1000L}\right)} = 77.07 mg/m^3$

$\therefore ppm = 77.07 \times \dfrac{24.1}{100} = 18.57 ppm$

- 절대온도(K)=273+섭씨온도(℃)
- $1atm = 760mmHg$
- $1m^3 = 1000L$
- $C_5H_8O_2$의 분자량 = $12 \times 5 + 1 \times 8 + 16 \times 2 = 100g$
- C의 원자량 : 12g, H의 원자량 : 1g, O의 원자량 : 16g

11

다음 표와 같이 합류관에서는 각도에 따라 유입손실이 발생한다. 합류관의 유입각도를 $90°$에서 $30°$로 변경할 때 두 경우 속도압은 $10mmH_2O$이고, 합류관에서 발생되는 압력손실$[mmAq]$을 얼마나 감소시킬 수 있는지 구하시오.

합류관의 각도	압력손실계수
15°	0.09
30°	0.18
45°	0.28
90°	1.00

$\triangle P_{90°} = \xi \times VP = 1.0 \times 10 = 10 mmAq$
$\triangle P_{30°} = \xi \times VP = 0.18 \times 10 = 1.8 mmAq$
$\therefore \triangle P = \triangle P_{90°} - \triangle P_{30°} = 10 - 1.8 = 8.2 mmAq$

12

송풍기의 회전수가 $400rpm$이고 송풍량이 $240m^3/min$, 풍압이 $60mmH_2O$, 동력이 $5.5HP$이다. 회전수가 $500rpm$으로 바뀔 때 다음을 구하시오.

(1) 송풍량$[m^3/min]$
(2) 풍압$[mmH_2O]$
(3) 동력$[HP]$

(1) $\dfrac{Q_2}{Q_1} = \dfrac{N_2}{N_1}$

$\therefore Q_2 = Q_1 \times \dfrac{N_2}{N_1} = 240 \times \dfrac{500}{400} = 300 m^3/min$

(2) $\dfrac{P_2}{P_1} = \left(\dfrac{N_2}{N_1}\right)^2$

$\therefore P_2 = P_1 \times \left(\dfrac{N_2}{N_1}\right)^2$

$= 60 \times \left(\dfrac{500}{400}\right)^2 = 93.75 mmH_2O$

(3) $\dfrac{H_2}{H_1} = \left(\dfrac{N_2}{N_1}\right)^3$

$\therefore H_2 = H_1 \times \left(\dfrac{N_2}{N_1}\right)^3 = 5.5 \times \left(\dfrac{500}{400}\right)^3 = 10.74 HP$

*송풍기 상사법칙

종류	회전수(N)	직경(D)
풍량(Q)	$\dfrac{Q_2}{Q_1} = \dfrac{N_2}{N_1}$	$\dfrac{Q_2}{Q_1} = \left(\dfrac{D_2}{D_1}\right)^3$
풍압(P)	$\dfrac{P_2}{P_1} = \left(\dfrac{N_2}{N_1}\right)^2$	$\dfrac{P_2}{P_1} = \left(\dfrac{D_2}{D_1}\right)^2$
동력(H)	$\dfrac{H_2}{H_1} = \left(\dfrac{N_2}{N_1}\right)^3$	$\dfrac{H_2}{H_1} = \left(\dfrac{D_2}{D_1}\right)^5$

여기서,
Q_1 : 변경 전 풍량$[m^3/min]$
Q_2 : 변경 후 풍량$[m^3/min]$
N_1 : 변경 전 회전수$[rpm]$
N_2 : 변경 후 회전수$[rpm]$
P_1 : 변경 전 풍압$[mmH_2O]$
P_2 : 변경 후 풍압$[mmH_2O]$
D_1 : 변경 전 회전차 직경$[m]$
D_2 : 변경 후 회전차 직경$[m]$
H_1 : 변경 전 동력$[kW]$
H_2 : 변경 후 동력$[kW]$

13

$1atm$, $21℃$에서 공기의 밀도가 $1.2kg/m^3$일 때, $720mmHg$, $32℃$에서 공기의 밀도$[kg/m^3]$를 구하시오.

보일-샤를의 법칙 : $\dfrac{P_1 V_1}{T_1} = \dfrac{P_2 V_2}{T_2}$

$\rho(밀도) = \dfrac{m(질량)}{V(부피)}$ 관계에 따라 밀도와 부피는 반비례 관계이므로,

$\dfrac{P_1}{T_1 \rho_1} = \dfrac{P_2}{T_2 \rho_2}$ 에서,

$\therefore \rho_2 = \dfrac{T_1 \rho_1 P_2}{T_2 P_1} = \dfrac{(273+21) \times 1.2 \times 720}{(273+32) \times 760} = 1.1 kg/m^3$

- 절대온도(K)=273+섭씨온도(℃)
- 1atm=760mmHg

14

단위작업 장소에서 소음의 강도가 불규칙적으로 변동하는 소음을 누적소음 노출량측정기로 측정하였다. 작업장에서 210분간 측정한 결과 누적소음 노출량이 40%일 때 시간가중평균 소음수준 $[dB(A)]$을 구하시오.

$T = 210\min \times \left(\dfrac{1hr}{60\min}\right) = 3.5hr$

$\therefore TWA = 16.61\log\left(\dfrac{D}{12.5T}\right) + 90$

$= 16.61\log\dfrac{40}{12.5 \times 3.5} + 90 = 89.35 dB(A)$

여기서,
TWA : 시간가중평균 소음수준$[dB(A)]$
D : 누적소음노출량$[\%]$
100 : 8시간 기준 노출시간/일$(=12.5T)$
T : 측정 시간$[hr]$

15

납을 여과지로 포집한 후 분석 결과, 시료 여과지에서 $22\mu g$, 공시료 여과지에서 $3\mu g$이 검출되었다. 회수율 98%, 8시부터 12시까지 채취량이 $2L/\min$일 때 공기 중 농도$[\mu g/m^3]$을 구하시오.

$\mu g/m^3 = \dfrac{(22-3)\mu g}{2L/\min \times 240\min \times \left(\dfrac{1m^3}{1000L}\right) \times 0.98}$

$= 40.39 \mu g/m^3$

- $1m^3 = 1000L$

16

채취 전 여과지 무게 $10.04mg$, 채취 후 여과지 무게 $16.04mg$, 분당 채취 부피가 $40L$인 곳에서 30분간 포집하였을 때 공기 중 농도$[mg/m^3]$을 구하시오.

$mg/m^3 = \dfrac{(16.04-10.04)mg}{40L/\min \times 30\min \times \left(\dfrac{1m^3}{1000L}\right)} = 5mg/m^3$

- $1m^3 = 1000L$

17

21℃, 1기압의 어느 작업장에서 MEK을 0.5L/hr씩 공기 중으로 증발할 때, 필요 환기량 $[m^3/min]$을 구하시오.
(단, MEK의 비중 0.805, 분자량은 72, TLV는 200ppm, 안전계수는 6이다.)

$$Q = \frac{24.1 \times S \times G \times K \times 10^6}{M \times TLV}$$

$$= \frac{24.1 \times 0.805 \times 0.5 \times 6 \times 10^6}{72 \times 200}$$

$$= 4041.77 m^3/hr \times \left(\frac{1hr}{60min}\right) = 67.36 m^3/min$$

여기서,
Q : 전체환기량 $[m^3/hr]$
S : 유해물질의 비중
G : 유해물질의 시간당 사용량 $[L/hr]$
K : 안전계수(혼합계수)
M : 유해물질의 분자량
TLV : 유해물질의 노출기준 $[ppm]$
24.1 : 1atm, 21℃에서 공기의 부피 $[L]$

$$\left(온도보정 : 24.1 \times \frac{273+t}{273+21}\right)$$

여기서, t : 실제공기의 온도 $[℃]$

- 1hr=60min

18

작업장 내 2HP인 기계가 30대, 시간당 200kcal의 열량을 발산하는 작업자가 20명, 30kW 용량의 전등이 1대 켜져있다. 외기온도 27℃, 작업장 내 온도는 32℃일 때 전체 환기를 위한 필요 환기량 $[m^3/min]$을 구하시오.
(단, 1HP=730kcal/hr, 1kW=860kcal/hr, 정압비열(C_p) 0.24은 밀도 $1.203kg/m^3$을 고려하여 계산하시오.)

$$H_s = (2 \times 30 \times 730) + (20 \times 200) + (30 \times 860)$$
$$= 73600 kcal/hr$$

$$\therefore Q = \frac{H_s}{C_p \times \Delta t}$$

$$= \frac{73600 kcal/hr}{0.24 \times 1.203 \times (32-27)}$$

$$= 50983.65 m^3/hr \times \left(\frac{1hr}{60min}\right) = 849.73 m^3/min$$

여기서,
Q : 필요환기량 $[m^3/hr]$
H_s : 발열량 $[kcal/hr]$
C_p : 공기의 비열 $[kcal/hr \cdot ℃]$
　　(주어지지 않으면 $C_p = 0.3$)
Δt : 외부공기와 작업장 내 온도차 $[℃]$

19

송풍기의 송풍량이 $200m^3/\min$이고, 송풍기 전압이 $100mmH_2O$인 송풍기의 소요동력을 $5kW$ 미만으로 유지하기 위해 필요한 송풍기 효율[%]을 구하시오.

$H = \dfrac{Q \times \Delta P}{6120\eta} \times \alpha$ 에서,

$5 = \dfrac{200 \times 100}{6120 \times \eta} \times 1 \Rightarrow \therefore \eta = 0.6536 = 65.36\%$

여기서,
H : 송풍기 소요동력[kW]
Q : 송풍량[$m^3/\min$]
ΔP : 송풍기 유효압력[mmH_2O]
η : 송풍기 효율
α : 여유율 (주어지지 않으면, $\alpha = 1$)

20

작업장의 체적이 $100000m^3$이며, 작업장에서 메틸클로로포름 증기가 $1.2m^3/\min$으로 발생하고 이때 환기량이 $6000m^3/\min$(유효환기량이 $2000m^3/\min$)일 때 다음을 구하시오.

(1) 작업장의 초기농도가 0인 상태에서 $200ppm$에 도달하는 데 걸리는 시간[min]
(2) 1시간 후의 농도[ppm]

(1) $t = -\dfrac{V}{Q'} \ln\left(\dfrac{G - Q'C}{G}\right)$

$= -\dfrac{100000}{2000} \ln\left[\dfrac{1.2 - (2000 \times 200 \times 10^{-6})}{1.2}\right]$

$= 20.27 \min$

여기서,
t : 농도 C에 도달하는 데 걸리는 시간[min]
V : 작업장의 체적[m^3]
Q' : 유효환기량[$m^3/\min$]
G : 유해물질의 발생량[$m^3/\min$]
C : 유해물질의 농도[ppm]

(2) $C = \dfrac{G\left(1 - e^{-\frac{Q'}{V}t}\right)}{Q'} = \dfrac{1.2\left(1 - e^{-\frac{2000}{100000} \times 60}\right)}{2000}$

$= 4.1928 \times 10^{-4} \times \left(\dfrac{10^6 ppm}{1}\right) = 419.28 ppm$

- $1 = 10^6 ppm$
- $1hr = 60\min$

2020년 1회차 산업위생관리기사 실기 필답형 기출문제

01
오염물질이 고체흡착관의 앞층에 포화된 다음 뒤층에 흡착되기 시작하며, 오염물질이 시료채취 매체에 포함되지 않고 기류를 따라 흡착관을 빠져나가는 현상은 무엇인가?

파과현상

02
입자상 물질의 크기를 표시하는 방법 중 기하학적(물리적) 직경 3가지를 쓰시오.

① 마틴 직경
② 페렛 직경
③ 등면적 직경

03
다음 보기는 사무실 공기관리 지침에 관한 내용일 때 빈칸을 채우시오.

[보기]
- 사무실 환기횟수는 시간당 (①)회 이상으로 한다.
- 공기의 측정시료는 사무실 내에서 공기질이 가장 나쁠 것으로 예상되는 (②)곳 이상에서 채취하고 측정은 사무실 바닥으로부터 0.9m~1.5m 높이에서 한다.
- 일산화탄소 측정 시 시료 채취시간은 업무 시작 후 1시간 전후 및 종료 전 1시간 전후 각각 (③)분간 측정한다.

① 4   ② 2   ③ 10

04
공기정화장치 중 여과집진시설의 채취기전(채취원리, 포집원리) 6가지를 쓰시오.

① 직접차단
② 관성충돌
③ 중력침강
④ 확산
⑤ 정전기침강
⑥ 체

05
여과지 선정 시 구비조건(고려사항) 5가지를 쓰시오.

① 흡습률이 낮을 것
② 압력손실이 적을 것
③ 분석 시 방해되는 불순물이 없을 것
④ 가볍고 1매당 무게의 불균형이 적을 것
⑤ 접거나 구부리더라도 파손되지 않고 찢어지지 않을 것
⑥ 포집효율이 높을 것

06
킬레이트 적정법의 종류 4가지를 쓰시오.

① 직접적정법
② 간접적정법
③ 치환적정법
④ 역적정법

07

귀마개의 장점과 단점 2가지씩 쓰시오.

(1) 장점
① 착용이 간편하다.
② 부피가 작아 휴대하기 쉽다.
③ 가격이 저렴하다.
④ 보안경이나 안전모 착용에 방해되지 않는다.
⑤ 고온작업 시 사용이 가능하다.
⑥ 좁은 장소에서 사용이 가능하다.

(2) 단점
① 귀질환이 있는 근로자는 사용할 수 없다.
② 차음효과가 귀덮개에 비해 떨어진다.
③ 사람에 따라 차음효과의 차이가 크다.
④ 제대로 착용하기 위해 시간이 걸리고 착용요령을 습득해야 한다.
⑤ 땀이 많이 나는 여름에는 외이도염을 유발할 수 있다.
⑥ 더러운 손으로 귀마개를 만지면 외이도가 오염될 수 있다.
⑦ 착용여부 파악이 곤란하다.

08

전체환기시설 설치 시 기본원칙 4가지를 쓰시오.

① 오염물질 사용량을 조사하여 필요환기량을 계산한다.
② 배출공기를 보충하기 위하여 청정공기를 공급한다.
③ 오염물질 배출구는 가능한 오염원에 가까운 곳에 설치하여 점환기 효과를 얻는다.
④ 공기배출구와 근로자의 작업위치 사이에 오염원이 위치해야 한다.

09

사업주는 석면의 제조·사용 작업에 근로자를 종사하도록 하는 경우에 석면분진의 발산과 근로자의 오염을 방지하기 위한 작업수칙 3가지를 쓰시오.

① 진공청소기 등을 이용한 작업장 바닥의 청소방법
② 작업자의 왕래와 외부기류 또는 기계진동 등에 의하여 분진이 흩날리는 것을 방지하기 위한 조치
③ 분진이 쌓일 염려가 있는 깔개 등을 작업장 바닥에 방치하는 행위를 방지하기 위한 조치
④ 분진이 확산되거나 작업자가 분진에 노출될 위험이 있는 경우에는 선풍기 사용 금지
⑤ 용기에 석면을 넣거나 꺼내는 작업
⑥ 석면을 담은 용기의 운반
⑦ 여과집진방식 집진장치의 여과재 교환
⑧ 해당 작업에 사용된 용기 등의 처리
⑨ 이상사태가 발생한 경우의 응급조치
⑩ 보호구의 사용·점검·보관 및 청소

10

반송속도 선정 시 고려인자 4가지를 쓰시오.

① 조도
② 덕트지름
③ 곡관수 및 모양
④ 단면 확대 또는 수축

11
셀룰로오스(MCE) 여과지의 장점과 단점 3가지씩 쓰시오.

(1) 장점
① 연소 시 재가 적게 남는다.
② 취급 시 마모가 적다.
③ 값이 저렴하다.
④ 크기를 다양하게 만들 수 있다.

(2) 단점
① 흡습성이 크다.
② 포집효율이 변한다.
③ 유량저항이 일정하지 않다.
④ 전체적으로 균일하게 제조되기 어렵다.

12
후드의 플랜지 부착 시 효과 3가지를 쓰시오.

① 후드 뒤쪽의 공기를 차단한다.
② 압력손실을 50% 정도 절감한다.
③ 필요송풍량 25% 정도 절감한다.
④ 후드 전면에 포집범위를 확대한다.

13
다음 축류형 송풍기의 종류 3가지인 프로펠러형(Propeller), 튜브형(Tube Axial), 고정날개(Vane Axial)형의 특징을 설명하시오.

① 프로펠러형
효율이 25~50%이며, 압력손실이 $25mmH_2O$ 이내로 약하여 전체환기에 적합하고, 설치비용이 저렴하다.

② 튜브형
효율이 30~60%이며, 압력손실이 $75mmH_2O$ 이내로 송풍관이 붙은 형태이며 모터를 덕트 외부에 부착시킬 수 있는 형태이다.

③ 베인형(고정날개형)
효율이 25~50%이며, 압력손실이 $100mmH_2O$ 이내로 저풍압, 다풍량에 적합하다.

14
공기 중 벤젠 $5ppm$(TLV : $10ppm$), 톨루엔 $25ppm$(TLV : $50ppm$), 크실렌 $5ppm$(TLV : $20ppm$)의 혼합물이 서로 상가작용할 때 다음을 구하시오.

(1) 허용농도 초과여부
(2) 혼합공기 허용농도 $[ppm]$

(1) $EI = \dfrac{C_1}{T_1} + \dfrac{C_2}{T_2} + \cdots + \dfrac{C_n}{T_n}$
$= \dfrac{5}{10} + \dfrac{25}{50} + \dfrac{5}{20} = 1.25$

1을 초과하였으므로 ∴노출기준을 초과

여기서,
C : 화학물질 각각의 측정치
T : 화학물질 각각의 노출기준

$EI > 1$: 노출기준을 초과
$EI < 1$: 노출기준을 초과하지 않음

(2) 혼합물의 $TLV-TWA$
$= \dfrac{C_1 + C_2 + \cdots + C_n}{EI}$
$= \dfrac{5+25+5}{1.25} = 28ppm$

15

$1atm$, $25℃$인 작업장에서 벤젠을 고체흡착관으로 1시 12분부터 4시 45분까지 측정하려 한다. 비누거품미터로 유량을 보정할 때 $50cc$를 통과하는 데 시료채취 전에는 16.5초, 시료채취 후에는 16.9초가 걸렸다. 측정된 벤젠을 분석한 결과 활성탄관 앞층에서 $2.0mg$, 뒤층에서 $0.1mg$가 검출되었을 때 공기 중 벤젠의 농도[ppm]을 구하시오.
(단, 공시료의 평균 분석량 $0.01mg$이다.)

평균 시료채취 시간
$= \dfrac{\text{시료채취 전 시간} + \text{시료채취 후 시간}}{2}$
$= \dfrac{16.5 + 16.9}{2} = 16.7 \text{sec}$

펌프 유량 $= \dfrac{\text{통과하는 부피}}{\text{평균 시료채취 시간}}$
$= \dfrac{0.05L}{16.7\text{sec} \times \left(\dfrac{1\min}{60\text{sec}}\right)} = 0.18 L/\min$

$mg/m^3 = \dfrac{(\text{앞층 분석량} + \text{뒤층 분석량}) - \text{공시료 분석량}}{\text{공기채취량}}$
$= \dfrac{(2+0.1)mg - 0.01mg}{0.18 L/\min \times 213\min \times \left(\dfrac{1m^3}{1000L}\right)} = 54.51 mg/m^3$

$\therefore ppm = mg/m^3 \times \dfrac{\text{부피}}{\text{분자량}} = 54.51 \times \dfrac{24.45}{78} = 17.09 ppm$

- 1L=1000cc → 50cc=0.05L
- 1min=60sec
- 1시 12분 ~ 4시 45분 = 213분
- $1m^3$=1000L
- $1atm$, $25℃$의 부피 = 24.45L
- 벤젠(C_6H_6)의 분자량 = $12 \times 6 + 1 \times 6$ = 78g
- C의 원자량 : 12g, H의 원자량 : 1g

16

덕트 직경이 $30cm$이고 레이놀즈수가 2×10^5일 때 덕트 내 공기의 유속[m/s]을 구하시오.
(단, 공기의 동점성계수는 $1.5 \times 10^{-5} m^2/s$이다.)

$Re = \dfrac{\rho VD}{\mu} = \dfrac{VD}{\nu}$에서,

$\therefore V = \dfrac{Re \times \nu}{D} = \dfrac{2 \times 10^5 \times 1.5 \times 10^{-5}}{0.3} = 10 m/s$

여기서,
Re : 레이놀즈 수
ρ : 유체 밀도[kg/m^3]
ν : 유체 동점성계수[m^2/s]
V : 유속[m/s]
D : 직경[m]
μ : 점성계수[$kg/m \cdot s$]

17

덕트 내 공기의 유속을 피토튜브(피토관)로 측정한 결과 속도압 $15mmAq$, 덕트 내 온도 $270℃$, 피토계수 0.96일 때 유속[m/sec]을 구하시오.
(단, $0℃$에서 비중은 1.3이다.)

비중이 1.3이면 비중량이 $1.3 kg_f/m^3$이다.

보일-샤를의 법칙 : $\dfrac{P_1 V_1}{T_1} = \dfrac{P_2 V_2}{T_2}$

$\rho(\text{밀도}) = \dfrac{m(\text{질량})}{V(\text{부피})} = \dfrac{\gamma(\text{비중량})}{g(\text{중력 가속도})}$ 관계에 따라 비중량과 부피는 반비례 관계이고, 압력에 대한 조건이 없으므로 동일하다고 보면,

$\dfrac{1}{T_1 \gamma_1} = \dfrac{1}{T_2 \gamma_2}$에서,

$\gamma_2 = \dfrac{T_1 \gamma_1}{T_2} = \dfrac{(273+0) \times 1.3}{(273+270)} = 0.654 kg_f/m^3$

$\therefore V = C\sqrt{\dfrac{2gVP}{\gamma}} = 0.96 \times \sqrt{\dfrac{2 \times 9.8 \times 15}{0.654}} = 20.35 m/sec$

18

어떤 작업장의 환기시스템에서 송풍량 $0.12 m^3/s$, 덕트의 지름 $8.8cm$, 유입손실계수 0.27일 때 후드의 정압 $[mmH_2O]$을 구하시오.

$$V = \frac{Q}{A} = \frac{Q}{\frac{\pi d^2}{4}} = \frac{0.12}{\frac{\pi \times 0.088^2}{4}} = 19.73 m/s$$

$$VP = \left(\frac{V}{4.043}\right)^2 = \left(\frac{19.73}{4.043}\right)^2 = 23.81 mmH_2O$$

$$SP_h = VP(1+F) = 23.81(1+0.27) = 30.24 mmH_2O$$

$$\therefore SP_h = -30.24 mmH_2O$$

여기서,
SP_h : 후드의 정압 $[mmH_2O]$
VP : 속도압(동압) $[mmH_2O]$
F : 압력손실계수 $\left(= \frac{1}{C_e^2} - 1\right)$
C_e : 유입계수 $\left(= \sqrt{\frac{1}{1+F}}\right)$

국소배기장치 시스템에서 송풍기 앞에 있는 부품들의 압력은 빨아들이는 압력이어야 하기 때문에 음압(-)이 나와야 한다. 후드는 송풍기의 앞에 있는 부품이기 때문에 후드의 정압(SP_h)은 음압(-)으로 도출하여야 한다.

19

$25℃$, 1기압의 어느 작업장에서 MEK을 $2L/hr$씩 공기 중으로 증발할 때, 필요 환기량 $[m^3/hr]$을 구하시오.
(단, MEK의 비중 0.805, 분자량은 72, TLV는 $200 ppm$, 안전계수는 2이다.)

$$Q = \frac{24.45 \times S \times G \times K \times 10^6}{M \times TLV}$$
$$= \frac{24.45 \times 0.805 \times 2 \times 2 \times 10^6}{72 \times 200}$$
$$= 5467.29 m^3/hr$$

여기서,
Q : 전체환기량 $[m^3/hr]$
S : 유해물질의 비중
G : 유해물질의 시간당 사용량 $[L/hr]$
K : 안전계수(혼합계수)
M : 유해물질의 분자량
TLV : 유해물질의 노출기준 $[ppm]$
24.45 : $1atm$, $25℃$에서 공기의 부피 $[L]$
$\left(\text{온도보정} : 24.45 \times \frac{273+t}{273+25}\right)$
여기서, t : 실제공기의 온도 $[℃]$

• $1hr = 60min$

20

송풍기의 회전수가 $500rpm$이고 송풍량이 $300m^3/\min$, 풍압이 $45mmH_2O$, 동력이 $8HP$이다. 회전수가 $600rpm$으로 바뀔 때 다음을 구하시오.

(1) 송풍량$[m^3/\min]$
(2) 풍압$[mmH_2O]$
(3) 동력$[HP]$

(1) $\dfrac{Q_2}{Q_1} = \dfrac{N_2}{N_1}$

$\therefore Q_2 = Q_1 \times \dfrac{N_2}{N_1} = 300 \times \dfrac{600}{500} = 360 m^3/\min$

(2) $\dfrac{P_2}{P_1} = \left(\dfrac{N_2}{N_1}\right)^2$

$\therefore P_2 = P_1 \times \left(\dfrac{N_2}{N_1}\right)^2$

$= 45 \times \left(\dfrac{600}{500}\right)^2 = 64.8 mmH_2O$

(3) $\dfrac{H_2}{H_1} = \left(\dfrac{N_2}{N_1}\right)^3$

$\therefore H_2 = H_1 \times \left(\dfrac{N_2}{N_1}\right)^3 = 8 \times \left(\dfrac{600}{500}\right)^3 = 13.82 HP$

*송풍기 상사법칙

종류	회전수(N)	직경(D)
풍량(Q)	$\dfrac{Q_2}{Q_1} = \dfrac{N_2}{N_1}$	$\dfrac{Q_2}{Q_1} = \left(\dfrac{D_2}{D_1}\right)^3$
풍압(P)	$\dfrac{P_2}{P_1} = \left(\dfrac{N_2}{N_1}\right)^2$	$\dfrac{P_2}{P_1} = \left(\dfrac{D_2}{D_1}\right)^2$
동력[H]	$\dfrac{H_2}{H_1} = \left(\dfrac{N_2}{N_1}\right)^3$	$\dfrac{H_2}{H_1} = \left(\dfrac{D_2}{D_1}\right)^5$

여기서,
Q_1 : 변경 전 풍량$[m^3/\min]$
Q_2 : 변경 후 풍량$[m^3/\min]$
N_1 : 변경 전 회전수$[rpm]$
N_2 : 변경 후 회전수$[rpm]$
P_1 : 변경 전 풍압$[mmH_2O]$
P_2 : 변경 후 풍압$[mmH_2O]$
D_1 : 변경 전 회전차 직경$[m]$
D_2 : 변경 후 회전차 직경$[m]$
H_1 : 변경 전 동력$[kW]$
H_2 : 변경 후 동력$[kW]$

2020 2회차 산업위생관리기사 실기 필답형 기출문제

01
전체환기 적용조건 5가지를 쓰시오.

① 발생원이 이동성인 경우
② 유해물질이 증기나 가스인 경우
③ 유해물질의 발생량이 적은 경우
④ 유해물질의 독성이 비교적 낮은 경우
⑤ 유해물질이 시간에 따라 균일하게 발생될 경우
⑥ 국소배기가 불가능한 경우

02
집진장치(제진장치)의 종류를 원리에 따라 5가지 쓰시오.

① 중력집진장치
② 전기집진장치
③ 여과집진장치
④ 관성력집진장치
⑤ 원심력집진장치

03
공기정화장치 중 여과집진시설의 채취기전(채취원리, 포집원리) 5가지를 쓰시오.

① 직접차단
② 관성충돌
③ 중력침강
④ 확산
⑤ 정전기침강
⑥ 체

04
다음 보기는 국소배기장치의 후드와 관련된 설명일 때 알맞은 용어를 각각 쓰시오.

[보기]
① 후드와 덕트 연결부위로 경사접합부라고도 하며, 급격한 단면 변화로 인한 압력손실을 방지하며, 후드 개구면 속도를 균일하게 분포시키는 장치
② 후드 개구부를 몇 개로 나누어 유입하는 형식이며 부식 및 유해물질 축적 등의 단점이 있는 장치

① 테이퍼
② 분리날개

05
2차 표준기구의 종류 4가지를 쓰시오.

① 로터미터
② 습식 테스터미터
③ 건식 가스미터
④ 오리피스미터
⑤ 열선기류계

*표준기구의 종류

1차 표준기구	2차 표준기구
① 비누거품미터	① 로터미터
② 폐활량계	② 습식 테스터미터
③ 가스치환병	③ 건식 가스미터
④ 유리피스톤미터	④ 오리피스미터
⑤ 흑연피스톤미터	⑤ 열선기류계
⑥ 피토관(피토튜브)	

06

다음 보기는 노출기준의 정의에 대한 내용일 때 빈칸을 채우시오.

[보기]
단시간 노출기준(STEL)이라 함은 근로자가 1회에 (①)분간 유해인자에 노출되는 경우의 기준으로, 이 기준 이하에서는 1회 노출간격이 1시간 이상인 경우 1일 작업시간 동안 (②)회 까지 노출이 허용될 수 있는 기준을 말한다.

① 15　② 4

07

다음 보기는 국소배기시설에 대한 내용일 때 잘못된 내용을 모두 고르고 옳게 설명하시오.

[보기]
① 후드는 가능한 오염물질 발생원에 가까이 설치한다.
② 필요환기량을 최대화하여야 한다.
③ 후드는 가급적이면 공정을 많이 포위한다.
④ 후드 개구면에서 기류가 균일하게 분포되도록 설계한다.
⑤ 후드는 작업자의 호흡 영역을 유해물질로부터 보호해야 한다.
⑥ 덕트는 후드보다 두꺼운 재질로 선택한다.
⑦ 후드 개구면적은 완전한 흡입의 조건하에 가능한 크게 한다.

② 필요환기량을 최소화하여야 한다.
⑥ 덕트는 후드보다 가벼운 재질로 선택한다.
⑦ 후드 개구면적은 완전한 흡입의 조건하에 가능한 작게 한다.

08

공기정화장치 중 흡착장치 설계 시 고려사항 3가지 쓰시오.

① 압력손실
② 처리능력
③ 흡착제 수명
④ 충진량

09

송풍기의 회전수가 $1000 rpm$이고 송풍량이 $28.3\,m^3/\min$, 풍압이 $21.6\,mmH_2O$, 동력이 $0.5HP$이다. 회전수가 $1125rpm$으로 바뀔 때 다음을 구하시오.

(1) 송풍량 $[m^3/\min]$
(2) 풍압 $[mmH_2O]$
(3) 동력 $[HP]$

(1) $\dfrac{Q_2}{Q_1} = \dfrac{N_2}{N_1}$

$\therefore Q_2 = Q_1 \times \dfrac{N_2}{N_1} = 28.3 \times \dfrac{1125}{1000} = 31.84 m^3/\min$

(2) $\dfrac{P_2}{P_1} = \left(\dfrac{N_2}{N_1}\right)^2$

$\therefore P_2 = P_1 \times \left(\dfrac{N_2}{N_1}\right)^2$

$= 21.6 \times \left(\dfrac{1125}{1000}\right)^2 = 27.34 mmH_2O$

(3) $\dfrac{H_2}{H_1} = \left(\dfrac{N_2}{N_1}\right)^3$

$\therefore H_2 = H_1 \times \left(\dfrac{N_2}{N_1}\right)^3 = 0.5 \times \left(\dfrac{1125}{1000}\right)^3 = 0.71 HP$

송풍기 상사법칙

종류	회전수(N)	직경(D)
풍량(Q)	$\dfrac{Q_2}{Q_1} = \dfrac{N_2}{N_1}$	$\dfrac{Q_2}{Q_1} = \left(\dfrac{D_2}{D_1}\right)^3$
풍압(P)	$\dfrac{P_2}{P_1} = \left(\dfrac{N_2}{N_1}\right)^2$	$\dfrac{P_2}{P_1} = \left(\dfrac{D_2}{D_1}\right)^2$
동력[H]	$\dfrac{H_2}{H_1} = \left(\dfrac{N_2}{N_1}\right)^3$	$\dfrac{H_2}{H_1} = \left(\dfrac{D_2}{D_1}\right)^5$

여기서,
Q_1 : 변경 전 풍량[m^3/min]
Q_2 : 변경 후 풍량[m^3/min]
N_1 : 변경 전 회전수[rpm]
N_2 : 변경 후 회전수[rpm]
P_1 : 변경 전 풍압[mmH_2O]
P_2 : 변경 후 풍압[mmH_2O]
D_1 : 변경 전 회전차 직경[m]
D_2 : 변경 후 회전차 직경[m]
H_1 : 변경 전 동력[kW]
H_2 : 변경 후 동력[kW]

여기서,
Q : 필요환기량[m^3/hr]
S : 유해물질의 비중
G : 유해물질의 시간당 사용량[L/hr]
K : 안전계수(혼합계수)
M : 유해물질의 분자량
LEL : 폭발하한계[%]
B : 온도에 따른 상수
　　(120℃ 미만 : 1.0,　120℃ 이상 : 0.7)
24.45 : 1atm, 25℃에서 공기의 부피[L]
　　$\left(온도보정 : 24.45 \times \dfrac{273+t}{273+25}\right)$
　　여기서, t : 실제공기의 온도[℃]

• 1hr = 60min

10

선반을 약품에 담근 후 건조시키는 과정에서 크실렌이 시간당 $1.5L$ 증발한다면 다음 조건을 고려하여 화재 및 폭발방지를 위한 필요환기량 [m^3/min]을 **구하시오**.

[조건]
- 작업장 외기온도 25℃
- 작업조건의 사용온도 150℃
- 크실렌 비중 0.88
- 크실렌 폭발하한계 1%
- 크실렌 분자량 106, 안전계수 5

$$Q = \dfrac{24.45 \times \dfrac{273+t}{273+25} \times S \times G \times K \times 10^2}{M \times LEL \times B}$$

$$= \dfrac{24.45 \times \dfrac{273+150}{273+25} \times 0.88 \times 1.5 \times 5 \times 10^2}{106 \times 1 \times 0.7}$$

$$= 308.7\, m^3/hr \times \left(\dfrac{1hr}{60min}\right) = 5.15\, m^3/min$$

11

벤젠이 배출되는 작업장에서 채취한 시료의 벤젠 농도 분석 결과가 오전 3시간 동안 $60ppm$, 오후 4시간 동안 $45ppm$일 때 다음을 구하시오. (단, 벤젠의 TLV는 $50ppm$이다.)

(1) 작업장의 벤젠 TWA[ppm]
(2) 허용기준 초과여부 평가

(1) $TWA = \dfrac{C_1 T_1 + C_2 T_2 + \cdots\cdots + C_n T_n}{8}$

$= \dfrac{60 \times 3 + 45 \times 4 + 0 \times 1}{8} = 45ppm$

여기서,
C : 유해인자의 측정치[ppm]
T : 유해인자의 발생시간[시간]

(2) $EI = \dfrac{C}{TLV} = \dfrac{45}{50} = 0.9$
$EI = 0.9$이므로, ∴ 허용기준 미만

여기서,
$EI > 1$: 허용기준을 초과
$EI < 1$: 허용기준을 초과하지 않음

12

$2000m^3$인 사무실에 30명의 근로자가 있다. 실내 CO_2 농도를 $700ppm$으로 유지하려 할 때 시간당 공기교환횟수[회/hr]을 구하시오.
(단, 1인당 CO_2 배출량은 흡연을 고려하여 $40L/hr$로 하고, 외기 CO_2농도는 $400ppm$ 이다.)

$$Q = \frac{M}{C_s - C_o} \times 100$$

$$= \frac{40L/hr \times \left(\frac{1m^3}{1000L}\right)}{0.07 - 0.04} \times 100$$

$$= 133.3333 m^3/hr \times 30명 = 4000 m^3/hr$$

$$\therefore ACH = \frac{Q}{V} = \frac{4000}{2000} = 2회/hr$$

여기서,
Q : 필요환기량[m^3/hr]
M : 이산화탄소 발생량[m^3/hr]
C_s : 실내 이산화탄소 기준농도[%]
C_o : 실외 이산화탄소 기준농도[%]
V : 작업장 용적[m^3]

- $1m^3 = 1000L$
- $1 = 100\% = 1000000 ppm$ → $1ppm = 10^{-4}\%$
- $700ppm → 0.07\%$, $400ppm → 0.04\%$

13

작업장 내 트리클로로에틸렌 노출농도를 측정하고자 한다. 과거의 노출농도는 평균 $50ppm$이었다. 시료는 활성탄관을 이용하여 $0.15L/min$의 유량으로 채취한다. 트리클로로에틸렌의 분자량은 131, 가스크로마토 그래피의 정량한계(LOQ)는 시료 당 $0.5mg$이다. 시료를 채위해야 할 최소한의 시간[min]을 구하시오.
(단, 작업장 내 온도는 $25℃$ 이다.)

$$mg/m^3 = ppm \times \frac{분자량}{부피} = 50 \times \frac{131}{24.45} = 267.89 mg/m^3$$

$$부피 = \frac{LOQ}{농도} = \frac{0.5mg}{267.89 mg/m^3 \times \left(\frac{1m^3}{1000L}\right)} = 1.87L$$

$$\therefore 최초 채취시간 = \frac{1.87L}{0.15L/min} = 12.47 min$$

- 1atm, 25℃의 부피 = 24.45L
- $1m^3 = 1000L$

14

덕트 내 전압, 정압, 속도압을 피토관으로 측정하려 할 때 해당 그림에서 전압, 정압, 속도압을 각각 찾고 각각 압력[mmH_2O]을 구하시오.

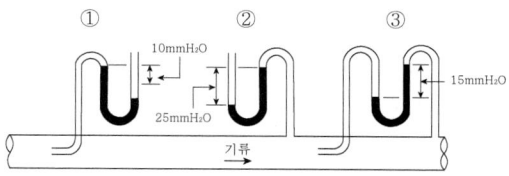

① 전압 : $-10 mmH_2O$
② 정압 : $-25 mmH_2O$
③ 속도압 : $15 mmH_2O$

15

자유공간에서 장방형 후드($40cm \times 20cm$)가 직경 $20cm$ 원형덕트에 연결되었을 때 다음을 구하시오.

(1) 플랜지 폭[cm]
(2) 플랜지가 없는 경우에 비하여 플랜지가 있는 경우 송풍량이 몇 % 감소되는지 쓰시오.

(1) $W = \sqrt{A} = \sqrt{40 \times 20} = 28.28 cm$

(2) 자유공간 위치, 플랜지 미부착
  : $Q_1 = V(10X^2 + A)$

  자유공간 위치, 플랜지 부착
  : $Q_2 = 0.75 V(10X^2 + A)$

  $\therefore$ 절감효율 $= \dfrac{Q_1 - Q_2}{Q_1} \times 100$
  $= \dfrac{1 - 0.75}{1} \times 100 = 25\%$

*필요송풍량(Q)

조건	필요송풍량 공식
① 자유공간 위치, 플랜지 미부착	$Q = V(10X^2 + A)$
② 자유공간 위치, 플랜지 부착	$Q = 0.75 V(10X^2 + A)$
③ 바닥면 위치, 플랜지 미부착	$Q = V(5X^2 + A)$
④ 바닥면 위치, 플랜지 부착	$Q = 0.5 V(10X^2 + A)$

여기서,
Q : 필요송풍량[m^3/min]
A : 후드의 개구면적[m^2]
V : 제어속도[m/min]
X : 후드 중심선으로부터 발생원까지의 거리[m]

16

후드의 유입손실계수가 1.4일 때 후드의 유입계수를 구하시오.

$F = \dfrac{1}{C_e^2} - 1$ 에서,

$1.4 = \dfrac{1}{C_e^2} - 1 \Rightarrow \therefore C_e = 0.65$

여기서,

F : 유입손실계수 $\left(= \dfrac{1}{C_e^2} - 1 \right)$

C_e : 유입계수 $\left(= \sqrt{\dfrac{1}{1+F}} \right)$

17

다음 보기는 공기의 조성비를 보여줄 때 다음을 구하시오.
(단, $1atm$, $25℃$이고, 아르곤의 원자량은 40이며, 보기를 제외한 물질들은 고려하지 않는다.)

[보기]
질소 78%, 산소 21%,
아르곤 0.9%, 이산화탄소 0.03%, 기타물질 0.07%

(1) 공기의 평균 분자량[g]
(2) 공기의 밀도[kg/m^3]

(1) 공기 평균 분자량
$= \dfrac{(각물질의\ 분자량 \times 비율)의\ 합}{100}$
$= \dfrac{28 \times 78 + 32 \times 21 + 40 \times 0.9 + 44 \times 0.03}{100}$
$= 28.93 g$

(2) 밀도 $= \dfrac{질량}{부피} = \dfrac{28.93}{24.45} = 1.18 kg/m^3$

- 질소(N_2)의 분자량 : $14 \times 2 = 28g$
- 산소(O_2)의 분자량 : $16 \times 2 = 32g$
- 수증기(H_2O)의 분자량 : $1 \times 2 + 16 = 18g$
- 이산화탄소(CO_2)의 분자량 : $12 + 16 \times 2 = 44g$
- H의 원자량 1g, C의 원자량 : 12g,
  N의 원자량 : 14g, O의 원자량 16g
- 1atm, 25℃의 부피 = 24.45L

19

체내흡수량이 체중 kg당 $0.06mg$, 평균체중이 $70kg$인 근로자가 경작업수준으로 1일 8시간 작업 시 허용농도[mg/m^3]를 구하시오.
(단, 폐환기율 $0.98m^3/hr$, 체내 잔류율 1.0이다.)

$$SHD = C \times T \times V \times R$$
$$\therefore C = \frac{SHD}{T \times V \times R} = \frac{0.06 \times 70}{8 \times 0.98 \times 1.0} = 0.54 mg/m^3$$

여기서,
C : 농도[mg/m^3]
T : 노출시간[hr]
V : 폐환기율, 호흡률[m^3/hr]
R : 체내잔류율(일반적으로 1.0)
SHD : 체중당흡수량 × 체중[mg]

18

유속 $10m/sec$로 흐르는 원형직관의 지름이 $0.3m$이고, 관마찰손실계수 0.02, 비중량이 $1.203kg_f/m^3$일 때 관 길이 $50m$당 압력손실 [mmH_2O]을 구하시오.

$$\Delta P = F \times VP = \lambda \times \frac{L}{D} \times \frac{\gamma V^2}{2g}$$
$$= 0.02 \times \frac{50}{0.3} \times \frac{1.203 \times 10^2}{2 \times 9.8} = 20.46 mmH_2O$$

여기서,
ΔP : 압력손실[mmH_2O]
F : 압력손실계수
VP : 속도압[mmH_2O]
λ : 관마찰계수
L : 덕트 길이[m]
D : 덕트 직경[m]
γ : 비중량[kg_f/m^3]
V : 유속[m/s]
g : 중력가속도[m/s^2]

20

$1atm$, $25℃$의 작업장에서 벤젠을 취급하는 근로자가 실수로 작업장 바닥에 $1.8L$를 흘렸다. 벤젠의 분자량 78, 비중 0.88일 때 공기 중으로 증발한 벤젠의 증기용량[L]을 구하시오.

$$사용량[g] = S \times G \times 10^3 = 0.88 \times 1.8 \times 10^3 = 1584g$$
$$\therefore 벤젠의 증기용량 = 사용량 \times \frac{부피}{분자량}$$
$$= 1584 \times \frac{24.45}{78} = 496.52L$$

여기서,
S : 비중, G : 사용량[L]

- 1atm, 25℃의 부피 = 24.45L

2020 3회차 산업위생관리기사 실기 필답형 기출문제

01
입자상 물질의 크기를 표시하는 방법 중 기하학적(물리적) 직경 3가지를 쓰고 각각 설명하시오.

① 마틴 직경
먼지의 면적을 이등분하는 선의 길이로 선의 방향은 항상 일정하여야 하며 과소평가할 수 있는 단점이 있다.

② 페렛 직경
먼지의 한쪽 끝 가장자리와 다른쪽 끝 가장자리 사이의 거리로 과대평가할 수 있는 단점이 있다.

③ 등면적 직경
먼지의 면적과 같은 면적을 가진 원의 직경으로 가장 정확한 직경으로 측정은 현미경 접안경에 porton reticle을 삽입하여 측정한다.

02
전체환기 적용조건 5가지를 쓰시오.

① 발생원이 이동성인 경우
② 유해물질이 증기나 가스인 경우
③ 유해물질의 발생량이 적은 경우
④ 유해물질의 독성이 비교적 낮은 경우
⑤ 유해물질이 시간에 따라 균일하게 발생될 경우
⑥ 국소배기가 불가능한 경우

03
공기정화장치 중 여과집진시설의 채취기전(채취원리, 포집원리) 5가지를 쓰시오.

① 직접차단
② 관성충돌
③ 중력침강
④ 확산
⑤ 정전기침강
⑥ 체

04
다음 보기 내용은 국소배기장치의 설계 순서일 때 빈칸을 채우시오.

[보기]
(①) → 제어속도 결정 → (②) → 반송속도 결정 → (③) → (④) → 배관 배치 및 설치장소 선정 → (⑤) → 국소배기 계통도 및 배치도 작성 → (⑥) → 송풍기 선정

① 후드 형식 선정
② 소요풍량 계산
③ 배관내경 산출
④ 후드 크기 결정
⑤ 공기정화장치 선정
⑥ 총 압력손실량 계산

*국소배기장치 설계순서
후드 형식 선정 → 제어속도 결정 → 소요풍량 계산 → 반송속도 결정 → 배관내경 산출 → 후드 크기 결정 → 배관 배치 및 설치장소 선정 → 공기정화장치 선정 → 국소배기 계통도 및 배치도 작성 → 총 압력손실량 계산 → 송풍기 선정

05

국소배기장치를 설치한 작업장에 배기된 양 만큼 공기가 보충되어야 하는 이유(공기공급 시스템이 필요한 이유)를 5가지 쓰시오.

① 국소배기장치의 적절한 가동을 위해
② 국소배기장치의 효율 유지를 위해
③ 안전사고 예방을 위해
④ 연료 절약을 위해
⑤ 작업장 내 방해기류가 생기는 것을 방지하기 위해
⑥ 외부 공기가 정화되지 않은 채 건물 내로 유입되는 것을 막기 위해

06

국소배기시설에서 필요송풍량을 최소화(감소)하기 위한 방법 4가지를 쓰시오.

① 가능한 한 오염물질 발생원에 가까이 설치할 것
② 가급적이면 공정을 많이 포위할 것
③ 후드 개구면에서 기류가 균일하게 분포하도록 설계할 것
④ 제어속도는 작업조건을 고려하여 적정하게 선정할 것
⑤ 작업이 방해되지 않도록 설치할 것
⑥ 오염물질 발생특성을 고려하여 설계할 것
⑦ 공정에서 발생 또는 배출되는 오염물질 절대량을 감소시킬 것

07

중량물 취급작업 권고기준(RWL)의 관계식 및 각 요소를 설명하시오.

$RWL = LC \times HM \times VM \times DM \times AM \times FM \times CM$

LC : 중량상수(23kg)
HM : 수평계수
VM : 수직계수
DM : 거리계수
AM : 비대칭계수
FM : 빈도계수
CM : 커플링계수

08

다음 용어를 설명하시오.

(1) 단위작업장소
(2) 정확도
(3) 정밀도

(1) 동일 노출집단의 근로자가 작업을 하는 장소
(2) 분석치가 참값에 얼마나 접근하였는가 하는 수치상의 표현
(3) 분석치의 변동 크기가 얼마나 작은가 하는 수치상의 표현

09

다음 보기는 사무실 공기관리 지침에 관한 내용일 때 빈칸을 채우시오.

[보기]
- 사무실 환기횟수는 시간당 (①)회 이상으로 한다.
- 공기의 측정시료는 사무실 내에서 공기질이 가장 나쁠 것으로 예상되는 (②)곳 이상에서 채취하고 측정은 사무실 바닥으로부터 0.9m~1.5m 높이에서 한다.
- 일산화탄소 측정 시 시료 채취시간은 업무 시작 후 1시간 전후 및 종료 전 1시간 전후 각각 (③)분간 측정한다.

① 4   ② 2   ③ 10

10

국소배기장치 성능시험 또는 점검 시 필수장비 5가지를 쓰시오.

① 줄자
② 발연관
③ 청음기 또는 청음봉
④ 절연저항계
⑤ 열선풍속계
⑥ 표면온도계 및 초자온도계

11

덕트의 단면적 $0.38m^2$이고, 덕트 내 정압은 $-64.5mmH_2O$, 전압은 $-20.5mmH_2O$이고 공기의 비중량이 $1.2kg_f/m^3$일 때 다음을 구하시오.

(1) 덕트 내 반송속도 $[m/s]$
(2) 공기유량 $[m^3/\min]$

(1) $TP = SP + VP$
$VP = TP - SP = -20.5 - (-64.5) = 44mmH_2O$
$\therefore V = \sqrt{\dfrac{2gVP}{\gamma}} = \sqrt{\dfrac{2 \times 9.8 \times 44}{1.2}} = 26.81 m/s$

(2) $Q = AV = 0.38m^2 \times 26.81 m/\sec \times \left(\dfrac{60\sec}{1\min}\right)$
$= 611.27 m^3/\min$

12

선반을 약품에 담근 후 건조시키는 과정에서 크실렌이 시간당 $1.5L$ 증발한다면 다음 조건을 고려하여 화재 및 폭발방지를 위한 필요환기량 $[m^3/\min]$을 구하시오.

[조건]
- 작업장 외기온도 25℃
- 작업조건의 사용온도 200℃
- 크실렌 비중 0.88
- 크실렌 폭발하한계 1%
- 크실렌 분자량 106, 안전계수 10

$$Q = \frac{24.45 \times \frac{273+t}{273+25} \times S \times G \times K \times 10^2}{M \times LEL \times B}$$

$$= \frac{24.45 \times \frac{273+200}{273+25} \times 0.88 \times 1.5 \times 10 \times 10^2}{106 \times 1 \times 0.7}$$

$$= 690.39 m^3/hr \times \left(\frac{1hr}{60min}\right) = 11.51 m^3/min$$

여기서,
Q : 필요환기량$[m^3/hr]$
S : 유해물질의 비중
G : 유해물질의 시간당 사용량$[L/hr]$
K : 안전계수(혼합계수)
M : 유해물질의 분자량
LEL : 폭발하한계$[\%]$
B : 온도에 따른 상수
 (120℃ 미만 : 1.0, 120℃ 이상 : 0.7)
24.45 : 1atm, 25℃에서 공기의 부피$[L]$
$\left(온도보정 : 24.45 \times \frac{273+t}{273+25}\right)$
  여기서, t : 실제공기의 온도$[℃]$

- 1hr=60min

13

두 개의 버블러를 연속적으로 연결하여 시료를 채취할 때, 두 번째 버블러의 채취효율이 95%이고, 총 집진효율이 99%일 때 첫 번째 버블러의 채취효율$[\%]$을 구하시오.

$\eta_T = \eta_1 + \eta_2(1-\eta_1)$
$0.99 = \eta_1 + 0.95(1-\eta_1)$
$\therefore \eta_1 = 0.8 = 80\%$

여기서,
η_1 : 1차 집진장치 집진율, η_2 : 2차 집진장치 집진율

14

자유공간 위치에서 외부식 원형후드이며, 후드 단면적 $0.5m^2$, 제어속도 $0.5m/sec$, 후드와 발생원의 거리 $1m$일 때 다음을 구하시오.

(1) 플랜지가 없을 때 필요환기량$[m^3/min]$
(2) 플랜지가 있을 때 필요환기량$[m^3/min]$

(1) $Q = V(10X^2+A) = 0.5(10 \times 1^2 + 0.5)$
$= 5.25 m^3/sec \times \left(\frac{60sec}{1min}\right) = 315 m^3/min$
(2) $Q = 0.75V(10X^2+A) = 0.75 \times 0.5(10 \times 1^2 + 0.5)$
$= 3.94 m^3/sec \times \left(\frac{60sec}{1min}\right) = 236.4 m^3/min$

*필요송풍량(Q)

조건	필요송풍량 공식
① 자유공간 위치, 플랜지 미부착	$Q = V(10X^2+A)$
② 자유공간 위치, 플랜지 부착	$Q = 0.75V(10X^2+A)$
③ 바닥면 위치, 플랜지 미부착	$Q = V(5X^2+A)$
④ 바닥면 위치, 플랜지 부착	$Q = 0.5V(10X^2+A)$

여기서,
Q : 필요송풍량$[m^3/min]$
A : 후드의 개구면적$[m^2]$
V : 제어속도$[m/min]$
X : 후드 중심선으로부터 발생원까지의 거리$[m]$

15

기압 $650mmHg$, 온도 $140℃$인 환경에서 A기체의 유량이 $100m^3/\min$일 때 $1atm$, $0℃$에서의 A기체의 유량 $[m^3/\min]$을 구하시오.

보일-샤를의 법칙 : $\dfrac{P_1V_1}{T_1} = \dfrac{P_2V_2}{T_2}$

$Q(\text{유량}) = \dfrac{V(\text{부피})}{t(\text{시간})}$ 관계에 따라 유량은 부피와 비례관계 이므로,

$\dfrac{P_1Q_1}{T_1} = \dfrac{P_2Q_2}{T_2}$

$\therefore Q_2 = \dfrac{P_1Q_1T_2}{T_1P_2}$

$= \dfrac{650 \times 100 \times (273+0)}{(273+140) \times 760} = 56.53 m^3/\min$

- 절대온도(K)=273+섭씨온도(℃)
- 1atm=760mmHg

16

에틸벤젠(노출기준 $100ppm$)을 취급하는 작업을 하루 10시간씩 할 때 근로자의 노출기준 $[ppm]$을 구하시오.
(단, Brief-Scala 보정방법 기준)

허용기준 $= TLV \times \dfrac{8}{H} \times \dfrac{24-H}{16}$

$= 100 \times \dfrac{8}{10} \times \dfrac{24-10}{16} = 70 ppm$

17

사무실에 20명의 근로자가 있다. 실내 CO_2 농도를 $700ppm$으로 유지하려 할 때 필요 환기량 $[m^3/hr]$을 구하시오.
(단, 1인당 CO_2 배출량은 흡연을 고려하여 $40L/hr$로 하고, 외기 CO_2농도는 $400ppm$ 이다.)

$Q = \dfrac{M}{C_s - C_o} \times 100$

$= \dfrac{40L/hr \times \left(\dfrac{1m^3}{1000L}\right)}{0.07-0.04} \times 100$

$= 133.33 m^3/hr \times 20명 = 2666.6 m^3/hr$

여기서,
Q : 필요환기량 $[m^3/hr]$
M : 이산화탄소 발생량 $[m^3/hr]$
C_s : 실내 이산화탄소 기준농도 $[\%]$
C_o : 실외 이산화탄소 기준농도 $[\%]$

- $1m^3$=1000L
- $1=100\%=1000000ppm \rightarrow 1ppm=10^{-4}\%$
- $700ppm \rightarrow 0.07\%$, $400ppm \rightarrow 0.04\%$

18

체내흡수량이 체중 kg당 $0.06mg$, 평균체중이 $70kg$인 근로자가 경작업수준으로 1일 8시간 작업 시 허용농도 $[mg/m^3]$를 구하시오.
(단, 폐환기율 $0.98m^3/hr$, 체내 잔류율 1.0이다.)

$SHD = C \times T \times V \times R$

$\therefore C = \dfrac{SHD}{T \times V \times R} = \dfrac{0.06 \times 70}{8 \times 0.98 \times 1.0} = 0.54 mg/m^3$

여기서,
C : 농도 $[mg/m^3]$
T : 노출시간 $[hr]$
V : 폐환기율, 호흡률 $[m^3/hr]$
R : 체내잔류율(일반적으로 1.0)
SHD : 체중당흡수량 $\times$ 체중 $[mg]$

19

$15\mu m$인 분진 입자를 중력 침강실에 처리하려고 한다. 입자의 밀도는 $1.3g/cm^3$, 가스의 밀도는 $0.0012g/cm^3$, 가스의 점성계수는 $1.78\times 10^{-4}g/cm\cdot s$일 때 침강속도$[cm/\sec]$를 구하시오.

$$V = \frac{gd^2(\rho_1 - \rho)}{18\mu}$$
$$= \frac{980cm/\sec^2 \times (15\times 10^{-4}cm)^2 \times (1.3-0.0012)g/cm^3}{18\times 1.78\times 10^{-4}g/cm\cdot\sec}$$
$$= 0.89cm/\sec$$

여기서,
V : 스토크스(stokes)식 침강속도$[cm/\sec]$
g : 중력가속도$[=980cm/\sec^2]$
d : 입자 직경$[cm]$
ρ_1 : 입자 밀도$[g/cm^3]$
ρ : 공기 밀도$[g/cm^3]$
μ : 공기 점성계수$[g/cm\cdot sec]$

- $1m=100cm=10^6\mu m \rightarrow 1\mu m=10^{-4}cm$

20

$21℃$, 1기압의 어느 작업장에서 톨루엔을 $1kg/hr$씩 사용(증발)할 때, 필요 환기량 $[m^3/\min]$을 구하시오.
(단, 톨루엔의 분자량은 92, TLV는 $100ppm$, 안전계수는 6이다.)

사용량$[g/hr] = S\times G\times 10^3$
$$Q = \frac{24.1\times S\times G\times K\times 10^6}{M\times TLV}$$
$$= \frac{24.1\times 사용량[g/hr]\times K\times 10^3}{M\times TLV}$$
$$= \frac{24.1\times 1000\times 6\times 10^3}{92\times 100}$$
$$= 15717.39m^3/hr \times \left(\frac{1hr}{60\min}\right) = 261.96m^3/\min$$

여기서,
Q : 전체환기량$[m^3/hr]$
S : 유해물질의 비중
G : 유해물질의 시간당 사용량$[L/hr]$
K : 안전계수(혼합계수)
M : 유해물질의 분자량
TLV : 유해물질의 노출기준$[ppm]$
24.1 : $1atm$, $21℃$에서 공기의 부피$[L]$
$\left(온도보정 : 24.1\times \frac{273+t}{273+21}\right)$
여기서, t : 실제공기의 온도$[℃]$

- 사용량 : $1kg/hr=1000g/hr$
- $1hr=60\min$

2020년 4회차 산업위생관리기사 실기 필답형 기출문제

01
지적온도의 영향인자 5가지를 쓰시오.

① 계절
② 성별
③ 연령
④ 민족
⑤ 의복
⑥ 작업의 종류
⑦ 작업량
⑧ 주근무시간대

02
전체환기 적용조건 5가지를 쓰시오.

① 발생원이 이동성인 경우
② 유해물질이 증기나 가스인 경우
③ 유해물질의 발생량이 적은 경우
④ 유해물질의 독성이 비교적 낮은 경우
⑤ 유해물질이 시간에 따라 균일하게 발생될 경우
⑥ 국소배기가 불가능한 경우

03
덕트 내 작용하는 압력의 종류 3가지를 쓰고 각각 설명하시오.

① 정압(SP)
덕트 내 사방으로 동일하게 미치는 압력

② 속도압(=동압, VP)
공기의 흐름방향으로 미치는 압력

③ 전압(TP)
단위유체에 작용하는 정압과 속도압의 총합

04
벤젠의 작업환경 측정의 결과가 노출기준을 초과할 때 몇 개월 후에 재측정을 하여야 하는지 쓰시오.

측정일로부터 3개월 후 1회 이상

05
세정집진장치의 집진원리 4가지 쓰시오.

① 액적과 입자의 충돌
② 액적·기포와 입자의 접촉
③ 미립자 확산에 의한 액적과의 접촉
④ 배기의 증습에 의한 입자가 서로 응집

06
방향의 무색 액체로 인화·폭발 위험성이 존재하며 분자량이 92.13이고 대사산물이 소변 중 o-크레졸인 해당 물질의 명칭을 쓰시오.

톨루엔($C_6H_5CH_3$)

07
블로다운(Blow Down) 효과 3가지를 쓰시오.

① 집진효율 증가
② 장치 내 먼지퇴적 억제
③ 집진된 먼지의 비산 방지

08
작업환경측정 및 정도관리 등에 관한 고시상의 가스상 및 증기시료의 포집(채취)방법 5가지를 쓰시오.

① 액체 채취방법
② 고체 채취방법
③ 직접 채취방법
④ 냉각응축 채취방법
⑤ 여과 채취방법

09
터보형 송풍기의 장점 3가지를 쓰시오.

① 효율이 좋다.
② 장소의 제약을 받지 않는다.
③ 압력 변동이 있어도 풍량의 변화가 적다.
④ 풍압이 바뀌어도 풍량의 변화가 적다.
⑤ 송풍기를 병렬로 배치해도 풍량에 지장이 없다.

10
송풍관 내 공기의 기류(유속) 측정기기 3가지를 쓰시오.

① 피토관
② 열선 풍속계
③ 풍향 풍속계
④ 풍차 풍속계
⑤ 카타온도계
⑥ 회전 날개형 풍속계
⑦ 그네 날개형 풍속계

11
환기시스템의 제어풍속이 설계할 때 보다 저하되어 후드의 불량이 되는 원인 3가지를 쓰시오.

① 집진장치 내 분진퇴적
② 덕트의 분진퇴적
③ 외부공기 유입
④ 송풍기 송풍량이 부족하다.
⑤ 발생원에서 후드 개구면 까지 거리가 멀다.

12
다음 보기의 내용에 해당하는 휘발성 유기화합물(VOC) 처리방법의 종류를 쓰시오.

[보기]
- VOC 농도가 낮은 곳에 적합하고 저온에서 처리하여 CO_2와 H_2O로 완전 무해화 시킨다.
- 오염가스 중 가연성 성분을 연소시설 내에서 촉매를 사용하여 처리한다.
- 보조연료 소모가 적고 가스량이 적은 경우에 적용한다.

촉매산화법(촉매연소법)

13

30°곡관의 속도압 $20mmH_2O$이고, 지름 30cm, 곡률반경 60cm인 30°곡관의 압력손실 $[mmH_2O]$을 구하시오.

반경비(R/D)	압력손실계수(ξ)
1.25	0.55
1.50	0.39
1.75	0.32
2.00	0.27
2.25	0.26
2.50	0.22
2.75	0.19

반경비 $= \dfrac{R}{D} = \dfrac{60}{30} = 2$
반경비 2일 때 압력손실계수(ξ)는 0.27이다.

$$\therefore \triangle P = \left(\xi \times \dfrac{\theta}{90}\right)VP$$
$$= \left(0.27 \times \dfrac{30}{90}\right) \times 20 = 1.8 mmH_2O$$

여기서,
ξ : 압력손실계수($\xi = 1 - R$) R : 정압회복계수
θ : 곡관의 각도[°]
VP : 속도압$[mmH_2O]$

14

단면의 폭이 $850mm$, 높이가 $400mm$인 장방형 덕트 직관 내 풍량이 $300m^3/min$, 길이 $5m$, 관마찰손실계수 0.02일 때 압력손실$[mmH_2O]$을 구하시오.
(단, 밀도는 $1.2kg/m^3$이다.)

밀도(ρ)가 $1.2kg/m^3$이므로, 비중량(γ)은 $1.2kg_f/m^3$이다.

$$V = \dfrac{Q}{A} = \dfrac{Q}{ab} = \dfrac{300}{0.85 \times 0.4}$$
$$= 882.35 m^3/min \times \left(\dfrac{1min}{60sec}\right)$$
$$= 14.71 m/sec$$

$$D = \dfrac{2ab}{a+b} = \dfrac{2 \times 0.85 \times 0.4}{0.85 + 0.4} = 0.544m$$

$$\therefore \triangle P = F \times VP = \lambda \times \dfrac{L}{D} \times \dfrac{\gamma V^2}{2g}$$
$$= 0.02 \times \dfrac{5}{0.544} \times \dfrac{1.2 \times 14.71^2}{2 \times 9.8} = 2.44 mmH_2O$$

여기서,
$\triangle P$: 압력손실$[mmH_2O]$
F : 압력손실계수
VP : 속도압$[mmH_2O]$
λ : 관마찰계수
L : 덕트 길이$[m]$
D : 덕트 직경$[m]\left(=\dfrac{2ab}{a+b}\right)$
a : 수평직관의 가로$[m]$
b : 수평직관의 세로$[m]$
γ : 비중량$[kg_f/m^3]$
V : 유속$[m/s]$
g : 중력가속도$[m/s^2]$

15

필터의 무게가 $5mg$이고, 채취 전 여과지 무게 $22.3mg$, 채취 후 여과지 무게 $27.5mg$, 분당 채취 부피가 $5L$인 곳에서 60분간 포집하였을 때 공기 중 농도$[mg/m^3]$을 구하시오.

$$mg/m^3 = \frac{(27.5-22.3)mg}{5L/\min \times 60\min \times \left(\frac{1m^3}{1000L}\right)} = 17.33 mg/m^3$$

- $1m^3 = 1000L$

16

공기 중 벤젠 $0.25ppm$(TLV : $0.5ppm$), 톨루엔 $25ppm$(TLV : $50ppm$), 크실렌 $60ppm$(TLV : $100ppm$)의 혼합물이 서로 상가작용할 때 다음을 구하시오.

(1) 허용농도 초과여부
(2) 혼합공기 허용농도$[ppm]$

(1) $EI = \dfrac{C_1}{T_1} + \dfrac{C_2}{T_2} + \cdots + \dfrac{C_n}{T_n}$

$= \dfrac{0.25}{0.5} + \dfrac{25}{50} + \dfrac{60}{100} = 1.6$

1을 초과하였으므로 ∴ 노출기준을 초과

여기서,
C : 화학물질 각각의 측정치
T : 화학물질 각각의 노출기준

$EI > 1$: 노출기준을 초과
$EI < 1$: 노출기준을 초과하지 않음

(2) 혼합물의 $TLV - TWA$

$= \dfrac{C_1 + C_2 + \cdots + C_n}{EI}$

$= \dfrac{0.25 + 25 + 60}{1.6} = 53.28 ppm$

17

$1atm$, $25℃$의 작업장에서 벤젠을 취급하는 근로자가 실수로 작업장 바닥에 $1.8L$를 흘렸다. 벤젠의 분자량 78, 비중 0.88일 때 공기 중으로 증발한 벤젠의 증기용량$[L]$을 구하시오.

사용량$[g] = S \times G \times 10^3 = 0.88 \times 1.8 \times 10^3 = 1584g$

∴ 벤젠의 증기용량 = 사용량 × $\dfrac{부피}{분자량}$

$= 1584 \times \dfrac{24.45}{78} = 496.52L$

여기서,
S : 비중, G : 사용량$[L]$

- $1atm$, $25℃$의 부피 = $24.45L$

18

음력이 $1watt$인 소음원으로부터 $10m$ 떨어진 지점에서 음압수준$[dB]$을 구하시오.
(단, 무지향성 점음원, 자유공간 위치이다.)

무지향성 점음원, 자유공간 위치일 때,
$SPL = PWL - 20\log r - 11$

$= 10\log \dfrac{W}{W_o} - 20\log r - 11$

$= 10\log \dfrac{1}{10^{-12}} - 20\log 10 - 11 = 89 dB$

여기서,
SPL : 음압수준$[dB]$
PWL : 음향파워레벨$[dB]$
r : 소음원으로부터의 거리$[m]$
W : 대상음원의 음향파워$[W]$
W_o : 기준음향파워($= 10^{-12}[W]$)

19

25℃, 1기압의 어느 작업장에서 톨루엔과 크실렌을 각각 $200g/hr$씩 사용(증발)할 때, 필요환기량$[m^3/hr]$을 구하시오.
(단, 두 물질은 상가작용을 하며, 톨루엔의 분자량은 92, TLV는 $100ppm$, 크실렌의 분자량은 106, TLV는 $50ppm$이고, 각 물질의 안전계수는 7로 동일하다.)

사용량$[g/hr] = S \times G \times 10^3$

톨루엔의 필요환기량(Q_1)

$$Q_1 = \frac{24.1 \times \frac{273+t}{273+21} \times S \times G \times K \times 10^6}{M \times TLV}$$

$$= \frac{24.1 \times \frac{273+t}{273+21} \times 사용량[g/hr] \times K \times 10^3}{M \times TLV}$$

$$= \frac{24.1 \times \frac{273+25}{273+21} \times 200 \times 7 \times 10^3}{92 \times 100} = 3717.29 m^3/hr$$

크실렌의 필요환기량(Q_2)

$$Q_2 = \frac{24.1 \times \frac{273+t}{273+21} \times S \times G \times K \times 10^6}{M \times TLV}$$

$$= \frac{24.1 \times \frac{273+t}{273+21} \times 사용량[g/hr] \times K \times 10^3}{M \times TLV}$$

$$= \frac{24.1 \times \frac{273+25}{273+21} \times 200 \times 7 \times 10^3}{106 \times 50} = 6452.65 m^3/hr$$

두 물질은 상가작용을 하므로,
$\therefore Q = Q_1 + Q_2 = 3717.29 + 6452.65 = 10169.94 m^3/hr$

여기서,
Q : 전체환기량$[m^3/hr]$
S : 유해물질의 비중
G : 유해물질의 시간당 사용량$[L/hr]$
K : 안전계수(혼합계수)
M : 유해물질의 분자량
TLV : 유해물질의 노출기준$[ppm]$
24.1 : $1atm$, 21℃에서 공기의 부피$[L]$
$\left(온도보정 : 24.1 \times \frac{273+t}{273+21}\right)$
여기서, t : 실제공기의 온도[℃]

20

다음 그림을 보고 속도압$[mmH_2O]$을 구하시오.

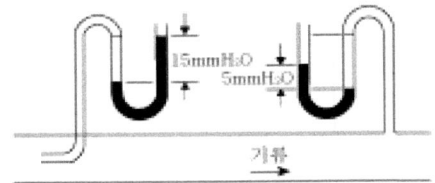

$TP(전압) = 15mmH_2O$
$SP(정압) = 5mmH_2O$
$TP = SP + VP$에서,
$\therefore VP(동압) = TP - SP = 15 - 5 = 10mmH_2O$

Memo

2021년 1회차 산업위생관리기사 실기 필답형 기출문제

01
입자상 물질의 크기를 표시하는 방법 중 기하학적(물리적) 직경 3가지를 쓰고 각각 설명하시오.

① 마틴 직경
먼지의 면적을 이등분하는 선의 길이로 선의 방향은 항상 일정하여야 하며 과소평가할 수 있는 단점이 있다.

② 페렛 직경
먼지의 한쪽 끝 가장자리와 다른쪽 끝 가장자리 사이의 거리로 과대평가할 수 있는 단점이 있다.

③ 등면적 직경
먼지의 면적과 같은 면적을 가진 원의 직경으로 가장 정확한 직경으로 측정은 현미경 접안경에 porton reticle을 삽입하여 측정한다.

02
검지관 방식의 장점 4가지를 쓰시오.

① 사용이 간편하다.
② 반응시간이 빨라서 빠른 시간에 측정 결과를 알 수 있다.
③ 숙련된 전문가가 아니여도 어느 정도 숙지되면 사용이 가능하다.
④ 맨홀 등 밀폐공간에서 산소가 부족하거나 폭발성 가스로 인해 안전이 문제가 될 때 유용하게 사용이 가능하다.

03
액체흡수법(임핀저, 버블러 등 사용)의 흡수용액을 이용하여 시료를 포집할 때 흡수효율을 증가시키는 방법 3가지를 쓰시오.

① 시료채취 유량을 낮춘다.
② 액체의 교반을 강하게 한다.
③ 흡수액 양을 늘린다.
④ 시료채취속도를 낮춘다.
⑤ 두 개 이상의 버블러를 연속적으로 연결(직렬 연결)하여 용액의 양을 증가시킨다.
⑥ 포집용액의 온도를 낮추어 오염물질의 휘발성을 제한한다.
⑦ 가는 구멍이 많은 Fritted 버블러 등 채취효율이 좋은 기구를 사용한다.(기포와 액체의 접촉면을 크게한다.)

04
배기구 설치규칙 15-3-15에 대하여 설명하시오.

① 15 : 배출구와 흡입구는 서로 15m 이상 떨어질 것
② 3 : 배출구의 높이는 지붕꼭대기나 공기유입구보다 3m 이상 높게할 것
③ 15 : 배출되는 공기는 재유입되지 않도록 속도를 15m/s 이상 유지할 것

05

산소부채(Oxygen Debt)를 설명하고, 산소부채 시 에너지공급원 4가지를 쓰시오.

(1) 설명
작업이 끝난 후 남아있는 젖산을 제거하기 위해서는 산소가 더 필요하며, 이때 동원되는 산소 소비량이다.

(2) 에너지공급원
① ATP
② CP
③ 글리코겐
④ 포도당
⑤ 호기성대사

06

$C_5 - dip$ 현상을 설명하시오.

소음성 난청 초기단계로서 4000Hz에서 청력장애가 커지는 현상

07

휘발성 유기화합물(VOC) 처리방법 2가지를 쓰고 각각 특징 2가지씩 쓰시오.

(1) 불꽃연소법
① VOC 농도가 높은 경우에 적합
② 시스템이 간단하여 보수가 용이

(2) 촉매산화법
① VOC 농도가 낮은 경우에 적합
② 저온에서 처리하여 CO_2와 H_2O로 완전 무해화시킴

08

작업환경측정 및 정도관리 등에 관한 고시상의 가스상 및 증기시료의 포집(채취)방법 5가지를 쓰시오.

① 액체 채취방법
② 고체 채취방법
③ 직접 채취방법
④ 냉각응축 채취방법
⑤ 여과 채취방법

09

벤젠과 톨루엔의 뇨 중 대사산물을 각각 쓰시오.

① 벤젠의 뇨 중 대사산물 : 페놀
② 톨루엔의 뇨 중 대사산물 : o-크레졸

10

다음 보기의 설명에 대한 알맞은 용어를 쓰시오.

[보기]
① 전형적인 열중증 상태로 고온환경에서 지속적으로 심한 육체노동을 하면 나타나며, 주로 작업 중 사용을 많이하는 근육에 발작적 경련이 발생하며, 특히 수분 및 혈중 염분 손실이 있을 때 발생한다.
② 고온다습 환경에 노출되면 뇌의 온도가 상승하여 신체 내 체온조절 중추에 기능장애를 일으켜 생기는 위급한 상태로 증상으로는 중추신경계의 장애, 직장온도 상승, 전신 발한 정지 등이 있다.

① 열경련   ② 열사병

11

단면의 폭이 $600mm$, 높이가 $350mm$인 장방형 덕트 직관 내 풍량이 $125m^3/\min$, 길이 $5m$, 관마찰손실계수 0.02일 때 압력손실 $[mmH_2O]$을 구하시오.
(단, 비중량은 $1.2kg_f/m^3$이다.)

$$V = \frac{Q}{A} = \frac{Q}{ab} = \frac{125}{0.6 \times 0.35}$$
$$= 595.24 m^3/\min \times \left(\frac{1\min}{60\sec}\right)$$
$$= 9.92 m/\sec$$

$$D = \frac{2ab}{a+b} = \frac{2 \times 0.6 \times 0.35}{0.6 + 0.35} = 0.44m$$

$$\therefore \Delta P = F \times VP = \lambda \times \frac{L}{D} \times \frac{\gamma V^2}{2g}$$
$$= 0.02 \times \frac{5}{0.44} \times \frac{1.2 \times 9.92^2}{2 \times 9.8} = 1.37 mmH_2O$$

여기서,
ΔP : 압력손실 $[mmH_2O]$
F : 압력손실계수
VP : 속도압 $[mmH_2O]$
λ : 관마찰계수
L : 덕트 길이 $[m]$
D : 덕트 직경 $[m]\left(=\frac{2ab}{a+b}\right)$
a : 수평직관의 가로 $[m]$
b : 수평직관의 세로 $[m]$
γ : 비중량 $[kg_f/m^3]$
V : 유속 $[m/s]$
g : 중력가속도 $[m/s^2]$

12

선반을 약품에 담근 후 건조시키는 과정에서 크실렌이 시간당 $3L$ 증발한다면 다음 조건을 고려하여 화재 및 폭발방지를 위한 필요환기량 $[m^3/\min]$을 구하시오.

[조건]
- 작업장 외기온도 21℃
- 작업조건의 사용온도 130℃
- 크실렌 비중 0.88
- 크실렌 폭발하한계 1%
- 크실렌 분자량 106, 안전계수 10

$$Q = \frac{24.1 \times \frac{273+t}{273+21} \times S \times G \times K \times 10^2}{M \times LEL \times B}$$
$$= \frac{24.1 \times \frac{273+130}{273+21} \times 0.88 \times 3 \times 10 \times 10^2}{106 \times 1 \times 0.7}$$
$$= 1175.37 m^3/hr \times \left(\frac{1hr}{60\min}\right) = 19.59 m^3/\min$$

여기서,
Q : 필요환기량 $[m^3/hr]$
S : 유해물질의 비중
G : 유해물질의 시간당 사용량 $[L/hr]$
K : 안전계수(혼합계수)
M : 유해물질의 분자량
LEL : 폭발하한계 $[\%]$
B : 온도에 따른 상수
  (120℃ 미만 : 1.0, 120℃ 이상 : 0.7)
24.1 : $1atm$, 25℃에서 공기의 부피 $[L]$
$\left(온도보정 : 24.1 \times \frac{273+t}{273+21}\right)$
여기서, t : 실제공기의 온도 $[℃]$

• $1hr = 60\min$

13

어떤 작업장의 환기시스템에서 송풍량 $40m^3/min$, 덕트의 지름 $20cm$, 유입손실계수 0.65일 때 후드의 정압 $[mmH_2O]$을 구하시오.

$$V = \frac{Q}{A} = \frac{Q}{\frac{\pi d^2}{4}} = \frac{40}{\frac{\pi \times 0.2^2}{4}} = 1273.24 m/min$$

$$V = 1273.24 m/min \times \left(\frac{1min}{60sec}\right) = 21.22 m/sec$$

$$VP = \left(\frac{V}{4.043}\right)^2 = \left(\frac{21.22}{4.043}\right)^2 = 27.55 mmH_2O$$

$$SP_h = VP(1+F) = 27.55(1+0.65) = 45.46 mmH_2O$$

$$\therefore SP_h = -45.46 mmH_2O$$

여기서
SP_h : 후드의 정압 $[mmH_2O]$
VP : 속도압(동압) $[mmH_2O]$
F : 압력손실계수 $\left(= \frac{1}{C_e^2} - 1\right)$

국소배기장치 시스템에서 송풍기 앞에 있는 부품들의 압력은 빨아들이는 압력이어야 하기 때문에 음압(−)이 나와야한다. 후드는 송풍기의 앞에 있는 부품이기 때문에 후드의 정압(SP_h)은 음압(−)으로 도출하여야 한다.

14

$7500ppm$의 사염화탄소가 작업 환경 중의 공기와 완전 혼합되어 있다. 이 혼합물의 유효비중을 구하시오.
(단, 공기 중 사염화탄소 비중 5.7, 소수점 넷째 자리까지 나타내시오.)

유효비중
$= \frac{물질의\ ppm \times 물질의\ 비중 + (10^6 - 물질의\ ppm) \times 1}{10^6}$

$= \frac{7500 \times 5.7 + (10^6 - 7500) \times 1}{10^6} = 1.0353$

15

재순환 공기의 CO_2 농도는 $650ppm$이고 급기의 CO_2 농도는 $450ppm$일 때 급기 중의 외부공기 포함량 $[\%]$을 구하시오.
(단, 외부공기의 CO_2 농도는 $300ppm$이다.)

$$Q_A = \frac{C_r - C_s}{C_r - C_0} \times 100 = \frac{650 - 450}{650 - 300} \times 100 = 57.14\%$$

여기서,
Q_A : 급기 중 외부공기 포함량 $[\%]$
C_r : 재순환 공기 중 이산화탄소 농도
C_s : 급기 중 이산화탄소 농도
C_0 : 외부 공기 중 이산화탄소 농도

16

필터의 무게가 $5mg$이고, 채취 전 여과지 무게 $0.5mg$, 채취 후 여과지 무게 $2mg$, 분당 채취 부피가 $2L$인 곳에서 120분간 포집하였을 때 공기 중 농도 $[mg/m^3]$을 구하시오.

$$mg/m^3 = \frac{(2-0.5)mg}{2L/min \times 120min \times \left(\frac{1m^3}{1000L}\right)} = 6.25 mg/m^3$$

- $1m^3 = 1000L$

17

음력이 $0.1watt$인 소음원으로부터 $100m$ 떨어진 지점에서 음압수준$[dB]$을 구하시오.
(단, 무지향성 점음원, 자유공간 위치이다.)

무지향성 점음원, 자유공간 위치일 때,
$$SPL = PWL - 20\log r - 11$$
$$= 10\log \frac{W}{W_o} - 20\log r - 11$$
$$= 10\log \frac{0.1}{10^{-12}} - 20\log 100 - 11 = 59dB$$

여기서,
SPL : 음압수준$[dB]$
PWL : 음향파워레벨$[dB]$
r : 소음원으로부터의 거리$[m]$
W : 대상음원의 음향파워$[W]$
W_o : 기준음향파워$(=10^{-12}[W])$

18

덕트 직경이 $10cm$이고 덕트 내 공기의 유속이 $2m/s$일 때 레이놀즈 수와 흐름의 종류를 구하시오.
(단, 공기의 점성계수 $1.8 \times 10^{-5} kg/m \cdot \sec$, 공기의 밀도 $1.2kg/m^3$이다.)

$$Re = \frac{\rho VD}{\mu} = \frac{1.2 \times 2 \times 0.1}{1.8 \times 10^{-5}} = 13333.33$$

$Re > 4000$이므로 ∴ 난류

여기서,
Re : 레이놀즈 수
ρ : 유체 밀도$[kg/m^3]$
V : 유속$[m/s]$
D : 직경$[m]$
μ : 점성계수$[kg/m \cdot s]$

*레이놀즈수에 따른 흐름의 종류

흐름	레이놀즈 수
층류	Re < 2100
천이영역	2100 < Re < 4000
난류	Re > 4000

19

$21℃$, 1기압의 어느 작업장에서 톨루엔을 $3kg/hr$씩 사용(증발)할 때, 필요 환기량 $[m^3/\min]$을 구하시오.
(단, 톨루엔의 분자량은 92, TLV는 $100ppm$, 안전계수는 6이다.)

사용량$[g/hr] = S \times G \times 10^3$

$$Q = \frac{24.1 \times S \times G \times K \times 10^6}{M \times TLV}$$
$$= \frac{24.1 \times 사용량[g/hr] \times K \times 10^3}{M \times TLV}$$
$$= \frac{24.1 \times 3000 \times 6 \times 10^3}{92 \times 100}$$
$$= 47152.17 m^3/hr \times \left(\frac{1hr}{60\min}\right) = 785.87 m^3/\min$$

여기서,
Q : 전체환기량$[m^3/hr]$
S : 유해물질의 비중
G : 유해물질의 시간당 사용량$[L/hr]$
K : 안전계수(혼합계수)
M : 유해물질의 분자량
TLV : 유해물질의 노출기준$[ppm]$
24.1 : $1atm$, $21℃$에서 공기의 부피$[L]$
$\left(온도보정 : 24.1 \times \frac{273+t}{273+21}\right)$
여기서, t : 실제공기의 온도$[℃]$

• 사용량 : 3kg/hr=3000g/hr
• 1hr=60min

20

21℃, 1기압의 어느 작업장에서 톨루엔 $150ppm$과 크실렌 $50ppm$을 각각 $200g/hr$씩 사용(증발)할 때 다음 물음에 답하시오.
(단, 두 물질은 상가작용을 하며, 톨루엔의 분자량은 92, TLV는 $200ppm$, 크실렌의 분자량은 106, TLV는 $100ppm$이고, 각 물질의 안전계수는 7로 동일하다.)

(1) 노출지수(EI)와 노출기준 평가
(2) 전체환기시설 설치 여부
(3) 총 전체환기량$[m^3/\text{min}]$

여기서,
Q : 전체환기량$[m^3/hr]$
S : 유해물질의 비중
G : 유해물질의 시간당 사용량$[L/hr]$
K : 안전계수(혼합계수)
M : 유해물질의 분자량
TLV : 유해물질의 노출기준$[ppm]$
24.1 : $1atm$, 21℃에서 공기의 부피$[L]$
$$\left(\text{온도보정} : 24.1 \times \frac{273+t}{273+21}\right)$$
여기서, t : 실제공기의 온도$[℃]$

(1) $EI = \dfrac{C_1}{T_1} + \dfrac{C_2}{T_2} + \cdots + \dfrac{C_n}{T_n}$
$= \dfrac{150}{200} + \dfrac{50}{100} = 1.25$

$EI = 1.25$이므로, ∴허용기준 초과

여기서,
C: 농도 각각의 측정치
T: 농도 각각의 노출기준

$EI > 1$: 허용기준을 초과
$EI < 1$: 허용기준을 초과하지 않음

(2) 노출기준 초과이므로 설치해야 한다.

(3)
사용량$[g/hr] = S \times G \times 10^3$

톨루엔의 필요환기량(Q_1)
$Q_1 = \dfrac{24.1 \times S \times G \times K \times 10^6}{M \times TLV}$
$= \dfrac{24.1 \times \text{사용량}[g/hr] \times K \times 10^3}{M \times TLV}$
$= \dfrac{24.1 \times 200 \times 7 \times 10^3}{92 \times 200}$
$= 1833.7 m^3/hr \times \left(\dfrac{1hr}{60\min}\right) = 30.56 m^3/\min$

크실렌의 필요환기량(Q_2)
$Q_2 = \dfrac{24.1 \times S \times G \times K \times 10^6}{M \times TLV}$
$= \dfrac{24.1 \times \text{사용량}[g/hr] \times K \times 10^3}{M \times TLV}$
$= \dfrac{24.1 \times 200 \times 7 \times 10^3}{106 \times 100}$
$= 3183.02 m^3/hr \times \left(\dfrac{1hr}{60\min}\right) = 53.05 m^3/\min$

두 물질은 상가작용을 하므로,
∴ $Q = Q_1 + Q_2 = 30.56 + 53.05 = 83.61 m^3/\min$

2021 2회차 산업위생관리기사 실기 필답형 기출문제

01
다음 보기는 용접흄에 대한 내용일 때 빈칸을 채우시오.

[보기]
용접흄은 (①) 채취방법으로 하되 용접보안면을 착용한 경우에는 그 내부에서 채취하고, 중량분석방법과 원자흡광분광기 또는 (②)를 이용한 분석방법으로 측정한다.

① 여과 ② 유도결합플라즈마

02
휘발성 유기화합물(VOC) 처리방법 2가지를 쓰고 각각 특징 2가지씩 쓰시오.

(1) 불꽃연소법
① VOC 농도가 높은 경우에 적합
② 시스템이 간단하여 보수가 용이

(2) 촉매산화법
① VOC 농도가 낮은 경우에 적합
② 저온에서 처리하여 CO_2와 H_2O로 완전 무해화시킴

03
공기정화장치 중 여과집진시설의 채취기전(채취원리, 포집원리) 5가지를 쓰시오.

① 직접차단
② 관성충돌
③ 중력침강
④ 확산
⑤ 정전기침강
⑥ 체

04
국소배기장치를 통해 배출되는 것과 동일한 양의 공기가 외부로부터 보충되는 공기의 명칭은 무엇인가?

보충용 공기

05

다음 보기의 빈칸안에 알맞은 용어를 쓰시오.

[보기]
(①) : 분석치가 참값에 얼마나 접근하였는가 하는 수치상의 표현
(②) : 일정한 물질에 대해 반복 측정·분석을 했을 때 나타나는 자료분석치의 변동크기가 얼마나 작은가하는 수치상의 표현
(③) : 작업환경측정의 대상이 되는 작업장 또는 공정에서 정상적인 작업을 수행하는 동일노출집단의 근로자가 작업을 행하는 장소
(④) : 시료채취기를 이용하여 가스·증기·분진·흄·미스트 등을 근로자의 작업행동범위에서 호흡기 높이에 고정하여 채취
(⑤) : 작업환경 측정·분석치에 대한 정확도와 정밀도를 확보하기 위하여 통계적 처리를 통한 일정한 신뢰 한계 내에서 측정·분석치를 평가하고, 그 결과에 따라 지도 및 교육, 기타 측정·분석 능력 향상을 위하여 행하는 모든 관리적 수단

① 정확도
② 정밀도
③ 단위작업장소
④ 지역시료채취
⑤ 정도관리

06

국소배기시설의 형태 중 가장 효과적이며 Glove Box Hood(장갑부착상자형)의 경우 내부가 음압이 형성되므로 독성가스, 방사성 동위원소 및 발암물질 취급 공정에 주로 사용되는 후드의 종류를 쓰시오.

포위식 후드

07

국소배기장치 사용 전 점검사항 3가지를 쓰시오.

① 덕트와 배풍기의 분진 상태
② 덕트 접속부가 헐거워졌는지 여부
③ 흡기 및 배기 능력

*공기정화장치 사용 전 점검사항
① 공기정화장치 내부의 분진상태
② 여과제진장치의 여과재 파손 여부
③ 공기정화장치의 분진 처리능력

08

총 압력손실 계산법 중 저항조절 평형법의 장점과 단점을 각각 2가지씩 쓰시오.

(1) 장점
① 시설 설치 후 변경이 유연하게 대처 가능하다.
② 설계 계산이 간편하고 고도의 지식을 요구하지 않는다.
③ 설치 후 송풍량 조절이 용이하다.
④ 최소 설계풍량은 평형유지가 가능하다.
⑤ 공장 내부 작업공정에 따라 적절한 덕트의 위치 변경이 가능하다.

(2) 단점
① 임의의 댐퍼 조정 시 평형상태 파괴의 원인이 된다.
② 평형상태 시설에 댐퍼를 잘못 설치 시 평형상태 파괴의 원인이 된다.
③ 부분적 폐쇄댐퍼는 침식 및 분진퇴적의 원인이 된다.
④ 최대 저항경로 선정이 잘못되어도 설계 시 발견하기 어렵다.

09

$1atm$, $25℃$인 작업장에서 톨루엔을 활성탄관을 사용하여 $0.25L/min$으로 200min 동안 측정한 후 분석한 결과 앞층에서 $3.31mg$, 뒷층에서 $0.11mg$이 검출되었다. 탈착효율이 95%일 때 다음을 구하시오.

(1) 파과여부
(2) 공기 중 농도 $[ppm]$

(1) $\dfrac{뒷층\ 검출량}{앞층\ 검출량} = \dfrac{0.11}{3.31} \times 100 = 3.32\%$
10%보다 작으므로 ∴ 파과 아님

(2) mg/m^3
$= \dfrac{(3.31+0.11)mg}{0.25L/min \times 200min \times \left(\dfrac{1m^3}{1000L}\right) \times 0.95}$
$= 72mg/m^3$
∴ $ppm = mg/m^3 \times \dfrac{부피}{분자량}$
$= 72 \times \dfrac{24.45}{92} = 19.13ppm$

- $1m^3 = 1000L$
- $1atm$, $25℃$의 부피 = $24.45L$
- 톨루엔($C_6H_5CH_3$)의 분자량
  $= 12 \times 6 + 1 \times 5 + 12 + 1 \times 3 = 92g$
- C의 원자량 : 12g, H의 원자량 : 1g

10

공기 중 벤젠 $0.25ppm$(TLV : $0.5ppm$), 톨루엔 $25ppm$(TLV : $50ppm$), 크실렌 $60ppm$(TLV : $100ppm$)의 혼합물이 서로 상가작용할 때 다음을 구하시오.

(1) 허용농도 초과여부
(2) 혼합공기 허용농도 $[ppm]$

(1) $EI = \dfrac{C_1}{T_1} + \dfrac{C_2}{T_2} + \cdots + \dfrac{C_n}{T_n}$
$= \dfrac{0.25}{0.5} + \dfrac{25}{50} + \dfrac{60}{100} = 1.6$
1을 초과하였으므로 ∴ 노출기준을 초과

여기서,
C : 화학물질 각각의 측정치
T : 화학물질 각각의 노출기준

$EI > 1$: 노출기준을 초과
$EI < 1$: 노출기준을 초과하지 않음

(2) 혼합물의 $TLV-TWA$
$= \dfrac{C_1 + C_2 + \cdots + C_n}{EI}$
$= \dfrac{0.25 + 25 + 60}{1.6} = 53.28ppm$

11

필터의 무게가 $5mg$이고, 채취 전 여과지 무게 $22.3mg$, 채취 후 여과지 무게 $27.5mg$, 분당 채취 부피가 $5L$인 곳에서 60분간 포집하였을 때 공기 중 농도 $[mg/m^3]$을 구하시오.

$mg/m^3 = \dfrac{(27.5-22.3)mg}{5L/min \times 60min \times \left(\dfrac{1m^3}{1000L}\right)} = 17.33mg/m^3$

- $1m^3 = 1000L$

12

$25, 28, 27, 20, 45, 52, 58, 38, 42, 27 mg/m^3$의 측정값이 나올 때 기하평균을 구하시오.

$GM = \sqrt[N]{X_1 \times X_2 \times \cdots \times X_n}$
$= \sqrt[10]{25 \times 28 \times 27 \times 20 \times 45 \times 52 \times 58 \times 38 \times 42 \times 27}$
$= 34.23 mg/m^3$

여기서,
X : 측정치
N : 측정치의 개수

13

흑구온도는 27℃, 건구온도는 28℃, 자연습구온도는 20℃일 때 다음 물음의 습구흑구온도지수(WBGT)[℃]를 구하시오.

(1) 햇빛이 안드는 옥외 및 옥내 작업장
(2) 햇빛이 드는 옥외 작업장

(1)
$WBGT(℃) = 0.7 \times$ 자연습구온도 $+ 0.3 \times$ 흑구온도
$= 0.7 \times 20 + 0.3 \times 27 = 22.1℃$

(2)
$WBGT(℃)$
$= 0.7 \times$ 자연습구온도 $+ 0.2 \times$ 흑구온도 $+ 0.1 \times$ 건구온도
$= 0.7 \times 20 + 0.2 \times 27 + 0.1 \times 28 = 22.2℃$

*습구흑구온도지수(WBGT)

① 태양광선이 내리쬐는 옥외 장소
$WBGT(℃)$
$= 0.7 \times$ 자연습구온도 $+ 0.2 \times$ 흑구온도 $+ 0.1 \times$ 건구온도

② 태양광선이 내리쬐지 않는 옥내 또는 옥외 장소
$WBGT(℃) = 0.7 \times$ 자연습구온도 $+ 0.3 \times$ 흑구온도

14

용융로에 설치된 레시버식 캐노피(천개형) 후드의 열상승 기류량이 $15 m^3/\min$, 누입한계 유량비 3.5일 때 필요송풍량[$m^3/\min$]을 구하시오.
(단, 표준상태 기준이고 후드 주위에 난기류가 있다고 가정한다.)

$Q = Q_1[1 + (m \times K_L)] = Q_1(1 + K_D)$
$= 15(1 + 3.5) = 67.5 m^3/\min$

*레시버식 캐노피(천개형) 후드의 필요송풍량(Q)

조건	필요송풍량 공식
난기류가 없을 경우	$Q = Q_1 + Q_2 = Q_1\left(1 + \dfrac{Q_2}{Q_1}\right) = Q_1(1 + K_L)$
난기류가 있을 경우	$Q = Q_1[1 + (m \times K_L)] = Q_1(1 + K_D)$
여기서,	Q ; 필요송풍량[$m^3/\min$] Q_1 : 열상승기류량[$m^3/\min$] Q_2 : 유도기류량[$m^3/\min$] K_L : 누입한계 유량비 m : 누출안전계수 K_D : 설계 유량비 → $K_D = m \times K_L$

15

오염원과 후드와의 거리가 $0.5 m$, 제어속도가 $0.5 m/s$, 후드 개구부 면적 $0.9 m^2$인 외부식 후드가 있을 때 오염원과 후드와의 거리가 $0.9 m$로 변화할 때 필요송풍량은 몇 배로 증가하는가?

자유공간 위치, 플랜지 미부착이므로,
$Q_1 = V(10X^2 + A) = 0.5(10 \times 0.5^2 + 0.9) = 1.7 m^3/s$
$Q_2 = V(10X^2 + A) = 0.5(10 \times 0.9^2 + 0.9) = 4.5 m^3/s$
$\therefore \dfrac{Q_2}{Q_1} = \dfrac{4.5}{1.7} = 2.65$배 증가

*필요송풍량(Q)

조건	필요송풍량 공식
① 자유공간 위치, 플랜지 미부착	$Q = V(10X^2 + A)$
② 자유공간 위치, 플랜지 부착	$Q = 0.75 V(10X^2 + A)$
③ 바닥면 위치, 플랜지 미부착	$Q = V(5X^2 + A)$
④ 바닥면 위치, 플랜지 부착	$Q = 0.5 V(10X^2 + A)$
Q : 필요송풍량[$m^3/\min$] A : 후드의 개구면적[m^2] V : 제어속도[$m/\min$] X : 후드 중심선으로부터 발생원까지의 거리[m]	

16

직경 $15cm$인 덕트의 유속은 $2m/s$일 때 길이, 폭, 높이가 각각 $5m, 7m, 2m$인 실내의 시간당 공기교환횟수$[회/hr]$를 구하시오.

$$Q = AV_{유속} = \frac{\pi d^2}{4}V_{유속} = \frac{\pi \times 0.15^2}{4} \times 2 = 0.03534 m^3/s$$

$$\therefore ACH = \frac{Q}{V} = \frac{0.03534 m^3/s \times \left(\frac{3600sec}{1hr}\right)}{5m \times 7m \times 2m} = 1.82회/hr$$

여기서,
Q : 필요환기량$[m^3/hr]$
V : 작업장 용적$[m^3]$
$A\left(=\frac{\pi d^2}{4}\right)$: 개구부의 원형 단면적$[m^2]$
d : 개구부의 직경$[m]$

- 용적(부피)=길이×폭×높이
- 1hr=3600sec

17

선반을 약품에 담근 후 건조시키는 과정에서 톨루엔이 시간당 $0.24L$ 증발한다면 다음 조건을 고려하여 화재 및 폭발방지를 위한 필요환기량 $[m^3/min]$을 구하시오.

[조건]
- 작업장 외기온도 21℃
- 작업조건의 사용온도 80℃
- 톨루엔 비중 0.9
- 톨루엔 폭발하한계(LEL) 5vol%
- 톨루엔 분자량 92, 안전계수 10

$$Q = \frac{24.1 \times \frac{273+t}{273+21} \times S \times G \times K \times 10^2}{M \times LEL \times B}$$

$$= \frac{24.1 \times \frac{273+80}{273+21} \times 0.9 \times 0.24 \times 10 \times 10^2}{92 \times 5 \times 1}$$

$$= 13.59 m^3/hr \times \left(\frac{1hr}{60min}\right) = 0.23 m^3/min$$

여기서,
Q : 필요환기량$[m^3/hr]$
S : 유해물질의 비중
G : 유해물질의 시간당 사용량$[L/hr]$
K : 안전계수(혼합계수)
M : 유해물질의 분자량
LEL : 폭발하한계$[\%]$
B : 온도에 따른 상수
　(120℃ 미만 : 1.0, 120℃ 이상 : 0.7)
24.1 : $1atm$, 21℃에서 공기의 부피$[L]$
　$\left(온도보정 : 24.1 \times \frac{273+t}{273+21}\right)$
　여기서, t : 실제공기의 온도$[℃]$

- 1hr=60min

18

체적이 $400m^3$이고 유효환기량 $56.6m^3/min$인 작업장에 메틸클로로포름 증기가 발생하여 $100ppm$의 상태로 오염되었다. 이 상태에서 증기발생이 중지되었다면 $25ppm$까지 농도를 감소시키는데 걸리는 시간$[min]$을 구하시오.

$$t = -\frac{V}{Q'}\ln\left(\frac{C_2}{C_1}\right) = -\frac{400m^3}{56.6m^3/min}\ln\left(\frac{25}{100}\right) = 9.8min$$

여기서,
C_1 : 유해물질 처음농도
C_2 : 유해물질 노출기준

- 1min=60sec

19

대기압이 $1atm$인 화학공장에서 환기장치의 설치가 어려워 유해성이 적은 사용물질로 변경하려 한다. 아래 보기 A물질과 B물질의 포화증기농도 $[ppm]$와 증기위험화지수(VHI)를 구하시오.

[보기]
A물질 : TLV $100ppm$, 증기압 $25mmHg$
B물질 : TLV $350ppm$, 증기압 $100mmHg$

① A물질
$$C = \frac{증기압}{760} \times 10^6 = \frac{25}{760} \times 10^6 = 32894.74 ppm$$
$$VHI = \log\left(\frac{C}{TLV}\right) = \log\left(\frac{32894.74}{100}\right) = 2.52$$

② B물질
$$C = \frac{증기압}{760} \times 10^6 = \frac{100}{760} \times 10^6 = 131578.95 ppm$$
$$VHI = \log\left(\frac{C}{TLV}\right) = \log\left(\frac{131578.95}{350}\right) = 2.58$$

여기서,
VHI : 증기 위험화지수
C : 최고농도(포화농도)$\left(= \frac{증기압}{760} \times 10^6\right)$
TLV : 노출기준

20

가로 $20m$, 세로 $50m$, 높이 $10m$인 작업장 소음 이슈에 대한 것을 해결하기 위하여 총 흡음량을 조사하는 작업을 하고 있다. 총 흡음량은 음의 잔향시간(반향시간)을 이용하여 측정하고 철로 되어있는 막대기로 테스트 해보았을 때 $125dB$의 소음을 발생했을 때 작업장의 소음이 $65dB$까지 감소하는데 걸리는 시간은 2초일 때 각 물음에 답하시오.

(1) 작업장의 총 흡음량$[sabin]$
(2) 흡음물질을 사용하여 총 흡음량을 3배로 증가시킬 때 증가에 따른 실내소음 저감량$[dB]$

(1) $V = 20 \times 50 \times 10 = 10000 m^2$
$T = 2\sec$
$T = \frac{0.161 V}{A}$
$\therefore A = \frac{0.161 V}{T} = \frac{0.161 \times 10000}{2} = 805 sabin$

여기서,
T : 잔향시간$[\sec]$
V : 실내 체적$[m^3]$
A : 실내면의 총 흡음력$[m^2, sabin]$
S : 실내면의 총 표면적$[m^2]$
$\bar{a}$: 실내 평균흡음률

(2) 총 흡음량이 3배 증가한거면, $\frac{A_2}{A_1} = 3$이다.

$$\therefore NR = SPL_1 - SPL_2 = 10\log\left(\frac{A_2}{A_1}\right)$$
$$= 10\log 3 = 4.77 dB$$

여기서,
NR : 감음량$[dB]$
SPL_1, SPL_2 : 실내면에 대한 흡음대책 전후 실내 음압레벨$[dB]$
A_1, A_2 : 실내면에 대한 흡음대책 전후 실내 흡음력$[m^2, sabin]$

2021년 3회차 산업위생관리기사 실기 필답형 기출문제

01
입자상 물질의 크기를 표시하는 방법 중 기하학적 (물리적) 직경 3가지를 쓰고 각각 설명하시오.

① 마틴 직경
먼지의 면적을 이등분하는 선의 길이로 선의 방향은 항상 일정하여야 하며 과소평가할 수 있는 단점이 있다.

② 페렛 직경
먼지의 한쪽 끝 가장자리와 다른쪽 끝 가장자리 사이의 거리로 과대평가할 수 있는 단점이 있다.

③ 등면적 직경
먼지의 면적과 같은 면적을 가진 원의 직경으로 가장 정확한 직경으로 측정은 현미경 접안경에 porton reticle을 삽입하여 측정한다.

02
전체환기 적용조건 5가지를 쓰시오.

① 발생원이 이동성인 경우
② 유해물질이 증기나 가스인 경우
③ 유해물질의 발생량이 적은 경우
④ 유해물질의 독성이 비교적 낮은 경우
⑤ 유해물질이 시간에 따라 균일하게 발생될 경우
⑥ 국소배기가 불가능한 경우

03
유해물질의 독성을 결정하는 인자(인체 영향인자) 5가지를 쓰시오.

① 작업강도
② 기상조건
③ 개인 감수성
④ 노출농도
⑤ 노출시간
⑥ 호흡량

04
중금속에 속하는 크롬 또는 납 분석 시 다음 물음에 답하시오.

(1) 채취여과지의 종류
(2) 분석법
(3) 분석기기

(1) MCE막 여과지
(2) 원자흡광광도법
(3) 원자흡광광도계

05

고농도 분진이 발생하는 작업장에서 근로자하는 작업자와 작업장에 대한 작업환경 관리대책 4가지를 쓰시오.

① 작업공정 습식화
② 작업장소 밀폐 및 포위
③ 국소배기 또는 전체환기
④ 방진마스크 지급 및 착용
⑤ 작업시간 및 작업강도 조정

06

오염물질의 확산이동 관찰에 유용하게 사용되며, 대략적인 후드 성능을 평가할 수 있고, 염화제2주석이 공기와 반응하여 흰색 연기를 발생시키는 원리를 사용하고, 레시버식 후드의 개구부 흡입기류 방향을 확인할 수 있는 측정기(시험장비)의 명칭은?

발연관

07

다음 보기에서 설명하는 용어를 쓰시오

[보기]
반복적인 동작, 부적절한 작업자세, 무리한 힘의 사용, 날카로운 면과의 신체접촉, 진동 및 온도 등의 요인에 의하여 발생하는 건강장애로서 목, 어깨, 허리, 상·하지의 신경근육 및 그 주변 신체조직 등에 나타나는 질환이다.

근골격계 질환

08

살충제 중 파라티온(Parathion)에 대한 각 물음에 답하시오.

(1) 인체침입경로
(2) (1) 경로가 유효한 이유 한 가지

(1) 피부점막 또는 경구로 흡수
(2) 농약에 오염된 물 음용 또는 농약에 중독된 가축 섭취로 인한 인체의 침입이 가능하다.

09

어떤 원형덕트에 유체가 흐르고 있다. 덕트의 직경을 $\frac{1}{2}$로 하면 직관부분의 압력손실은 몇 배로 되는가?
(단, 달시의 방정식을 적용한다.)

$$Q = AV \Rightarrow V = \frac{Q}{A} = \frac{4Q}{\pi D^2}$$

$$\triangle P_1 = F \times VP = \lambda \times \frac{L}{D} \times \frac{\gamma V^2}{2g} = \lambda \times \frac{L}{D} \times \frac{\gamma \left(\frac{4Q}{\pi D^2}\right)^2}{2g}$$

$$\triangle P_1 \propto \frac{1}{D^5}$$

$$\triangle P_2 \propto \frac{1}{\left(\frac{1}{2}D\right)^5} = \frac{32}{D^5}$$

$$\therefore \frac{\triangle P_2}{\triangle P_1} = \frac{\frac{32}{D^5}}{\frac{1}{D^5}} = 32배$$

여기서,
$\triangle P$: 압력손실 $[mmH_2O]$
F : 압력손실계수
VP : 속도압 $[mmH_2O]$
λ : 관마찰계수
L : 덕트 길이 $[m]$

10

작업장 내 열부하량이 $200000 kcal/hr$이며, 외기 온도 $25℃$, 작업장 내 온도는 $35℃$이다. 이때 전체 환기를 위한 필요 환기량$[m^3/\min]$을 구하시오.

$$Q = \frac{H_s}{C_p \times \Delta t}$$
$$= \frac{200000 kcal/hr}{0.3 \times (35-25)}$$
$$= 66666.67 m^3/hr \times \left(\frac{1hr}{60\min}\right) = 1111.11 m^3/\min$$

여기서,
Q : 필요환기량$[m^3/hr]$
H_s : 발열량$[kcal/hr]$
C_p : 공기의 비열$[kcal/hr \cdot ℃]$
  (주어지지 않으면 $C_p = 0.3$)
Δt : 외부공기와 작업장 내 온도차$[℃]$

11

표준공기가 흐르는 덕트의 직경 $150mm$, 점성계수 $1.607 \times 10^{-4} poise$, 밀도 $1.2 kg/m^3$, 레이놀즈 수 30000일 때 덕트의 유속$[m/\sec]$을 구하시오.

$$\mu = 1.607 \times 10^{-4} poise \times \left(\frac{1g/cm \cdot \sec}{poise}\right)\left(\frac{1kg}{1000g}\right)\left(\frac{100cm}{1m}\right)$$
$$= 1.607 \times 10^{-5} kg/m \cdot \sec$$

$Re = \frac{\rho VD}{\mu}$ 에서,

$$\therefore V = \frac{Re \times \mu}{\rho D} = \frac{30000 \times 1.607 \times 10^{-5}}{1.2 \times 0.15} = 2.68 m/\sec$$

여기서,
Re : 레이놀즈 수
ρ : 유체 밀도$[kg/m^3]$
V : 유속$[m/s]$
D : 직경$[m]$
μ : 점성계수$[kg/m \cdot s]$

- 1poise=1g/cm·sec
- 1kg=1000g
- 1m=100cm

12

덕트의 속도압이 $12 mmH_2O$, 후드의 정압이 $20 mmH_2O$일 때, 후드의 유입계수를 구하시오.

$$SP_h = VP(1+F) = VP\left(1+\frac{1}{C_e^2}-1\right) = VP\left(\frac{1}{C_e^2}\right)$$
$$20 = 12\left(\frac{1}{C_e^2}\right) \Rightarrow \therefore C_e = 0.77$$

여기서,
SP_h : 후드의 정압$[mmH_2O]$
F : 유입손실계수$\left(=\frac{1}{C_e^2}-1\right)$
C_e : 유입계수$\left(=\sqrt{\frac{1}{1+F}}\right)$
VP : 속도압$[mmH_2O]\left(=\frac{\gamma V^2}{2g}\right)$

13

$3000 m^3$인 사무실에 500명의 근로자가 있다. 실내 CO_2 농도를 0.1%으로 유지하려 할 때 시간당 공기교환횟수$[회/hr]$을 구하시오.
(단, 1인당 CO_2 배출량은 흡연을 고려하여 $21 L/hr$로 하고, 외기 CO_2농도는 0.03%이다.)

$$Q = \frac{M}{C_s - C_o} \times 100$$
$$= \frac{21 L/hr \times \left(\frac{1m^3}{1000 L}\right)}{0.1 - 0.03} \times 100$$
$$= 30 m^3/hr \times 500명 = 15000 m^3/hr$$

$$\therefore ACH = \frac{Q}{V} = \frac{15000}{3000} = 5회/hr$$

여기서,
Q : 필요환기량$[m^3/hr]$
M : 이산화탄소 발생량$[m^3/hr]$
C_s : 실내 이산화탄소 기준농도$[\%]$
C_o : 실외 이산화탄소 기준농도$[\%]$
V : 작업장 용적$[m^3]$

- $1m^3 = 1000L$

14

작업대 위에서 용접할 때 흄(fume)을 포집 제거하기 위해 작업면에 고정된 플랜지가 붙은 외부식 사각형 후드를 설치하였다면 다음을 구하시오.
(단, 개구면에서 작업지점까지의 거리는 $0.3m$, 제어속도는 $1m/s$, 후드 개구면의 규격은 $30cm \times 10cm$ 이다.)

(1) 필요 송풍량 $[m^3/\min]$
(2) 플랜지 폭 $[cm]$

(1) 바닥면 위치, 플랜지 부착이므로,
$A = 0.3 \times 0.1 = 0.03 m^2$
$\therefore Q = 0.5 V(10X^2 + A)$
$= 0.5 \times 1 \times (10 \times 0.3^2 + 0.03)$
$= 0.465 m^3/\sec \times \left(\dfrac{60\sec}{1\min}\right) = 27.9 m^3/\min$

(2) $W = \sqrt{A} = \sqrt{30 \times 10} = 17.32 cm$

*필요송풍량(Q)

조건	필요송풍량 공식
① 자유공간 위치, 플랜지 미부착	$Q = V(10X^2 + A)$
② 자유공간 위치, 플랜지 부착	$Q = 0.75 V(10X^2 + A)$
③ 바닥면 위치, 플랜지 미부착	$Q = V(5X^2 + A)$
④ 바닥면 위치, 플랜지 부착	$Q = 0.5 V(10X^2 + A)$

여기서,
Q : 필요송풍량 $[m^3/\min]$
A : 후드의 개구면적 $[m^2]$
V : 제어속도 $[m/\min]$
X : 후드 중심선으로부터 발생원까지의 거리 $[m]$

15

선반을 약품에 담근 후 건조시키는 과정에서 크실렌이 시간당 $3L$ 증발한다면 다음 조건을 고려하여 화재 및 폭발방지를 위한 필요환기량 $[m^3/\min]$을 구하시오.

[조건]
- 작업장 외기온도 21℃
- 작업조건의 사용온도 130℃
- 크실렌 비중 0.88
- 크실렌 폭발하한계 1%
- 크실렌 분자량 106, 안전계수 10

$Q = \dfrac{24.1 \times \dfrac{273+t}{273+21} \times S \times G \times K \times 10^2}{M \times LEL \times B}$

$= \dfrac{24.1 \times \dfrac{273+130}{273+21} \times 0.88 \times 3 \times 10 \times 10^2}{106 \times 1 \times 0.7}$

$= 1175.37 m^3/hr \times \left(\dfrac{1hr}{60\min}\right) = 19.59 m^3/\min$

여기서,
Q : 필요환기량 $[m^3/hr]$
S : 유해물질의 비중
G : 유해물질의 시간당 사용량 $[L/hr]$
K : 안전계수(혼합계수)
M : 유해물질의 분자량
LEL : 폭발하한계 $[\%]$
B : 온도에 따른 상수
　(120℃ 미만 : 1.0, 120℃ 이상 : 0.7)
24.1 : $1atm$, $25℃$에서 공기의 부피 $[L]$
　$\left(온도보정 : 24.1 \times \dfrac{273+t}{273+21}\right)$
　여기서, t : 실제공기의 온도 $[℃]$

- $1hr = 60\min$

16

길이가 $200cm$인 플랜지 부착 슬롯형 후드가 바닥에 설치되어 있다. 포착점까지의 거리가 $30cm$, 제어속도가 $3m/s$일 때 필요 송풍량 $[m^3/\min]$을 구하시오.

플랜지 부착에 우리나라는 ACGIH 기준에 따르므로,
$Q = CLVX$에서,
$\therefore Q = 2.6 \times 2 \times 3 \times 0.3$
$= 4.68 m^3/\sec \times \left(\dfrac{60\sec}{1\min}\right) = 280.8 m^3/\min$

여기서,
Q : 필요송풍량 $[m^3/\min]$
C : 형상계수
V : 제어속도 $[m^3/\min]$
L : 슬롯 개구면의 길이 $[m]$
X : 포집점까지의 거리 $[m]$

조건	형상계수
전원주 (플랜지 미부착)	5.0 (ACGIH 기준 : 3.7)
3/4 원주	4.1
1/2 원주 (플랜지 부착)	2.8 (ACGIH 기준 : 2.6)
1/4 원주	1.6

17

유량은 $0.5 m^3/\sec$이고 원형 확대관에서 확대 전 직경(d_1)은 $300mm$, 확대 후 직경(d_2)은 $400mm$, 확대 전 정압은 $-21.5 mmH_2O$일 때 확대 후 정압$[mmH_2O]$을 구하시오.
(단, 압력손실계수는 0.81이다.)

$V_1 = \dfrac{Q}{A_1} = \dfrac{Q}{\dfrac{\pi d_1^2}{4}} = \dfrac{0.5}{\dfrac{\pi \times 0.3^2}{4}} = 7.07 m/\sec$

$VP_1 = \left(\dfrac{V_1}{4.043}\right)^2 = \left(\dfrac{7.07}{4.043}\right)^2 = 3.06 mmH_2O$

$V_2 = \dfrac{Q}{A_2} = \dfrac{Q}{\dfrac{\pi d_2^2}{4}} = \dfrac{0.5}{\dfrac{\pi \times 0.4^2}{4}} = 3.98 m/\sec$

$VP_2 = \left(\dfrac{V_2}{4.043}\right)^2 = \left(\dfrac{3.98}{4.043}\right)^2 = 0.97 mmH_2O$

$R = 1 - \xi = 1 - 0.81 = 0.19$
$SP_2 - SP_1 = R(VP_1 - VP_2)$
$\therefore SP_2 = SP_1 + R(VP_1 - VP_2)$
$= -21.5 + 0.19(3.06 - 0.97) = -21.1 mmH_2O$

$SP_2 - SP_1 = (VP_1 - VP_2) - \Delta P$
$= (VP_1 - VP_2) - [\xi(VP_1 - VP_2)]$
$= (1 - \xi)(VP_1 - VP_2)$
$= R(VP_1 - VP_2)$

여기서,
ΔP : 압력손실 $[mmH_2O]$
SP_1 : 확대 전 정압 $[mmH_2O]$
SP_2 : 확대 후 정압 $[mmH_2O]$
VP_1 : 확대 전 속도압 $[mmH_2O]$
VP_2 : 확대 후 속도압 $[mmH_2O]$
ξ : 압력손실계수 $(\xi = 1 - R)$
R : 정압회복계수

18

현재 총 흡음량이 $1500 sabin$인 정육면체 공간의 각 벽면과 천장에 $500 sabin$의 흡음재를 부가적으로 부착하였을 때 실내소음 저감량$[dB]$을 구하시오.

정육면체 공간에서,
천장 $500 sabin$, 벽면 $500 \times 4 = 2000 sabin$
$A_\alpha = 500 + 2000 = 2500 sabin$

$$\therefore NR = SPL_1 - SPL_2 = 10\log\left(\frac{A_2}{A_1}\right) = 10\log\left(\frac{A_1 + A_\alpha}{A_1}\right)$$
$$= 10\log\left(\frac{1500 + 2500}{1500}\right) = 4.26 dB$$

여기서,
NR : 감음량$[dB]$
SPL_1, SPL_2 : 실내면에 대한 흡음대책 전후 실내 음압레벨$[dB]$
A_1, A_2 : 실내면에 대한 흡음대책 전후 실내 흡음력$[m^2, sabin]$
A_α : 실내면에 대한 흡음대책 전 실내흡음력에 추가된 흡음력$[m^2, sabin]$

19

다음 그림과 같이 두 개의 분지관이 동일 합류점에서 만나 합류관을 이루도록 설계되었을 때 합류점에서 유량의 균형을 유지하기 위하여 필요한 보정된 유량$[m^3/\min]$을 구하시오.

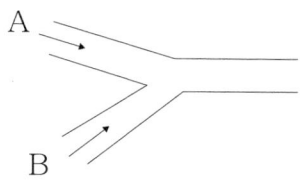

구분	송풍량	정압
A	$150 m^3/\min$	$-17 mmH_2O$
B	$100 m^3/\min$	$-20 mmH_2O$

정압비 $= \dfrac{SP_2}{SP_1} = \dfrac{-20}{-17} = 1.18 < 1.2$이므로, 정압의 절대값이 낮은 쪽의 유량을 보정하여야 한다.

$$\therefore Q_2 = Q_1 \sqrt{\frac{SP_2}{SP_1}} = 150\sqrt{\frac{-20}{-17}} = 162.7 m^3/\min$$

절대값 기준으로 큰 쪽의 정압과 작은 쪽의 정압의 비(정압비)가 1.2 이하인 경우에는 정압이 낮은 쪽의 유량을 증가시켜 압력을 조정하고 정압비가 1.2보다 큰 경우에는 정압이 낮은 쪽을 재설계하여야 한다.

20

다음 표는 톨루엔과 크실렌을 각각 시료에 분석한 결과 표이다. 톨루엔과 크실렌은 상가작용을 하며, 톨루엔($TLV=50ppm$)의 분자량은 92이고 크실렌($TLV=100ppm$)의 분자량은 106일 때 각 물음에 답하시오.

시료번호	1	2
톨루엔 분석량	3.2mg	5.4mg
크실렌 분석량	12.3mg	10.7mg
채취시간	08:00~12:00	13:00~17:00
채취유량	0.18L/min	0.18L/min

(1) 톨루엔의 TWA[mg/m^3]
(2) 크실렌의 TWA[mg/m^3]
(3) 노출초과 여부 판정

---

(1) 톨루엔의 TWA

$$mg/m^3 = \frac{(3.2+5.4)mg}{0.18L/\min \times 480\min \times \left(\frac{1m^3}{1000L}\right)}$$
$$= 99.54mg/m^3$$

(2) 크실렌의 TWA

$$mg/m^3 = \frac{(12.3+10.7)mg}{0.18L/\min \times 480\min \times \left(\frac{1m^3}{1000L}\right)}$$
$$= 266.2mg/m^3$$

(3) 노출초과 여부 판정

$ppm = mg/m^3 \times \frac{부피}{분자량}$ 공식을 이용하여,

톨루엔 $ppm = 99.54 \times \frac{24.45}{92} = 26.45ppm$

크실렌 $ppm = 266.2 \times \frac{24.45}{106} = 61.4ppm$

$$EI = \frac{C_1}{T_1} + \frac{C_2}{T_2} + \cdots + \frac{C_n}{T_n}$$
$$= \frac{26.45}{50} + \frac{61.4}{100} = 1.14$$

$EI=1.14$이므로, ∴허용기준 초과

여기서,
C : 농도 각각의 측정치
T : 농도 각각의 노출기준

$EI>1$: 허용기준을 초과
$EI<1$: 허용기준을 초과하지 않음

Memo

2022 1회차 산업위생관리기사 실기 필답형 기출문제

01
공기 중 입자상 물질의 여과 매커니즘 중 확산에 영향을 미치는 요소 4가지를 쓰시오.

① 입자 크기
② 입자 농도 차이
③ 섬유 직경
④ 섬유로의 접근속도

02
산소결핍장소(산소 18% 미만) 작업 시 필요한 안면 호흡용 보호구를 2가지 쓰시오.

① 공기호흡기
② 송기마스크

03
다음 용어를 설명하시오.

(1) 플랜지
(2) 차폐막(배플)
(3) 슬롯
(4) 충만실(플래넘)
(5) 개구면 속도

(1) 후드 뒤쪽의 공기를 차단하기 위해 후드에 직각으로 붙인 판
(2) 실린더 주위에 공기의 흐름을 안내하는 장치
(3) 가로세로 비가 0.2 이하로 세로가 좁고 가로가 긴 형태의 후드
(4) 후드 뒷부분에 위치하여 압력과 공기흐름을 균일하게 형성하는데 필요한 장치
(5) 후드 개구면에서 측정한 기류 속도

04
전체환기 적용조건 5가지를 쓰시오.

① 발생원이 이동성인 경우
② 유해물질이 증기나 가스인 경우
③ 유해물질의 발생량이 적은 경우
④ 유해물질의 독성이 비교적 낮은 경우
⑤ 유해물질이 시간에 따라 균일하게 발생될 경우
⑥ 국소배기가 불가능한 경우

05
인체와 환경 사이의 열평형 방정식을 쓰고, 각 요소를 설명하시오.

$$\triangle S = M \pm C \pm R - E$$

$\triangle S$: 생체 열용량 변화
M : 작업대사량
C : 대류에 의한 열교환
R : 복사에 의한 열교환
E : 증발에 의한 열교환

06

다음 혼합물의 화학적 상호작용을 설명하고, 작업장에서 적용하는 예시를 각각 쓰시오.

(1) 상가작용
(2) 상승작용
(3) 길항작용
(4) 독립작용

> (1) 상가작용
> 두 유해인자의 독성합만큼 독성 결과를 나타내는 작용 : 일반적인 화학물질
> (2) 상승작용
> 두 유해인자의 독성합보다 결과가 커짐을 나타내는 작용 : 에탄올과 사염화탄소
> (3) 길항작용
> 두 유해인자가 서로 작용을 방해하는 것
> : 페노바비탈과 디란틴
> (4) 독립작용
> 두 유해인자가 서로 다른 조직 또는 기관에 영향을 미치는 작용 : 톨루엔과 황산

*혼합물의 화학적 상호작용

작용	설명
상가작용	두 유해인자의 독성합만큼 독성 결과를 나타내는 작용(3+3=6) ex) 일반적인 화학물질
상승작용	두 유해인자의 독성합보다 결과가 커짐을 나타내는 작용(3+3=20) ex) 에탄올과 사염화탄소 등
길항작용	두 유해인자가 서로의 작용을 방해하는 것(3+3=0) ex) 페노바비탈과 디란틴 등 - 길항작용의 종류 ① 배분적 길항작용 물질의 흡수 및 대사 등에 변화를 일으켜 독성이 낮아진다. ② 화학적 길항작용 화학적인 상호반응에 의해 독성이 낮아진다. ③ 기능적 길항작용 생체 내 서로 반대되는 기능을 가져 독성이 낮아진다. ④ 수용적 길항작용 두 화학물질이 같은 수용체에 결합하여 독성이 낮아진다.
독립작용	두 유해인자가 서로 다른 조직 또는 기관에 영향을 미치는 작용 ex) 톨루엔과 황산, 납과 황산, 질산과 카드뮴 등
가승작용	독성이 없는 물질을 독성이 있는 물질과 혼합하면 독성이 강해지는 작용 (3+0=10) ex) 이소프로필알코올과 사염화탄소 등

07

집진장치(제진장치)의 종류를 원리에 따라 5가지 쓰시오.

> ① 중력집진장치
> ② 전기집진장치
> ③ 여과집진장치
> ④ 관성력집진장치
> ⑤ 원심력집진장치

08

고온순화(고온순응) 매커니즘 4가지를 쓰시오.

① 열생산 감소
② 열방산능력 증가
③ 더위에 대한 내성 증가
④ 체온조절 기전의 항진

09

다음 보기는 사무실 공기관리 지침에 관한 내용일 때 빈칸을 채우시오.

[보기]
- 사무실 환기횟수는 시간당 (①)회 이상으로 한다.
- 공기의 측정시료는 사무실 내에서 공기질이 가장 나쁠 것으로 예상되는 (②)곳 이상에서 채취하고 측정은 사무실 바닥으로부터 0.9m~1.5m 높이에서 한다.
- 일산화탄소 측정 시 시료 채취시간은 업무 시작 후 1시간 전후 및 종료 전 1시간 전후 각각 (③)분간 측정한다.

① 4   ② 2   ③ 10

10

오염원과 후드와의 거리가 $0.5m$, 제어속도가 $0.5m/s$, 후드 개구부 면적 $0.9m^2$인 외부식 후드가 있을 때 오염원과 후드와의 거리가 $1m$로 변화할 때 필요송풍량은 몇 배로 증가하는가?

자유공간 위치, 플랜지 미부착이므로,
$Q_1 = V(10X^2 + A) = 0.5(10 \times 0.5^2 + 0.9) = 1.7 m^3/s$
$Q_2 = V(10X^2 + A) = 0.5(10 \times 1^2 + 0.9) = 5.45 m^3/s$
$\therefore \dfrac{Q_2}{Q_1} = \dfrac{5.45}{1.7} = 3.21$배 증가

*필요송풍량(Q)

조건	필요송풍량 공식
① 자유공간 위치, 플랜지 미부착	$Q = V(10X^2 + A)$
② 자유공간 위치, 플랜지 부착	$Q = 0.75 V(10X^2 + A)$
③ 바닥면 위치, 플랜지 미부착	$Q = V(5X^2 + A)$
④ 바닥면 위치, 플랜지 부착	$Q = 0.5 V(10X^2 + A)$

여기서,
Q : 필요송풍량 $[m^3/min]$
A : 후드의 개구면적 $[m^2]$
V : 제어속도 $[m/min]$
X : 후드 중심선으로부터 발생원까지의 거리 $[m]$

11

오후 6시 30분에 측정한 사무실 내 이산화탄소의 농도는 $1500ppm$, 사무실이 빈 상태로 2시간 30분이 경과한 오후 9시에 측정한 이산화탄소 농도는 $500ppm$이었다. 이 사무실의 시간당 공기교환횟수(ACH)$[회/hr]$를 구하시오.
(단, 외부공기 중의 이산화탄소의 농도는 $330ppm$이다.)

$ACH = \dfrac{\ln(C_1 - C_0) - \ln(C_2 - C_0)}{t}$
$= \dfrac{\ln(1500 - 330) - \ln(500 - 330)}{2.5} = 0.77$회/$hr$

여기서,
ACH : 시간당 공기교환 횟수$[회/hr]$
C_1 : 측정 초기 농도
C_2 : 시간 경과 후 CO_2 농도
C_0 : 외부 CO_2 농도
t : 경과된 시간$[hr]$

12

송풍기의 흡입 정압은 $60mmH_2O$이고 배출 정압은 $20mmH_2O$, 송풍기 입구의 평균유속이 $20m/s$일 때 송풍기 정압$[mmH_2O]$을 구하시오.

$$VP_{in} = \left(\frac{V}{4.043}\right)^2 = \left(\frac{20}{4.043}\right)^2 = 24.47mmH_2O$$

$$\therefore FSP = (SP_{out} - SP_{in}) - VP_{in}$$
$$= (20-60) - 24.47 = -64.47mmH_2O$$

송풍기 정압(FSP)
$$FSP = FTP - VP_{out}$$
$$= (SP_{out} - SP_{in}) + (VP_{out} - VP_{in}) - VP_{out}$$
$$= (SP_{out} - SP_{in}) - VP_{in}$$
$$= SP_{out} - TP_{in}$$

여기서,
FSP : 송풍기 정압$[mmH_2O]$
FTP : 송풍기 전압$[mmH_2O]$
TP_{out} : 배출구 전압$[mmH_2O]$
TP_{in} : 흡입구 전압$[mmH_2O]$
SP_{out} : 배출구 정압$[mmH_2O]$
SP_{in} : 흡입구 정압$[mmH_2O]$
VP_{out} : 배출구 속도압$[mmH_2O]$
VP_{in} : 흡입구 속도압$[mmH_2O]$

• 문제에서 별다른 조건없다면 표준공기로 가정한다.
$$VP = \left(\frac{V}{4.043}\right)^2$$

13

$50℃$에서 $100m^3/\min$으로 흐르는 이상기체의 온도를 $5℃$로 낮추었을 때 유량$[m^3/\min]$을 구하시오.

보일-샤를의 법칙 : $\dfrac{P_1 V_1}{T_1} = \dfrac{P_2 V_2}{T_2}$

압력에 대한 언급이 없으니 동일하다고 보고,

$Q(유량) = \dfrac{V(부피)}{t(시간)}$ 에 의하여 유량(Q)은 부피(V)에 비례하므로 식을 나타내면,

$\dfrac{Q_1}{T_1} = \dfrac{Q_2}{T_2}$

$\therefore Q_2 = \dfrac{Q_1 T_2}{T_1} = \dfrac{100 \times (273+5)}{(273+50)} = 86.07 m^3/\min$

• 절대온도$(K) = 273 + $섭씨온도$(℃)$

14

작업에서 상방흡인형의 외부식 캐노피 후드의 설치를 설치하려 한다. 후드의 크기는 $2m \times 1.4m$이고, 개구면에서 배출원 사이의 높이는 $0.5m$이고, 제어속도가 $0.4m/\sec$일 때 필요송풍량$[m^3/\min]$을 구하시오.
(단, Della Vella식을 사용하시오.)

$H/L = \dfrac{0.5}{2} = 0.25$

$H/L \leq 0.3$인 외부형 캐노피 후드의 Q값 공식은,

$P = 2(L+W) = 2(2+1.4) = 6.8m$

$\therefore Q = 1.4PHV$
$= 1.4 \times 6.8 \times 0.5 \times 0.4 = 1.9m^3/\sec \times \left(\dfrac{60\sec}{1\min}\right)$
$= 114 m^3/\min$

여기서,
Q : 필요송풍량$[m^3/\min]$
H : 개구면에서 배출원 사이의 높이$[m]$
V : 제어속도$[m^3/\min]$
P : 캐노피 둘레길이$[m]$ → $P = 2(L+W)$
L : 캐노피 장변$[m]$
W : 캐노피 직경(단변)$[m]$

15

90° 곡관의 곡률반경비가 2.5일 때 압력손실계수는 0.22이고, 속도압이 $15mmH_2O$일 때 압력손실 $[mmH_2O]$을 구하시오.

$$\triangle P = \left(\xi \times \frac{\theta}{90}\right)VP = \left(0.22 \times \frac{90}{90}\right) \times 15 = 3.3mmH_2O$$

여기서,
ξ : 압력손실계수($\xi = 1-R$)　　R : 정압회복계수
θ : 곡관의 각도[°]
VP : 속도압$[mmH_2O]$

16

덕트 직경이 $20cm$이고 덕트 내 공기의 유속이 $20m/s$일 때 20℃인 관 내에서 레이놀즈 수를 구하시오.
(단, 공기의 점성계수 $1.8 \times 10^{-5} kg/m \cdot \sec$, 공기의 밀도 $1.2kg/m^3$이다.)

$$Re = \frac{\rho VD}{\mu} = \frac{1.2 \times 20 \times 0.2}{1.8 \times 10^{-5}} = 266666.67$$

여기서,
Re : 레이놀즈 수
ρ : 유체 밀도$[kg/m^3]$
V : 유속$[m/s]$
D : 직경$[m]$
μ : 점성계수$[kg/m \cdot s]$

17

작업장에서 에어로졸을 채취하였는데, 채취 전과 후의 여과지의 무게가 각각 $0.4230mg$, $0.6721mg$이고 공시료 여과지의 무게가 사용 전과 후 각각 $0.3988mg$, $0.3979mg$이고 $8:25 \sim 11:55$까지 $1.98L/\min$의 유량으로 측정하였을 때 질량농도$[mg/m^3]$를 구하시오.

$$C = \frac{(W'-W)-(B'-B)}{V}$$
$$= \frac{(0.6721-0.4230)mg - (0.3979-0.3988)mg}{1.98L/\min \times 210\min \times \left(\frac{1m^3}{1000L}\right)}$$
$$= 0.6mg/m^3$$

여기서,
C : 농도$[mg/m^3]$
W' : 시료채취 후 여과지 무게$[mg]$
W : 시료채취 전 여과지 무게$[mg]$
B' : 시료채취 후 공시료 평균무게$[mg]$
B : 시료채취 전 공시료 평균무게$[mg]$
V : 공기채취량$[m^3]$
　(V=펌프유량$[m^3/\min] \times$채취시간$[\min]$)

- 8:25~11:55 = 3hr 30min = 210min
- $1m^3$ = 1000L

18

21℃, 1기압의 어느 작업장에서 MEK을 8시간 동안 $16L$를 공기 중으로 증발할 때, 필요 환기량 $[m^3/\min]$을 구하시오.
(단, MEK의 비중 0.805, 분자량은 72, TLV는 $200ppm$, 안전계수는 6이다.)

$$Q = \frac{24.1 \times S \times G \times K \times 10^6}{M \times TLV}$$
$$= \frac{24.1 \times 0.805 \times \frac{16}{8} \times 6 \times 10^6}{72 \times 200}$$
$$= 16167.08 m^3/hr \times \left(\frac{1hr}{60\min}\right) = 269.45 m^3/\min$$

여기서,
Q : 전체환기량 $[m^3/hr]$
S : 유해물질의 비중
G : 유해물질의 시간당 사용량 $[L/hr]$
K : 안전계수(혼합계수)
M : 유해물질의 분자량
TLV : 유해물질의 노출기준 $[ppm]$
24.1 : $1atm$, 21℃에서 공기의 부피 $[L]$
$\left(\text{온도보정} : 24.1 \times \frac{273+t}{273+21}\right)$
여기서, t : 실제공기의 온도 $[℃]$

- 1hr=60min

*필요송풍량(Q)

조건	필요송풍량 공식
① 자유공간 위치, 플랜지 미부착	$Q = V(10X^2 + A)$
② 자유공간 위치, 플랜지 부착	$Q = 0.75V(10X^2 + A)$
③ 바닥면 위치, 플랜지 미부착	$Q = V(5X^2 + A)$
④ 바닥면 위치, 플랜지 부착	$Q = 0.5V(10X^2 + A)$

여기서,
Q : 필요송풍량 $[m^3/min]$
A : 후드의 개구면적 $[m^2]$
V : 제어속도 $[m/min]$
X : 후드 중심선으로부터 발생원까지의 거리 $[m]$

19
용접 작업면 위 자유공간에서 플랜지가 부착된 외부식 후드를 작업면 위에 고정시키면 효율은 몇 % 향상되는가?
(단, 후드 개구면 면적 $0.8m^2$, 제어속도 $0.5m/\sec$, 후드 중심선으로부터 발생원까지의 거리를 $30cm$이다.)

자유공간 위치, 플랜지 부착이면,
$Q_1 = 0.75V(10X^2 + A)$

바닥면 위치, 플랜지 부착이면,
$Q_2 = 0.5V(10X^2 + A)$

$\therefore$ 효율 $= \frac{Q_1 - Q_2}{Q_1} \times 100$
$= \frac{0.75 - 0.5}{0.75} \times 100 = 33.33\%$

20
흑구온도는 25℃, 건구온도는 21℃, 자연습구온도는 18℃인 태양광선이 내리쬐지 않는 옥외 작업장의 습구흑구온도지수(WBGT)[℃]를 구하시오.

$WBGT(℃) = 0.7 \times$ 자연습구온도 $+ 0.3 \times$ 흑구온도
$= 0.7 \times 18 + 0.3 \times 25 = 20.1℃$

*습구흑구온도지수(WBGT)
① 태양광선이 내리쬐는 옥외 장소
$WBGT(℃)$
$= 0.7 \times$ 자연습구온도 $+ 0.2 \times$ 흑구온도 $+ 0.1 \times$ 건구온도
② 태양광선이 내리쬐지 않는 옥내 또는 옥외 장소
$WBGT(℃) = 0.7 \times$ 자연습구온도 $+ 0.3 \times$ 흑구온도

2022 2회차 산업위생관리기사 실기 필답형 기출문제

01
공기정화장치 중 여과집진시설의 채취기전(채취원리, 포집원리) 6가지를 쓰시오.

① 직접차단
② 관성충돌
③ 중력침강
④ 확산
⑤ 정전기침강
⑥ 체

02
ACGIH에서 정한 입자상물질의 입자크기별로 3가지로 분류하고 각각 평균입경을 쓰시오.

① 흡입성 입자상 물질(IPM) : $100\mu m$
② 흉곽성 입자상 물질(TPM) : $10\mu m$
③ 호흡성 입자상 물질(RPM) : $4\mu m$

03
작업환경 개선의 공학적 대책 3가지와 각각 방법 2가지를 쓰시오.

(1) 대치
 ① 공정의 변경
 ② 시설의 변경
 ③ 물질의 변경

(2) 격리
 ① 공정의 격리
 ② 시설의 격리
 ③ 저장물질의 격리
 ④ 작업자의 격리

(3) 환기
 ① 자연환기
 ② 국소배기
 ③ 전체환기

04
보건관리자 업무 3가지를 쓰시오.

① 산업보건의의 직무
② 업무수행 내용의 기록·유지
③ 사업장 순회점검·지도 및 조치의 건의

*보건관리자 업무
① 산업안전보건위원회에서 심의·의결한 업무와 안전보건관리규정 및 취업규칙에서 정한 업무
② 안전인증대상 기계·기구등과 자율안전확인대상 기계·기구등 중 보건과 관련된 보호구 구입 시 적격품 선정에 관한 보좌 및 조언·지도
③ 물질안전보건자료의 게시 또는 비치에 관한 보좌 및 조언·지도
④ 위험성평가에 관한 보좌 및 조언·지도
⑤ 산업보건의의 직무
⑥ 해당 사업장 보건교육계획의 수립 및 보건교육 실시에 관한 보좌 및 조언·지도
⑦ 작업장 내에서 사용되는 전체 환기장치 및 국소배기장치 등에 관한 설비의 점검과 작업방법의 공학적 개선에 관한 보좌 및 조언·지도
⑧ 사업장 순회점검·지도 및 조치의 건의
⑨ 산업재해 발생의 원인 조사·분석 및 재발방지를 위한 기술적 보좌 및 조언·지도
⑩ 산업재해에 관한 통계의 유지·관리·분석을 위한 보좌 및 조언·지도
⑪ 법 또는 법에 따른 명령으로 정한 보건에 관한 사항의 이행에 관한 보좌 및 조언·지도
⑫ 업무수행 내용의 기록·유지

05
전체환기시설 설치 시 기본원칙 4가지를 쓰시오.

① 오염물질 사용량을 조사하여 필요환기량을 계산한다.
② 배출공기를 보충하기 위하여 청정공기를 공급한다.
③ 오염물질 배출구는 가능한 오염원에 가까운 곳에 설치하여 점환기 효과를 얻는다.
④ 공기배출구와 근로자의 작업위치 사이에 오염원이 위치해야 한다.

06
후드의 플랜지 부착 시 효과 3가지를 쓰시오.

① 후드 뒤쪽의 공기를 차단한다.
② 압력손실을 50% 정도 절감한다.
③ 필요송풍량 25% 정도 절감한다.
④ 후드 전면에 포집범위를 확대한다.

07
야간 교대작업에 대한 근무수칙 4가지를 쓰시오.

① 작업시간은 하루 8시간, 1주 40시간을 원칙으로 가급적 준수한다.
② 근무시간의 간격은 15~16시간 이상으로 하여야 한다.
③ 3조 3교대 근무나 4조 3교대 근무가 바람직 하다.
④ 교대작업자 특히, 야간작업자는 주간작업자보다 연간 쉬는 날이 더 많아야 한다.
⑤ 근무반 교대방향은 아침반 → 저녁반 → 야간반으로 정방향 순환이 되도록 한다.
⑥ 교대근무에 대한 일주기 리듬의 생리적·심리적 적응은 불완전하므로 생산적 이유 외 교대제는 하지 않는다.
⑦ 야간근무의 연속일수는 2~3일로 한다.
⑧ 야간근무 교대시간은 상오 0시(자정) 이전에 하는 것이 좋다.
⑨ 야간근무시 가면시간은 근무시간에 따라 2~4시간으로 하는 것이 좋다.
⑩ 야간근무시 다음 반으로 가는 간격은 48시간 이상으로 한다.

08

베릴륨, 비소, 납, 석면 등과 같은 독성이 강한 물질들을 함유한 분진 등 발생장소에서 적합한 방진마스크의 등급은 무엇인가?

특급

등급	사용장소
특급	- 베릴륨 등과 같이 독성이 강한 물질들을 함유한 분진 등 발생장소 - 석면 취급장소
1급	- 특급마스크 착용장소를 제외한 분진 등 발생장소 - 금속흄 등과 같이 열적으로 생기는 분진 등 발생장소 - 기계적으로 생기는 분진 등 발생장소
2급	- 특급 및 1급 마스크 착용장소를 제외한 분진 등 발생장소

※ 배기밸브가 없는 안면부여과식 마스크는 특급 및 1급 장소에서 사용해서는 안된다.

09

다음 사업주는 다음 각 호의 어느 하나에 해당하는 경우에 근골격계질환 예방관리 프로그램을 수립하여 시행하여야 할 때 빈칸을 채우시오.

[보기]
- 근골격계질환으로 업무상 질병으로 인정받은 근로자가 연간 (①)명 이상 발생한 사업장 또는 (②)명 이상 발생한 사업장으로서 발생 비율이 그 사업장 근로자 수의 (③)% 이상인 경우
- 근골격계질환 예방과 관련하여 노사 간 이견이 지속되는 사업장으로서 고용노동부장관이 필요하다고 인정하여 근골격계질환 예방관리 프로그램을 수립하여 시행할 것을 명령한 경우

① 10   ② 5   ③ 10

10

작업과 관련된 근골격계 질환 징후와 증상 유무, 설비·작업공정·작업량·작업속도 등 작업장 상황에 따라 사업주는 근로자가 근골격계 부담작업을 하는 경우 몇 년 마다 유해요인 조사를 하여야 하는가?

3년

11

사업주가 위험성 평가의 결과와 조치사항을 기록·보존할 경우 몇 년간 보존하여야 하는가?

3년

12

다음 보기는 단위작업 장소에 대한 내용일 때 빈칸을 채우시오.

[보기]
단위작업 장소에서 최고 노출근로자 (①)명 이상에 대하여 동시에 개인시료채취 방법으로 측정하되, 단위작업 장소에 근로자가 1명인 경우에는 그러하지 아니하며, 동일 작업근로자수가 (②)명을 초과하는 경우에는 매 5명당 1명 이상 추가하여 측정하여야 한다. 다만, 동일 작업 근로자수가 (③)명을 초과하는 경우에는 최대 시료채취 근로자 수를 20명으로 조정할 수 있다.

① 2   ② 10   ③ 100

13

산업안전보건법에서 정하는 작업환경 측정대상 유해인자(분진)의 종류 5가지를 쓰시오.

① 광물성 분진
② 곡물 분진
③ 면 분진
④ 목재 분진
⑤ 석면 분진
⑥ 용접흄
⑦ 유리섬유

14

개인보호구의 구비조건 3가지를 쓰시오.

① 착용이 간편할 것
② 작업에 방해를 주지 않을 것
③ 유해 위험 요소에 대한 방호가 완전할 것
④ 재료의 품질이 우수할 것
⑤ 구조 및 표면 가공이 우수할 것
⑥ 외관상 보기가 좋을 것

15

플라스틱 제조공장에 근무하는 근로자 수는 500명일 때 보건관리자는 몇 명 있어야 하는가?

2명

*고무 및 플라스틱 제품 제조업 외 21종 업무의 사업장 상시근로자 수에 대한 보건관리자의 수
① 50명 이상 500명 미만 : 1명 이상
② 500명 이상 2000명 미만 : 2명 이상
③ 2000명 이상 : 2명 이상

16

단조공정에서 단조로 근처의 온도가 건구온도 35℃, 자연습구온도 30℃, 흑구온도 50℃이었다. 작업은 연속 작업이고 중등도 작업일 때 이 작업장의 실내 WBGT(℃)를 구하고 노출기준 초과 여부를 평가하여라.
(단, 고용노동부 고시 중등작업-연속작업(계속작업)을 꼭 넣어서 WBGT(℃)와 노출기준 초과 여부 평가하시오.)

$$WBGT(℃) = 0.7 \times 자연습구온도 + 0.3 \times 흑구온도$$
$$= 0.7 \times 30 + 0.3 \times 50 = 36℃$$

연속작업(계속작업), 중등작업의 노출기준이 26.7℃이므로 ∴ 노출기준 초과 판정

*고온의 노출기준(ACGIH)   단위 : ℃, WBGT

작업강도 휴식시간비	경작업	중등작업	중작업
계속작업	30.0	26.7	25.0
매시간 75% 작업, 25% 휴식	30.6	28.0	25.9
매시간 50% 작업, 50% 휴식	31.4	29.4	27.9
매시간 25% 작업, 75% 휴식	32.2	31.1	30.0

① 경작업
200kcal까지의 열량이 소요되는 작업을 말하며, 앉아서 또는 서서 기계의 조정을 하기 위하여 손 또는 팔을 가볍게 쓰는 일 등을 뜻함
② 중등작업
시간당 200~350kcal의 열량이 소요되는 작업을 말하며, 물체를 들거나 털면서 걸어다니는 일 등을 뜻함
③ 중작업
시간당 350~500kcal의 열량이 소요되는 작업을 말하며, 곡괭이질 또는 삽질하는 일 등을 뜻함

*습구흑구온도지수(WBGT)
① 태양광선이 내리쬐는 옥외 장소
$WBGT(℃) = 0.7 \times 자연습구온도 + 0.2 \times 흑구온도 + 0.1 \times 건구온도$
② 태양광선이 내리쬐지 않는 옥내 또는 옥외 장소
$WBGT(℃) = 0.7 \times 자연습구온도 + 0.3 \times 흑구온도$

17

직경 $15cm$인 덕트의 유속은 $2m/s$일 때 길이, 폭, 높이가 각각 $5m, 7m, 2m$인 실내의 시간당 공기교환횟수$[회/hr]$를 구하시오.

$$Q = AV_{유속} = \frac{\pi d^2}{4}V_{유속} = \frac{\pi \times 0.15^2}{4} \times 2$$
$$= 0.03534 m^3/s$$

$$\therefore ACH = \frac{Q}{V} = \frac{0.03534 m^3/s \times \left(\frac{3600 sec}{1hr}\right)}{5m \times 7m \times 2m}$$
$$= 1.82회/hr$$

여기서,
Q : 필요환기량$[m^3/hr]$
V : 작업장 용적$[m^3]$
$A\left(=\frac{\pi d^2}{4}\right)$: 개구부의 원형 단면적$[m^2]$
d : 개구부의 직경$[m]$

- 용적(부피)=길이×폭×높이
- 1hr=3600sec

18

현재 총 흡음량이 $1500 sabin$인 작업장의 천장에 흡음물질을 첨가하여 $2000 sabin$을 더할 경우 실내소음 저감량$[dB]$을 구하시오.

$$NR = SPL_1 - SPL_2 = 10\log\left(\frac{A_2}{A_1}\right) = 10\log\left(\frac{A_1 + A_\alpha}{A_1}\right)$$
$$= 10\log\left(\frac{1500 + 2000}{1500}\right) = 3.68 dB$$

여기서,
NR : 감음량$[dB]$
SPL_1, SPL_2 : 실내면에 대한 흡음대책 전후 실내 음압레벨$[dB]$
A_1, A_2 : 실내면에 대한 흡음대책 전후 실내 흡음력$[m^2, sabin]$
A_α : 실내면에 대한 흡음대책 전 실내흡음력에 추가된 흡음력$[m^2, sabin]$

19

$1 atm, 25℃$인 작업장에서 벤젠을 고체흡착관으로 1시 12분부터 4시 54분까지 측정하려 한다. 비누거품미터로 유량을 보정할 때 $50cc$를 통과하는데 시료채취 전에는 16.5초, 시료채취 후에는 16.9초가 걸렸다. 측정된 벤젠을 분석한 결과 활성탄관 앞층에서 $2.0mg$, 뒤층에서 $0.1mg$가 검출되었을 때 공기 중 벤젠의 농도$[ppm]$을 구하시오.

평균 시료채취 시간
$$= \frac{시료채취\ 전\ 시간 + 시료채취\ 후\ 시간}{2}$$
$$= \frac{16.5 + 16.9}{2} = 16.7 sec$$

펌프 유량 $= \frac{통과하는\ 부피}{평균\ 시료채취\ 시간}$
$$= \frac{0.05L}{16.7 sec \times \left(\frac{1min}{60sec}\right)} = 0.18 L/min$$

$mg/m^3 = \frac{(앞층\ 분석량 + 뒤층\ 분석량)}{공기채취량}$
$$= \frac{(2.0 + 0.1)mg}{0.18L/min \times 222min \times \left(\frac{1m^3}{1000L}\right)}$$
$$= 52.55 mg/m^3$$

$$\therefore ppm = mg/m^3 \times \frac{부피}{분자량} = 52.55 \times \frac{24.45}{78}$$
$$= 16.47 ppm$$

- 1L=1000cc → 50cc=0.05L
- 1min=60sec
- 1시 12분 ~ 4시 54분 = 222분
- $1m^3$=1000L
- $1atm, 25℃$의 부피 = 24.45L
- 벤젠(C_6H_6)의 분자량 = $12 \times 6 + 1 \times 6 = 78g$
- C의 원자량 : 12g, H의 원자량 : 1g

20

단위작업 장소에서 소음의 강도가 불규칙적으로 변동하는 소음을 누적소음 노출량측정기로 측정하였다. 작업장에서 210분간 측정한 결과 누적소음 노출량이 40%일 때 시간가중평균 소음수준 $[dB(A)]$을 구하시오.

$$T = 210\min \times \left(\frac{1hr}{60\min}\right) = 3.5hr$$

$$\therefore TWA = 16.61\log\left(\frac{D}{12.5T}\right) + 90$$
$$= 16.61\log\frac{40}{12.5 \times 3.5} + 90 = 89.35 dB(A)$$

여기서,
TWA : 시간가중평균 소음수준$[dB(A)]$
D : 누적소음노출량$[\%]$
100 : 8시간 기준 노출시간/일$(= 12.5T)$
T : 측정 시간$[hr]$

2022 3회차 산업위생관리기사 실기 필답형 기출문제

01
다음 보기는 적정공기에 대한 내용일 때 빈칸을 채우시오.

[보기]
적정공기란, 공기 중 산소가 (①)% 이상 (②)% 미만 수준이며, 탄산가스는 (③)% 미만, 황화수소는 (④)ppm 미만, 일산화탄소 농도가 (⑤)ppm 미만인 수준의 공기를 말한다.
또한 산소결핍은 산소농도가 (⑥)% 미만인 상태를 말한다.

① 18 ② 23.5 ③ 1.5 ④ 10 ⑤ 30 ⑥ 18

02
다음 물음에 알맞은 그림을 바르게 연결하시오.

[보기]
① 급성독성물질 경고
② 부식성물질 경고
③ 호흡기 과민성 물질 경고
④ 자극성, 과민성 물질 경고

① - ㉢
② - ㉠
③ - ㉣
④ - ㉡

*경고표지

03

사업주는 석면의 제조·사용 작업에 근로자를 종사하도록 하는 경우에 석면분진의 발산과 근로자의 오염을 방지하기 위한 작업수칙 3가지를 쓰시오.

① 진공청소기 등을 이용한 작업장 바닥의 청소방법
② 작업자의 왕래와 외부기류 또는 기계진동 등에 의하여 분진이 흩날리는 것을 방지하기 위한 조치
③ 분진이 쌓일 염려가 있는 깔개 등을 작업장 바닥에 방치하는 행위를 방지하기 위한 조치
④ 분진이 확산되거나 작업자가 분진에 노출될 위험이 있는 경우에는 선풍기 사용 금지
⑤ 용기에 석면을 넣거나 꺼내는 작업
⑥ 석면을 담은 용기의 운반
⑦ 여과집진방식 집진장치의 여과재 교환
⑧ 해당 작업에 사용된 용기 등의 처리
⑨ 이상사태가 발생한 경우의 응급조치
⑩ 보호구의 사용·점검·보관 및 청소

04

산업안전보건법령상 보건관리자의 자격 3가지를 쓰시오.

① 산업보건지도사
② 의사
③ 간호사
④ 산업위생관리산업기사 또는 대기환경산업기사 이상의 자격을 취득한 사람
⑤ 인간공학기사 이상의 자격을 취득한 사람
⑥ 전문대학 이상의 학교에서 산업보건 또는 산업위생 분야의 학위를 취득한 사람

05

야간근로자 생리적 변화 3가지를 쓰시오.

① 체중의 감소가 발생한다.
② 체온이 주간보다 내려간다.
③ 주간 근무에 비하여 피로를 쉽게 느낀다.
④ 수면 부족 및 식사시간의 불규칙으로 위장 장애를 유발한다.

06

2차 표준기구의 종류 5가지를 쓰시오.

① 로터미터
② 습식 테스터미터
③ 건식 가스미터
④ 오리피스미터
⑤ 열선기류계

*표준기구의 종류

1차 표준기구	2차 표준기구
① 비누거품미터	① 로터미터
② 폐활량계	② 습식 테스터미터
③ 가스치환병	③ 건식 가스미터
④ 유리피스톤미터	④ 오리피스미터
⑤ 흑연피스톤미터	⑤ 열선기류계
⑥ 피토관(피토튜브)	

07

다음 보기는 국소배기시설에 대한 내용일 때 잘못된 내용을 모두 고르고 옳게 설명하시오.

[보기]
① 후드는 가능한 오염물질 발생원에 가까이 설치한다.
② 필요환기량을 최대화하여야 한다.
③ 후드는 가급적이면 공정을 많이 포위한다.
④ 후드 개구면에서 기류가 균일하게 분포되도록 설계한다.
⑤ 후드는 작업자의 호흡 영역을 유해물질로부터 보호해야 한다.
⑥ 덕트는 후드보다 두꺼운 재질로 선택한다.
⑦ 후드 개구면적은 완전한 흡입의 조건하에 가능한 크게 한다.

② 필요환기량을 최소화하여야 한다.
⑥ 덕트는 후드보다 가벼운 재질로 선택한다.
⑦ 후드 개구면적은 완전한 흡입의 조건하에 가능한 작게 한다.

08

다음 축류형 송풍기의 종류 3가지인 프로펠러형(Propeller), 튜브형(Tube Axial), 고정날개(Vane Axial)형의 특징을 설명하시오.

① 프로펠러형
효율이 25~50%이며, 압력손실이 25mmH₂O 이내로 약하여 전체환기에 적합하고, 설치비용이 저렴하다.

② 튜브형
효율이 30~60%이며, 압력손실이 75mmH₂O 이내로 송풍관이 붙은 형태이며 모터를 덕트 외부에 부착시킬 수 있는 형태이다.

③ 베인형(고정날개형)
효율이 25~50%이며, 압력손실이 100mmH₂O 이내로 저풍압, 다풍량에 적합하다.

09

소음노출 평가, 소음노출 기준 초과에 따른 공학적 대책, 청력보호구의 지급과 착용, 소음의 유해성과 예방에 관한 교육, 정기적 청력검사, 기록·관리 사항 등이 포함된 소음성 난청을 예방·관리하기 위한 종합적인 계획의 명칭을 쓰시오.

청력보존 프로그램

10

여과지 선정 시 구비조건(고려사항) 5가지를 쓰시오.

① 흡습률이 낮을 것
② 압력손실이 적을 것
③ 분석 시 방해되는 불순물이 없을 것
④ 가볍고 1매당 무게의 불균형이 적을 것
⑤ 접거나 구부리더라도 파손되지 않고 찢어지지 않을 것
⑥ 포집효율이 높을 것

11

다음 혼합물의 화학적 상호작용을 설명하고, 작업장에서 적용하는 예시를 각각 쓰시오.

(1) 상가작용
(2) 잠재작용(가승작용)
(3) 길항작용

(1) 상가작용
두 유해인자의 독성합만큼 독성 결과를 나타내는 작용 : 일반적인 화학물질

(2) 잠재작용(가승작용)
독성이 없는 물질을 독성이 있는 물질과 혼합하면 독성이 강해지는 작용
: 이소프로필알코올과 사염화탄소

(3) 길항작용
두 유해인자가 서로 작용을 방해하는 것
: 페노바비탈과 디란틴

*혼합물의 화학적 상호작용

작용	설명
상가작용	두 유해인자의 독성합만큼 독성 결과를 나타내는 작용(3+3=6) ex) 일반적인 화학물질
상승작용	두 유해인자의 독성합보다 결과가 커짐을 나타내는 작용(3+3=20) ex) 에탄올과 사염화탄소 등
길항작용	두 유해인자가 서로의 작용을 방해하는 것(3+3=0) ex) 페노바비탈과 디란틴 등 - 길항작용의 종류 ① 배분적 길항작용 물질의 흡수 및 대사 등에 변화를 일으켜 독성이 낮아진다. ② 화학적 길항작용 화학적인 상호반응에 의해 독성이 낮아진다. ③ 기능적 길항작용 생체 내 서로 반대되는 기능을 가져 독성이 낮아진다. ④ 수용적 길항작용 두 화학물질이 같은 수용체에 결합하여 독성이 낮아진다.
독립작용	두 유해인자가 서로 다른 조직 또는 기관에 영향을 미치는 작용 ex) 톨루엔과 황산, 납과 황산, 질산과 카드뮴 등
가승작용	독성이 없는 물질을 독성이 있는 물질과 혼합하면 독성이 강해지는 작용 (3+0=10) ex) 이소프로필알코올과 사염화탄소 등

12

실효온도의 정의를 쓰고, 습구흑구온도지수를 옥외와 옥내로 구분하여 계산방법을 서술하시오.

① 실효온도
온도, 습도, 기류가 인체에 미치는 열적효과를 나타내는 수치

② 옥외 장소
$WBGT(℃)$
$= 0.7 \times 자연습구온도 + 0.2 \times 흑구온도 + 0.1 \times 건구온도$

③ 옥내 장소
$WBGT(℃) = 0.7 \times 자연습구온도 + 0.3 \times 흑구온도$

13

위험성 평가 내용 3가지와 사업주가 위험성 평가의 결과와 조치사항을 기록·보존할 경우 몇 년간 보존하여야 하는지 쓰시오.

(1) 위험성 평가 내용
① 유해·위험요인 파악
② 유해·위험요인의 감소대책 수립
③ 유해·위험요인에 의한 부상 또는 질병의 발생 가능성과 중대성을 추정 및 결정

(2) 보존 기간 : 3년

14

다음 보기의 보호구 종류를 참고하여 각 작업에 대한 알맞은 보호구를 각각 고르시오.

[보기]
방한복, 방열복, 방진마스크, 보안면, 절연용 보호구

(1) 용접작업
(2) 전기작업
(3) 고열작업
(4) 방진작업
(5) 한랭작업

(1) 보안면
(2) 절연용 보호구
(3) 방열복
(4) 방진마스크
(5) 방한복

15

다음 표는 특수건강진단의 시기 및 주기에 관한 내용일 때 빈칸을 채우시오.

대상 유해인자	시기 (배치 후 첫 번째 특수 건강진단)	주기
N,N-디메틸아세트아미드 디메틸포름아미드	(①)개월 이내	6개월
벤젠	2개월 이내	(②)
1,1,2,2-테트라클로로에탄 사염화탄소 아크릴로니트릴 염화비닐	3개월 이내	6개월
석면, 면 분진	(③)개월 이내	12개월
광물성 분진 목재 분진 소음 및 충격소음	12개월 이내	24개월
위의 대상 유해인자를 제외한 모든 특수건강진단 대상 유해인자	6개월 이내	12개월

① 1   ② 6   ③ 12

16

사무실 공기질 측정시기 횟수 및 시료채취시간은 다음 표를 따를 때 빈칸을 채우시오.

오염물질	측정횟수 (측정시기)	시료채취시간
초미세먼지 (PM2.5)	연 (①)회 이상	업무시간 동안 (6시간 이상 연속 측정)
이산화탄소 (CO_2)	연 1회 이상	업무시작 후 2시간 전후 및 종료 전 2시간 전후 (각각 (②)분간 측정)

① 1　　② 10

오염물질	측정횟수 (측정시기)	시료채취시간
미세먼지 (PM10)	연 1회 이상	업무시간 동안 (6시간 이상 연속 측정)
초미세먼지 (PM2.5)	연 1회 이상	업무시간 동안 (6시간 이상 연속 측정)
이산화탄소 (CO_2)	연 1회 이상	업무시작 후 2시간 전후 및 종료 전 2시간 전후 (각각 10분간 측정)
일산화탄소 (CO)	연 1회 이상	업무시작 후 1시간 전후 및 종료 전 1시간 전후 (각각 10분간 측정)
이산화질소 (NO_2)	연 1회 이상	업무시작 후 1시간 ~ 종료 1시간 전 (1시간 측정)
포름알데히드 (HCHO)	연 1회 이상 및 신축(대수선 포함) 건물 입주 전	업무시작 후 1시간 ~ 종료 1시간 전 (30분간 2회 측정)
총휘발성 유기화합물 (TVOC)	연 1회 이상 및 신축(대수선 포함) 건물 입주 전	업무시작 후 1시간 ~ 종료 1시간 전 (30분간 2회 측정)
라돈	연 1회 이상	3일 이상 ~ 3개월 이내 연속 측정
총부유세균	연 1회 이상	업무시작 후 1시간 ~ 종료 1시간 전 (최고 실내온도에서 1회 측정)
곰팡이	연 1회 이상	업무시작 후 1시간 ~ 종료 1시간 전 (최고 실내온도에서 1회 측정)

17

덕트 직경이 $20cm$이고 공기의 유속이 $25m/\sec$일 때, 레이놀즈수(Reynold)를 구하시오. (단, 공기의 밀도는 $1.2kg/m^3$, 공기의 동점성계수는 $1.85\times10^{-5}m^2/s$이다.)

$$Re = \frac{\rho VD}{\mu} = \frac{VD}{\nu} = \frac{25\times0.2}{1.85\times10^{-5}} = 270270.27$$

여기서,
Re : 레이놀즈 수
ρ : 유체 밀도$[kg/m^3]$
ν : 유체 동점성계수$[m^2/s]$
V : 유속$[m/s]$
D : 직경$[m]$
μ : 점성계수$[kg/m\cdot s]$

18

공기 중 벤젠 $0.25ppm$(TLV : $0.5ppm$), 톨루엔 $25ppm$(TLV : $50ppm$), 크실렌 $60ppm$(TLV : $100ppm$)의 혼합물이 서로 상가작용할 때 다음을 구하시오.

(1) 허용농도 초과여부
(2) 혼합공기 허용농도$[ppm]$

(1) $EI = \dfrac{C_1}{T_1} + \dfrac{C_2}{T_2} + \cdots + \dfrac{C_n}{T_n}$

$= \dfrac{0.25}{0.5} + \dfrac{25}{50} + \dfrac{60}{100} = 1.6$

1을 초과하였으므로 　∴노출기준을 초과

여기서,
C: 화학물질 각각의 측정치
T: 화학물질 각각의 노출기준

$EI > 1$: 노출기준을 초과
$EI < 1$: 노출기준을 초과하지 않음

(2) 혼합물의 $TLV-TWA$
$= \dfrac{C_1 + C_2 + \cdots + C_n}{EI}$
$= \dfrac{0.25 + 25 + 60}{1.6} = 53.28ppm$

19

자유공간에서 직경 $20cm$ 후드가 직경 $30cm$ 원형덕트에 연결되었을 때 다음을 구하시오.

(1) 플랜지 폭$[cm]$
(2) 플랜지가 없는 경우에 비하여 플랜지가 있는 경우 송풍량이 몇 % 감소되는지 쓰시오.

(1) $A = \dfrac{\pi D^2}{4} = \dfrac{\pi \times 20^2}{4} = 314.16 cm^2$
$\therefore W = \sqrt{A} = \sqrt{314.16} = 17.72 cm$

(2) 자유공간 위치, 플랜지 미부착
 : $Q_1 = V(10X^2 + A)$

자유공간 위치, 플랜지 부착
 : $Q_2 = 0.75 V(10X^2 + A)$

$\therefore 절감효율 = \dfrac{Q_1 - Q_2}{Q_1} \times 100$
$= \dfrac{1 - 0.75}{1} \times 100 = 25\%$

*필요송풍량(Q)

조건	필요송풍량 공식
① 자유공간 위치, 플랜지 미부착	$Q = V(10X^2 + A)$
② 자유공간 위치, 플랜지 부착	$Q = 0.75 V(10X^2 + A)$
③ 바닥면 위치, 플랜지 미부착	$Q = V(5X^2 + A)$
④ 바닥면 위치, 플랜지 부착	$Q = 0.5 V(10X^2 + A)$

여기서,
Q : 필요송풍량$[m^3/min]$
A : 후드의 개구면적$[m^2]$
V : 제어속도$[m/min]$
X : 후드 중심선으로부터 발생원까지의 거리$[m]$

20

RMR이 8인 격심한 작업을 하는 근로자의 실동률 $[\%]$과 계속작업의 한계시간$[분]$을 구하시오.
(단, 실동률은 사이또 오시마식을 적용한다.)

① 실동률 $= 85 - (5 \times RMR) = 85 - (5 \times 8) = 45\%$

② $\log CMT = 3.724 - 3.25 \log RMR$
$= 3.724 - 3.25 \log 8 = 0.789$
$\therefore CMT = 10^{0.789} = 6.15$분

Memo

2023 1회차 산업위생관리기사 실기 필답형 기출문제

01

다음 보기를 참고하여 산업안전보건법령상 건강진단에 관한 사업주의 의무로 올바른 것을 기호로 모두 쓰시오.

[보기]
ㄱ. 사업주는 건강진단을 실시하는 경우 근로자대표가 요구하면 근로자대표를 참석시켜야 한다.
ㄴ. 사업주는 산업안전보건위원회 또는 근로자대표가 요구할 때에는 직접 또는 건강진단을 한 건강진단기관에 건강진단 결과에 대하여 설명하도록 하여야 한다. 다만, 개별 근로자의 건강진단 결과는 본인의 동의 없이 공개해서는 아니 된다.
ㄷ. 사업주는 건강진단의 결과 근로자의 건강을 유지하기 위하여 필요하다고 인정할 때에는 작업장소 변경, 작업 전환, 근로시간 단축 등 고용노동부령으로 정하는 바에 따라 적절한 조치를 하여야 한다.
ㄹ. 적절한 조치를 하여야 하는 사업주로서 고용노동부령으로 정하는 사업주는 그 조치 결과를 고용노동부령으로 정하는 바에 따라 고용노동부장관에게 제출하여야 한다.

④ 사업주는 건강진단의 결과 근로자의 건강을 유지하기 위하여 필요하다고 인정할 때에는 작업장소 변경, 작업 전환, 근로시간 단축, 야간근로(오후 10시부터 다음 날 오전 6시까지 사이의 근로를 말한다)의 제한, 작업환경측정 또는 시설·설비의 설치·개선 등 고용노동부령으로 정하는 바에 따라 적절한 조치를 하여야 한다.
⑤ 제4항에 따라 적절한 조치를 하여야 하는 사업주로서 고용노동부령으로 정하는 사업주는 그 조치 결과를 고용노동부령으로 정하는 바에 따라 고용노동부장관에게 제출하여야 한다.

ㄱ, ㄴ, ㄷ, ㄹ

*건강진단에 관한 사업주의 의무
① 사업주는 건강진단을 실시하는 경우 근로자대표가 요구하면 근로자대표를 참석시켜야 한다.
② 사업주는 산업안전보건위원회 또는 근로자대표가 요구할 때에는 직접 또는 건강진단을 한 건강진단기관에 건강진단 결과에 대하여 설명하도록 하여야 한다. 다만, 개별 근로자의 건강진단 결과는 본인의 동의 없이 공개해서는 아니 된다.
③ 사업주는 건강진단의 결과를 근로자의 건강 보호 및 유지 외의 목적으로 사용해서는 아니 된다.

02

근골격계 질환 작업자 특성요인 2가지와 작업 특성요인 2가지를 쓰시오.

(1) 작업자 특성요인
① 연령
② 성별
③ 작업습관이 부적절한 경우
④ 규칙적인 운동을 하지 않는 경우
⑤ 사고 경력, 근골격계 질환과 관련된 유사 질병을 가지고 있는 경우

(2) 작업 특성요인
① 반복적인 동작
② 부적절한 작업자세
③ 무리한 힘의 사용
④ 날카로운 면과의 신체접촉
⑤ 진동 및 온도

03

산업안전보건법상 근골격계 부담작업을 하는 경우 근로자에게 주지해야 하는 유해성 3가지를 쓰시오.

① 근골격계부담작업의 유해요인
② 근골격계질환의 징후와 증상
③ 근골격계질환 발생 시의 대처요령
④ 올바른 작업자세와 작업도구, 작업시설의 올바른 사용방법

04

사업주는 건설물, 기계·기구·설비, 원재료, 가스 증기, 분진, 근로자의 작업행동 또는 그 밖의 업무로 인한 유해·위험 요인을 찾아내어 부상 및 질병으로 이어질 수 있는 위험성의 크기가 허용 가능한 범위인지를 평가하는 것을 무엇이라 하는가?

위험성 평가

05

배기구 설치규칙 15-3-15에 대하여 설명하시오.

① 15 : 배출구와 흡입구는 서로 15m 이상 떨어질 것
② 3 : 배출구의 높이는 지붕꼭대기나 공기유입구 보다 3m 이상 높게할 것
③ 15 : 배출되는 공기는 재유입되지 않도록 속도를 15m/s 이상 유지할 것

06

다음 용어의 정의를 쓰시오.

(1) 플랜지
(2) 테이퍼
(3) 슬롯

(1) 후드 뒤쪽의 공기를 차단하기 위해 후드에 직각으로 붙인 판
(2) 후드 개구면 속도를 균일하게 분포시키는 장치
(3) 가로세로 비가 0.2 이하로 세로가 좁고 가로가 긴 형태의 후드

07

산업안전보건법상 안전보건총괄책임자의 직무(업무) 5가지를 쓰시오.

① 위험성평가의 실시에 관한 사항
② 작업의 중지
③ 도급 시 산업재해 예방조치
④ 산업안전보건관리비의 관계수급인 간의 사용에 관한 협의·조정 및 그 집행의 감독
⑤ 안전인증대상기계등과 자율안전확인대상기계등의 사용 여부 확인

08

입자상 물질의 크기를 표시하는 방법 중 기하학적(물리적) 직경 3가지를 쓰시오.

① 마틴 직경
② 페렛 직경
③ 등면적 직경

09
야간근로자 생리적 변화 4가지를 쓰시오.

① 체중의 감소가 발생한다.
② 체온이 주간보다 내려간다.
③ 주간 근무에 비하여 피로를 쉽게 느낀다.
④ 수면 부족 및 식사시간의 불규칙으로 위장 장애를 유발한다.

10
생물학적 모니터링 생체시료 3가지를 쓰시오.

① 혈액
② 소변
③ 호기

11
귀마개의 장점과 단점 2가지씩 쓰시오.

(1) 장점
① 착용이 간편하다.
② 부피가 작아 휴대하기 쉽다.
③ 가격이 저렴하다.
④ 보안경이나 안전모 착용에 방해되지 않는다.
⑤ 고온작업 시 사용이 가능하다.
⑥ 좁은 장소에서 사용이 가능하다.

(2) 단점
① 귀질환이 있는 근로자는 사용할 수 없다.
② 차음효과가 귀덮개에 비해 떨어진다.
③ 사람에 따라 차음효과의 차이가 크다.
④ 제대로 착용하기 위해 시간이 걸리고 착용 요령을 습득해야 한다.
⑤ 땀이 많이 나는 여름에는 외이도염을 유발할 수 있다.
⑥ 더러운 손으로 귀마개를 만지면 외이도가 오염될 수 있다.
⑦ 착용여부 파악이 곤란하다.

12
산소결핍장소나 IDLH 상황에서 선택해야 하는 호흡용 보호구를 쓰시오.

① 공기호흡기
② 송기마스크
(위 2가지 중 한 가지만 쓰면 됩니다.)

13
조선업종의 작업환경에서 발생하는 대표적인 유해요인 4가지를 쓰시오.

① 소음
② 용접흄
③ 철분진
④ 유기용제

14
공기 중 사염화탄소 $5ppm$(TLV : $10ppm$), 1,2 디클로로메탄 $5ppm$(TLV : $50ppm$), 1,2 디브로메탄 $9ppm$(TLV : $20ppm$)의 혼합물이 서로 상가작용할 때 허용농도 초과여부를 판단하시오.

$$EI = \frac{C_1}{T_1} + \frac{C_2}{T_2} + \cdots + \frac{C_n}{T_n}$$
$$= \frac{5}{10} + \frac{5}{50} + \frac{9}{20} = 1.05$$

1을 초과하였으므로 ∴노출기준을 초과

여기서,
C: 화학물질 각각의 측정치
T: 화학물질 각각의 노출기준

$EI > 1$: 노출기준을 초과
$EI < 1$: 노출기준을 초과하지 않음

15

현재 총 흡음량이 $2500\,sabin$인 작업장의 천장에 흡음물질을 첨가하여 $2500\,sabin$을 더할 경우 실내소음 저감량$[dB]$을 구하시오.

$$NR = SPL_1 - SPL_2 = 10\log\left(\frac{A_2}{A_1}\right) = 10\log\left(\frac{A_1 + A_\alpha}{A_1}\right)$$
$$= 10\log\left(\frac{2500 + 2500}{2500}\right) = 3.01\,dB$$

여기서,
NR : 감음량$[dB]$
SPL_1, SPL_2 : 실내면에 대한 흡음대책 전후 실내 음압레벨$[dB]$
A_1, A_2 : 실내면에 대한 흡음대책 전후 실내 흡음력$[m^2, sabin]$
A_α : 실내면에 대한 흡음대책 전 실내흡음력에 추가된 흡음력$[m^2, sabin]$

16

35세 된 남성근로자의 육체적 작업능력(PWC)은 $16\,kcal/\min$이다. 이 근로자가 1일 8시간 동안 물체를 운반하고 있으며 이때의 작업 대사량은 $9\,kcal/\min$이고, 휴식 시 대사량은 $1.4\,kcal/\min$이다. 이 사람의 적정 휴식시간$[분]$을 구하시오.

$$휴식시간 = 60 \times \frac{\frac{PWC}{3} - 작업대사량}{휴식대사량 - 작업대사량}$$
$$= 60 \times \frac{\frac{16}{3} - 9}{1.4 - 9} = 28.95\,분$$

17

채취 전 여과지 무게 $10.04\,mg$, 채취 후 여과지 무게 $16.04\,mg$, 분당 채취 부피가 $40L$인 곳에서 30분간 포집하였을 때 공기 중 농도$[mg/m^3]$을 구하시오.

$$mg/m^3 = \frac{(16.04 - 10.04)\,mg}{40L/\min \times 30\min \times \left(\frac{1m^3}{1000L}\right)} = 5\,mg/m^3$$

- $1m^3 = 1000L$

18

덕트 직경이 $30cm$이고 레이놀즈수가 2×10^5일 때 덕트 내 공기의 유속$[m/s]$을 구하시오.
(단, 공기의 동점성계수는 $1.5 \times 10^{-5}\,m^2/s$이다.)

$$Re = \frac{\rho VD}{\mu} = \frac{VD}{\nu}\text{에서},$$
$$\therefore V = \frac{Re \times \nu}{D} = \frac{2 \times 10^5 \times 1.5 \times 10^{-5}}{0.3} = 10\,m/s$$

여기서,
Re : 레이놀즈 수
ρ : 유체 밀도$[kg/m^3]$
ν : 유체 동점성계수$[m^2/s]$
V : 유속$[m/s]$
D : 직경$[m]$
μ : 점성계수$[kg/m \cdot s]$

19

흑구온도는 30℃, 건구온도는 21℃, 자연습구온도는 20℃인 실내 작업장의 습구흑구온도지수 (WBGT)[℃]를 구하시오.

$$WBGT(℃) = 0.7 \times 자연습구온도 + 0.3 \times 흑구온도$$
$$= 0.7 \times 20 + 0.3 \times 30 = 23℃$$

*습구흑구온도지수(WBGT)
① 태양광선이 내리쬐는 옥외 장소
$WBGT(℃)$
$= 0.7 \times 자연습구온도 + 0.2 \times 흑구온도 + 0.1 \times 건구온도$
② 태양광선이 내리쬐지 않는 옥내 또는 옥외 장소
$WBGT(℃) = 0.7 \times 자연습구온도 + 0.3 \times 흑구온도$

20

21℃, 1기압의 어느 작업장에서 MEK을 $0.5 L/hr$씩 공기 중으로 증발할 때, 필요 환기량 $[m^3/\min]$을 구하시오.
(단, MEK의 비중 0.805, 분자량은 72.1, TLV는 $200 ppm$, 안전계수는 6이다.)

$$Q = \frac{24.1 \times S \times G \times K \times 10^6}{M \times TLV}$$
$$= \frac{24.1 \times 0.805 \times 0.5 \times 6 \times 10^6}{72.1 \times 200}$$
$$= 4036.17 m^3/hr \times \left(\frac{1hr}{60\min}\right) = 67.27 m^3/\min$$

여기서,
Q : 전체환기량$[m^3/hr]$
S : 유해물질의 비중
G : 유해물질의 시간당 사용량$[L/hr]$
K : 안전계수(혼합계수)
M : 유해물질의 분자량
TLV : 유해물질의 노출기준$[ppm]$
24.1 : $1atm$, 21℃에서 공기의 부피$[L]$
$$\left(온도보정 : 24.1 \times \frac{273+t}{273+21}\right)$$
여기서, t : 실제공기의 온도$[℃]$

- $1hr = 60\min$

2023 2회차 산업위생관리기사 실기 필답형 기출문제

01
다음 보기 중 안전관리자 자격기준에 해당하는 것을 모두 고르시오.

[보기]
ㄱ.「국가기술자격법」에 따른 산업안전산업기사 이상의 자격을 취득한 사람
ㄴ.「국가기술자격법」에 따른 건설안전산업기사 이상의 자격을 취득한 사람
ㄷ.「고등교육법」에 따른 4년제 대학 이상의 학교에서 산업안전 관련 학위를 취득한 사람 또는 이와 같은 수준 이상의 학력을 가진 사람
ㄹ.「고등교육법」에 따른 전문대학 또는 이와 같은 수준 이상의 학교에서 산업안전 관련 학위를 취득한 사람

ㄱ, ㄴ, ㄷ, ㄹ

*안전관리자의 자격
① 산업안전지도사 자격을 가진 사람
②「국가기술자격법」에 따른 산업안전산업기사 이상의 자격을 취득한 사람
③「국가기술자격법」에 따른 건설안전산업기사 이상의 자격을 취득한 사람
④「고등교육법」에 따른 4년제 대학 이상의 학교에서 산업안전 관련 학위를 취득한 사람 또는 이와 같은 수준 이상의 학력을 가진 사람
⑤「고등교육법」에 따른 전문대학 또는 이와 같은 수준 이상의 학교에서 산업안전 관련 학위를 취득한 사람

02
작업환경개선 기본원칙 4가지를 쓰시오.

① 대치 ② 격리 ③ 환기 ④ 교육

03
공기역학적 직경에 대해 설명하시오.

대상 먼지와 침강속도가 같고 밀도가 $1g/cm^3$이며, 구형인 먼지의 직경으로 환산된 직경

04
다음 보기의 빈칸안에 알맞은 용어를 쓰시오.

[보기]
(①) : 시료채취기를 이용하여 가스·증기·분진·흄·미스트 등을 근로자의 작업행동범위에서 호흡기 높이에 고정하여 채취
(②) : 일정한 물질에 대해 반복 측정·분석을 했을 때 나타나는 자료분석치의 변동크기가 얼마나 작은가하는 수치상의 표현
(③) : 호흡기를 통하여 폐포에 축적될 수 있는 크기의 분진

① 지역시료채취
② 정밀도
③ 호흡성분진

05

산업피로 발생 시 다음 물음에 나타나는 현상을 각각 하나씩 쓰시오.

(1) 혈액
(2) 소변

(1) 혈액
① 혈당치가 낮아진다.
② 젖산과 탄산량이 증가하여 산혈증이 발생한다.

(2) 소변
① 소변의 양이 감소한다.
② 뇨 내 단백질 또는 교질물질의 배설량이 증가한다.

06

근골격계 질환 위험요인 4가지를 쓰시오.

① 반복적인 동작
② 부적절한 작업자세
③ 무리한 힘의 사용
④ 날카로운 면과의 신체접촉
⑤ 진동 및 온도

07

다음 보기는 안전보건개선계획의 수립·시행 명령에 대한 내용일 때 사업주에게 안전보건진단을 받아 안전보건 개선계획을 수립하여 시행할 것을 명할 수 있는 내용일 때 옳은 것을 모두 고르시오.

[보기]
㉠ 산업재해율이 같은 업종의 규모별 평균 산업재해율보다 높은 사업장
㉡ 사업주가 필요한 안전조치 또는 보건조치를 이행하지 아니하여 중대재해가 발생한 사업장
㉢ 대통령령으로 정하는 수 이상의 직업성 질병자가 발생한 사업장
㉣ 유해인자의 노출기준을 초과한 사업장

ㄱ, ㄴ, ㄷ, ㄹ

*안전보건개선계획의 수립·시행 명령
① 산업재해율이 같은 업종의 규모별 평균 산업재해율보다 높은 사업장
② 사업주가 필요한 안전조치 또는 보건조치를 이행하지 아니하여 중대재해가 발생한 사업장
③ 대통령령으로 정하는 수 이상의 직업성 질병자가 발생한 사업장
④ 유해인자의 노출기준을 초과한 사업장

08

귀마개와 비교했을 때 귀덮개의 장점 2가지를 쓰시오.

① 귀마개보다 차음효과가 크다.
② 귀마개보다 차음효과 개인차가 적다.
③ 귀마개보다 일관성 있는 차음효과를 얻을 수 있다.
④ 귀마개보다 착용이 쉽다.
⑤ 고음영역의 차음효과가 탁월하다.
⑥ 귀에 염증이 있더라도 착용 가능하다.
⑦ 대부분의 근로자가 동일한 크기의 귀덮개 사용이 가능하다.
⑧ 멀리서도 착용 유무를 확인할 수 있다.
⑨ 크기를 여러 가지로 할 필요가 없다.

*귀덮개의 장단점

장점	① 귀마개보다 차음효과가 크다. ② 귀마개보다 차음효과 개인차가 적다. ③ 귀마개보다 일관성 있는 차음효과를 얻을 수 있다. ④ 귀마개보다 착용이 쉽다. ⑤ 고음영역의 차음효과가 탁월하다. ⑥ 귀에 염증이 있더라도 착용 가능하다. ⑦ 대부분의 근로자가 동일한 크기의 귀덮개 사용이 가능하다. ⑧ 멀리서도 착용 유무를 확인할 수 있다. ⑨ 크기를 여러 가지로 할 필요가 없다.
단점	① 고온 환경에서 사용이 불편하다. ② 장시간 사용하면 불편하다. ③ 보안경이나 안전모를 착용하는 근로자는 사용 시 불편하며 차음효과가 떨어진다. ④ 귀마개보다 가격이 비싸다. ⑤ 귀덮개를 오래 사용하여 귀덮개의 귀걸이가 휘거나 탄력성이 떨어지면 차음효과가 떨어진다.

09

산소부채(Oxygen Debt)를 설명하고, 산소부채 시 에너지공급원 2가지를 쓰시오.

(1) 설명
작업이 끝난 후 남아있는 젖산을 제거하기 위해서는 산소가 더 필요하며, 이때 동원되는 산소 소비량이다.

(2) 에너지공급원
① ATP
② CP
③ 글리코겐
④ 포도당
⑤ 호기성대사

10

중량물 취급작업 권고기준(RWL)의 계수 6가지를 한글명칭으로 쓰시오.
(단, 중량상수는 제외하고, 약어로 쓸거면 한글명칭과 함께 쓰시오.)

HM : 수평계수
VM : 수직계수
DM : 거리계수
AM : 비대칭계수
FM : 빈도계수
CM : 커플링계수

11

유해화학물질 사용하는 사업장에서 보기 쉬운 곳에 게시해야할 항목 3가지를 쓰시오.

① 관리대상 유해물질의 명칭 및 물리적·화학적 특성
② 인체에 미치는 영향과 증상
③ 취급상의 주의사항
④ 착용하여야 할 보호구와 착용방법
⑤ 위급상황 시의 대처방법과 응급조치 요령
⑥ 그 밖에 근로자의 건강장해 예방에 관한 사항

12

스티렌의 작업환경 측정의 결과가 노출기준을 초과할 때 몇 개월에 1번 재측정을 하여야 하는지 쓰시오.

3개월

13

다음 표는 특수건강진단의 시기 및 주기에 관한 내용일 때 빈칸을 채우시오.

대상 유해인자	시기 (배치 후 첫 번째 특수 건강진단)	주기
디메틸포름아미드	(①)개월 이내	6개월
석면	12개월 이내	(②)
염화비닐	(③)개월 이내	6개월

① 1   ② 12   ③ 3

*특수건강진단의 시기 및 주기

대상 유해인자	시기 (배치 후 첫 번째 특수 건강진단)	주기
N,N-디메틸아세트아미드 디메틸포름아미드	1개월 이내	6개월
벤젠	2개월 이내	6개월
1,1,2,2-테트라클로로에탄 사염화탄소 아크릴로니트릴 염화비닐	3개월 이내	6개월
석면, 면 분진	12개월 이내	12개월
광물성 분진 목재 분진 소음 및 충격소음	12개월 이내	24개월
위의 대상 유해인자를 제외한 모든 특수건강진단 대상 유해인자	6개월 이내	12개월

14

21℃, 1기압의 어느 작업장에서 MEK을 $3L/hr$씩 공기 중으로 증발할 때, 필요 환기량 $[m^3/\min]$을 구하시오.
(단, MEK의 비중 0.805, 분자량은 72.1, TLV는 $200ppm$, 안전계수는 3이다.)

$$Q = \frac{24.1 \times S \times G \times K \times 10^6}{M \times TLV}$$
$$= \frac{24.1 \times 0.805 \times 3 \times 3 \times 10^6}{72.1 \times 200}$$
$$= 12108.5 m^3/hr \times \left(\frac{1hr}{60\min}\right) = 201.81 m^3/\min$$

여기서,
Q : 전체환기량 $[m^3/hr]$
S : 유해물질의 비중
G : 유해물질의 시간당 사용량 $[L/hr]$
K : 안전계수(혼합계수)
M : 유해물질의 분자량
TLV : 유해물질의 노출기준 $[ppm]$
24.1 : $1atm$, 21℃에서 공기의 부피 $[L]$

$$\left(온도보정 : 24.1 \times \frac{273+t}{273+21}\right)$$

여기서, t : 실제공기의 온도[℃]

• 1hr = 60min

15

작업장 내 트리클로로에틸렌 노출농도를 측정하고자 한다. 과거의 노출농도는 평균 $50ppm$이었다. 시료는 활성탄관을 이용하여 $0.15L/min$의 유량으로 채취한다. 트리클로로에틸렌의 분자량은 131.39, 가스크로마토 그래피의 정량한계(LOQ)는 시료 당 $0.5mg$이다. 시료를 채위해야 할 최소의 시간[min]을 구하시오.
(단, 작업장 내 온도는 $25℃$이다.)

$$mg/m^3 = ppm \times \frac{분자량}{부피} = 50 \times \frac{131.39}{24.45} = 268.69mg/m^3$$

$$부피 = \frac{LOQ}{농도} = \frac{0.5mg}{268.69mg/m^3 \times \left(\frac{1m^3}{1000L}\right)} = 1.86L$$

$$\therefore 최초\ 채취시간 = \frac{1.86L}{0.15L/min} = 12.4min$$

- 1atm, 25℃의 부피 = 24.45L
- $1m^3 = 1000L$

16

압력 $700mmHg$, 온도 $117℃$에서 $150m^3/min$ 유량으로 흐르는 공기가 있다. $1atm$, $20℃$에서의 공기의 유량[m^3/min]을 구하시오.

$\frac{P_1V_1}{T_1} = \frac{P_2V_2}{T_2}$에서,

$Q = \frac{V}{t}$에서, $Q \propto V$이므로 식을 변경하면,

$\frac{P_1Q_1}{T_1} = \frac{P_2Q_2}{T_2}$

$\therefore Q_2 = \frac{P_1Q_1T_2}{T_1P_2} = \frac{700 \times 150 \times (273+20)}{(273+117) \times 760} = 103.8m^3/min$

- 산업환기 표준공기상태 조건 : 1atm, 21℃
- 절대온도(K)=273+섭씨온도(℃)
- 1atm=760mmHg

17

$1atm$, $25℃$인 작업장에서 체내흡수량이 체중 kg당 $0.1mg$, 평균체중이 $80kg$인 근로자가 경작업 수준으로 벤젠(분자량 78) 농도 $50ppm$인 물질이 있을 때 최소 몇 min 이하 노출이 가능한가?
(단, 폐환기율 $1.0m^3/hr$, 체내 잔류율 1.0이다.)

$$mg/m^3 = ppm \times \frac{분자량}{부피} = 50 \times \frac{78}{24.45} = 159.51mg/m^3$$

$SHD = C \times T \times V \times R$

$\therefore T = \frac{SHD}{C \times V \times R} = \frac{0.1 \times 80}{159.51 \times 1 \times 1}$

$= 0.05015hr \times \left(\frac{60min}{1hr}\right) = 3.01min$

여기서,
C: 농도$[mg/m^3]$
T: 노출시간$[hr]$
V: 폐환기율, 호흡률$[m^3/hr]$
R: 체내잔류율(일반적으로 1.0)
SHD: 체중당흡수량×체중$[mg]$

- 1atm, 25℃의 부피 = 24.45L
- 1hr=60min

18

음력이 $1.2watt$인 소음원으로부터 $35m$ 떨어진 지점에서 음압수준[dB]을 구하시오.
(단, 공기의 밀도는 $1.2kg/m^3$이고, 공기에서 음속은 $344.4m/\sec$이다.)

별다른 조건이 없다면 무지향성 점음원, 자유공간 위치로 본다.

$SPL = PWL - 20\log r - 11$
$= 10\log\frac{W}{W_o} - 20\log r - 11$
$= 10\log\frac{1.2}{10^{-12}} - 20\log 35 - 11 = 78.91dB$

여기서,
SPL : 음압수준$[dB]$
PWL : 음향파워레벨$[dB]$
r : 소음원으로부터의 거리$[m]$
W : 대상음원의 음향파워$[W]$
W_o : 기준음향파워$(= 10^{-12}[W])$

19

노출군에서 질병 발생률 2, 비노출군에서 질병 발생률 1일 때 상대위험도(비교위험도)를 구하고, 노출과 질병 사이의 연관성이 있는지 쓰시오.

상대위험도 = $\dfrac{\text{노출군에서 질병발생률}}{\text{비노출군에서 질병발생률}} = \dfrac{2}{1} = 2$

상대위험도 > 1 이므로,, ∴ 연관성이 있다.

*상대위험도(비교위험도)
비노출군에 비해 노출군에서 질병에 걸릴 위험이 얼마나 큰지 나타낸다.

상대위험도 = $\dfrac{\text{노출군에서 질병발생률}}{\text{비노출군에서 질병발생률}}$

- 상대위험비=1 : 노출과 질병 사이의 연관성이 없음
- 상대위험비>1 : 위험이 증가
- 상대위험비<1 : 질병에 대한 방어효과가 있음

20

어떤 국소배기장치에서 후드 유입계수가 0.845, 후드 정압이 $1.76 mmH_2O$이고 원형 후드 지름이 $0.3m$일 때 소요유량[$m^3/\min$]을 구하시오.

$A = \dfrac{\pi d^2}{4} = \dfrac{\pi \times 0.3^2}{4} = 0.0707 m^2$

$SP_h = VP(1+F) = VP\left(1+\dfrac{1}{C_e^2}-1\right) = VP\left(\dfrac{1}{C_e^2}\right)$

$VP = SP_h \times C_e^2 = 1.76 \times 0.845^2 = 1.26 mmH_2O$

$V = 4.043\sqrt{VP} = 4.043\sqrt{1.26} = 4.54 m/s$

$\therefore Q = AV = 0.0707 \times 4.54$
$= 0.321 m^3/\sec \times \left(\dfrac{60\sec}{1\min}\right) = 19.26 m^3/\min$

- 1hr=60min

2023 3회차 산업위생관리기사 실기 필답형 기출문제

01

산업안전보건법령상 다음 보기는 근골격계부담 작업에 대한 내용일 때 빈칸을 채우시오.
(단, 단기간작업 또는 간헐적인 작업은 제외한다.)

[보기]
- 하루에 (①)시간 이상 집중적으로 자료입력 등을 위해 키보드 또는 마우스를 조작하는 작업
- 하루에 총 (②)시간 이상 목, 어깨, 팔꿈치, 손목 또는 손을 사용하여 같은 동작을 반복하는 작업
- 하루 10회 이상 (③)kg 이상의 물체를 드는 작업

① 4 ② 2 ③ 25

*근골격계부담작업(단기간작업 또는 간헐적작업 제외)
① 하루에 4시간 이상 집중적으로 자료입력 등을 위해 키보드 또는 마우스를 조작하는 작업
② 하루에 총 2시간 이상 목, 어깨, 팔꿈치, 손목 또는 손을 사용하여 같은 동작을 반복하는 작업
③ 하루에 총 2시간 이상 머리 위에 손이 있거나, 팔꿈치가 어깨위에 있거나, 팔꿈치를 몸통으로부터 들거나, 팔꿈치를 몸통뒤쪽에 위치하도록 하는 상태에서 이루어지는 작업
④ 지지되지 않은 상태이거나 임의로 자세를 바꿀 수 없는 조건에서, 하루에 총 2시간 이상 목이나 허리를 구부리거나 트는 상태에서 이루어지는 작업
⑤ 하루에 총 2시간 이상 쪼그리고 앉거나 무릎을 굽힌 자세에서 이루어지는 작업
⑥ 하루에 총 2시간 이상 지지되지 않은 상태에서 1kg 이상의 물건을 한손의 손가락으로 집어 옮기거나, 2kg 이상에 상응하는 힘을 가하여 한손의 손가락으로 물건을 쥐는 작업
⑦ 하루에 총 2시간 이상 지지되지 않은 상태에서 4.5kg 이상의 물건을 한 손으로 들거나 동일한 힘으로 쥐는 작업
⑧ 하루에 10회 이상 25kg 이상의 물체를 드는 작업
⑨ 하루에 25회 이상 10kg 이상의 물체를 무릎 아래에서 들거나, 어깨 위에서 들거나, 팔을 뻗은 상태에서 드는 작업
⑩ 하루에 총 2시간 이상, 분당 2회 이상 4.5kg 이상의 물체를 드는 작업
⑪ 하루에 총 2시간 이상 시간당 10회 이상 손 또는 무릎을 사용하여 반복적으로 충격을 가하는 작업

02

다음 인자의 단위를 쓰시오.

(1) 석면
(2) 증기 및 가스
(3) 고온

(1) 개수/cm^3
(2) ppm 또는 mg/m^3
(3) WBGT(℃)

03

환기시스템의 제어풍속이 설계할 때 보다 저하되어 후드쪽으로 흡인이 잘 이루어지지 않는데 후드 흡인 불량의 원인 3가지를 쓰시오.

① 집진장치 내 분진퇴적
② 덕트의 분진퇴적
③ 외부공기 유입
④ 송풍기 송풍량이 부족하다.
⑤ 발생원에서 후드 개구면 까지 거리가 멀다.

04

산업안전보건법령상 다음 보기는 휴게시설 설치·관리 기준으로 틀린 것을 고르시오.

[보기]
① 휴게시설 바닥에서 천장까지의 높이는 2.1m 이상으로 한다.
② 휴게시설 위치는 근로자가 이용하기 편리하고 가까운 곳에 있어야 한다. 이 경우 공동휴게시설은 각 사업장에서 휴게시설까지의 왕복 이동에 걸리는 시간이 휴식시간의 20%를 넘지 않는 곳에 있어야 한다.
③ 적정온도(18~28℃)를 유지할 수 있는 냉난방 기능이 갖춰져 있어야 한다.
④ 적정한 밝기(50~100Lux)를 유지할 수 있는 조명조절 기능이 갖춰져 있어야 한다.
⑤ 의자 등 휴식에 필요한 비품이 갖춰져 있어야 한다.

④

*휴게시설 설치·관리기준
(1) 크기
① 휴게시설의 최소 바닥면적은 6m²로 한다. 다만, 둘 이상의 사업장의 근로자가 공동으로 같은 휴게시설(이하 이 표에서 "공동휴게시설"이라 한다)을 사용하게 하는 경우 공동휴게시설의 바닥면적은 6m²에 사업장의 개수를 곱한 면적 이상으로 한다.
② 휴게시설의 바닥에서 천장까지의 높이는 2.1m 이상으로 한다.
③ ①본문에도 불구하고 근로자의 휴식 주기, 이용자 성별, 동시 사용인원 등을 고려하여 최소면적을 근로자대표와 협의하여 6m²가 넘는 면적으로 정한 경우에는 근로자대표와 협의한 면적을 최소 바닥면적으로 한다.
④ ①단서에도 불구하고 근로자의 휴식 주기, 이용자 성별, 동시 사용인원 등을 고려하여 공동휴게시설의 바닥면적을 근로자대표와 협의하여 정한 경우에는 근로자대표와 협의한 면적을 공동휴게시설의 최소 바닥면적으로 한다.

(2) 위치 : 다음 각 목의 요건을 모두 갖춰야 한다.
① 근로자가 이용하기 편리하고 가까운 곳에 있어야 한다. 이 경우 공동휴게시설은 각 사업장에서 휴게시설까지의 왕복 이동에 걸리는 시간이 휴식시간의 20%를 넘지 않는 곳에 있어야 한다.
② 다음의 모든 장소에서 떨어진 곳에 있어야 한다.
- 화재·폭발 등의 위험이 있는 장소
- 유해물질을 취급하는 장소
- 인체에 해로운 분진 등을 발산하거나 소음에 노출되어 휴식을 취하기 어려운 장소
③ 온도
적정한 온도(18~28℃)를 유지할 수 있는 냉난방 기능이 갖춰져 있어야 한다.
④ 습도
적정한 습도(50~55%. 다만, 일시적으로 대기 중 상대습도가 현저히 높거나 낮아 적정한 습도를 유지하기 어렵다고 고용노동부장관이 인정하는 경우는 제외한다)를 유지할 수 있는 습도 조절 기능이 갖춰져 있어야 한다.
⑤ 조명
적정한 밝기(100~200Lux)를 유지할 수 있는 조명 조절 기능이 갖춰져 있어야 한다.
⑥ 창문 등을 통하여 환기가 가능해야 한다.
⑦ 의자 등 휴식에 필요한 비품이 갖춰져 있어야 한다.
⑧ 마실 수 있는 물이나 식수 설비가 갖춰져 있어야 한다.
⑨ 휴게시설임을 알 수 있는 표지가 휴게시설 외부에 부착돼 있어야 한다.
⑩ 휴게시설의 청소·관리 등을 하는 담당자가 지정돼 있어야 한다. 이 경우 공동휴게시설은 사업장마다 각각 담당자가 지정돼 있어야 한다.
⑪ 물품 보관 등 휴게시설 목적 외의 용도로 사용하지 않도록 한다.

05

산업안전보건법령상 보건관리자의 자격 3가지를 쓰시오.

① 산업보건지도사
② 의사
③ 간호사
④ 산업위생관리산업기사 또는 대기환경산업기사 이상의 자격을 취득한 사람
⑤ 인간공학기사 이상의 자격을 취득한 사람
⑥ 전문대학 이상의 학교에서 산업보건 또는 산업위생 분야의 학위를 취득한 사람

06

산업안전보건법에서 정하는 작업환경 측정대상 유해인자(분진)의 종류 3가지를 쓰시오.

① 광물성 분진
② 곡물 분진
③ 면 분진
④ 목재 분진
⑤ 석면 분진
⑥ 용접흄
⑦ 유리섬유

07

다음 여과포집원리(채취기전)에 영향인자 각 2가지씩 쓰시오.

(1) 직접차단(간섭)
(2) 관성충돌
(3) 확산

(1) 직접차단(간섭)
① 분진입자의 크기
② 섬유의 직경
③ 여과지의 기공 크기
④ 여과지의 고형성분

(2) 관성충돌
① 입자의 크기
② 입자의 밀도
③ 섬유로의 접근속도
④ 섬유의 직경

(3) 확산
① 입자의 크기
② 입자의 농도
③ 섬유로의 접근속도
④ 섬유의 직경

08

지적온도의 영향인자 5가지를 쓰시오.

① 계절
② 성별
③ 연령
④ 민족
⑤ 의복
⑥ 작업의 종류
⑦ 작업량
⑧ 주근무시간대

09

「산업안전보건법」상 중대재해에 대한 기준 3가지를 쓰시오.

① 사망자가 1명 이상 발생한 재해
② 3개월 이상 요양이 필요한 부상자가 동시에 2명 이상 발생한 재해
③ 부상자 또는 직업성 질병자가 동시에 10명 이상 발생한 재해

*중대재해

종류	기준
중대재해	① 사망자가 1명 이상 발생한 재해 ② 3개월 이상 요양이 필요한 부상자가 동시에 2명 이상 발생한 재해 ③ 부상자 또는 직업성 질병자가 동시에 10명 이상 발생한 재해
중대산업재해	① 사망자가 1명 이상 발생한 재해 ② 동일한 사고로 6개월 이상 치료가 필요한 부상자가 2명 이상 발생한 재해 ③ 동일한 유해요인으로 급성중독 등 대통령령으로 정하는 직업성 질병자가 1년 이내에 3명 이상 발생한 재해
중대시민재해	① 사망자가 1명 이상 발생한 재해 ② 동일한 사고로 2개월 이상 치료가 필요한 부상자가 10명 이상 발생한 재해 ③ 동일한 원인으로 3개월 이상 치료가 필요한 질병자가 10명 이상 발생한 재해

10

입자상 물질의 크기를 표시하는 방법 중 기하학적 (물리적) 직경 3가지를 쓰고 각각 설명하시오.

① 마틴 직경
먼지의 면적을 이등분하는 선의 길이로 선의 방향은 항상 일정하여야 하며 과소평가할 수 있는 단점이 있다.

② 페렛 직경
먼지의 한쪽 끝 가장자리와 다른쪽 끝 가장자리 사이의 거리로 과대평가할 수 있는 단점이 있다.

③ 등면적 직경
먼지의 면적과 같은 면적을 가진 원의 직경으로 가장 정확한 직경으로 측정은 현미경 접안경에 porton reticle을 삽입하여 측정한다.

11

직경분립 충돌기(Cascade Impactor)의 장점과 단점 각각 2가지씩 기술하시오.

(1) 장점
① 입자의 질량 크기 분포를 얻을 수 있다.
② 호흡기의 부분별로 침착된 입자 크기의 자료를 추정할 수 있다.
③ 흡입성·흉곽성·호흡성 입자 크기별로 분포 및 농도를 계산할 수 있다.

(2) 단점
① 시료채취가 까다롭다.
② 비용이 많이 든다.
③ 채취 준비시간이 많이 든다.
④ 되튐으로 인한 시료의 손실이 일어나 과소분석 결과를 초래할 수 있어 유량을 2L/min 이하로 채취하여야 한다.

12

다음은 진폐증 명칭을 쓰시오.

(1) 유리규산
(2) 면분진
(3) 석탄

(1) 규폐증
(2) 면폐증(면분증)
(3) 석탄폐증(탄광부 진폐증)

*진폐증의 종류 및 원인물질
① 규폐증 : 이산화규소(SiO_2, 유리규산, 석영)
② 석면폐증 : 석면
③ 석탄폐증(탄광부 진폐증) : 석탄
④ 면폐증(면분증) : 면분진
⑤ 농부폐증 : 건초 등

13

유해가스 처리하기 위한 흡착법 중 물리적 흡착법이 갖는 특성 3가지를 쓰시오.

① 흡착속도가 빠르다.
② 흡착열이 작다.
③ 저온에서 흡착량이 크다.
④ 흡탈착이 가능하다.

*흡착법의 종류 및 특성
(1) 물리적 흡착법
① 흡착속도가 빠르다.
② 흡착열이 작다.
③ 저온에서 흡착량이 크다.
④ 흡탈착이 가능하다.

(2) 화학적 흡착법
① 흡착속도가 느리다.
② 흡착열이 크다.
③ 고온에서 흡착량이 크다.
④ 흡탈착이 불가능하다.

14

해당 공정 온도는 $157°C$이고 에나멜이 건조될 때 크실렌이 시간당 $1.6L$가 증발한다. 이때 폭발방지를 위한 필요환기량$[m^3/\min]$을 구하시오. (단, 모두 공기와 완전 혼합되는 것으로 가정한다.)

[조건]
- 작업장 주위 1atm, 21℃
- 크실렌 비중 0.88
- 크실렌 폭발범위는 1~7%
- 크실렌 분자량 106, 안전계수 10
- 온도에 따른 상수 0.7

$$Q = \frac{24.1 \times \frac{273+t}{273+21} \times S \times G \times K \times 10^2}{M \times LEL \times B}$$

$$= \frac{24.1 \times \frac{273+157}{273+21} \times 0.88 \times 1.6 \times 10 \times 10^2}{106 \times 1 \times 0.7}$$

$$= 668.86 m^3/hr \times \left(\frac{1hr}{60\min}\right) = 11.15 m^3/\min$$

여기서,
Q : 필요환기량$[m^3/hr]$
S : 유해물질의 비중
G : 유해물질의 시간당 사용량$[L/hr]$
K : 안전계수(혼합계수)
M : 유해물질의 분자량
LEL : 폭발하한계$[\%]$
B : 온도에 따른 상수
   (120℃ 미만 : 1.0, 120℃ 이상 : 0.7)
24.1 : 1atm, 21℃에서 공기의 부피$[L]$
   $\left(온도보정 : 24.1 \times \frac{273+t}{273+21}\right)$
   여기서, t : 실제공기의 온도$[℃]$

• 1hr=60min

15

공기의 비중이 1.2, 덕트 내 유속이 $20m/s$일 때 지름 $20cm$, 중심선 반지름 $50cm$인 새우연결곡관의 압력손실$[mmH_2O]$을 구하시오.

반경비(R/D)	압력손실계수(ξ)
1.50	0.39
1.75	0.32
2.00	0.27
2.25	0.26
2.50	0.22

비중이 1.2이면 비중량이 $1.2 kg_f/m^3$이다.
그리고 새우연결곡관의 각도는 90°이다.
반경비 $= \frac{R}{D} = \frac{50}{20} = 2.5$
반경비 2.5일 때 압력손실계수(ξ)는 0.22이다.

$$VP = \frac{\gamma V^2}{2g} = \frac{1.2 \times 20^2}{2 \times 9.8} = 24.49 mmH_2O$$

$$\therefore \Delta P = \left(\xi \times \frac{\theta}{90}\right) VP$$
$$= \left(0.22 \times \frac{90}{90}\right) \times 24.49 = 5.39 mmH_2O$$

여기서,
V : 유속$[m/s]$
g : 중력가속도$[= 9.8 m/s^2]$
ξ : 압력손실계수($\xi = 1 - R$) R : 정압회복계수
θ : 곡관의 각도$[°]$
VP : 속도압$[mmH_2O]$

16

다음 보기는 측정값일 때 다음을 구하시오.

[조건]					
4.58	3.26	0.57	5.82	2.85	3.58
10.59	0.15	13.56	0.54	0.15	6.86

(1) 산술평균$[ppm]$
(2) 기하평균$[ppm]$

(1)

$$\text{산술평균} = \frac{\begin{array}{c}4.58+3.26+0.57+5.82+\\2.85+3.58+10.59+0.15+\\13.56+0.54+0.15+6.86\end{array}}{12} = 4.38 ppm$$

(2)

$$GM = \sqrt[N]{X_1 \times X_2 \times \cdots \times X_n}$$

$$= \sqrt[12]{\begin{array}{c}4.58\times3.26\times0.57\times5.82\times2.85\times3.58\times\\10.59\times0.15\times13.56\times0.54\times0.15\times6.86\end{array}}$$

$$= 2.07 ppm$$

여기서,
X : 측정치
N : 측정치의 개수

17

오염원으로부터 $0.5m$ 떨어진 위치에 가로세로 $1m$인 플랜지가 부착된 정사각형 후드를 외부에 설치하려 한다. 제어속도가 $2.5m/s$일 때 필요송풍량$[m^3/s]$을 구하시오.

자유공간 위치, 플랜지 부착이므로,
$A = 1 \times 1 = 1m^2$
$\therefore Q = 0.75 V(10X^2 + A) = 0.75 \times 2.5 \times (10 \times 0.5^2 + 1)$
$= 6.56 m^3/s$

**필요송풍량(Q)

조건	필요송풍량 공식
① 자유공간 위치, 플랜지 미부착	$Q = V(10X^2 + A)$
② 자유공간 위치, 플랜지 부착	$Q = 0.75 V(10X^2 + A)$
③ 바닥면 위치, 플랜지 미부착	$Q = V(5X^2 + A)$
④ 바닥면 위치, 플랜지 부착	$Q = 0.5 V(10X^2 + A)$

여기서,
Q : 필요송풍량$[m^3/min]$
A : 후드의 개구면적$[m^2]$
V : 제어속도$[m/min]$
X : 후드 중심선으로부터 발생원까지의 거리$[m]$

18

덕트 내 공기의 유속을 피토튜브(피토관)로 측정한 결과 속도압 $15mmH_2O$, 덕트 내 온도 $270℃$, 피토계수 0.96일 때 유속$[m/\sec]$을 구하시오. (단, 밀도는 $1.3kg/m^3$이다.)

밀도가 $1.3kg/m^3$이면 비중량이 $1.3kg_f/m^3$이다.

보일-샤를의 법칙 : $\dfrac{P_1 V_1}{T_1} = \dfrac{P_2 V_2}{T_2}$

$\rho(\text{밀도}) = \dfrac{m(\text{질량})}{V(\text{부피})} = \dfrac{\gamma(\text{비중량})}{g(\text{중력 가속도})}$ 관계에 따라 비중량과 부피는 반비례 관계이고, 압력에 대한 조건이 없으므로 동일하다고 보면,

$\dfrac{1}{T_1 \gamma_1} = \dfrac{1}{T_2 \gamma_2}$에서,

$\gamma_2 = \dfrac{T_1 \gamma_1}{T_2} = \dfrac{(273+0)\times 1.3}{(273+270)} = 0.654 kg_f/m^3$

$\therefore V = C\sqrt{\dfrac{2gVP}{\gamma}} = 0.96 \times \sqrt{\dfrac{2\times 9.8 \times 15}{0.654}} = 20.35 m/\sec$

- 문제 조건은 일반대기이므로,
  - 초기압력(P_1) : 1atm
  - 초기온도(T_1) : 0℃ [=(273+0)K]

Memo

2024 1회차 산업위생관리기사 실기 필답형 기출문제

01
세정집진장치의 집진원리를 4가지 쓰시오.

① 액적과 입자의 충돌
② 액적·기포와 입자의 접촉
③ 미립자 확산에 의한 액적과의 접촉
④ 배기의 증습에 의한 입자가 서로 응집

02
「산업안전보건법」상, 근로자가 허가대상 유해물질을 제조하거나 사용하는 경우 사업주가 근로자에게 조치하여야 할 사항을 3가지 쓰시오.
(단, 그 밖에 근로자의 건강장해 예방에 관한 사항은 제외한다.)

① 물리적·화학적 특성
② 발암성 등 인체에 미치는 영향과 증상
③ 취급상의 주의사항
④ 착용하여야 할 보호구와 착용방법
⑤ 위급상황 시의 대처방법과 응급조치 요령

03
「산업안전보건법」상, 사업장의 안전 및 보건에 관한 주요 사항을 심의·의결하기 위해 사업장에 근로자위원과 사용자위원이 동일한 수로 구성되는 회의체의 명칭을 쓰시오.

산업안전보건위원회

04
「산업안전보건법」상, 관리감독자에게 안전 및 보건에 관하여 지도 및 조언을 할 수 있는 자격 요건을 2가지 쓰시오.

① 안전관리자
② 보건관리자
③ 안전보건관리담당자
④ 안전관리전문기관 또는 보건관리전문기관
 (단, 해당 업무를 위탁받은 경우에 한정한다.)

05

유해물질의 독성을 결정하는 인체 영향인자를 5가지 쓰시오.

① 개인 감수성
② 기상조건
③ 작업강도
④ 폭로농도
⑤ 폭로시간

06

「산업안전보건법」상, 다음 보기의 건강진단 등에 대한 내용의 빈칸을 채우시오.

[보기]
- 사업주는 특수건강진단대상업무에 종사할 근로자의 배치 예정 업무에 대한 적합성 평가를 위하여 (①)을 실시하여야 한다. 다만, 고용노동부령으로 정하는 근로자에 대해서는 (①)을 실시하지 아니할 수 있다.

- 사업주는 특수건강진단대상업무에 따른 유해인자로 인한 것이라고 의심되는 건강장해 증상을 보이거나 의학적 소견이 있는 근로자 중 보건관리자 등이 사업주에게 건강진단 실시를 건의하는 등 고용노동부령으로 정하는 근로자에 대하여 (②)을 실시하여야 한다.

- 고용노동부 장관은 같은 유해인자에 노출되는 근로자들에게 유사한 질병의 증상이 발생한 경우 등 고용노동부령으로 정하는 경우에는 근로자의 건강을 보호하기 위하여 사업주에게 특정 근로자에 대한 (③)의 실시나 작업전환, 그 밖에 필요한 조치를 명할 수 있다.

① 배치전건강진단
② 수시건강진단
③ 임시건강진단

07

「산업안전보건법」상, 다음 보기의 중량의 표시 등에 대한 내용의 빈칸을 채우시오.

[보기]
- 사업주는 근로자가 5kg 이상의 중량물을 인력으로 들어올리는 작업을 하는 경우에 다음 각 호의 조치를 해야한다.

- 주로 취급하는 물품에 대하여 근로자가 쉽게 알 수 있도록 물품의 (①)과 (②)에 대하여 작업장 주변에 안내표시를 할 것

- 취급하기 곤란한 물품은 손잡이를 붙이거나 갈고리, 진공빨판 등 적절한 보조도구를 활용할 것

① 중량
② 무게중심

08

크실렌과 톨루엔의 뇨 중 대사산물을 각각 쓰시오.

① 크실렌 : 메틸마뇨산
② 톨루엔 : o-크레졸

09

「산업안전보건법」상, 혈액노출과 관련한 사고가 발생한 경우 사업주가 즉시 조사하고 이를 기록하여 보존하여야 하는 사항을 3가지 쓰시오.

① 노출자의 인적사항
② 노출현황
③ 노출원인제공자의 상태
④ 노출자의 처치 내용
⑤ 노출자의 검사 결과

10

6가 크롬을 채취한 후 분석 시 다음 물음에 각각 답하시오.

(1) 채취여과지의 종류
(2) 분석기기

(1) PVC 여과지
(2)
  ① 전도도검출기
  ② 분광검출기
  ③ 이온크로마토그래프

11

「사업장 위험성평가에 관한 지침」상, 다음 보기의 위험성 평가 수립 및 실시에 관한 내용을 순서대로 나열하시오.

[보기]
① 관리적 대책 실시
② 공학적 대책 실시
③ 보호구 사용
④ 위험성 요인 제거 또는 저감 조치

④ ② ① ③

12

재순환 공기의 CO_2농도는 $650ppm$, 급기의 CO_2농도는 $450ppm$, 외부의 CO_2농도는 $300ppm$일 때 급기 중 외부공기 포함비율[%]을 구하시오.

$$Q_A = \frac{C_r - C_s}{C_r - C_o} = \frac{650-450}{650-300} = 0.5714 = 57.14\%$$

13

총 흡음량이 $500 sabin$인 벽면에 흡음재를 부착하여 $2000 sabin$의 흡음량을 추가할 경우 실내소음 저감량$[dB]$을 구하시오.

$$NR = 10\log\left(\frac{A+A_o}{A}\right) = 10 \times \log\left(\frac{500+2000}{500}\right) = 6.99 dB$$

14

작업장 내 온도가 $30℃$, 작업장 내 열부하량이 $210000 kcal/h$이고 작업장 외부 온도는 $20℃$ 일 때 전체 환기를 위한 필요환기량$[m^3/\min]$을 구하시오.

$$Q = \frac{H}{C_p \Delta t} = \frac{180000}{0.3 \times (30-20)} \times \left(\frac{1hr}{60\min}\right) = 1000 m^3/\min$$

여기서,
H : 열부하량 $[kcal/hr]$
ΔT : 내부와 외부의 온도차이 $[℃]$
C_p : 공기의 정압비열 $[kJ/kg \cdot ℃]$
(언급이 없을 경우 $C_p = 0.3$)

15

덕트 내부를 흐르는 표준공기의 동점성계수가 $0.15 cm^2/s$, 레이놀즈수가 38000 이고 덕트의 직경이 $60mm$ 일 때 공기의 유속$[m/s]$을 구하시오.

$$\nu = 0.15 cm^2/s \times \left(\frac{1m^2}{10^4 cm^2}\right) = 1.5 \times 10^{-5} m^2/s$$
$$d = 60mm \times \left(\frac{1m}{10^3 mm}\right) = 0.06m$$
$$Re = \frac{vd}{\nu} \quad \therefore v = \frac{Re \cdot \nu}{d} = \frac{38000 \times 1.5 \times 10^{-5}}{0.06} = 9.5 m/s$$

16

압력 $800 mmHg$, 온도 $40℃$ 일 때 $C_5H_8O_2$의 부피가 $850L$, 질량이 $64mg$ 이라면 $1atm$, $21℃$ 일 때 $C_5H_8O_2$의 농도$[ppm]$는 얼마인가?

$$\frac{p_1 V_1}{T_1} = \frac{p_2 V_2}{T_2}$$
$$\therefore V_2 = \frac{p_1 T_2}{p_2 T_1} V_1 = \frac{800 \times (21+273)}{760 \times (40+273)} \times 850 = 840.42 L$$
$$840.42 L \times \left(\frac{1m^3}{10^3 L}\right) = 0.84 m^3$$
$$\rho = \frac{m}{V_2} = \frac{64}{0.84} = 76.19 mg/m^3$$
$$[mg/m^3] \times \frac{부피}{분자량} = 76.19 mg/m^3 \times \left(\frac{24.1}{100}\right) = 18.36 ppm$$

$1atm, 21℃$에서의 기체 $1mol$의 부피는 $24.1L$
$C_5H_8O_2$의 분자량 : $M = 12 \times 5 + 1 \times 8 + 16 \times 2 = 100$

17

$1atm$, $25℃$의 금속제품 탈지공정에서 트리클로로에틸렌 (TEC, 분자량 131.39)의 노출농도는 $50 ppm$, 유량은 $0.15 L/\min$이다. 가스크로마토그래피의 정량한계가 $0.5 mg$이고 활성탄관을 이용하여 채취하려고 할 때 최소 채취시간$[\min]$을 구하시오.

$$[mg/m^3] = [ppm] \times \frac{분자량}{부피} = 50 \times \frac{131.39}{24.45} = 268.69 mg/m^3$$
$$V = \frac{LOQ}{농도} = \frac{0.5}{268.69 \times \left(\frac{1m}{10^3 L}\right)} = 1.86 L$$
$$T_{\min} = \frac{Q}{V} = \frac{1.86}{0.15} = 12.4 \min$$

18

$1atm$, $19℃$의 작업장에서 시간당 $100g$의 톨루엔(분자량 92.13)을 취급하고 있을 때 톨루엔의 시간당 발생량$[L/hr]$을 구하시오.

$\dfrac{p_1 V_1}{T_1} = \dfrac{p_2 V_2}{T_2}$ 에서 압력은 동일하므로 $\dfrac{V_1}{T_1} = \dfrac{V_2}{T_2}$

$\therefore V_2 = \dfrac{T_2}{T_1} V_1 = \dfrac{19+273}{21+273} \times 24.1 = 23.94 L$

$[L/hr] = [g/hr] \times \dfrac{부피}{분자량} = 100 \times \dfrac{23.94}{92.13} = 74.51 L/hr$

19

한 변의 길이가 $0.4m$인 정사각형 덕트에 전압 $45 mmH_2O$, 정압 $38 mmH_2O$의 표준공기가 흐르고 있을 때 덕트 내부 공기의 유속$[m/s]$과 공기의 유량$[m^3/\min]$을 구하시오.

$TP = SP + VP$

$\therefore VP = TP - SP = 45 - 38 = 7 mmH_2O$

$VP = \left(\dfrac{v}{4.043}\right)^2 \quad \therefore v = 4.043\sqrt{VP} = 4.043\sqrt{7} = 10.7 m/s$

$Q = Av = (0.3 \times 0.3) \times 10.7 \times \left(\dfrac{60s}{1\min}\right) = 57.57 m^3/\min$

20

다음 표는 $1atm$, $25℃$에서 톨루엔(분자량 92)과 크실렌(분자량 106)을 분석한 결과이다. 톨루엔의 TLV는 $50ppm$, 크실렌의 TLV는 $100ppm$이며 두 물질은 상가작용을 할 때 다음 각 물음에 답하시오.

시료 번호	1	2
톨루엔 분석량	3.2mg	5.4mg
크실렌 분석량	12.4mg	21.6mg
채취시간	08:00~12:00	13:00~17:00
채취유량	0.18L/min	0.18L/min

(1) 톨루엔의 TWA $[mg/m^3]$
(2) 크실렌의 TWA $[mg/m^3]$
(3) 허용농도를 초과했는지 판단하시오.

(1)
$TWA_1 = \dfrac{(3.2+5.4)mg}{0.18L/\min \times 480\min \times \left(\dfrac{1m^3}{10^3 L}\right)} = 99.54 mg/m^3$

(2)
$TWA_2 = \dfrac{(12.4+21.6)mg}{0.18L/\min \times 480\min \times \left(\dfrac{1m^3}{10^3 L}\right)} = 393.52 mg/m^3$

(3)
$ppm_1 = [mg/m^3] \times \dfrac{부피}{분자량} = 99.54 \times \dfrac{24.45}{92} = 26.45 ppm$

$ppm_1 = [mg/m^3] \times \dfrac{부피}{분자량} = 393.52 \times \dfrac{24.45}{106} = 90.77 ppm$

$EI = \dfrac{C_1}{T_1} + \dfrac{C_2}{T_2} = \dfrac{26.45}{50} + \dfrac{90.77}{100} = 1.44$

$EI > 1$ 이므로 허용농도 초과

2024 2회차 산업위생관리기사 실기 필답형 기출문제

01
「보호구 안전인증 고시」상, 금속아크 용접과 같이 열적으로 생기는 분진 등이 발생하는 장소에 적합한 방진마스크의 등급을 쓰시오.

1급

02
휘발성 유기화합물(VOCs) 처리방법 2가지를 쓰고 각각 특징 2가지씩 쓰시오.

(1) 불꽃연소법
 ① VOCs 농도가 높은 경우에 적합
 ② 시스템이 간단하여 보수가 용이

(2) 촉매산화법
 ① VOCs 농도가 낮은 경우에 적합
 ② 저온에서 처리하여 CO_2와 H_2O로 완전 무해화

03
먼지의 공기역학적 직경의 정의를 쓰시오.

대상 먼지와 침강속도가 같고 밀도가 $1g/cm^3$이며, 구형인 먼지의 직경으로 환산된 직경

04
산업피로 생리적 원인을 3가지 쓰시오.

① 산소공급 부족
② 혈중 포도당 농도 저하
③ 근육 내 글리코겐 양 감소
④ 혈중 젖산 농도 증가

05
「근골격계부담작업의 범위 및 유해요인조사 방법에 관한 고시」상, 다음 보기의 빈칸을 채우시오.
(단, 단기간 작업 또는 간헐적 작업은 제외한다.)

[보기]
- 하루에 (①)시간 이상 집중적으로 자료입력 등을 위해 키보드 또는 마우스를 조작하는 작업
- 하루에 총 (②)시간 이상 목, 어깨, 팔꿈치, 손목 또는 손을 사용하여 같은 동작을 반복하는 작업
- 하루에 총 (③)시간 이상 쪼그리고 앉거나 무릎을 굽힌 자세에서 이루어지는 작업
- 하루에 총 2시간 이상 지지되지 않은 상태에서 (④)kg 이상의 물건을 한 손으로 들거나 동일한 힘으로 쥐는 작업
- 하루에 총 (⑤)회 이상 25kg 이상의 물체를 드는 작업

① 4　② 2　③ 2　④ 4.5　⑤ 10

06

「산업안전보건법」상, 관리대상 유해물질을 취급하는 작업에서 사업주가 근로자를 작업에 배치하기 전에 근로자에게 알려야 하는 사항을 3가지 쓰시오.
(단, 그 밖에 근로자의 건강장해 예방에 관한 사항은 제외한다.)

① 관리대상 유해물질의 명칭 및 물리적·화학적 특성
② 인체에 미치는 영향과 증상
③ 취급상의 주의사항
④ 착용하여야 할 보호구와 착용방법
⑤ 위급상황 시의 대처방법과 응급조치 요령

07

「사무실 공기관리 지침」상, 다음 보기의 빈칸을 채우시오.

[보기]
- 공기정화시설을 갖춘 사무실에서의 환기횟수는 시간당 (①)회 이상으로 한다.
- 공기의 측정시료는 사무실 내에서 공기질이 가장 나쁠 것으로 예상되는 (②)곳 이상에서 채취한다.
- 일산화탄소(CO)는 연 1회 이상, 업무시작 후 1시간 이내 및 업무 종료 후 1시간 이내에 각각 (③)분간 측정을 실시한다.

① 4　② 2　③ 10

08

「산업안전보건법」상, 산업재해 발생 시 사업주가 기록·보존하여야 하는 사항을 3가지 쓰시오.

① 사업장의 개요 및 근로자의 인적사항
② 재해 발생의 일시 및 장소
③ 재해 발생의 원인 및 과정
④ 재해 재발방지 계획

09

다음은 중금속 중 납 흄을 분석할 때에 대한 내용일 때 각 물음에 답하시오.

(1) 채취여과지의 종류를 1가지 쓰시오.
(2) 위에 해당하는 여과지를 사용하는 이유를 2가지 쓰시오.

(1) MCE 여과지

(2)
① 산에 쉽게 용해되므로 분석 시 불순물이 거의 없다.
② 여과지의 기공 크기가 작아 금속 흄 등의 채취가 가능하다.

10

「산업안전보건법」상, 안전보건교육기관에서 직무와 관련된 안전보건교육을 받아야 하는 사람을 다음 보기에서 모두 고르시오.

```
                    [보기]
① 사업주
② 안전관리자
③ 보건관리자
④ 안전보건관리담당자
```

②, ③, ④

11

개인보호구의 구비조건을 3가지 쓰시오.

① 착용이 간편할 것
② 작업에 방해를 주지 않을 것
③ 유해 위험 요소에 대한 방호가 완전할 것
④ 재료의 품질이 우수할 것
⑤ 구조 및 표면 가공이 우수할 것
⑥ 외관상 보기가 좋을 것

12

차음평가수(NRR)가 15, 음압수준이 $95dB$ 일 때 작업자가 노출되는 음압수준$[dB(A)]$을 구하시오.

$$\text{차음효과} = (NRR-7) \times 0.5 = (15-7) \times 0.5$$
$$= 4dB(A)$$
$$\text{노출 음압수준} = \text{음압수준} - \text{차음효과}$$
$$= 95 - 4 = 91 dB(A)$$

13

근로자가 에틸벤젠(TLV $100ppm$)을 취급하는 작업을 하루 10시간씩 할 때 근로자의 노출기준 $[ppm]$을 구하시오.
(단, Brief-Scala 보정방법을 기준으로 한다.)

$$\text{보정노출기준} = TLV \times \frac{8}{H} \times \frac{24-H}{16}$$
$$= 100 \times \frac{8}{10} \times \frac{24-10}{16} = 70ppm$$

14

필터의 무게가 $5mg$이고, 채취 전 여과지 무게 $15mg$, 채취 후 여과지 무게 $18mg$이다. 분당 채취 부피가 $3L$인 곳에서 240분간 포집하였을 때 공기 중 농도$[mg/m^3]$를 구하시오.

$$[mg/m^3] = \frac{(18-15)mg}{3L/min \times 240min \times \left(\frac{1m^3}{10^3 L}\right)} = 4.17 mg/m^3$$

15

$1atm, 21℃$의 중력침강실에서 밀도 $1.4g/cm^3$, 직경 $13\mu m$인 분진입자를 실험하고 있다. 공기의 밀도 $1.2 \times 10^{-3} g/cm^3$, 공기의 점성계수 $1.75 \times 10^{-4} g/cm \cdot s$ 일 때 분진의 침강속도 $[cm/s]$를 구하시오.

$$v = \frac{gd^2(\rho_1 - \rho)}{18\mu}$$
$$= \frac{980 \times (13 \times 10^{-4})^2 \times (1.4 - 1.2 \times 10^{-4})}{18 \times 1.75 \times 10^{-4}}$$
$$= 0.736 cm/s$$

16

벤젠이 배출되는 작업장에서 채취한 시료의 벤젠 농도 분석 결과가 오전 3시간 동안 $60ppm$, 오후 4시간 동안 $45ppm$일 때 다음을 구하시오.
(단, 벤젠의 TLV는 $50ppm$이다.)

(1) 작업장의 벤젠 TWA $[ppm]$
(2) 허용기준 초과여부 평가

(1) $TWA = \dfrac{C_1 T_1 + C_2 T_2}{8}$
$= \dfrac{60 \times 3 + 45 \times 4}{8} = 45ppm$

(2) $EI = \dfrac{TWA}{TLV} = \dfrac{45}{50} = 0.9$
$EI < 1$ 이므로 허용농도 초과하지 않음

17

다음 보기는 작업자들의 노출 농도를 조사한 것일 때 노출인년을 구하시오.

[보기]
- 6개월 동안 노출농도를 조사한 사람의 수 : 8명
- 1년 동안 노출정도를 조사한 사람의 수 : 20명
- 3년 동안 노출농도를 조사한 사람의 수 : 10명

노출인년 = 노출자수 × 연간 근무시간
$= 노출자수 \times \dfrac{조사개월\ 수}{12개월}$
$= 8 \times \dfrac{6}{12} + 20 \times \dfrac{12}{12} + 10 \times \dfrac{36}{12} = 54$인년

18

공기(비중 1.0) 중에 존재하는 사염화탄소(비중 5.7)의 농도가 $5000ppm$ 일 때 이 혼합공기의 유효비중을 구하시오.
(단, 소수 넷 째 자리까지 구하시오.)

$\gamma_w = \dfrac{C_1 \gamma_1 - (10^6 - C_1)\gamma_2}{10^6}$
$= \dfrac{5000 \times 5.7 + (10^6 - 5000) \times 1}{10^6} = 1.0235$

19

어떤 작업장의 환기시스템에서 송풍량 $40 m^3/min$, 덕트의 지름 $20cm$, 유입손실계수 0.65일 때 후드의 정압$[mmH_2O]$을 구하시오.

$V = \dfrac{Q}{A} = \dfrac{Q}{\dfrac{\pi d^2}{4}} = \dfrac{40}{\dfrac{\pi \times 0.2^2}{4}} = 1273.24 m/min$

$V = 1273.24 m/min \times \left(\dfrac{1min}{60sec}\right) = 21.22 m/sec$

$VP = \left(\dfrac{V}{4.043}\right)^2 = \left(\dfrac{21.22}{4.043}\right)^2 = 27.55 mmH_2O$

$SP_h = VP(1 + F) = 27.55(1 + 0.65) = 45.46 mmH_2O$

$SP_h = -45.46 mmH_2O$

SP_h : 후드의 정압$[mmH_2O]$
VP : 속도압(동압)$[mmH_2O]$
F : 압력손실계수$\left(= \dfrac{1}{C_e^2} - 1\right)$

20

장방향 덕트의 단면은 한 변의 길이가 $0.5m$인 정사각형 이고 전체 길이가 $11m$이다. 이 덕트를 통과하는 공기의 비중량이 $1.2kg/m^3$, 유량이 $210m^3/\min$ 일 때 공기의 압력손실[mmH_2O]를 구하시오.

$$v = \frac{Q}{A} = \frac{Q}{a^2} = \frac{210 \times \frac{1}{60}}{0.5^2} = 14m/s$$

$$R_h = \frac{A}{P} = \frac{a^2}{4a} = \frac{a}{4}$$

$$d = 4R_h = 4 \times \frac{0.5}{4} = 0.5m$$

$$\triangle h = f\frac{\ell}{d}\frac{v^2}{2g} = 0.018 \times \frac{11}{0.5} \times \frac{14^2}{2 \times 9.8} = 3.96m$$

$$\triangle p = \gamma \triangle h = 1.2 \times 3.96 = 4.75 kg/m^2 = 4.75[mmH_2O]$$

2024 3회차 산업위생관리기사 실기 필답형 기출문제

01
다음 보기는 국소배기장치의 사용 전 점검사항일 때 나머지 내용을 완성하시오.

[보기]
- 덕트 접속부의 이완 유무
- (①)
- (②)

① 흡기 및 배기 능력
② 덕트 및 배풍기의 분진 상태

02
검지관법의 장점과 단점을 각각 3가지씩 쓰시오.

(1)
① 사용이 간편하다.
② 반응속도가 빠르다.
③ 산소결핍 장소에서 사용이 가능하다.

(2)
① 민감도가 낮다.
② 특이도가 낮다.
③ 단일물질만 측정이 가능하다.

03
다음 그림은 입자직경에 따른 먼지채취 효율의 그래프 일 때 보기를 참고하여 각 영역의 번호에 알맞은 포집기전을 쓰시오.

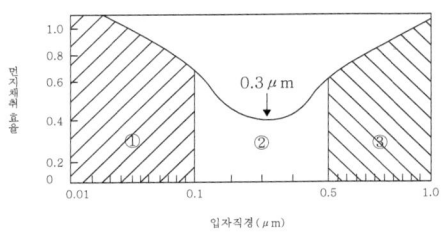

[보기]
확산, 간섭, 관성충돌

① 확산
② 확산, 간섭
③ 간섭, 관성충돌

04
다음 보기에서 설명하는 문서를 쓰시오.

[보기]
특정 업무를 표준화된 방법에 따라 일관되게 실시할 목적으로 해당 절차 및 수행 방법 등을 상세하게 기술한 문서

표준작업지침서

05

다음 보기는 「산업안전보건법」상, 건강진단에 관한 사업주의 의무의 내용 중 일부일 때 빈칸을 채우시오.

[보기]
사업주는 건강진단의 결과 근로자의 건강을 유지하기 위하여 필요하다고 인정할 때에는 (①), (②), 근로시간 단축, 야간근로의 제한, 작업환경측정 또는 시설·설비의 설치·개선 등 고용노동부령으로 정하는 바에 따라 적절한 조치를 하여야 한다.

① 작업시간 변경
② 작업전환

06

「산업안전보건법」상, 근골격계질환 예방관리 프로그램을 수집하여 시행하여야 하는 사업장을 2가지 쓰시오.

① 근골격계질환으로 업무상 질병으로 인정받은 근로자가 연간 10명 이상 발생한 사업장
② 근골격계질환으로 업무상 질병으로 인정받은 근로자가 연간 5명 이상 발생한 사업장으로서 발생 비율이 그 사업장 근로자 수의 10% 이상인 경우

07

음력이 $1\,Watt$인 소음원으로부터 $10m$ 떨어진 지점에서 음압수준$[dB]$을 구하시오.
(단, 무지향성 점음원, 자유공간 위치이다.)

무지향성 점음원, 자유공간 위치일 때,
$$SPL = PWL - 20\log r - 11$$
$$= 10\log \frac{W}{W_o} - 20\log r - 11$$
$$= 10\log \frac{1}{10^{-12}} - 20\log 10 - 11 = 89dB$$

SPL : 음압수준$[dB]$
PWL : 음향파워레벨$[dB]$
r : 소음원으로부터의 거리$[m]$
W : 대상음원의 음향파워$[W]$
W_o : 기준음향파워$(=10^{-12}[W])$

08

「사업장 위험성평가에 관한 지침」상, 사업주가 위험성평가를 실시할 때 해당 작업에 종사하는 근로자를 참여시켜야하는 경우를 3가지 쓰시오.

① 유해·위험요인의 위험성 수준을 판단하는 기준을 마련하고, 유해·위험요인별로 허용 가능한 위험성 수준을 정하거나 변경하는 경우
② 해당 사업장의 유해·위험요인을 파악하는 경우
③ 유해·위험요인의 위험성이 허용 가능한 수준인지 여부를 결정하는 경우
④ 위험성 감소대책을 수립하여 실행하는 경우
⑤ 위험성 감소대책 실행 여부를 확인하는 경우

09

「산업안전보건법」상, 다음 보기의 빈칸을 채우시오.

[보기]
사업주는 사업장의 안전 및 보건에 관한 중요 사항을 심의·의결하기 위하여 사업장에 근로자위원과 사용자위원이 같은 수로 구성되는 ( )를 구성·운영하여야 한다.

산업안전보건위원회

10

직업과 관련된 활동으로 인해 피부에 발생하는 질환인 직업성 피부질환을 일으키는 색소침착물질, 색소감소물질, 이에 대한 예방대책을 각각 1가지씩 쓰시오.

(1) 색소침착물질 : 콜타르화합물, 석유류, 향료 등
(2) 색소감소물질 : 모노벤질에테르, 석탄화합물 등
(3) 예방대책 : 적절한 보호구 사용

11

「산업안전보건법」상, 아세트알데히드를 취급하는 근로자가 받아야하는 건강진단의 종류는 무엇인지 쓰시오.

특수건강진단

12

「산업안전보건법」상, 작업과정에서 발생하는 인체에 해로운 유해인자에 근로자가 얼마나 노출되는지를 측정·평가하여 작성하는 작업환경 측정 평가 기록은 얼마나 보존하여야 하는지 쓰시오.
(단, 특별관리물질 및 허가대상 유해물질이 포함되지 않은 경우로 한다.)

5년

13

$1atm$의 화학공장에서 두 물질의 위험성을 비교하고자 할 때 보기를 참고하여 다음 물음에 답하시오.

[보기]
A물질 : TLV 120ppm, 증기압 28mmHg
B물질 : TLV 360ppm, 증기압 100mmHg

(1) A물질의 증기 포화농도 $[ppm]$
(2) A물질의 증기 위험화 지수
(3) B물질의 증기 포화농도 $[ppm]$
(4) B물질의 증기 위험화 지수

(1) 포화농도 $= \dfrac{증기압}{760} \times 10^6 = \dfrac{25}{760} \times 10^6$
$= 36842.1 ppm$

(2) $VHI = \log\left(\dfrac{C}{TLV}\right) = \log\left(\dfrac{36842.1}{100}\right) = 2.57$

(3) 포화농도 $= \dfrac{증기압}{760} \times 10^6 = \dfrac{100}{760} \times 10^6$
$= 131578.95 ppm$

(4) $VHI = \log\left(\dfrac{C}{TLV}\right) = \log\left(\dfrac{131578.95}{360}\right) = 2.56$

14

작업자가 차음평가수(NRR)가 18인 귀덮개를 착용하고, 음압수준이 $97dB$인 작업장에서 작업을 하고 있을 때 작업자가 노출되는 음압수준 $[dB(A)]$을 구하시오.

차음효과 $= (NRR-7) \times 0.5 = (18-7) \times 0.5$
$= 5.5 dB$
노출 음압수준 = 음압수준 - 차음효과
$= 97 - 5.5 = 91.5 dB(A)$

15

환기가 필요한 작업장에 4측면 개방형 캐노피 후드를 설치하고자 한다. 개구부와 배출원 사이의 수직 거리는 $0.6m$, 후드의 단면은 너비가 $2m$, 높이가 $2.5m$, 제어속도는 $20m/\min$일 때 필요 배풍량 $[m^3/\min]$을 구하시오.
(단, Thomas 배풍량 공식을 사용하시오.)

$\frac{L}{W} = \frac{0.6}{2} = 0.3$, $\frac{L}{H} = \frac{0.6}{2.5} = 0.24$
이므로 다음 식을 이용한다.
$Q = 1.4 PLv$
여기서
$P = 2(W+H) = 2 \times (2+2.5) = 9m$
이므로
$Q = 1.4 \times 9 \times 0.6 \times 20 = 151.2 m^3/\min$

16

작업장 내 열부하량이 $25500 kcal/hr$이며, 외기 온도 $15℃$, 작업장 내 온도는 $35℃$이다. 이 때 전체 환기를 위한 필요 환기량 $[m^3/hr]$을 구하시오.
(단, 정압비열은 $0.3 kcal/(m^3 \cdot ℃)$이다.)

$Q = \frac{H_s}{C_p \times \Delta t} = \frac{25500 kcal/hr}{0.3 \times (35-15)} = 4250 m^3/hr$

여기서,
Q : 필요환기량 $[m^3/hr]$
H_s : 발열량 $[kcal/hr]$
C_p : 공기의 비열 $[kcal/hr \cdot ℃]$
 (주어지지 않으면 $C_p = 0.3$)
Δt : 외부공기와 작업장 내 온도차 $[℃]$

17

덕트의 속도압이 $12 mmH_2O$, 후드의 정압이 $20 mmH_2O$일 때, 후드의 유입계수를 구하시오.

$SP_h = VP(1+F) = VP\left(1 + \frac{1}{C_e^2} - 1\right) = VP\left(\frac{1}{C_e^2}\right)$
$20 = 12 \left(\frac{1}{C_e^2}\right) \Rightarrow \therefore C_e = 0.77$

SP_h : 후드의 정압 $[mmH_2O]$
F : 유입손실계수 $\left(= \frac{1}{C_e^2} - 1\right)$
C_e : 유입계수 $\left(= \sqrt{\frac{1}{1+F}}\right)$
VP : 속도압 $[mmH_2O] \left(= \frac{\gamma V^2}{2g}\right)$

18

필터의 무게가 $5mg$이고, 채취 전 여과지 무게 $12.4mg$, 채취 후 여과지 무게 $15.6mg$이다. 채취가 끝난 후 측정한 채취 부피가 $2.425m^3$ 일 때 공기 중 농도$[mg/m^3]$를 구하시오.

$$[mg/m^3] = \frac{(15.6-12.4)mg}{2.425m^3} = 1.32mg/m^3$$

20

옥내 작업 공간의 흑구온도가 $31.2℃$, 건구온도가 $28.6℃$, 자연습구온도가 $22.1℃$ 일 때 습구흑구온도지수$[℃]$를 구하시오.

$$WBGT = 0.7NWB + 0.3GB$$
$$= 0.7 \times 22.1 + 0.3 \times 31.2 = 24.83℃$$

19

다음 표를 참고하여 기하평균과 기하표준편차를 구하시오.
(단, 단위는 $\mu g/m^3$ 이다.)

누적 분포	데이터
15.9%	0.05
37.4%	0.11
50%	0.2
77.2%	0.68
84.1%	0.8
89.1%	0.85

(1) 기하평균
누적분포 50%의 값이므로
$u_{0.5} = 0.2 \mu g/m^3$

(2) 기하표준편차
$N = \dfrac{u_{0.841}}{u_{0.5}} = \dfrac{0.8}{0.2} = 4$

2025 합격비법 '산업위생관리기사 실기'

초판발행　2025년 02월 26일
편 저 자　이태랑
발 행 처　오스틴북스
등록번호　제 396-2010-000009호
주　소　경기도 고양시 일산동구 백석동 1351번지
전　화　070-4123-5716
팩　스　031-902-5716
정　가　33,000원
Ｉ Ｓ Ｂ Ｎ　979-11-93806-70-8 (13500)

이 책 내용의 일부 또는 전부를 재사용하려면
반드시 오스틴북스의 동의를 얻어야 합니다.